Die Bonus-Seite

Ihr Vorteil als Käufer dieses Buches

Auf der Bonus-Webseite zu diesem Buch finden Sie zusätzliche Informationen und Services. Dazu gehört auch ein kostenloser **Testzugang** zur Online-Fassung Ihres Buches. Und der besondere Vorteil: Wenn Sie Ihr **Online-Buch** auch weiterhin nutzen wollen, erhalten Sie den vollen Zugang zum **Vorzugspreis**.

So nutzen Sie Ihren Vorteil

Halten Sie den unten abgedruckten Zugangscode bereit und gehen Sie auf **www.sap-press.de**. Dort finden Sie den Kasten **Die Bonus-Seite für Buchkäufer**. Klicken Sie auf **Zur Bonus-Seite/ Buch registrieren**, und geben Sie Ihren **Zugangscode** ein. Schon stehen Ihnen die Bonus-Angebote zur Verfügung.

Ihr persönlicher **Zugangscode**

924v-q3df-xpmr-5nib

SAP®-Materialwirtschaft – Customizing

SAP PRESS

SAP PRESS ist eine gemeinschaftliche Initiative von SAP und Galileo Press. Ziel ist es, Anwendern qualifiziertes SAP-Wissen zur Verfügung zu stellen. SAP PRESS vereint das fachliche Know-how der SAP und die verlegerische Kompetenz von Galileo Press. Die Bücher bieten Expertenwissen zu technischen wie auch zu betriebswirtschaftlichen SAP-Themen.

Ernst Greiner

SAP®-Materialwirtschaft – Customizing

Galileo Press

Bonn • Boston

Liebe Leserin, lieber Leser,

vielen Dank, dass Sie sich für ein Buch von SAP PRESS entschieden haben.

Es wurde lange erwartet und von vielen Lesern herbeigesehnt: ein Buch, das fundiertes und tief gehendes Customizing-Wissen zu MM bietet. Viele E-Mails haben unser Lektorat erreicht, Wünsche wurden auf unserer Webseite hinterlassen, und nicht zuletzt auf den einschlägigen SAP-Veranstaltungen habe ich oft die Frage vernommen: »Haben Sie etwas zum Customizing von MM im Programm?«

Aus diesem Grund freue ich mich heute besonders, Ihnen ein weiteres Mitglied der SAP PRESS-Bücherfamilie vorzustellen: das lange erwartete Customizing-Buch zu MM. Unser Autor Ernst Greiner zeigt Ihnen in diesem Leitfaden auf anschauliche und verständliche Weise, wie Sie sich im Dschungel aus Buttons, Feldern und sonstigen Einstellungen zurechtfinden und welche Auswirkungen z. B. ein gesetztes Häkchen haben kann. Dabei erläutert er Ihnen nicht nur die einzelnen Einstellungen, etwa zu den Stammdaten und den zentralen Bereichen von MM. Er vermittelt Ihnen darüber hinaus, wie Sie in einem Customizing-Projekt vorgehen und welche Fallstricke Sie beachten sollten.

Ich bin sicher, dass Ihnen dieses Buch wertvolle Dienste leistet, um Ihre Aufgaben rund um das MM-Customizing besser zu bewältigen.

Wir freuen uns stets über Lob, aber auch über kritische Anmerkungen, die uns helfen, unsere Bücher zu verbessern. Am Ende dieses Buches finden Sie daher eine Postkarte, mit der Sie uns Ihre Meinung mitteilen können. Als Dankeschön verlosen wir unter den Einsendern regelmäßig Gutscheine für SAP PRESS-Bücher.

Ihre Patricia Sprenger
Lektorat SAP PRESS

Galileo Press
Rheinwerkallee 4
53227 Bonn

patricia.sprenger@galileo-press.de
www.sap-press.de

Auf einen Blick

1 Materialwirtschaft, SAP-Systeme und Customizing 19
2 Projekte 29
3 Allgemeine Einstellungen 65
4 Organisationsstruktur 91
5 Stammdaten 147
6 Einkauf und Beschaffung 233
7 Bestandsführung 347
8 Bewertung und Kontierung 447
9 Logistik-Rechnungsprüfung 499
Der Autor 537

Der Name Galileo Press geht auf den italienischen Mathematiker und Philosophen Galileo Galilei (1564–1642) zurück. Er gilt als Gründungsfigur der neuzeitlichen Wissenschaft und wurde berühmt als Verfechter des modernen, heliozentrischen Weltbilds. Legendär ist sein Ausspruch *Eppur si muove* (Und sie bewegt sich doch). Das Emblem von Galileo Press ist der Jupiter, umkreist von den vier Galileischen Monden. Galilei entdeckte die nach ihm benannten Monde 1610.

Lektorat Patricia Sprenger
Korrektorat Marlis Appel, Troisdorf
Einbandgestaltung Silke Braun
Titelbild Fotolia/Digital_Zombie/4528800
Typografie und Layout Vera Brauner
Herstellung Janina Brönner
Satz III-satz, Husby
Druck und Bindung Beltz Druckpartner, Hemsbach

Gerne stehen wir Ihnen mit Rat und Tat zur Seite:
patricia.sprenger@galileo-press.de bei Fragen und Anmerkungen zum Inhalt des Buchs
service@galileo-press.de für versandkostenfreie Bestellungen und Reklamationen
thomas.losch@galileo-press.de für Rezensionsexemplare

Bibliografische Information der Deutschen Nationalbibliothek
Die Deutsche Nationalbibliothek verzeichnet diese Publikation in der Deutschen Nationalbibliografie; detaillierte bibliografische Daten sind im Internet über *http://dnb.d-nb.de* abrufbar.

ISBN 978-3-8362-1683-8

1. Auflage 2011, 1., korrigierter Nachdruck 2012

Inhalt

Einleitung 13

1 Materialwirtschaft, SAP-Systeme und Customizing 19

1.1 Logistik 19
1.2 Materialwirtschaft 22
1.3 SAP-Software 23
1.3.1 SAP-Mandant 24
1.3.2 Customizing 27
1.4 Zusammenfassung 28

2 Projekte 29

2.1 Projekte in der Betriebswirtschaft 30
2.2 SAP-Projekt 32
2.3 IMG-Projekt 37
2.3.1 IMG-Projekt anlegen 38
2.3.2 Projekt-IMG generieren 47
2.4 Transportauftrag 51
2.4.1 Transportauftrag anlegen 52
2.4.2 Transportauftrag verwenden 53
2.5 IMG-Projekt einsetzen 55
2.5.1 Aktivitätsdaten 55
2.5.2 Projektauswertung 57
2.5.3 IMG-Notizen 61
2.6 Zusammenfassung 64

3 Allgemeine Einstellungen 65

3.1 Einstellungen im IMG 65
3.1.1 Länder 66
3.1.2 Währungen 69
3.1.3 Maßeinheiten 72
3.1.4 Kalender 75
3.2 Customizing-Tabellen 78
3.2.1 Tabelleninhalt 79
3.2.2 Tabellendefinition 80

3.2.3 Pflegedialog ... 83
3.2.4 Tabellenprotokollierung ... 87
3.3 Zusammenfassung ... 89

4 Organisationsstruktur ... 91

4.1 Organisation eines Unternehmens ... 92
4.1.1 Aufbauorganisation ... 93
4.1.2 Ablauforganisation ... 94
4.2 Unternehmensstruktur im SAP-Customizing ... 95
4.2.1 Vorgehen beim Customizing ... 95
4.2.2 Nummernkreise für Organisationseinheiten ... 98
4.2.3 Beispiel für numerische Schlüssel ... 99
4.3 Finanzwesen ... 100
4.3.1 Buchungskreis ... 100
4.3.2 Geschäftsbereich ... 108
4.4 Controlling ... 109
4.4.1 Kostenrechnungskreis ... 109
4.4.2 Kostenstelle ... 110
4.5 Logistik Allgemein ... 112
4.5.1 Werk ... 112
4.5.2 Disponent ... 117
4.5.3 Dispositionsbereich ... 118
4.5.4 Bewertungsebene ... 119
4.5.5 Sparte ... 120
4.6 Vertrieb ... 121
4.6.1 Verkaufsorganisation ... 121
4.6.2 Vertriebsweg ... 122
4.6.3 Vertriebsbereich ... 123
4.6.4 Verkaufsbüro ... 124
4.6.5 Verkäufergruppe ... 125
4.7 Materialwirtschaft ... 125
4.7.1 Einkaufsorganisation ... 125
4.7.2 Einkäufergruppe ... 128
4.7.3 Lagerort ... 130
4.8 Logistics Execution System ... 134
4.8.1 Lagernummer ... 134
4.8.2 Versandstelle und Warenannahmestelle ... 137
4.8.3 Transportdispositionsstelle ... 141
4.9 Benutzerparameter ... 142
4.10 Zusammenfassung ... 144

5 Stammdaten ... 147

5.1 Stammdaten in SAP ERP ... 147
5.2 Materialstamm ... 148
5.2.1 Globale Grundeinstellungen ... 150
5.2.2 Materialart ... 155
5.2.3 Feldauswahlsteuerung ... 165
5.2.4 Zentrale Felder ... 180
5.2.5 Materialstamm konfigurieren ... 188
5.3 Geschäftspartner ... 203
5.3.1 Lieferantenstamm ... 205
5.3.2 Kundenstamm ... 220
5.4 Stammdaten für die Materialbeschaffung ... 221
5.4.1 Einkaufsinfosatz ... 222
5.4.2 Orderbuch ... 227
5.4.3 Quotierung ... 227
5.5 Chargen ... 228
5.5.1 Feldauswahl ... 229
5.5.2 Dokumentenverwaltung ... 230
5.5.3 Erweiterungen ... 230
5.5.4 Nummernvergabe ... 231
5.5.5 Klassifizierung ... 231
5.6 Zusammenfassung ... 232

6 Einkauf und Beschaffung ... 233

6.1 Einkauf in der Betriebswirtschaft ... 233
6.2 Einkauf in der SAP-Materialwirtschaft ... 234
6.3 Einkaufsbeleg ... 235
6.3.1 Bestellabwicklung ... 235
6.3.2 Bestellprozess ... 236
6.3.3 Belegtyp ... 240
6.3.4 Belegnummer ... 241
6.3.5 Belegart ... 242
6.3.6 Positionstyp ... 252
6.3.7 Kontierungstyp ... 257
6.3.8 Bildaufbau bei Einkaufsbelegen ... 264
6.3.9 Belegart als Vorschlagswert ... 268
6.4 Bestätigungssteuerung ... 272
6.5 Partner ... 279
6.5.1 Partnerrollen im Einkaufsbeleg ... 279

6.5.2 Partnerrollen in der Anlieferung ... 283
6.6 Textarten im Einkaufsbeleg ... 288
6.6.1 Quellobjekte ... 289
6.6.2 Textarten definieren ... 293
6.6.3 Textarten verknüpfen ... 295
6.7 Nachrichten ... 297
6.7.1 Texte in Nachrichten ... 297
6.7.2 Änderungsdruck ... 306
6.7.3 Ausgabesteuerung ... 310
6.7.4 Exkurs: Formular MEDRUCK ... 336
6.8 Vorschlagswerte für die Anwendung ... 340
6.8.1 Benutzerparameter EVO ... 340
6.8.2 Warengruppe ... 342
6.9 Zusammenfassung ... 345

7 Bestandsführung ... 347

7.1 Bestandsführung in der Betriebswirtschaft ... 347
7.2 Bestandsführung in SAP ERP ... 349
7.2.1 Funktionen der SAP-Module ... 349
7.2.2 Ebenen der Bestandsführung ... 354
7.2.3 Anwendertransaktionen ... 358
7.3 Belege der Bestandsführung ... 360
7.3.1 Warenbewegung erfassen ... 360
7.3.2 Belegnummer ... 362
7.4 Werksparameter ... 376
7.5 Feldauswahl ... 384
7.5.1 Einstiegs- und Kopfbilder ... 384
7.5.2 Enjoy-Transaktionen ... 388
7.6 Warenbewegungen ... 393
7.6.1 Grund der Bewegung ... 395
7.6.2 Bewegungsarten einstellen ... 399
7.6.3 Eigene Bewegungsarten ... 417
7.6.4 Feldauswahl des Finanzwesens ... 422
7.6.5 Dynamische Verfügbarkeitsprüfung ... 427
7.7 Nachrichten der Bestandsführung ... 431
7.7.1 Drucksteuerung ... 433
7.7.2 Nachrichtenfindung ... 435
7.7.3 Druckerfindung ... 443
7.7.4 Reports für Voreinstellungen ... 445
7.8 Zusammenfassung ... 445

8 Bewertung und Kontierung 447

8.1 Materialbewertung in der Betriebswirtschaft 447
8.1.1 Materialpreis 447
8.1.2 Bestandswert 448
8.2 Materialbewertung in SAP ERP 449
8.2.1 Preissteuerungskennzeichen 450
8.2.2 Getrennte Materialbewertung 452
8.3 Kontenfindung in der Bestandsführung 461
8.3.1 Exkurs: Sachkonten 463
8.3.2 Organisationsstruktur 464
8.3.3 Material 467
8.3.4 Vorgang 471
8.3.5 Automatische Buchungen 480
8.3.6 Kontenfindungsassistent 497
8.4 Zusammenfassung 498

9 Logistik-Rechnungsprüfung 499

9.1 Aufgaben der Rechnungsprüfung 499
9.1.1 Rechnungseingang 501
9.1.2 Rechnungsprüfung 502
9.2 Anwendungsgebiete der Rechnungsprüfung 503
9.2.1 Transaktionen 503
9.2.2 Benutzerparameter 504
9.2.3 Eigenschaften der Systemmeldungen 504
9.3 Kontenfindung in der Rechnungsprüfung 506
9.3.1 Kontobewegungen 506
9.3.2 Simulation 508
9.3.3 Konten 513
9.4 Anwendungen anpassen 522
9.4.1 Eingangsrechnung 522
9.4.2 Rechnungssperre 528
9.4.3 Verrechnungskontenpflege 531
9.5 Nachrichten 532
9.5.1 Nachrichtenschemata 533
9.5.2 Beispiel für die benutzerabhängige Druckerfindung 534
9.6 Zusammenfassung 535

Der Autor 537
Index 539

Einleitung

Dieses Buch zeigt das Customizing für die Anwendungen der Materialwirtschaft (engl. *Materials Management*, MM) in der Unternehmenssoftware SAP ERP (engl. *Enterprise Resource Planning*) – so ausführlich wie nötig, so gerafft wie möglich.

Sie lernen dabei nicht nur die einzelnen IMG-Aktivitäten mit Angabe der Transaktionscodes und Customizing-Tabellen kennen, sondern erhalten auch wertvolle Hilfestellung bei Implementierungs-, Optimierungs- oder Upgrade-Projekten. Ehe Sie direkt in das Customizing der einzelnen Teilbereiche der SAP-Materialwirtschaft einsteigen, erfahren Sie alles Notwendige zu übergreifenden allgemeinen Einstellungen, Organisationseinheiten und Stammdaten. Die wesentlichen Customizing-Aktivitäten werden dann mit Hilfe von vielen – speziell für dieses Buch erstellten – Customizing-Beispielen erläutert.

Auch wenn das Buch das Ziel verfolgt, alle wesentlichen Einstellungen zu zeigen, kann es keinen Anspruch auf Vollständigkeit erheben – 566 Seiten sind schneller gefüllt, als man gemeinhin denkt. Um den Umfang nicht zu sprengen, musste daher auf einige Teilaspekte verzichtet werden. Wichtiger als das Aufzeigen aller denkbaren Einstellmöglichkeiten war es mir, den kompletten Materialbeschaffungsprozess durchgängig zu zeigen und dabei immer wieder auf die Integration mit anderen SAP-Anwendungen hinzuweisen.

Weil die Integration verschiedener Anwendungen und Systeme mir stets ein großes Anliegen ist und im Rahmen meiner beruflichen Praxis mehr denn je eine entscheidende Rolle spielt, beschränkt sich die Darstellung nicht nur auf Einstellungen der Materialwirtschaft, sondern beschreibt auch – wenn sinnvoll und erforderlich – benachbarte Themen. Beispielsweise erläutere ich bei der Organisationsstruktur auch einige Organisationseinheiten, die originär für andere Anwendungen des SAP ERP-Systems benötigt werden.

Die in diesem Buch gezeigten Möglichkeiten für das Customizing können viele SAP-Projekte in der Materialwirtschaft weiterbringen. Dabei ist die Darstellung als eine Art »Gebrauchsanleitung« für das Customizing der SAP-Materialwirtschaft zu verstehen, die Ihnen bereits in der Projektvorbereitung nützlich sein kann.

[+] **Bis ins letzte Detail ...**

Bezüglich Teilthemen, die ich in diesem Buch nicht oder nicht ausführlich genug beschrieben habe, möchte ich hier gleich auf die einschlägige Dokumentation von SAP hinweisen, beispielsweise unter *http://help.sap.com/* oder direkt im SAP-Einführungsleitfaden (engl. *Implementation Management Guide*, IMG).

Leserschaft

Dieses Buch richtet sich an alle SAP-Spezialisten aus IT und Logistik: Logistiker mit IT-Verständnis und SAP-Erfahrung sowie IT-Experten mit einem Faible für Materialwirtschaft und Logistik, die sich mit SAP-Lösungen beschäftigen, werden von diesem Buch profitieren.

Sie können mit diesem Buch Ihr Know-how autodidaktisch vertiefen. Es kann aber nicht die Teilnahme an Anwender- und Customizing-Schulungen ersetzen, bei denen ein kompetenter Trainer zur Verfügung steht, der Ihnen direkt am System behilflich sein und direkt auf Ihre Fragen eingehen kann.

Das Buch eignet sich nur bedingt für den Einstieg in die SAP-Welt und auch nicht für die Einarbeitung in die tägliche Arbeit mit der SAP-Materialwirtschaft. Hierfür sind beispielsweise die Bücher »Grundkurs: Einkauf mit MM« von Tobias Then (SAP PRESS 2011) sowie das »Praxishandbuch Einkauf mit SAP MM« von Torsten Hellberg (SAP PRESS 2012) besser geeignet. Der »Grundkurs« ist das Buch der Wahl für Leser, die frisch in die Arbeit mit MM einsteigen und nur wenige Vorkenntnisse mitbringen. Das »Praxishandbuch« richtet sich an Anwender, die ihre Kenntnisse für die tägliche Arbeit in der Materialwirtschaft mit SAP optimieren und ausbauen möchten.

Das vorliegende Buch bietet hinsichtlich seines Schwierigkeits- und Anforderungsgrades über diese beiden Titel hinausgehende Informationen.

Leser dieses Buches sollten das SAP ERP-System zumindest als Anwender eines SAP-Moduls kennengelernt haben. Wenn Sie zudem bereits SAP-Projekterfahrung haben und/oder für bestimmte Applikationen in Ihrem Unternehmen verantwortlich sind, werden Sie gut mit dem Buch arbeiten können, etwa in folgenden Funktionen:

- als Leiter oder Mitglied eines Projektteams im Rahmen der SAP-Materialwirtschaft
- als Key User oder Inhouse Consultant
- als externer Berater
- als Modulbetreuer aus einem SAP Competence Center

- als Software-Entwickler in einem SAP-Projekt
- als informationstechnologisch interessierter SAP-Anwender
- als Nachwuchskraft im SAP-Umfeld
- als an betriebswirtschaftlicher Unternehmenssoftware interessierter Leser

Das Buch richtet sich somit an eine breite Leserschaft, die sich mit dem Customizing der SAP-Materialwirtschaft – meist im Rahmen von Einführungs-, Upgrade- oder Optimierungsprojekten – beschäftigt. Sie werden das Buch demnach überwiegend bei der eigentlichen Einrichtung des Customizings verwenden, es wird Ihnen jedoch auch nach dem Projekt als Nachschlagewerk von Nutzen sein.

Für alle gezeigten Einstellungen benötigen Sie zwar einen SAP-Benutzer mit umfassenden Customizing-Berechtigungen; Sie brauchen Ihren Benutzer aber nicht per SSCR (*SAP Software Change Registration*) als Entwickler registrieren zu lassen. Demzufolge verzichtet das Buch auf Entwicklungstätigkeiten, wie beispielsweise die Definition eigener Formulare, Tabellen und Tabellenfelder, auch wenn auf solche technischen Details mitunter hingewiesen wird.

Nachdem Sie erfahren haben, an wen sich das Buch richtet, stelle ich Ihnen nun die Inhalte sowie einige der verwendeten Darstellungsmittel vor:

Inhaltsübersicht

Das Buch ist folgendermaßen strukturiert:

- **Kapitel 1, »Materialwirtschaft, SAP-Systeme und Customizing«**, dient der Einordnung des Buchthemas in einem betriebswirtschaftlichen Umfeld. Es bietet Ihnen zuerst allgemeine Betrachtungen zum Thema Logistik und Materialwirtschaft. Danach erhalten Sie grundsätzliche Informationen bezüglich der Unternehmenssoftware von SAP, SAP-Mandanten, SAP-Systemlandschaften und Customizing etc., die Ihnen die Arbeit im Customizing erleichtern können.
- Bevor Sie mit dem Customizing beginnen, sollten Sie **Kapitel 2, »Projekte«**, lesen, das vorbereitende Tätigkeiten für Ihr Projektvorhaben beschreibt. Hierbei werden SAP-Projekte als komplexe Vorhaben erläutert, und es wird erklärt, wie Sie den SAP-Einführungsleitfaden für Ihre SAP-Projekte sinnvoll einsetzen können.
- In **Kapitel 3, »Allgemeine Einstellungen«**, steigen Sie ins konkrete Customizing ein, indem Sie übergreifende Customizing-Einstellungen für Län-

der, Maßeinheiten, Währungen und Kalender kennenlernen. Sie erhalten auch grundlegende technische Hintergrundinformationen zu Customizing-Tabellen und zur Tabellenpflege, die zu einem besseren Verständnis des SAP-Customizings beitragen.

- **Kapitel 4, »Organisationsstruktur«,** beschreibt, mit welchen Organisationseinheiten Sie die Aufbauorganisation eines Unternehmens in der SAP-Software abbilden können. Hierbei beschränke ich mich nicht auf die Organisationseinheiten der Materialwirtschaft selbst, sondern zeige auch das Customizing der Anwendungen des Rechnungswesens, der Logistik allgemein, des Vertriebs und des Logistics Execution System, die für die Materialwirtschaft von Bedeutung sind.
- **Kapitel 5, »Stammdaten«,** ist das letzte Kapitel, das »globale« Systemeinstellungen zeigt. Hier werden ausführlich die Einstellmöglichkeiten für den Materialstamm – von Feldauswahlsteuerung und zentralen Feldern bis hin zur Konfiguration von Datenbildern – erläutert. Zudem zeige ich Ihnen Customizing-Einstellungen für Geschäftspartner, weitere Stammdaten der Materialwirtschaft sowie Chargen.
- Mit **Kapitel 6, »Einkauf und Beschaffung«,** beginnt die Erläuterung der Prozesse, die von der SAP-Materialwirtschaft unterstützt werden und deren zusammenhängendes Verständnis sehr wichtig für das Customizing ist. So erkläre ich hier ausführlich die Customizing-Einstellungen für Einkaufsbelege, die Bestätigungssteuerung, Partner, Textarten und die Nachrichtenfindung.
- **Kapitel 7, »Bestandsführung«,** beschreibt zunächst Anwendungen und Belege in der Bestandsführung. Der Schwerpunkt liegt auf den Warenbewegungen und den hierfür benötigten SAP-Bewegungsarten. Abschließend erläutere ich die Nachrichten der Bestandsführung.
- In **Kapitel 8, »Bewertung und Kontierung«,** wird die Schnittstelle von Materialwirtschaft und Rechnungswesen beleuchtet. Den Schwerpunkt bildet hier die Darstellung der automatischen Kontenfindung in der Bestandsführung.
- **Kapitel 9, »Logistik-Rechnungsprüfung«,** schließt sich hier nahtlos an, indem es die Kontenfindung der Rechnungsprüfung erörtert. Im Anschluss daran beschreibe ich Einstellungen zu den Eingangsrechnungen, zu Rechnungssperren, Verrechnungskontenpflege und zu den speziellen Nachrichten der Rechnungsprüfung.

Alle Kapitel des Buches arbeiten mit Beispielen, damit die Informationen möglichst anschaulich und praxistauglich vermittelt werden können.

Am Ende des Buches finden Sie einen ausführlichen Index, in dem unter anderem alle Tabellen und Transaktionen mit ihren Codes und Bezeichnungen aufgeführt sind. Anhand der Seitenzahlen können Sie gezielt die Textstellen finden, in denen diese Tabellen und Transaktionen erläutert werden. Zudem haben Sie die Möglichkeit, ein ebenso umfangreiches separates Tabellen- und Transaktionsverzeichnis unter *www.sap-press.de/bonus-seite* kostenfrei herunterzuladen. Dazu benötigen Sie nur den Zusatzcode, den Sie auf der blauen Umschlagseite vorne in diesem Buch finden.

Zugrunde liegender Releasestand

Das SAP ERP-Release der in diesem Buch gezeigten Customizing-Einstellungen ist SAP ECC 6.0 (*ERP Central Component*). Die Anwendungen (engl. *Application*) der Materialwirtschaft sind der Softwarekomponente SAP_APPL (Logistik und Rechnungswesen) zuzurechnen. Diese Komponente hatte bei den im vorliegenden Buch getätigten Einstellungen folgenden Releasestand:

- ursprünglicher Stand bei Beginn des Buchprojektes: Release 600, Level 11, Support Package SAPKH60011
- Stand nach Installation von SAP ERP 6.0 Erweiterungspaket 5 (EHP5): Release 605, Level 3, Support Package SAPKH60503

In diesem Buch erläutere ich ausschließlich Customizing-Einstellungen für SAP ERP, das Nachfolgeprodukt von SAP R/3. Nur sporadisch wird am Rande auf Besonderheiten der Branchenlösung (engl. *Industry Solution*) IS-R (SAP for Retail) für Handelsunternehmen eingegangen. Alle weiteren SAP-Branchenlösungen, wie z.B. für die Automobilindustrie, die innere und äußere Sicherheit, das Gesundheitswesen oder die Versorgungswirtschaft, werden in diesem Buch nicht berücksichtigt.

Wichtige Darstellungselemente

In diesem Buch sehen Sie *über 400 Abbildungen*. Darunter befinden sich abstrahierende Schaubilder, die Zusammenhänge illustrieren sollen. Bildschirmausschnitte (engl. *Screenshots*) aus dem SAP ERP-System stellen aber fraglos das Gros der gezeigten Bilder. Sie veranschaulichen wichtige Einstellmöglichkeiten im Customizing der Materialwirtschaft.

Neben den Customizing-Einstellungen aus der Standardauslieferung von SAP ERP 6.0 sehen Sie etliche Customizing-Pflegedialoge mit eigenen Customizing-Einstellungen, die möglicherweise als Vorlage für die Erfüllung Ihrer Anforderungen dienen können.

In grauen *Informationskästen* sind Inhalte zu finden, die wissenswert und hilfreich sind, aber etwas außerhalb der eigentlichen Erläuterung stehen. Damit Sie die Informationen in den Kästen sofort einordnen können, sind die Kästen mit Symbolen gekennzeichnet:

[+] ▸ Die mit diesem Symbol gekennzeichneten *Tipps* und *Hinweise* geben Ihnen spezielle Empfehlungen, die Ihnen die Arbeit erleichtern können. Sie finden in diesen Kästen auch Informationen zu weiterführenden Themen oder wichtigen Inhalten, die Sie sich merken sollten.

[!] ▸ Das Symbol *Achtung* macht Sie auf Themen oder Bereiche aufmerksam, bei denen Sie besonders achtsam sein sollten.

[zB] ▸ *Beispiele*, durch dieses Symbol kenntlich gemacht, weisen auf Szenarien aus der Praxis hin und veranschaulichen die dargestellten Funktionen.

Ich hoffe, dass Sie gut und gerne mit diesem Buch arbeiten und dass es den von mir angedachten Sinn und Zweck erfüllt: ein umfassendes Handbuch zu sein, das seine Leser bei ihren vielfältigen Aufgaben rund um das Customizing der SAP-Materialwirtschaft und darüber hinaus unterstützt.

Ernst Greiner

Die SAP ERP-Komponente Materialwirtschaft ist kein neues Thema, aber nach wie vor aktuell. Auf den folgenden Seiten werden grundsätzliche Informationen zur SAP-Materialwirtschaft zusammengestellt – als Standortbestimmung und zur Auffrischung.

1 Materialwirtschaft, SAP-Systeme und Customizing

Die Materialwirtschaft ist ein Teilgebiet der Logistik, deswegen werden in diesem Kapitel die betriebswirtschaftlichen Grundlagen der Logistik rekapituliert. Im Anschluss daran stelle ich Ihnen die Funktionen der Materialwirtschaft als Teilgebiet der Logistik im SAP ERP-System vor.

1.1 Logistik

Logistik ist nicht nur ein weitreichendes Themengebiet, sondern auch ein Begriff mit vielen Definitionen. Ohne diese nun in aller Breite darzustellen, möchte ich einige Aspekte betrachten.

Was sich »die alten Griechen« bei dem Sinnspruch *panta rhei* ursprünglich gedacht haben, lässt sich nicht genau sagen. Logistiker übersetzen den Spruch in der heutigen Zeit gerne mit *alles fließt* oder *alles ist in Bewegung*. Das trifft auf unsere schnelle Zeit bestimmt noch mehr zu als auf das alte Griechenland. Die weltweiten Warenflüsse sind nur durch eine leistungsfähige Logistik möglich. Diese leistungsfähige Logistik birgt aber auch Gefahren: Produkte vom anderen Ende der Welt sind plötzlich günstiger zu haben als regionale Erzeugnisse. Das wiederum führt teilweise zu unsinnigen Zunahmen im weltweiten Warenverkehr.

Die Logistik gewinnt für den Kunden gegenüber den Parametern *Preis* und *Produkt* (Funktion, Image und Qualität) immer mehr an Bedeutung, denn die Logistik ist entscheidend für die Effizienz eines Unternehmens. Das gilt für Industrieunternehmen, die Logistik nur als Mittel zum Zweck ansehen, genauso wie für spezifische Logistikdienstleister.

Man kann fast jedes wirtschaftende Unternehmen als logistisches System mit Input und Output betrachten. Den gewünschten *Output* zu erreichen bedeutet, die richtige Menge des richtigen Produktes/Erzeugnisses bzw. der richtigen Ware im richtigen Zustand, zur richtigen Zeit am richtigen Ort zur Verfügung zu stellen. Der »Ort« kann der Endkunde sein, ein Dienstleister, ein Händler, ein Hersteller oder auch die eigene Fertigung oder die Montage etc.

Der *Input* sind die Produktionsfaktoren wie Personal, Anlagen, Energie, Roh-, Hilfs- und Betriebsstoffe, Dienstleistungen, Patente, Lizenzen und Rechte. Die Leistung des Logistiksystems kann über Kennzahlen zum Liefer- und Versorgungsgrad gemessen werden.

Der logistischen Leistung stehen die Logistikkosten als bewerteter Einsatz an Produktionsfaktoren gegenüber (siehe Abbildung 1.1).

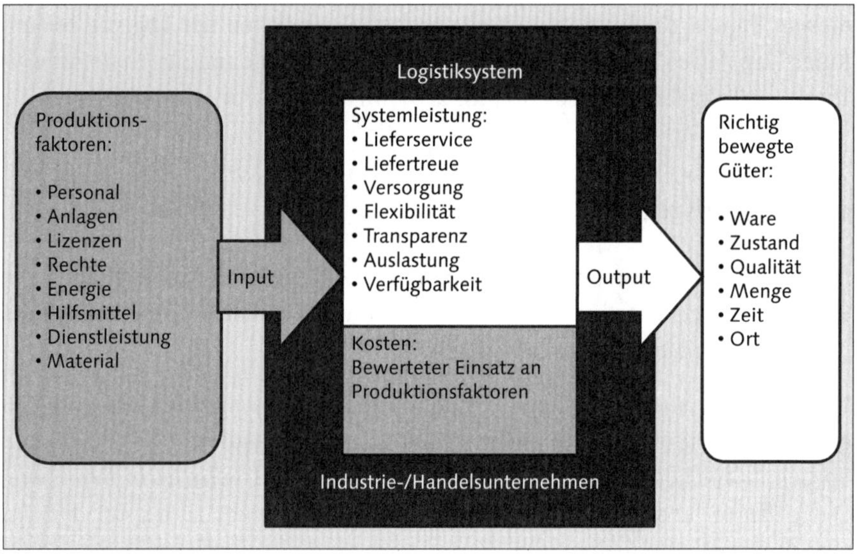

Abbildung 1.1 Industrie-/Handelsunternehmen als logistisches System

Die Lösungen der Unternehmenssoftware von SAP ermöglichen eine Unternehmensorganisation, die dem Unternehmen durch zentrale Planung bei gleichzeitig dezentralem Handeln als logistischem System mit In- und Output gerecht wird.

Der Gefahr der Handlungsunfähigkeit durch zu starken Zentralismus wird mit systematisch eingestellten und durchgängigen Prozessabläufen in den integrierten Anwendungen des Systems begegnet – ähnlich der Redewendung *Think global and act local,* die oft im Zusammenhang mit sinnvollem und sorgsamem Wirtschaften verwendet wird.

Man spricht oft von Logistikfunktionen auf drei Ebenen (siehe Abbildung 1.2):

1. Strategische Logistik/Planung
2. Administrative Logistik/Informationsfluss
3. Physische Logistik/Materialfluss

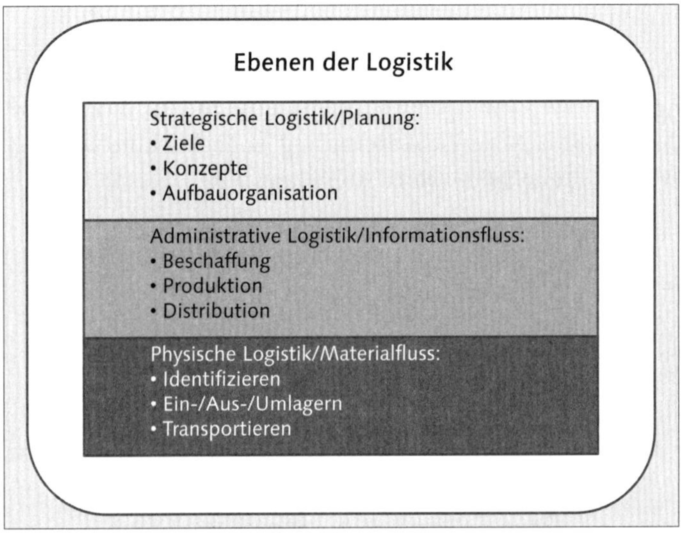

Abbildung 1.2 Ebenen der Logistik

Die Unternehmenslogistik eines Herstellers von physischen Produkten lässt sich nach ihren Hauptaufgaben folgendermaßen einteilen: in eine Versandlogistik, eine Produktionslogistik und eine Beschaffungslogistik. Daneben gibt es noch weitere logistische Aufgaben, wie beispielsweise eine Entsorgungslogistik, ein Qualitätsmanagement, eine Instandhaltung, eine Retourenlogistik und so weiter.

Eine effiziente Logistik ist nur mit einer Unternehmenssoftware möglich, die nicht allein den Informationsfluss abbildet, sondern auch die Planung unterstützt und dem Unternehmen hilft, den Materialfluss zu steuern.

Eine Unternehmenssoftware wie SAP ERP unterstützt das Unternehmen bei der Aufgabe einer kostenoptimierten Planung und Steuerung sämtlicher Aufträge und Lagerbestände mit maximaler Termineinhaltung.

1.2 Materialwirtschaft

Ohne Materialwirtschaft findet keine Logistik statt. Material wird mit den Funktionen der Materialwirtschaft beschafft, eingelagert und verwaltet. Die Materialwirtschaft als Teilgebiet der operativen Anwendungen der Logistik ist gleichzeitig eine Voraussetzung für alle anderen Teilgebiete der Logistik.

Hauptaufgabe der Materialwirtschaft ist die Beschaffung und Lagerung von Material zur Versorgung der Produktion und zur Gewährleistung der Lieferfähigkeit zum Kunden.

Die Softwarelösungen von SAP ERP sind modular aufgebaut. Die SAP-Materialwirtschaft (engl. *Materials Management*, MM) ist das Modul, das die operativen Anwendungen der (Material-)Beschaffung abdeckt. Eine wichtige Rolle spielen hierbei die Teilgebiete (siehe Abbildung 1.3):

- Einkauf und Beschaffung
- Bestandsführung
- Bewertung und Kontierung
- Logistik-Rechnungsprüfung

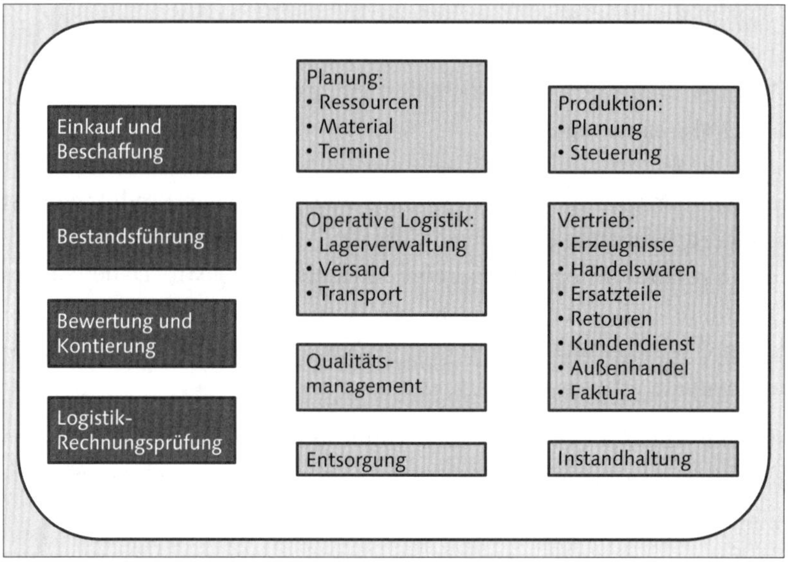

Abbildung 1.3 Teilgebiete der Logistik

Die Aufgaben der Materialbeschaffung und Bestandsführung können als Hauptaufgaben der Materialwirtschaft angesehen werden. Die Bestandsbewertung und Kontenfindung bilden zusammen mit der Logistik-Rechnungsprüfung die Schnittstelle zur Buchhaltung.

Lagerverwaltung, Versand und Transport sind weitere Anwendungsoptionen für die operative Beschaffungslogistik. Diese Anwendungen sind dem SAP-Modul LES (engl. *Logistics Execution System*) zugeordnet.

Als ein weiteres Thema der Materialwirtschaft kann die Material-Disposition angesehen werden. In der Unternehmenssoftware von SAP ERP wird allerdings nur die verbrauchsgesteuerte Disposition zur Materialwirtschaft gerechnet. Der komplette Funktionsumfang der Materialbedarfsplanung steht im Modul PP (engl. *Production Planning*) zur Verfügung. Der verbrauchsgesteuerten Disposition habe ich in diesem Buch kein separates Kapitel gewidmet. Grundlegende Einstellungen für diese Anwendung werden dennoch gezeigt, beispielsweise in den Abschnitten 4.5.3, »Dispositionsbereich«, oder 5.4.2, »Orderbuch«.

1.3 SAP-Software

Das Unternehmen SAP entwickelt und vertreibt – als Standardsoftware konzipierte – Unternehmenssoftware. Die Abkürzung SAP ist ein Überbleibsel des ursprünglichen Namens der 1976 gegründeten Firma »SAP GmbH Systeme, Anwendungen und Produkte in der Datenverarbeitung«.

Zu dieser Zeit gab es noch keine integrierten Informationssysteme für Unternehmen. Die einzelnen Unternehmensbereiche hatten alle ihre eigenen IT-Systeme. Die Erkenntnis und die Veränderung dieses Zustands haben den Erfolg der SAP-Produkte begründet.

Das erste, vor allem bei größeren Unternehmen in Deutschland stark verbreitete Enterprise-Resource-Planning-System (ERP-System) von SAP hieß schlicht SAP R/2 und folgte dem vorher entwickelten Programm RF (später R/1) zur rechnergestützten Abwicklung der Finanzbuchhaltung. Nach wie vor sind viele Programme für die Finanzbuchhaltung im Einsatz, deren achtstelliger ABAP-Programmname mit RF beginnt. Die damals entwickelten Programme der Materialwirtschaft beginnen oft mit dem Präfix RM.

Der Buchstabe R steht für den englischen Begriff *Realtime* (dt. *Echtzeit*). Das ERP-System R/2 erlaubt die Aktualisierung von Daten in Echtzeit. Neben dieser Echtzeit-Verbuchung war auch die Integration betriebswirtschaftlicher Anwendungen für das Rechnungswesen mit Anwendungen der Logistik entscheidend für den Erfolg – ein Erfolgsrezept, dem auch dieses Buch gerecht werden möchte (siehe insbesondere Kapitel 7 bis 9).

[zB]

Integration im SAP-System

Eine Wareneingangsbuchung zur Bestellposition schreibt die Bestellentwicklung fort und aktualisiert dabei die offene Menge in der Bestellposition. Die Lagerbestandsmenge wird erhöht und damit auch die Verfügbarkeit für Produktion und/oder Vertrieb. Gleichzeitig erhöht sich der Wert auf einem Bestandskonto der Buchhaltung, und es wird eine Lieferantenrechnung erwartet. Der Vorgang der Warenbewegung wird dokumentiert in einem Materialbeleg, einem Buchhaltungsbeleg und gegebenenfalls auch in einem Kostenrechnungsbeleg.

Dieses – noch weiter ausdehnbare – Beispiel zeigt nachvollziehbar, wie die Integration durch Datenfortschreibung bereits mit SAP R/2 funktioniert.

SAP R/2 ist eine sogenannte *Mainframe-Applikation*. Als SAP R/2 entwickelt wurde, waren Rechner groß und teuer. Man installierte die Applikationen auf leistungsfähigen Großrechnern (damals oft von IBM). Diese Mainframes wurden an Terminals, bestehend aus Bildschirm und Tastatur, bedient; die Terminals waren über serielle Leitungen mit dem Mainframe verbunden. Bei den Migrationsprojekten von SAP R/2 auf die nachfolgende Programmgeneration SAP R/3 wurde diese technologische Basis von Großrechner auf Client-Server-Architekturen umgestellt.

Seit die serverbasierten Netzwerke mit Personal Computern (PC) am Arbeitsplatz Einzug gehalten haben, wird der Begriff *Client* für den PC am Arbeitsplatz verwendet, auf dem die Anwendungsprogramme laufen. Ressourcen werden zentral verwaltet, und Daten werden zentral abgelegt.

Für den Logistikbereich gibt es neben dem Kernsystem SAP ERP noch eine Reihe anderer Software-Lösungen von SAP, z.B. SAP SCM (Supply Chain Management) oder SAP SRM (Supplier Relationship Management). Das vorliegende Buch bezieht sich ausschließlich auf SAP ERP, die Weiterentwicklung von SAP R/3.

1.3.1 SAP-Mandant

Bei der Anmeldung an einem SAP-System mit SAP Logon müssen Sie einen *Mandanten* (engl. *Client*) angeben. Der Anwender meldet sich an mit Mandant, Benutzerkennung, Kennwort und Sprache (siehe Abbildung 1.4).

Erst wenn Sie alle Anmeldedaten vollständig eingegeben haben, bestätigen Sie Ihre Eingabe mit der [✓]-Taste. Das System prüft, ob es den Mandanten gibt, ob der Benutzer dort angelegt und nicht gesperrt ist, ob das Kennwort stimmt (z. B. Groß- oder Kleinschreibung) und ob die Anmeldesprache installiert ist.

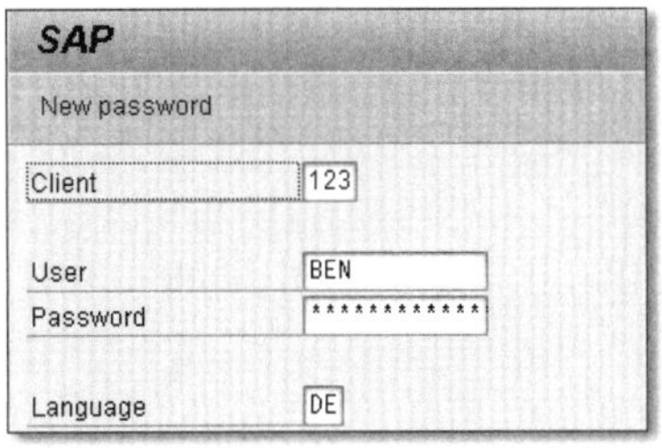

Abbildung 1.4 SAP-Anmeldung mit Mandant

In der SAP-Online-Hilfe (*http://help.sap.com/*) wird der Mandant als »eine für sich handelsrechtlich, organisatorisch und datentechnisch abgeschlossene Einheit innerhalb eines SAP-Systems mit getrennten Stammsätzen und einem eigenständigen Satz von Tabellen« definiert. Somit hat der Mandant bei SAP auch noch eine betriebswirtschaftliche Bedeutung.

In der allgemeinen Datenverwaltung ist der Mandant die oberste Ordnungsinstanz in einem IT-System und stellt im System eine datentechnisch und organisatorisch abgeschlossene Einheit dar. Schon aus datentechnischen Gründen verfügt jedes SAP-System über mindestens einen Mandanten. Ein Großteil der Customizing-Einstellungen wird in Tabellen verwaltet, die mandantenabhängig sind.

Mit der Transaktion SCC4 (Mandantenverwaltung) legen Sie für einen Mandanten fest, ob Änderungen an den mandantenabhängigen Objekten erlaubt sind. Solche Änderungen an Customizing-Tabellen können in Transportaufträgen aufgezeichnet werden (siehe Abschnitt 2.4, »Transportauftrag«). Die Verwaltung solcher Einstellungen erfolgt in der Tabelle T000 (Mandanten).

SAP-Mandanten haben in der Regel numerische Schlüssel. Einen Ausschnitt aus der Transaktion SCC4 (Mandantenverwaltung) für den Referenzmandanten 000 von SAP sehen Sie in Abbildung 1.5.

Der Referenzmandant 000 erlaubt kein mandantenabhängiges Customizing. Für solche Customizing-Einstellungen benötigen Sie einen Mandanten auf Ihrem Entwicklungssystem. Bevor Sie Mandanten definieren, gestalten Sie Ihre Systemlandschaft.

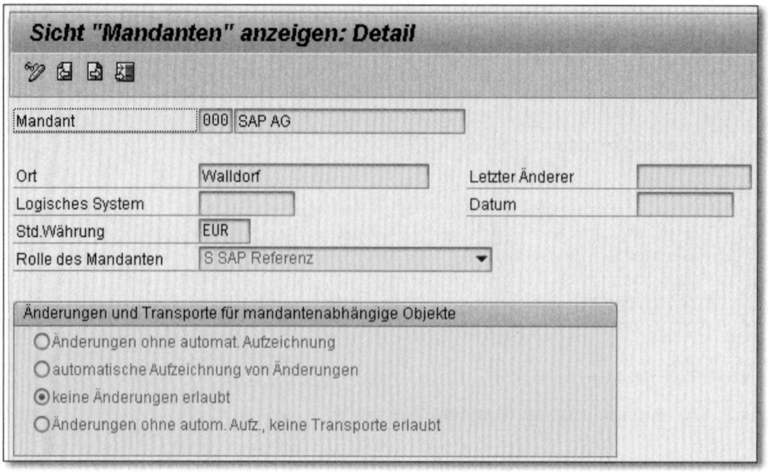

Abbildung 1.5 SAP-Referenzmandant 000

In der Praxis haben sich *Systemlandschaften* mit drei Systemen bewährt:

- Entwicklungssystem (Entwicklungen und Customizing)
- Konsolidierungssystem (auch Qualitätssicherungssystem genannt)
- Produktivsystem

Zur Qualitätssicherung wird auf dem Konsolidierungssystem regelmäßig ein Testmandant als Kopie des produktiven Mandanten mit all seinen Stamm- und Bewegungsdaten aufgebaut. Diese Konsolidierungssysteme dienen der Qualitätssicherung und werden deswegen auch als *Q-Systeme* bezeichnet. Folgende Systembezeichnungen für SAP ERP sind gängig:

- DEV (Entwicklungssystem, englische Abkürzung für *development*)
- QAS (Qualitätssicherungssystem)
- PRD (Produktivsystem)

Um Datenmüll in der Entwicklungsumgebung zu vermeiden, sollten Sie zusätzlich zum Customizing-Mandanten auf dem Entwicklungssystem noch separate Mandanten für Funktionstests vorsehen. Ihre ABAP-Entwicklungen und das mandantenübergreifende Customizing sind dort automatisch verfügbar. Mit der Transaktion SCC1 (Mandantenkopie – Sonderselektionen) kopieren Sie mandantenabhängiges Customizing in den Testmandanten. Hierfür melden Sie sich an dem Testmandanten Ihres Entwicklungssystems an, rufen die Transaktion auf und kopieren Ihr Customizing durch Angabe von Quellmandant und Transportauftrag (siehe Abbildung 1.6).

Abbildung 1.6 Transaktion SCC1 – Kopie gemäß Transportauftrag

Sie können zunächst eine Simulation durchführen, indem Sie die Checkbox TESTLAUF markieren. Wenn Sie nicht nur einzelne Transportaufgaben aus einem Auftrag kopieren wollen, wählen Sie die Checkbox INKLUSIVE UNTERGEORDNETE AUFGABEN DES AUFTRAGES. Die Handhabung von Transportaufträgen beschreibe ich in Abschnitt 2.4.

1.3.2 Customizing

Voraussetzung für das Customizing in SAP-Mandanten sind SAP USER (Benutzerkennungen) mit entsprechenden Berechtigungen.

Mit *Customizing-Einstellungen* passen Sie die unternehmensneutrale Standardsoftware von SAP den spezifischen betriebswirtschaftlichen Anforderungen Ihres Unternehmens an. Customizing-Einstellungen nehmen Sie z.B aus folgenden Gründen vor:

- Einführung eines SAP-Systems (SAP-Implementierungsprojekt)
- Ausbau und Optimierung der Anwendungen im System
- Releasewechsel oder System-Upgrade
- Systemzusammenführung und Harmonisierung

Erst das Customizing macht aus dem neutralen SAP ERP Ihr personalisiertes SAP ERP, in dem Sie Ihre Unternehmensstrukturen, Arbeitsabläufe und Buchungsfolgen mit den vorgesehenen Customizing-Objekten abbilden. Mit Customizing können Sie auch die Datenbilder an den Benutzeroberflächen (engl. *User Interface*, UI) von manchen Standardtransaktionen beeinflussen (zum Materialstamm siehe Abschnitt 5.2), ohne die Standardprogramme zu modifizieren.

[!] **Sprachabhängigkeit**

Heutzutage wird wohl jedes SAP ERP-System in Deutschland mindestens die beiden Sprachen DE (Deutsch) und EN (Englisch) installiert haben. Einige Customizing-Einträge sind sprachabhängig. Beim Customizing werden oft vorhandene Einträge kopiert, so kann es zu verwirrenden Bezeichnungen kommen. Je nachdem, in welchen Sprachen sich Ihre Anwender anmelden, müssen Sie die Einträge gleich übersetzen. Sie können Ihre Einstellungen überprüfen, indem Sie sich in der jeweiligen Sprache an Ihrem Customizing-Mandaten anmelden.

Das vorliegende Buch zeigt nicht die Möglichkeiten des *SAP Solution Managers* als Implementierungs- und Betriebsplattform für SAP-Applikationen (Lösungen) einschließlich Schnittstellen zu Drittsystemen. Die im Solution Manager verwendeten Business Configuration Sets (*BC-Sets*) gehören ebenso wenig zum Inhalt dieses Buches.

1.4 Zusammenfassung

Nachdem ich in dieser »Standortbestimmung« etwas weiter ausgeholt und die grundlegenden Zusammenhänge von Logistik, Materialwirtschaft und SAP-Software rekapituliert habe, möchte ich mit Ihnen eine Reise durch das Customizing der SAP-Materialwirtschaft antreten. Im nächsten Kapitel empfehle ich konkret, wie Sie Ihre Customizing-Einstellungen mit IMG-Projekten dokumentieren können. Diese Vorschläge zur Vorgehensweise sollen als Hilfestellung für Ihre Customizing-Aktivitäten dienen. Mit zunehmender Erfahrung werden Sie Ihre eigenen Methoden entwickeln, mit denen Sie Ihr Customizing einstellen und dokumentieren. Es gibt bekanntlich immer mehrere Wege, die zum Ziel führen.

Mit Projekten im SAP-Einführungsleitfaden können Sie alle Ihre Einstellungen durchführen und dokumentieren. Dadurch wird die Historie der Einstellungen transparent, und das Customizing wird nachvollziehbar.

2 Projekte

In diesem Kapitel erfahren Sie in erster Linie, wie Sie im IMG Projekte für Ihre Customizing-Aktivitäten definieren und einsetzen können. Zuvor möchte ich SAP-Projekte als komplexe betriebswirtschaftliche Vorhaben vorstellen (siehe Abschnitt 2.1). Denn größere Customizing-Aktivitäten und sonstige Anpassungen an Ihrem SAP-System werden in der Regel im Rahmen eines Projekts durchgeführt. Ich denke hierbei beispielsweise an Restrukturierungsprojekte zur Reduzierung der produktiven SAP-Systeme einer Unternehmensgruppe. Bei solchen Projekten kommt es auf ein strukturiertes Vorgehen an. Nicht hinreichend durchdachte und abgestimmte Einstellungen im Customizing können schnell zu Problemen im produktiven SAP-System führen. Deswegen gehe ich in Abschnitt 2.2 auf die Besonderheiten bei SAP-Implementierungen ein.

Danach zeige ich Ihnen ausführlich, wie Sie den SAP-Einführungsleitfaden bzw. IMG (engl. *Implementation Management Guide*) für Ihre Projektarbeit nutzen können, etwa bei der Übernahme von Statuswerten, Stichwörtern und Dokumentationsarten aus den *Projekttemplates (Vorlagen*, siehe Abschnitt 2.3). Anschließend wird die Handhabung von Transportaufträgen erläutert, die Sie für Ihr Customizing-Projekt brauchen, damit Sie die Einstellungen aus dem Entwicklungssystem in das Produktivsystem weiterleiten können (siehe Abschnitt 2.4). Schließlich wird am Beispiel des zuvor angelegten Customizing-Projekts gezeigt, wie eine hilfreiche Dokumentation im IMG aussehen kann. Hierbei erfahren Sie auch, wie Sie Ihr Projekt für spätere Auswertungen nutzen und Notizen zu den Customizing-Aktivitäten erfassen (siehe Abschnitt 2.5).

Bei der Darstellung werden zum einen die Möglichkeiten der Projektauswertung für das Projekt-Controlling erläutert, zum anderen wird viel Wert auf eine simple Handhabung der Projekte im IMG gelegt. Denn nur so ist es möglich, eine hohe Akzeptanz im Projektteam zu erreichen. Und Akzeptanz ist bekanntlich eine wichtige Voraussetzung für ein erfolgreiches Projekt!

2.1 Projekte in der Betriebswirtschaft

Die Projektarbeit in einem SAP-Projekt besteht nur zu einem geringen Teil aus dem Customizing selbst. In erster Linie geht es darum, ein Projekt im betriebswirtschaftlichen Sinne abzuwickeln. Deswegen beginne ich diesen Abschnitt mit der Projektdefinition nach DIN 69901. Hier definiert das Deutsche Institut für Normung e.V. ein Projekt wie folgt:

> *Ein Projekt ist ein Vorhaben, das im Wesentlichen durch Einmaligkeit der Bedingungen in ihrer Gesamtheit gekennzeichnet ist, wie z.B.: Zielvorgabe, zeitliche, finanzielle, personelle oder andere Begrenzungen, Abgrenzungen gegenüber anderen Vorhaben und projektspezifische Organisation.*

Laut dieser Definition ist ein Projekt die einmalige Kombination von einem Vorhaben mit einem klar definierten Ziel und den hierfür eingesetzten Ressourcen (etwa das Team oder die finanziellen Mittel), durch die dieses Ziel erreicht werden soll.

Meiner Erfahrung nach haben Projekte gleichbleibende Merkmale. Diese lassen sich verschiedenen Aspekten zuordnen:

- **Projektziele**
  - Die Projektziele werden vom Auftraggeber vorgegeben.
  - Projekte sind einmalige, zeitlich definierte Vorhaben, um ein oder mehrere *Ziele* zu erreichen. Ein Vorhaben kann erst als Projekt angesehen werden, wenn es neben der Zielformulierung auch noch eine Terminierung für die geplanten Tätigkeiten gibt.
  - Projektziele sind geplante Arbeitsergebnisse und Arbeitsvorgaben, die möglichst in Worten beschrieben vorliegen müssen.
  - Der Abdeckungsgrad der Zielerreichung für die geplanten Arbeitsergebnisse sollte am Ende möglichst hoch sein.
  - Ein Projektziel ist erst erreicht, wenn Mindestanforderungen erfüllt sind.
  - Konkurrierende Ziele können zu Konflikten führen, beispielsweise wenn zu viele Vorhaben gleichzeitig mit denselben Ressourcen umgesetzt werden sollen.

  - Die Zielerreichung wird durch professionelle Projektkoordination unterstützt.
  - Ist die Zielerreichung gefährdet, kann das Projektmanagement durch zusätzliche Arbeitszeiten und/oder zusätzliche Kapazitäten den Einsatzaufwand erhöhen.
- **Finanzielle Rahmenbedingungen/Budget**
  - Der finanzielle Rahmen ist durch ein *Projektbudget* vorgegeben.
  - Aus dem Budget ergeben sich auch Einschränkungen bezüglich Termin und eingesetzter Ressourcen. Eine Terminverschiebung bei gleichbleibenden Ressourcen erhöht automatisch die Kosten.
- **Zeitliche Rahmenbedingungen/Terminierung**
  - Das Projekt beginnt mit einem offiziellen Starttermin, der oft als *Kick-off* bezeichnet wird. Das *Kick-off-Meeting* ist eine Informationsveranstaltung, bei der die beteiligten Teammitglieder auf das bevorstehende Projekt vorbereitet werden.
  - Die eigentliche Projektarbeit endet an dem geplanten Termin für die Zielerreichung.
  - Zu einem professionell durchgeführten Projekt gehören auch eine konstruktive Nachbearbeitung und eine ordentliche gemeinsame Abschlussveranstaltung.
- **Änderungen während des Projekts**
  - Terminänderungen im Laufe eines Projekts können vorkommen, der Auftraggeber eines Projekts besteht in der Regel auf Termineinhaltung.
  - Terminverschiebungen ergeben sich etwa durch fehlende Arbeitsergebnisse oder durch äußere Einflüsse.
  - Es gibt oftmals Abhängigkeiten von Vorgängerprojekten oder Parallelprojekten. Terminänderungen haben ihrerseits möglicherweise Auswirkung auf geplante Folgeprojekte.
  - Durch ein entsprechend organisiertes *Risk Management* müssen z.B. die Konsequenzen erhöhter Projektkosten mit den Konsequenzen bei Nichteinhaltung von Terminen abgewogen werden.
  - Anforderungen, die im Laufe der Projektarbeit neu hinzugekommen sind bzw. sich ändern, erfordern ein Change Management mit Genehmigungsverfahren.

Die Koordination eines Projekts stellt immer eine Herausforderung dar, weil in der Regel mehrere Personen beziehungsweise Organisationen mit zeitlich voneinander abhängigen Aufgaben und unterschiedlichen Interessen beteiligt sind. Dies gilt insbesondere auch für SAP-Projekte, wie Sie im folgenden Abschnitt sehen werden.

2.2 SAP-Projekt

SAP-Projekte sind komplexe Vorhaben. Wesentliche Bausteine dieses komplexen Vorhabens sehen Sie in Abbildung 2.1.

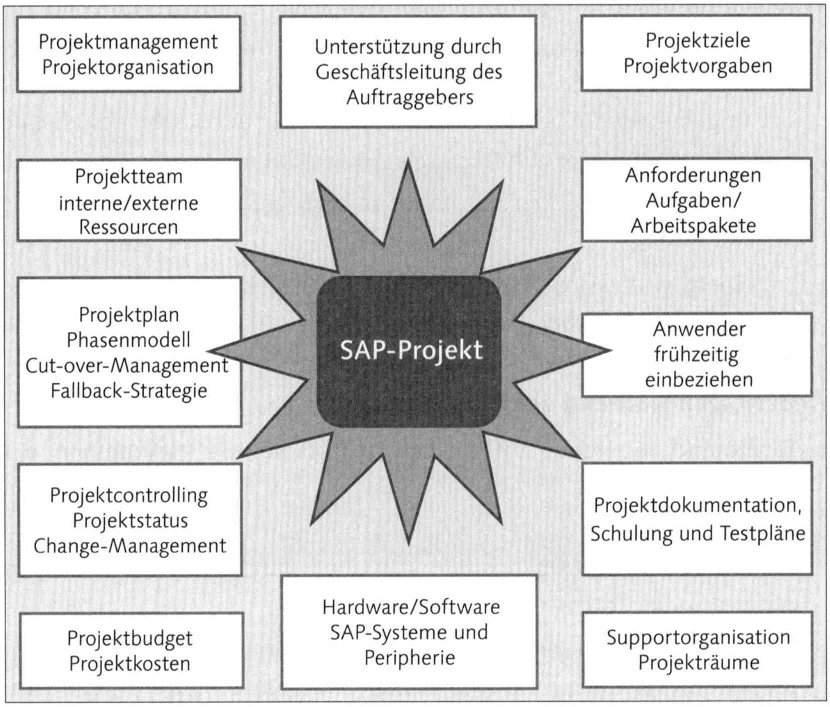

Abbildung 2.1 SAP-Projekt als komplexes Vorhaben

Im Rahmen anwendungsgetriebener SAP-Projekte werden betriebswirtschaftliche Anforderungen verschiedener Fachabteilungen mit Hilfe von SAP-Software abgebildet. Es wäre beispielsweise möglich, dass ein Unternehmen seinen Kundenservice durch SAP-Software unterstützen möchte. In diesem Fall würden die Geschäftsprozesse im Kundenservice (von der Beantwortung von Kundenanfragen bis zur Abwicklung von Reparaturaufträgen sowie der Bestellung von Reparaturen und Ersatzteilen) mit SAP-Software abgebildet. Um die Prozesse möglichst passend abbilden zu können, gehören neben Mitarbeitern aus der IT-Abteilung auch Mitarbeiter aus den betroffenen Fachabteilungen zum Projektteam.

Um die Arbeitslast bewältigen zu können, erhöht man oft die Ressourcen im Projektteam durch externe SAP-Experten. Von diesen zusätzlichen Kapazitäten erwartet man ausgeprägte SAP-Produktkenntnisse und eine entsprechende Projekterfahrung, damit die Anforderungen richtig erkannt und optimal abgebildet werden.

Das Ziel von SAP-Projekten ist generell, die individuellen betriebswirtschaftlichen Anforderungen mit SAP-Software bestmöglich abzubilden. In diesen Projekten, in denen möglichst die besten Mitarbeiter aus der kaufmännischen Fachabteilung, aus der IT und externe Berater Hand in Hand arbeiten, gilt es, die betriebswirtschaftlichen Anforderungen mit einer geeigneten Kombination aus Customizing und Stammdatendefinition möglichst optimal zu erfüllen.

Hierbei bietet das Customizing weitreichende Einstellmöglichkeiten, um die Standardsoftware an die individuellen Anforderungen eines Unternehmens anzupassen. Sollte man dennoch an Grenzen stoßen, besteht die Möglichkeit *kundenindividueller Zusatzentwicklungen*, vor allem mit Hilfe der von SAP entwickelten Programmiersprache ABAP. ABAP (*Advanced Business Application Programming* bzw. ursprünglich *Allgemeiner Berichtsaufbereitungs-Prozessor*) ist ein prozedurales Programmiermodell, das traditionell auf Programmen und Funktionsbausteinen basiert. Mittlerweile gibt es für ABAP auch objektorientierte Möglichkeiten der Programmierung, die auf Klassen und Interfaces basieren.

Im Folgenden sehen Sie die Auflistung einiger Technologien und Schnittstellen für Systemanpassungen, die über das Customizing hinausgehen und somit in diesem Buch nicht näher beschrieben werden:

- *ABAP Workbench*: Entwicklungsumgebung zur Programmiersprache ABAP
- *ABAP Objects*: objektorientierte Programmiersprache
- *Web Dynpro für ABAP*: Technologie zum Entwickeln von Webapplikationen
- *SAPscript & SAP Smart Forms*: Tools zur Erstellung von Formularen
- *ALE* (*Application Link Enabling*): Technologie zur elektronischen Datenverteilung (Anwendungs- und Stammdaten) per IDoc (*Intermediate Document*)

- *BAPI* (*Business Application Programming Interface*): Eine Programmierschnittstelle, mit der externe Programme auf SAP-Businessobjekte zugreifen können. Laut BAPI-Benutzerhandbuch bieten die SAP-Businessobjekte mit ihren BAPIs eine objektorientierte Sicht der betriebswirtschaftlichen Funktionalität des Systems ERP.
- *User Exit*: SAP-Erweiterungen mit kundeneigenem Programmcode in Funktionsbausteinen, Aktivierung und Verwaltung erfolgen mit den Transaktionen SMOD (SAP-Erweiterungsverwaltung) und CMOD (Erweiterungen).
- *BAdI* (*Business Add-in*): Neuere Form von SAP-Erweiterungen, geeignet für Mehrfachverwendung, auch als objektorientierte Nachfolger der User Exits bezeichnet.

SAP-Erweiterungen werden in einem für Kunden reservierten Namensraum vorgenommen und sind dadurch grundsätzlich releasefähig.

SAP-Systeme können vereinfacht als große Datenbanken angesehen werden. Neben der Einstellung des Customizings spielt daher auch die *Datenübernahme* aus den vorherigen EDV-Systemen (Altsystemen) in SAP-Projekten eine große Rolle. Es sind oft große Mengen an Stamm- und Bewegungsdaten aus den Quellsystemen zu übernehmen und/oder für die eingestellten SAP-Prozesse anzulegen.

Wird SAP-Software ganz neu in Unternehmen eingeführt, unterscheidet man hinsichtlich der Einführungsstrategie zwischen dem *Big-Bang-* und dem schrittweisen *Step-by-Step-Ansatz*. Wenn man eine detaillierte Projekt- und Cut-over-Planung mit genügend Testzyklen einrichten kann, ist der *Big Bang* zu bevorzugen, bei dem das Altsystem mit dem SAP-Go-live komplett abgeschaltet wird. Damit erspart man sich viel Entwicklungs- und Testaufwand für vorgeplante Übergangszeiten. Oft sind aber bei der Projektplanung auch Abhängigkeiten zu anderen Projekten zu berücksichtigen. Es gilt dann eine sinnvolle Reihenfolge für die Projektarbeit und die Produktivsetzung zu planen, um mit »kleineren Big Bangs« step by step produktiv zu gehen. In größeren Unternehmensgruppen erfolgt eine solche Vorgehensweise typischerweise länderabhängig. Man startet in einem Land und rollt SAP ERP auf die Unternehmen der anderen Länder aus. Bei den Rollout-Projekten können viele Customizing-Einstellungen kopiert oder gar direkt mitverwendet werden.

Neben den anwendungsgetriebenen Projekten gibt es auch rein technische IT-Projekte, wenn beispielsweise ein neuer Server installiert werden soll. Die betriebswirtschaftlichen Abläufe sollten bei einem solchen technischen Projekt nicht betroffen sein. In diesem Buch wird auf solche, nur die Administration betreffenden Projekte nicht weiter eingegangen.

Eine wichtige Funktion für den Start eines erfolgreichen SAP-Projekts hat das Kick-off-Meeting. Es sollte sehr gut vorbereitet sein. Zur Vorbereitung für den Kick-off gehört die konkrete Projektdefinition. Zu der Projektdefinition wiederum gehört neben der Festlegung von Projektumfang, Einführungsstrategie und Projektplan auch die *Projektorganisation*. Folgende Rollen sind hierbei mit Mitarbeitern aus den Fachabteilungen, der IT und oft auch von externen Beratungshäusern zu besetzen:

- **Lenkungsausschuss**
  (oberstes beschlussfassendes Gremium der Projektorganisation)
- **Projektleiter**
  (verantwortlich für operative Projektplanung und -steuerung)
- **Teilprojektleiter**
  (verantwortlich für operative Planung und Steuerung eines Teilprojekts)
- **Teammitglieder**
  (mit unterschiedlichen Projektaufgaben)

Neben der Projektorganisation ist auch die Festlegung von *Projektstandards* gleich am Anfang des Projekts bekanntzugeben. Zu den Projektstandards gehören beispielsweise auch die technischen Hilfsmittel zur Dokumentation des Projektfortschritts. Neben den üblichen Office-Programmen zur Präsentation, Kalkulation, verbalen Beschreibung von Konzepten usw. kann auch der SAP-Einführungsleitfaden sehr nützlich eingesetzt werden.

Schon bald nach der Begrüßung der Teilnehmer des Kick-off-Meetings sollte der Auftraggeber (möglichst ein Mitglied der Geschäftsleitung des Auftraggebers) die Gelegenheit erhalten, den Anwesenden die Projektziele und die Gründe für das Projekt zu erläutern.

Ein SAP-Projekt ist immer mit einem nicht zu unterschätzenden Arbeitsaufwand für die Projektmitglieder verbunden. Die Mitarbeiter müssen deswegen für die Projektarbeit entsprechend freigestellt werden. Das bisherige Tagesgeschäft muss teilweise auf andere Mitarbeiter verteilt werden. Der Nutzen des SAP-Projekts für das Unternehmen und die Mitarbeiter sollte dargestellt werden. Die Chancen für einzelne Projektmitarbeiter, in der künftigen Organisation des Unternehmens eine verantwortungsvolle Rolle einzunehmen, sollten als Motivation dienen, um den Projekterfolg zu gewährleisten.

SAP-Projekte werden in der ASAP Roadmap in fünf Phasen aufgeteilt:

1. Projektvorbereitung
2. Business-Blueprint-Erstellung
3. Realisierung
4. Produktionsvorbereitung
5. Go-live & Support

[+] **ASAP Roadmap**

Unter der ASAP Roadmap versteht man die Landkartendarstellung der für die SAP ERP-Einführung erforderlichen fünf Phasen von Accelerated SAP, wobei die Abkürzung ASAP allgemein für »as soon as possible« steht und »so schnell wie möglich« bedeutet.

Die SAP-Implementierungspartner haben teilweise ihre eigenen Phasenmodelle entwickelt. Man kann von vier oder fünf Projektphasen ausgehen, die dem obigen Ablauf mehr oder weniger entsprechen. Die geplanten Projektphasen sind jedenfalls in einem strukturierten Projektphasenplan sichtbar zu machen.

Bevor das Projekt tatsächlich gestartet wird, sollte man im Rahmen einer Voruntersuchung bereits die Projektanforderungen aufgenommen haben. Aufbauend auf die Erkenntnisse aus dieser Voruntersuchung können Ressourcen und Projektkosten kalkuliert werden. Diese Phase kann man als *Projektvorbereitung* bezeichnen.

Der *Business Blueprint* dokumentiert die Prozessanforderungen des Unternehmens bzw. der Unternehmensgruppe hinsichtlich Organisationsstruktur, Stammdaten, Geschäftsszenarien und Prozesse.

Zwischen Business Blueprint und Realisierung gibt es in manchen Projekten eine Phase, bei der Hauptprozesse im SAP-Customizing bereits beispielhaft eingestellt werden. Stammdaten werden allesamt von Hand angelegt; es gibt noch keine Zusatzentwicklungen. Das Ergebnis sollten funktionierende integrierte Systemabläufe sein. Dort, wo der SAP-Standard funktionale Lücken aufweist, sollte ein grobes Fachkonzept für Kundenentwicklungen vorliegen.

Die nächste Phase ist die eigentliche *Realisierungsphase* mit Customizing und Entwicklung. Danach folgt die intensive Phase der *Produktionsvorbereitung*. Die abschließenden Tests in dieser Phase müssen mit eingespielten Massendaten erfolgen. Es existiert ein detaillierter *Cut-over-Plan* für die Produktivsetzung der SAP ERP-Software, der mehrmals auf Testmandanten durchgespielt wird.

Es kommt vor, dass Realisierung und Produktionsvorbereitung sich überschneiden, weil Entwicklungen möglicherweise noch nicht alle abgeschlossen sind oder Fehler aus den Massentests noch korrigiert werden müssen. Neue Entwicklungen sollten zu diesem Zeitpunkt aber nicht mehr angegangen werden, um den Go-live nicht zu gefährden.

Die Produktivsetzung selbst (Go-live) ist immer eine spannende Angelegenheit. Nach dem erfolgreichen Go-live folgt schließlich die Supportphase. Eine »schlagkräftige« zwei- oder dreistufige Supportorganisation ist aufzubauen. Der Einsatz externer Kräfte wird nach und nach reduziert. Das Projekt wird offiziell abgeschlossen.

2.3 IMG-Projekt

IMG-Projekte im SAP-Einführungsleitfaden können als Hilfsmittel zur Dokumentation und zur Planung und Steuerung von SAP-Projekten eingesetzt werden. Sie dokumentieren die Customizing-Aktivitäten aller Anwendungen direkt im IMG, und die Dokumentation steht Ihnen zur *Projektauswertung* zur Verfügung. So können Sie die IMG-Aktivitäten (siehe Abschnitt 2.5.2, »Projektauswertung«) der SAP-Benutzer auswerten, die im Rahmen eines Customizing-Projekts gemacht wurden.

IMG-Projekte können auch für ein *Projekt-Controlling* eingesetzt werden, indem man Plandaten mit Ist-Daten vergleicht. Plandaten für eine IMG-Aktivität sind die Termine für Beginn und Ende der Aktivität. Der Aufwand in Projekttagen kann ebenso geplant und erfasst werden. Hierdurch ergibt sich ein geplanter Restaufwand je IMG-Aktivität. Als Kennzahl für das Projekt-Controlling kann auch der Abarbeitungsgrad dienen. Diese Funktion würde ich nur bedingt empfehlen, weil es schwer ist, den Aufwand im Vorfeld nur anhand einzelner Customizing-Aktivitäten zu planen. Die Customizing-Einstellungen selbst machen sowieso nur einen geringen Anteil am Projektaufwand aus.

Customizing-Einstellungen sind relativ schnell durchgeführt, wenn vorher genau definiert wurde, mit welcher IMG-Aktivität was einzustellen ist.

Wichtige Vorarbeit für das eigentliche Customizing [zB]

Das Unternehmen hat beispielsweise für ein Werk eine zusätzliche Lagerhalle angemietet, und Sie benötigen nun einen neuen Lagerort. Ein Lagerort samt Adresse ist schnell angelegt (siehe Abschnitt 4.7.3, »Lagerort«).

Mit dem Anlegen des Lagerortes ist es aber nicht getan. Sie müssen nun alle Warenbewegungen und sonstigen Prozesse herausfinden, die für den Lagerort relevant sind. Daraus lassen sich möglicherweise weitere IMG-Aktivitäten ableiten, außerdem sind eventuell noch (Material-)Stammdaten anzulegen oder anzupassen, damit diese Prozesse in SAP ERP abgebildet werden können etc.

Der Projektaufwand lässt sich besser mit Projektplänen und Prozesslisten und daraus resultierenden Projektaufgaben planen und erfassen. Hierfür gibt es einschlägige *Office-Tools* für Projektplanung und Tabellenkalkulation, mit denen Aufwände für einzelne Tätigkeiten zur Abbildung Ihrer Prozesse geplant werden können.

[+] **Empfehlung für das Customizing**

Machen Sie möglichst keine Einstellungen im Customizing ohne Dokumentation in einem IMG-Projekt.

2.3.1 IMG-Projekt anlegen

IMG-Projekte legen Sie mit der Transaktion SPRO_ADMIN (Projektverwaltung) an. Im SAP-Anwendermenü rufen Sie die Transaktion über den Pfad SAP Menü • Werkzeuge • Customizing • IMG direkt unter der Transaktion SPRO (Customizing – Projektbearbeitung) auf (siehe Abbildung 2.2). Alternativ können Sie den Transaktionscode SPRO_ADMIN auch direkt in das Kommandofeld eingeben.

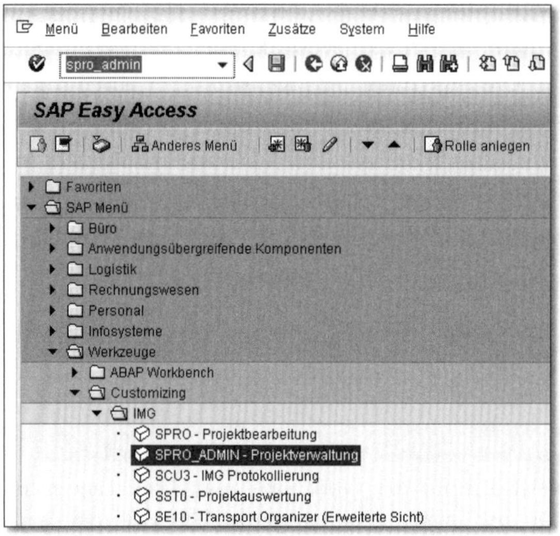

Abbildung 2.2 Transaktion SPRO_ADMIN aufrufen

Wie Sie in Abbildung 2.3 sehen, legen Sie ein neues Projekt an, indem Sie in der Transaktion SPRO_ADMIN (Projektverwaltung) auf den Button links oben klicken oder die Funktionstaste [F5] drücken.

Abbildung 2.3 Transaktion SPRO_ADMIN – Projekt anlegen

Im sich nun öffnenden Popup sollten Sie dem Projekt einen griffigen Namen geben. Sofern das betriebswirtschaftliche Projekt einen kurzen Namen hat, könnten Sie diesen auch unter PROJEKTNAME im Popup-Fenster eintragen (siehe Abbildung 2.4). Bestätigen Sie mit der Taste [✔].

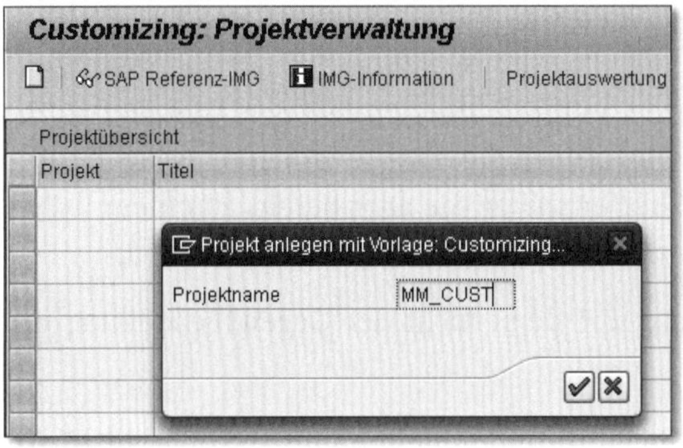

Abbildung 2.4 Projektname

Geben Sie dem Projekt anschließend einen sinnvollen Titel. Diesen tragen Sie in dem Fenster, das Sie in Abbildung 2.5 sehen, oben ein.

Allgemeine Daten

Das Beispielprojekt, das hier verwendet wird, heißt MM_CUST und hat den Titel BUCHPROJEKT MATERIALWIRTSCHAFT (siehe Abbildung 2.5).

Unterhalb des Projektnamens und des Titels haben Sie nun die erste Registerkarte, ALLGEMEINE DATEN, vor sich. Dort können Sie grundlegende Eingaben machen. Sie hinterlegen einen verantwortlichen SAP-Benutzer, den aktuellen Status und den geplanten Zeitrahmen. Im Beispiel von Abbildung 2.5 wurde der Status OFFEN gewählt, weil das Projekt gerade erst angelegt wird.

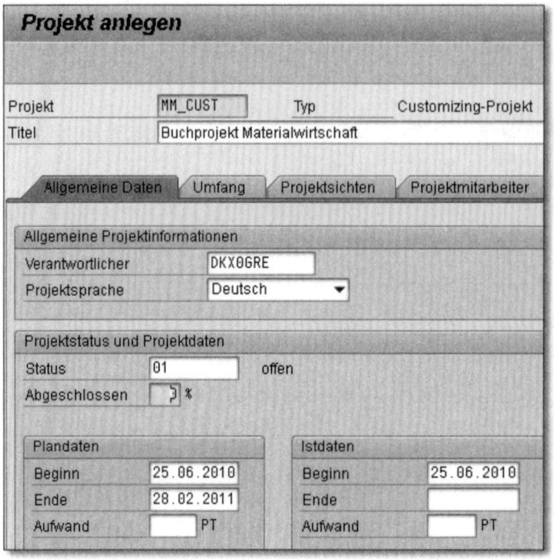

Abbildung 2.5 Allgemeine Daten für das Projekt

Sie könnten, wie schon erwähnt, in Ihrem IMG-Projekt den Aufwand für das Customizing planen und erfassen, wenn Sie diese Informationen für Ihr Projekt-Controlling benötigen. Hierfür sollten Sie aber bereits zu einem frühen Zeitpunkt die auszuführenden Customizing-Aktivitäten alle kennen.

Das IMG-Projekt in Abbildung 2.5 dient nicht der Gegenüberstellung von Plan- und Ist-Aufwand.

Nachdem Sie die Projektbezeichnung und die allgemeinen Daten erfasst haben, prüfen Sie die Projektvorlage (das Projekttemplate) bezüglich Statuswerten, Stichwörtern und Dokumentationsarten. Gegebenenfalls erweitern Sie den Wertevorrat. Wie Sie hierbei vorgehen, erfahren Sie in den nächsten Abschnitten.

Statuswerte

In der Standardauslieferung bietet SAP für IMG-Projekte vier Projektstatuswerte an:

- 01 offen
- 02 in Arbeit

- 03 erledigt
- 04 nicht relevant

Mit diesen Werten können Sie Projekte abwickeln. Sie können hier aber auch andere Werte ergänzen, etwa »testbereit« oder »produktiv«. Wie Sie einen solchen eigenen Status in der Projektvorlage anlegen und in Ihr Projekt übernehmen, indem Sie die Vorlage für Customizing-Projekte erweitern, zeige ich nun Schritt für Schritt.

1. Wählen Sie in der Projektdefinition die Registerkarte STATUSWERTE und hier den Button PROJEKTTEMPLATE (siehe Abbildung 2.6). Sie gelangen hierdurch in die bereits angesprochene Projektvorlage, in der Sie Status, Stichwörter und Dokumentationsarten definieren.

Abbildung 2.6 Statuswerte im Projekt

2. Einen eigenen Status definieren Sie auf der rechten Bildseite. Neben SCHLÜSSEL (Spalte STATUS) und BEZEICHNUNG geben Sie noch die Ampelfarbe (Spalte BEWERTUNG) und die Sortierung der Status (Spalte SORTIERREIHENFOLGE) vor.
3. Mit der oberen Pfeiltaste in der Mitte kopieren Sie den vorher markierten Status aus dem kompletten Verzeichnis rechts in die Liste der Statuswerte für Projekte auf der linken Seite.

   In Abbildung 2.7 sehen Sie den eigenen Status 09 mit der Bezeichnung PRODUKTIV und der Bewertung GREEN in der Sortierreihenfolge 5. Ein solcher Status 09 kann gesetzt werden, wenn die Customizing-Aktivität bereits aus dem Entwicklungssystem in das Produktivsystem transportiert wurde.

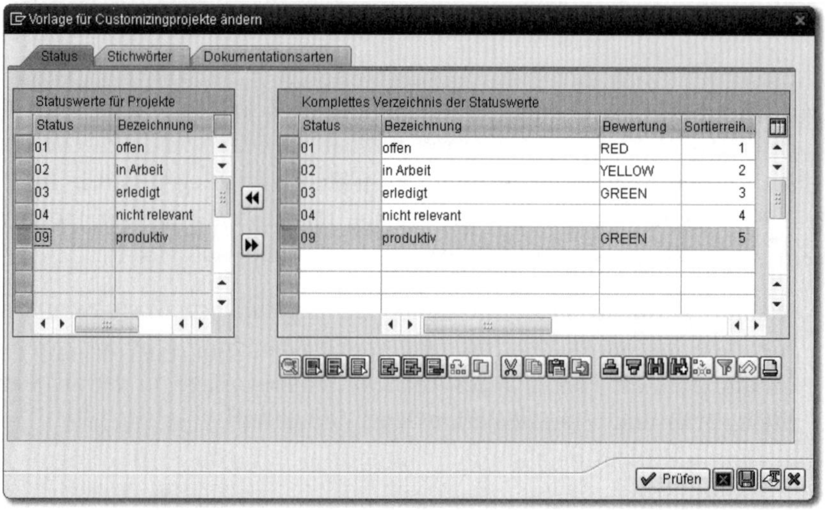

Abbildung 2.7 Projektvorlage – Statuswerte

4. Nachdem Sie den neuen Status in den Fensterbereich STATUSWERTE FÜR PROJEKTE kopiert haben, müssen Sie die Übernahme noch sichern.

Erst jetzt können Sie den neuen Status in Ihren Projekten verfügbar machen. Mit dem Befehl ABBRECHEN (Taste F12) können Sie die Vorlage verlassen. Ich mache das erst, nachdem ich die Registerkarten STATUS, STICHWÖRTER und DOKUMENTATIONSARTEN erläutert habe.

Stichwörter

Auf der Registerkarte STICHWÖRTER legen Sie sinnvolle Stichwörter für Ihre Projektvorlage fest.

Ein Stichwort besteht aus einem bis zu zwölfstelligen Schlüssel (Spalte STICHWORT) und einer bis zu 40-stelligen Bezeichnung (Spalte BEZEICHNUNG). Mit Stichwörtern können Sie später Ihre Customizing-Einstellungen selektieren.

Analog zum Status markieren Sie die relevanten Stichwörter im kompletten Verzeichnis rechts und kopieren diese in Ihr Projekt links. Das Customizing wird oft prozessbezogen eingestellt. In diesem Fall nummerieren Sie Ihre Prozesse durch und können damit für die Prozesse jeweils Stichwörter definieren. Um den Vorschlag mit den prozessbezogenen Stichwörtern zu veranschaulichen, habe ich in Abbildung 2.8 das Stichwort 01 (PROZESS 01) aus dem Verzeichnis der Stichwörter übernommen.

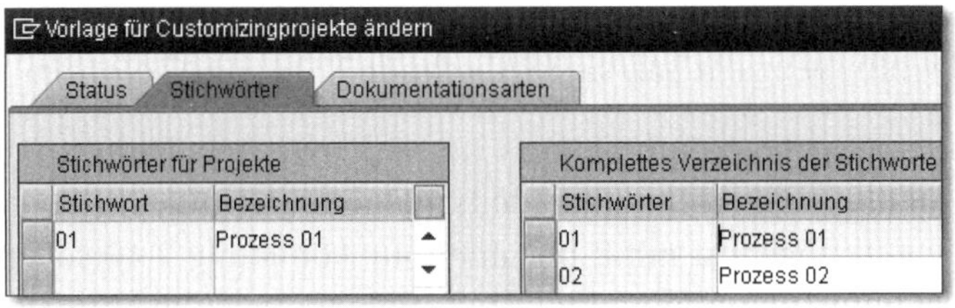

Abbildung 2.8 Projektvorlage – Stichwörter

Überlegen Sie sich geeignete Schlüssel und Bezeichnungen für Ihre Stichwörter. Nachdem die Stichwörter in der Projektvorlage sind, können Sie sie über die Pfeiltaste dem Projekt zuordnen. Erst dann stehen die Stichwörter Ihrem Projekt zur Dokumentation im IMG zur Verfügung. In Abbildung 2.9 werden die markierten Stichwörter per Doppelpfeil dem linken Fensterbereich Verfügbare Stichwörter im Projekt zugeordnet.

Abbildung 2.9 Stichwörter dem Projekt zuordnen

Mit der Zuordnung reduzieren sich die nicht verwendeten Stichwörter.

Dokumentationsarten

Auf der Registerkarte Dokumentationsarten legen Sie die Dokumentationsarten für Ihre IMG-Notizen fest. Man unterscheidet hier grundsätzlich zwei Arten der Dokumentation:

1. *Lokale Dokumentationsarten*, die nur von Mitarbeitern innerhalb eines Projekts eingesehen und genutzt werden können.
2. *Globale Dokumentationsarten* sind projektübergreifend einsetzbar. Das ist sinnvoll, wenn auf dem SAP-System Mitarbeiter mehrerer Projekte gleichzeitig Einstellungen an denselben Customizing-Tabellen vornehmen. Die globalen Dokumente können gemeinsam genutzt werden.

Aus allen Notizen in den Dokumenten sollte hervorgehen, wer die Einstellungen wann und wofür gemacht hat, siehe Abschnitt 2.5.3, »IMG-Notizen«.

Globale Dokumentationsarten kennzeichnen Sie in der rechten Spalte GLOBALE DOKU, andernfalls ist die Dokumentationsart lokal. Der maximal vierstellige Schlüssel sollte möglichst mit Z beginnen. In Abbildung 2.10 sehen Sie beispielhaft eine globale und eine lokale Dokumentationsart im kompletten Verzeichnis rechts. Die Dokumentationsart ZG wurde hier in die Vorlage übernommen.

Wenn Sie keine vertraulichen Informationen hinterlegen wollen, sollten Sie die globale Dokumentationsart für Ihr Projekt verwenden.

Für die weiteren Einstellungen verlassen Sie die Projektvorlage mit Hilfe der [F12]-Taste (ABBRECHEN) und gehen zurück in das Projekt.

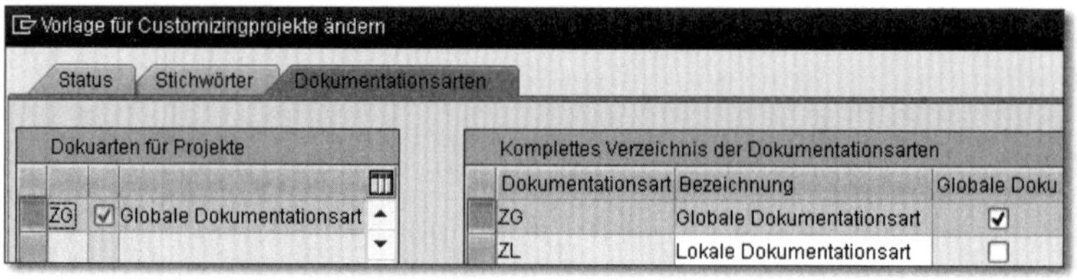

Abbildung 2.10 Projektvorlage Dokumentationsarten

CTS-Funktionalität

Die Aktivierung der CTS-Funktionalität (*Change and Transport System*) ordnet alle Transportaufträge und -aufgaben dem Customizing-Projekt zu, in dem die Aufträge angelegt wurden. Die Zuordnung zu einem Projekt im Change and Transport System kann systemübergreifend genutzt werden, um die Aufträge beim Import mit Hilfe der Transaktion STMS (Transport Management System) projektweise zu gruppieren und zu importieren. Auch in der Transaktion SE10 (Transport Organizer) sind die Transportaufträge nach Projektzuordnung gegliedert aufgelistet. Die CTS-Funktionalität sollten Sie aktivieren, bevor Sie den ersten Customizing-Auftrag anlegen (siehe Abschnitt 2.4, »Transportauftrag«).

Sie aktivieren CTS auf der Registerkarte TRANSPORTAUFTRÄGE über den Button CTS-FUNKTIONALITÄT AKTIVIEREN. Das System weist Sie darauf hin, wie sich das Systemverhalten durch die Aktivierung der CTS-Funktionalität ändert. Klicken Sie das Icon mit dem grünen Haken rechts unten in Abbildung 2.11 an, nachdem Sie den Hinweis gelesen haben.

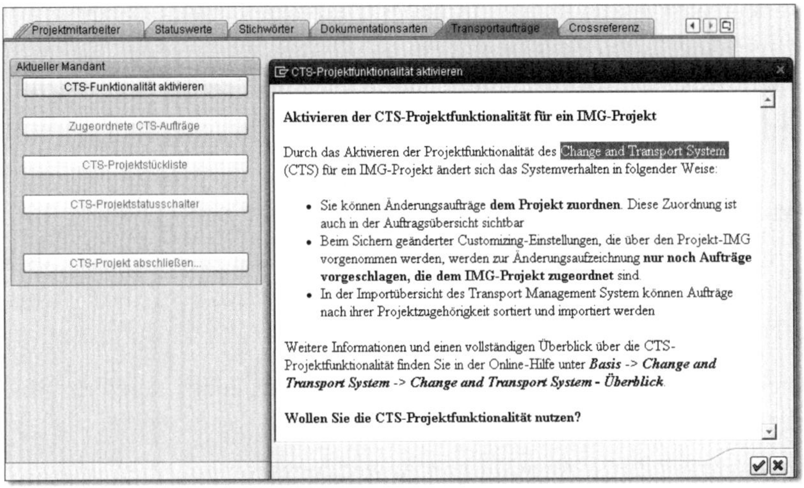

Abbildung 2.11 CTS-Funktionalität aktivieren

Aus der Sicht eines Projekts ist es sinnvoll, wenn die Transportaufträge alle automatisch einen Projektbezug haben.

Abstimmungsbedarf entsteht jedoch, wenn es mehrere Transporte gibt, die Änderungen an derselben Tabelle enthalten. In diesem Fall müssen die Transporte in der korrekten Reihenfolge freigegeben und transportiert werden (siehe Abschnitt 2.4.2, »Transportauftrag verwenden«).

Verwendungsnachweis

Der Verwendungsnachweis prüft, ob Ihre Customizing-Objekte (Tabelle, View etc.) mehrfach verwendet werden. Wenn Sie für Ihr Projekt ein bereits verwendetes Objekt nutzen, kann der Bearbeiter des anderen Projekts mit einer E-Mail informiert werden. Mit der Option ALLE PROJEKTE IN DEN VERWENDUNGSNACHWEIS EINBEZIEHEN können Sie auf der Registerkarte CROSSREFERENZ einen Verwendungsnachweis einschalten (siehe Abbildung 2.12).

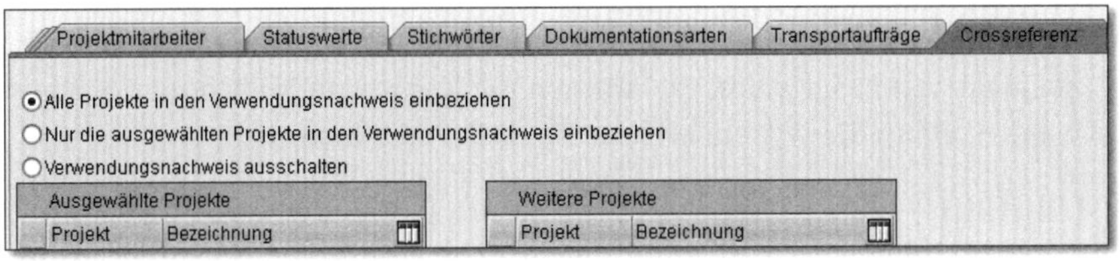

Abbildung 2.12 Verwendungsnachweis

Der Verwendungsnachweis für Customizing-Projekte bezieht alle auf Ihrem Mandanten angelegten Projekte mit ein. Sie können die Projekte, die einbezogen werden sollen, aber auch gezielt auswählen. Außerdem ist es möglich, den Verwendungsnachweis auszuschalten.

Projektumfang

Bevor Sie das Projekt generieren, müssen Sie noch den Projektumfang definieren. Diesen legen Sie auf der Registerkarte UMFANG fest. Dazu stehen Ihnen zwei Möglichkeiten zur Verfügung:

- Projektumfang durch manuelle Auswahl im IMG (oder Referenz-IMG) festlegen.
- Projektumfang durch Auswahl von Anwendungskomponenten und Ländern festlegen.

Die erste Vorgehensweise empfiehlt sich, wenn man mit dem Aufbau des IMG von SAP vertraut ist und den kompletten IMG auswählen möchte.

1. Klicken Sie auf den Radiobutton PROJEKTUMFANG DURCH MANUELLE AUSWAHL IM REFERENZ-IMG FESTLEGEN. In Abbildung 2.13 sehen Sie den zugehörigen Button UMFANG FESTLEGEN.

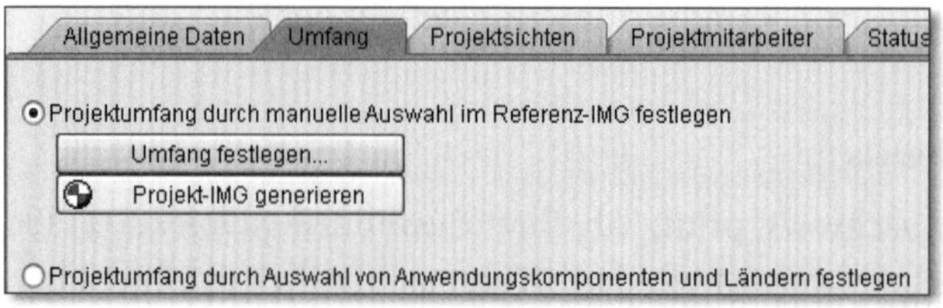

Abbildung 2.13 Projektumfang festlegen

2. Es öffnet sich das Popup-Fenster IMG-KNOTEN AUSWÄHLEN. Sie können den kompletten Referenz-IMG selektieren, indem Sie einfach den obersten Knoten SAP CUSTOMIZING EINFÜHRUNGSLEITFADEN anklicken, wie in Abbildung 2.14 zu sehen. Sämtliche Unterknoten werden auf diese Weise ebenfalls mit ausgewählt. Sie können die Knoten aber auch manuell auswählen, wenn Sie wissen, welche Sie tatsächlich benötigen.

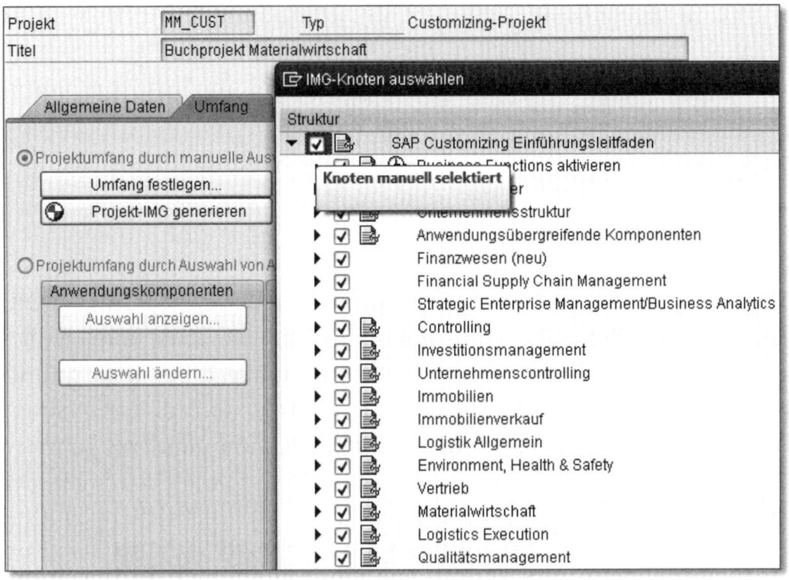

Abbildung 2.14 IMG-Knoten auswählen

Mit der Taste legen Sie den selektierten Projektumfang fest.

Projektsichten

Direkt rechts neben der Registerkarte UMFANG finden Sie die Registerkarte PROJEKTSICHTEN (siehe Abbildung 2.15). Dort können Sie für bestimmte Teilprojekte, Projektphasen oder Prozesse spezielle Sichten anlegen – als Teilmenge des Projektumfangs. Das erschwert aber die Suche nach den jeweiligen Customizing-Aktivitäten. Die Projektsichten sind eine Option, die ich deswegen nicht nutzen werde. Dadurch erübrigt sich beim Einstieg in das IMG-Projekt die Sichtauswahl.

2.3.2 Projekt-IMG generieren

Nachdem Sie nun die wesentlichen Einstellungen der Projektdefinition gemacht haben, ist es an der Zeit, den Projekt-IMG zu generieren/aktivieren.

1. Gehen Sie dazu wieder auf die Registerkarte UMFANG. In Abbildung 2.15 sehen Sie unter dem bereits erwähnten Button UMFANG FESTLEGEN den Button PROJEKT-IMG GENERIEREN.

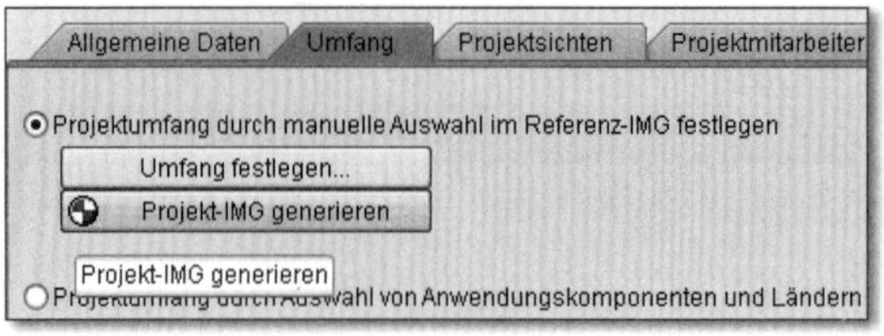

Abbildung 2.15 Projekt-IMG generieren

2. Abbildung 2.16 zeigt die Optionen, mit denen der Projekt-IMG generiert werden kann. Damit Sie nicht vor dem Bildschirm warten müssen, bis der IMG generiert ist, sollten Sie Projekte grundsätzlich per Hintergrundjob generieren (Checkbox GENERIERUNG ALS HINTERGRUNDJOB DURCHFÜHREN). Wenn Sie Sichten angelegt hatten, können Sie diese gleich mitgenerieren.

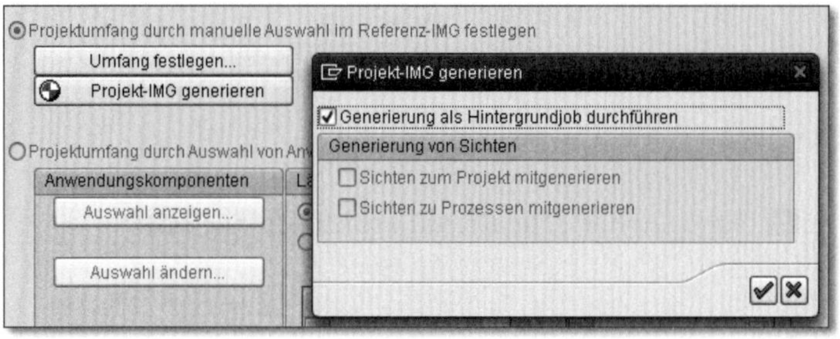

Abbildung 2.16 Generierung als Hintergrundjob durchführen

3. In der Transaktion SM37 (Übersicht über Jobauswahl) können Sie den Fortschritt überwachen. Anfangs sollte Ihr Job den Status AKTIV haben, wie es in Abbildung 2.17 zu sehen ist.

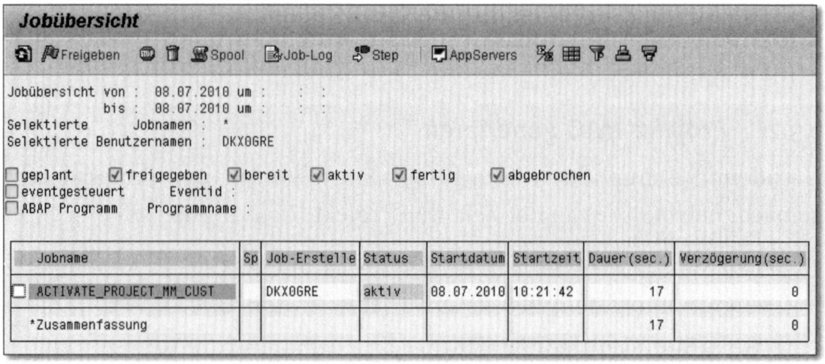

Abbildung 2.17 Jobübersicht

Der Jobname ACTIVATE_PROJECT_MM_CUST wird vom System intern vergeben und vor den Projektnamen gesetzt.

Nachdem der Job erfolgreich gelaufen ist, sollte Ihr Projekt generiert sein. Der Job hat dann den Status FERTIG.

Projektmitarbeiter

Ordnen Sie nun dem Projekt Mitarbeiter zu, denen Sie wiederum IMG-Aktivitäten zuordnen können. Ihre Customizing-Aktivitäten können auf diese Weise geplant und – vor allem – auch dokumentiert werden.

1. Mit der Transaktion SPRO_ADMIN (Customizing – Projektverwaltung) gehen Sie im Änderungsmodus in die Projektverwaltung und selektieren die Registerkarte PROJEKTMITARBEITER.

   Zusätzlich zu Ihrer SAP-Benutzerkennung sind hier noch alle anderen SAP-Benutzer einzutragen, die in Ihrem Projekt Customizing-Aufgaben übernehmen. In Abbildung 2.18 sehen Sie beispielhaft einen Dummy-Mitarbeiter BENUTZER, der dem Projekt MM_CUST zugeordnet ist.
2. Nachdem Sie Ihre echten Projektmitarbeiter eingetragen haben, führen Sie die Projektzuordnung durch.
   - Sie können einzelne Mitarbeiter selektieren und diesen Mitarbeitern das Projekt in den Arbeitsvorrat legen. Hierzu wählen Sie die Funktion BENUTZER ZUORDNEN – in Abbildung 2.18 oben in der Mitte.

Abbildung 2.18 Projektmitarbeiter zuordnen

   - Schneller geht es, wenn Sie das Projekt gleich allen Mitarbeitern zuordnen. Sie wählen hierzu die Funktion ALLE PROJEKTMITARBEITER ZUORDNEN rechts oben in der Abbildung.

3. Die zugeordneten Benutzer finden das Projekt im Arbeitsvorrat der Transaktion SPRO (Customizing – Projektbearbeitung) (siehe Abbildung 2.19).

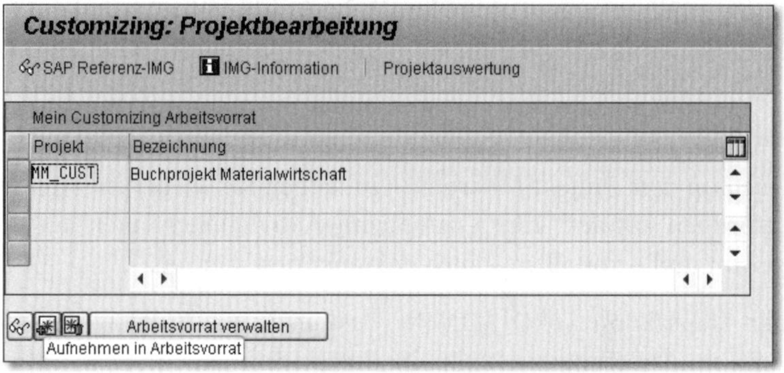

Abbildung 2.19 Transaktion SPRO – Customizing Arbeitsvorrat

Wie Sie an den Icons in Abbildung 2.19 unten links sehen, können die Benutzer ihren Arbeitsvorrat selbst verwalten, indem sie Projekte und/oder Projektsichten hinzufügen oder entfernen. Klicken Sie zunächst auf den Button Aufnehmen in Arbeitsvorrat. Anschließend selektieren Sie das Projekt, das Sie zum Arbeitsvorrat hinzufügen wollen.

Standardprojekt

Wenn ein Projektmitarbeiter aktuell nur an einem Projekt arbeitet, was bei größeren Projekten durchaus nicht ungewöhnlich ist, dann sollte das Projekt als Standardprojekt definiert werden. In Abbildung 2.20 sehen Sie, wie in der Projektbearbeitung das Standardprojekt definiert wird. In der Transaktion SPRO (Customizing – Projektbearbeitung) wählen Sie hierfür Bearbeiten • Standardprojekt-/Sicht • Definieren.

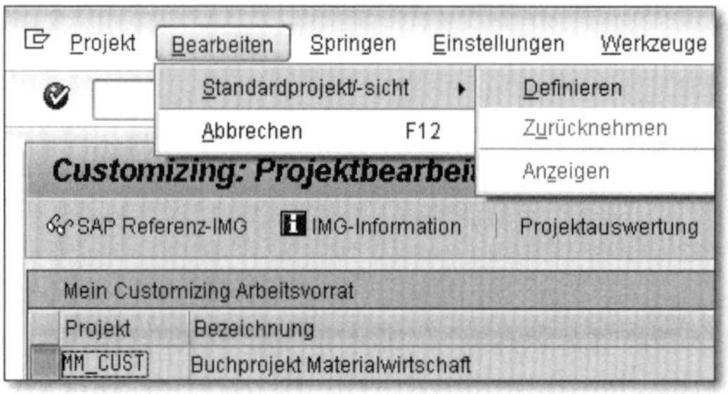

Abbildung 2.20 Standardprojekt definieren

Haben Sie ein Projekt als Standardprojekt definiert, rufen Sie dieses mit der Transaktion SPRO (Customizing – Projektbearbeitung) direkt auf. In Abbildung 2.21 sehen Sie einen Ausschnitt aus dem IMG-Projekt MM_CUST.

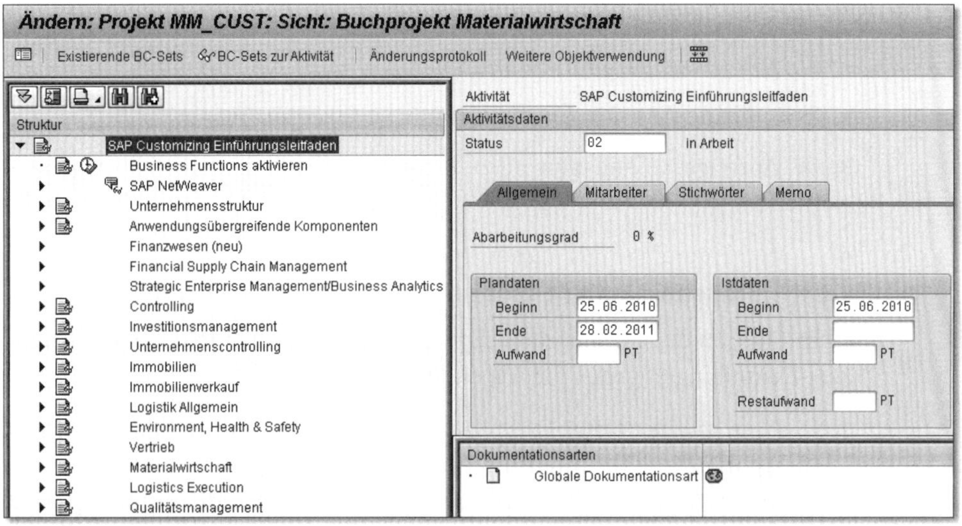

Abbildung 2.21 IMG-Projekt MM_CUST

In der linken Bildhälfte befindet sich die Baumstruktur des SAP-Customizing-Einführungsleitfadens.

Die rechte Bildhälfte ist zweigeteilt. Oben sehen Sie die auswertbaren Daten der IMG-Doku. Im unteren Bereich DOKUMENTATIONSARTEN werden die IMG-Notizen angelegt. Hier ist es die globale Dokumentationsart ZG, die in Abbildung 2.10 zugeordnet wurde. Den Umgang mit IMG-Notizen zeige ich Ihnen in Abschnitt 2.5.3, »IMG-Notizen«.

Mit Hilfe der Leiste unter der Bildüberschrift können Sie den IMG als Vollbild anzeigen, die rechte Bildhälfte wird dann ausgeblendet. Außerdem können Sie z.B. existierende BC-Sets (Business Configuration Sets) oder Änderungsprotokolle in weiteren IMG-Projekten auswerten und Aktivitätsdaten vererben.

2.4 Transportauftrag

Mit Transportaufträgen bringen Sie Ihre (bereits erfolgreich getesteten) Customizing-Einstellungen und Workbench-Entwicklungen aus dem Entwicklungssystem in das Produktivsystem. Die Berechtigung zum Anlegen und

Freigeben von Transportaufträgen ist ausgewählten Mitarbeitern vorbehalten. Aus Wartungsgründen sollte nicht jeder Projektmitarbeiter Transportaufträge anlegen und freigeben dürfen. Besser ist es, wenn die Aufträge im Vorfeld zentral angelegt werden. Folgende Transportaufträge benötigen Sie für Ihr Customizing-Projekt:

- Workbench-Auftrag für die IMG-Notizen, siehe Abschnitt 2.5.3
- Customizing-Aufträge für das eigentliche Customizing

Beide Aufträge sollten von allen Projektmitarbeitern gemeinsam genutzt werden.

2.4.1 Transportauftrag anlegen

Beim Anlegen des Transportauftrags für Ihre mandantenabhängige Customizing-Einstellungen gehen Sie folgendermaßen vor:

1. Sie legen mit der Transaktion SE10 (Transport Organizer) einen zentralen Transportauftrag für Ihre Customizing-Einstellungen mit Bezug zu Ihrem Customizing-Projekt an. Hierfür selektieren Sie den Radiobutton CUSTOMIZING-AUFTRAG (siehe Abbildung 2.22).

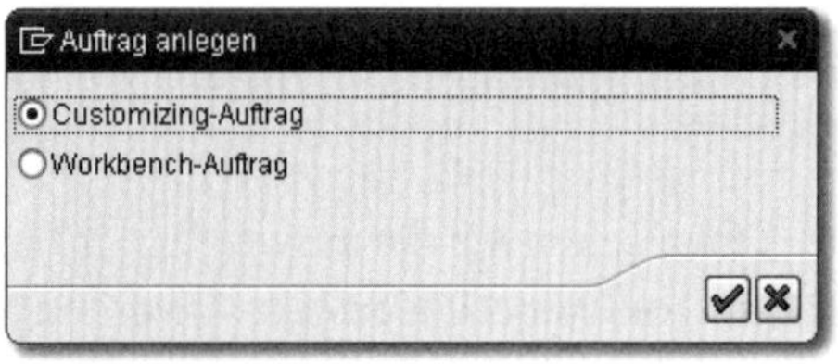

Abbildung 2.22 Customizing-Auftrag anlegen

2. In diesem Customizing-Auftrag legen Sie für alle Projektmitarbeiter Customizing-Aufgaben an. Tragen Sie hierzu die jeweiligen Benutzerkennungen in der Spalte MITARBEITER ein (siehe Abbildung 2.23).
3. Ihr IMG-Projekt steht im Feld PROJEKT. Im Feld QUELLMANDANT steht automatisch der Mandant, an dem Sie gerade angemeldet sind. Im Feld ZIEL sollten Sie noch das Transportziel für diesen Auftrag eintragen. In Abbildung 2.23 handelt es sich um einen lokalen Transportauftrag ohne Angabe eines Zielsystems. Das Zielsystem kann auch noch nachträglich eingetragen werden, solange der Auftrag nicht freigegeben ist.

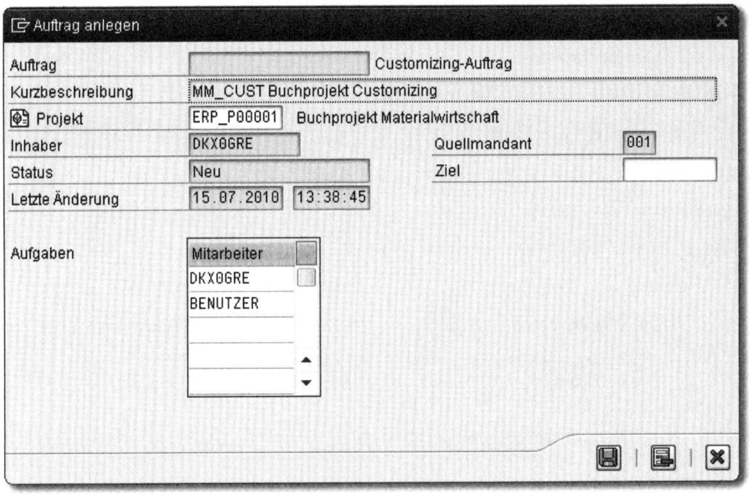

Abbildung 2.23 Mitarbeiter dem Auftrag zuordnen

Sichern Sie Ihre Eingaben. Sie erhalten nun einen Customizing-Auftrag mit einer Aufgabe je Mitarbeiter. ERP_P00001 ist der intern vergebene Name des Projekts MM_CUST im Change and Transport System (CTS, siehe Abbildung 2.11).

2.4.2 Transportauftrag verwenden

Den Transportauftrag sollten möglichst alle zugeordneten Projektmitarbeiter für ihre Customizing-Einstellungen verwenden. Mit Hilfe der Transaktion SE10 (Transport Organizer) können Sie alle Transportaufträge je Benutzerkennung auflisten. In Abbildung 2.24 sehen Sie den Customizing-Transportauftrag ERPK900222. Es handelt sich um einen Customizing-Auftrag für das Projekt MM_CUST, aktuell ohne Angabe eines Zielsystems. Neben dem Inhaber ist noch ein zweiter Mitarbeiter zugeordnet, und der Auftrag hat den Status Änderbar, ist also nicht freigegeben.

Dieser Auftrag könnte für die Aufzeichnung von mandantenabhängigen Änderungen genutzt werden. Die Änderungen würden bei Freigabe des Auftrags aber nicht exportiert werden. Denken Sie daran, das korrekte Zielsystem in den Eigenschaften des Auftrags zu hinterlegen, bevor Sie den Auftrag freigeben.

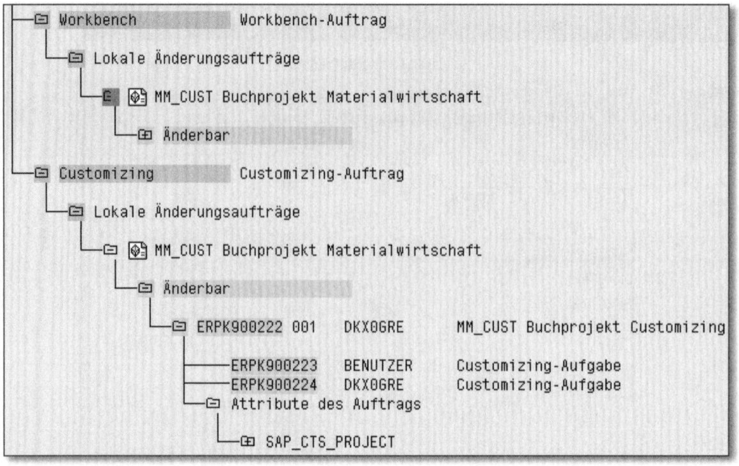

Abbildung 2.24 Customizing-Aufgaben im Transportauftrag

Eine Aufgabe je Mitarbeiter genügt, solange die Mitarbeiter ihre Aufgaben nicht freigegeben haben. Um zu vermeiden, dass mittlerweile veraltete Customizing-Einstellungen zu einem späteren Zeitpunkt transportiert werden, geben Sie die Aufgaben und anschließend den Auftrag erst unmittelbar vor dem Transport frei.

Möglicherweise wollen Sie aber zuvor auf einem separaten Testmandanten testen. Dort ist nur mandantenübergreifendes Customizing automatisch verfügbar. Die große Mehrheit der Customizing-Einstellungen ist jedoch vom Mandanten abhängig. Mandantenabhängiges Customizing kopieren Sie, wie bereits in Abschnitt 1.3.2 gezeigt, mit der Transaktion SCC1 (Mandantenkopie – Sonderselektionen). Eine Freigabe des Auftrags ist dafür nicht nötig.

Selbst wenn Sie auf einem separaten SAP-System testen, müssen Sie Ihren Auftrag nicht freigeben. Dafür gibt es den *Transport von Kopien*. Sie geben einer Kopie des Transportauftrags das Zielsystem mit und geben nur die Kopie zum Transport frei.

Dagegen geben Sie den Originalauftrag erst frei, wenn die Einstellungen entsprechend getestet sind und der Projektfortschritt dies vorsieht. Andernfalls müssen Sie immer wieder neue Aufträge anlegen und bekommen so bald »Reihenfolgeprobleme« beim Transportieren von Customizing-Einstellungen. Sogenannte *Überholer* transportieren aktuellere Einstellungen vor den alten, nicht mehr korrekten Einstellungen. Damit kann der später transportierte, alte Auftrag die aktuell gewünschte Einstellung wieder rückgängig machen.

2.5 IMG-Projekt einsetzen

Für aussagekräftige Projektauswertungen ist es wichtig, alle IMG-Aktivitäten zu dokumentieren, in denen Sie Customizing-Einstellungen vorgenommen haben. Zusätzlich können Sie die Projektdokumentation auch für Gliederungsknoten nutzen.

Erst nach erfolgreichem Abschluss des SAP-Projekts schließen Sie auch das IMG-Projekt ab, indem Sie den Status 03 ERLEDIGT setzen. Für weitere Customizing-Aktivitäten benötigen Sie dann ein neues Projekt. Legen Sie aber nicht für jede kleinere Einstellung gleich ein separates Projekt an. Auch ein IMG-Projekt sollte dem Namen Projekt gerecht werden.

2.5.1 Aktivitätsdaten

Folgende Aktivitätsdaten werden mit dem zuvor angelegten IMG-Projekt zu einer IMG-Aktivität erfasst: Status, Istbeginndatum, Mitarbeiter, Stichwörter und Memo.

Mit der Transaktion SPRO (Projektbearbeitung) steigen Sie in Ihr IMG-Projekt ein. Wie in Abbildung 2.21 zu sehen war, rufen Sie im IMG-Baum auf der linken Seite eine IMG-Aktivität (oder einen Strukturknoten) auf.

In der rechten Bildhälfte erfassen Sie die Aktivitätsdaten. Rechts oben setzen Sie den Status. Auf der Registerkarte ALLGEMEIN können Sie das Beginn-Datum setzen. In Abbildung 2.25 wurde die Aktivität am 11.07.2010 begonnen. Es ist kein Ende-Datum eingetragen. Der Status dieser IMG-Aktivität ist 02 IN ARBEIT.

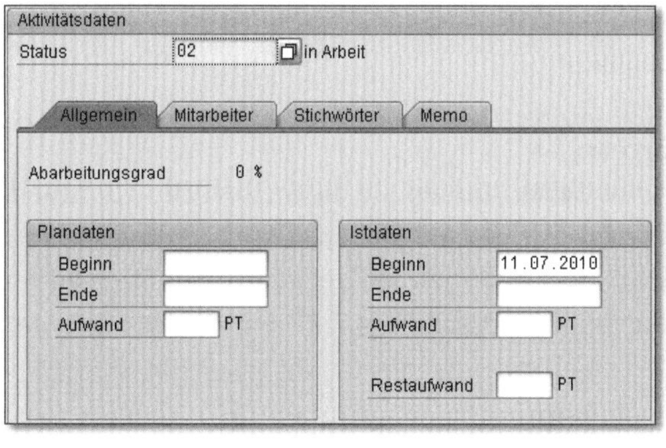

Abbildung 2.25 Allgemeine Daten zur IMG-Aktivität

Solange die Aktivität noch keinen Status 03 ERLEDIGT hat, können Sie Aktivitätsdaten erfassen. Wurde der Status 03 zu früh gesetzt, können Sie ihn temporär wieder zurücksetzen auf 02 IN ARBEIT, damit Sie weitere Daten erfassen können. Direkt unterhalb des Status sehen Sie vier Registerkarten:

- **Registerkarte »Allgemein«**
  Auf der Registerkarte ALLGEMEIN können Sie die ISTDATEN erfassen (siehe Abbildung 2.25). Solange der Status 02 IN ARBEIT gesetzt ist, muss noch kein Ende-Datum eingetragen werden, es genügt das Beginn-Datum. Von der Option der Aufwandserfassung wurde in Abbildung 2.25 kein Gebrauch gemacht.
- **Registerkarte »Mitarbeiter«**
  Auf der Registerkarte MITARBEITER selektieren Sie die zuständigen Mitarbeiter im Bereich MÖGLICHE MITARBEITER und ordnen diese zu. In Abbildung 2.26 wurde ein Mitarbeiter zugeordnet.

  Bei den Mitarbeitern gibt es keine Unterscheidung zwischen Plan und Ist. Bei der Planung einer Aktivität wäre eine eindeutige Mitarbeiterzuordnung sinnvoll. Bei der Ist-Datenerfassung kann es aber durchaus sein, dass mehrere Mitarbeiter innerhalb eines Projekts an derselben Aktivität Customizing-Einstellungen durchführen. Diese Mitarbeiter sollten auch zugeordnet werden. Nur so kann man hinterher für alle Mitarbeiter eine komplette Projektauswertung recht einfach durchführen.

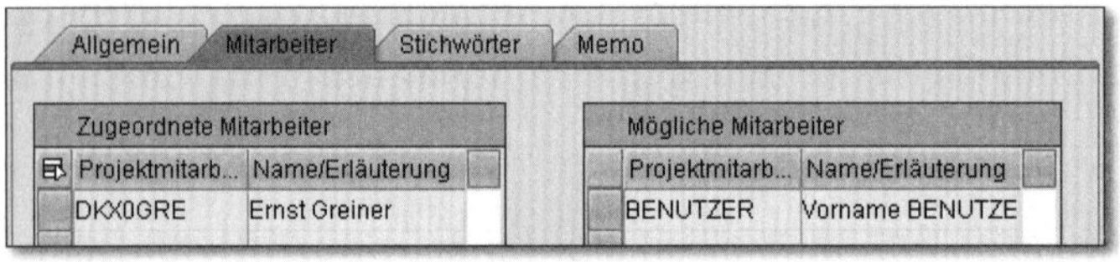

Abbildung 2.26 Mitarbeiter zuordnen

- **Registerkarte »Stichwörter«**
  Auf der Registerkarte STICHWÖRTER können Sie die Stichwörter zuordnen. Auch hier markieren Sie zunächst die möglichen passenden Stichwörter im rechten Fensterbereich. Dann bewegen Sie die gewählten Stichwörter per Pfeiltaste auf die linke Seite. In Abbildung 2.27 wurde das Stichwort K02 zugeordnet.

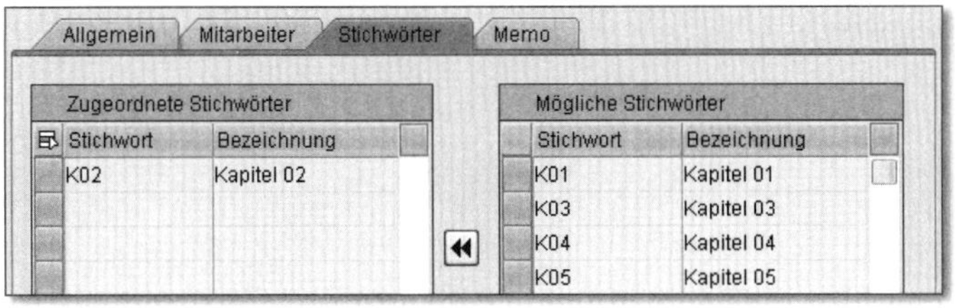

Abbildung 2.27 Stichwort zuordnen

- **Registerkarte »Memo«**
  Schließlich haben Sie auf der Registerkarte MEMO die Möglichkeit, eine kurze Bemerkung zu hinterlegen. Ein solches Memo können Sie auch als Bemerkung einsetzen, zur Erinnerung an bestimmte Aufgaben oder falls es zu diesem Knoten noch Abstimmungsbedarf gibt. In Abbildung 2.28 sehen Sie beispielsweise den Hinweis NUR ALLGEMEINE EINSTELLUNGEN. Diese Bemerkung werde ich im nächsten Abschnitt mit der Projektauswertung selektieren.

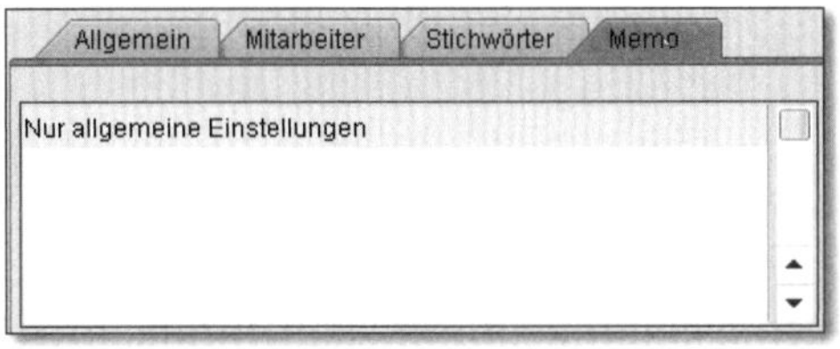

Abbildung 2.28 Memo zur Aktivität

Der Text auf der Registerkarte MEMO eignet sich nicht sehr für ausführliche Beschreibungen, ist aber auswertbar, wie Sie in Abschnitt 2.5.2 sehen können.

Ausführliche Beschreibungen erfassen Sie in den Dokumentarten der IMG-Notizen, siehe Abschnitt 2.5.3, »IMG-Notizen«.

2.5.2 Projektauswertung

Bei Projektauswertungen mit der Transaktion SSTO (Projektauswertung im Customizing) selektieren Sie die dokumentierten IMG-Knoten anhand der Merkmale aus der Projektdefinition oder auch nach Verwaltungsdaten (siehe Selektionsbild in Abbildung 2.29).

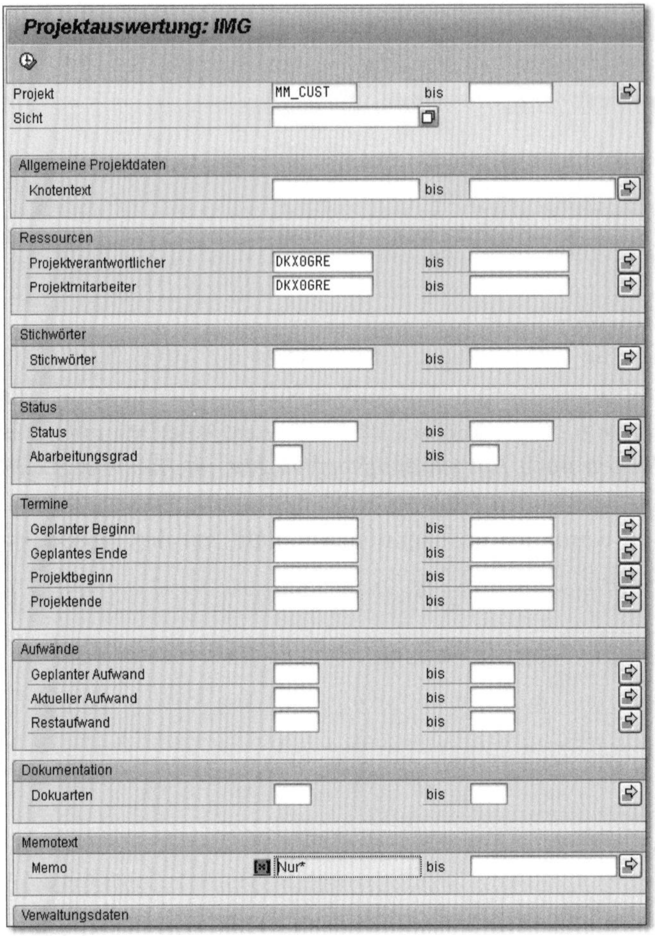

Abbildung 2.29 Transaktion SSTO – Projektauswertung mit Memotext

Neben anderen Merkmalen kann auch der Memotext (einschließlich Platzhalter »*«) selektiert werden. Nachdem Sie Ihre Selektionsmerkmale eingegeben haben, führen Sie die Auswertung durch.

Um eine kompakte Ergebnisdarstellung zu erhalten, blenden Sie anschließend alle Datenfelder aus, die nicht zur IMG-Dokumentation genutzt wurden. Wählen Sie Einstellungen • Anzeigevariante • Aktuelle, und erstellen Sie eine eigene Anzeigevariante (bzw. ein eigenes Layout, siehe Abbildung 2.30).

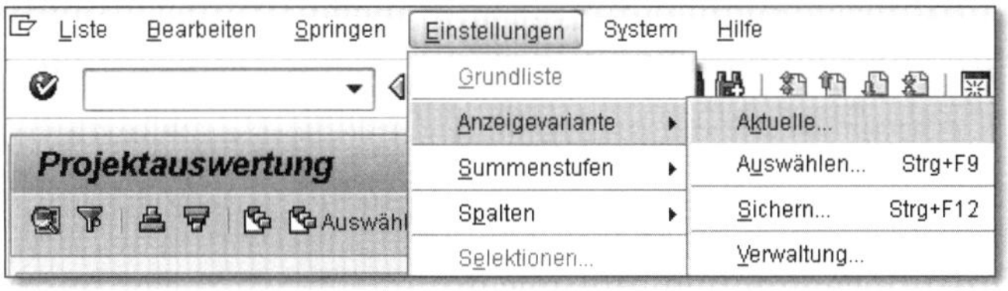

Abbildung 2.30 Aktuelle Anzeigevariante ändern

Markieren Sie die Felder aus dem ursprünglichen Layout, die nicht mehr angezeigt werden sollen, auf der linken Seite, um sie mit der Pfeiltaste in den SPALTENVORRAT auf der rechten Seite zu bewegen. Analog können Sie Spalten aus dem Vorrat markieren und in die Anzeige übernehmen (siehe Abbildung 2.31).

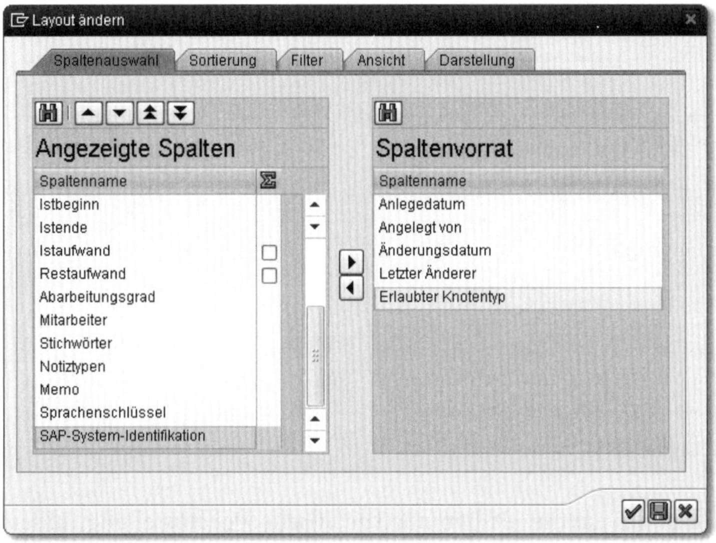

Abbildung 2.31 Ursprüngliches Layout

Wenn Sie im Projekt Aufwand planen und erfassen, können Sie bei diesen Merkmalen die Summenspalte markieren.

Wenn Sie für Ihr Layout den Knotentyp anzeigen, können Sie zu jedem IMG-Knoten der Auswertung erkennen, ob es sich um eine Customizing-Aktivität handelt oder nur um einen Gliederungsknoten. Der Knotentyp IMG steht für eine Customizing-Aktivität im Einführungsleitfaden (siehe Abbildung 2.32).

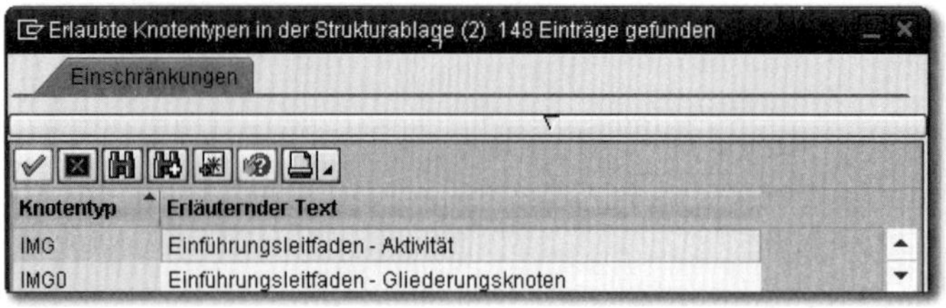

Abbildung 2.32 Knotentypen

Bei IMG0 hingegen handelt es sich um einen Gliederungsknoten. Nachdem Sie die Spalten entsprechend Ihrem Informationsbedarf angepasst haben, sichern Sie die Einstellung als Layout (siehe Abbildung 2.33).

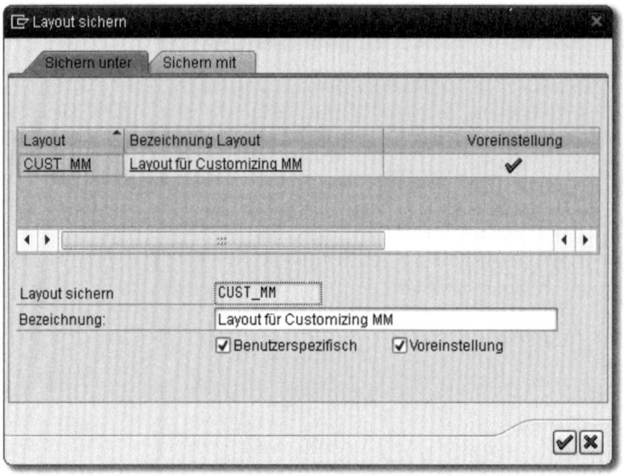

Abbildung 2.33 Layout CUST_MM

Sichern Sie dabei das Layout als benutzerspezifische Voreinstellung, indem Sie beide Checkboxen anhaken. Damit wird das Layout künftig nur für Ihren Benutzer automatisch mit der Transaktion voreingestellt.

Nachdem Sie das Layout Ihren Anforderungen entsprechend eingestellt haben, zeigt die Auswertung genau die Datenfelder zu den IMG-Knoten an, die Sie interessieren. Mit der Selektion finde ich genau den einen Knoten, der in Abschnitt 2.5.1, »Aktivitätsdaten«, dokumentiert wurde. Die Ergebnisanzeige der Projektauswertung mit meinem Layout zeigt nun alle oben gemachten Einträge in der IMG-Dokumentation für einen Strukturknoten (siehe Abbildung 2.34).

Zum Knotentyp REF in der Spalte ganz rechts gehört der erläuternde Text NUR TOOLINTERN: VERWEIS AUF EINEN KNOTEN/EINE STRUKTUR. Der selektierte IMG-Knoten ist keine Customizing-Aktivität.

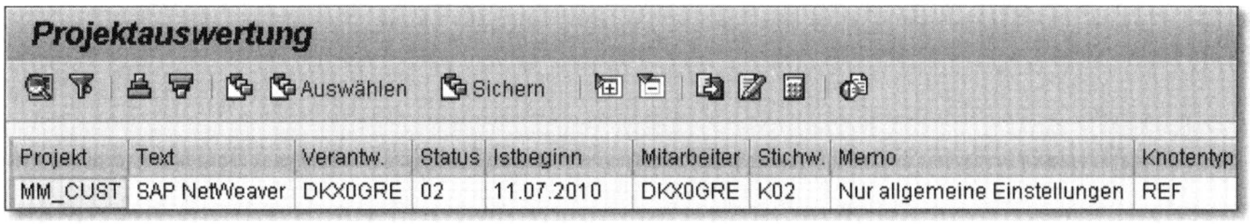

Abbildung 2.34 Projektauswertung mit eigenem Layout

Die konkreten Customizing-Einstellungen in IMG-Aktivitäten mit dem Knotentyp IMG zeige ich in den folgenden Kapiteln, allerdings ohne nochmals auf die Projektdokumentation einzugehen. Das Thema Projektdokumentation schließe ich nun mit den IMG-Notizen ab.

2.5.3 IMG-Notizen

Mit IMG-Notizen können Sie Ihre Customizing-Einstellungen ausführlich begründen und beschreiben. In den einzelnen IMG-Knoten sehen Sie in der rechten Bildhälfte unten den Bereich Dokumentationsarten, in dem die Dokumentationsarten aus der Projektdefinition angeboten werden. Dem Projekt MM_CUST hatte ich die globale Dokumentationsart ZG zugeordnet.

Editor

Den Editor für Ihre Notizen können Sie wechseln. Auch in den aktuellen SAP-Auslieferungen dürfen Sie mit dem traditionellen SAP-Editor arbeiten, den Sie in Abbildung 2.35 sehen. Über Springen • Editor wechseln gelangen Sie in den jeweils anderen Editor.

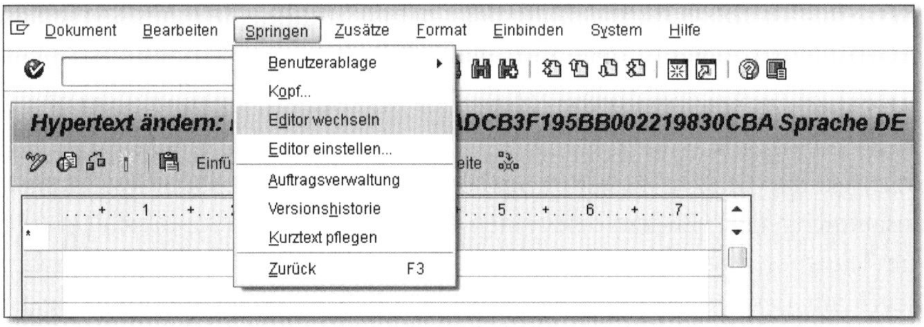

Abbildung 2.35 Editor wechseln

Die IMG-Notiz in Abbildung 2.36 wurde mit dem aktuellen SAP-Editor erfasst. Wie Sie dort sehen, beginne ich mit einer einheitlichen Überschrift. Folgende Informationen sind auf den ersten Blick erkennbar: Datum, Name und Projekt.

Nach einer Trennzeile folgt dann der eigentliche Text. Wollen Sie Ihren Text sichern, erscheint das Popup-Menü OBJEKTKATALOGEINTRAG ANLEGEN (siehe Abbildung 2.36).

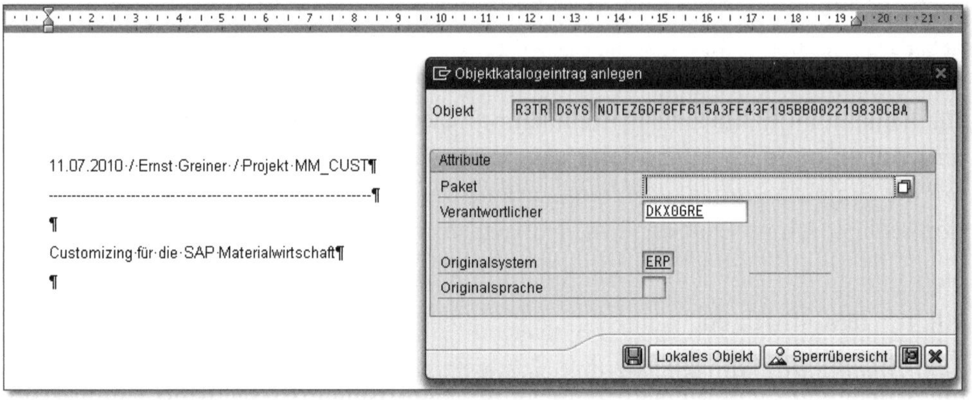

Abbildung 2.36 Notiz sichern

Nur wenn Sie die Notizen ausschließlich im Entwicklungssystem haben wollen, sichern Sie die Notiz als LOKALES OBJEKT. Es kann durchaus nützlich sein, solche Notizen in andere Systeme per Workbench-Auftrag zu transportieren. Hierfür müssen Sie für den Objektkatalogeintrag ein Paket angeben, bevor Sie sichern.

Exkurs: Pakete

Pakete werden nicht im Customizing definiert. Welches Paket Sie für die Notizen verwenden, sollten Sie mit den Verantwortlichen aus Ihrer Entwicklungsabteilung klären. Pakete sind Erweiterungen von Entwicklungsklassen und innerhalb einer Hierarchie schachtelbar. Sie zeichnen sich durch Schnittstellen und Verwendungserklärungen aus.

Mit Paketen werden zusammengehörige Objekte der ABAP Workbench zusammengefasst. Zudem bestimmen Pakete über die Transportschicht und die Transporteigenschaften des Objekts. Angelegt werden Pakete in der Regel mit der Transaktion SE80 (Object Navigator). Die Beschreibung ist abgelegt in Tabelle TDEVC (Pakete). Pakete können als Arbeitsgebiete betrachtet und so zur Navigation verwendet werden. Kundeneigene Objekte können mit Paketen angelegt werden, die mit Y oder Z beginnen. Änderungen an Objekten dieses Paketes sind transportierbar.

Erst wenn Sie geklärt haben, welches Paket Sie verwenden, sollten Sie die erste Notiz sichern. Ich verwende ein speziell angelegtes Paket Z_IMG_NOTIZ (siehe Abbildung 2.37).

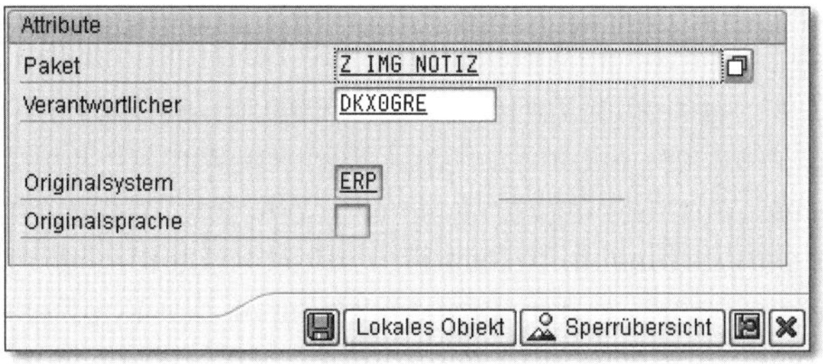

Abbildung 2.37 Paket Z_IMG_NOTIZ

Beim Sichern der Notiz schreibt das System einen Eintrag in einen Transportauftrag.

Transportauftrag

Sie können nun einen neuen Auftrag anlegen oder einen existierenden eigenen Auftrag verwenden. In Abbildung 2.38 wurde ein vorher bereits für IMG-Projektnotizen angelegter Auftrag eingetragen.

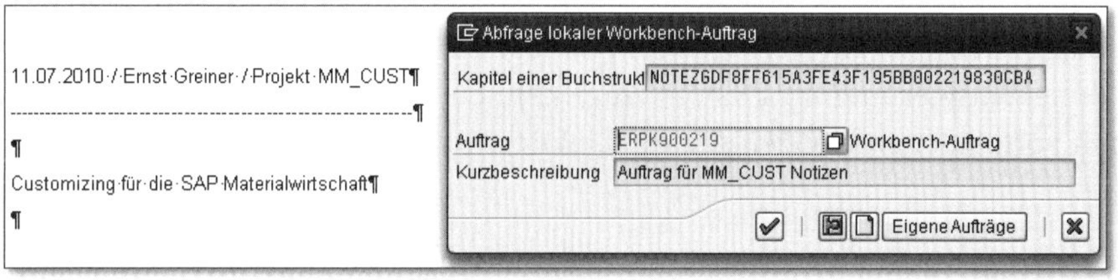

Abbildung 2.38 Transportauftrag für MM_CUS-Notizen

Wenn alle Projektmitarbeiter denselben Auftrag und dasselbe Paket verwenden, können Sie die Notizen zusammenhalten und später gemeinsam transportieren.

Nachträgliches Customizing

Auch nachträgliches Customizing an derselben Aktivität kann in der ursprünglichen Notiz erfasst werden.

[+]

Gemeinsam verwendete Notizen

Es empfiehlt sich, Ergänzungen in der Notiz oben einzufügen. Dadurch haben Sie die aktuellsten Einträge gleich im Blick, wenn Sie die Notiz aufrufen.

Nachträgliches Customizing kann auch zu einem späteren Zeitpunkt für ganz andere Projekte benötigt werden. Der Vorteil einer globalen Dokumentart kommt nun zum Tragen. Notizen aus mehreren Projekten werden genau dort hinterlegt, wo das Customizing eingestellt wurde. Wie im Zusammenhang mit Abbildung 2.36 vorgeschlagen, sollten Sie deshalb auch unbedingt neben Datum und Projektmitarbeiter den Projektnamen in der Kopfzeile angeben. Die Customizing-Historie wird dadurch transparent.

Sie können zu jedem IMG-Knoten nachvollziehen, wer dort bereits für welches Projekt irgendwann Einstellungen vorgenommen hat. Vielleicht passen die bisherigen Einstellungen nicht zu dem, was Sie gerade vorhaben. Bevor Sie das Customizing ändern, das auch auf andere Projekte Auswirkungen hat, müssen Sie sich mit den verantwortlichen Mitarbeitern aus diesen Projekten wie auch mit den Modulverantwortlichen aus der entsprechenden Abteilung abstimmen. Wenn Sie Glück haben, handelt es sich um ältere Einstellungen, die gar nicht mehr aktuell sind.

Für jedes Projekt können Sie separate Auswertungen durchführen. Hierfür stehen Ihnen die bereits besprochenen Projektdaten Stichwörter, Status, Mitarbeiter usw. zur Verfügung. In dem Selektionsbild der Transaktion SSTO (Projektauswertung im Customizing) können auch die Customizing-Knoten mit vorhandenen Notizen gezielt selektiert werden (siehe Abbildung 2.29).

2.6 Zusammenfassung

Ohne eine konkrete Customizing-Einstellung vorgenommen zu haben, wurde in diesem Kapitel erläutert, wie innerhalb eines IMG-Projekts im SAP-Einführungsleitfaden Aktivitätsdaten erfasst werden. Beim Customizing in den späteren Kapiteln wird diese Arbeitsweise vorausgesetzt und nicht mehr gezeigt. Anhand der obigen Anleitung sind Sie nun in der Lage, Ihr eigenes IMG-Projekt – mit Blick auf Ihre individuellen Anforderungen – anzulegen und für Einstellungen, Dokumentation und Auswertungen sinnvoll einzusetzen.

In Kapitel 3, »Allgemeine Einstellungen«, beschreibe ich übergreifende Customizing-Einstellungen mit Auswirkung auf Logistik und Materialwirtschaft.

Aufgrund der Integration unterschiedlicher Anwendungen des Rechnungswesens und der Logistik gibt es im SAP ERP-System eine Reihe von allgemeinen Einstellungen, die übergreifend von Bedeutung sind.

3 Allgemeine Einstellungen

In diesem Kapitel beschreibe ich Einstellungen für Länder, Währungen, Maßeinheiten und Kalender, die übergreifend für unterschiedliche Anwendungen in SAP ERP gelten. Das Customizing wird mit dem in Kapitel 2, »Projekte«, definierten IMG-Projekt durchgeführt. Anschließend erläutere ich allgemeine technische Grundlagen von Customizing-Tabellen. Des Weiteren erfahren Sie, wie Sie mit der Transaktion SM30 (Aufruf View-Pflege) Customizing-Einstellungen bearbeiten können. Als Beispiel dient die Länderdefinition, die zu den allgemeinen Einstellungen im IMG zählt.

3.1 Einstellungen im IMG

Die folgenden vier übergreifenden Einstellungen im IMG werden in diesem Abschnitt vorgestellt:

- Länder
- Währungen
- Maßeinheiten
- Kalender

Sie finden diese Einstellungen im IMG-Pfad unter SAP NetWeaver • Allgemeine Einstellungen (siehe Abbildung 3.1). Sie sind applikationsübergreifend, also nicht nur für die Materialwirtschaft von Bedeutung.

Die IMG-Knoten mit den Einstellungen (im Weiteren *Aktivitäten* genannt) für Maßeinheiten und Kalender sind direkt über das Symbol (Ausführen) aufrufbar. Für die Definition der Länder und Währungen sind die jeweiligen IMG-Gliederungsknoten noch weiter aufzuklappen.

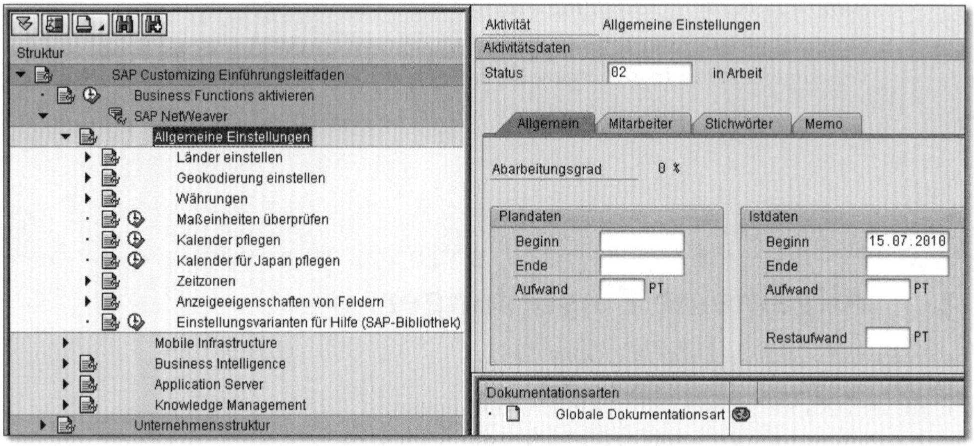

Abbildung 3.1 Allgemeine Einstellungen

3.1.1 Länder

Angenommen, Sie möchten die globalen Parameter für alle Länder überprüfen, in denen Sie Werke oder aktive Geschäftspartner haben. Gehen Sie dazu folgendermaßen vor:

1. Im SAP-Einführungsleitfaden finden Sie unter SAP NetWeaver • Allgemeine Einstellungen • Länder einstellen • Länder definieren in mySAP Systemen den Pflegedialog V_T005.
2. Nun klicken Sie auf das Icon (Ausführen), um die IMG-Aktivität auszuführen. So gelangen Sie in den Pflegedialog V_T005 für die globalen Parameter aller Länder.
3. Über das Lupensymbol oder per Doppelklick auf die gewünschte Zeile wählen Sie ein Land aus. So gelangen Sie in die Detailsicht zum Festlegen der globalen Parameter dieses Landes. Die Parameter des Landes DE (Deutschland) sehen Sie in Abbildung 3.2.
4. Wie Sie an dem weißen Hintergrund erkennen können, sind Sie im Änderungsmodus der Pflegeview, die Felder sind eingabebereit. Damit Sie nicht versehentlich ungewünschte Änderungen vornehmen, wechseln Sie in den Anzeigemodus, indem Sie auf das Symbol oben links klicken. Anschließend wählen Sie aus der Liste der definierten Länder das Land aus, dessen globale Parameter Sie ansehen möchten (siehe Abschnitt 3.2.3, »Pflegedialog«).

Einige global gültige Angaben können Sie hier sehen. Beispielhaft möchte ich auf das Kennzeichen Mitglied der EU eingehen. Es ist möglich, dass die

Europäische Union weitere Mitglieder aufnehmen wird. Für solche Länder ist das Kennzeichen noch nicht gesetzt. Sie können das Kennzeichen dann selbst setzen oder mit einem künftigen Support Package einspielen. Solche Support Packages für das SAP-System enthalten Korrekturen und Anpassungen aufgrund gesetzlicher Änderungen.

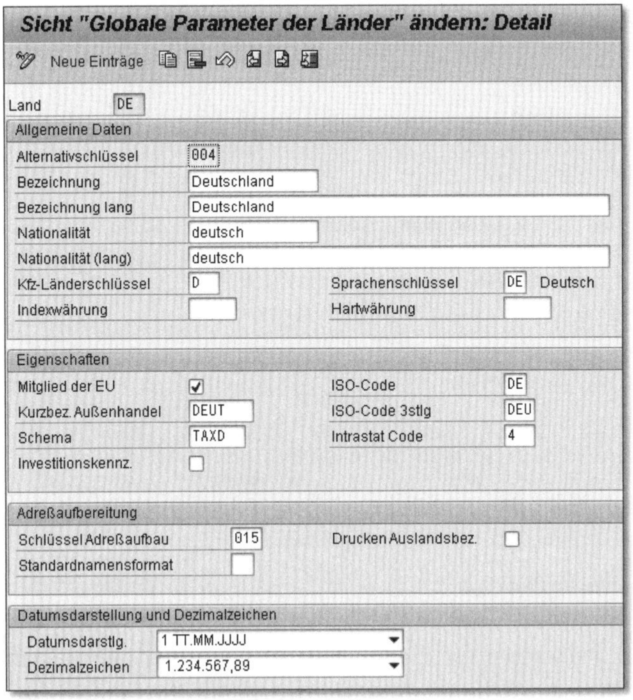

Abbildung 3.2 Globale Parameter für Land DE

Kennzeichen »Mitglied der EU« [+]

Länder mit EU-Mitgliedschaft müssen Lieferungen in das EU-Ausland unter bestimmten Voraussetzungen den Steuerbehörden als steuerfrei melden. Das Feld MITGLIED DER EU bewirkt, dass beim Erfassen der zu meldenden Geschäftsvorfälle zusätzliche Felder eingeblendet werden.

Weitere allgemeine Daten für das Land DE sind BEZEICHNUNG (DEUTSCHLAND), KFZ-LÄNDERSCHLÜSSEL (D), SPRACHENSCHLÜSSEL (DE) etc. Die Angaben zur Darstellung von Datum und Dezimalzeichen für das Land DE in Abbildung 3.2 sind DATUM (TT.MM.JJJJ) und DEZIMAL (1.234.567,89).

In einer weiteren Aktivität sind länderspezifisch Prüfungen zu einzelnen Parametern eingestellt. Sie finden die Aktivität LÄNDERSPEZIFISCHE PRÜFUNGEN

EINSTELLEN im SAP-IMG über den Pfad SAP NETWEAVER • ALLGEMEINE EINSTELLUNGEN • LÄNDER EINSTELLEN unter der Länderdefinition.

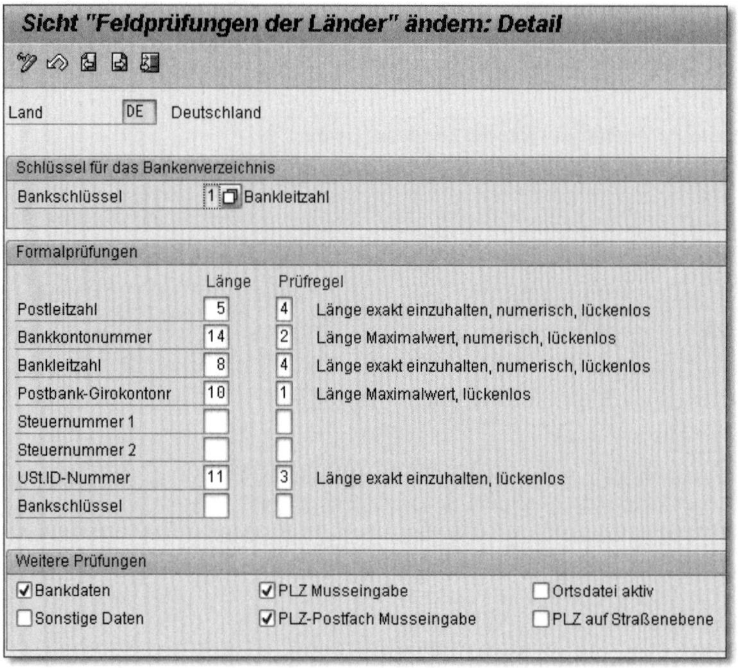

Abbildung 3.3 Länderspezifische Prüfungen

Die Felder LÄNGE und PRÜFREGEL für die Postleitzahl seien hier beispielhaft erwähnt. Sie finden diese Einstellung als erste Angabe zur Prüfung in dem Bildbaustein für Formalprüfungen in der Mitte von Abbildung 3.3. Die Länge der Postleitzahl beträgt in Deutschland bekanntlich fünf Ziffern, sie ist im numerischen Format lückenlos darzustellen.

Länder sind in der Regel in Regionen aufgeteilt. Die Regionen werden im IMG-Knoten REGIONEN EINFÜGEN direkt unter den länderspezifischen Prüfungen definiert. Die Tabelle mit den Regionen je Land enthält im Standard derzeit 1.524 Einträge. Über den Button POSITIONIEREN springen Sie auf die Tabelleneinträge für Ihr Land. Für Deutschland sind die 16 Bundesländer als Regionen definiert.

Welchen Schlüssel diese Regionen im SAP-System haben, sehen Sie in Abbildung 3.4. Es beginnt mit Region 01 SCHLESWIG-HOLSTEIN und endet mit Region 16 THÜRINGEN. Zu dieser Customizing-Sicht gibt es kein Detailbild mit weiteren Einstellmöglichkeiten. Die Regionen je Land müssen in dieser

Customizing-Sicht mit Schlüssel und Bezeichnung existieren, damit sie in diversen Adressdaten verwendet werden können.

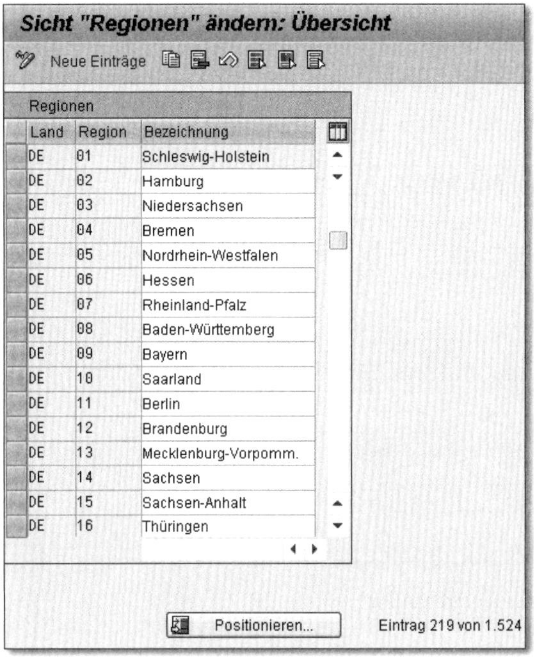

Abbildung 3.4 Regionen für Land DE

Die folgende IMG-Aktivität LÄNDERVORWAHLEN DEFINIEREN (V_T005K) wird für die Adressdaten benötigt, ist aber zum Telefonieren ins Ausland an sich auch nützlich. Sie finden in der SAP-Standardauslieferung über 200 Auslandsvorwahlnummern.

3.1.2 Währungen

Im Rahmen der Euro-Einführung in der Europäischen Währungsunion (EWU) wurde das Customizing für Währungen überarbeitet. Für Geschäfte, die innerhalb der Währungsunion abgewickelt werden, entfällt die ständige Aktualisierung der Umrechnungskurse, wenn beide Geschäftspartner mit der Hauswährung EUR arbeiten. Es gibt aber auch innerhalb Europas nach wie vor Länder mit eigenen Währungen.

Eine zentrale Rolle im Customizing für Währungen spielen die Kurstypen. Durch die Nutzung von Kurstypen können mehrere Umrechnungskurse zum gleichen Datum im System hinterlegt werden. Zusätzlich zu den standardmäßig vorhandenen Einträgen können Sie bei Bedarf noch weitere Kurstypen definieren.

Die Aktivität Kurstypen prüfen finden Sie über den Pfad NetWeaver • Allgemeine Einstellungen • Währungen. In Abbildung 3.5 sehen Sie unter anderem die EWU-Kurstypen EURO und EURX sowie weiter unten den Kurstyp M (Mittelkurs).

Ktyp	Verwendung	BasWährg	G-Ku...	B-Ku...	Inv	EWU	Fixiert
1003	Historischer Kurs				☐	☐	☐
1004	Stichtagskurs des Vorjahres				☐	☐	☐
200*	Referenzwert = Kreiswert				☐	☐	☐
2001	Stichtagskurs				☐	☐	☐
2002	Durchschnittskurs				☐	☐	☐
2003	Historischer Kurs				☐	☐	☐
2004	Stichtagskurs des Vorjahres				☐	☐	☐
B	Standardumrechnung zum Briefkurs				☐	☐	☐
EURO	EWU-Vorschrift, fixe Kurse	EUR			☐	☑	☑
EURX	EWU-Vorschrift, variable Kurse	EUR			☐	☑	☐
G	Standardumrechnung zum Geldkurs				☐	☐	☐
I	Kurstyp IntraStat				☐	☐	☐
M	Standardumrechnung zum Mittelkurs				☐	☐	☐
P	Standardumrechnung für die Kostenpla				☐	☐	☐

Abbildung 3.5 Kurstypen für Währungsumrechnung

Im Customizing für das Finanzwesen kann bei der Definition einer FI-Belegart für Fremdwährungsbelege ein Kurstyp als Vorschlagswert hinterlegt werden (siehe Abbildung 7.5 auf Seite 364).

Wird kein Kurstyp hinterlegt, ist der Mittelkurs M (Standardumrechnung zum Mittelkurs) für die Belegart relevant. Das gilt insbesondere auch für Anwendungen des Einkaufs. Beim Buchen und Ausgleichen von Belegen sucht das System nach gültigen Umrechnungskursen. Für alle Fremdwährungen, die Sie in Ihrem Buchungskreis (siehe Abschnitt 4.3, »Finanzwesen«) verwenden, muss in der Tabelle TCURR (Umrechnungskurse) ein aktuell gültiger Kurs zum Kurstyp M hinterlegt sein. Abhängig vom Währungspaar kann jedoch ein vom Mittelkurs M abweichender Kurstyp festgelegt werden.

Die beiden Kurstypen EURO (EWU-Vorschrift, fixe Kurse) und EURX (EWU-Vorschrift, variable Kurse) haben beide die Basiswährung EUR.

- **Kurstyp EURO**
  Der Kurstyp EURO ist ein abweichender Kurstyp für Bestellungen bei ausländischen Geschäftspartnern, die noch Konditionen in den alten europäischen Währungen (DEM, ITL, FRF etc.) enthalten. Sofern beide Währun-

gen zwischenzeitlich durch den Euro ersetzt wurden, gilt hier ein fixer Umrechnungskurs. In Abbildung 3.6 sehen Sie die Umrechnung von DM (DEM) in Euro (EUR). Ein Euro entspricht 1,95583 DM.

Sicht "Währungsumrechnungskurse" ändern: Übersicht

Neue Einträge

Ktyp	Gültig ab	Mengennot.		Faktor(von)	Von		Preisnot.		Faktor(nach)	Nach
EURO	01.01.1800	13,76030	X	1	ATS	=		X	1	EUR
EURO	01.01.1800	40,33990	X	1	BEF	=		X	1	EUR
EURO	01.01.1800	1,95583	X	1	DEM			X	1	EUR
EURO	01.01.1800	166,38600	X	1	ESP	=		X	1	EUR
EURO	01.01.1800	5,94573	X	1	FIM	=		X	1	EUR
EURO	01.01.1800	6,55957	X	1	FRF	=		X	1	EUR
EURO	01.01.1800	340,75000	X	1	GRD	=		X	1	EUR
EURO	01.01.1800	78,75640	X	1	IEP	=		X	100	EUR
EURO	01.01.1800	1.936,27000	X	1	ITL	=		X	1	EUR
EURO	01.01.1800	40,33990	X	1	LUF	=		X	1	EUR
EURO	01.01.1800	2,20371	X	1	NLG	=		X	1	EUR
EURO	01.01.1800	200,48200	X	1	PTE	=		X	1	EUR
EURX	01.01.2001	3,48000	X	1	AED	=		X	1	EUR
EURX	01.01.2001	0,95000	X	1	ARS	=		X	1	EUR
EURX	01.01.1800	13,76030	X	1	ATS	=		X	1	EUR

Abbildung 3.6 Währungsumrechnungskurse – Kurstyp EURO

Wenn nicht beide Geschäftspartner den Euro als Hauswährung verwenden, dann zieht der Kurstyp EURX.

- **Kurstyp EURX**
  Der Kurstyp EURX (variabel) ist ein abweichender Kurstyp für Umrechnungen von Fremdwährungen in die Hauswährung EUR. Eine Fremdwährung ist beispielsweise der US-Dollar USD.

Bei der Mengennotierung – Menge an »Von«-Währung für eine (oder 10, 100, ...) Einheit(en) der »Nach«-Währung – wird eine Einheit der Hauswährung zur Fremdwährung notiert. Bei der Preisnotierung – Preis in »Nach«-Währung für eine (10, 100, ...) Einheit(en) der »Von«-Währung – hingegen wird eine Einheit der Fremdwährung zur Hauswährung notiert.

Währungskurse können sogar tagesaktuell gepflegt werden, wenn sie in Dateiform vorliegen. SAP bietet Ihnen hier zwei Möglichkeiten:

1. Aktualisierung per IDoc anhand des logischen Nachrichtentyps EXCHANGE_RATE Replizieren von Währungskursen
2. Aktualisierung per Upload mit Hilfe der Transaktion TBDM (Marktdaten-Dateischnittstelle INPUT)

[!]

Umrechnungsfaktoren für Währungsumrechnungen

Umrechnungsfaktoren für Währungsumrechnungen, also z. B. 1:1 oder 1:100, sollten Sie im laufenden Betrieb nicht verändern, andernfalls kann es zu Inkonsistenzen kommen.

Umrechnungen gibt es auch für Maßeinheiten.

3.1.3 Maßeinheiten

In den Anwendungen der Materialwirtschaft spielen Maßeinheiten eine große Rolle, denn Mengenangaben erfordern immer eine Maßeinheit. Sie bestellen beispielsweise ein Material in *Stück*, lagern in *Paletten* und liefern in *Kartons*.

Die Aktivität MASSEINHEITEN ÜBERPRÜFEN finden Sie im Leitfaden in den allgemeinen Einstellungen direkt unter dem Gliederungsknoten WÄHRUNGEN.

Das SAP-System orientiert sich an den Definitionen des internationalen Einheitensystems SI (Système international dunités); hier werden sieben physikalische SI-Basiseinheiten verwendet:

- Meter (m)
- Sekunde (s)
- Kelvin (K)
- Candela (cd)
- Kilogramm (kg)
- Ampere (A)
- Mol (mol)

Im SAP-System werden Maßeinheiten immer einer Dimension zugeordnet; die Maßeinheit Meter wird z.B. der Dimension Länge zugeordnet. In der Definition der Maßeinheit ist eine SI-Einheit gemäß den Vereinbarungen des Système international dunités hinterlegt:

- Länge (m)
- Zeit (s)
- Thermodynamische Temperatur (K)
- Lichtstärke (cd)
- Masse (kg)
- Stromstärke (A)
- Stoffmenge (mol)

Dieses Einheitensystem für physikalische Größen wurde 1960 eingeführt und ist in vielen Ländern gültig. In der Europäischen Union und in der Schweiz ist es gesetzlich vorgeschrieben, während es in den USA nie offiziell eingeführt wurde. Dort ist noch immer das angloamerikanische Einheitensystem gebräuchlich, das z.B. folgende Maßeinheiten enthält:

- **Dimension Länge**
  - Zoll (inch)
  - Fuß (foot)
  - Meile (mile)
  - Militärische Seemeile (nautical mile)
- **Dimension Masse**
  - Unze (ounce)
  - Pfund (pound)
  - Gallone (gallon)

Zu diesen angloamerikanischen Einheiten haben sich im Laufe der Geschichte englische und US-amerikanische Varianten entwickelt. Auch in Großbritannien ist dieses System nach wie vor sehr gebräuchlich, obwohl Großbritannien offiziell das europaweit einheitliche metrische Einheitensystem verwendet.

Im SAP-Customizing gibt es bereits standardmäßig neben der SI-Basiseinheit [m] noch weitere MASSEINHEITEN der Dimension LÄNGE (siehe Abbildung 3.7).

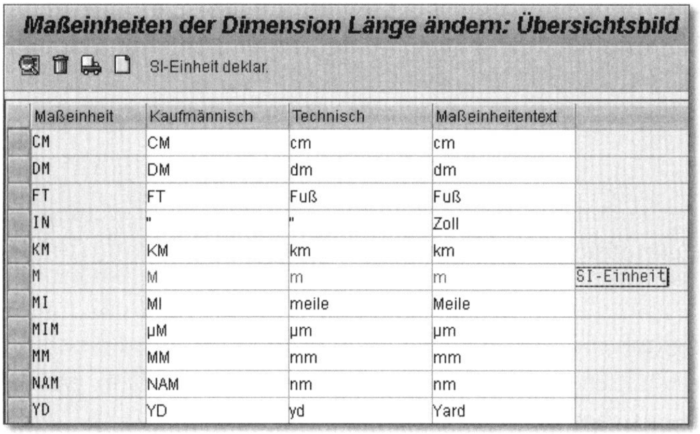

Maßeinheit	Kaufmännisch	Technisch	Maßeinheitentext	
CM	CM	cm	cm	
DM	DM	dm	dm	
FT	FT	Fuß	Fuß	
IN	"	"	Zoll	
KM	KM	km	km	
M	M	m	m	SI-Einheit
MI	MI	meile	Meile	
MIM	µM	µm	µm	
MM	MM	mm	mm	
NAM	NAM	nm	nm	
YD	YD	yd	Yard	

Abbildung 3.7 Maßeinheiten der Dimension Länge

Beispielsweise gibt es neben Zentimeter (cm) und Kilometer (km) aus dem metrischen Einheitensystem auch Fuß (ft) und Meile (mi) aus dem angloamerikanischen Einheitensystem.

Im Folgenden führe ich Ihnen die Definition einer Maßeinheit anhand einer dimensionslosen Einheit vor Augen, da in der Materialwirtschaft oft dimensionslose Maßeinheiten verwendet werden. Dimensionslose Einheiten haben keine Zuordnung zu einer SI-Einheit, Beispiele sind:

- BAG – Tasche
- BOT – Flasche
- DZ – Dutzend
- EA – Each
- KAN – Kanister
- KAR – Karton
- KI – Kiste
- LE – Leistungseinheit
- PAA – Paar
- PAK – Pack
- PC – Piece/Stück
- ROL – Rolle
- ST – Stück
- VAL – Value/Wert

Im Einstiegsbild für das Customizing verwenden Sie für dimensionslose Maßeinheiten die Dummy-Dimension AAAADL (DIMENSIONSLOS) rechts neben dem Button MASSEINHEITEN (siehe Abbildung 3.8).

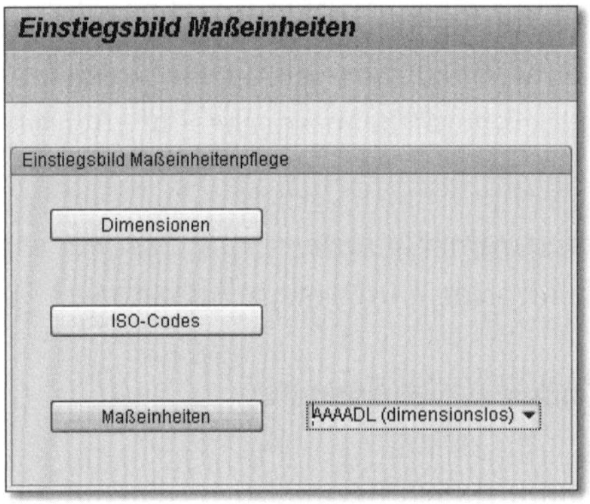

Abbildung 3.8 Einstiegsbild für dimensionslose Maßeinheiten

Mit einem anschließenden Klick auf den Button MASSEINHEITEN werden im nächsten Bild die dimensionslosen Maßeinheiten aufgelistet.

Bei den Transaktionen der Materialwirtschaft wird in der Regel die kaufmännische Darstellung (mit bis zu drei Stellen) zur Anzeige auf dem Bildschirm verwendet. Die technische Darstellung (mit bis zu sechs Stellen) erlaubt Groß- und Kleinbuchstaben.

Bei der Maßeinheit ST (Stück) in Abbildung 3.9 sind beide Darstellungen identisch. Grundsätzlich ist die Darstellung allerdings abhängig von der Anmeldesprache.

In der Anmeldesprache EN ist der Maßeinheitentext kaufmännisch und technisch ITEMS anstelle von *Stück*. Sogar der Schlüssel für die technische Darstellung ist ebenfalls ITEMS. Die interne Darstellung ist sprachunabhängig, im obigen Beispiel also ST. Bei SAP-Anwendern mit der Konzernsprache Englisch wird von daher oft PC (Piece) oder EA (Each) anstelle von ST (Item) verwendet.

Zu der Definition von Maßeinheiten gehört auch ein ISO-Code. Beim elektronischen Datenaustausch, beispielsweise mit einem SAP TM (Transportation Management), wird der ISO-Code der Maßeinheiten verwendet. Ist dieser nicht gepflegt, funktioniert die ERP-Integration nicht. Bei Bedarf definieren Sie eigene Maßeinheiten für die relevanten Systemsprachen.

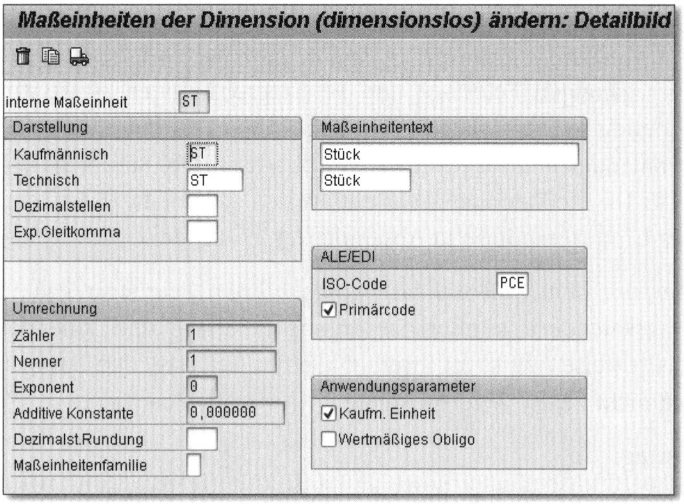

Abbildung 3.9 Detailbild für interne Maßeinheit ST

Bei Maßeinheiten mit Dimension ist auch die Umrechnung zur SI-Einheit mit Zähler und Nenner einzutragen. Beispielsweise wird die interne Maßeinheit CM (Zentimeter) umgerechnet in die SI-Einheit M mit Zähler 1 und Nenner 100. 1 CM entspricht also 1/100 M.

Bei der Umrechnung zwischen dimensionslosen Maßeinheiten sind die Felder ZÄHLER und NENNER nicht eingabebereit. Die Umrechnungsfaktoren für dimensionslose Maßeinheiten hinterlegen Sie in den Zusatzdaten des Materialstamms (siehe Kapitel 5, »Stammdaten«).

3.1.4 Kalender

Kalender werden in mehreren Anwendungen eingesetzt. So werden in der Definition mancher Organisationselemente Kalender zugeordnet. Die bekannteste Verwendung für Kalender ist die Zuordnung in der Werksdefinition (siehe Abschnitt 4.5.1, »Werk«). Aber auch in der Definition von Verkaufsorganisationen (siehe Abschnitt 4.6.1, »Verkaufsorganisation«) und Versandstellen (siehe Abschnitt 4.8.2, »Versandstelle und Warenannahmestelle«) können Sie spezielle Kalender zuordnen.

[+]

Kalender für Lieferanten und Kunden

Die direkte Zuordnung eines speziellen Kalenders im Kunden- und Lieferantenstamm ist allerdings bislang nicht vorgesehen. Direkt unter der Aktivität MASSEINHEITEN ÜBERPRÜFEN befindet sich die Aktivität KALENDER PFLEGEN (siehe Abbildung 3.1).

Die Kalenderpflege besteht aus drei Komponenten: Feiertagen, Feiertagskalender und Fabrikkalender.

Definitionen aller gängigen Feiertage und Feiertagsordnungen sowie ein Standardfabrikkalender werden ausgeliefert. Zudem wird für jedes deutsche Bundesland ein Kalender mit ausgeliefert. In Abbildung 3.10 sehen Sie die Kalender-ID 01 bis 16. Die Kalender-ID orientiert sich dabei teilweise an den Regionen aus der Länderdefinition in Abschnitt 3.1.1, »Länder«.

Zusätzlich zu der mit dem SAP-Standard ausgelieferten Feiertagsregelung und den Feiertagskalendern können Sie eigene Feiertage und Kalender erstellen. Möglicherweise gibt es an Ihrem Ort einen Feiertag, den das System bislang noch nicht kennt. Zwei Beispiele für regionale Feiertage:

- **Seehasenmontag**
  Diesen Gedenktag gibt es nur in Friedrichshafen am Bodensee. Man macht früher Feierabend und geht zum Seehasenfest runter an den See.
- **Rosenmontag**
  Insbesondere im Rheinland ist dies kein »richtiger« Arbeitstag und könnte dementsprechend in einen Feiertagskalender aufgenommen werden.

ID	Feiertagskalender	Gültig vo	Gültig bi	Verwendet in Fabrikk
01	Deutschland (Schleswig-Holstein)	2001	2010	
02	Deutschland (Hamburg)	1997	2010	X
03	Deutschland (Niedersachsen)	1995	2010	
04	Deutschland (Bremen)	1995	2010	
05	Deutschland (Nordrhein Westfalen)	1995	2010	
06	Deutschland (Hessen)	1995	2010	
07	Deutschland (Rheinland-Pfalz)	1995	2010	
08	Deutschland (Baden-Württemberg)	1996	2010	X
09	Deutschland (Bayern)	1995	2010	
10	Deutschland (Saarland)	1995	2010	
11	Deutschland (Berlin)	1995	2010	
12	Deutschland (Brandenburg)	1995	2010	
13	Deutschland (Sachsen-Anhalt)	1995	2010	
14	Deutschland (Thüringen)	1995	2010	
15	Deutschland (Mecklenburg)	1995	2010	
16	Deutschland (Sachsen)	1995	2010	

Abbildung 3.10 Feiertagskalender je Bundesland

Prüfen Sie zuerst die Liste der Feiertage und deren Verwendung, bevor Sie neue Feiertage definieren. In der Regel werden Sie mit den Feiertagskalendern von SAP zurechtkommen. Wie Sie in Abbildung 3.11 sehen, gibt es für den Fabrikkalender neben der Gültigkeit und der Feiertagskalender-ID auch noch die Option der *Sonderregeln* für solche speziellen Tage wie den Rosenmontag.

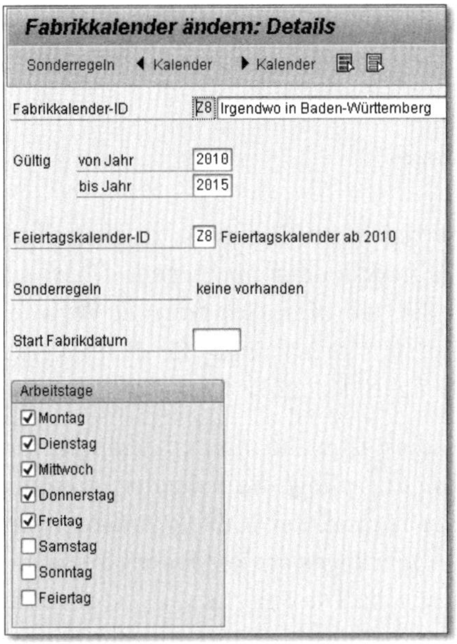

Abbildung 3.11 Fabrikkalender Z8

Sonderregeln können Sie beispielsweise für einzelne arbeitsfreie Tage, einen möglichen Betriebsurlaub oder für Werktage anlegen. Gehen Sie folgendermaßen vor, um eine Sonderregel einzurichten:

1. Klicken Sie auf den Button SONDERREGELN oben links im Änderungsmodus der Kalenderpflege. Es werden Ihnen daraufhin die bereits vorhandenen Sonderregeln angezeigt. In Abbildung 3.12 wurde der BETRIEBSURLAUB 2010 als Sonderregel für den Kalender Z8 (IRGENDWO IN BADEN-WÜRTTEMBERG) angelegt.

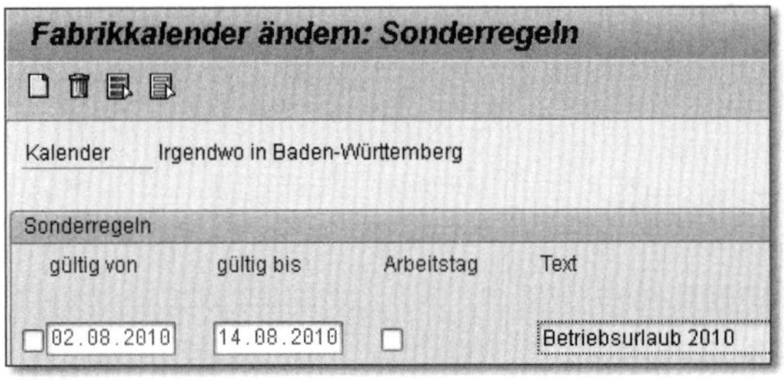

Abbildung 3.12 Sonderregeln für Kalender Z8

2. Über den Button (ANLEGEN) können Sie weitere Sonderregeln definieren. In Abbildung 3.13 sehen Sie ein Beispiel für einen einzelnen arbeitsfreien Tag.

Abbildung 3.13 Sonderregel für Kalender erfassen

Wie bereits erwähnt, sind solche Sonderregeln im Gegensatz zu eher allgemein gültigen Feiertagen direkt im Fabrikkalender anzulegen. Über die Zuordnung des Kalenders entscheiden Sie, wo diese Sonderregel Verwendung findet. Beispielsweise können Sie standortabhängig für Ihre Werke (siehe Abschnitt 4.5.1, »Werk«) separate Fabrikkalender anlegen.

Die Definition von Feiertagen und Kalendern ist mandantenunabhängig. Ein Mitarbeiter mit entsprechender Berechtigung pflegt die Kalender in einem Mandanten der Rolle CUSTOMIZING. In der Transaktion SCC4 (Mandantenverwaltung) müssen für diesen Mandanten Änderungen am Repository und mandantenunabhängiges Customizing erlaubt sein. Die Feiertags- und Fabrikkalenderdaten stehen sämtlichen Mandanten auf diesem System zur Verfügung.

[+] **Transport von Kalenderdaten**

Die Kalender sollten von einer berichtigten Stelle in Ihrem Unternehmen zentral gepflegt werden. So reduziert sich das Risiko, dass Kalenderdaten im produktiven System versehentlich durch Transporte gelöscht werden.

Um die Kalenderdaten in einem anderen System zur Verfügung zu stellen, klicken Sie im Einstiegsbild der Pflegetransaktion auf KALENDER • TRANSPORT. Beachten Sie dabei, dass Kalenderdaten nur komplett in das Transportwesen übernommen werden können, einzelne Feiertage und Kalender können nicht transportiert werden. Kalender haben immer nur eine begrenzte Gültigkeit und müssen schon von daher regelmäßig gepflegt werden.

3.2 Customizing-Tabellen

Ihre Customizing-Einstellungen sind Daten, die systemintern in Customizing-Tabellen abgelegt bzw. gespeichert werden. Das Customizing selbst erfolgt über Pflegedialoge. In diesem Abschnitt erhalten Sie technische Hintergrundinformationen zu Tabelleninhalt, Tabellendefinition, Pflegedialog und Tabellenprotokollierung.

Diese Informationen sind hilfreich, um das Customizing besser zu verstehen. Sie lernen hier auch, wie Sie einzelne Pflegedialoge mit der Transaktion SM30 (Aufruf View-Pflege) aufrufen.

Die schematische Darstellung einer fiktiven mandantenabhängigen Customizing-Tabelle CUST_TAB mit den zugehörigen Pflegedialogen V_CUST_TAB_A und V_CUST_TAB_B soll Ihnen die Tabellenpflege näherbringen (siehe Abbildung 3.14).

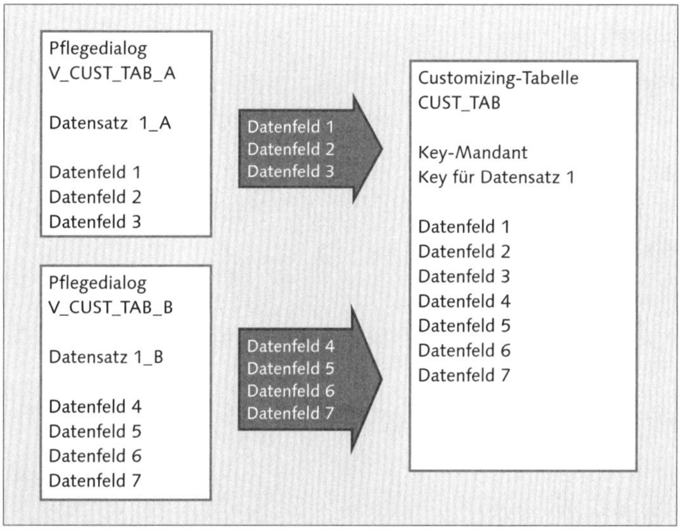

Abbildung 3.14 Customizing-Tabelle pflegen

Der Datensatz 1 der Customizing-Tabelle CUST_TAB wird aus zwei unterschiedlichen Pflegeviews mit entsprechenden Pflegedialogen gefüllt. Gefunden werden die Datensätze über passende Schlüsselfelder. Ein weiterer Datensatz 2 würde analog gefüllt werden.

3.2.1 Tabelleninhalt

Als Beispiel für den Tabelleninhalt soll wieder die Länderdefinition aus Abschnitt 3.1.1, »Länder«, dienen. Die Parameter zur Definition von Ländern sind in der Tabelle T005 abgelegt. Mit der Transaktion SE16 (Data Browser) bzw. SE16N (Allgemeine Tabellenanzeige) können Sie alle in der Tabelle abgelegten Daten ansehen und sogar verändern. Solche Berechtigungen werden zu Recht sehr restriktiv vergeben. Einen mit SE16 erzeugten

Ausschnitt aus dem Datensatz für das Land Deutschland sehen Sie in Abbildung 3.15.

Ganz oben sehen Sie die beiden Schlüsselfelder MANDANT und LAND. Es handelt sich also um eine mandantenabhängige Customizing-Tabelle. Es gibt auch Customizing-Tabellen, die übergreifend für alle Mandanten auf einem System gültig sind. Hierzu zählt die Tabelle T682 (Konditionen: Zugriffsfolgen) aus der Nachrichten- und Preisfindung.

In der Tabelle T005 ist das Land Deutschland als Datensatz mit dem Länderschlüssel DE abgelegt. Folgende Feldinhalte gehören zur Länderdefinition (siehe Abschnitt 3.1.1, »Länder«):

- Kfz-Länderschlüssel: D
- Länge der Postleitzahl: 5
- Sprache: DE
- Kennzeichen EU-Land: X

Abbildung 3.15 Tabelle T005 – Eintrag für Land DE

3.2.2 Tabellendefinition

Mit Tabellen werden allgemein Daten verwaltet. SAP-Tabellen können mit der Transaktion SE11 (ABAP Dictionary Pflege) im Data Dictionary mit ihren Eigenschaften definiert werden. Durch die Aktivierung werden die Tabellen in der Datenbank angelegt. Beim Einstieg in die Transaktion SE11 entscheiden Sie zwischen ANZEIGEN, ÄNDERN und ANLEGEN (siehe Abbildung 3.16).

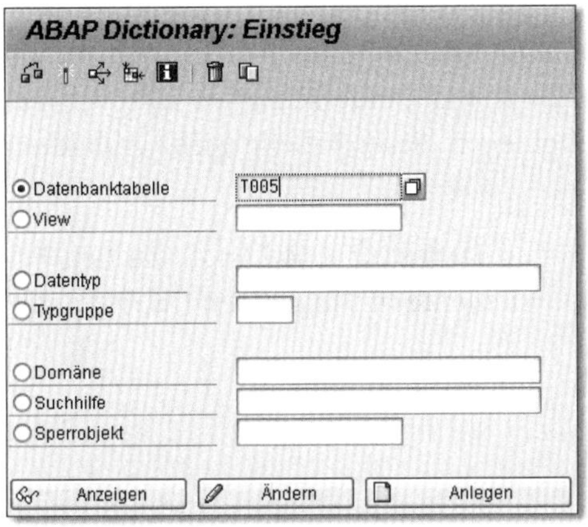

Abbildung 3.16 Transaktion SE11

Bei der Tabelle T005 handelt es sich nicht um eine View, sondern um eine Datenbanktabelle. Markieren Sie deshalb das oberste Selektionsfeld, und geben Sie den Tabellennamen ein. Danach wählen Sie die Option ANZEIGEN.

Auf der Registerkarte AUSLIEFERUNG UND PFLEGE hat die Tabelle die Auslieferungsklasse C (CUSTOMIZING-TABELLE, PFLEGE NUR DURCH KUNDEN, KEIN SAP IMPORT, siehe Abbildung 3.17).

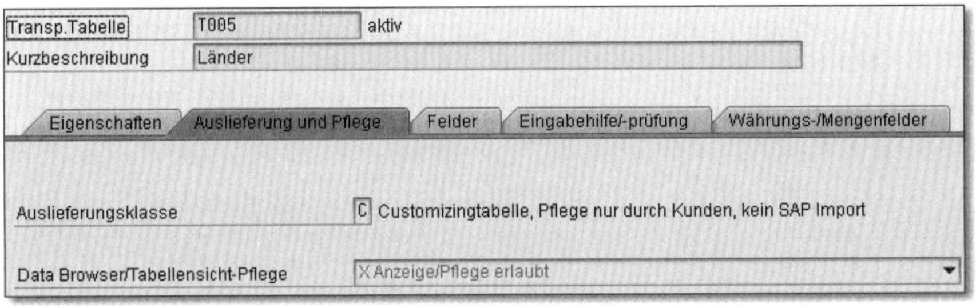

Abbildung 3.17 Auslieferungsklasse für Tabelle T005

Es gibt auch Customizing-Tabellen mit der Auslieferungsklasse G (CUSTOMIZING-TABELLE GEGEN SAP UPD GESCHÜTZT, NUR INS ERLAUBT).

Tabellen bestehen in der Regel aus (relativ wenigen) Schlüsselfeldern und (relativ vielen) Datenfeldern. Die Schlüsselfelder einer Tabelle müssen bei der Tabellendefinition zusammenhängend am Anfang der Tabelle stehen.

Danach folgen die Datenfelder, die auf der Registerkarte FELDER nicht als Schlüssel definiert sind.

Bei Tabelle T005 ist die Spalte KEY AUF dieser Registerkarte nur bei den ersten beiden Feldern MANDT und LAND1 markiert. Es handelt sich hierbei um die beiden Schlüsselfelder Mandant und Länderschlüssel. Die weiteren Tabellenfelder sind keine Schlüsselfelder in dieser Tabelle (siehe Abbildung 3.18).

Wichtige Eigenschaften der Felder sind DATENTYP und LÄNGE. Zu den Feldern der Tabelle T005 gehören Datenelemente mit folgenden Datentypen:

- CLNT (Mandant)
- CHAR (Zeichenfolge)
- NUMC (Zeichenfolge nur mit Ziffern)
- LANG (Sprachkennzeichen)
- XEGLD (KENNZEICHEN MITGLIED DER EU)

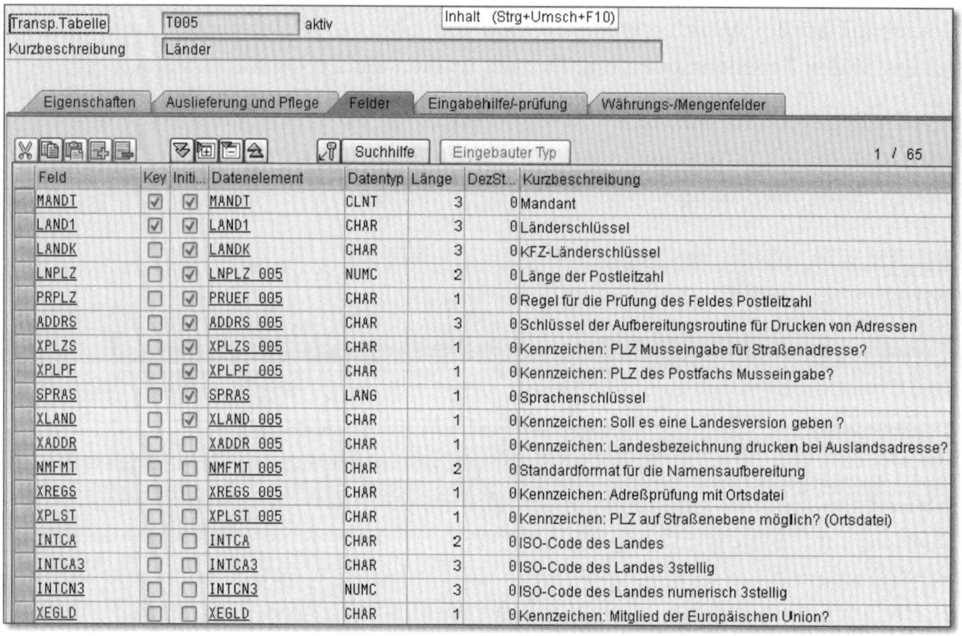

Feld	Key	Initi...	Datenelement	Datentyp	Länge	DezSt...	Kurzbeschreibung
MANDT	☑	☑	MANDT	CLNT	3	0	Mandant
LAND1	☑	☑	LAND1	CHAR	3	0	Länderschlüssel
LANDK	☐	☑	LANDK	CHAR	3	0	KFZ-Länderschlüssel
LNPLZ	☐	☑	LNPLZ_005	NUMC	2	0	Länge der Postleitzahl
PRPLZ	☐	☑	PRUEF_005	CHAR	1	0	Regel für die Prüfung des Feldes Postleitzahl
ADDRS	☐	☑	ADDRS_005	CHAR	3	0	Schlüssel der Aufbereitungsroutine für Drucken von Adressen
XPLZS	☐	☑	XPLZS_005	CHAR	1	0	Kennzeichen: PLZ Musseingabe für Straßenadresse?
XPLPF	☐	☑	XPLPF_005	CHAR	1	0	Kennzeichen: PLZ des Postfachs Musseingabe?
SPRAS	☐	☑	SPRAS	LANG	1	0	Sprachenschlüssel
XLAND	☐	☑	XLAND_005	CHAR	1	0	Kennzeichen: Soll es eine Landesversion geben ?
XADDR	☐	☐	XADDR_005	CHAR	1	0	Kennzeichen: Landesbezeichnung drucken bei Auslandsadresse?
NMFMT	☐	☐	NMFMT_005	CHAR	2	0	Standardformat für die Namensaufbereitung
XREGS	☐	☐	XREGS_005	CHAR	1	0	Kennzeichen: Adreßprüfung mit Ortsdatei
XPLST	☐	☐	XPLST_005	CHAR	1	0	Kennzeichen: PLZ auf Straßenebene möglich? (Ortsdatei)
INTCA	☐	☐	INTCA	CHAR	2	0	ISO-Code des Landes
INTCA3	☐	☐	INTCA3	CHAR	3	0	ISO-Code des Landes 3stellig
INTCN3	☐	☐	INTCN3	NUMC	3	0	ISO-Code des Landes numerisch 3stellig
XEGLD	☐	☐	XEGLD	CHAR	1	0	Kennzeichen: Mitglied der Europäischen Union?

Abbildung 3.18 Felder der Customizing-Tabelle T005

Aus der Transaktion SE11 (ABAP Dictionary Pflege) können Sie in den Tabelleninhalt (siehe Transaktion SE16) abspringen. Klicken Sie hierzu auf den

Button (INHALT), und gehen Sie über HILFSMITTEL • TABELLENINHALT • ANZEIGEN, oder drücken Sie die Tastenkombination [Strg] + [Umsch] + [F10].

3.2.3 Pflegedialog

Zu den Customizing-Tabellen existieren in der Regel Pflegedialoge, mit denen Sie Ihre Customizing-Einstellungen durchführen. Sie rufen die Pflegedialoge im Einführungsleitfaden über Ihr IMG-Projekt oder mit Hilfe der Transaktion SM30 (AUFRUF VIEW-PFLEGE) auf. Wie Sie in Abbildung 3.19 sehen, können Sie zwischen folgenden Optionen wählen:

- **Anzeigen**
  Hiermit können Sie sich das Customizing-Objekt ansehen.
- **Pflegen**
  Hiermit können Sie Customizing-Einträge direkt anlegen oder ändern.
- **Transport**
  Hiermit können Sie einen Transportauftrag zuordnen.
- **Customizing**
  Hiermit springen Sie in den SAP-Einführungsleitfaden.

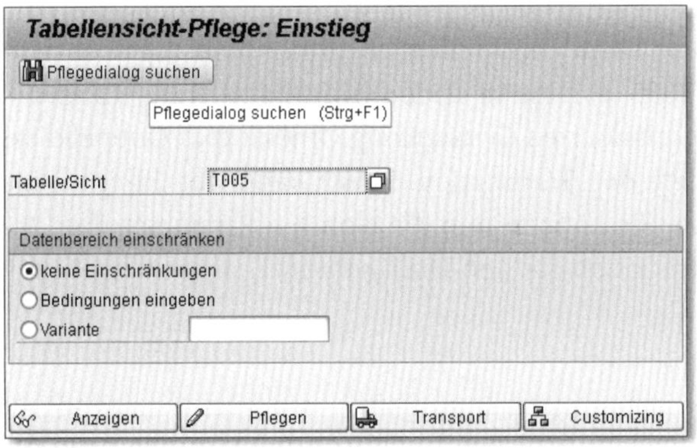

Abbildung 3.19 Transaktion SM30 (Aufruf View-Pflege)

Wenn Sie das Customizing-Objekt für die Tabellensicht-Pflege bereits kennen, geben Sie es im Feld TABELLE/SICHT direkt ein. Andernfalls tragen Sie hier die Customizing-Tabelle selbst ein und suchen einen passenden Pflegedialog mit Hilfe der Funktion PFLEGEDIALOG SUCHEN oben links. In Abbildung 3.19 werden für die Tabelle T005 Pflegedialoge gesucht. Für diese Tabelle findet das System 20 Einträge. Diese werden in Abbildung 3.20 zur Auswahl angeboten.

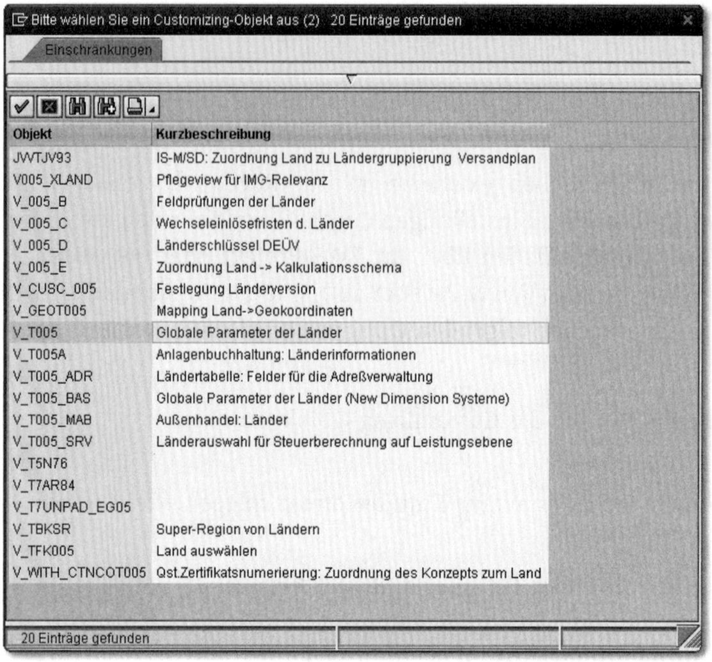

Abbildung 3.20 Objekt V_T005 auswählen

Die globalen Parameter der Länder werden mit dem in Abbildung 3.20 markierten Pflegedialog V_T005 eingestellt (siehe Abschnitt 3.1.1, »Länder«). Nach der Übernahme des markierten Customizing-Objekts (per Doppelklick) in das Feld Tabelle/Sicht der Transaktion SM30 kann der Pflegedialog direkt aufgerufen werden. Sie können nun die globalen Parameter der Länder anzeigen oder ändern, als ob Sie den Dialog im IMG aufgerufen hätten (siehe Abschnitt 3.1.1).

Anzeigen

Wenn Sie nun den Button Anzeigen in Abbildung 3.19 anklicken, werden Ihnen alle Länder zur Auswahl angezeigt, und Sie können eines der aktuell 245 Länder in SAP ERP auswählen. Wie Sie an der Überschrift und an den nicht eingabebereiten Feldern erkennen, befinden Sie sich im Anzeigemodus des Pflegedialogs V_T005 für das Land DE (siehe Abbildung 3.21).

Damit Sie Customizing-Einträge ändern können, rufen Sie den Pflegedialog im Änderungsmodus auf.

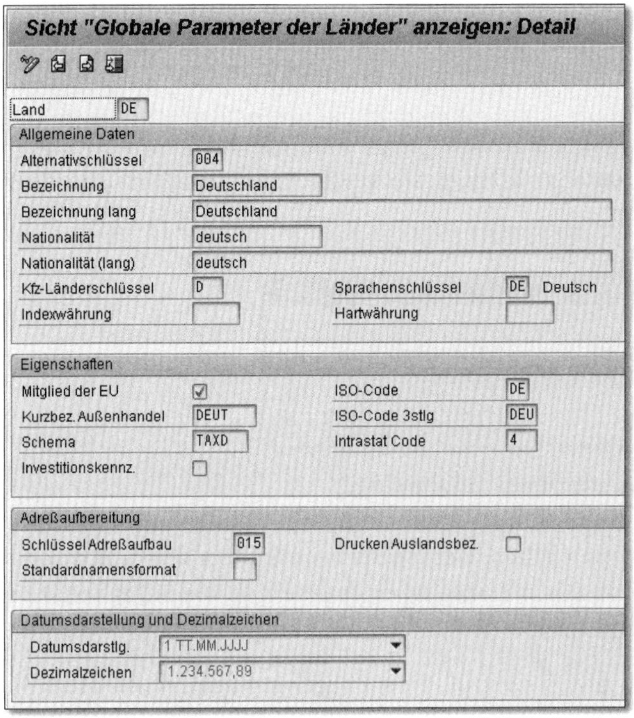

Abbildung 3.21 Pflegedialog V_T005

Pflegen

In den Änderungsmodus gelangen Sie über den Button PFLEGEN in der Transaktion SM30 (Aufruf View-Pflege). Sie wählen wieder ein Land aus und sehen die eingabebereiten Felder wie bereits in Abbildung 3.2 in Abschnitt 3.1.1.

Links oben in Abbildung 3.21 sehen Sie das Symbol. Damit können Sie zwischen dem Anzeige- und dem Änderungsmodus hin und her wechseln, allerdings nicht, ohne das Land nochmals auszuwählen.

Tabellenpflege mit SM30 [+]

Sie sollten die Berechtigung für die Transaktion SM30 (Aufruf View-Pflege) restriktiv vergeben, weil man damit Customizing-Einstellungen ohne Dokumentation im IMG vornehmen kann. Auch für eigene Customizing-Tabellen ist es sicherer, spezielle Tabellenpflege-Transaktionen zu entwickeln, da man hierfür die Berechtigung gezielt vergeben kann. Besonders elegant ist es, wenn Sie Ihre Pflegetransaktionen über eine eigene IMG-Struktur aufrufen können. Eigene IMG-Strukturen bearbeiten Entwickler mit der Transaktion SIMGH (S_CUSTOMIZING_IMG_TOOL).

Sofern es sich nicht um Customizing-Einstellungen handelt, die direkt im Zielsystem gemacht werden, benötigen Sie einen Transportauftrag.

Transport

Mit dem Button TRANSPORT können Sie vorab einen Transport zuordnen (siehe Abbildung 3.22).

Abbildung 3.22 Abfrage Customizing-Transportauftrag

Sollten Sie das nicht getan haben, werden Sie beim Sichern der Customizing-Änderung aufgefordert, einen Transport einzugeben, so wie Sie es vom Customizing im IMG kennen.

Aus der Transaktion SM30 (Aufruf View-Pflege) können Sie in den IMG abspringen, um Ihre Einstellungen durchzuführen.

Customizing

Mit dem Button CUSTOMIZING können Sie in den SAP-Einführungsleitfaden abspringen. Wie Sie in Abbildung 3.23 sehen, gibt es dafür zwei Möglichkeiten:

- Absprung in den SAP-Referenz-IMG (OHNE PROJEKTANGABE WEITER)
- Absprung in ein Customizing-Projekt (PROJEKT AUSWÄHLEN)

Abbildung 3.23 IMG-Projekt auswählen

Unabhängig davon, ob Sie mit/ohne Angabe eines IMG-Projekts weitergehen, bietet Ihnen das System IMG-Knoten zur Auswahl an, mit denen Sie die Customizing-Einstellungen an der eingegebenen Tabelle bzw. Sicht durchführen können.

Wenn Sie mit Projektangabe ins Customizing einsteigen, bieten sich Ihnen in den einzelnen IMG-Aktivitäten dieselben Möglichkeiten zur Dokumentation, wie wenn Sie direkt mit der Transaktion SPRO (Customizing – Projektbearbeitung) in Ihr Projekt einsteigen.

3.2.4 Tabellenprotokollierung

Mit der Tabellenprotokollierung werden Änderungen an den Datensätzen von entsprechend eingestellten Tabellen festgehalten. Ob eine Tabelle für die Protokollierung aktiviert ist, sehen Sie mit Hilfe der Transaktion SE13 (Dictionary: Technische Einstellungen). In der Tabelle T005 (Länder) ist das Protokollierungskennzeichen DATENÄNDERUNGEN PROTOKOLLIEREN gesetzt (siehe Abbildung 3.24).

Ist die Protokollierung eingeschaltet, wird jede Änderung eines bestehenden Datensatzes in einer Protokolltabelle auf der Datenbank festgehalten. Zu den Änderungen, die protokolliert werden, zählen auch neue Einträge und das Löschen vorhandener Einträge durch einen Benutzer oder ein Anwendungsprogramm.

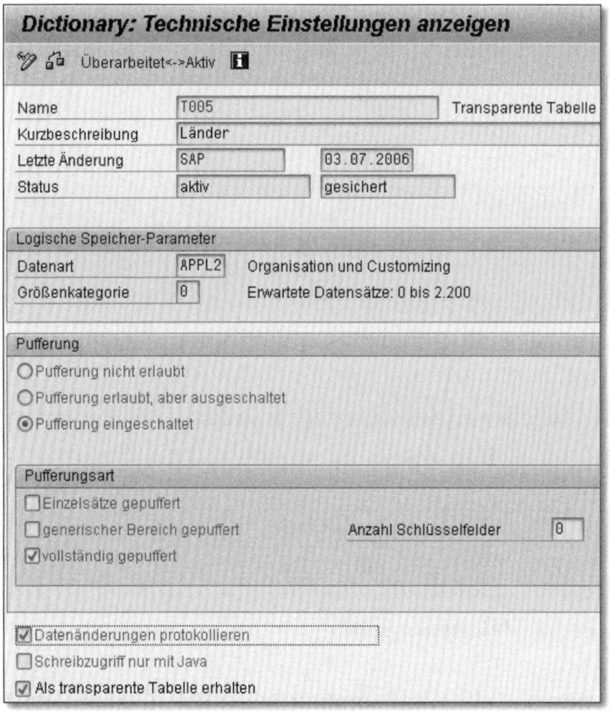

Abbildung 3.24 Technische Einstellungen der Tabelle T005

[+]

Tabellenprotokollierung

Das Einschalten der Protokollierung verlangsamt die Tabellenzugriffe bei Änderungen, weil für jede Änderung ein Satz in die Protokolltabelle geschrieben wird. Außerdem können durch den gleichzeitigen Zugriff mehrerer Benutzer auf diese Protokolltabelle (auch aus unterschiedlichen Anwendungstabellen) Sperrsituationen entstehen.

Die vorhandenen Protokolle können Sie sich über die Transaktion SCU3 (Tabellenhistorie) anzeigen lassen. Im Anwendungsmenü wählen Sie hierzu WERKZEUGE • CUSTOMIZING IMG • SCU3 (IMG-PROTOKOLLIERUNG). Für die Auswertung der Änderungsprotokolle geben Sie das Customizing-Objekt (z.B. Pflegedialog V_T005) oder die Customizing-Tabelle (z.B. T005) sowie einen Auswertungszeitraum an. Die Auswertung tatsächlicher Änderungen an der Tabelle T005 (Länder) sehen Sie in Abbildung 3.25.

Um ein Änderungsprotokoll zu erhalten, habe ich das Steuerschema TAXD kurzfristig aus der Länderdefinition DE entfernt.

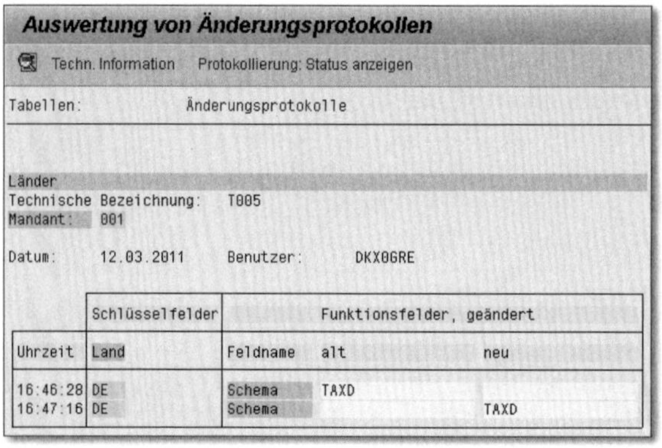

Abbildung 3.25 Auswertung von Änderungsprotokollen mit SCU3

Voraussetzung für die Tabellenprotokollierung ist, dass der Parameter `rec/client` im Instanzprofil gesetzt wurde (siehe Abbildung 3.26).

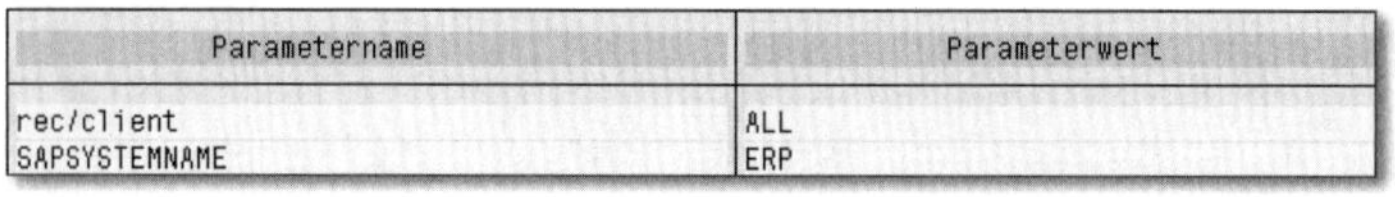

Parametername	Parameterwert
rec/client	ALL
SAPSYSTEMNAME	ERP

Abbildung 3.26 Parameter »rec/client« im Instanzprofil

Der Parameterwert `ALL` bewirkt, dass die Protokollierung für alle Mandanten aktiv ist. Man kann mit der Transaktion RZ10 (Pflege von Profilparametern) auch einzelne Mandanten selektiv einschalten.

3.3 Zusammenfassung

Für Ihre Customizing-Einstellungen rufen Sie mit der Transaktion SPRO (Customizing – Projektbearbeitung) Ihr IMG-Projekt auf. Der IMG ist nach Anwendungsthemen logisch aufgebaut und führt Sie so zu den benötigten Pflegedialogen. Mit diesen Pflegedialogen erfassen Sie Ihre Customizing-Einstellungen. Sie erfassen die Einträge in den Customizing-Tabellen, ohne die Tabellen selbst kennen zu müssen. Falls Sie aber die Customizing-Tabelle kennen, können Sie alternativ mit der Transaktion SM30 die passenden Pflegedialoge suchen und damit in das IMG-Projekt einsteigen.

Die in diesem Kapitel gezeigten allgemeinen Einstellungen Länder, Währungen und Kalender werden im folgenden Kapitel (Kapitel 4, »Organisationsstruktur«) zur Definition diverser Organisationseinheiten benötigt.

Länder, Währungen und Maßeinheiten gehören außerdem auch zu den Stammdaten für Material und Geschäftspartner (siehe Kapitel 5, »Stammdaten«).

Die Abbildung der Aufbauorganisation Ihres Unternehmens mit den Organisationseinheiten der SAP-Software ist von zentraler Bedeutung für alle Anwendungen. Damit beschäftigt sich dieses Kapitel.

4 Organisationsstruktur

In diesem Kapitel zeige ich Ihnen, wie Sie die Organisationsstruktur eines Unternehmens im SAP ERP-System abbilden können. SAP stellt Ihnen hierfür eine Reihe von Organisationseinheiten zur Verfügung. Einige sind modulübergreifend von Bedeutung, andere gelten speziell für die Anwendungen der Materialwirtschaft. Die Definition und Zuordnung der Organisationseinheiten sollte wohlüberlegt sein. Zwar kann die Unternehmensstruktur im laufenden Betrieb vorsichtig erweitert werden, das Löschen von bereits produktiv eingesetzten Organisationseinheiten ist jedoch eine heikle Angelegenheit. Bei Veränderungen in der Organisationsstruktur fallen unter anderem folgende Arbeiten an:

- betroffene Customizing-Tabellen herausfinden und anpassen
- betroffene Selektionsvarianten herausfinden und anpassen
- Eigenentwicklungen überprüfen, da diese eventuell abhängig von bestimmten Organisationseinheiten entwickelt wurden
- neue Stammdaten anlegen
- Berechtigungskonzept überprüfen
- Datenarchivierung, damit die Beleghistorie nicht verlorengeht

Gegliedert nach Anwendungsbereich, stelle ich Ihnen hier folgende Organisationseinheiten mit deren Zuordnungsmöglichkeiten vor, die Sie für unterschiedliche Anwendungen mit Bezug zur Materialwirtschaft benötigen:

- **Finanzwesen**
  - Buchungskreis
  - Geschäftsbereich

- **Controlling**
  - Kostenrechnungskreis
  - Kostenstellen
- **Logistik Allgemein**
  - Werk
  - Disponent
  - Dispositionsbereich
  - Bewertungsebene
  - Sparte
- **Vertrieb**
  - Verkaufsorganisation
  - Vertriebsweg
  - Vertriebsbereich
  - Verkaufsbüro
  - Verkäufergruppe
- **Materialwirtschaft**
  - Einkaufsorganisation
  - Einkäufergruppe
  - Lagerort
- **Logistics Execution System**
  - Lagernummer
  - Versandstelle und Warenannahmestelle
  - Transportdispositionsstelle

Am Ende des Kapitels wird die Verwendung von Parameter-IDs in den eigenen Benutzervorgaben erklärt. Hierzu habe ich sämtliche Parameter-IDs der Organisationseinheiten aus diesem Kapitel aufgelistet.

4.1 Organisation eines Unternehmens

Die Organisation eines Unternehmens hat die Aufgabe, die betriebliche Ordnung zu schaffen und zu etablieren, auf deren Basis das Unternehmen seine Geschäfte betreiben kann. Es gibt zwei Arten der Organisation: Aufbauorganisation und Ablauforganisation.

4.1.1 Aufbauorganisation

Die Aufbauorganisation eines Unternehmens resultiert aus der praktizierten Arbeitsteilung und Spezialisierung. In produzierenden Unternehmen gibt es eine Reihe von unterschiedlichen Aufgaben, für die organisatorische Einheiten gebildet werden können. Neben den logistischen Aufgaben wie Produktionsplanung, Qualitätsmanagement und Instandhaltung gibt es Marketing, Verkauf und Kundendienst als Aufgaben im Vertrieb sowie Aufgaben in der Verwaltung des Unternehmens. Hierzu gehören etwa Buchhaltung, Rechnungsprüfung, Controlling, Personal und auch die Administration der IT-Systeme (siehe Abbildung 4.1).

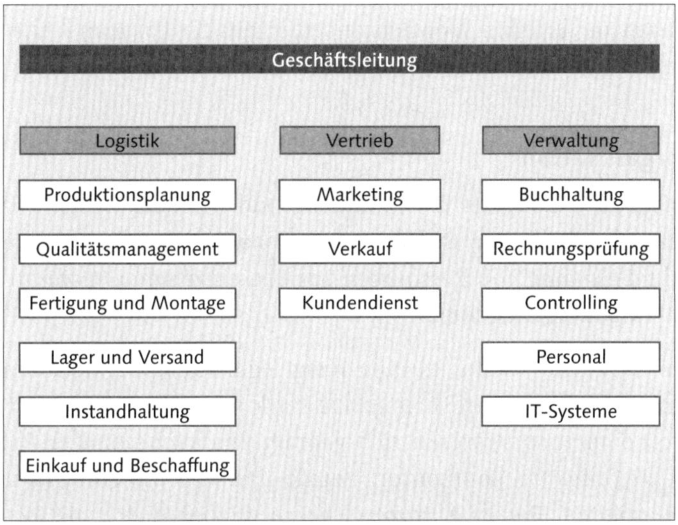

Abbildung 4.1 Aufbauorganisation eines Unternehmens

Je größer das Unternehmen, desto größer ist die Arbeitsteilung und umso notwendiger ist es, eine passende Organisation zu installieren.

Die Aufbauorganisation bezeichnet die Strukturierung des Unternehmens durch aufgabenteilige Stellen und Abteilungen. Das hierdurch entstandene Organisationsgefüge ist die Unternehmensstruktur. In der Vergangenheit konnte man in dieser Beziehung noch von dauerhaft statischen Strukturen reden, seit einigen Jahrzehnten sind solche Strukturen aber oft einer Dynamik ausgesetzt, so dass man nicht mehr von dauerhaft statischen Strukturen reden kann. Es werden neue Unternehmen hinzugekauft, Firmen werden gesplittet, Werke werden geschlossen, Aufgaben werden zentralisiert oder verlagert. Das alles hat auch unmittelbare Auswirkungen auf die Struktur der Aufbauorganisation.

Entscheidend für die Festlegung der Aufbauorganisation ist der Zweck des Unternehmens. Die Aufteilung des Unternehmens in selbständige Teileinheiten und deren Beziehungen zueinander dient der Erreichung des Betriebszwecks.

Neben den linienförmigen Aufbauorganisationen, bei denen primär die (mehrstufigen) Unterstellungsverhältnisse ausschlaggebend sind, gibt es auch funktionale und nach Zuständigkeiten gegliederte Organisationsformen sowie Mischformen, wie beispielsweise die Matrixorganisation, die einerseits hierarchisch, andererseits funktional gegliedert ist. Aktuell sind Netzwerkorganisationen äußerst »angesagt«. Bei diesen relativ offenen Organisationen geht es um schnellen Informationsaustausch und Kontaktpflege, um dynamisch Aufgaben zu verteilen. Vor dem Internetzeitalter hat man – eher negativ konnotiert – von Seilschaften gesprochen.

4.1.2 Ablauforganisation

Die Ablauforganisation bezeichnet die räumliche und zeitliche Gestaltung von Arbeitsfolgen innerhalb der definierten Aufbauorganisation. Hierzu gehört die zeitliche Belastung von Ressourcen aus den einzelnen Organisationseinheiten der Aufbauorganisation.

Für sämtliche Arbeitsabläufe sollte es eine festgelegte Ablauforganisation geben. Die Ablauforganisation wird heutzutage stark von der betriebswirtschaftlichen Unternehmenssoftware an sich geprägt wie auch von der Art und Weise, wie die Software konfiguriert wurde und wie die Anwender tatsächlich damit arbeiten. Einzelne Prozessschritte werden durch die Systemtransaktionen unterstützt, mit denen die Mitarbeiter ihre Aufgaben durchführen. Für die Darstellung einer Ablauforganisation eignen sich Flussdiagramme. Eine fiktive Darstellung eines Prozessabschnittes sehen Sie in Abbildung 4.2.

In dieser neutralen Darstellung sehen Sie einen Ausschnitt aus einem Flussdiagramm mit Symbolen für Seitenverbinder, Prozess(schritte), Verzweigungen, auszudruckende Dokumente und einen Datenspeicher.

Zur Komplettierung solcher Darstellungen werden noch die organisatorischen Einheiten genannt, die für die jeweilige Tätigkeit verantwortlich sind, und die Werkzeuge (z.B. IT-Systeme), mit denen die Tätigkeiten ausgeführt werden. Eine so aufbereitete Dokumentation Ihrer Arbeitsabläufe mit den betriebswirtschaftlichen Anwendungen im SAP-System können Sie für die Zertifizierung Ihres Qualitätsmanagements – z.B. nach DIN EN ISO 9000 –

verwenden. Entscheidend für die Abbildung der Organisation eines Unternehmens im SAP ERP-System ist die Unternehmensstruktur im SAP-Customizing.

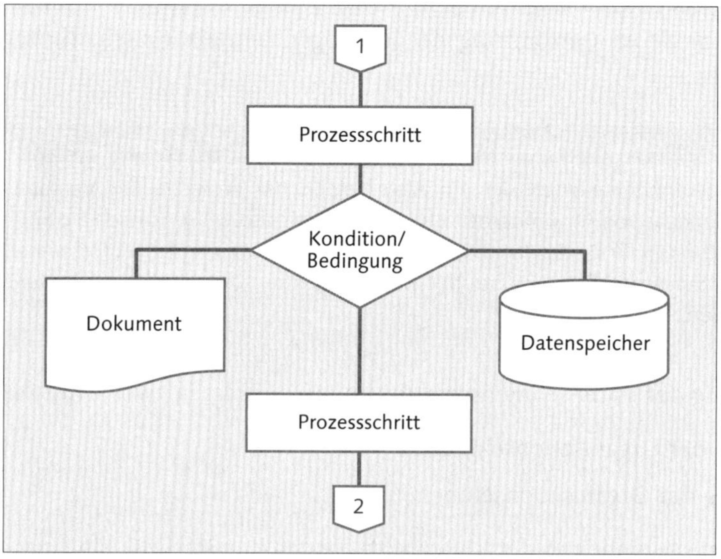

Abbildung 4.2 Flussdiagramm zur Darstellung der Ablauforganisation

4.2 Unternehmensstruktur im SAP-Customizing

Das Konzept, nach dem die Unternehmensstruktur im SAP-Customizing aufgebaut ist, ist mit den jeweiligen Fachabteilungen abzustimmen. Sie bilden Ihre Unternehmensstruktur mit unterschiedlichen Organisationseinheiten und deren Beziehungen untereinander im SAP-Customizing ab (siehe Abbildung 4.35 auf Seite 145).

In diesem Abschnitt wird einleitend allgemein das Vorgehen beim Festlegen der Unternehmensstruktur beschrieben. Nummernkreise sind für Organisationseinheiten von zentraler Bedeutung, deswegen werde ich auch noch auf Nummernkreise allgemein eingehen. Ein reales Beispiel soll zur Veranschaulichung beitragen.

4.2.1 Vorgehen beim Customizing

Das Vorgehen beim Customizing der Unternehmensstruktur beginnt mit einer Analyse der Aufbau- und Ablauforganisation des Unternehmens. Zusammen mit den verantwortlichen Mitarbeitern der jeweiligen Fachabteilungen legen Sie die für Ihr Geschäft zwingend erforderlichen Organisationseinheiten fest.

Beginnen Sie mit den Organisationseinheiten, die im IMG unter dem Knoten UNTERNEHMENSSTRUKTUR angeboten werden. Weitere Organisationseinheiten definieren Sie im Customizing der jeweiligen betriebswirtschaftlichen Anwendungen.

[+]

Hinweis zu den Organisationseinheiten

Organisationseinheiten eignen sich im Allgemeinen hervorragend zur Vergabe bzw. Einschränkung von Anwenderberechtigungen. Beispielsweise können Sie Einkaufsorganisationen für die Einschränkung der Berechtigungen im Einkauf verwenden. Solche Aspekte sollten Sie bei der Definition Ihrer Organisationseinheiten berücksichtigen.

Die Festlegung der Unternehmensstruktur im IMG erfolgt in zwei Schritten:

1. Definition der Organisationseinheiten
2. Zuordnung der Organisationseinheiten

Die Organisationseinheiten der Unternehmensstruktur im IMG sind nach folgenden betriebswirtschaftlichen Anwendungen aufgeteilt:

- Finanzwesen
- Logistik Allgemein
- Materialwirtschaft
- Instandhaltung
- Controlling
- Vertrieb
- Logistics Execution System
- Personalwirtschaft

Sofern es nennenswerte Berührungspunkte mit der Materialwirtschaft gibt, werde ich Ihnen auch Organisationseinheiten aus anderen betriebswirtschaftlichen Anwendungen vorstellen. Beginnen werde ich mit dem Buchungskreis, dieser ist dem Finanzwesen zugeordnet (siehe Abschnitt 4.3.1, »Buchungskreis«).

Sie definieren Organisationseinheiten im IMG-Knoten UNTERNEHMENSSTRUKTUR • DEFINITION (siehe Abbildung 4.3).

Nach der Definition Ihrer Organisationseinheiten für die obigen betriebswirtschaftlichen Anwendungen erfolgt die Zuordnung der einzelnen Organisationseinheiten im IMG-Knoten UNTERNEHMENSSTRUKTUR • ZUORDNUNG. Für die Zuordnung nutzen Sie die für die einzelnen Organisationseinheiten vorgesehenen Strukturierungsmöglichkeiten im Customizing. Die Zuordnung von Organisationseinheiten aus unterschiedlichen Anwendungen ist

Basis für die Integration der betriebswirtschaftlichen Anwendungen in Ihrem SAP-System.

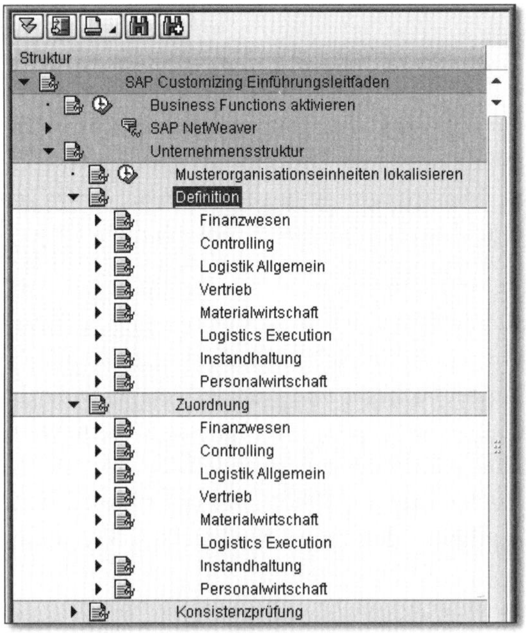

Abbildung 4.3 Unternehmensstruktur im SAP-IMG

Abschließend, nach Definition und Zuordnung der Organisationseinheiten, bietet Ihnen der IMG noch die Konsistenzprüfung an. Sie sehen so, ob Ihre Unternehmensstruktur datentechnisch gesehen vollständig ist. Es gibt Organisationseinheiten, die zwingend vorhanden sein müssen, damit die jeweilige betriebswirtschaftliche Anwendung funktionieren kann. Für die im System vorhandenen Organisationseinheiten wiederum gibt es gewisse Zuordnungen, die zwingend gemacht werden müssen, damit Sie das System als Ihre betriebswirtschaftliche Unternehmenssoftware einsetzen können. Wie Sie in Abschnitt 4.5.1, »Werk«, noch sehen werden, ist z.B. ein Werk Voraussetzung für Anwendungen der Logistik. Fehlt beispielsweise die Zuordnung zu einem Buchungskreis, dann ist die Unternehmensstruktur nicht vollständig.

Diese Konsistenzprüfung berücksichtigt nur das Customizing im IMG-Knoten UNTERNEHMENSSTRUKTUR. Für einige zentrale Organisationseinheiten bietet Ihnen das System zusätzlich eine weitergehende Prüfung an. Diese Prüfung sucht nach Einträgen in sämtlichen – für die zu prüfende Organisationseinheit relevanten – Customizing-Tabellen. In Abschnitt 4.5.1 werden

Sie sehen, wie diese Prüfung für ein eben kopiertes Werk durchgeführt wird. Die Prüfung sucht nach Einträgen in werksabhängigen Tabellen und stellt fest, dass noch kein Materialdisponent angelegt wurde.

4.2.2 Nummernkreise für Organisationseinheiten

Organisationseinheiten bestehen aus einem alphanumerischen Schlüssel und einer Bezeichnung. Die Bezeichnung ist nur ein Textfeld, das später auch geändert werden kann. Das Schlüsselfeld dagegen ist nicht änderbar. Deswegen sind die Nummernkreise für die Schlüssel der Organisationseinheiten wichtig.

Im SAP-System werden Organisationseinheiten oft mit 01, 001 oder 0001 bezeichnet. Diese Referenzeinheiten sind von SAP im Customizing bereits so eingestellt, dass Sie damit arbeiten könnten. Möglicherweise kommt es jedoch beim Einspielen von Support Packages im Laufe der Zeit zu Änderungen am Customizing für diese von SAP angelegten Organisationseinheiten. Daher sollten Sie diese Schlüssel nicht direkt verwenden. Nutzen Sie die SAP-Schlüssel stattdessen als Kopiervorlage. Früher oder später werden Sie sowieso weitere Organisationseinheiten definieren, weil die Referenzeinheiten von SAP nicht ausreichen.

[zB] **Nummernvergabe für Organisationseinheiten**

Sie haben beispielsweise ein Werk 1 am Standort A und ein Werk 1 am Standort B. Eines der beiden Werke kann nicht den Schlüssel 0001 bekommen. Besser ist es deswegen, für die Werke je Standort separate Schlüssel für Werk 1 zu vergeben, beispielsweise AA01, KA01, FN01 oder HD01.

Hinweise zur Nummernvergabe

Denken Sie bei der Vergabe der Nummernkreise auch an die Anwender, die künftig mit diesen Nummern arbeiten müssen. Sie sollten daher sinnvolle alphanumerische Nummernkreise für Ihre Organisationseinheiten definieren.

Achten Sie bei der Nummerierung zum Beispiel auf die Erweiterbarkeit: Die Schlüssel für Organisationseinheiten sind nicht besonders lang. Viele der hier vorgestellten Schlüsselfelder sind vierstellig, es gibt aber auch zwei- und dreistellige Schlüssel. Wenn Sie mit Präfix oder Suffix arbeiten, reduziert sich die noch zur Verfügung stehende freie Stellenzahl.

Sie können Ihre Organisationseinheiten einfach neutral durchnummerieren und mit der Bezeichnung näher beschreiben, oder Sie gestalten einen Nummernkreis auch ohne Buchstaben sprechend, wie Sie an dem Beispiel im nächsten Abschnitt sehen werden.

4.2.3 Beispiel für numerische Schlüssel

In diesem Abschnitt lernen Sie ein Beispiel für numerische Schlüssel kennen, die in gewisser Weise auch *sprechend* sind.

Weltweit agierende Unternehmen und Unternehmensgruppen mit Standorten auf mehreren Kontinenten könnten beispielsweise ein Präfix je Kontinent wählen. Gängig ist die Einteilung der Erde in sechs Kontinente. Teilt man Amerika in Nord- und Südamerika auf, hat man die folgenden sieben Kontinente (in alphabetischer Reihenfolge), für die ein einstelliges Präfix genügt:

1. Afrika – Präfix 1
2. Antarktis – Präfix 2
3. Asien – Präfix 3
4. Australien/Ozeanien – Präfix 4
5. Europa – Präfix 5
6. Nordamerika – Präfix 6
7. Südamerika – Präfix 7

Den Standort einer Organisationseinheit erkennt man dann sofort an der ersten Stelle des Schlüssels. Überlegen Sie sich für die folgenden Stellen noch eine *sprechende* Namenskonvention.

Organisationseinheiten, die global gelten, ordnen Sie entweder einem Standort (z.B. dem Firmensitz) zu oder lassen sie etwa mit 9 beginnen. Eine globale Einkaufsorganisation hätte so den Schlüssel 9000.

Nummerierungsbeispiel für Organisationseinheiten [zB]

Die folgende reale Festlegung verwende ich hier als Beispiel für die Nummerierung bei einem global agierenden Unternehmen:

- USA: 1
- Europa: 2
- Asien: 3

Die führende Zahl im Schlüssel der Organisationseinheiten lässt hier auch Rückschlüsse auf die Reihenfolge der SAP-Einführungsprojekte zu. Zunächst wurde SAP ERP am Firmensitz in den USA implementiert. Für diesen Standort wurden die Schlüssel 1000 etc. eingeführt. Danach gab es den Rollout in Europa. Hier wurden die mit 2 beginnenden Schlüssel eingeführt. Beim nächsten Rollout in Asien gab es die 3er-Schlüssel.

4.3 Finanzwesen

Die Integration der SAP-Materialwirtschaft mit dem Finanzwesen wird vor allem bei der Materialbewertung (siehe Kapitel 8, »Bewertung und Kontierung«) und der Logistik-Rechnungsprüfung (siehe Kapitel 9) deutlich. Die zentrale Organisationseinheit des Finanzwesens ist der Buchungskreis. In diesem Abschnitt sehen Sie, welche Einstellungen zum Buchungskreis für die Materialwirtschaft vorzunehmen sind. Auf den optionalen Geschäftsbereich für interne Bilanzen werde ich hingegen nur kurz eingehen.

4.3.1 Buchungskreis

Der Buchungskreis ist die Organisationseinheit für ein Unternehmen im betriebswirtschaftlichen Sinn. Er ist die Organisationseinheit des externen Rechnungswesens für eine vollständige und in sich abgeschlossene Buchhaltung. Gesetzlicher Einzelabschluss, Bilanzen sowie Gewinn-und-Verlust-Rechnungen werden für diese Ebene erstellt. Hierzu werden buchungspflichtige Ereignisse erfasst und in Belegen dokumentiert.

Die englische Übersetzung für Buchungskreis ist *Company Code*. Der Code/Schlüssel steht für eine bilanzierende Gesellschaftsform. Falls Sie auf Ihrem SAP-System nur eine bilanzierende Gesellschaft benötigen, können Sie mit dem voreingestellten Buchungskreis 0001 den Customizing-Aufwand reduzieren. Planen Sie aber in Zukunft eine Firmenübernahme oder eine Aufteilung der Firma, müssen Sie mehrere rechtlich selbständige Firmen in SAP ERP als eigene Buchungskreise abbilden. In den heutigen Unternehmensgruppen gibt es oft neben den produktiven Unternehmen auch Unternehmen ohne eigene Logistik, die nur bilanztechnisch eine Rolle spielen. Auch solche Firmen werden als Buchungskreis abgebildet.

Zuständig für die Definition von Buchungskreisen ist das Rechnungswesen. Die Einstellungen zum Buchungskreis werden in der Customizing-Tabelle T001 (Buchungskreise) verwaltet. Folgende – auch für die Materialwirtschaft bedeutsame – Zuordnungen gehören zur Definition eines Buchungskreises:

- Name der Firma (T001 – BUTXT)
- vollständige Firmenadresse mit Ort, Land und Sprache
- Hauswährung (T001 – WAERS, siehe Abschnitt 3.1.2)
- Kontenplan mit Sachkonten (T001 – KTOPL)
- Geschäftsjahresvariante mit Buchungsperioden (T001 – PERIV)

- Variante für offene Buchungsperioden (T001 – OPVAR)
- Kostenrechnungskreis (siehe Abschnitt 4.4.1)

Im Customizing gibt es die Möglichkeit, einen Buchungskreis zu kopieren. Dadurch werden viele spezifische Einstellungen gleich mitkopiert. Änderungen an bereits vollständig durchgeführtem Customizing sind auch nach dem Kopiervorgang ohne weiteres möglich. Sie müssen für jedes Land, das Sie mit Ihrem SAP-System produktiv verwalten, mindestens einen Buchungskreis anlegen. Besonders geeignete Vorlagen sind deswegen die länderabhängigen *Country Templates*. Hier ein kleiner Ausschnitt aus den aktuell 54 länderabhängigen Vorlagen:

- DE01 – Country Template DE
- DK01 – Country Template DK
- ES01 – Country Template ES
- FI01 – Country Template FI
- FR01 – Country Template FR
- GB01 – Country Template GB

Um einen Buchungskreis zu kopieren, wählen Sie die IMG-Aktivität UNTERNEHMENSSTRUKTUR • DEFINITION • FINANZWESEN • BUCHUNGSKREIS BEARBEITEN, KOPIEREN, LÖSCHEN, PRÜFEN. Länderabhänge Vorlagen sind auch deswegen geeignet, weil durch den Kopiervorgang auch die Hauswährung mitkopiert wird. Die Hauswährung ist im Allgemeinen die jeweilige Landeswährung. Wie ein solcher komplexer Kopierdialog abläuft, sehen Sie am Beispiel »Werk« in Abschnitt 4.5.1.

Zu den für die Materialwirtschaft wichtigen Einstellungen in der Definition des Buchungskreises T001 (Buchungskreis) gehört auch das Feld KTOPL (Kontenplan).

Kontenplan

Der Kontenplan ist das Verzeichnis der Sachkonten, die Sie in Ihrem Buchungskreis einsetzen. Insbesondere sind auch alle Sachkonten für die Bewertung der Bestände bei Warenbewegungen und für die Vorgänge in der Logistik-Rechnungsprüfung enthalten (siehe Kapitel 8 und 9).

Der operative Kontenplan wird für Anwendungen in Buchhaltung und Controlling verwendet. Festlegungen, wie Länge und Nummernkreis der Sachkonten, werden vom Rechnungswesen vorgegeben.

Durch die im vorherigen Abschnitt vorgeschlagene Methode zum Kopieren von Buchungskreisen wird auch die Zuordnung zu einem Kontenplan kopiert. Verantwortlich für den Kontenplan ist nicht die Logistik, sondern das Rechnungswesen. Wie bereits erwähnt, erzeugt die Logistik aber indirekt Buchungen auf Sachkonten.

Die Zuordnung des Kontenplans zum Buchungskreis können Sie in folgender IMG-Aktivität überprüfen und gegebenenfalls ändern: FINANZWESEN (NEU) • HAUPTBUCHHALTUNG (NEU) • STAMMDATEN SACHKONTEN • VORARBEITEN • BUCHUNGSKREIS EINEM KONTENPLAN ZUORDNEN.

Der gängigste Kontenplan in der SAP-Standardauslieferung ist der Muster-Kontenplan INT. INT ist standardmäßig dem SAP-Buchungskreis 0001 zugeordnet (siehe Abbildung 4.4). INT ist auch dem Buchungskreis 0003 (eine Kopie von 0001) sowie den länderspezifischen Vorlagen für Argentinien, Österreich, Australien und Brasilien zugeordnet, während BE01 (Belgien) und CA01 (Canada) offensichtlich eigene Kontenpläne haben.

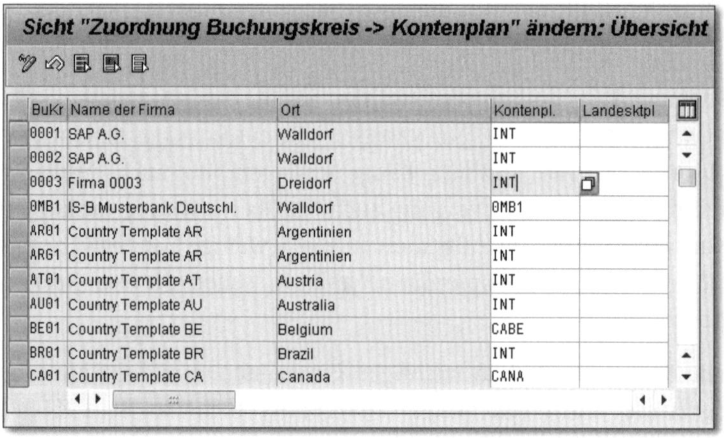

Sicht "Zuordnung Buchungskreis -> Kontenplan" ändern: Übersicht

BuKr	Name der Firma	Ort	Kontenpl.	Landesktpl
0001	SAP A.G.	Walldorf	INT	
0002	SAP A.G.	Walldorf	INT	
0003	Firma 0003	Dreidorf	INT	
0MB1	IS-B Musterbank Deutschl.	Walldorf	0MB1	
AR01	Country Template AR	Argentinien	INT	
ARG1	Country Template AR	Argentinien	INT	
AT01	Country Template AT	Austria	INT	
AU01	Country Template AU	Australia	INT	
BE01	Country Template BE	Belgium	CABE	
BR01	Country Template BR	Brazil	INT	
CA01	Country Template CA	Canada	CANA	

Abbildung 4.4 Kontenplan dem Buchungskreis zuordnen

Die Zuordnung des Kontenplans zum Buchungskreis sollten Sie nach dem Produktivstart nicht mehr ändern, sonst kommt es hier zu Inkonsistenzen.

[+]

Hinweis zum Kontenplan

Damit Sie die Zuordnungen nicht mehr ändern müssen, empfehle ich Ihnen, eigene (eventuell länderabhängige) Kontenpläne für Ihre Buchungskreise anzulegen, die Sie an Ihre Anforderungen anpassen können. In Abbildung 4.4 würden Sie beispielsweise für die Firma 0003 den Kontenplan INT durch einen eigenen Kontenplan ersetzen.

Am einfachsten legt man einen neuen Kontenplan durch Kopieren einer geeigneten Vorlage an. Kontenpläne können zusammen mit allen Konten und diversen Zuordnungen mit der Transaktion OBY7 (C FI Kontenplan kopieren) kopiert werden. Sie wählen hierzu die IMG-Aktivität FINANZWESEN (NEU) • HAUPTBUCHHALTUNG (NEU) • STAMMDATEN • SACHKONTEN • ANLEGEN UND BEARBEITEN DER SACHKONTEN • ALTERNATIVE VERFAHREN • SACHKONTEN KOPIEREN • KONTENPLAN KOPIEREN.

Nehmen Sie beispielsweise den Kontenplan INT als Vorlage für Ihren Kontenplan ZINT, und kopieren Sie kontenplanabhängige Tabelleneinträge unter anderem für die Kontenfindung der Materialwirtschaft gleich mit.

Buchungskreis für die Materialwirtschaft

Der Buchungskreis ist zwar das zentrale Organisationselement für die Buchhaltung, aber auch für die Materialwirtschaft im integrierten SAP-System werden Buchungskreise benötigt. Sie geben den Buchungskreis an, wenn Sie für Ihr Unternehmen Material bestellen (siehe Kapitel 6, »Einkauf und Beschaffung«) und wenn Sie die eingehende Rechnung des Lieferanten erfassen und prüfen (siehe Kapitel 9, »Logistik-Rechnungsprüfung«). Bevor Sie mit Ihren Anwendungen starten, müssen Sie den Buchungskreis für die Materialwirtschaft einrichten. Gehen Sie hierzu in folgende IMG-Aktivität: LOGISTIK ALLGEMEIN • MATERIALSTAMM • GRUNDEINSTELLUNGEN • BUCHUNGSKREISE FÜR DIE MATERIALWIRTSCHAFT PFLEGEN.

Sicht "Buchungskreise aus Sicht der Materialwirtschaft" ändern:

BuKr	Name der Firma	Jahr	Pe	GJ	MV	GJ	LM	RVP	RüN
0001	SAP A.G.	2010	7	2010	6	2009	12	☑	☐
0002	SAP A.G.	2010	7	2010	6	2009	12	☑	☐
0003	Firma 0003	2010	7	2010	6	2009	12	☑	☐
0MB1	IS-B Musterbank Deutschl.				0		0	☐	☐
AR01	Country Template AR	1995	7	1995	6	1994	12	☐	☐
ARG1	Country Template AR				0		0	☐	☐
AT01	Country Template AT				0		0	☐	☐
AU01	Country Template AU				0		0	☐	☐
BE01	Country Template BE				0		0	☐	☐
BR01	Country Template BR				0		0	☐	☐
CA01	Country Template CA				0		0	☐	☐
CH01	Country Template CH				0		0	☐	☐

Abbildung 4.5 Buchungskreise für die Materialwirtschaft

In Abbildung 4.5 sehen Sie die Pflegeview V_001_MARV, mit der Sie die Materialverwaltungssätze anlegen.

Materialverwaltungssatz

Damit Sie später Ihre Materialstämme anlegen können, muss auf dem Mandanten der Materialverwaltungssatz für den entsprechenden Buchungskreis in der Tabelle MARV (Materialverwaltungssatz) bereits vorhanden sein. Mit der Transaktion SE16 (Data Browser) können Sie die Tabelle aufrufen und den Eintrag für Ihren Buchungskreis suchen.

In Abbildung 4.6 sehen Sie den Eintrag aus der Pflegeview (siehe auch Abbildung 4.5). Die aktuelle Periode ist Juli 2010. Rückbuchungen in die Vorperiode Juni 2010 sind erlaubt.

Auch in der Standardauslieferung ist für den Buchungskreis 0001 das Rückbuchen in die Vorperiode erlaubt. Bestandsbuchungen sind in der laufenden Periode und in der Vorperiode des aktuellen Geschäftsjahrs möglich. Nach Ablauf einer zeitlichen Periode verschieben Sie die aktuelle Periode mit dem Periodenverschieber.

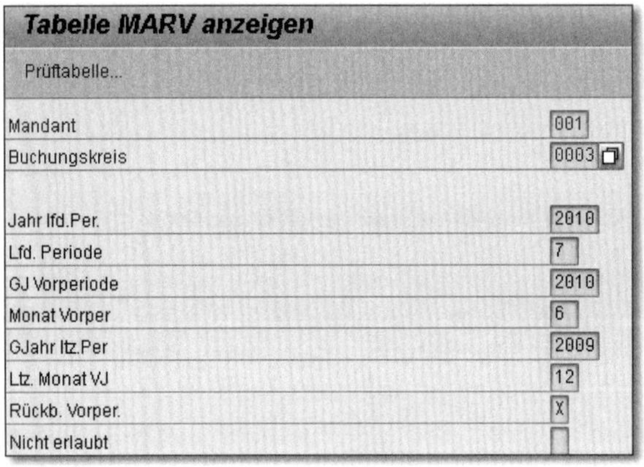

Abbildung 4.6 Eintrag für Buchungskreis 0003 in Tabelle MARV

Periodenverschieber

Den Periodenverschieber starten Sie jeweils mit dem Periodenwechsel (in der Regel zum Monatsanfang) direkt in dem jeweiligen Mandanten. Dadurch ermöglichen Sie Bestandsbuchungen in der neuen Periode.

Hinweis zum Periodenverschieber [+]

Während der Periodenverschieber läuft, dürfen keine Materialstämme gesperrt sein. Sperreinträge entstehen beispielsweise beim Ändern von Materialstammdaten (siehe Kapitel 5, »Stammdaten«) oder beim Buchen einer Warenbewegung (siehe Kapitel 7, »Bestandsführung«).

Mit der Transaktion SM12 (Sperren anzeigen und löschen) können Sie die Sperreinträge auflisten und gegebenenfalls löschen. Oder Sie bitten die Kollegen darum, die Transaktion, mit der Sie gerade das Material sperren, zu verlassen.

Um Sperreinträge möglichst zu umgehen, rufen Sie die Transaktion MMPV (Periodenverschieber) in einem arbeitsfreien Zeitfenster auf. Sie führen die Transaktion für jeweils einen oder mehrere Buchungskreise gleichzeitig aus (siehe Abbildung 4.7).

Zusätzlich zu den Buchungskreisen geben Sie die kommende Periode und das zugehörige Geschäftsjahr ein. Hierbei müssen Sie beachten, dass Geschäftsjahr ist nicht unbedingt gleich Kalenderjahr ist und dass Ihren Buchungskreisen in der Tabelle T001 (Buchungskreise) unterschiedliche Geschäftsjahresvarianten zugeordnet sein können.

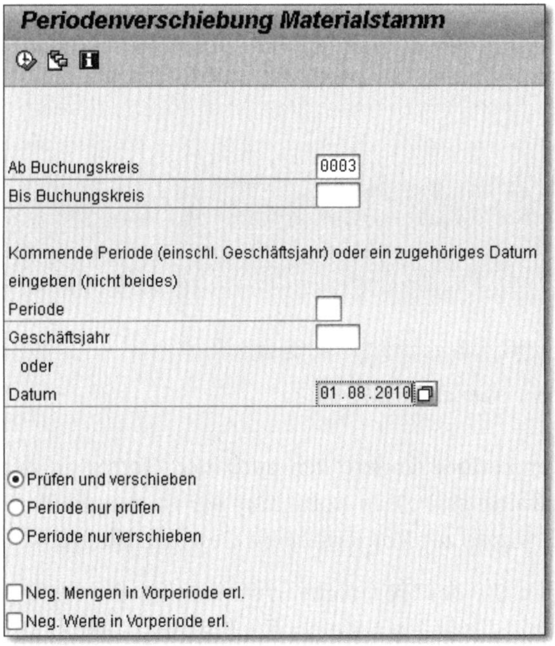

Abbildung 4.7 Periodenverschiebung MMPV

Alternativ geben Sie ein Datum aus der kommenden Periode ein. Im Produktivbetrieb ist das in der Regel der Monatserste oder der erste Arbeitstag des Monats. Über die jeweilige Geschäftsjahresvariante der Buchungskreise ermittelt das System die Periode selbst.

Bei der Periodenverschiebung wird die kommende Periode zur aktuellen Periode. Die bislang aktuelle Periode wird zur Vorperiode. Mit dem Radiobutton Periode nur prüfen rufen Sie den Periodenverschieber im Simulationsmodus auf. Es besteht die Möglichkeit, bei der Umstellung negative Mengen und Werte in der Vorperiode zu erlauben.

Die Transaktion gibt ein Protokoll aus. Hier sehen Sie, ob die Periodenverschiebung für Ihren Buchungskreis erfolgreich war (siehe Abbildung 4.8).

Im Buchungskreis 0003 wurde die Periode erfolgreich umgesetzt. Es waren also beispielsweise keine Materialstämme gesperrt, und die vorherige aktuelle Periode entspricht dem Vormonat.

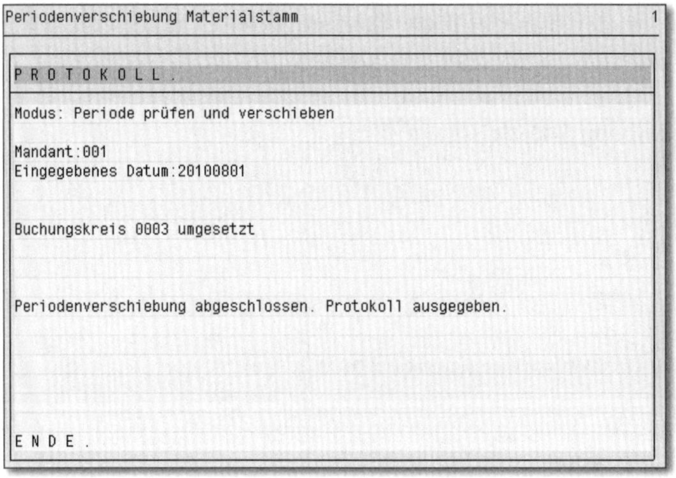

Abbildung 4.8 Protokoll zur Periodenverschiebung

Durch die Verschiebung der Periode ändert sich auch der Eintrag in der Tabelle MARV (Materialverwaltungssatz). In Abbildung 4.9 ist nun die Periode 8 aktuell. Die Periode 7 wurde zur Vorperiode im Geschäftsjahr 2010.

Am bequemsten ist es, wenn Sie den Periodenverschieber für die Hintergrundverarbeitung einplanen. Hierzu legen Sie für das Programm RMMMPERI (Periodenverschieber) eine Variante mit dynamischer Datumsberechnung an. Als variables Datum wählen Sie beispielsweise Erster des aktuellen

MONATS. Anschließend planen Sie mit der Transaktion SM36 (Batch-Anforderung) das Programm mit der Variante für monatliche Ausführung ein und verwalten die Jobplanung mit der Transaktion SM37 (Übersicht über Jobauswahl).

Mandant	001
Buchungskreis	0003
Jahr lfd.Per.	2010
Lfd. Periode	8
GJ Vorperiode	2010
Monat Vorper	7
GJahr ltz.Per	2009
Ltz. Monat VJ	12
Rückb. Vorper.	X
Nicht erlaubt	
Geändert von	DKX0GRE
Letzte Änderung	27.08.2010
Uhrzeit	17:13:57

Abbildung 4.9 Tabelle MARV nach der Periodenverschiebung

Wenn der aktuelle Periodenstand weiter zurück in der Vergangenheit liegt oder wenn die Periode versehentlich zu früh verschoben wurde, dann gibt es zwei Möglichkeiten für die Aktualisierung der Periode:

- **Step by Step mit dem Programm RMMMPERI**
  Für diese erste Möglichkeit steht Ihnen die Transaktion MMPV (Periode verschieben) zur Verfügung.
- **Initialisierung mit dem Programm RMMMINIT**
  Die Initialisierung erfolgt mit der Transaktion MMPI (Periode initialisieren, siehe auch Abschnitt 5.2.1, »Globale Grundeinstellungen«).

Bevor Sie das Programm `RMMMINIT` mit der Transaktion MMPI oder auch der Transaktion SA38 (ABAP/4 Reporting) starten, sollten Sie unbedingt den SAP-Hinweis 487381 (RMMMINIT: Schutz gegen unbeabsichtigte Ausführung) lesen. Dieser Hinweis beschreibt die möglichen Dateninkonsistenzen infolge einer Periodeninitialisierung in einem produktiven System. Die Periodeninitialisierung startet nur, wenn Sie die Parameter-ID `MMPI_READ_NOTE` in Ihren Benutzervorgaben korrekt mit dem aktuellen Datum in der Form JJJJMMTT (J = Jahr, M = Monat, T = Tag) belegt haben. Zuständig für den Periodenverschieber ist die Materialwirtschaft. Die Buchungsperioden für die Konten werden vom Rechnungswesen geöffnet und wieder geschlossen.

Buchungsperioden

Sowohl die aktuelle Periode als auch die Sonderperioden Ihrer Geschäftsjahresvariante müssen explizit zum Buchen geöffnet werden. Andere Perioden, in die nicht mehr gebucht werden soll, sind zu schließen. Durch die Angabe einzelner Kontoarten, Kontonummern oder Intervalle können Buchungsperioden gezielt für bestimmte Konten geöffnet werden – beispielsweise Abstimmkonten für die Kreditoren unter der Kontoart K.

Die zuständigen Kollegen ordnen dem Buchungskreis eine Variante für offene Buchungsperioden zu. Sie können für jeden Buchungskreis eine eigene Variante definieren, oder Sie verwenden eine Variante für mehrere Buchungskreise. Dann ordnen Sie den Buchungskreisen, die hinsichtlich der erlaubten Buchungsperioden gleich zu behandeln sind, denselben Variantenschlüssel zu. Definition und Zuordnung der Variante gehören zu den Grundeinstellungen des Finanzwesens, die Sie über den IMG-Pfad FINANZWESEN (NEU) • GRUNDEINSTELLUNGEN FINANZWESEN (NEU) BÜCHER • GESCHÄFTSJAHR UND BUCHUNGSPERIODEN • BUCHUNGSPERIODEN durchführen. Sie wählen dafür die folgenden IMG-Aktivitäten:

- VARIANTEN FÜR OFFENE BUCHUNGSPERIODEN DEFINIEREN (nur Variantenschlüssel und Bezeichnung)
- BUCHUNGSKREIS VARIANTEN ZUORDNEN (Variante je Buchungskreis)

Für jede Variante geben Sie an, welche Buchungsperioden zum Buchen offen sind. Hierfür wählen Sie die IMG-Aktivität BUCHUNGSPERIODEN ÖFFNEN UND SCHLIESSEN.

Der Eintrag »+« (gültig für alle Kontoarten) in der Spalte K (KONTOART) muss für jede Variante angelegt sein, dabei dürfen die Spalten VON KONTO und BIS KONTO nicht gefüllt werden. In den Spalten für die Buchungsperioden geben Sie die Perioden an, die für die Variante grundsätzlich geöffnet werden sollen. Durch weitere Einträge legen Sie speziell für die unterschiedlichen Kontoarten fest, welche Perioden für welche Konten geöffnet sein sollen.

Der Buchungskreis und die anderen beschriebenen Einstellungen sind Voraussetzung für die Materialwirtschaft. Der Geschäftsbereich hingegen ist nur eine Option für interne Bilanzen.

4.3.2 Geschäftsbereich

Der Geschäftsbereich ist eine optionale Organisationseinheit des Rechnungswesens. Das Rechnungswesen kann für interne Bilanzen Geschäftsbereiche zur Geschäftsbereichskontierung definieren. Diese zusätzliche Kontierung ermöglicht es, Erlöse und Bestände für separate Verantwortungsbereiche im Unternehmen zu buchen. Die Findung für die Geschäftsbereichskontierung geht über die Organisationseinheiten Verkaufsorganisation, Vertriebsweg, Sparte und Werk. Diese werden in den Abschnitten 4.5, »Logistik Allgemein«, und 4.6, »Vertrieb«, noch behandelt.

4.4 Controlling

Das Controlling besteht aus mehreren Komponenten:

- Kostenstellenrechnung
- Auftragsverwaltung
- Obligoverwaltung
- Ergebnisrechnung
- Prozesskostenrechnung

Die zentrale Organisationseinheit für das Controlling ist der Kostenrechnungskreis, für den Sie die gewünschten Komponenten aktivieren können. Neben dem Kostenrechnungskreis für Ihren Buchungskreis sind auch Kostenstellen indirekt für die Materialwirtschaft relevant.

4.4.1 Kostenrechnungskreis

Der Kostenrechnungskreis ist die Organisationseinheit innerhalb eines Unternehmens für die Kostenrechnung. Deswegen werden Stammdaten mit Relevanz für das Controlling mit Bezug zu einem Kostenrechnungskreis angelegt. Dabei handelt es sich beispielsweise um:

- Kostenarten
- Leistungsarten
- Kostenstellen
- Profitcenter
- CO-Innenaufträge

Das Controlling ist mit anderen betriebswirtschaftlichen Anwendungen integriert, etwa mit dem Projektsystem (PS) zur Planung, Budgetierung und (Ist-)Buchung von Erlösen und Kosten oder mit der Produktionsplanung und -steuerung (PP) zur Kalkulation von Fertigungsaufträgen. Zu den kostenrelevanten Vorgängen in der Materialwirtschaft zählen kontierte Warenentnahmen als Verbrauch auf eine Kostenstelle, einen Auftrag etc.

Für diese Integration muss im Kostenrechnungskreis die operative (Plan-) Version 000 (Plan/Ist-Version) für das aktuelle Geschäftsjahr eingestellt sein. Die Plandaten und Ist-Daten dieser Version werden für Abweichungen und Plan-Ist-Vergleiche herangezogen. Die Version 000 muss in jedem Kostenrechnungskreis vorhanden sein. Die Versionseinstellungen pflegen die verantwortlichen Mitarbeiter aus dem Controlling mit der Transaktion OKEV (Versionen (KoRechKreis) pflegen). Im IMG wählen Sie zur Überprüfung der Versionseinstellungen des aktuellen Geschäftsjahrs die Aktivität CONTROLLING • CONTROLLING ALLGEMEIN • ORGANISATION • VERSIONEN PFLEGEN.

Die Anwendungen des Controllings erfordern eine Zuordnung Ihrer Buchungskreise zu einem Kostenrechnungskreis in der Tabelle TKA02 (Kostenrechnungskreisfindung). Diese Zuordnung pflegen Sie in der IMG-Aktivität UNTERNEHMENSSTRUKTUR • ZUORDNUNG • CONTROLLING • BUCHUNGSKREIS – KOSTENRECHNUNGSKREIS ZUORDNEN oder mit Hilfe der Aktivität KOSTENRECHNUNGSKREIS PFLEGEN im Customizing des Controllings.

Sollen die kostenrechnerische Sicht und die buchhalterische Sicht übereinstimmen, ordnen Sie jedem Buchungskreis einen eigenen Kostenrechnungskreis zu.

Durch die Zuordnung von mehreren Buchungskreisen zu einem gemeinsamen Kostenrechnungskreis kann die Kostenrechnung buchungskreisübergreifend durchgeführt werden. Sie haben dann eine gemeinsame Kostenrechnung für ein Unternehmen mit mehreren selbständig bilanzierenden Töchtern.

Diese buchungskreisübergreifende Kostenrechnung ist nach meiner Erfahrung die gängigere Variante. Hierbei müssen die Buchungskreise denselben Kontenplan verwenden; bei Buchungskreisen mit unterschiedlichen Währungen ist eine Konzernwährung zu wählen.

4.4.2 Kostenstelle

Kostenstellen sind Stammdaten für die Kostenstellenrechnung im Controlling. In der Materialwirtschaft begegnen Ihnen Kostenstellen beispielsweise bei kontierten Bestellpositionen mit dem Kontierungstyp K.

Der in Abschnitt 4.4.1, »Kostenrechnungskreis«, angelegte Kostenrechnungskreis ist Voraussetzung für die Definition einer Kostenstelle. Sie aktivieren die Kostenstellenrechnung in folgender IMG-Aktivität: CONTROLLING • KOSTENSTELLENRECHNUNG • KOSTENSTELLENRECHNUNG IM KOSTENRECHNUNGSKREIS AKTIVIEREN. Unter folgender Aktivität im IMG legen Sie Kostenstellen an: UNTERNEHMENSSTRUKTUR • DEFINITION • CONTROLLING • KOSTENSTELLEN ANLEGEN.

Zum selben Einstiegsbild (siehe Abbildung 4.10) gelangen Sie auch direkt im Controlling mit der Aktivität CONTROLLING • KOSTENSTELLENRECHNUNG • STAMMDATEN • KOSTENSTELLEN • KOSTENSTELLEN ANLEGEN.

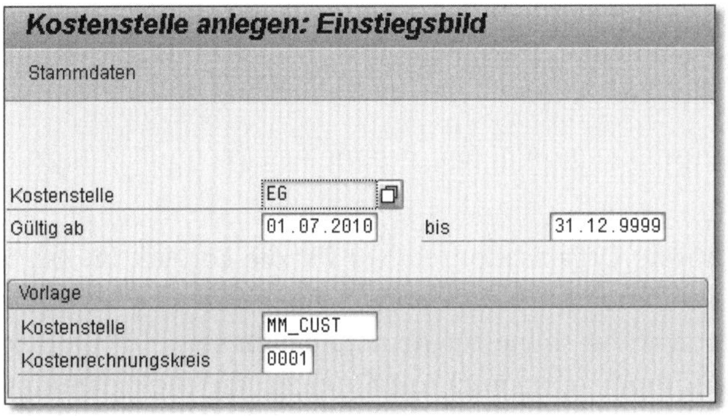

Abbildung 4.10 Kostenstelle für Kostenrechnungskreis anlegen

Kostenstellen haben eine Gültigkeit, sie werden für einen Kostenrechnungskreis angelegt. Das Anlegen einer Kostenstelle können Sie sich durch die Verwendung von geeigneten Vorlagen erleichtern. Zu den Grunddaten von Kostenstellen gehört neben einem verantwortlichen Benutzer (SAP USER) auch eine verantwortliche Person und Abteilung aus Ihrem Unternehmen.

Für den Transport von Systemeinstellungen des Controllings steht ein eigener IMG-Knoten zur Verfügung: CONTROLLING • CONTROLLING ALLGEMEIN • PRODUKTIVSTART VORBEREITEN • TRANSPORT VON SYSTEMEINSTELLUNGEN. Dort finden Sie die Aktivität EINSTELLUNGEN ZU STAMMDATEN TRANSPORTIEREN. Diese Funktion unterstützt den Transport von Kostenarten, Leistungsarten, statistischen Kennzahlen, Aufträgen und auch Kostenstellen. Der Transport erfolgt in zwei Schritten:

1. Bereits im entsprechenden Kostenrechnungskreis im Zielsystem vorhandene Stammdaten werden gelöscht.
2. Die neuen Stammdaten werden importiert.

4.5 Logistik Allgemein

Die zentrale Organisationseinheit in der Logistik Allgemein ist das Werk. Die Integration zum Finanzwesen erfolgt durch die Zuordnung zu einem Buchungskreis. Der Buchungskreis ist wie in Abschnitt 4.4.1, »Kostenrechnungskreis«, erwähnt, einem Kostenrechnungskreis zugeordnet und damit mit den Komponenten des Controllings integriert.

Das übergreifende Customizing für die Organisationseinheiten der Logistik führen Sie im IMG-Knoten UNTERNEHMENSSTRUKTUR • DEFINITION • LOGISTIK ALLGEMEIN sowie im IMG-Knoten UNTERNEHMENSSTRUKTUR • ZUORDNUNG • LOGISTIK ALLGEMEIN durch. Zusätzlich beschreibe ich in diesem Abschnitt noch die Organisationseinheiten Disponent und Dispositionsbereich aus dem Customizing für die Produktion.

4.5.1 Werk

Das Werk ist die wichtigste Organisationseinheit für die Logistik im Allgemeinen und für die Produktion im Besonderen. Sie benötigen es vor allem zur Steuerung Ihrer Produktion sowie zur Materialbeschaffung für Produktion und Versand. Jedes Produktionswerk kann gleichzeitig auch Planungswerk für die Aufgaben der Instandhaltung sein. Auch für das Qualitätsmanagement gibt es, zusätzlich zu den allgemein gültigen, auch werksabhängige Customizing-Tabellen und Stammdaten.

Ohne folgende logistische Anwendungen würde ein Werk nicht funktionieren:

- Materialbedarfsplanung
- Prognose
- Stammdaten für die Produktion
- Fertigungsauftragsabwicklung
- Kapazitätsplanung
- Erzeugniskalkulation
- Einkauf
- Summarische Bestandsführung:
  - mit Menge (siehe Lagerort in Abschnitt 4.7.3, »Lagerort«)
  - mit Wert (siehe Bewertungskreis in Abschnitt 4.5.4, »Bewertungsebene«)

Werk kopieren

Werke legen Sie in der Regel mit der Kopierfunktion an. Haben Sie bereits eigene Werke angelegt, nehmen Sie ein Werk als Kopiervorlage, das ähnliche Zuordnungen hat, beispielsweise zum selben Buchungskreis. Sie brauchen dann unter Umständen kaum Customizing-Einstellungen zu ändern.

Gehen Sie folgendermaßen vor, um ein Werk zu kopieren:

1. Wählen Sie die IMG-Aktivität Unternehmensstruktur • Definition • Logistik Allgemein • Werk definieren, kopieren, löschen, prüfen.
2. Wählen Sie nun *nicht* die oberste Aktion Werk definieren. Mit dieser Aktion würden Sie lediglich einen Eintrag in der Tabelle T001W (Werke/Niederlassungen) bekommen. Wählen Sie stattdessen die zweite Aktion Werk kopieren, löschen, prüfen, damit erzeugen Sie beispielsweise auch gleich den Eintrag in die Tabelle T001K (Bewertungskreise) sowie die Zuordnung des Bewertungskreises zum Werk in der Tabelle T001W. Den Bewertungskreis als Organisationseinheit benötigen Sie für das Customizing der Bewertung und Kontierung.
3. Im nächsten Bild klicken Sie auf das Icon  (Organisationsobjekt kopieren, siehe Abbildung 4.11). Jetzt liest das System zunächst einige werksabhängige Tabellen, bevor es mit dem Kopieren beginnt. Es dauert ein paar Sekunden, bis das nächste Bild erscheint.

   Für Ihr erstes eigenes Werk nehmen Sie das Werk 0001 als Kopiervorlage, so wie ich das in Abbildung 4.11 für das Werk HD01 getan habe.

Abbildung 4.11 Werk 0001 kopieren

4. Der Kopiervorgang endet mit einer Erfolgsmeldung. Ihr neues Werk ist nun – mit einigen abhängigen Einträgen – angelegt.
5. Verlassen Sie die Kopieraktion, und gehen Sie in die Aktion Werk definieren (siehe Abbildung 4.12).

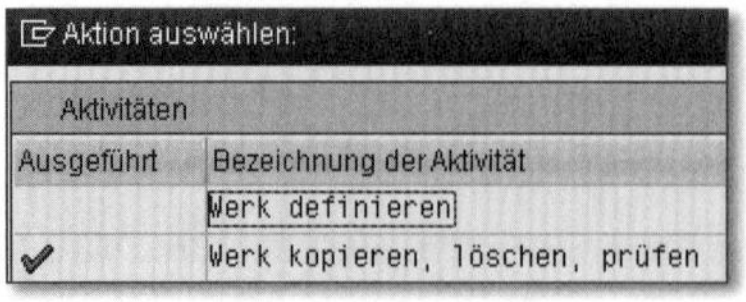

Abbildung 4.12 Aktion auswählen

6. Der grüne Haken bedeutet, dass Sie die Aktion WERK KOPIEREN, LÖSCHEN, PRÜFEN in der aktuellen Bildschirmsitzung (Session) bereits ausgeführt haben. Um die kopierten Daten an Ihr Werk anzupassen, rufen Sie die Aktion WERK DEFINIEREN auf (siehe Abbildung 4.13).

   Zur Definition eines Werkes gehören die Felder SPRACHENSCHLÜSSEL, STRASSE UND HAUSNUMMER, POSTFACH, POSTLEITZAHL, ORT, LÄNDERSCHLÜSSEL, REGION und der FABRIKKALENDER.

   DIE EINGABEMÖGLICHKEITEN FÜR DIE FELDER LAND, REGION und KALENDER wurde bereits in Abschnitt 3.1, »Einstellungen im IMG«, besprochen.

7. Die Adressdaten ändern Sie im Adressbild der Adressverwaltung. Dorthin gelangen Sie über das Icon ADRESSE ( ). Die Felder NAME 1 und NAME 2 sind eingabebereit; sie werden nicht aus der Adressverwaltung übernommen. In der Adressverwaltung können Sie zusätzlich zu den aus der Werksdefinition bekannten Feldern beispielsweise noch zwei Suchbegriffe und diverse Kommunikationsdaten hinterlegen (siehe Abbildung 4.14).

Abbildung 4.13 Werk HD01 definieren

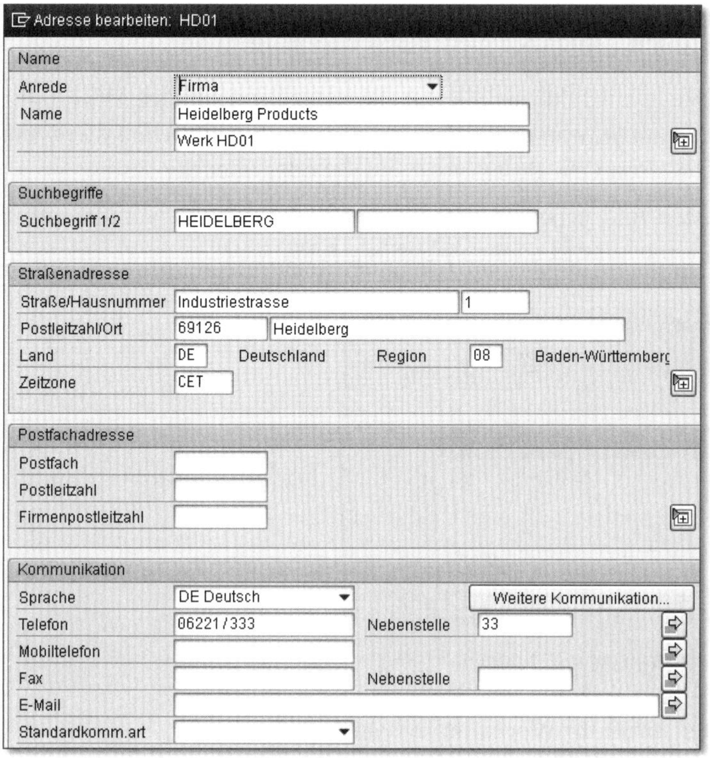

Abbildung 4.14 Adresse für Werk HD01 bearbeiten

Nach dem Anlegen des Werkes prüfen bzw. erledigen Sie gleich noch die Zuordnung zum zuständigen Buchungskreis.

Zuordnung zum Buchungskreis

Wenn Sie das Werk angelegt haben, überprüfen Sie im IMG die Zuordnung zu einem Buchungskreis. Gehen Sie hierfür in die Aktivität UNTERNEHMENSSTRUKTUR • ZUORDNUNG • LOGISTIK ALLGEMEIN • WERK – BUCHUNGSKREIS ZUORDNEN, und ändern Sie gegebenenfalls die kopierte Zuordnung. In der Anwendung für die Materialwirtschaft (siehe Abschnitt 4.7, »Materialwirtschaft«) überprüfen Sie noch die optionale Zuordnung zu einer Einkaufsorganisation.

Werk prüfen

Je nachdem, welches Werk Sie als Vorlage gewählt haben, sind Einträge in den werksabhängigen Anwendungs- und Customizing-Tabellen anzupassen, beispielsweise wenn Sie eine abweichende Kontenfindung für die Bestandsbewertung haben. Gehen Sie hierzu folgendermaßen vor:

1. Nutzen Sie die Funktionalität der Werksprüfung in der IMG-Aktivität WERK DEFINIEREN, KOPIEREN, LÖSCHEN, PRÜFEN. Sie erreichen diese Aktivität über das Icon ORG.OBJEKT PRÜFEN () oder über die Taste [F8].
2. Im nächsten Bild geben Sie das Werk an, das geprüft werden soll, und bestätigen mit WEITER (siehe Abbildung 4.15).

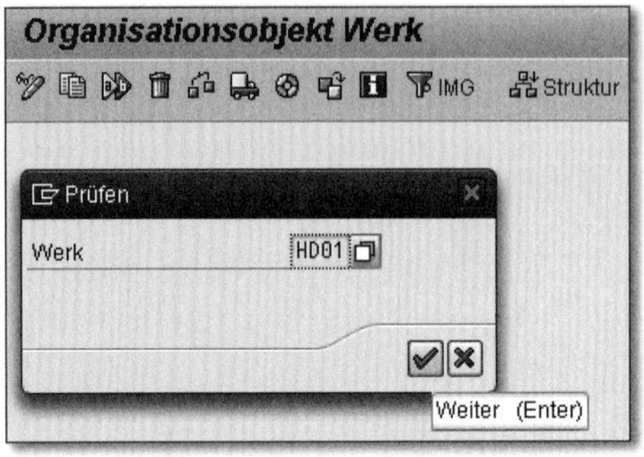

Abbildung 4.15 Werk HD01 prüfen

3. Das System prüft Ihr Werk nun in zwei Schritten:
   - In Customizing-Tabellen mit der Organisationseinheit Werk als Tabellenschlüssel wird ein passender Eintrag gesucht.
   - In abhängigen Tabellen, bei denen eine »Verprobung« gegen den Tabellenschlüssel erfolgt, wird ein passender Eintrag gesucht.
4. Als Ergebnis erhalten Sie die Meldung ES GIBT FEHLER IN DEN FREMDSCHLÜSSEL-BEZIEHUNGEN und werden gefragt, ob Sie sich das Fehlerprotokoll nun anzeigen lassen möchten. Dies tun Sie, indem Sie den Button ANZEIGEN anklicken (siehe Abbildung 4.16).

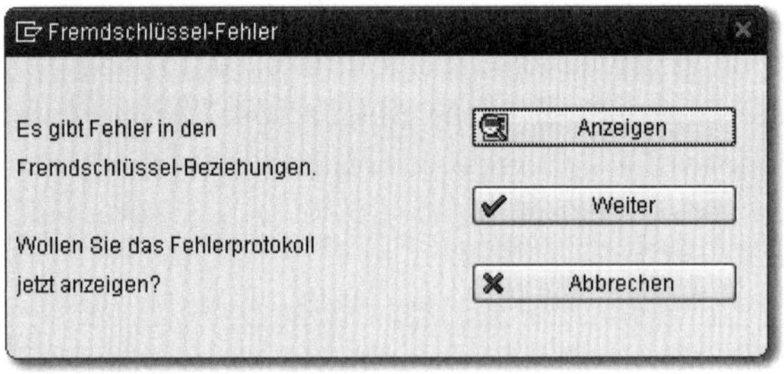

Abbildung 4.16 Fremdschlüssel-Fehler

5. Im Fehlerprotokoll selbst werden alle geprüften Objekte mitsamt dem Prüfergebnis aufgelistet. Wie Sie am Protokoll sehen, hat das System auch nach Nummernkreisen für ein paar Nummernkreisobjekte gesucht. Zum Beispiel sollten für das Objekt QMERKMALE (QSS-Prüfmerkmale) die Nummernkreise 01 und 02 für Ihr Werk vorhanden sein, wenn Sie QM im Einsatz haben (siehe Abbildung 4.17).

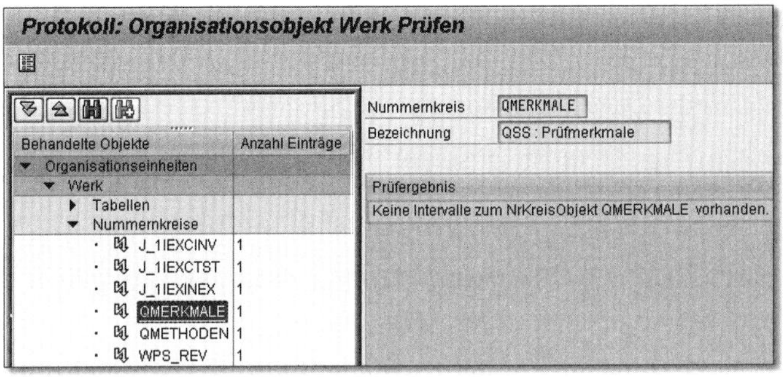

Abbildung 4.17 Prüfprotokoll für Werk

Im Fehlerprotokoll wird möglicherweise auch die Tabelle T024D (Materialdisponenten) als Tabelle mit fehlenden Daten genannt werden. In Tabelle T024D sind die Materialdisponenten definiert.

Materialdisponenten sind Voraussetzung für die Materialbedarfsplanung.

4.5.2 Disponent

Der Disponent ist eine personenbezogene oder sachgebietsbezogene Organisationseinheit mit einem dreistelligen alphanumerischen Schlüssel. Der Disponent dient der Selektion bei der Überwachung der Materialverfügbarkeit. Hierzu muss jedes dispositionsrelevante Material einer solchen Organisationseinheit zugeordnet werden. Die Zuordnung erfolgt werksabhängig in den Materialstammdaten der Disposition.

Für die Definition von Materialdisponenten wählen Sie die IMG-Aktivität Produktion • Bedarfsplanung • Stammdaten • Disponenten festlegen. Zusätzlich zu den Pflichtfeldern Werk, Disponent und Name des Disponenten können Sie für spezielle Funktionen noch weitere Felder füllen.

Zu der Definition des Disponenten gehört zunächst auch eine Telefonnummer, unter der man einen zuständigen Disponenten erreichen kann, dann ein Empfängername für die Benachrichtigung beim Wareneingang von Fehlteilen. Hier tragen Sie beispielsweise den SAP USER eines für die Rückstandsbearbeitung zuständigen Disponenten ein. Die Fehlteilprüfung im Wareneingang gehört zur Bestandsführung (siehe Abschnitt 7.4, »Werksparameter«). Für das Rechnungswesen können Sie einen Geschäftsbereich und ein Profitcenter hinterlegen. Schließlich können Sie für die Benachrichtigung beim Wareneingang eines Fehlteils noch Personen als Mailempfänger eintragen. Die wichtigsten Transaktionen zur Überwachung der Materialbedarfe sind:

- MD04 (Anzeigen Bestands-/Bedarfssituation)
- MD05 (Einzelanzeige Dispositionsliste)
- MD06 (Sammelanzeige Dispositionsliste)
- MD07 (Aktuelle Materialübersicht)

Die Materialbedarfsplanung erfolgt werksbezogen, es können aber auch weitere Dispositionsbereiche festgelegt werden.

4.5.3 Dispositionsbereich

Der Dispositionsbereich ist eine Organisationseinheit für die Materialbedarfsplanung. Die Materialbedarfsplanung im SAP-System läuft traditionell per Job mindestens einmal täglich für das gesamt Werk. Eine separate Bedarfsplanung ausgewählter Materialnummern für Lohnbearbeiter oder einzelne Lagerorte ist nur möglich durch die Aktivierung von Dispositionsbereichen. Man unterscheidet drei Typen von Dispositionsbereichen:

- Werks-Dispobereich
- Lagerort
- Lohnbearbeiter

Die Bedarfsplanung je Dispositionsbereich ermöglicht für diese Komponenten eine gezielte Steuerung der Bereitstellung und Beschaffung für einzelne Produktionslagerorte in Fertigung und Montage sowie beim Lohnbearbeiter.

Dispositionsbereiche sind in der Standardauslieferung nicht aktiv. Sie aktivieren Ihre Dispositionsbereiche bei Bedarf über den IMG-Pfad Produktion • Bedarfsplanung • Stammdaten • Dispositionsbereiche. Die Aktivierung erfolgt auf Mandantenebene. Durch die Entscheidung für Dispositionsbereiche können Lagerorte und Lohnbearbeiter separat geplant werden, wenn Sie für die betroffenen Materialien entsprechende Dispositionsbereichssegmente anlegen. Die anderen Materialnummern werden weiterhin für das ganze Werk geplant. Hierzu legen Sie die Werks-Dispobereiche an.

Die zusätzlichen Dispositionsbereichssegmente für Lagerorte (Typ 2) und Lohnbearbeiter (Typ 3) reduzieren den Werks-Dispobereich (Typ 1) für diese Materialnummern.

Eine Aktivierung der Dispositionsbereiche im laufenden Betrieb erfordert eine Umsetzung der bestehenden Planungsvormerkungen auf Werksebene in entsprechende Planungsvormerkungen auf Dispositionsbereichsebene.

Hinweis zu Dispositionsbereichen [+]

Aktivieren Sie die Dispositionsbereiche bereits vor dem Produktivstart, wenn Sie davon ausgehen, dass Sie die Funktionalität irgendwann nutzen wollen. Eine Umstellung im laufenden Betrieb erfordert die Umsetzung der bestehenden Planungsvormerkungen auf Dispositionsbereichsebene.

Selbstverständlich können Sie auf den Einsatz von Dispositionsbereichen auch verzichten, wenn Sie keine Anwendung für die Materialplanung je Lohnbearbeiter und Lagerort haben.

4.5.4 Bewertungsebene

Die Bewertungsebene legt fest, auf welcher Ebene Sie Ihre Materialbestände bewerten, und sie gilt für den ganzen Mandanten. Die Festlegung der Bewertungsebene gehört zu den allgemein gültigen Einstellungen eines Mandanten in der Customizing-Tabelle TCURM (Customizing Konfiguration MM). Für die Ebene der Materialbewertung gibt es theoretisch zwei Möglichkeiten: Werk und Buchungskreis.

Hinweis zur Bewertungsebene [+]

Die Bewertungsebene »Buchungskreis« kann in SAP ERP nicht mehr eingestellt werden. Material wird auf Werksebene bewertet. Durch abweichende Kontenfindung können Sie somit die Bestandswerte auf unterschiedlichen Sachkonten je Werk führen.

Die Organisationseinheit für die Bestandsbewertung ist der Bewertungskreis (siehe Kapitel 8, »Bewertung und Kontierung«). Der Bewertungskreis entspricht also in der Regel 1:1 dem Werk. Wenn Sie ein Werk über die komplexe Kopierfunktion anlegen – wie in Abschnitt 4.5.1 erläutert wurde –, wird der Bewertungskreis automatisch mit angelegt und zugeordnet.

Wie Sie die Kontenfindung für die Bewertung genau einstellen, können Sie in Abschnitt 8.3, »Kontenfindung in Bestandsführung«, nachlesen. Dort sehen Sie auch, wie die Kontenfindung mehrerer Bewertungskreise durch Zuordnung einer Bewertungsmodifikationskonstante einheitlich eingestellt werden kann.

Damit sind wir bei der zweiten Option. Der Buchungskreis als Bewertungsebene würde zu beträchtlichen Einschränkungen in der Funktionalität führen. Beispielsweise funktioniert die Kostenermittlung für Fertigungsaufträge nur mit der Bewertungsebene »Werk«. SAP for Retail-Systeme setzen schon immer das Werk als Bewertungsebene voraus.

Eine Umstellung der Bewertungsebene im laufenden Betrieb ist von SAP nicht vorgesehen. Es gibt auch keinen vernünftigen Grund, die Bewertungsebene »Werk« auf »Buchungskreis« umzustellen. Eine Umstellung von »Buchungskreis« auf »Werk« könnte bei alten SAP-Kunden eventuell ein Thema sein. Allerdings ist das nicht ohne weiteres möglich, weil sehr viele Daten aus aktuellen und vergangenen Perioden umgestellt werden müssten.

4.5.5 Sparte

Die Sparte ist eine Organisationseinheit für verkaufsfähige Produkte (Material und Dienstleistungen). Mit der (Produkt-)Sparte können Sie Ihre Materialnummern im Hinblick auf Zuständigkeiten im Vertrieb gruppieren. Sie benötigen mindestens eine Sparte für die Definition Ihrer Vertriebsbereiche. Die Sparte beeinflusst zudem die Geschäftsbereichskontierung für Erlös- und Bestandsbuchungen. Diese Option wurde bereits in Abschnitt 4.3.2, »Geschäftsbereich«, erwähnt.

Die Sparte hat einen zweistelligen alphanumerischen Schlüssel und eine Bezeichnung. Falls Sie für Ihre Produkte keine Einteilung in Sparten benötigen, genügt die Sparte 01 – oder eine Kopie davon – als Dummy-Sparte.

1. Legen Sie die Sparten mit der Aktivität SPARTE DEFINIEREN, KOPIEREN, LÖSCHEN, PRÜFEN im Knoten UNTERNEHMENSSTRUKTUR • DEFINITION • LOGISTIK ALLGEMEIN an.
2. Wählen Sie zunächst die Aktion SPARTE KOPIEREN, LÖSCHEN, PRÜFEN. Dort kopieren Sie die Sparte 01 mit all Ihren Zuordnungen, oder Sie wählen die Aktion SPARTE DEFINIEREN und machen die Zuordnungen von Hand.
3. Wenn Sie die Sparte mit Zuordnung kopiert haben, können Sie später über die Aktion SPARTE DEFINIEREN die Bezeichnung ändern.

Die Sparte gehört zu den allgemein gültigen zentralen Feldern im Materialstamm, die in Abschnitt 5.2.4 beschrieben werden. In der IMG-Aktivität Logistik Allgemein • Materialstamm • Einstellungen zu zentralen Feldern • Sparte definieren können Sie auch Sparten definieren.

Bei der automatischen Geschäftsbereichskontierung (siehe Abschnitt 4.3.2, »Geschäftsbereich«) wird der Geschäftsbereich über die Kombinationen Werk und Bewertungskreis und Sparte gefunden. Diese Zuordnungen stellen Sie in der Aktivität Unternehmensstruktur • Zuordnung • Logistik Allgemein • Werk/Bewertungskreis • Sparte • Geschäftsbereich zuordnen ein.

4.6 Vertrieb

Die Verkaufsorganisation und der Vertriebsweg sind die zentralen Organisationseinheiten im Vertrieb.

Die in Abschnitt 4.5.5, »Sparte«, beschriebene Sparte im Materialstamm hat auch eine große Bedeutung für den Vertrieb. Die Rolle der Sparte für die Aufbauorganisation des Vertriebs sehen Sie in Abschnitt 4.6.3, »Vertriebsbereich«, nachdem Sie die Verkaufsorganisation und den Vertriebsweg kennengelernt haben. Verkaufsorganisation, Vertriebsweg und Sparte sind wichtige Organisationseinheiten für die folgenden Anwendungen in Vertrieb und Versand:

- Selektion eines Arbeitsvorrats
  - Verkaufsbelege
  - Lieferungen
  - Fakturen
- Nachrichtenfindung
- Druckerfindung
- Auswertungen im Vertrieb

Verkaufsbüro und Verkäufergruppe sind zwar im Vertrieb relevant, sie spielen aber im Versand keine Rolle mehr.

4.6.1 Verkaufsorganisation

Die Verkaufsorganisation ist die mächtigste Organisationseinheit der Unternehmensstruktur des Vertriebs. Sie ist ein wichtiges Selektionskriterium für

Verkaufsbelege, Lieferungen und Fakturen zur Ermittlung des Arbeitsvorrats und für Vertriebsstatistiken. Die Positionen eines Vertriebsbelegs gehören zu genau einer Verkaufsorganisation.

1. Um eine Verkaufsorganisation mit Adressdaten anzulegen, wählen Sie die IMG-Aktivität UNTERNEHMENSSTRUKTUR • DEFINITION • VERTRIEB • VERKAUFSORGANISATION DEFINIEREN, KOPIEREN, LÖSCHEN, PRÜFEN. Wie bereits für Buchungskreis und Werk gesehen, können Sie auch hier eine komplexe Kopierfunktion nutzen. Je ähnlicher die Vorlage und deren Zuordnungen, desto weniger Tabelleneinträge müssen Sie anschließend korrigieren.
2. In der IMG-Aktivität UNTERNEHMENSSTRUKTUR • ZUORDNUNG • VERTRIEB • VERKAUFSORGANISATION – BUCHUNGSKREIS ZUORDNEN stellen Sie die Verbindung zum Finanzwesen her. Sie ordnen die Verkaufsorganisation genau einem Buchungskreis zu. In der IMG-Aktivität UNTERNEHMENSSTRUKTUR • ZUORDNUNG • VERTRIEB • VERTRIEBSWEG – VERKAUFSORGANISATION ZUORDNEN können Sie den Verkaufsorganisationen beliebig viele (durchaus auch gemeinsame) Vertriebswege zuordnen.
3. Der IMG-Aktivität UNTERNEHMENSSTRUKTUR • ZUORDNUNG • VERTRIEB • SPARTE – VERKAUFSORGANISATION ZUORDNEN ordnen Sie beliebig viele Sparten zu (n:n).

Die Verkaufsorganisation wird für die Pflege sämtlicher Stammdaten des Vertriebs eingesetzt. Die Stammdaten des Vertriebs werden für jede Verkaufsorganisation separat angelegt.

4.6.2 Vertriebsweg

Der Vertriebsweg ist eine zwingende Organisationseinheit ohne Adressdaten, die z.B. zur Unterscheidung der Vertriebsabwicklung genommen werden kann.

[zB]

Beispiel für Vertriebswege

Bei Unternehmen aus der Pharmabranche unterscheiden sich die Abwicklungen für Großhändler von denen für Apotheken.

Mit dem Vertriebsweg können Sie gezielte Auswertungen über Verkaufsorganisationen hinweg durchführen. Die Positionen von Kundenaufträgen und Fakturen gehören zu genau einem Vertriebsweg. Dennoch können Lieferbelege Positionen für unterschiedliche Vertriebswege enthalten. Folgende IMG-Aktivitäten sind für den Vertriebsweg auszuführen:

- Um einen Vertriebsweg anzulegen, wählen Sie die IMG-Aktivität UNTERNEHMENSSTRUKTUR • DEFINITION • VERTRIEB • VERTRIEBSWEG DEFINIEREN, KOPIEREN, LÖSCHEN, PRÜFEN. Ähnlich wie bei der Verkaufsorganisation können Sie die Kopierfunktion nutzen. Vergessen Sie nicht, die Bezeichnung zu ändern, andernfalls hat der neue Vertriebsweg dieselbe Bezeichnung wie die Vorlage.
- In der IMG-Aktivität UNTERNEHMENSSTRUKTUR • ZUORDNUNG • VERTRIEB • VERTRIEBSWEG – VERKAUFSORGANISATION ZUORDNEN legen Sie fest, welche Verkaufsorganisationen über Ihre Vertriebswege verkaufen. Die Vertriebswege können Sie mehreren Verkaufsorganisationen zuordnen. Durch die komplexe Kopierfunktion erzeugen Sie hier bereits Einträge, die Sie überarbeiten müssen.
- In der IMG-Aktivität UNTERNEHMENSSTRUKTUR • ZUORDNUNG • VERTRIEB • VERTRIEBSBEREICH BILDEN können Sie nun bestimmen, welche Produkte für die Kombination Verkaufsorganisation/Vertriebsweg relevant sind. Sie ordnen hierfür die Sparte zu, die bekanntlich Ihre Produkte im Materialstamm klassifiziert. Überprüfen Sie die kopierten Einträge, und legen Sie Ihre Vertriebsbereiche fest.
- In der IMG-Aktivität UNTERNEHMENSSTRUKTUR • ZUORDNUNG • VERTRIEB • VERKAUFSORGANISATION – VERTRIEBSWEG – WERK ZUORDNEN hinterlegen Sie die möglichen Lieferwerke für die Kombination Verkaufsorganisation/Vertriebsweg. Sie können durchaus mehrere Lieferwerke für einen Vertriebsweg in einer Verkaufsorganisation vorsehen; dieselben Werke können für unterschiedliche Kombinationen liefern.
- In der IMG-Aktivität VERTRIEB • STAMMDATEN • GEMEINSAME VERTRIEBSWEGE DEFINIEREN können Sie repräsentative Vertriebswege für gemeinsame Stammdaten hinterlegen. Sie können einen repräsentativen Vertriebsweg für Konditionen und einen für Kunden- und Materialstämme vorsehen.

4.6.3 Vertriebsbereich

Der Vertriebsbereich ist kein separates Organisationselement. Ein Vertriebsbereich wird gebildet aus den zwingend erforderlichen Organisationseinheiten der betriebswirtschaftlichen Anwendung Vertrieb und aus einem allgemeinen Feld im Materialstamm. Folgende Organisationseinheiten bilden den Vertriebsbereich:

- Verkaufsorganisation
- Vertriebsweg
- Sparte

Die Kundenstammdaten für Ihre Geschäftspartner sind abhängig von den relevanten Vertriebsbereichen anzulegen.

Die Vertriebsdaten im Materialstamm legen Sie für die Organisationseinheiten Verkaufsorganisation und Vertriebsweg an. Die SPARTE ist bekanntlich ein Feld im Materialstamm. Verkaufsorganisation, Vertriebsweg und Sparte werden gerne zur Preisfindung eingesetzt.

Sie können für Ihre Vertriebsbereiche separate Auftragsarten verwenden. Zur Vorgabe und Überprüfung von Kreditlimits für Debitoren können Sie dem Vertriebsbereich beispielsweise einen Kreditkontrollbereich zuordnen.

Die Zuordnung der Vertriebsbereiche für die Geschäftsbereichskontierung nehmen Sie in der IMG-Aktivität UNTERNEHMENSSTRUKTUR • ZUORDNUNG • VERTRIEB • GESCHÄFTSBEREICHSKONTIERUNG • GESCHÄFTSBEREICH JE VERTRIEBSBEREICH ZUORDNEN vor.

4.6.4 Verkaufsbüro

Das Verkaufsbüro ist eine optionale Organisationseinheit, die für den Vertrieb von ausgewählten Produkten und Dienstleistungen in einer geografischen Region zuständig ist. Es kann sich hierbei zum Beispiel um eine Vertriebsniederlassung oder um eine Abteilung in Ihrem Unternehmen handeln. Für das Verkaufsbüro können Sie eine Adresse pflegen. Das Verkaufsbüro eignet sich für Auswertungen im Vertrieb.

Wenn Sie einen Kundenauftrag anlegen, können Sie das Verkaufsbüro im Einstiegsbild angeben. Alle Positionen des Kundenauftrags gehören zu diesem Verkaufsbüro. Lieferungen und Fakturen können übergreifend für mehrere Verkaufsbüros angelegt werden. Das Verkaufsbüro ist somit nicht geeignet zur Selektion des Arbeitsvorrats für Lieferungen und Fakturen, wohl aber zur Selektion von Angeboten und Kundenaufträgen.

Um ein Verkaufsbüro anzulegen, wählen Sie die IMG-Aktivität UNTERNEHMENSSTRUKTUR • DEFINITION • VERTRIEB • VERKAUFSBÜRO PFLEGEN. Sie definieren das Verkaufsbüro mit Schlüssel und Bezeichnung. Wenn Sie ein zweites

Verkaufsbüro mit derselben Adresse anlegen wollen, dann kopieren Sie das erste Verkaufsbüro. Ein Verkaufsbüro kann für mehrere Vertriebsbereiche zuständig sein. Sie nehmen die Zuordnung in der IMG-Aktivität UNTERNEHMENSSTRUKTUR • ZUORDNUNG • VERTRIEB • VERKAUFSBÜRO • VERTRIEBSBEREICH ZUORDNEN vor.

4.6.5 Verkäufergruppe

Die Verkäufergruppe ist eine optionale Organisationseinheit, die für einen Vertriebsmitarbeiter oder eine Mitarbeitergruppe steht. Sie besteht aus einem dreistelligen Schlüssel und einer 20-stelligen Bezeichnung.

Alle Positionen des Kundenauftrags gehören zu einer Verkäufergruppe. Lieferungen und Fakturen können übergreifend für mehrere Verkäufergruppen angelegt werden. Die Verkäufergruppe ist somit nicht zur Selektion des Arbeitsvorrats für Lieferungen und Fakturen geeignet.

Um eine Verkäufergruppe anzulegen, wählen Sie die IMG-Aktivität UNTERNEHMENSSTRUKTUR • DEFINITION • VERTRIEB • VERKÄUFERGRUPPE PFLEGEN. Sie definieren die personenbezogenen Verkäufergruppen und nehmen anschließend gleich die Zuordnungen zu den geografisch orientierten Verkaufsbüros mit der IMG-Aktivität UNTERNEHMENSSTRUKTUR • ZUORDNUNG • VERTRIEB • VERKÄUFERGRUPPE – VERKAUFSBÜRO vor. Sie können eine Verkäufergruppe mehreren Verkaufsbüros zuordnen, falls das Ihrer Aufbauorganisation entsprechen sollte.

4.7 Materialwirtschaft

Die wichtigsten Organisationseinheiten für die Materialwirtschaft sind Lagerort und Einkaufsorganisation. Sie definieren diese Einheiten mit der IMG-Aktivität UNTERNEHMENSSTRUKTUR • DEFINITION • MATERIALWIRTSCHAFT. Ebenfalls unverzichtbar für die Anwendungen der Materialwirtschaft sind Einkäufergruppen, die direkt unter dem IMG-Knoten MATERIALWIRTSCHAFT • EINKAUF DEFINIERT WERDEN.

4.7.1 Einkaufsorganisation

Die Einkaufsorganisation ist die Organisationseinheit des Einkaufs in der Unternehmensstruktur. Sie benötigen sie zur Beschaffung von Material und Dienstleistungen. Je Einkaufsorganisation können Sie beispielsweise die Lieferantenbeurteilung »customizen« und durchführen. Die Einkaufsorganisation ist für sämtliche Auswertungen und Statistiken im Einkauf ein wichtiges Selektionskriterium.

Sie definieren Ihre Einkaufsorganisation in der IMG-Aktivität UNTERNEHMENSSTRUKTUR • DEFINITION • MATERIALWIRTSCHAFT • EINKAUFSORGANISATION PFLEGEN.

Nachdem Sie die Einkaufsorganisation angelegt haben, müssen Sie noch die Zuordnung zu Werken und Buchungskreisen vornehmen. Durch die geeigneten Zuordnungen können Sie sowohl zentrale als auch dezentrale Organisationsformen abbilden. Sie haben folgende Möglichkeiten:

- firmenbezogener Einkauf, eine Einkaufsorganisation je Buchungskreis
- werksbezogener Einkauf mit einer Einkaufsorganisation je Werk
- konzernbezogener Zentraleinkauf mit einer Einkaufsorganisation für alle Buchungskreise

In der IMG-Aktivität UNTERNEHMENSSTRUKTUR • ZUORDNUNG • MATERIALWIRTSCHAFT FINDEN SIE DIE IMG-AKTIVITÄTEN FÜR FOLGENDE ZUORDNUNGSMÖGLICHKEITEN VOR:

- Einkaufsorganisation – Buchungskreis zuordnen (Aktivität 1)
- Einkaufsorganisation – Werk zuordnen (Aktivität 2)
- Standardeinkaufsorganisation – Werk zuordnen (Aktivität 3)
- Referenzeinkaufsorganisation – Einkaufsorganisation zuordnen (Aktivität 4)

Die Aktivitäten werden nun genauer betrachtet:

- **Aktivität 1**
  In Aktivität 1 können Sie Ihre Einkaufsorganisationen maximal einem Buchungskreis in der Tabelle T024E (Einkaufsorganisationen) zuordnen. Sie ordnen keinen Buchungskreis zu, wenn die Einkaufsorganisation buchungskreisübergreifend als Zentraleinkauf fungiert. Den Buchungskreis ermittelt das System dann indirekt über das Werk, das ja bekanntlich einem Buchungskreis zugeordnet sein muss.
- **Aktivität 2**
  In Aktivität 2 muss die Einkaufsorganisation einem oder mehreren Werken in der Tabelle T024W (Zulässige Einkaufsorganisationen zum Werk) zugeordnet werden.
  - eine Einkaufsorganisation je Werk
  - eine Einkaufsorganisation für mehrere Werke
  - mehrere Einkaufsorganisationen je Werk

Einen konzernbezogenen Zentraleinkauf können Sie definieren, indem Sie alle Werke genau einer Einkaufsorganisation zuordnen. Wenn der Zentraleinkauf aber keine Bestellungen selbst anlegt, sondern nur als Referenzeinkaufsorganisation fungiert, dann ordnen Sie kein Werk zu.

- **Aktivität 3**
  In Aktivität 3 können Sie je Werk eine Einkaufsorganisation als Standardeinkaufsorganisation festlegen. Diese Zuordnung gehört zur Werksdefinition in der Tabelle T001W (Werke/Niederlassungen). Sie ist notwendig, wenn einem Werk mehrere Einkaufsorganisationen zugeordnet sind. Die Standardeinkaufsorganisation wird in der Bezugsquellenfindung für Umlagerungen und auch für die Bewertung von Verbrauchsbuchungen für Konsignations- und Pipeline-Material gebraucht. Beim automatischen Erzeugen von Bestellungen im Wareneingang ermittelt das System die Konditionen über den Einkaufsinfosatz der Standardeinkaufsorganisation (siehe Abschnitt 5.4.1, »Einkaufsinfosatz«).
- **Aktivität 4**
  In Aktivität 4 haben Sie die Option, für Ihre Einkaufsorganisation eine Referenzeinkaufsorganisation anzugeben.

  Diese *Referenzeinkaufsorganisation* hat die Funktion eines konzernbezogenen Zentraleinkaufs, der für ein größeres Einkaufsvolumen bessere Konditionen aushandeln kann. Durch die Zuordnung einer Referenzeinkaufsorganisation ermöglichen Sie anderen Einkaufsorganisationen den Zugriff auf Kontrakte und Konditionen dieser Referenzeinkaufsorganisation. Für jede Einkaufsorganisation sollten Sie aber maximal eine Referenzeinkaufsorganisation zuordnen.

  Die Referenzeinkaufsorganisation wird zuvor wie eine normale Einkaufsorganisation definiert, bevor sie durch die obige Zuordnung zur Referenzeinkaufsorganisation für andere Einkaufsorganisationen wird. Zuordnungen zu den Organisationseinheiten Werk und Buchungskreis sind nicht nötig, es sei denn, Sie wollen mit der Referenzeinkaufsorganisation einen Mix aus den obigen Organisationsformen (firmen-, konzern- und werksbezogen) abbilden.

  Bei der Zuordnung einer Referenzorganisation erlauben Sie Folgendes separat durch Anhaken der Checkboxen:

  - Abrufe zu den Kontrakten der Referenzeinkaufsorganisation
  - Zugriff auf die Konditionen der Referenzeinkaufsorganisation. Ein erfolgreicher Zugriff auf die Konditionen setzt allerdings geeignete

Zugriffsfolgen in der Preisfindung voraus (siehe Abschnitt 6.7.3, »Ausgabesteuerung«).

In Abbildung 4.18 sind beide Checkboxen angehakt.

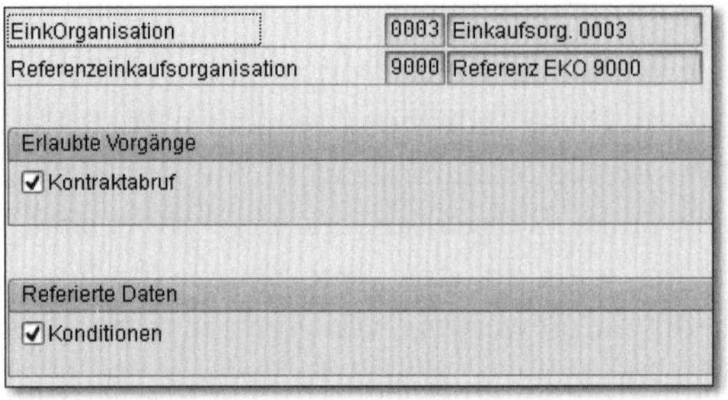

Abbildung 4.18 Referenzeinkaufsorganisation 9000

[+]

Hinweis zur Einkaufsorganisation

Die unterschiedlichen Organisationsformen des Einkaufs haben Auswirkungen auf die notwendigen Stammdaten.

Jede Einkaufsorganisation pflegt ihre Lieferantenstammdaten und kann mit diesen Lieferanten Konditionen aushandeln und Rahmenverträge vereinbaren. Die Zuständigkeiten für die Datenpflege sollten Sie berücksichtigen, wenn Sie das Konzept der Einkaufsorganisation Ihres Unternehmens in SAP ERP festlegen. Folgende Stammdaten und Belege können Sie beispielsweise mit Bezug zur Einkaufsorganisation und optional noch zu anderen Organisationseinheiten, wie dem Werk, anlegen:

- Einkaufsinfosätze und Konditionen
- Einkaufsdaten für Lieferantenstämme (Kreditoren werden zunächst von der Buchhaltung angelegt, dann vom Einkauf erweitert)
- Rahmenverträge, Bestellungen, Anfragen
- Konditionen für die Nachrichtenfindung

Das Customizing für diese Stammdaten und Belege wird in den Kapiteln 5, »Stammdaten«, und 6, »Einkauf«, beschrieben.

4.7.2 Einkäufergruppe

Die Einkäufergruppe ist ein Schlüssel für eine einzelne Person oder eine Gruppe von Personen aus Ihrer Einkaufsabteilung. Vermutlich haben Sie die

Zuständigkeiten Ihres Einkaufs nach Sachgebieten aufgeteilt. Dann können Sie je Sachgebiet eine Einkäufergruppe anlegen. Dadurch kann es aber auch sein, dass einzelne Personen für mehrere Einkäufergruppen zuständig sind. Die Zuordnung der Zuständigkeiten treffen Sie in den Stammdaten des Einkaufs für Material, Lieferant, Einkaufsinfosatz usw. (siehe Kapitel 5, »Stammdaten«).

Die Personen hinter der Einkäufergruppe sind intern für die Beschaffung von zugeordneten Dienstleistungen und Materialnummern zuständig. Sie sind nach außen hin Ansprechpartner für die zugeordneten Lieferanten.

Zur Definition einer neuen Einkäufergruppe gehört auch die Zuordnung eines Ausgabegerätes für die Einkaufsnachrichten. Zuerst legen Sie die Einkäufergruppe an:

1. Wählen Sie die IMG-Aktivität Materialwirtschaft • Einkauf Einkäufergruppen. Dort definieren Sie Ihre Einkäufergruppen. Die Daten werden in der Tabelle T024 (Einkaufsgruppen) verwaltet. Die Einkäufergruppe wird unabhängig von einer Einkaufsorganisation allgemein für den Mandanten angelegt. Dies können Sie in der Tabelle T024 in Abbildung 4.19 erkennen.

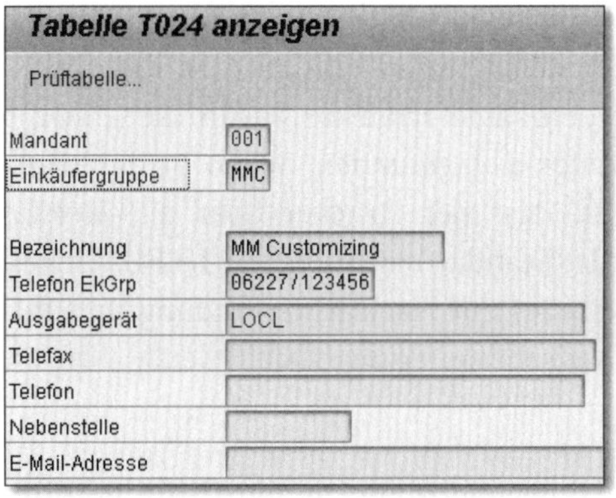

Abbildung 4.19 Tabelle T024 – Einkäufergruppe

Die Einkäufergruppe hat einen dreistelligen Schlüssel. Die Bezeichnung kann mit 18 Stellen für manche Namen zu kurz sein. Sie haben verschiedene Möglichkeiten, eine Telefonnummer zu hinterlegen, außerdem Fax- und E-Mail-Adresse. Das Feld Ausgabegerät in der Tabelle T024 wird über eine andere IMG-Aktivität gefüllt.

2. In einer zweiten Customizing-Aktivität ordnen Sie das bevorzugte Ausgabegerät zu. Wählen Sie hierzu Materialwirtschaft • Einkauf • Nachrichten •

Ausgabegeräte zu Einkäufergruppen zuordnen. Im Feld AGer (Ausgabegerät) in Abbildung 4.20 sehen Sie den Drucker LOCL als Ausgabegerät zugeordnet. Dieser Feldinhalt kommt aus der Druckerzuordnung.

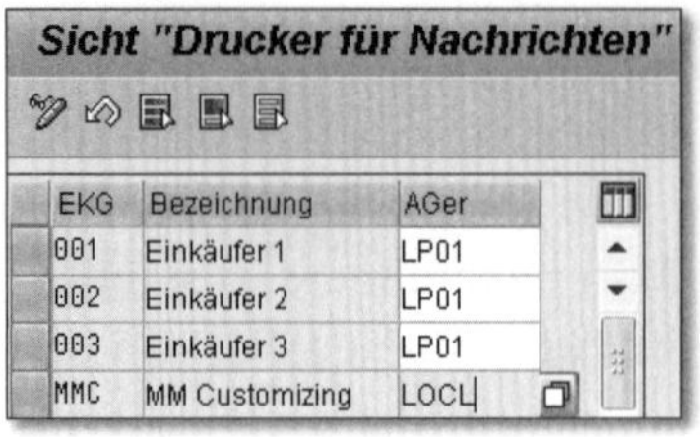

Abbildung 4.20 Ausgabegerät je Einkäufergruppe

Mit LOCL als Ausgabegerät würde der Standarddrucker des PC gezogen werden. Beantragen Sie bei Ihren Kollegen von der SAP-Basis-Administration, mit der Transaktion SPAD (Spool-Administration) alle Drucker im SAP-System einzurichten, die aus dem SAP-System angesteuert werden sollen. Denken Sie auch hier an einen geeigneten Nummernkreis bzw. eine Schablone für den vierstelligen Schlüssel Kurzname. Für die Bezeichnung des Ausgabegerätes haben Sie 30 Stellen zur Verfügung, die Sie möglichst einheitlich und sprechend nutzen sollten.

Im Feld Ausgabegerät tragen Sie den Drucker ein, an dem die Einkäufer hinter der Einkäufergruppe ihre Einkaufsformulare ausdrucken. Der hier angegebene Drucker wird allerdings nur gefunden, wenn in der entsprechenden Nachricht eingestellt ist, dass der Drucker über die Einkäufergruppe ermittelt werden soll. In der Standardnachrichtenart NEU für Bestellungen ist das so vorgesehen. Näheres zur Nachrichtenfindung im Einkauf können Sie in Abschnitt 6.7.3, »Ausgabesteuerung«, nachlesen.

4.7.3 Lagerort

Der Lagerort gruppiert Bestandsmengen innerhalb eines Werkes (siehe Abschnitt 4.5.1, »Werk«). Die Bestandsmengen werden dort summiert nach Bestandsart geführt und stehen den unterschiedlichen Anwendungen der Logistik zur Verfügung.

Mit Lagerorten bilden Sie die baulichen Gegebenheiten an Ihrem Betriebsstandort ab; Sie definieren beispielsweise spezielle Lagerorte für Rohstofflager, Komponentenlager für die Produktion sowie Distributionslager für die verkaufsfähigen Fertigerzeugnisse.

Möglicherweise gibt es Komponenten, die im Komponentenlager und im Distributionslager liegen. Über die dynamische Verfügbarkeitsprüfung können Sie dann einstellen, dass die Bestände im Versandlager für die Produktion nicht verfügbar sind und die Bestände im Komponentenlager nicht für den Versand. Erst eine Umlagerung in den anderen Lagerort ändert die Verfügbarkeit.

Direkt bei der Definition wird der Lagerort genau einem Werk zugeordnet; weitere Zuordnungen können Sie für Lagerorte in der Unternehmensstruktur nicht machen. Der Lagerort hat einen vierstelligen Schlüssel und eine 16-stellige Bezeichnung. Der Schlüssel für den Lagerort ist innerhalb eines Werkes eindeutig. Sie können somit den gleichen vierstelligen Schlüssel für jedes Werk verwenden. Wenn es sich physikalisch nicht um dasselbe Lager handelt, können Sie eine andere Bezeichnung wählen. Sie benötigen mindestens einen Lagerort je Werk für die Materialwirtschaft.

Durch den Anschluss an die Adressverwaltung können Sie für Lagerorte Adressen hinterlegen. Falls es zu einem Lagerort eine zweite Zufahrt gibt oder falls mit dem Lagerortschlüssel temporär noch ein Außenlager mitverwaltet wird, legen Sie mehrere Adressen an für den einen Lagerort. In diesem Fall wird die erste Adresse vorgeschlagen, solange Sie keine andere Adressnummer als Anlieferadresse auswählen. Lagerortadressen können somit von der Werksadresse abweichen.

Bei der Definition eines neuen Lagerortes im Customizing gehen Sie folgendermaßen vor:

1. Sie legen Lagerorte an, indem Sie die IMG-Aktivität Unternehmensstruktur • Definition • Materialwirtschaft • Lagerort pflegen wählen.
2. Als Arbeitsbereich geben Sie nun Ihr Werk ein. In Abbildung 4.21 sehen Sie das Werk HD01 als Arbeitsbereich für die nun folgende Definition der Lagerorte.

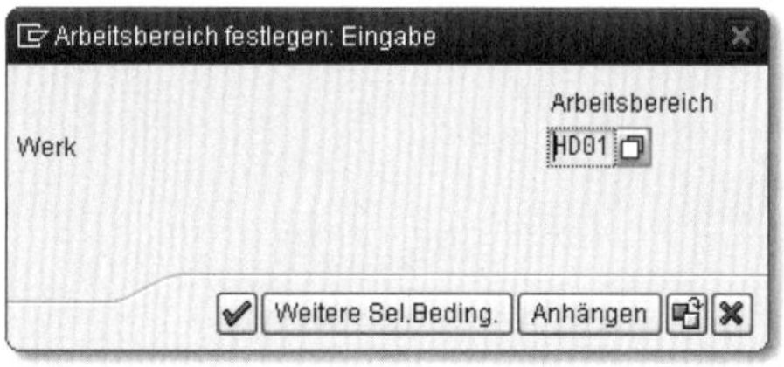

Abbildung 4.21 Lagerorte für ein Werk definieren

3. Haben Sie Ihr Werk mit der Kopierfunktion angelegt, wurden auch die Lagerorte aus der Vorlage übernommen. In Werk 0001 sind von SAP bereits folgende Lagerorte definiert:
   - 0001 – Lager 0001
   - 0088 – Lager 0088 (WM)
   - 0100 – Lagerort WM&HU
   - 0200 – SCM-EWM

   Für das Werk 0001 sind den Lagerorten 0088, 0100 und 0200 Lagernummern zugeordnet, wie Sie in Abschnitt 4.8.1 sehen. Der Lagerort 0001 ist nur für die Materialwirtschaft angelegt.
4. Verwenden Sie diese SAP-Schlüssel sicherheitshalber nicht für Ihre Lagerorte. Markieren Sie alle nicht gewünschten Lagerorte in Abbildung 4.22, und löschen Sie diese Einträge (z. B. mit Hilfe des Icons Zeile löschen).

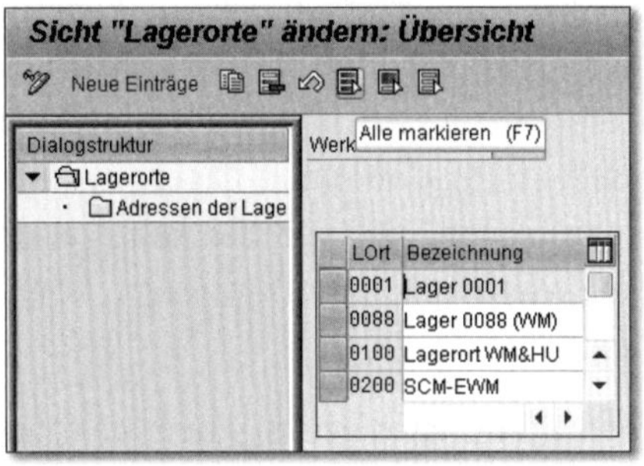

Abbildung 4.22 Kopierte Lagerorte markieren und löschen

5. Danach klicken Sie auf den Button Neue Einträge (siehe Abbildung 4.22). Nachdem Sie Schlüssel und Bezeichnung angelegt haben, geben Sie die Adresse des neuen Lagerortes an. Hierzu markieren Sie den Lagerort, wie in Abbildung 4.23 zu sehen, und gehen per Doppelklick auf den Knoten Adressen der Lagerorte in die Adressverwaltung.

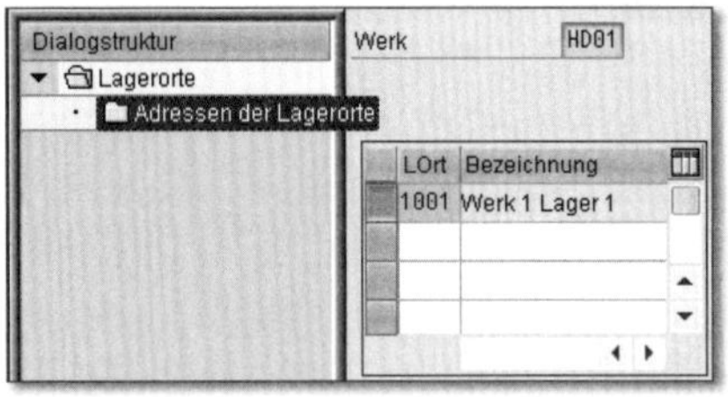

Abbildung 4.23 Adresse für neuen Lagerort anlegen

6. Geben Sie der Lagerortadresse eine Nummer. Um weitere Adressen für einen Lagerort zu hinterlegen, klicken Sie in der Adressverwaltung nochmals auf NEUE EINTRÄGE; dann vergeben Sie eine dreistellige Nummer für die Lagerortadresse. In Abbildung 4.24 hat die erste Adresse die Nummer 001 bekommen.

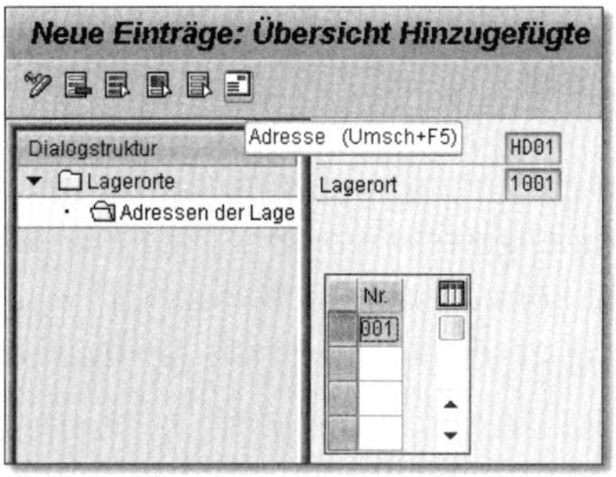

Abbildung 4.24 Adresse 001 für Lagerort 1001

7. Die Adressdaten wurden bereits in Abbildung 4.14 für das Werk HD01 hinterlegt. Möglicherweise hat der Lagerort dieselbe Adresse wie das Werk. Das sollte Sie aber nicht davon abhalten, die Adresse hier einzutragen. Adressen können Sie per copy & paste von Hand kopieren.
8. Nachdem Sie die Adresse(n) für Ihren Lagerort gepflegt haben, können Sie weitere Lagerorte für den aktuellen Arbeitsbereich (das Werk) definieren. Dafür bietet sich ebenfalls die Kopierfunktion an. Gehen Sie dazu zurück in die Bildschirmmaske, in der Sie die nicht benötigten Lagerorte gelöscht hatten (siehe Abbildung 4.22). Sie können Lagerort und Bezeichnung mit den zugehörigen Adressnummern kopieren. Die Adresse wird nicht kopiert.

Alle auf diese Art und Weise angelegten Lagerorte erzeugen Einträge in der Tabelle T001L (Lagerorte). In Abbildung 4.25 sehen Sie die drei Lagerorte 1001, 1002 und 1003 des Werkes HD01.

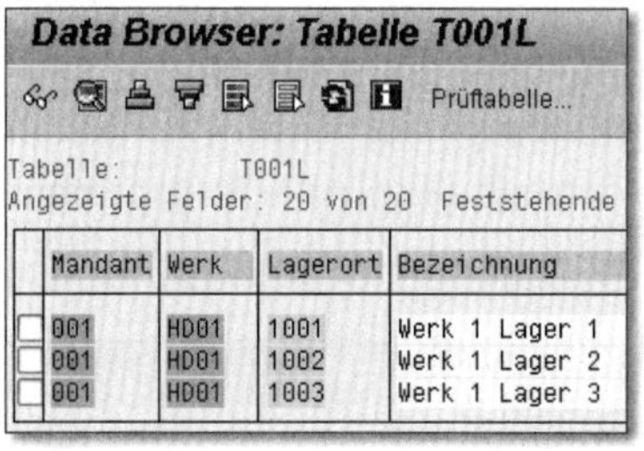

Abbildung 4.25 Tabelle T001L – Lagerorte für Werk HD01

Für die Materialbestände in den Lagerorten zum Werk können Sie die materialbezogenen Inventurverfahren der Materialwirtschaft durchführen, solange der Lagerort keiner Lagernummer zugeordnet ist. Lagernummern gehören zur Anwendung *Logistics Execution System* und werden in Abschnitt 4.8.1 beschrieben.

4.8 Logistics Execution System

Die Anwendungen des Logistics Execution System sind zunächst für die Distributionslogistik entwickelt und zusammengestellt worden. Die Funktionen des SAP LES (*Logistics Execution System*) können aber nicht nur für Versandlager eingesetzt werden, sondern für die unterschiedlichsten An-/Auslieferprozesse nahezu aller Lagerarten.

Nur noch wenige SAP-Kunden nutzen die logistischen Anwendungen von SAP LES nicht. Für das Überwachen der Lieferprozesse gibt es diverse Lieferungsmonitore:

- Transaktion VL06 (Lieferungsmonitor)
- Transaktion VL06I (Anlieferungsmonitor)
- Transaktion VL06O (Auslieferungsmonitor)

Die wichtigsten Organisationseinheiten für SAP LES sind folgende:

- Lagernummer
- Versandstelle
- Transportdispositionsstelle

Mit der Lagernummer werden die Lagerplatzbestände verwaltet.

4.8.1 Lagernummer

Die Lagernummer ist die Organisationseinheit des WM-Systems (*Warehouse Management*), das zu SAP R/2-Zeiten noch LVS (Lagerverwaltungssystem) genannt wurde. Mit WM können Sie ein komplexes Lager verwalten. Warenbewegungen innerhalb von WM werden mit dem WM-Transportauftrag gesteuert.

[+]

Warehouse Management (WM) – Historie

Vor der Einführung von SAP Logistics Execution System (SAP LES) war das Modul WM noch der Materialwirtschaft zugeordnet. WM wurde zentral auf dem SAP R/3-System eingesetzt.

Seit dem SAP R/3-Release 4.5 ist WM die Kernkomponente von LES. Das Modul LES ermöglicht die Anbindung eines separaten R/3-Systems als dezentrales LES-System für Versandlager.

Die Kommunikation mit dem ERP-System erfolgt über Lieferbelege. Vor SAP LES gab es den Lieferbeleg nur für Auslieferungen, mit LES gibt es ihn auch für Anlieferungen.

Die Integration des LES mit dem Einkauf erfolgt über den Bestätigungssteuerschlüssel in der Bestellposition. Lieferavise werden zu Anlieferbelegen, die den Arbeitsvorrat für Einlagerungen bilden. Der Einlagerprozess mit Anlieferungen kann auch integriert auf Ihrem SAP ERP-System eingestellt werden.

Wenn Sie WM für die Lagerbestände einsetzen, genügt Ihnen möglicherweise ein Lagerort je Werk für die Funktionen der Materialwirtschaft.

Sie legen eine Lagernummer an, wenn Sie die Lagerplätze Ihrer Lagerstruktur mit WM verwalten wollen. Wählen Sie hierzu die IMG-Aktivität UNTERNEHMENSSTRUKTUR • DEFINITION • LOGISTICS EXECUTION • LAGERNUMMER DEFINIEREN, KOPIEREN, LÖSCHEN, PRÜFEN, und nutzen Sie die Kopierfunktionalität. Als Vorlage für ein komplexes Lager nehmen Sie die Lagernummer 001. Mit dieser Lagernummer als Vorlage erhalten Sie ein funktionierendes komplexes Lager, das Sie anschließend noch an Ihre Lagerstrukturen und Abläufe anpassen müssen. Innerhalb der Lagernummer werden die physikalischen und funktionellen Strukturen im Customizing von WM vor allem mit individuell einstellbaren Lagertypen abgebildet. Die eigentlichen Lagerplätze sind innerhalb eines Lagertyps in Bereiche zusammengefasst.

Hinweis zu Lean-WM [+]

Die Lagernummer 100 steht für ein sogenanntes *Lean-WM* ohne echte Lagerplatzverwaltung. *Lean-WM* ermöglicht die Verwendung des WM-Transportauftrags zur Kommissionierung und für Einlagerungen. Die wichtigsten Informationen des WM-Transportauftrags sind Materialnummer, Menge, Von-Lagerplatz und Nach-Lagerplatz. Sie können die Transportaufträge drucken und mobil per Radio Frequency oder im SAP GUI quittieren.

Mit einer Lagernummer können Sie die Platzbestände für mehrere Lagerorte verwalten. Sie ordnen hierfür den relevanten Werk/Lagerort-Kombinationen in Tabelle T320 (Zuordnung IM-Lagerort zu WM-Lagernummer) eine Lagernummer zu. Ein Lagerort kann genau einer WM-Lagernummer zugeordnet werden. Innerhalb eines Werkes ist es seit dem SAP R/3-Release 4.0 möglich, mehrere Lagerorte derselben Lagernummer zuzuordnen. Wählen Sie hierfür die IMG-Aktivität Unternehmensstruktur • Zuordnung • Logistics Execution • Lagernummer zu Werk/Lagerort zuordnen. Der Lagerort 0088 aus Werk 0001 ist traditionell der voll ausgeprägten Lagernummer 001 zugeordnet (siehe Abbildung 4.26).

Die weiteren Felder steuern die Verwendung der Lagernummer. Einträge im Feld WM-Grad beispielsweise bestimmen für ein Lean-WM den Aktivierungsgrad der Lagerverwaltung:

- Lean-WM mit WM-TA in Verbindung mit Lieferungen
- Lean-WM mit SD-Kommissionierung, Bereitstellzonen und Toren
- Lean-WM mit WM-TA für Lieferungen nur beim Auslagern
- Lean-WM mit WM-TA für Lieferungen nur beim Einlagern

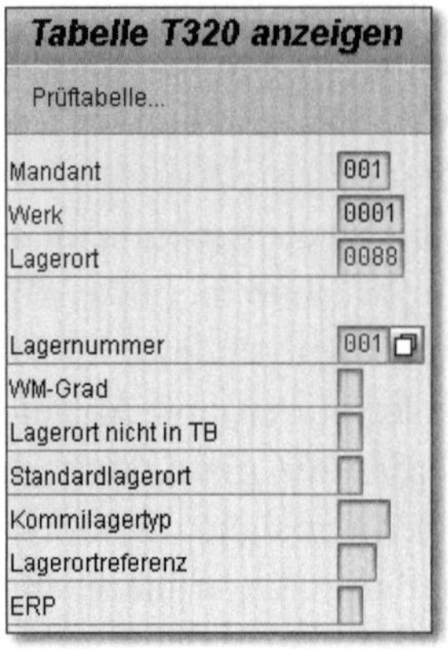

Abbildung 4.26 Tabelle T320 – Zuordnung der Lagernummer zu Werk/Lagerort

Beim Lean-WM mit WM-TA müssen Sie noch den Kommissionierlagertyp angeben. Bei der Lagernummer 100 aus dem SAP-Standard ist das der Lagertyp 001. Bei Lagernummern mit voller WM-Funktionalität bleiben diese Felder leer.

Um ein Lean-WM einzurichten, wählen Sie die IMG-Aktivität Logistics Execution • Versand • Kommissionierung • Lean-WM Steuerungsparameter und Nummernkreise zur Lagernummer definieren. In dem Detailbild der Lagernummer aktivieren Sie das Lean-WM im Bildrahmen Steuerdaten/Verwaltung. Anschließend wählen Sie die IMG-Aktivität Logistics Execution • Versand • Kommissionierung • Lean-WM Steuerung zur Zuordnung Werk/Lagerort-Lagernummer, um den Aktivierungsgrad und den Kommissionierlagertyp anzugeben. Die einer Lagernummer in Tabelle T320

(Zuordnung IM-Lagerort zu WM-Lagernummer) zugeordneten Lagerorte können aus unterschiedlichen Werken stammen. Diese Werke können zu verschiedenen Buchungskreisen gehören. Gehört der Bestand auf einem Lagerplatz zu unterschiedlichen Werken in der Materialwirtschaft, wird er auch in WM separat geführt. Es liegen also mehrere Bestandsmengen (sogenannte *Quants*) auf diesem Lagerplatz, falls eine Mischbelegung erlaubt ist. Auch Charge, Bestandsart und Sonderbestand (siehe Abschnitt 7.2.2, »Ebenen der Bestandsführung«) sind Kriterien der Bestandstrennung in WM.

Auch der Lagerort gehört zu den Merkmalen, die eine Bestandsmenge innerhalb der Lagernummer eindeutig beschreiben.

Die Zuordnung eines Lagerortes in der Tabelle T320 ändert nichts an der mengen- und wertmäßigen Bestandsführung in der Materialwirtschaft. Diese Bestandsmengen werden dort nach wie vor je Lagerort geführt.

Die Inventur für diese lagerplatzverwalteten Bestände müssen Sie in WM durchführen. Differenzen werden zunächst in WM erfasst und erst in einem späteren Schritt in der Materialwirtschaft ausgebucht. Die Inventur ohne WM wird in Abschnitt 7.2.1, »Funktionen der SAP-Module«, besprochen.

4.8.2 Versandstelle und Warenannahmestelle

Bei der Versand- und Warenannahmestelle handelt es sich datentechnisch um das gleiche Objekt.

Versandstelle

Die Versandstelle ist die oberste Organisationseinheit für die Selektion von Lieferungen, die gemeinsam bearbeitet werden sollen. Alle Positionen eines Lieferbelegs gehen von einer Versandstelle ab. In der Regel sind räumliche Begebenheiten ausschlaggebend für die Definition einer separaten Versandstelle. Abwicklungstechnische Gründe zur Definition von Versandstellen sind weniger üblich. Mit einer Versandstelle bilden Sie beispielsweise die Zone im Lager ab, in der die Auslieferungen bereitgestellt und Transporte physisch gebildet werden.

Die gleiche Organisationseinheit verwenden Sie in LES als Warenannahmestelle für Ihre Anlieferungen. Warenannahmestellen werden datentechnisch mit dem gleichen Datenelement dargestellt wie auch die Versandstelle. Physisch bilden Sie damit die Zone im Lager ab, in der Ihre Anlieferungen abgestellt werden.

Versandstellen und Warenannahmestellen definieren Sie mit der IMG-Aktivität Unternehmensstruktur • Definition • Logistics Execution • Versandstelle Definieren, kopieren, löschen, prüfen. Mit einer geeigneten Vorlage nutzen Sie auch für diese Organisationseinheit die Kopierfunktion und passen anschließend die kopierten Daten und Zuordnungen an.

Um die kopierten Daten zu überprüfen und anzupassen, wählen Sie in dieser IMG-Aktivität nun die Aktion Versandstelle definieren. Markieren Sie Ihre Versandstelle, und gehen Sie in die Detailsicht. Dort hinterlegen Sie einige Daten für die Terminierung und für die Formulargestaltung. In Abbildung 4.27 sehen Sie nur einen Ausschnitt aus der Detailsicht der Versandstellendefinition. Die Felder Versandstelle, Land und Fabrikkalender sind gefüllt. Die Definition von Ländern und Fabrikkalendern wurde bereits in Abschnitt 3.1, »Einstellungen in IMG«, beschrieben.

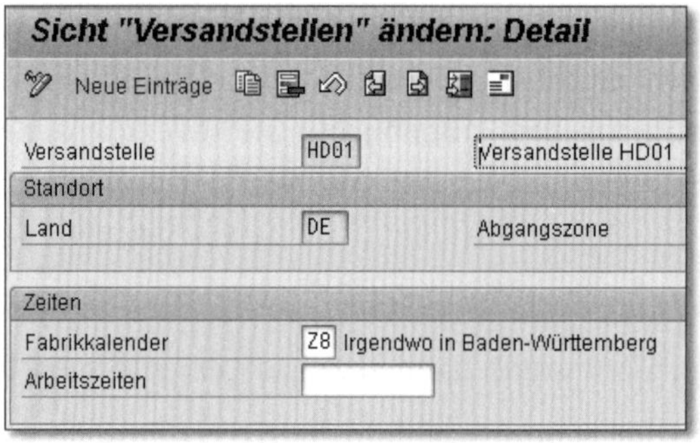

Abbildung 4.27 Detaildaten zur Versandstelle

Den Fabrikkalender ordnen Sie in dieser Sicht direkt zu, das Länderkennzeichen stammt aus der Adresse. Die Adressdaten pflegen Sie, wie beim Werk bereits beschrieben, über das entsprechende Icon (![]).

Haben Sie die Versandstelle über die Kopierfunktion angelegt, dann wurden auch diverse Zuordnungen kopiert, die beispielsweise zur Ermittlung des Kommissionierlagerortes dienen.

1. Als Erstes überprüfen Sie die Werkszuordnung. Wählen Sie die IMG-Aktivität Unternehmensstruktur • Zuordnung • Logistics Execution • Versandstelle – Werk zuordnen. Sie können dort eine Versandstelle mehreren Werken zuordnen. Sind Zuordnungen kopiert worden, die für die neue Versandstelle nicht passen, löschen Sie diese Einträge. In Abbildung 4.28 ist die Versandstelle HD01 dem SAP-Werk 0001 zugeordnet.

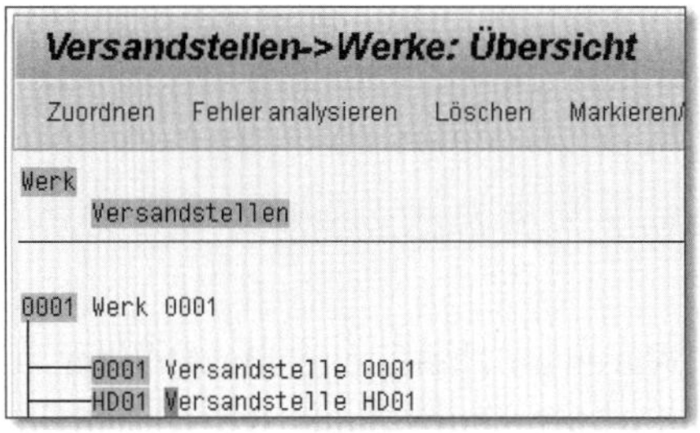

Abbildung 4.28 Zuordnung Versandstelle – Werk

Falsche Zuordnungen löschen Sie einzeln, oder Sie markieren diese zuerst und löschen sie dann gemeinsam. Gegebenenfalls sind noch Einträge in der Kommissionierlagerortfindung zu löschen. Eine entsprechende Infomeldung weist Sie dann darauf hin (siehe Abbildung 4.29).

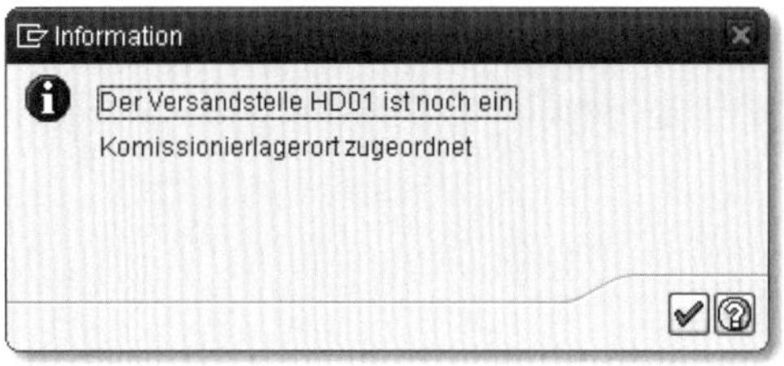

Abbildung 4.29 Information zum Kommissionierlagerort

2. Wählen Sie die IMG-Aktivität LOGISTICS EXECUTION • VERSAND KOMMISSIONIERUNG • KOMMISSIONIERLAGERORTFINDUNG • KOMMISSIONIERLAGERORTE ZUORDNEN. In der Pflegeview V_TVKOL löschen Sie alle Zeilen mit ungültigen VStl/Werk-Kombinationen (siehe Abbildung 4.30). Erst wenn die Tabelle TVKOL (Kommissionierung: Lagerortfindung in Lieferungen) keine abhängigen Einträge mehr enthält, können Sie die ungültigen Werkszuordnungen für die Versandstelle auch in der Unternehmensstruktur löschen (siehe Abbildung 4.28).

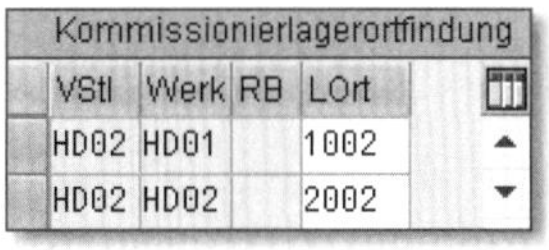

Abbildung 4.30 Kommissionierlagerortfindung

In Abbildung 4.30 sind der Versandstelle HD02 werksabhängig die Lagerorte 1002 bzw. 2002 für die Kommissionierung zugeordnet. Das Feld RB

(Raumbedingung) ist leer. RB ist eines der zentralen Felder aus dem Materialstamm (siehe Abschnitt 5.2.4). Sie können die Raumbedingung für eine materialabhängige Lagerortfindung in der Kommissionierung einsetzen.

Warenannahmestelle

Damit aus der Versandstelle eine Warenannahmestelle für Anlieferungen wird, müssen Sie in der Tabelle TWLVZ (Zuordnung Versandstelle als Warenannahmestelle zu Werk/Lagerort) Lagerorte für den Wareneingang zuordnen.

1. Rufen Sie hierzu die Pflegeview V_TWLVZ auf mit der IMG-Aktivität Logistics Execution • Versand • Grundlagen • Versand-/Warenannahmestellenfindung • Warenannahmestellen für Anlieferung zuordnen (siehe Abbildung 4.31).

Zuordn. Versandstelle als Warenannahmestelle zu Werk/LgO

Werk	Lagerort	Versandstelle	laufende Nummer
HD01	1001	HD01	
HD02	2001	HD01	
HD03	3001	HD01	
HD04	4001	HD01	

Abbildung 4.31 Warenannahmestellen festlegen

2. Den Wareneingangslagerorten für Ihre Anlieferungen ordnen Sie nun Versandstellen zu. Durch diese Zuordnung wird die Versandstelle zur Warenannahmestelle. Falls es mehrere Warenannahmestellen gibt, können Sie eine Priorität angeben. In Abbildung 4.31 gibt es nur eine Warenannahmestelle HD01 für die vier Werke am Standort HD.

Sie könnten denselben Schlüssel für Warenannahme und Versand verwenden, sofern das aufgrund der örtlichen Gegebenheiten passt. Es gibt separate Transaktionen zum Überwachen von Lieferungen:

- VL06I (Anlieferungsmonitor)
- VL06O (Auslieferungsmonitor)

Ich empfehle Ihnen aber, die Warenannahmestelle als separate Organisationseinheit mit einem passenden Schlüssel anzulegen. Die Bezeichnung können Sie nachträglich noch ändern. Oft hat man in einem Werk je eine Warenannahmestelle und eine Versandstelle, in diesem Fall genügen zwei Organisationseinheiten mit aussagekräftiger Bezeichnung:

- HD01Warenannahme
- HD02 Versand

Sofern Sie nicht mit WM arbeiten, erfolgt der Versand sehr wahrscheinlich nicht aus dem Lagerort für die Warenannahme; Sie ordnen die Warenannahmestelle stattdessen dem Wareneingangslagerort zu und finden über die Versandstelle den Kommissionierlagerort.

Zunächst muss das System in der Auftragsbearbeitung die korrekte Versandstelle finden. Die Versandstellenfindung stellen Sie in der IMG-Aktivität LOGISTICS EXECUTION • VERSAND GRUNDLAGEN • VERSAND-/WARENANNAHMESTELLENFINDUNG • VERSANDSTELLE ZUORDNEN ein. Sie können die Versandstelle abhängig von der Versandbedingung des Kunden bzw. aus der Kundenauftragsart oder abhängig vom Auslieferwerk und von der Ladegruppe aus dem Materialstamm ermitteln (siehe Abbildung 4.32).

Versandstellenfindung

VB	LGrp	Werk	VSteD	VSteM	VSteM
01	0001	HD01	HD02		
01	0001	HD02	HD02		

Abbildung 4.32 Versandstellenfindung mit Werk

In Abbildung 4.32 wird beispielsweise die Versandstelle HD02 für beide Werke bei Versandbedingung 01 und Ladegruppe 0001 vom System automatisch vorgeschlagen. Die Einträge werden in der Tabelle TVSTZ (Organisationseinheit: Versandstellen je Werk) verwaltet.

Genügt Ihnen die werksabhängige Zuordnung nicht, gibt es noch alternativ die lagerortabhängige Zuordnung in der Tabelle TVSTZ_STORLOC (Lagerortabhängige Versandstellenfindung). Wählen Sie hierzu in der IMG-Aktivität LOGISTICS EXECUTION • VERSAND GRUNDLAGEN • VERSAND-/WARENANNAHMESTELLENFINDUNG • LAGERORTABHÄNGIGE VERSANDSTELLENFINDUNG EINSTELLEN • VERSANDSTELLEN LAGERORTABHÄNGIG ZUORDNEN.

Zur Verwaltung von Warentransporten zwischen Geschäftspartnern gibt es die Transportdisposition.

4.8.3 Transportdispositionsstelle

Die Transportdispositionsstelle ist die Organisationseinheit, die für die Verwaltung von Transporten zuständig ist. Der Transport ist ein Beleg, mit dem Sie Lieferungen zusammenfassen können, die der Paketdienstleister oder die

Spedition gemeinsam transportiert. Den Transportbeleg können Sie sowohl für An- als auch für Auslieferprozesse einsetzen. Jeder Transport wird von genau einer Transportdispositionsstelle bearbeitet. Mögliche Kriterien zur Definition neuer Transportdispositionsstellen sind folgende:

- eine Gruppe von Personen (als (de-)zentrale Organisationseinheit)
- Versandart (Straße, Seefracht, Luftfracht, Bahn)
- Ort (Standort des Unternehmens oder Verkehrsträgers)
- SAP-Buchungskreis (die Zuordnung zu genau einem Buchungskreis ist Voraussetzung für die Frachtkostenabrechnung)

Zur Definition einer Transportdispositionsstelle wählen Sie die IMG-Aktivität UNTERNEHMENSSTRUKTUR • DEFINITION LOGISTICS EXECUTION • TRANSPORTDISPOSITIONSSTELLE PFLEGEN. Den vierstelligen Schlüssel können Sie mit einer maximal 20-stelligen Bezeichnung beschreiben.

Sie können der Transportdispositionsstelle einen Buchungskreis zuordnen. Weitere Zuordnungen müssen Sie nicht vornehmen.

4.9 Benutzerparameter

Im Zusammenhang mit den Organisationseinheiten werde ich nun auf die Pflege von Benutzervorgaben mit der Transaktion SU3 (Benutzervorgaben) eingehen. In den eigenen Benutzervorgaben gibt es hierfür die Registerkarte PARAMETER. Benutzerparameter werden auch technisch als *Set-/Get-Parameter-ID* bezeichnet. Über solche Parameter-IDs können Datenfelder in einer Bildschirmmaske mit Vorschlagswerten gefüllt werden, wenn das im Screen Painter explizit erlaubt wurde.

Die hier besprochenen Organisationseinheiten eignen sich dafür besonders, denn auch das Berechtigungskonzept ist oft abhängig von diesen Organisationseinheiten. Zum Beispiel dürfen SAP-Anwender oft nur für ein Unternehmen im System Belege buchen, für die anderen Unternehmen gibt es lediglich Anzeigeberechtigungen. Mit geeigneten Parameterwerten zur SAP-Benutzerkennung werden die relevanten Felder in den Bildschirmmasken mit den gewünschten Organisationseinheiten vorbelegt.

Sie pflegen die Parameter durch Eingabe der Transaktion SU3 im Kommandofeld. Alternativ wählen Sie SYSTEM • BENUTZERVORGABEN • EIGENE DATEN. Hier wird zunächst die Registerkarte ADRESSE mit Ihren Adressdaten eingeblendet. Das Adressregister der Benutzerkennung AMANNBA sehen Sie in Abbildung 4.33.

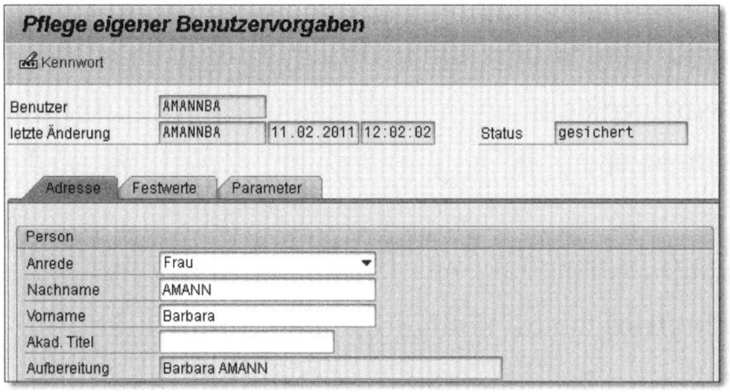

Abbildung 4.33 Benutzervorgaben – Adressregister

Auf der mittleren Registerkarte sind persönliche FESTWERTE für Ihre Anmeldung hinterlegt. Dabei handelt es sich beispielsweise um Angaben zur Anmeldesprache, zur Dezimal- und Datumsdarstellung, zum Zeitformat und zur persönlichen Zeitzone des Benutzers. Außerdem kann hier ein Drucker für Spoolaufträge ohne Druckerfindung hinterlegt werden.

Wenn Sie in die Registerkarte PARAMETER wechseln, können Sie dort Ihre Organisationseinheiten hinterlegen. Rechtlich selbständige Unternehmen sind als Buchungskreise abgebildet (siehe Abschnitt 4.3.1, »Buchungskreis«). Der Buchungskreis hat die Parameter-ID `BUK`. Der zugeordnete Kostenrechnungskreis hat die Parameter-ID `CAC` (siehe Abbildung 4.34).

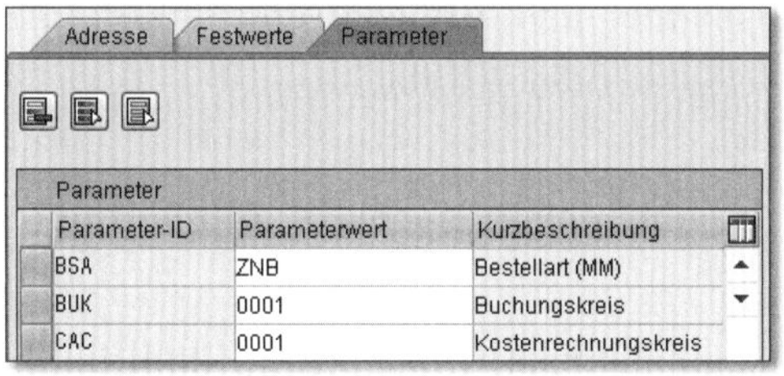

Abbildung 4.34 Benutzerparameter für Organisationseinheiten

Unter dem Parameter für die Bestellart sehen Sie die Parameter `BUK` und `CAC` jeweils mit dem Wert 0001 gefüllt. Benutzerparameter werden systemintern in der Anwendungstabelle USR05 verwaltet.

Tabelle 4.1 zeigt die Benutzerparameter aller in diesem Kapitel besprochenen Organisationseinheiten. Übernehmen Sie nur die Parameter, bei denen Sie eindeutige Werte hinterlegen können.

Parameter-ID	Kurzbeschreibung
BERID	Dispobereich
BUK	Buchungskreis
BWK	Bewertungsebene (nicht nötig)
CAC	Kostenrechnungskreis
DGR	Disponentengruppe
EKG	Einkäufergruppe
EKO	Einkaufsorganisation
GSB	Geschäftsbereich
KOS	Kostenstelle
KPL	Kontenplan
LAG	Lagerort
LGN	Lagernummer
LND	Länderschlüssel (siehe Kapitel 3, »Allgemeine Einstellungen«)
SPA	Sparte
TDP	Transportdispositionsstelle
VKB	Verkaufsbüro
VKG	Verkaufsgruppe
VKO	Verkaufsorganisation
VST	Versandstelle
VTW	Vertriebsweg
WRK	Werk

Tabelle 4.1 Benutzerparameter aller besprochenen Organisationseinheiten

4.10 Zusammenfassung

Es gibt Organisationseinheiten, die zwingend gebraucht werden, andere sind optional. Für die Anwendungen in der Materialwirtschaft benötigen Sie auf Ihrem Mandanten einen Kostenrechnungskreis, einen voll ausgestatteten Buchungskreis, ein Werk, einen Bewertungskreis, einen Lagerort, eine Einkaufsorganisation und eine Einkäufergruppe. Für die Bedarfsplanung benötigen Sie noch einen Disponenten.

In Abbildung 4.35 habe ich mit diesen Organisationseinheiten eine beispielhafte Organisationsstruktur für die Materialwirtschaft dargestellt. Nutzen Sie die funktionsbereit eingestellten SAP-Organisationseinheiten als Kopiervorlage zur Definition Ihrer eigenen Schlüssel.

Die anderen Organisationseinheiten aus diesem Kapitel benötigen Sie zusätzlich für unterschiedliche logistische Anwendungen, wie die Bedarfsplanung, die Anlieferung zur Bestellung, Warenbewegungen mit Handling Units, Lagerverwaltung, Vertrieb, Versand, Transporte etc. Diese Anwendungen sind alle mit den Anwendungen der Materialwirtschaft verknüpft.

Das Customizing für die Aufbauorganisation eines Unternehmens ist relativ schnell gemacht, sobald klar ist, welche Organisationseinheiten definiert und wie diese zugeordnet werden sollen. Das Customizing bestimmt Ihre Arbeitsabläufe und muss von daher wohlüberlegt sein. Änderungen an der Unternehmensstruktur bringen Statistiken durcheinander. Bislang gewohnte Buchungsabläufe funktionieren plötzlich nicht mehr. Deswegen sollten Sie mit einer Organisationsstruktur produktiv arbeiten, die auch in absehbarer Zukunft noch für das Unternehmen passt.

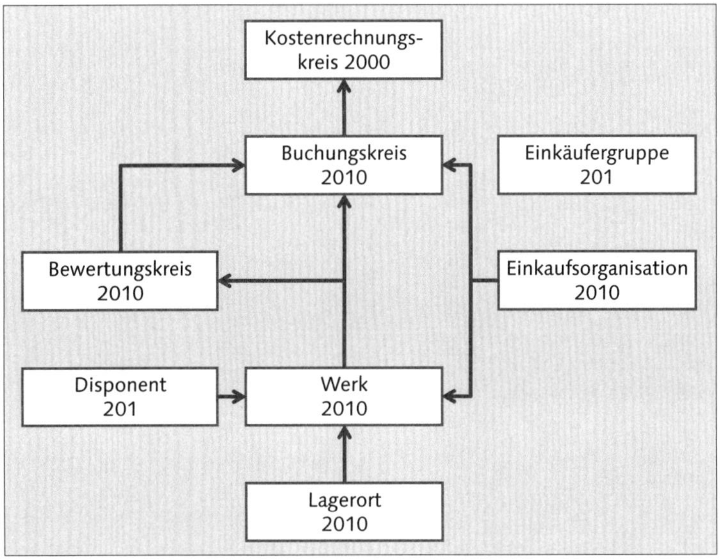

Abbildung 4.35 SAP-Organisationseinheiten für die Materialwirtschaft

Neue Organisationseinheiten in der Unternehmensstruktur definieren Sie aus datentechnischen Gründen, wenn Sie separate bzw. abweichende Stammdaten führen wollen. Viele Stammdaten werden mit Bezug zu Organisationseinheiten angelegt. Je komplexer die Unternehmensstruktur ist, desto mehr Stammdaten benötigen Sie. Wegen dieser eindeutigen Korrelation sollten Sie gemäß der Maxime »So wenig wie möglich, aber so viel wie nötig« vorgehen.

Für ein neues Werk sind neue Materialstämme anzulegen, oder Sie erweitern bereits existierende Materialstämme für das neue Werk. Das Customizing zur Materialstammpflege ist der Schwerpunkt des nächsten Kapitels.

Die Basis für funktionierende Arbeitsabläufe bei den Anwendungen eines ERP-Systems sind korrekte Stammdaten. Die Datenqualität kann durch optimal konfigurierte Anwendertransaktionen erhöht werden.

5 Stammdaten

In diesem Kapitel lernen Sie die Customizing-Einstellungen für die wichtigsten Stammdaten der SAP-Materialwirtschaft kennen.

Die Einstellmöglichkeiten für den Materialstamm in SAP ERP bilden einen Schwerpunkt dieses Kapitels. Nach den Grundeinstellungen erkläre ich die steuernden Eigenschaften der Materialart und die Feldauswahlsteuerung. Im Anschluss daran stelle ich Ihnen ausgewählte zentrale Felder vor, bevor die Konfiguration der Materialstammdialoge erläutert wird.

Ein weiterer Schwerpunkt dieses Kapitels ist das Customizing für die Lieferantenstammdaten. Nur relativ wenige Einstellmöglichkeiten gibt es für andere zur Materialbeschaffung eingesetzte Stammdaten, wie Einkaufsinformationssätze, Orderbücher und Quotierung.

Die Chargenverwaltung ermöglicht es, Bestände einer Materialnummer getrennt zu führen und mit zusätzlichen Merkmalen zu klassifizieren. Aus diesem Grund werden auch die wesentlichen Customizing-Einstellungen für Chargenstammdaten vorgestellt.

Einleitend werden jeweils die wichtigsten Tabellen und die bekanntesten Transaktionen für die vorgestellten Stammdaten aufgeführt.

5.1 Stammdaten in SAP ERP

Stammdaten gehören zu den betriebswirtschaftlichen Anwendungsdaten eines jeden ERP-Systems. Man unterscheidet hierbei im Einzelnen zwischen Bewegungs- und Stammdaten.

- **Bewegungsdaten**
  Bewegungsdaten sind abwicklungsorientiert. Sie dienen dem operativen Tagesgeschäft und dokumentieren die durchgeführten Transaktionen in unterschiedlichen Datenbelegen. Zudem dienen sie der Selektion des aktuellen Arbeitsvorrats. Wichtige Bewegungsdaten aus der Materialwirtschaft sind beispielsweise Bestellanforderungen und Bestellungen sowie Materialbelege und Buchhaltungsbelege.
- **Stammdaten**
  Stammdaten sind zustandsorientiert und werden im ERP-System vor der operativen Anwendung hinterlegt.
  - *Allgemeine Stammdaten* können von verschiedenen Fachbereichen für unterschiedliche Anwendungen gemeinsam verwendet werden.
  - *Fachbereichsspezifische Stammdaten* werden speziell für die Anwendung einzelner Fachbereiche benötigt. Die jeweils zuständigen Fachbereiche sind für die Qualität ihrer Stammdaten verantwortlich.

  Die Qualität der Stammdaten bestimmt die Qualität der Arbeitsergebnisse und somit die Akzeptanz des ERP-Systems bei den Anwendern. Je konsequenter die Stammdatensätze gepflegt werden, desto besser eignen sie sich für automatisierte Abwicklungen.

Die wichtigsten Stammdaten in SAP ERP sind die *Materialstämme*. Diese werden anwendungsübergreifend verwendet. Die Beschaffung und Bevorratung von Material, das Ihr Unternehmen zum Wirtschaften benötigt, ist Aufgabe der Materialwirtschaft. Die Materialbeschaffung erfordert Lieferantenstammdaten.

5.2 Materialstamm

Der Materialstamm im SAP ERP-System steht übergreifend allen Anwendungen zur Verfügung. Er wird auf mehreren Anwendungstabellen verteilt verwaltet. Die Tabellen sind oft abhängig von Organisationseinheiten. Einige der wichtigsten Tabellen für den Materialstamm sind folgende:

- MAKT (Materialkurztexte)
- MARA (Allgemeine Materialdaten)
- MARC (Werksdaten zum Material)
- MARD (Lagerortdaten zum Material)
- MARM (Mengeneinheiten zum Material)

- MBEW (Materialbewertung)
- MLGN (Materialdaten pro Lagernummer)
- MLGT (Materialdaten pro Lagertyp)
- MOFF (Noch offene Materialstämme)
- MPOP (Prognoseparameter)
- MSTA (Materialstammstatus)
- MVER (Materialverbräuche)
- MVGN (Materialdaten pro Lagernummer)
- MVGT (Materialdaten pro Lagertyp)
- MVKE (Verkaufsdaten zum Material)

Die Aufnahme von eigenen Datenfeldern für die obigen Tabellen, beispielsweise in der Tabelle MARA, ist auch möglich. Dafür gibt es aber keine IMG-Aktivität. Die Transaktion SE11 (Dictionary), mit der zusätzliche Felder definiert werden können, verlangt nach einem Entwicklerschlüssel und gehört zu den Werkzeugen der ABAP Workbench.

Für die Pflege der Materialstämme stehen Ihnen mehrere Transaktionen zur Verfügung, diese finden Sie im SAP-Anwendungsmenü unter Logistik • Materialwirtschaft • Materialstamm • Material. Die bekanntesten Transaktionen zur Pflege von einzelnen Materialstämmen in SAP ERP sind folgende:

- MM01 (Material anlegen)
- MM02 (Material ändern)
- MM03 (Material anzeigen)

Mit diesen Transaktionen gelangen Sie in die einzelnen Sichten des Materialstamms. Neben den allgemein gültigen Grunddaten der Konstruktion gibt es weitere spezielle Sichten für die jeweiligen betriebswirtschaftlichen Anwendungen in Vertrieb, Außenhandel, Disposition, Prognose, Einkauf, Lager, Qualität, Buchhaltung und Kalkulation. Diese Sichten sind für die jeweiligen Organisationseinheiten (siehe Kapitel 4, »Organisationsstruktur«) anzulegen.

Das Customizing für den Materialstamm umfasst folgende Einstellmöglichkeiten, die im Anschluss genauer erörtert werden:

- globale Grundeinstellungen
- Eigenschaften der Materialart

- Feldauswahlsteuerung
- zentrale Datenfelder
- Konfiguration der Datenbilder und Bildsequenzen

Die Einstellungen zur Steuerung der Feldauswahl und zum Konfigurieren des Materialstamms greifen nur bei den Dialogen zur Einzelpflege der Stammdaten. Auf die Transaktionen zur Massendatenpflege, beispielsweise mit der Transaktion MASS (Massenänderung), wirkt sich dieses Customizing nicht aus.

5.2.1 Globale Grundeinstellungen

Die Grundeinstellungen sollten Sie vornehmen, ehe Sie beginnen, die Materialstämme anzulegen. Sie nehmen hier Einstellungen zur Länge der Materialnummer und zur Fortschreibung von Verwaltungsdaten vor, und Sie richten Ihren Buchungskreis für die Materialwirtschaft ein. Für die Grundeinstellungen wählen Sie den IMG-Pfad Logistik Allgemein • Materialstamm • Grundeinstellungen.

Ausgabedarstellung

Die Ausgabedarstellung von Materialnummern kann mit der Transaktion OMSL (C MM-BD Pflege TMCNV) eingestellt werden. Wählen Sie die IMG-Aktivität Ausgabedarstellung der Materialnummer festlegen. Sie können hier die Länge der Materialnummer festlegen, wie sie der Anwender sehen soll (siehe Abbildung 5.1).

Abbildung 5.1 Ausgabedarstellung der Materialnummer

18 Zeichen sind das Maximum für eine Materialnummer. In der Abbildung ist keine Schablone angegeben, deswegen haben Sie 18 signifikante Zeichen zur Verfügung.

Beispiel mit Schablone [zB]

Sie haben die Möglichkeit, eine Schablone für Ihre Materialnummern festzulegen. Eine Schablone enthält Aufbereitungszeichen. Einen Teil der 18 Stellen können Sie als Aufbereitungszeichen in einer Schablone hinterlegen, Sie reduzieren damit die Anzahl der signifikanten Stellen. Eine fiktive Schablone für eine zwölfstellige Materialnummer könnte folgendermaßen aussehen: ___/___-____.

Die Materialnummer mit den signifikanten Zeichen 1234567890 wird in der Ausgabedarstellung zu 123/456-7890 aufbereitet.

Für die Speicherung von numerischen Materialnummern können Sie das Flag LEXIKOGRAPHISCH setzen. Dies sollten Sie sich jedoch überlegen, bevor Sie die erste numerische Materialnummer anlegen, andernfalls bekommt das System »Interpretationsprobleme«:

- **Nicht gesetztes Kennzeichen »Lexikographisch«**
  Solange das Flag nicht gesetzt ist, werden numerische Materialnummern intern mit führenden Nullen gespeichert, was der Anwender jedoch nicht sieht. Sie können die Einstellung in den angegebenen Tabellen für den Materialstamm überprüfen. Material mit der Nummer 1234 wird intern als 000000000000001234 achtzehnstellig verwaltet, unabhängig von der festgelegten Länge.
- **Gesetztes Kennzeichen »Lexikographisch«**
  Ist das Kennzeichen gesetzt, werden extern eingegebene führende Nummern auch gespeichert. Sie können also eine 01234 von der 1234 unterscheiden. Intern vergebene Nummern werden bis zur maximalen Länge mit führenden Nullen aufgefüllt.

Solche Einstellungen sollten Sie im laufenden Betrieb nicht ändern. Das Kennzeichen FÜHRENDE NULLEN legt fest, ob numerische Materialnummern mit führenden Nullen (bis zur maximalen Länge) ausgegeben werden. Die Daten zur Materialnummern-Konvertierung speichert das System in der Tabelle TMCNV (Daten zur Materialnummern-Konvertierung).

Globale Einstellungen

Die globalen Einstellungen sollten Sie ansehen, wenn mindestens eine der folgenden Anwendungen für Sie relevant ist:

- Massendatenübernahme für Materialstämme geplant
- getrennte Bewertung aktiv

- Branchenlösung SAP for Retail im Einsatz
- Dokumentenverwaltung
- Materialsuche im externen Katalog
- Funktionsbaustein MATERIAL_FIND
- Verwendung von Bezugsmaterial
- Stammdatenverteilung

Wählen Sie die IMG-Aktivität GLOBALE EINSTELLUNGEN VORNEHMEN – direkt unter der Ausgabedarstellung –, und rufen Sie so die Transaktion OMT0 (C MM-BD Globale Einstellung) auf. Sie können mit den standardmäßig ausgelieferten Einstellungen, die Sie dort vorfinden, arbeiten, oder Sie passen diese Einstellungen an Ihre Anforderungen an.

Beispielsweise können Sie festlegen, ob und wie die Verwaltungsdaten bei der Bearbeitung von Materialstammsätzen in der Tabelle MSTA (Materialstammstatus) intern fortgeschrieben werden sollen. Die Fortschreibung erfolgt üblicherweise statusabhängig:

Das System schreibt Verwaltungssätze fort – je *Pflegestatus* (Buchhaltung, Einkauf, ...) und je *Datenhaltungsebene* (Mandant, Werk, Lagerort, Lagernummer, Lagertyp, Verkaufsorganisation, Vertriebsweg, Bewertungskreis oder – im Falle getrennter Bewertung – Bewertungsart).

In der Tabelle MSTA können Sie damit sehen, welche der folgenden Fachbereiche den Materialstammsatz auf einer bestimmten Datenhaltungsebene bereits irgendwann gepflegt haben:

- A: Arbeitsvorbereitung
- B: Buchhaltung
- C: Klassifizierung
- D: Disposition
- E: Einkauf
- F: Fertigungshilfsmittel
- G: Kalkulation
- K: Grunddaten (Konstruktion)
- L: Lagerung
- P: Prognose
- Q: Qualitätsmanagement

- S: Lagerverwaltung
- V: Vertrieb
- X: Werksbestände
- Z: Lagerortbestände

Wenn Sie planen, Ihre Materialstämme massenhaft einzuspielen, ist die *asynchrone Fortschreibung* von Verwaltungsdaten (Tabelle MSTA) und offenem Pflegestatus (Tabelle MOFF) temporär sinnvoll.

Mit der Transaktion OMSM (CS MM Aufbau Verwaltungsdaten) können Sie die Verwaltungsdaten nachträglich aufbauen und die erweiterbaren Materialstämme aus der Tabelle MOFF (Noch offene Materialstämme) mit der Transaktion MM50 (Liste erweiterbarer Materialien) selektieren und bearbeiten. Für Material mit *getrennter Bewertung* kann die Fortschreibung ausgeschaltet werden.

SAP for Retail benötigt ein Standardländerkennzeichen zur Ermittlung von Steuerdaten und der statischen Warennummer.

Falls Sie mit der Dokumentenverwaltung arbeiten möchten, können Sie eine Standarddokumentart für Konstruktionszeichnungen in den Grunddaten des Materialstamms hinterlegen.

Für den Zugriff auf einen externen Katalog oder den Suchhilfe-Funktionsbaustein `MATERIAL_FIND` können Sie eine RFC-Destination eintragen. RFC-Destinationen legen Sie mit Transaktion SM59 (RFC-Destinations (Anzeige u. Pflege)) an.

Für diverse Anwendungen (Prognose, Preisfindung, Konfiguration, ...) kann die Verwendung von Bezugsmaterial ein-/ausgeschaltet werden. Außerdem können Sie hier diverse Parameter zur Steuerung der Verteilung von Materialstammdaten per ALE setzen.

Buchungskreis für die Materialwirtschaft

Die Aktivität BUCHUNGSKREISE FÜR DIE MATERIALWIRTSCHAFT PFLEGEN WURDE BEREITS IM ABSCHNITT BUCHUNGSKREIS FÜR DIE MATERIALWIRTSCHAFT IN ABSCHNITT 4.3.1, »BUCHUNGSKREIS«, erklärt. Zusammen mit der Definition von Buchungskreisen wurde auch der Zusammenhang zwischen Materialverwaltungssätzen und der Initialisierung und monatlichen Verschiebung der Buchungsperioden gezeigt.

Bevor Sie erste Materialstammsätze anlegen, muss Ihr Buchungskreis für die Materialwirtschaft initial gepflegt sein. Diese Initialisierung erfolgt mit der Transaktion MMPI (Periode initialisieren), die Sie über das Kommandofeld direkt eingeben oder über die IMG-Aktivität LOGISTIK ALLGEMEIN • MATERIALSTAMM • WERKZEUGE • PERIODE INITIALISIEREN aufrufen.

Mit diesem Programm können Sie in den Materialstammsätzen die Periode initialisieren, wenn Sie die Parameter-ID `MMPI_READ_NOTE` vorher korrekt mit dem aktuellen Datum in der Form JJJJMMTT belegen. Zur Sicherheit lesen Sie vorher mit Hilfe der Transaktion SE38 (ABAP Editor) die Programmdoku und den SAP-Hinweis 487381 (RMMMINIT: Schutz gegen unbeabsichtigte Ausführung, siehe Abschnitt 4.3.1).

Systemmeldungen

Die Systemmeldungen in den Grundeinstellungen des Materialstamms sind Meldungen, die das System bei der Bearbeitung von Materialstammdaten ausgibt. Man unterscheidet, je nach Eigenschaften der Meldung, unterschiedliche Typen:

- **Blank**
  Die Meldung wird unterdrückt.
- **Typ W**
  Die Meldung wird als Warnung ausgegeben.
- **Typ E**
  Die Meldung wird als Fehlermeldung ausgegeben.

[zB]

Fehlermeldungen

Bei Fehlermeldungen können Sie erst weiterarbeiten, wenn Sie Ihre Eingabe korrigiert haben.

Systemmeldungen haben dreistellige Nummern (Spalte NR.) und gehören immer zu einem Arbeitsgebiet (Spalte ARBEITSGEB.). Das Arbeitsgebiet entspricht der Nachrichtenklasse aus der Transaktion SE91 (Nachrichtenpflege), mit der Nachrichten bearbeitet werden können. Eine Nachrichtenklasse ist beispielsweise M3 (Materialstamm).

Um den Meldungstyp der Systemmeldungen zu prüfen bzw. zu ändern, wählen Sie die IMG-Aktivität EIGENSCHAFTEN DER SYSTEMMELDUNGEN FESTLEGEN. Dadurch gelangen Sie in die Transaktion OMT4 (Customizing EAN – Meldungen). Es erscheint ein Pflegedialog, der Ihnen die Systemmeldungen zeigt, die für den Materialstamm relevant sind (siehe Abbildung 5.2).

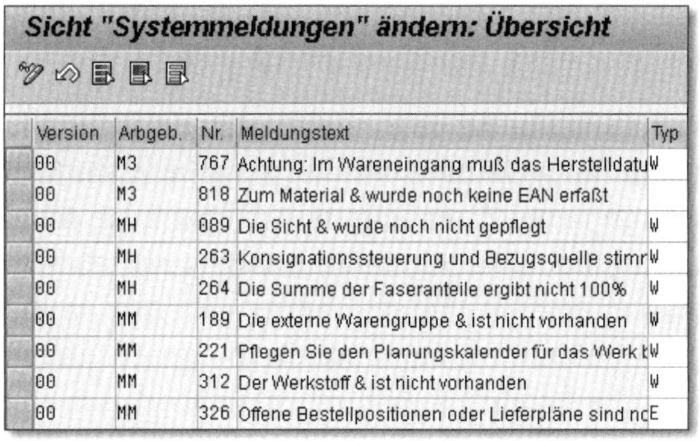
Sicht "Systemmeldungen" ändern: Übersicht

Version	Arbgeb.	Nr.	Meldungstext	Typ
00	M3	767	Achtung: Im Wareneingang muß das Herstelldatu	W
00	M3	818	Zum Material & wurde noch keine EAN erfaßt	
00	MH	089	Die Sicht & wurde noch nicht gepflegt	W
00	MH	263	Konsignationssteuerung und Bezugsquelle stimr	W
00	MH	264	Die Summe der Faseranteile ergibt nicht 100%	W
00	MM	189	Die externe Warengruppe & ist nicht vorhanden	W
00	MM	221	Pflegen Sie den Planungskalender für das Werk &	W
00	MM	312	Der Werkstoff & ist nicht vorhanden	W
00	MM	326	Offene Bestellpositionen oder Lieferpläne sind nc	E

Abbildung 5.2 Transaktion OMT4 – Eigenschaften der Systemmeldungen

Die Nachricht mit dem Text DIE EXTERNE WARENGRUPPE & IST NICHT VORHANDEN hat die Nummer 189 und gehört zum Arbeitsgebiet MM (Nachrichten zu Materialstammpflege und -Customizing). Sie ist im Standard als Warnmeldung (Typ W) eingestellt.

In der Spalte VERSION sehen Sie die Version 00. Die Meldungen in dieser IMG-Aktivität sind nur für die Version 00 konfigurierbar und können somit nicht benutzerabhängig mit abweichendem Systemverhalten je Version eingestellt werden. Für die weiteren Grundeinstellungen gehen Sie in den IMG-Knoten MATERIALARTEN.

5.2.2 Materialart

Die Materialart vereint gleichartige Materialstämme. Sie ordnen jeden Materialstamm, DEN SIE IN SAP ERP ANLEGEN, EINER MATERIALART ZU. Die Steuerungsparameter in den Eigenschaften der Materialart sollten Ihnen bewusst sein, bevor Sie Ihre Materialstämme anlegen. Im laufenden Betrieb lassen sich die Materialarten nur unter bestimmten Voraussetzungen mit Hilfe der Transaktion MMAM (Materialart ändern) noch umstellen (siehe Kasten zur Kontoklassenreferenz auf Seite 471).

Von SAP werden bereits unterschiedliche Materialarten im Standard angeboten. Die Materialarten werden in der Customizing-Tabelle T134 (Materialarten) verwaltet.

Wenn Sie für Ihr Unternehmen mit den logistischen Anwendungen der Materialwirtschaft arbeiten, bestellen Sie in der Regel Rohstoffe (ROH) für die Produktion und Handelswaren (HAWA) für den Versand. Sie produzieren wahrscheinlich Fertigerzeugnisse (FERT) und Halbfertigerzeugnisse (HALB). Dies sind gängige Beispiele für Materialarten aus der Customizing-

Tabelle T 134. Je Materialart können Sie einstellen, ob das zugeordnete Material extern beschafft und/oder selbst produziert werden soll.

Wenn Sie für bestimmte Materialstämme keine passende Materialart im System vorfinden, ändern Sie keine Einstellungen an den ausgelieferten SAP-Materialarten, sondern definieren neue Materialarten. Um eine neue Materialart anzulegen, wählen Sie folgende IMG-Aktivität: LOGISTIK ALLGEMEIN • MATERIALSTAMM • GRUNDEINSTELLUNGEN • MATERIALARTEN • EIGENSCHAFTEN DER MATERIALARTEN FESTLEGEN. In Abbildung 5.3 sehen Sie die neue Materialart ZROH für ZUKAUFTEILE EG. Es handelt sich hierbei zunächst um eine Kopie der Materialart ROH mit all ihren Eigenschaften.

Abbildung 5.3 Materialart ZROH – Zukaufteile EG

Zu den Eigenschaften der Materialart gehören:

- Feldauswahl
- Bildsteuerung
- Berechtigung
- Nummernvergabe
- Zuordnung spezieller Zweck
- Beschaffungsart (intern/extern)
- Sichtauswahl für Fachbereiche
- Klassifizierung
- Fortschreibung der Mengen
- Fortschreibung der Werte
- Bestandsbewertung
- Kalkulationssteuerung
- Gruppierung für den Vertrieb
- Retailspezifische Felder
- Typ für Versionsverwaltung

Für das Customizing dieser Eigenschaften klicken Sie per Doppelklick in das Detailbild der selektierten Materialart. In Abbildung 5.4. sehen Sie das Dynpro Allgemeine Daten aus dem Customizing der Materialarten.

Dynpros, Bildbausteine u.v.m. [+]

Informationen zum Aufbau und zu den Elementen der Datenbilder erhalten Sie unter »Datenbild« in Abschnitt 5.2.5, »Materialstamm konfigurieren«.

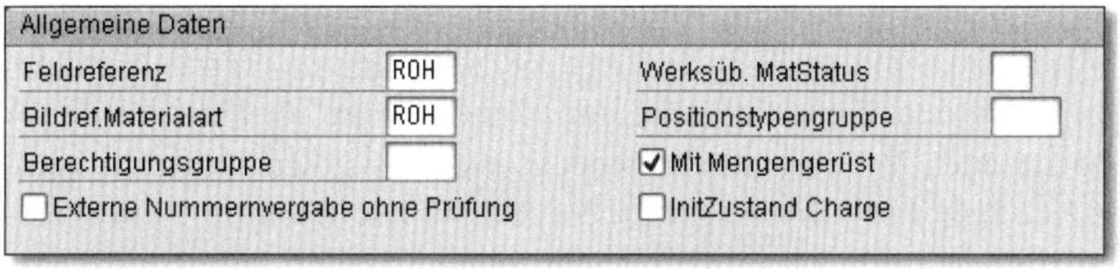

Abbildung 5.4 Allgemeine Daten für die Materialart ZROH

Die Bedeutung der Datenfelder für die Eigenschaften einer Materialart werde ich nun einzeln durchgehen:

- **Felder »Feldreferenz« und »Bildreferenz Materialart«**
  Die Felder Feldreferenz und Bildreferenz Materialart sind beide gefüllt mit dem Eintrag ROH. Damit haben die Materialarten ROH und ZROH dieselbe Steuerung für Feldauswahl und Bildsequenzen. Wie Sie die Eigenschaften der Materialstammfelder mit der Feldreferenz beeinflussen, lesen Sie in Abschnitt 5.2.3, »Feldauswahlsteuerung«; wie Sie den Pflegedialog für den Materialstamm mit der Bildreferenz konfigurieren, sehen Sie in Abschnitt 5.2.5, »Materialstamm konfigurieren«.
- **Feld »Berechtigungsgruppe«**
  Das Feld Berechtigungsgruppe ermöglicht einen Zugriffsschutz für Benutzer ohne Rechte für diese Berechtigungsgruppe. Die Materialart ZROH ist keiner Berechtigungsgruppe zugeordnet. Ist ein Materialstammsatz keiner Berechtigungsgruppe zugeordnet, überprüft das System dieses Berechtigungsobjekt nicht.
- **Checkbox »Externe Nummernvergabe ohne Prüfung«**
  Die Checkbox Externe Nummernvergabe ohne Prüfung ist nicht markiert. Damit ist für extern vergebene Materialnummern die Prüfung auf einen vorgegebenen Nummernkreis eingeschaltet. Wie Sie die Nummernkreise für das Objekt MATERIALNR definieren, wird am Ende dieses Abschnitts unter der Überschrift »Nummernkreise« beschrieben.

- **Feld »Werksübergreifender Materialstatus«**
  Das Feld Werksübergreifender Materialstatus ist nicht gefüllt. Damit könnten Sie einen Materialstatus in den Grunddaten vorbelegen. Der Materialstatus gehört zu den zentralen Feldern, die in Abschnitt 5.2.4, »Zentrale Felder«, erläutert werden.
- **Feld »Positionstypengruppe«**
  Das Feld Positionstypengruppe ist ebenfalls leer. Die Positionstypengruppe gruppiert Material für die Ermittlung des Positionstyps in Vertriebsbelegen, wie z.B. dem Kundenauftrag. Die Kopiervorlage ROH ist eine Materialart, die nicht unbedingt relevant für den Vertrieb ist. Sie können hier einen Vorschlagswert hinterlegen, wenn für Material dieser Materialart auch Vertriebsdaten gepflegt werden sollen. Beispielsweise würden Sie hier den Vorschlagswert NORM (Normalposition) eintragen.
- **Checkbox »Mit Mengengerüst«**
  Die Checkbox Mit Mengengerüst ist gesetzt. Setzen Sie das Kennzeichen, wenn Sie ein Material dieser Materialart (auch bei Rohmaterial) immer mit Mengengerüst kalkulieren wollen. Ist das Kennzeichen nicht gesetzt, werden die Plankosten für das Material ohne Mengengerüst errechnet. In der diskreten Fertigung für Stückgut ist die Stückliste wesentlicher Bestandteil des Mengengerüsts, während in der Prozessfertigung mit Rezepturen gearbeitet wird.
- **Checkbox »Initialzustand einer neuen Charge«**
  Die Checkbox Initialzustand einer neuen Charge ist nicht gesetzt. Wenn Sie mit chargengeführten Materialnummern arbeiten und das Feld gesetzt ist, haben neue Chargen den Initialzustand nicht frei. Über Chargen in der Bestandsführung können Sie sich in Abschnitt 5.5, »Chargen«, informieren.

Im Dynpro Spezielle Materialarten können Sie die Materialart speziellen Abwicklungen zuordnen. Sie könnten hier für alle Materialstämme dieser Materialart die Variantenkonfiguration, Prozessabwicklung mit Kuppelprodukten, Pipeline-Abwicklung, Leihgutkontoführung usw. zuschalten.

Im Dynpro Interne/Externe Bestellungen erlauben Sie die gewünschten Beschaffungsarten. Material wird in der Regel extern oder intern beschafft. Zur jeweiligen Beschaffungsart sind folgende Einträge möglich:

- 0 (Beschaffungsart nicht erlaubt)
- 1 (Beschaffungsart erlaubt, mit Warnmeldung)
- 2 (Beschaffungsart erlaubt)

In Abbildung 5.5 sind nur externe Bestellungen erlaubt (2), interne Bestellungen sind nicht erlaubt (0), die Materialart ZROH (Zukaufteile) ist also nicht geeignet für die Eigenfertigung.

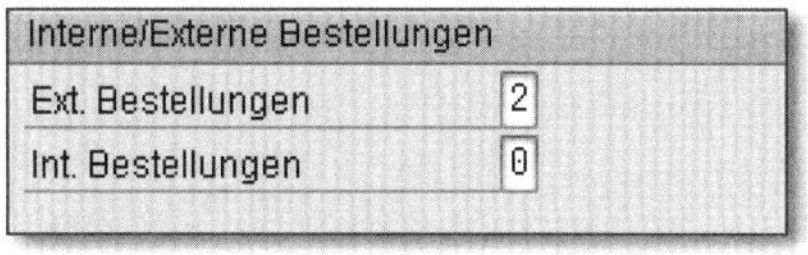

Abbildung 5.5 Beschaffungsart extern

Für Materialarten, die Sie selbst herstellen und nur hin und wieder zukaufen, würden Sie bei INTERNE BESTELLUNG die 2 eintragen und bei EXTERNE BESTELLUNG die 1. Sie können aber auch beide Beschaffungsarten gleichermaßen erlauben, das gilt beispielsweise für die Materialart HALB.

Im Dynpro KLASSIFIZIERUNG können Sie eine Klasse und die zugehörige Klassenart eintragen. Wenn Sie die Klassifizierung für Ihren Materialstamm nicht einsetzen, lassen Sie die Felder leer (siehe auch Abschnitt 5.5.5, »Klassifizierung«).

Im Dynpro FACHBEREICHE legen Sie die Sichtenauswahl für die Pflege der Materialstämme fest. Für jeden Fachbereich gibt es mindestens eine Sicht. In Abbildung 5.6 sind folgende Fachbereiche ausgewählt:

- Buchhaltung
- Disposition
- Kalkulation
- Lager
- Klassifizierung
- Einkauf
- Grunddaten
- Prognose

Arbeitsvorbereitung ist für Zukaufteile nicht relevant. Diese Materialart soll auch nicht für Fertigungshilfsmittel verwendet werden.

Abbildung 5.6 Fachbereiche auswählen

Durch Scrollen können Sie die Materialstammsichten weiterer Fachbereiche auswählen:

- Qualitätsmanagement
- Vertrieb
- Lagerortbestände
- Lagerverwaltung
- Werksbestände

Zu den in Abbildung 5.6 ausgewählten Fachbereichen gehören Buchhaltung und Kalkulation. Daran erkennen Sie, dass es sich bei der Materialart ZROH um bewertetes Material handelt. Das Thema Bewertung und Kontierung wird in Kapitel 8, »Bewertung und Kontierung«, ausführlich besprochen.

Im Dynpro Bewertung sehen Sie das Feld Preissteuerung. Hier können Sie ein Preissteuerungskennzeichen angeben. Dieses legt die Berechnungsmethode für den Materialpreis fest (siehe Abschnitt 8.2.1, »Preissteuerungskennzeichen«).

Zwei Preissteuerungskennzeichen stehen zur Wahl:

- S: Standardpreis
- V: Gleitender Durchschnittspreis/Periodischer Verrechnungspreis

In Abbildung 5.7 ist das Preissteuerungskennzeichen S für diese Materialart als verbindlich eingestellt. Sie können Materialstämme dieser Materialart nicht auf die Preissteuerung V umstellen.

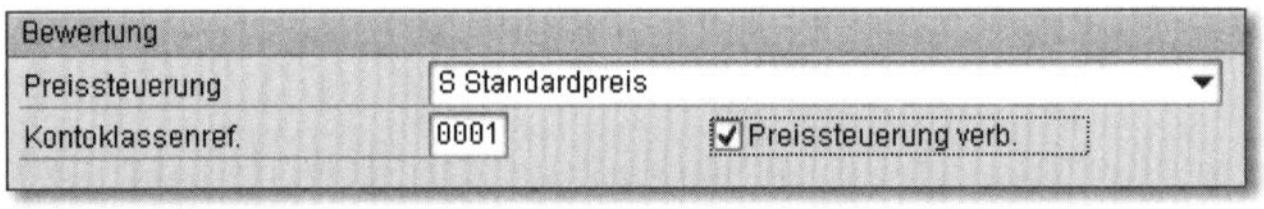

Abbildung 5.7 Vorgaben zur Materialbewertung

Mit dem Feld Kontoklassenreferenz aus Abbildung 5.7 legen Sie fest, welche Bewertungsklassen für diese Materialart im Materialstamm erlaubt sind. Das Feld Bewertungsklasse (Datenfeld BKLAS in Materialstammtabelle MBEW) spielt eine Rolle bei der Kontenfindung, wie Sie in Abschnitt 8.3, »Kontenfindung in Bestandsführung«, sehen werden.

Im Dynpro Mengen-/Wertfortschreibung können Sie für eine Materialart die Fortschreibung der Bestandsmengen (siehe Kapitel 7, »Bestandsführung«) und Bestandswerte (siehe Kapitel 8, »Bewertung und Kontierung«) abhängig vom Bewertungskreis (siehe Abschnitt 4.5.4, »Bewertungsebene«) einstellen. Für unbewertetes Lagermaterial aktivieren Sie nur die Mengenfortschreibung, für bewertetes Lagermaterial können Sie die Mengen- und Wertfortschreibung festlegen. In der Regel stellen Sie die Bewertungskreise – wie in Abbildung 5.8 – mit der Checkbox Fortschreibung IN ALLEN BEWERTUNGSKREISEN gleich ein.

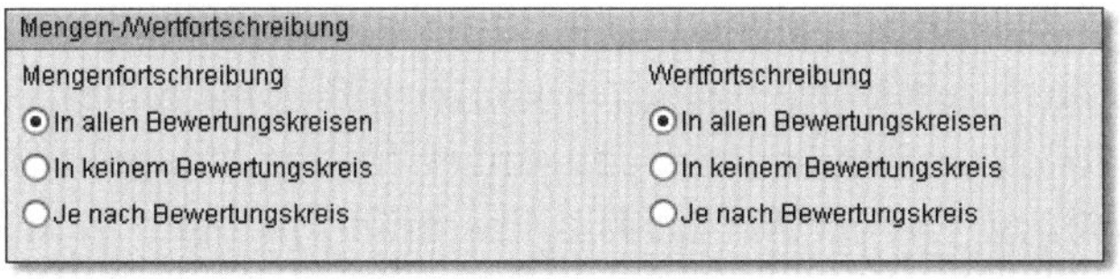

Abbildung 5.8 Einheitliche Fortschreibung von Menge und Wert

Diese von Materialart und Bewertungskreis abhängigen Einstellungen zur Fortschreibung der Mengen- und Wertveränderungen werden in der Tabelle T134M (Steuerung Mengen-/Wertfortschreibung) verwaltet.

Zur Überprüfung Ihrer Einstellungen wählen Sie in der Dialogstruktur links die Mappe MENGEN-/WERTFORTSCHREIBUNG per Doppelklick aus. Hier können Sie die Fortschreibungen abhängig vom Bewertungskreis gegebenenfalls einstellen (siehe Abbildung 5.9).

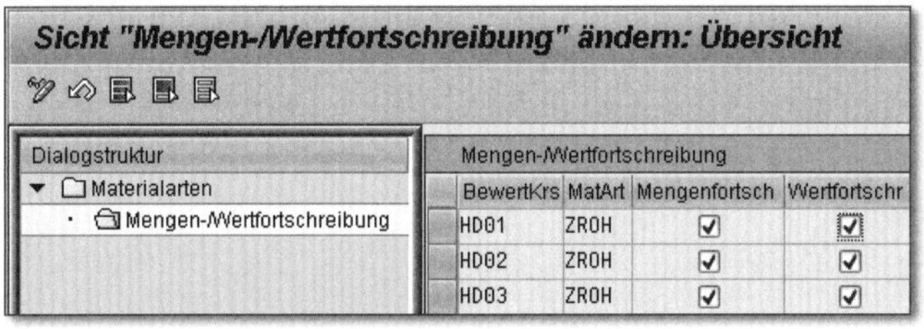

Abbildung 5.9 Fortschreibung je Bewertungskreis prüfen

Für die Bewertungskreise HD01, HD02 und HD03 sind Mengen- und Wertfortschreibung in der Tabelle T134M (Steuerung Mengen-/Wertfortschreibung) gleich eingestellt.

Fortschreibung je nach Bewertungskreis [!]

Wenn Sie eine Fortschreibung je nach Bewertungskreis eingestellt haben, müssen Sie für jeden neu angelegten Bewertungskreis die Fortschreibung je Bewertungskreis überprüfen und manuell einstellen.

Im Dynpro RETAILSPEZIFISCHE FELDER tragen Sie nichts ein. Es sei denn, Sie arbeiten mit einem SAP for Retail-System.

Das Dynpro VERSIONSTYP ist für Sie nur relevant, wenn Sie mit Versionen für Ihr Material arbeiten. Der Versionstyp enthält die Felder des Materialstamms, die in allen Versionen gleich sein sollen.

Spezielle Materialstamm-Transaktionen

Spezielle Materialstamm-Transaktionen sind verknüpft mit einer Materialart. Möglicherweise wollen Sie Benutzerberechtigungen für das Anlegen von Materialstämmen abhängig von der Materialart einschränken. Dann könnten Sie das über Berechtigungsgruppen (siehe Abbildung 5.4) oder – eingeschränkt – über separate Transaktionen erreichen. Im Anwendungsmenü gibt es unter LOGISTIK • MATERIALWIRTSCHAFT MATERIALSTAMM • MATERIAL • ANLEGEN SPEZIELL Transaktionen, mit denen Sie gezielt Stammdaten für 14 Materialarten anlegen können. Im Einstiegsbild dieser Transaktionen können Sie keine Materialart angeben. Die Materialart wird vom System ermittelt. Sie sehen die Materialarten zu diesen Transaktionen in der IMG-Aktivität MATERIALARTEN SPEZIELLEN ANLEGETRANSAKTIONEN ZUORDNEN.

Sie können hier die Standardeinträge ändern; dadurch ändern Sie jedoch weder den Menüeintrag noch die Überschrift bei den Pflegedialogen. Rufen Sie beispielsweise die Transaktion MMR1 (Rohstoff & anlegen) auf, wird aus der Bezeichnung ROHSTOFF ANLEGEN nicht plötzlich eine Transaktion mit der Bezeichnung ZUKAUFTEILE ANLEGEN. Um diesen Effekt zu erreichen, müssen Sie mit der Transaktion SE93 (Pflege Transaktionscodes) Ihre eigenen Transaktionscodes entwickeln.

Nummernkreise

Die Nummernkreise für Ihre Materialstämme sind überlappungsfrei festzulegen. Materialnummern werden zwingend zur eindeutigen Identifizierung eines Materialstamms benötigt. In den Grundeinstellungen in Abschnitt 5.2.1, »Globale Grundeinstellungen«, konnten Sie bereits Einstellungen zur Ausgabedarstellung von Materialnummern tätigen. Sie haben gesehen, dass eine Materialnummer maximal 18 Stellen lang ist. Im Folgenden möchte ich das Customizing für die Nummernvergabe an sich vorstellen.

Der Zeitpunkt der Vergabe einer Materialnummer ist bereits beim Einstiegsbild der Transaktion. Es gibt grundsätzlich zwei Arten der Nummernvergabe: extern und intern.

- Bei externer Nummernvergabe geben Sie die Nummer im Einstiegsbild der Transaktion (alphanumerisch) vor. Tun Sie das nicht, wird die Nummer intern vergeben.
- Die interne Nummernvergabe funktioniert nur mit numerischen Nummern.

Wenn Sie die Transaktion MM01 (Material & anlegen) verlassen, ohne zu sichern, wird kein Materialstammsatz angelegt. Dadurch wird die Nummer wieder frei. Das System arbeitet hier mit einer Hauptspeicher-Pufferung, dadurch kann es zu Lücken in der Nummernvergabe kommen.

Technische Details zur Nummernvergabe und zur Pufferung für das Nummernkreisobjekt MATERIALNR können Sie mit der Transaktion SNRO (Nummernkreisobjekte) ansehen. Diese übergreifende Transaktion für die Nummernkreispflege finden Sie im Anwendungsmenü unter WERKZEUGE • ABAP WORKBENCH • ENTWICKLUNG • WEITERE WERKZEUGE • NUMMERNKREISE. Das Einstiegsbild der Transaktion SNRO sehen Sie in Abbildung 5.10.

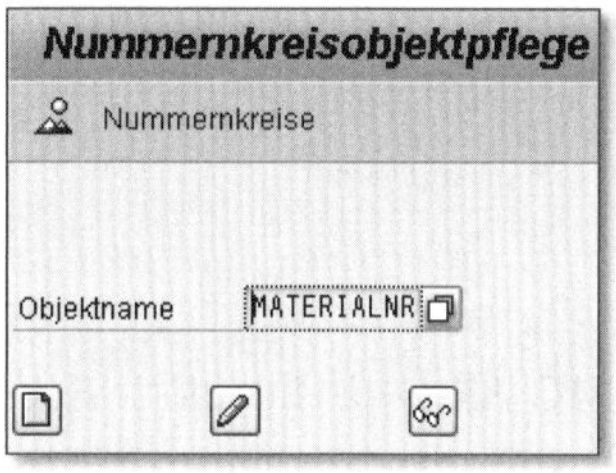

Abbildung 5.10 Nummernkreisobjektpflege mit Transaktion SNRO

Geben Sie dort den Objektnamen ein. Die Details zu diesem Objekt sehen Sie in Abbildung 5.11. Zum Objekt MATERIALNR existieren in diesem Fall bereits Intervalle.

- Im Bereich INTERVALLEIGENSCHAFTEN SEHEN SIE die Domäne für die Nummernlänge als CHAR18 angegeben, die Intervalle sind also vom Typ CHARACTER und maximal 18 Stellen lang.
- Im Bereich ANGABE ZUR GRUPPE sehen Sie die Tabelle T134, auf der die Eigenschaften der Materialart abgelegt sind. Die Nummernkreise werden dort in den Feldern NUMKI (intern) und NUMKE (extern) abgelegt. Sie können also je einen internen und einen externen Nummernkreis zur Materialart hinterlegen.

- Im Bereich CUSTOMIZINGANGABEN sehen Sie nicht nur die Anzahl der Nummern im Puffer, sondern auch den Transaktionscode MMNR (Nummernkreise Materialstamm) für dieses Objekt.

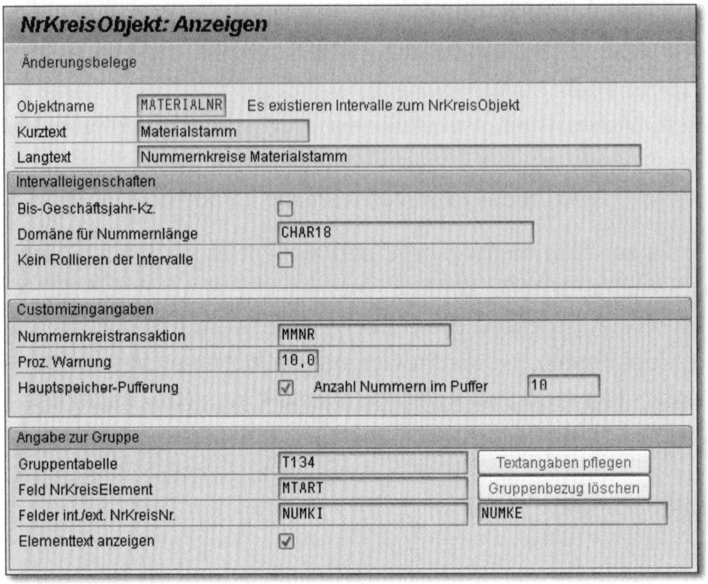

Abbildung 5.11 Nummernkreisobjekt MATERIALNR

Die Transaktion MMNR verbirgt sich hinter der IMG-Aktivität LOGISTIK ALLGEMEIN • MATERIALSTAMM • GRUNDEINSTELLUNGEN • MATERIALARTEN • NUMMERNKREISE PRO MATERIALART FESTLEGEN. Das Einstiegsbild sehen Sie in Abbildung 5.12.

Abbildung 5.12 Transaktion MMNR – Nummernkreise im Materialstamm

Bei der Pflege eines neuen Nummernkreises für Ihre Materialart gehen Sie wie folgt vor:

1. Zuerst überprüfen Sie die Gruppenzuordnung für Ihre Materialart. Möglicherweise benötigen Sie neue Nummernkreise.

2. Dann legen Sie eine neue Gruppe an. Im Änderungsmodus für Gruppen klicken Sie auf GRUPPE • EINFÜGEN. Nun können Sie Ihrer neuen Gruppe im Feld TEXT einen Namen geben, und im Bereich Intervalle definieren Sie einen oder zwei Nummernkreise. In Abbildung 5.13 sehen Sie unten den Bereich BESTEHENDE NUMMERNKREISE.

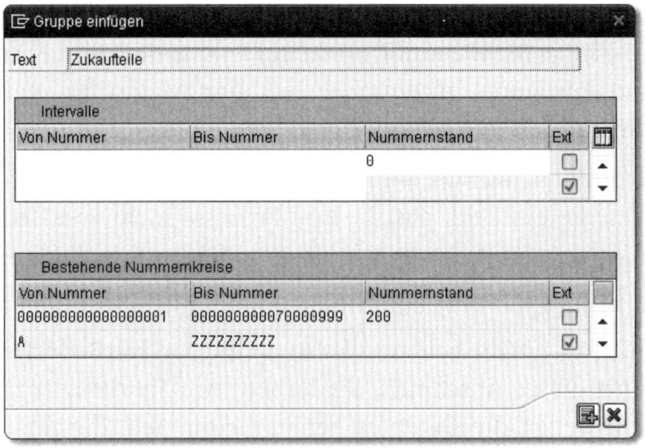

Abbildung 5.13 Gruppe für Nummernkreise anlegen

In der Spalte EXT werden die externen Intervalle gekennzeichnet. Das externe Intervall beginnt mit A und endet bei ZZZZZZZZZZ, besteht also aus maximal 10 signifikanten Zeichen. Die intern vergebenen Materialnummern beginnen bei 1 und enden bei 70000999. Die Zahl ist hier also maximal achtstellig.

3. Die neuen Intervalle, die Sie nun definieren, müssen überlappungsfrei zu allen bereits existierenden Intervallen für das Objekt MATERIALNR angelegt werden.

5.2.3 Feldauswahlsteuerung

Durch die Feldauswahlsteuerung ist geregelt, welche Eigenschaften die Datenfelder situationsbezogen haben. Zu einer Fachbereichssicht gehören Datenfelder aus den in Abschnitt 5.2, »Materialstamm«, bereits genannten Tabellen. Datenfelder können die folgenden vier Eigenschaften haben:

- Ausblenden: Datenfelder sind nicht sichtbar. (–)
- Anzeigen: Datenfelder sind nicht eingabebereit. (*)
- Musseingabe: Datenfelder müssen gefüllt werden. (+)
- Kanneingabe: Datenfelder sind eingabebereit. ( )

Aufgrund Ihrer speziellen Anwendungen kann es sein, dass Sie die voreingestellte Feldauswahlsteuerung anpassen müssen. Mögliche Gründe für die Änderung der Feldauswahlsteuerung sind folgende:

- Sie legen mit der Transaktion MM01 einen neuen Materialstamm an. Eines der Felder, die Sie pflegen möchten, ist nicht eingabebereit. Es wird zwar angezeigt, Sie können es aber nicht pflegen.
- Sie rufen die Transaktion MM02 auf. Dort ist ein Feld änderbar, das beim Anlegen des Materialstamms automatisch aus der Materialart gefüllt wurde. Sie möchten dieses Feld nur anzeigen.
- Sie rufen die Transaktion MM03 auf. In einer oder mehreren Fachbereichssichten sehen Sie ein Feld, das für Ihre Prozesse nicht von Bedeutung ist. Um die Anwender nicht zu irritieren, möchten Sie dieses Feld ausblenden.

Wie Sie vorgehen müssen, um die Feldauswahlsteuerung an Ihre Bedürfnisse anzupassen, ist Thema dieses Abschnitts. Sie lernen, wie Sie dafür sorgen, dass die Fachbereiche genau die Daten zu sehen bekommen, die für ihre Abläufe notwendig sind. Unnötige Datenfelder blenden Sie aus.

Feldreferenzen

Mit Feldreferenzen steuern Sie die vier möglichen Feldeigenschaften. Eine Feldreferenz kennen Sie bereits aus den allgemeinen Daten der Materialart (siehe Abbildung 5.4). Neben der Materialart gibt es noch weitere Einflussfaktoren für die Feldauswahlsteuerung:

- Eigenschaften der Materialart
- Branche, mit der das Material angelegt wird
- Werk, für das Sie Daten pflegen
- Transaktion, mit der Sie den Materialstamm aufrufen
- Beschaffungsart im jeweiligen Werk
- SAP-Auslieferung

Die Feldauswahlsteuerung auf Ihrem Mandanten ist abhängig von der SAP-Auslieferung, die Sie installiert haben. Die Datenbilder sind abhängig von der konkreten SAP-Lösung, also SAP ERP oder SAP for Retail. SAP1 und SAP2 sind Feldreferenzen für die Industrie-Mandanten von SAP ERP, und SAPR gilt für SAP for Retail-Mandanten (für den Handel). Auch der jeweilige Releasestand einer SAP-Installation kann die Feldsteuerung beeinflussen.

Für die Einflussfaktoren Materialart, Branche und Werk können Sie kundeneigene Feldreferenzen anlegen und zuordnen. Die Zuordnung kundeneigener Feldreferenzen zu Transaktionscodes, zur Beschaffungsart oder gar zur SAP-Auslieferung ist nicht vorgesehen. Beispiele für Feldauswahlreferenzen im Standard sind:

- ROH (Materialart, siehe Abbildung 5.4)
- M (Branche Maschinenbau)
- 0001 (Werk 0001)
- MM02 (Transaktion MM02)
- F (Beschaffungsart Fremd)
- SAP1 (SAP-Industrielösung)

Die Feldauswahlsteuerung ist immer eine Verknüpfung der zutreffenden Einflussfaktoren. Wenn Sie ein fremdbeschafftes Material der Materialart ROH, das mit der Branche M angelegt wurde, mit der Transaktion MM02 ändern möchten, wird die Feldsteuerung von allen sechs oben genannten Feldreferenzen beeinflusst.

Für die Verknüpfung mehrerer Faktoren gibt es von SAP fest vorgegebene Verknüpfungsregeln, aufbauend auf der Priorität. Bei abweichenden Feldeigenschaften gilt die Eigenschaft mit der höchsten Priorität. Die Feldeigenschaften sind hinsichtlich ihrer Priorität folgendermaßen geordnet:

1. Ausblenden (–, hat die höchste Priorität)
2. Anzeigen (*)
3. Musseingabe (+)
4. Kanneingabe (, hat die geringste Priorität)

In Tabelle 5.1 sehen Sie, welche Verknüpfungsregeln sich bei der Verknüpfung von zwei Feldauswahlreferenzen ergeben.

Eigenschaft	Ausblenden	Anzeigen	Muss	Kann
Ausblenden	Ausblenden	Ausblenden	Ausblenden	Ausblenden
Anzeigen	Ausblenden	Anzeigen	Anzeigen	Anzeigen
Muss	Ausblenden	Anzeigen	Muss	Muss
Kann	Ausblenden	Anzeigen	Muss	Kann

Tabelle 5.1 Verknüpfungsregeln von Feldeigenschaften

Feldauswahlgruppen

In Feldauswahlgruppen sind fachlich zusammenhängende Datenfelder zusammengefasst. Die Eigenschaften von Datenfeldern werden über diese Feldauswahlgruppen gesteuert; Sie stellen die Feldsteuerung also nicht für jedes einzelne Datenfeld separat ein. Feldauswahlgruppen haben dreistellige Schlüssel. Die Gruppennummern sind folgendermaßen vorbelegt:

- 001–110: Materialstamm für Industrie
- 111–114 und 116–118 sowie 120: reserviert für Kunden
- 121–150: Materialstamm für Industrie
- 151–210: Materialstamm für SAP for Retail
- 211–240: reserviert für Kunden

Jedes Datenfeld kann genau einer Gruppe zugeordnet werden. Sie sehen die Zuordnung mit der Transaktion OMSR (C MM-BD Feldgruppen). Wählen Sie hierzu die IMG-Aktivität LOGISTIK ALLGEMEIN • MATERIALSTAMM • FELDAUSWAHL • FELDER ZU FELDAUSWAHLGRUPPEN ZUORDNEN. Sie sind nun in der Pflegeview V_130F (siehe Abbildung 5.20 auf Seite 172). Auf Ihrem Bildschirm sehen Sie nur einen geringen Teil der 960 Felder (Komponentenversion SAP ECC 6.0). Die Datenfelder sind nach dem Feldnamen sortiert. Für diese Transaktion können Sie die Druck- und Anzeigefunktion nutzen. In Abbildung 5.14 sehen Sie, wie Sie über die Menüleiste oben links in die Druckansicht wechseln können. Wählen Sie TABELLENSICHT • DRUCKEN.

Abbildung 5.14 Druckansicht wählen

Sehen Sie sich die komplette Liste am Bildschirm an. Ein Ausdruck ist nicht nötig. Abbildung 5.15 zeigt die Druckansicht mit dem vollständigen Feldnamen in der ersten Spalte und der zugehörige Feldauswahlgruppe in der zweiten Spalte. Die Liste ist sortiert nach der zweiten Spalte FGR (Feldauswahlgruppe).

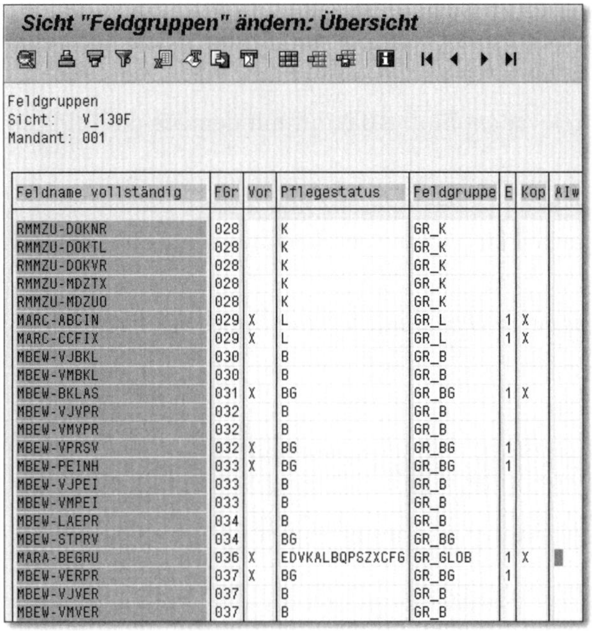
Sicht "Feldgruppen" ändern: Übersicht

Feldgruppen
Sicht: V_130F
Mandant: 001

Feldname vollständig	FGr	Vor	Pflegestatus	Feldgruppe	E	Kop	AIw
RMMZU-DOKNR	028		K	GR_K			
RMMZU-DOKTL	028		K	GR_K			
RMMZU-DOKVR	028		K	GR_K			
RMMZU-MDZTX	028		K	GR_K			
RMMZU-MDZUO	028		K	GR_K			
MARC-ABCIN	029	X	L	GR_L	1	X	
MARC-CCFIX	029	X	L	GR_L	1	X	
MBEW-VJBKL	030		B	GR_B			
MBEW-VMBKL	030		B	GR_B			
MBEW-BKLAS	031	X	BG	GR_BG	1	X	
MBEW-VJVPR	032		B	GR_B			
MBEW-VMVPR	032		B	GR_B			
MBEW-VPRSV	032	X	BG	GR_BG	1		
MBEW-PEINH	033	X	BG	GR_BG	1		
MBEW-VJPEI	033		B	GR_B			
MBEW-VMPEI	033		B	GR_B			
MBEW-LAEPR	034		B	GR_B			
MBEW-STPRV	034		BG	GR_BG			
MARA-BEGRU	036	X	EDVKALBQPSZXCFG	GR_GLOB	1	X	
MBEW-VERPR	037	X	BG	GR_BG	1		
MBEW-VJVER	037		B	GR_B			
MBEW-VMVER	037		B	GR_B			

Abbildung 5.15 Druckansicht für Pflegeview V_130F

Die Feldauswahlgruppe 036 besteht aus nur einem Feld; der Feldname lautet MARA-BEGRU. Die Bedeutung der weiteren Spalten ist für die Feldauswahlsteuerung nicht relevant. Die dritte Spalte sagt aus, dass beim Anlegen eines neuen Materials mit Vorlage der Feldinhalt aus dem Vorlagenmaterial als Vorschlagswert übernommen wird. Der Gesamtpflegestatus in der vierten Spalte hat die maximale Ausprägung der 15 Einzelstatus aus Abschnitt 5.2.1, »Globale Grundeinstellungen«. Die Feldgruppe GR_GLOB fasst Felder für die Änderungsberechtigung in ALE-Systemen zusammen. Die letzten drei Spalten sind nur für Handelsmaterial relevant.

Feldauswahlsteuerung ändern – beispielhaftes Vorgehen

Das detaillierte Vorgehen beim Ändern der Feldauswahlsteuerung für eine bestehende Feldauswahlgruppe sehen Sie in Abbildung 5.16. Etwas gröber skizziert handelt es sich um folgende Schritte:

1. Zunächst müssen Sie das Datenfeld ermitteln, das umgestellt werden soll. Sie ermitteln den Feldnamen aus der Anwendungstransaktion heraus, indem Sie die [F1]-Hilfe zum Feld aufrufen.

2. Dann ermitteln Sie die Feldauswahlgruppe zum Datenfeld sowie alle weiteren Felder aus dieser Gruppe. Wenn Sie alle Felder gleich behandeln wollen, brauchen Sie keine neue Feldauswahlgruppe anzulegen.
3. Sie bestimmen einen relevanten Einflussfaktor, mit dem Sie die Feldsteuerung ändern können.
4. Dann ermitteln Sie die aktuelle Feldreferenz und ändern diese. Optional können Sie auch eine neue Referenz anlegen und diese dem Einflussfaktor zuordnen.
5. Bevor Sie die Änderungen freigeben, müssen diese noch erfolgreich getestet werden.

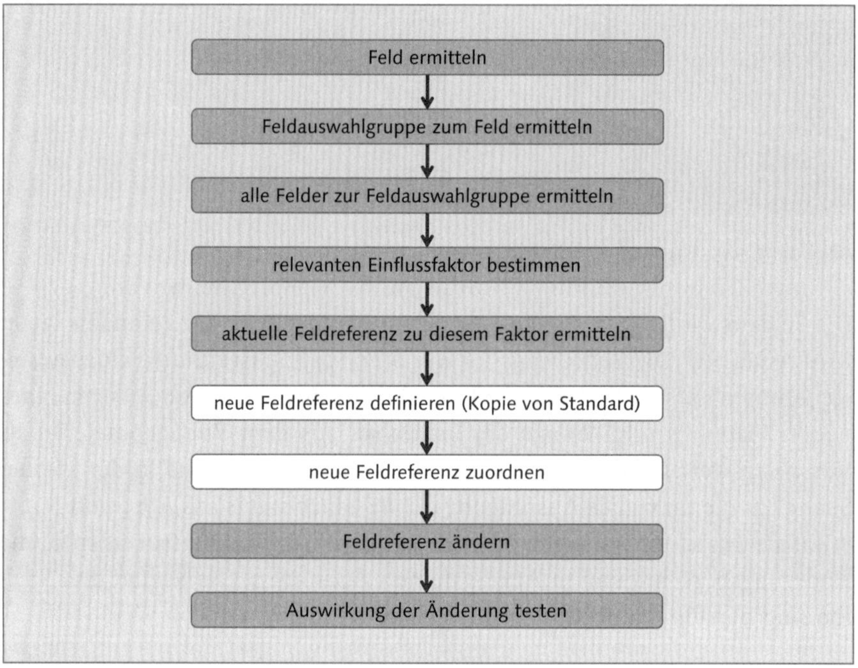

Abbildung 5.16 Vorgehen beim Ändern der Feldsteuerung

Als Beispiel zu diesem Vorgehen sehen Sie in Abbildung 5.17 das Material 900000000, das mit der Transaktion MM02 aufgerufen wurde. In der Sicht GRUNDDATEN 1 ist im Bereich ALLGEMEINE DATEN das Feld LABOR/BÜRO eingabebereit. Nehmen wir an, Sie möchten dieses zentrale Feld beispielsweise ausblenden, weil Sie keine Verwendung dafür haben. Der Fensterbereich ALLGEMEINE DATEN soll aussehen wie am Ende dieses Abschnitts in Abbildung 5.28 (Seite 178) zu sehen.

Feld ermitteln

Gemäß dem Vorgehen aus Abbildung 5.16 ermitteln Sie zuerst den Feldnamen. Rufen Sie hierzu den Hilfetext der [F1]-Hilfe auf (Funktionstaste [F1] oder rechte Maustaste).

Abbildung 5.17 Transaktion MM02 – Grunddaten Material 900000000

In Abbildung 5.18 wird der Hilfetext mit der Maus aufgerufen. Es handelt sich um einen frei definierbaren Schlüssel für ein zuständiges Konstruktionsbüro oder Labor.

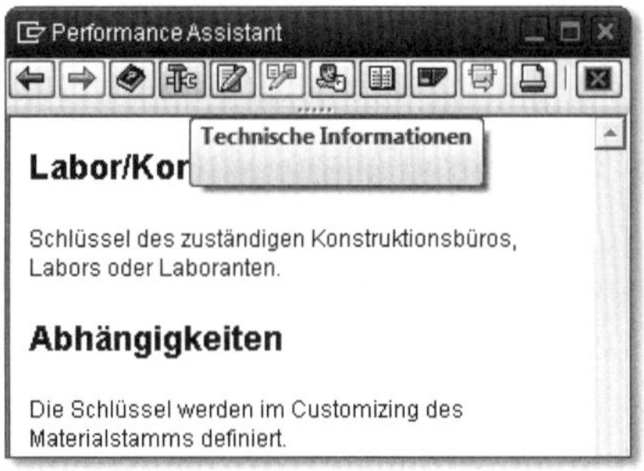

Abbildung 5.18 F1-Hilfe für Feld »Labor/Büro«

Der Feldname gehört zu den technischen Informationen, die Sie aus dem Hilfetext heraus aufrufen können, indem Sie das Icon mit dem Werkzeug anklicken. Der Feldname gehört zu den Feld-Daten, die Sie in Abbildung 5.19 sehen. Im Bildbereich Dynpro-Daten finden Sie die Felder Programmname und Bildnummer. Die Einträge SAPLMGD1 und 2001 in Abbildung 5.19 definieren den Bereich Allgemeine Daten als Baustein des Datenbildes Grunddaten 1 (siehe Abschnitt 5.2.5, »Materialstamm konfigurieren«).

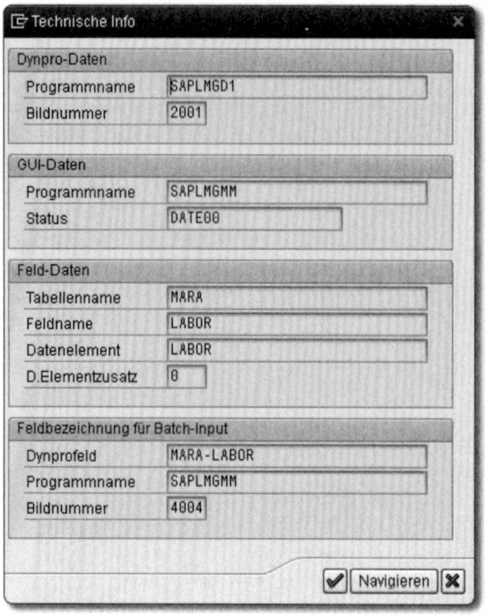

Abbildung 5.19 Technische Info für Datenfeld MARA-LABOR

Die Tabelle mit den allgemeinen Materialstammdaten ist die Tabelle MARA (Allgemeine Materialdaten). Das Feld LABOR/BÜRO aus Abbildung 5.17 hat den Feldnamen LABOR. Die Feldbezeichnung für das DYNPROFELD ist entsprechend MARA-LABOR.

Feldauswahlgruppe zum Feld ermitteln

Mit Hilfe des Feldnamens können Sie nun mit der Transaktion OMSR (C MM-BD Feldgruppen) die zugehörige Feldauswahlgruppe ermitteln.

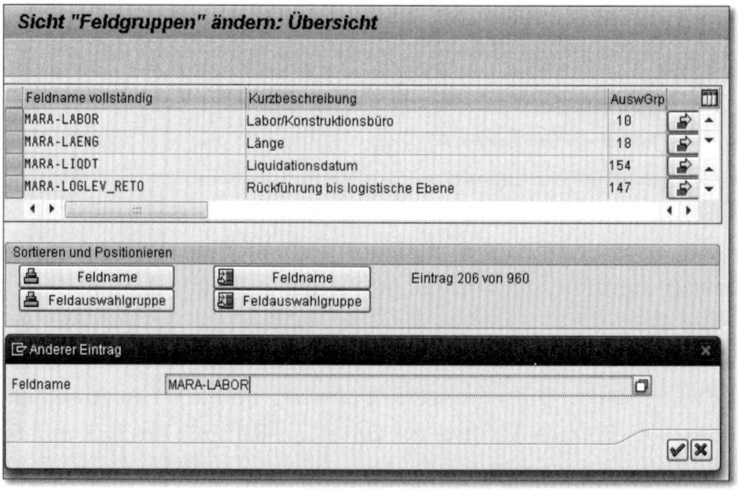

Abbildung 5.20 Feldname MARA-LABOR positionieren

Wählen Sie hierzu die IMG-Aktivität Logistik Allgemein • Materialstamm • Feldauswahl • Felder zu Feldauswahlgruppen zuordnen, und suchen Sie die Feldgruppe gezielt durch Eingabe des technischen Feldnamens im Bereich Sortieren und Positionieren. In Abbildung 5.20 sehen Sie, dass der Feldname MARA-LABOR Eintrag 206 von 960 Einträgen ist.

Alle Felder der Feldauswahlgruppe ermitteln

Das Feld MARA-LABOR ist der Feldauswahlgruppe 10 zugeordnet. Um schnell alle Felder zur Gruppe 10 zu ermitteln, sortieren Sie die Einträge nach der Feldauswahlgruppe (siehe Abbildung 5.21). In der Feldauswahlgruppe 10 gibt es noch ein zweites Feld (MARA-/BEV1/ NESTRUCCAT). Vorausgesetzt, Sie benötigen keines der Felder aus der Gruppe 10, können Sie die Gruppenzuordnung belassen. Eine Änderung der Gruppenzuordnung für einzelne Felder wäre möglich.

Feldname vollständig	Kurzbeschreibung	AuswGrp	
T001-WAERS	Währungsschlüssel	9	
TVTWT-VTEXT	Bezeichnung	9	
MARA-/BEV1/NESTRUCCAT	Strukturkategorie für Materialbeziehung	10	
MARA-LABOR	Labor/Konstruktionsbüro	10	
MARA-BISMT	Alte Materialnummer	11	Zur Feldauswahlpflege

Abbildung 5.21 Alle Felder der Auswahlgruppe 10

Die Auswahlgruppe ist eingabebereit. Sie könnten eine neue Auswahlgruppe definieren, um einzelne eingabebereite Felder unzugänglich zu machen. Für die Felder dieser eigenen Gruppen können Sie dann die Feldauswahlsteuerung separat einstellen. Die für Kunden reservierten Nummern wurden bereits bei der Beschreibung der Feldauswahlgruppen erwähnt.

Verwendung eigener Feldauswahlgruppen [+]

Legen Sie je eine Feldauswahlgruppe an für Felder, die ausgeblendet oder angezeigt werden sollen. Dort können Sie die Felder sammeln, die beispielsweise grundsätzlich nicht eingabebereit sein sollen. Die Steuerung funktioniert also nicht Feld für Feld, sondern je Gruppe.

Sie könnten von hier gleich in die Transaktion OMS9 (Bild-/Feldauswahl einstellen) abspringen. Wie in Abbildung 5.21 zu sehen, klicken Sie dazu neben der Auswahlgruppe für Ihr Feld das Icon (Zur Feldauswahlpflege) an; dadurch gelangen Sie direkt in die Feldauswahlpflege für Ihre Feldauswahlgruppe. Damit Sie die Aktivität im IMG dokumentieren können, wählen Sie Logistik Allgemein • Materialstamm • Feldauswahl • Feldauswahl für Datenbilder pflegen.

In Abbildung 5.22 sehen Sie oben die Feldauswahlgruppe 10. In der Transaktion OMS9 (Bild-/Feldauswahl einstellen) können Sie die Feldauswahl von Feldauswahlgruppen in Abhängigkeit von Feldreferenzen einstellen. Eigene Feldauswahlreferenzen legen Sie durch Kopieren einer Vorlage an.

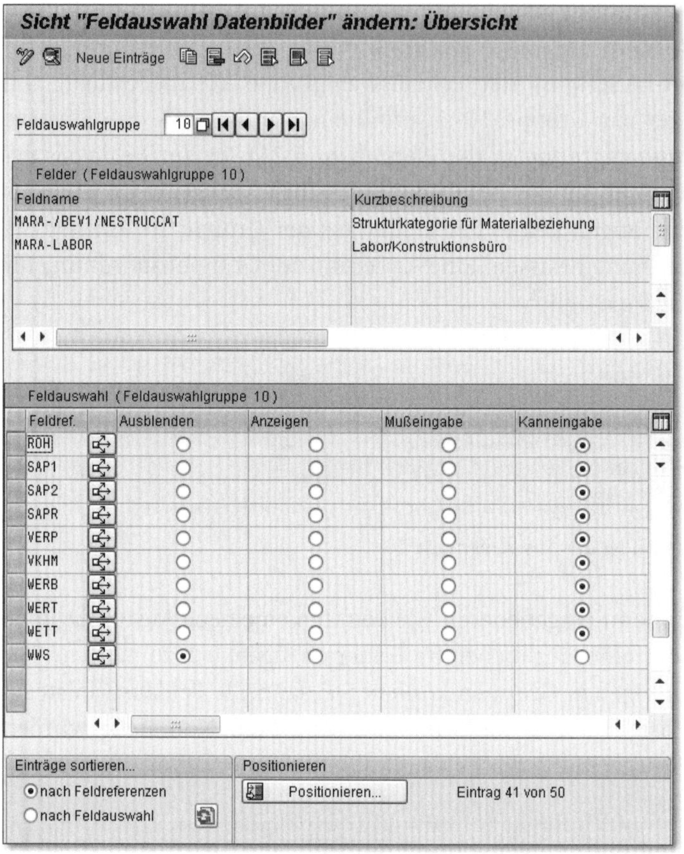

Abbildung 5.22 Feldauswahl für Datenbilder mit Transaktion OMS9 einstellen

Die Feldauswahlgruppe 10 ist in der Feldreferenz ROH als Kanneingabe eingestellt. Zu jeder Feldreferenz können Sie den Verwendungsnachweis ansehen, den Sie mit der Quick-Info-Taste in der Spalte neben der Feldreferenz aufrufen. Die Feldreferenz ROH wird hier in 9 von 52 Materialarten referenziert, wie Sie in Abbildung 5.23 sehen können.

Die Materialart ZROH gehört auch zu diesen neun Materialien; das hatten Sie bereits in den allgemeinen Daten der Materialart gesehen (siehe Abbildung 5.4). Das Material 900000000 aus Abbildung 5.17 ist ein Zukaufteil mit der eigenen Materialart ZROH.

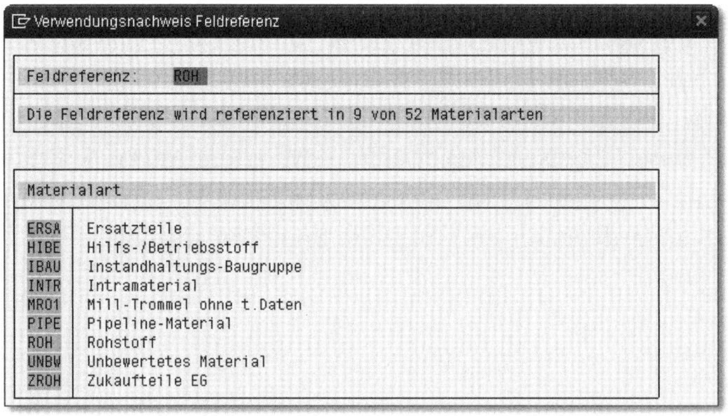

Abbildung 5.23 Verwendungsnachweis für Feldreferenz ROH

Sie haben nun zwei Möglichkeiten, die Feldeigenschaften abhängig vom Einflussfaktor Materialart zu ändern:

1. **Feldeigenschaften für alle relevanten Materialarten ausblenden**
   Wenn Sie die Felder der Feldgruppe für alle neun Materialarten mit der Feldreferenz ROH ausblenden möchten, ändern Sie die Einstellung bei der Feldreferenz ROH.
2. **Feldeigenschaften bei einer bestimmten Materialart ausblenden**
   Möchten Sie die Feldeigenschaft nur bei der Materialart ZROH umstellen, legen Sie die Referenz ZROH an und ordnen diese der Materialart ZROH zu. In der Transaktion OMS9 (Bild-/Feldauswahl einstellen) kopieren Sie hierzu die Referenz ROH mit allen Einstellungen. Bevor Sie den Kopiervorgang sichern, können Sie die Feldeigenschaft gleich ändern. In Abbildung 5.24 wurde die Auswahlgruppe 10 auf Ausblenden umgestellt.

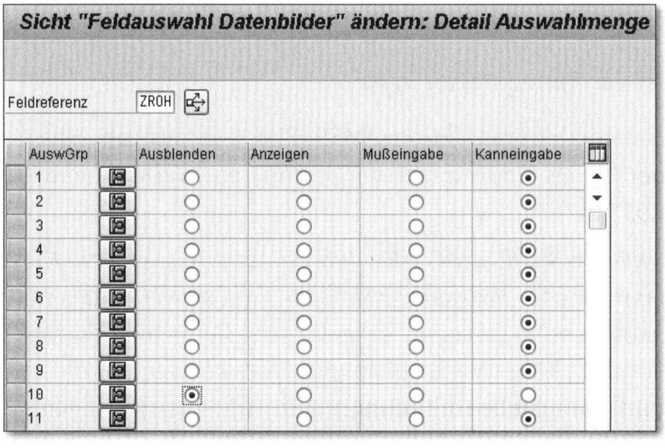

Abbildung 5.24 Feldreferenz ZROH

Weitere Einflussfaktoren bestimmen und einstellen

Möchten Sie die Felder der Auswahlgruppe global für alle Materialarten ausblenden, bietet sich die *Branche* als Einflussfaktor an. Sie ändern die Einstellung für die Branche, mit der Sie diese Materialstämme anlegen. Die Zuordnung wählen Sie unter Logistik Allgemein • Materialstamm • Feldauswahl • Branche definieren und branchenabhängige Feldauswahl festlegen. In der Standardversion sind folgende Branchen angelegt:

- 1 für Handel
- A für Anlagenbau
- C für Chemie
- M für Maschinenbau
- P für Pharmazie

Sie können die Feldsteuerung und die Bezeichnung der Branche ändern sowie eine neue Branche und/oder Referenz anlegen. In Abbildung 5.25 sehen Sie eine eigene Branche Z mit der ebenfalls eigenen Referenz Z.

Branche	Branchenbezeichnung	Feldreferenz
1	Handel	A
A	Anlagenbau	A
C	Chemie	C
M	Maschinenbau	M
P	Pharmazie	P
Z	Branche Z	Z

Abbildung 5.25 Branchen und Referenz

Die kundeneigene Referenz Z wurde zuvor mit der Transaktion OMS9 (Bild-/Feldauswahl einstellen) als Kopie einer vergleichbaren Branchenreferenz bereits angelegt, bevor sie zugeordnet werden konnte.

Weniger global ist der Einflussfaktor *Werk*.

1. Hierfür legen Sie mit der Transaktion OMS9 (Bild-/Feldauswahl einstellen) eine neue Referenz als Kopie einer vergleichbaren Werksreferenz (beispielsweise 0001) an.
2. Anschließend wählen Sie die IMG-Aktivität Logistik Allgemein • Materialstamm • Feldauswahl • Werksabhängige Feldauswahl und werksabhängige Bildauswahl festlegen. So gelangen Sie in die Transaktion OMSA (C MM-BD T130W Werksabhängig). Dort können Sie die eigene Feldreferenz eintragen (siehe Abbildung 5.26).

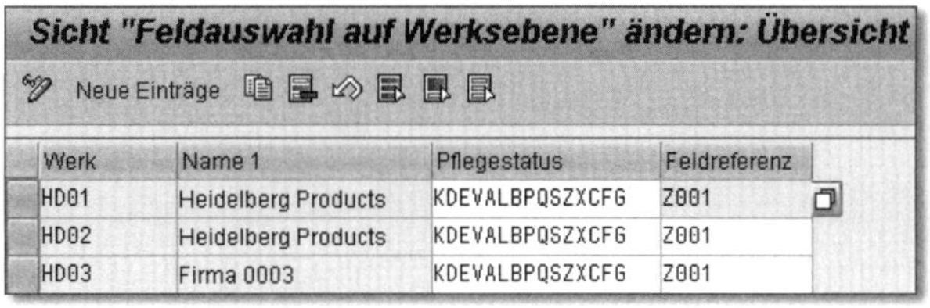

Sicht "Feldauswahl auf Werksebene" ändern: Übersicht

Neue Einträge

Werk	Name 1	Pflegestatus	Feldreferenz
HD01	Heidelberg Products	KDEVALBPQSZXCFG	Z001
HD02	Heidelberg Products	KDEVALBPQSZXCFG	Z001
HD03	Firma 0003	KDEVALBPQSZXCFG	Z001

Abbildung 5.26 Feldreferenz auf Werksebene

Im Standard werden die Werke identisch behandelt. Eine abweichende Steuerung der Feldauswahl in einem Werk erreichen Sie mit einer speziellen Referenz für dieses Werk. In Abbildung 5.26 wurde die eigene Referenz Z001 den Werken HD01, HD02 und HD03 zugeordnet.

Wie Sie in Abbildung 5.26 zudem sehen, könnten Sie hier auch den zulässigen Pflegestatus für jedes einzelne Werk einschränken. Die Pflegestatus wurden bereits bei den globalen Einstellungen in Abschnitt 5.2.1, »Globale Grundeinstellungen«, aufgelistet. Die werksunabhängigen Sichten für Grunddaten (K) und Klassifizierung (C) sollten Sie hier nicht ausblenden.

Abbildung 5.27 zeigt die Steuerung der Feldauswahlgruppe 10 (siehe auch Abbildung 5.21, z.B. Feld MARA-LABOR) mit den drei eigenen Referenzen Z, Z001 und ZROH.

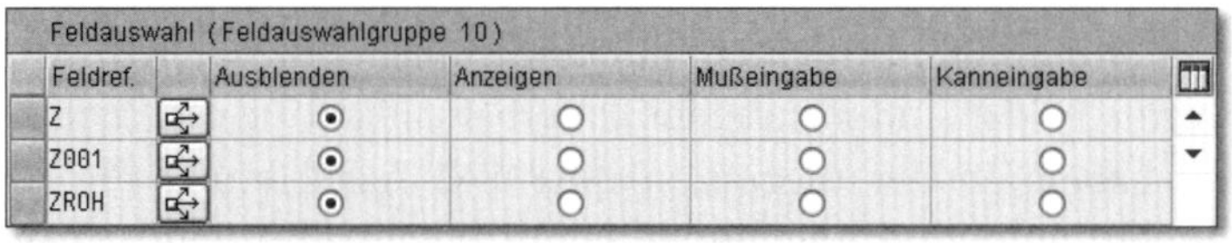

Feldauswahl (Feldauswahlgruppe 10)

Feldref.	Ausblenden	Anzeigen	Mußeingabe	Kanneingabe
Z	◉	○	○	○
Z001	◉	○	○	○
ZROH	◉	○	○	○

Abbildung 5.27 Feldsteuerung mit eigenen Referenzen

Das Feld wird nun ausgeblendet, sobald einer der drei folgenden Einflussfaktoren zutrifft:

- Branche ist Z.
- Werk ist entweder HD01, HD02 oder HD03.
- Materialart ist ZROH.

Auswirkung der Änderungen testen

Das Material 900000000, das in diesem Beispiel geändert wird, hat die Materialart ZROH und wurde mit der Branche Z angelegt. Beim Aufrufen dieses Materialstamms sehen Sie das Feld Labor/Büro nun nicht mehr.

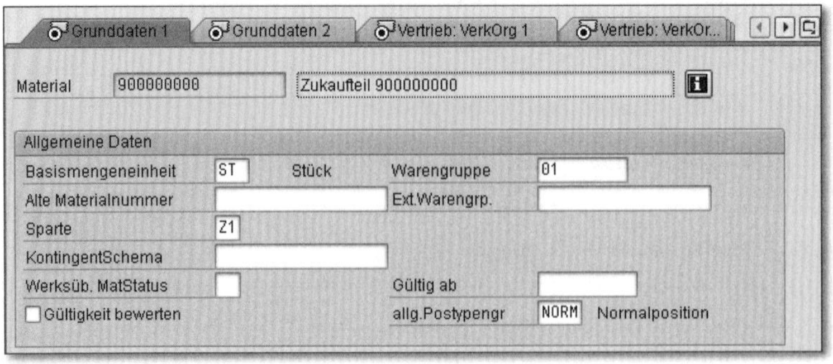

Abbildung 5.28 Feld »Labor/Büro« ist ausgeblendet.

Die Transaktion, mit der Sie das Material aufrufen, macht hier keinen Unterschied, denn das Ausblenden hat bekanntlich die höchste Priorität bei der Feldsteuerung (siehe Tabelle 5.1 auf Seite 167).

[+]

Bemerkung zur Feldauswahlsteuerung

In manchen Fällen kann die Feldauswahlsteuerung aus dem Customizing vom Anwendungsprogramm direkt übersteuert werden. Wenn Sie beispielsweise einen Materialstamm mit Einkaufsdaten anlegen, wird die Warengruppe MARA-MATKL in der Sicht GRUNDDATEN 1 automatisch zum Pflichtfeld.

Fixierungsrelevante Felder

Fixierungsrelevante Felder sind nicht mehr änderbar, sobald Sie den Materialstamm fixiert haben. In der (normalen) SAP ERP-Auslieferung für die Industrie (nicht SAP for Retail) können Sie in der Materialstammpflege ein Material jederzeit fixieren. Rufen Sie hierzu die Transaktion MM02 (Material & ändern) auf, und klicken Sie auf das Sperrsymbol, wie in Abbildung 5.29 oben rechts zu sehen.

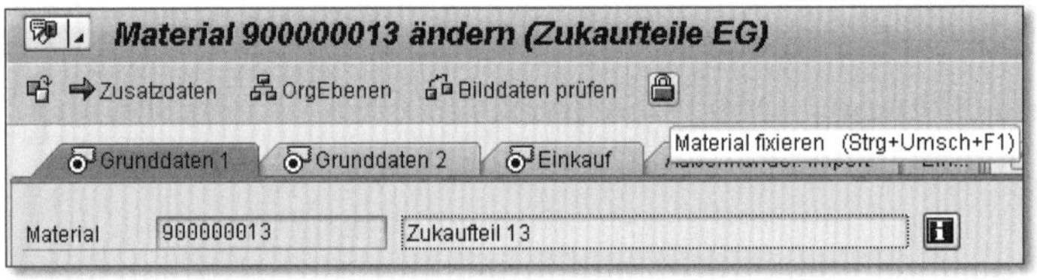

Abbildung 5.29 Material fixieren

Wird ein Material fixiert, sind die fixierungsrelevanten Felder nicht mehr änderbar.

Für leere Felder gibt es eine Ausnahme: Wenn Sie einen Materialstamm mit MM01 (Material & anlegen) erweitern und ein fixierungsrelevantes leeres Feld hat die Eigenschaft MUSSEINGABE, dann wird es eingabebereit. Die Fixierung greift beim Sichern der Stammdaten. Bei fixierten Materialstämmen ist das Kennzeichen MARA-MATFI gesetzt.

Hinweis zur Fixierung [+]

Bevor Sie sich für die Funktionalität der Fixierung entscheiden, sollten Sie die Möglichkeiten der Feldauswahlsteuerung nutzen. Die Aufhebung der Fixierung ist wie gesehen nur bedingt möglich. Das Material darf beispielsweise nicht konfigurierbar sein, außerdem benötigen Sie dafür spezielle Benutzerberechtigungen.

Im Standard gibt es keine fixierungsrelevanten Felder. Eine Fixierung bleibt also wirkungslos. Wenn Sie die Funktion »Material fixieren« wirklich nutzen wollen, können Sie für die gewünschten Felder das Kennzeichen FIXIERUNGSRELEVANT setzen. Sie wählen hierzu die IMG-Aktivität LOGISTIK ALLGEMEIN • MATERIALSTAMM • FELDAUSWAHL • FIXIERUNGSRELEVANTE FELDER FESTLEGEN und gelangen dadurch in die Transaktion OMSFIX (Kennzeichen »fixierungsrelevant« pflegen).

In Abbildung 5.30 sehen Sie zwei fixierungsrelevante Felder:

- **MARA-MATKL**
  Die Warengruppe gehört zu den zentralen Feldern, die in Abschnitt 5.2.4, »Zentrale Felder«, beschrieben werden. Sie sollten das Feld nur fixieren, wenn Ihre Warengruppen sich nicht mehr ändern.
- **MARA-MEINS**
  Die Basismengeneinheit können Sie auch ohne Fixierung nicht mehr ändern, sobald Bestände oder Belege zu diesem Material existieren. Die Fixierung ist also für dieses Datenfeld nicht nötig.

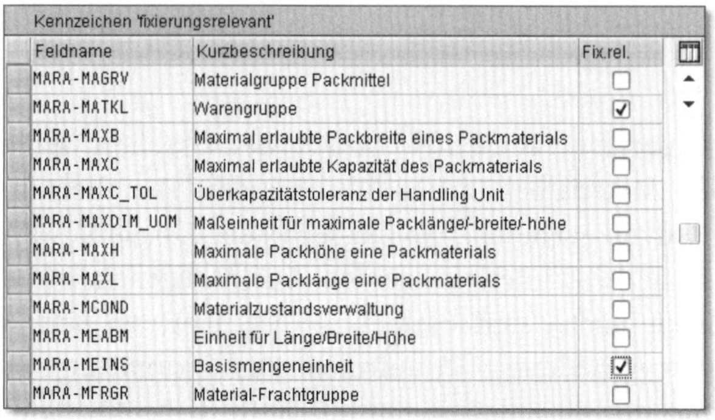

Kennzeichen 'fixierungsrelevant'

Feldname	Kurzbeschreibung	Fix.rel.
MARA-MAGRV	Materialgruppe Packmittel	☐
MARA-MATKL	Warengruppe	☑
MARA-MAXB	Maximal erlaubte Packbreite eines Packmaterials	☐
MARA-MAXC	Maximal erlaubte Kapazität des Packmaterials	☐
MARA-MAXC_TOL	Überkapazitätstoleranz der Handling Unit	☐
MARA-MAXDIM_UOM	Maßeinheit für maximale Packlänge/-breite/-höhe	☐
MARA-MAXH	Maximale Packhöhe eine Packmaterials	☐
MARA-MAXL	Maximale Packlänge eine Packmaterials	☐
MARA-MCOND	Materialzustandsverwaltung	☐
MARA-MEABM	Einheit für Länge/Breite/Höhe	☐
MARA-MEINS	Basismengeneinheit	☑
MARA-MFRGR	Material-Frachtgruppe	☐

Abbildung 5.30 Fixierungsrelevante Felder

Sie können aus 961 alphabetisch aufgelisteten Feldern auswählen. Zur besseren Übersicht haben Sie die Möglichkeit, sich in dieser Pflegetransaktion auch nur fixierungsrelevante Felder oder nur Felder ohne Fixierungsrelevanz anzeigen zu lassen. Die fixierungsrelevanten Felder in Abbildung 5.30 gehören zu den zentralen Feldern des Materialstamms.

5.2.4 Zentrale Felder

Die zentralen Felder gehören zu den allgemeinen Materialstammdaten in der Tabelle MARA (Allgemeine Materialdaten). Deswegen brauchen Sie für Ihre gesamte Unternehmensgruppe eine einheitliche Systematik für die Feldinhalte. In diesem Abschnitt werden Customizing-Einträge für die Materialstammfelder WARENGRUPPE, EXTERNE WARENGRUPPE, SPARTE, MATERIALSTATUS, LABOR/BÜRO, RAUMBEDINGUNG und VERTRIEBSSTATUS gemacht. Einige dieser Felder kennen Sie bereits aus dem Dynpro ALLGEMEINE DATEN in der Sicht GRUNDDATEN 1 (siehe Abbildung 5.28). In Abbildung 5.31 sind die Felder für ein anderes Material gefüllt.

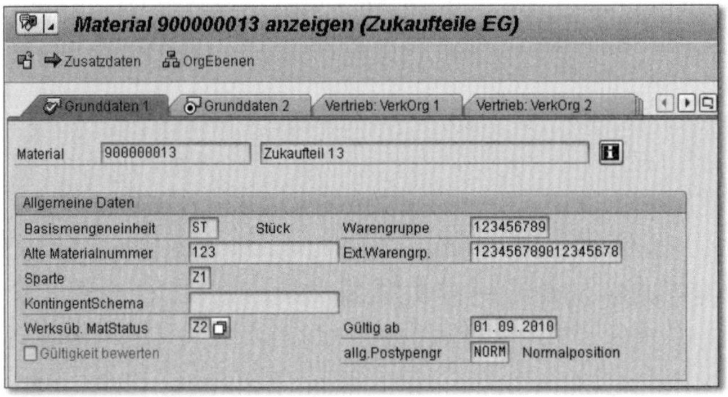

Abbildung 5.31 Zentrale Felder in den allgemeinen Grunddaten

Sie können die Eingabemöglichkeiten für diese Felder selbst bestimmen.

Basismengeneinheit

Im Datenfeld BASISMENGENEINHEIT (Tabellenfeld MARA-MEINS) sehen Sie die Mengeneinheit, in der die Materialbestände geführt werden. Die Umrechnungsfaktoren aller Alternativmengeneinheiten müssen in der Tabelle MARM (Mengeneinheiten zum Material) hinterlegt werden. Die Mengeneinheiten gehören zu den Zusatzdaten zum Materialstamm, die Sie über den Button ZUSATZDATEN oben links in Abbildung 5.31 aufrufen. Das Customizing für Mengeneinheiten gehört zu den allgemeinen Einstellungen (siehe Abschnitt 3.1.3, »Maßeinheiten«).

Warengruppen

Das Datenfeld WARENGRUPPE (Tabellenfeld MARA-MATKL) erscheint in der Sicht GRUNDDATEN 1 oben rechts in den allgemeinen Daten. Mit Warengruppen gruppieren Sie Ihr Material anhand der Verwendung oder anhand sonstiger Eigenschaften. Warengruppen sind ein nützliches Selektionskriterium für Auswertungen und für unterschiedliche Suchhilfen über Matchcodes (eine Liste möglicher Eingabewerte). Sie können Ihre Warengruppen selbst frei definieren. Mögliche Kriterien für die Entwicklung eines internen Warengruppenkonzeptes sind folgende:

- herstellungstechnische Unterschiede
- Produktsortimente für verkaufsfähige Erzeugnisse, eventuell auch mit Spartenzuordnung oder branchenorientiert
- Zweck von fremdbeschafften Waren (Roh-, Hilfs- und Betriebsstoffe, Handelswaren, ...)
- Sachkonten aus der Bestandsbewertung (nur für bewertetes Material)
- Katalogisierung für E-Procurement oder E-Sales

Industriestandard eCl@ss [+]

Sie können auch den Industriestandard eCl@ss® des eCl@ss e.V. für Ihr Unternehmen einsetzen. eCl@ss ist ein hierarchisches System zur Gruppierung von Materialien, Produkten und Dienstleistungen mit einer vierstufigen, numerischen Klassenstruktur. eCl@ss wird in mehreren Sprachen unter *www.eclassdownload.com* zum Download angeboten.

Die Customizing-Einstellungen der Warengruppen werden in der Tabelle T023 (Warengruppen) verwaltet.

Sie definieren Ihre Warengruppen mit dem Pflegedialog V023. Dazu rufen Sie die Transaktion OMSF (C MM-BD Warengruppen) im IMG mit der Aktivität LOGISTIK ALLGEMEIN • MATERIALSTAMM • EINSTELLUNGEN ZU ZENTRALEN FELDERN • WARENGRUPPEN DEFINIEREN auf. Dort vergeben Sie einen neunstelligen Schlüssel und eine 20-stellige Bezeichnung. In Abbildung 5.32 sehen Sie die Definition einer Warengruppe 123456789.

Warengrp	Warengruppenbez	BGrp	VGE	Bezeichnung 2 der Warengruppe
123456789	Warengruppe123456789		KG	Bezeichnung 2 der Warengruppe 123456789

Abbildung 5.32 Warengruppe mit Bezeichnung

Die Bezeichnung ist nicht zwingend, aber hilfreich, weil die Schlüssel allein sicher nicht für jeden Anwender selbsterklärend sind. Zur Definition der Warengruppe gehören noch weitere Datenfelder, die Sie bei Bedarf füllen können:

- **Berechtigungsgruppe**
  Im Feld BGRP können Sie mit einer Berechtigungsgruppe einen Zugriffsschutz ermöglichen.
- **Vorschlag für Gewichtseinheit**
  Im Feld VGE können Sie einen Vorschlag für die Gewichtseinheit machen. Diesen Vorschlag brauchen Sie aber nur, wenn die SI-Einheit zur Dimension MASSE (siehe Kapitel 3) nicht gewünscht wird.
- **Bezeichnung 2**
  Ein zusätzliches Textfeld für den Fall, dass die Bezeichnung zu kurz ist.

Zusätzlich zu den internen Warengruppen können Sie auch externe Warengruppen im System hinterlegen.

Externe Warengruppen

Das Feld EXTERNE WARENGRUPPE (Tabellenfeld MARA-EXTWG) erscheint in der Sicht GRUNDDATEN 1 oben rechts direkt unter der Warengruppe.

Die externe Warengruppe benötigen Sie, weil Ihre internen Anforderungen an die Warengruppen von denen Ihrer Geschäftspartner und allgemein gültigen Standards abweichen können. Das Feld eignet sich für Standardisierung und Harmonisierung im Rahmen eines unternehmensübergreifend abgestimmten *Category Managements*. Ein solches abgestimmtes Category Management wollte man auch mit der ECR-Initiative (*Efficient Consumer Response*) erreichen. ECR ist eine Zusammenarbeit zwischen Industrie und Handel, bei der auch SAP mitgewirkt hat. Maßgeblich beteiligt an der ECR-Initiative ist auch die *Centrale für Coorganisation GmbH* aus Köln (CCG), die verschiedene Nominierungen im Handel vornimmt.

[!] **Externe Warengruppen und statistische Warennummer**

Externe Warengruppen sollten nicht mit der statistischen Warennummer oder der Zolltarifnummer (Import-Codenummer) für Intrastat- und Extrastat-Meldungen verwechselt werden. Diese Nummern gehören zu den Außenhandelsdaten des Materialstamms und sind werksabhängig.

Sie hinterlegen die externen Warengruppen in der IMG-Aktivität LOGISTIK ALLGEMEIN • MATERIALSTAMM • EINSTELLUNGEN ZU ZENTRALEN FELDERN •

EXTERNE WARENGRUPPEN PFLEGEN. Für externe Warengruppen stehen Ihnen in der Tabelle TWEW (Externe Warengruppen) ein 18-stelliger Schlüssel und eine 20-stellige Bezeichnung zur Verfügung (siehe Abbildung 5.33).

Externe Warengruppe	
Externe Warengruppe	Ext.Warengruppenbez.
123456789012345678	12345678901234567890

Abbildung 5.33 Externe Warengruppe

Die externe Warengruppe 123456789012345678 ist ein Dummy-Eintrag.

Sparten

Das Feld SPARTE (Datenfeld MARA-SPART) erscheint in der Sicht GRUNDDATEN 1 oben links unter der alten Materialnummer. Die Sparte ist eine Organisationseinheit zur Gruppierung von Produkten und Dienstleistungen im Hinblick auf Zuständigkeiten. Anhand von Sparten ermittelt das System Vertriebs- und Geschäftsbereiche.

Sie definieren das zentrale Feld SPARTE in der IMG-Aktivität LOGISTIK ALLGEMEIN • MATERIALSTAMM • EINSTELLUNGEN ZU ZENTRALEN FELDERN • SPARTEN DEFINIEREN. In Abbildung 5.34 sehen Sie die Sparte 01 aus dem Standard sowie zwei eigene Dummy-Produktsparten Z1 und Z2.

Sparte	Bezeichnung
01	Produktsparte 01
Z1	Produktsparte Z1
Z2	Produktsparte Z2

Abbildung 5.34 Sparte

Die Zuordnung der Organisationseinheit Sparte für Logistik Allgemein und den Vertrieb führen Sie in der IMG-Aktivität UNTERNEHMENSSTRUKTUR • ZUORDNUNG durch.

Mehr Details zu Definition und Zuordnung von Sparten in der Unternehmensstruktur können Sie in den Abschnitten 4.5.5, »Sparte«, und 4.6.3, »Vertriebsbereich«, nachlesen.

Materialstatus

Das Feld WERKSÜBERGREIFENDER MATERIALSTATUS (Datenfeld MARA-MSTAE) erscheint in der Sicht GRUNDDATEN 1 links unten im Bereich ALLGEMEINE

DATEN. Mit dem Materialstatus können Sie das Material gezielt für einzelne betriebswirtschaftliche Anwendungen sperren. Im Customizing legen Sie fest, welche betriebswirtschaftliche Anwendung erlaubt ist.

- Ist die Anwendung mit Einschränkung erlaubt, soll das System eine Warnmeldung ausgeben.
- Für die nicht erlaubten Anwendungen soll das System mit einer Fehlermeldung reagieren.

Folgende Anwendungen können Sie einschränken bzw. unterbinden:

- Einkauf
- Arbeitsplan/Rezept
- Fertigung
- Instandhaltung
- Lagerverwaltung
- ALE-Verteilung (werksübergreifende Einschränkung)
- Stücklisten
- Bedarfe
- Fertigungshilfsmittel
- Bestandsführung
- Kalkulation mit Mengengerüst

Zum Materialstatus können Sie noch ein zugehöriges GÜLTIG AB-Datum (Datenfeld MARA-MSTDE) angeben. Dieses Datum finden Sie in derselben Zeile rechts vom Status. Außer dem aktuellen Tagesdatum können Sie auch ein Datum aus der Vergangenheit eintragen, um den neuen Status rechtzeitig in der Bedarfsplanung zu berücksichtigen. Ist das Datum in der Zukunft, greift es erst für zukünftige Bestellvorgänge im Einkauf.

Den Materialstatus kann man nicht nur allgemein (Datenfeld WERKSÜB. MAT-STATUS), sondern auch werksspezifisch setzen. Der Status erscheint in den Sichten EINKAUF, ARBEITSVORBEREITUNG, DISPOSITION 1 UND KALKULATION 1. Zum werksspezifischen Datenfeld MARC-MMSTA gehört auch ein GÜLTIG AB-Datum (Datenfeld MARC-MMSTD). Gibt es einen werksspezifischen Status, dann dominiert dieser den allgemeinen Status in der Anwendung.

Um einen Materialstatus zu definieren, wählen Sie die IMG-Aktivität LOGISTIK ALLGEMEIN • MATERIALSTAMM • EINSTELLUNGEN ZU ZENTRALEN FELDERN • MATERIALSTATUS DEFINIEREN, dadurch gelangen Sie in die Transaktion OMS4 (C MM-BD Materialstatus). Ein typisches Beispiel für die Verwendung von eigenen Materialstatus im Produktlebenszyklus wäre:

- **Z1- Muster**
  Sie legen ein neues Material zunächst als Muster an und vergeben den Status Z1 als Startwert.

- **Z2 – Aktiv**
  Wenn Sie sich entscheiden, das Material zu beschaffen oder herzustellen, ändern Sie den Status auf Z2.
- **Z3 – Auslaufteil**
  Irgendwann wird das Material eventuell durch Nachfolgematerial ersetzt. Sie stellen auf Z3 um, damit keine weiteren Bestände aufgebaut werden. Die vorhandenen Bestände sollen abgebaut werden.
- **Z4 – Inaktiv**
  Der Status Z4 stoppt die Verwendung ganz.
- **Z9 – Temporär gesperrt**
  Der Status Z9 gehört nicht zum eigentlichen Produktlebenszyklus und könnte für temporäre Sperren verwendet werden, bis ein Sachverhalt geprüft ist.

In Abbildung 5.35 sehen Sie mögliche Einstellungen für einen Status Z3.

Abbildung 5.35 Materialstatus

Im Fall von Abbildung 5.35 können Sie keine weiteren Bedarfe planen; wenn Sie das Material bestellen wollen, reagiert das System mit einer Fehlermeldung. Warenbewegungen im Lager sind erlaubt, erzeugen jedoch eine Warnmeldung. Neben dem Materialstatus gibt es noch einen Vertriebsstatus. Einen solchen Vertriebsstatus definiere ich am Ende dieses Abschnitts.

Labor/Büro

Das Feld Labor/Büro (Datenfeld MARA-LABOR) dient in Abschnitt 5.2.3, »Feldauswahlsteuerung«, als Beispiel für die Feldauswahlsteuerung. Es erscheint im Standard in der Sicht Grunddaten 1 rechts oben direkt unter der externen Warengruppe, in derselben Zeile wie die Sparte (siehe Abbildung 5.17). Das Feld Labor/Büro im Materialstammsatz wird in der Regel benötigt, wenn das Material eine chemische Komponente ist.

Sie definieren dieses Feld in der IMG-Aktivität Logistik Allgemein • Materialstamm • Einstellungen zu zentralen Feldern • Labors und Büros definieren. Dort vergeben Sie einen dreistelligen Schlüssel und einen bis zu 30-stelligen Text. Abbildung 5.36 zeigt die Definition eines Labors 001.

Labor/Büro	Text zum Labor/Konstrukt.Büro
001	Labor 1

Abbildung 5.36 Labor/Büro 001

Nach den allgemeinen Feldern aus der Sicht Grunddaten gehe ich nun noch auf zwei weitere zentrale (MARA-)Felder ein, die an anderer Stelle bereits erwähnt wurden: Raumbedingung und Vertriebsstatus.

Raumbedingung

Das Feld Raumbedingung (Datenfeld MARA-RAUBE) gehört auch zu den allgemeinen Materialdaten und betrifft alle Lagerorte. Es erscheint zwar bei der Branchenlösung SAP for Retail in den Grunddaten, aber in der allgemeinen SAP ERP-Lösung finden Sie das Feld in der Sicht Werksdaten/Lagerung 1.

Sie definieren Ihre Raumbedingungen in der IMG-Aktivität Logistik Allgemein • Materialstamm • Einstellungen zu zentralen Feldern • Raumbedingungen definieren. In Abbildung 5.37 sehen Sie die Raumbedingung AL für Außenlager.

RB	Bezeichnung
AL	Außenlager

Abbildung 5.37 Raumbedingung AL

Wie bereits in Abschnitt 4.8.2, »Versandstelle und Warenannahmestelle«, erwähnt, können Sie die Raumbedingung für die Bestimmung von Kommissionierlagerorten verwenden.

Vertriebsstatus

Der Vertriebsstatus (Datenfeld MARA-MSTAV) steuert die Anwendungen des Vertriebs. Während Sie mit dem Materialstatus etwa Beschaffung oder Produktion verhindern, können Sie mit dem Vertriebsstatus den Verkauf stoppen, indem Sie beispielsweise die Auftragserfassung für auslaufende Teile unterbinden.

Die Vertriebsstatus können Sie nicht nur allgemein als vertriebslinienübergreifenden Materialstatus setzen, sondern auch abhängig von der Vertriebslinie. Diese Möglichkeit haben Sie in der Tabelle MVKE (Verkaufsdaten zum Material). In beiden Fällen also sowohl bei der allgemeinen als auch bei der vertriebslinienabhängigen Verwendung setzen Sie den Status zusammen mit dem jeweiligen Gültig ab-Datum in der Materialstammsicht Vertrieb: VerkaufsorgDaten 1. Der vertriebslinienspezifische Materialstatus (Datenfeld MVKE-VMSTA) dominiert den allgemeinen Status in der Anwendung.

Die Customizing-Tabelle für den Vertriebsstatus heißt TVMS (Materialien: Status im Vertrieb). Sie definieren die Vertriebsstatus in der IMG-Aktivität Logistik Allgemein • Materialstamm • Einstellungen zu zentralen Feldern • Vertriebsrelevante Daten • Vertriebsstatus definieren. Dort können Sie wie schon beim Materialstatus unterschiedliche Anwendungen auf A (Warnung) oder B (Fehler) setzen. Sie sehen in Abbildung 5.38 den Vertriebsstatus Z9 (Temporär gesperrt).

Abbildung 5.38 Vertriebsstatus Z9 – Temporär gesperrt

Dem Status Z9 ist die Liefersperre 02 zugeordnet. Material mit einem derartigen Vertriebsstatus darf temporär nicht verkauft werden.

5.2.5 Materialstamm konfigurieren

Die IMG-Aktivitäten zur Konfiguration des Materialstamms finden Sie über den IMG-Pfad Logistik Allgemein • Materialstamm • Konfigurieren des Materialstamms.

Bei der Konfiguration des Materialstamms wird grundsätzlich unterschieden zwischen dem SAP ERP-Standard und der Branchenlösung SAP for Retail.

Zuerst beschäftigen wir uns mit dem Aufbau der Datenbilder pro Bildsequenz, dann wird die Bildsequenz zugeordnet. Die weiteren Möglichkeiten zur Konfiguration des Materialstamms stelle ich Ihnen am Ende dieses Abschnitts vor.

Datenbild

Datenbild ist die Bezeichnung aus dem Customizing für eine komplette Registerkarte im Materialstammdialog. In der Anwendung spricht man von einer *Materialstammsicht*. Solche fachbereichsabhängige Sichten auf die Materialstammdaten sind Registerkarten, die beispielsweise in den allgemeinen Materialstamm-Transaktionen MM01 (Material & anlegen), MM02 (Material & ändern) oder MM03 (Material & anzeigen) verwendet werden. Manche Datenfelder aus einer Fachbereichssicht kommen in mehreren Registerkarten vor; ich denke hierbei beispielsweise an das Feld Basismengeneinheit (Datenfeld MARA-MEINS) oder den werksspezifischen Materialstatus (Datenfeld MARC- MMSTA).

Ein Datenbild setzt sich aus mehreren *Bildbausteinen* zusammen. Bildbausteine bestehen aus logisch zusammenhängenden Datenfeldern, die in einem gemeinsamen Bildausschnitt dargestellt werden. Ein solcher Bildbaustein ist der Bereich Allgemeine Daten in Abbildung 5.39. Bei diesem Datenbild handelt es sich um die Materialstammsicht Grunddaten 1 des Fachbereichs Konstruktion.

Der oberste Bildbaustein ist nicht eingerahmt. Er enthält in der Regel die Materialnummer und die Bezeichnung sowie die Organisationseinheiten der Datenhaltungsebene für das gesamte logische Datenbild.

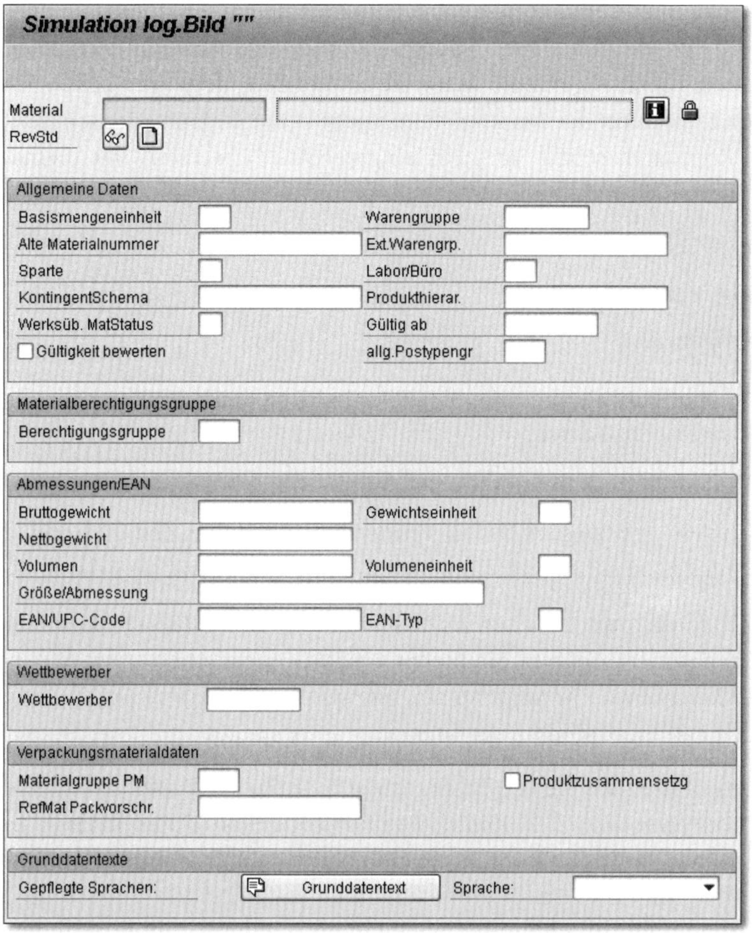

Abbildung 5.39 Grunddaten 1 – Datenbild 07 aus Bildsequenz 21

Bildbausteine werden im Customizing als *Subscreen* bezeichnet. Programmtechnisch handelt es sich um ein sogenanntes *Dynpro*. Jedes logische Bild besteht aus einem Träger-Dynpro mit zugehörigen Subscreens/Dynpros. Träger-Dynpros gibt es für:

- Hauptbilder, die über die Hauptarbeitsebene angezeigt werden
- Zusatzbilder, die über Zusatzdaten aufgerufen werden können
- sonstige Datenbilder, die nicht konfigurierbar sind (z.B. Einstiegsbilder)

Die Standardbildbausteine aus dem Programm `SAPLMGD1` haben maximal zehn Zeilen und genau 83 Spalten. Sie sind oft eingerahmt und haben in der ersten Zeile eine Überschrift.

Die Materialstammsicht GRUNDDATEN 1 entspricht im Customizing dem Datenbild 07. Es werden sieben Subscreens oder Bildbausteine angezeigt. Die Grunddaten sind allgemeine Materialstammdaten, deswegen sehen Sie im obersten Subscreen der Materialstammsicht keine Organisationseinheit. Unter den Kopfdaten sehen Sie sechs eingerahmte Subscreens mit thematisch gegliederten Grunddaten:

- Allgemeine Daten
- Materialberechtigungsgruppe
- Abmessungen/EAN
- Wettbewerber
- Verpackungsmaterialdaten
- Grunddatentexte

Den Bildbaustein ALLGEMEINE DATEN kennen Sie bereits aus den vorherigen Abschnitten 5.2.3, »Feldauswahlsteuerung«, und 5.2.4, »Zentrale Felder«.

Datenbilder werden mit der Customizing-Transaktion OMT3B (Bildsequenzen pflegen) definiert. Wählen Sie hierzu die IMG-Aktivität LOGISTIK ALLGEMEIN • MATERIALSTAMM • KONFIGURIEREN DES MATERIALSTAMMS • AUFBAU DER DATENBILDER PRO BILDSEQUENZ DEFINIEREN.

In Abbildung 5.40 sehen Sie den Bildbaustein ALLGEMEINE DATEN datentechnisch als PROGRAMM `SAPLMGD1` und als DYNPRO 2001 dem (Daten-)BILD 07 in der Bildsequenz 21 (Spalte BSQ) als zweiter Subscreen (laufende Nummer, Spalte BS) zugeordnet.

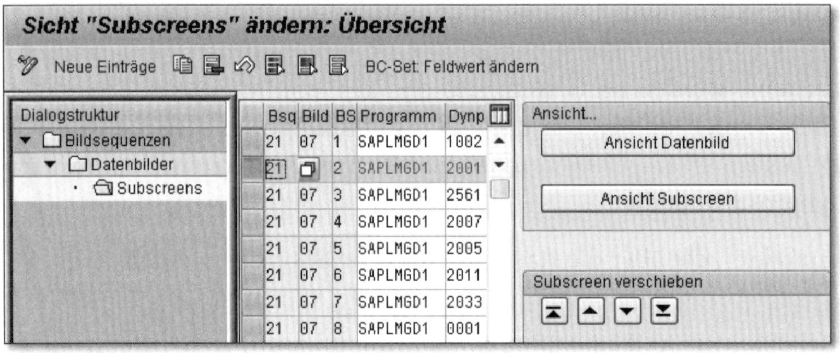

Abbildung 5.40 Subscreens für das logische Bild 07

Der achte Subscreen mit der Nummer 0001 ist eine ungenutzte Reserve und wird nicht angezeigt.

Mit dem entsprechenden Button rechts im Rahmen ANSICHT können Sie sich das ganze Datenbild aus Abbildung 5.39 oder einzelne Subscreens aus diesem Datenbild ansehen.

Bildsequenz

Eine Bildsequenz ist eine Folge von Datenbildern/Registerkarten für die Materialstammpflege. SAP liefert diverse Standardbildsequenzen aus.

- **Standardbildsequenz 01**
  In der Standardbildsequenz 01 sind alle Grunddaten in einem logischen Bild 07 mit 13 Subscreens untergebracht. Um die unteren Subscreens zu sehen, müssen die Anwender scrollen.
- **Standardbildsequenz 21**
  Bei der Standardbildsequenz 21 sind die Subscreens so auf Datenbilder verteilt, dass die Anwender nicht scrollen müssen. Dies ist die von SAP vorgesehene Standardbildsequenz.

Die Bildbausteine der Bildsequenz 21 für die einzelnen Fachbereiche sind teilweise auf mehrere Datenbilder verteilt. Die Grunddaten für den Fachbereich Konstruktion (Pflegestatus K) sind auf die Datenbilder 07 und 08 aufgeteilt (siehe Abbildung 5.41).

Bsq	Bild	Bildbezeichnung	T	TrDy	Pflegestatus
21	07	Grunddaten 1	1	4004	K
21	08	Grunddaten 2	1	4004	K
21	09	Vertrieb: VerkaufsorgDaten 1	1	4000	V
21	10	Vertrieb: VerkaufsorgDaten 2	1	4000	V
21	11	Vertrieb: allg./Werksdaten	1	4000	V
21	12	Außenhandel: Export	1	4004	V
21	13	Vertriebstext	1	4040	V
21	14	Einkauf	1	4000	E
21	15	Außenhandel: Import	1	4000	E
21	16	Einkaufsbestelltext	1	4040	E
21	17	Fertigungshilfsmittel	1	4000	F
21	18	Allg. Werksdaten / Lagerung 1	1	4000	L
21	19	Allg. Werksdaten / Lagerung 2	1	4000	L

Abbildung 5.41 Datenbilder für Bildsequenz 21

Die rechte Spalte zeigt den PFLEGESTATUS, den Sie bereits aus den globalen Einstellungen aus Abschnitt 5.2.1, »Globale Grundeinstellungen«, kennen. Die Grunddatenbilder haben den Pflegestatus K (Konstruktion), der Vertrieb V, der Einkauf E usw. Links daneben ist das Träger-Dynpro angegeben.

- 4004 ist ein Träger-Dynpro für Registerkarten mit zehn Bildbausteinen.
- 4000 ist ein Träger-Dynpro für Registerkarten mit sechs Bildbausteinen.

Das Datenbild GRUNDDATEN 1 in Abbildung 5.40 kommt mit sieben von zehn zur Verfügung stehenden Bildbausteinen aus.

In der Bildsequenz folgen nach den Grunddaten die Vertriebssichten und die Fachbereichssicht für den Einkauf mit der Bildnummer 14.

Bsq	Bild	BS	Programm	Dynp
21	14	1	SAPLMGD1	1001
21	14	2	SAPLMGD1	2301
21	14	3	SAPLMGD1	2302
21	14	4	SAPLMGD1	2313
21		5	SAPLMGD1	0001
21	14	6	SAPLMGD1	0001

Abbildung 5.42 Bildsequenz 21 – Bild 14 »Einkauf«

Das Datenbild 14 für den Einkauf nutzt im Standard vier von sechs möglichen Bildbausteinen. Die übrigen zwei Bildbausteine sind ungenutzt. Sie sehen das Platzhalter-Dynpro 0001 an Position 5 und 6. Den Platzhalter können Sie durch echte Bildbausteine ersetzen.

[+] **Bildsequenzen des Materialstamms**

Verändern Sie nicht die Standardbildsequenzen, sondern verwenden Sie eigene Bildsequenzen für Ihre angepassten Datenbilder.

Die Bildsequenz 21 eignet sich als Kopiervorlage zur Gestaltung eigener Bildsequenzen. Innerhalb Ihrer eigenen Bildsequenz können Sie die Reihenfolge der Datenbilder ändern, Datenbilder entfernen, eigene Datenbilder einfügen und die vorhandenen Datenbilder ändern. Wie Sie dabei im Einzelnen vorgehen, erfahren Sie im Folgenden.

Datenbild ändern

Um ein vorhandenes Datenbild zu ändern, legen Sie eine eigene Bildsequenz an. Dazu kopieren Sie eine geeignete Vorlage und passen die Datenbilder an Ihre Anforderungen an. Solange Sie mit den vorhandenen Bildbausteinen auskommen, benötigen Sie keinen Entwicklerschlüssel. Sie brauchen also Ihre Benutzerkennung nicht als Entwickler zu registrieren und bleiben beim Customizing. Benutzereigene Bildbausteine werden im Rahmen dieses Buches aus drei Gründen nicht angelegt:

- Die IMG-Aktivität Programm für benutzereigene Subscreens anlegen erfordert einen Benutzer, der im Online-Service-System (OSS) als Entwickler registriert ist. Um eigene Funktionsgruppen als Kopie von MGD1 (SAP ERP) bzw. MGD2 (SAP for Retail) anzulegen, ist ein Entwicklerschlüssel nötig.
- Customizing-Berechtigungen reichen nicht aus, um eigene Subscreens für das Programm `SAPLMGD1` (SAP ERP) bzw. `SAPLMGD2` (SAP for Retail) anzulegen.
- Die Transaktion SE51 (Screen Painter), mit der Felder entfernt oder (kundeneigene) Felder eingefügt werden können (aus kundeneigenen Tabellen, für kundeneigene Träger-Dynpros), ist keine Customizing-Transaktion. Sie gehört zum Handwerkszeug der SAP-Entwickler.

In einem fiktiven Beispiel zeige ich Ihnen Änderungen, die Sie komplett im Customizing durchführen können.

Beispiel: Datenbildänderungen per Customizing

Frau Melanie B., die nette und kompetente Kollegin aus dem Einkauf, möchte einen Bildbaustein aus der Sicht Werksbestand zusätzlich in der Einkaufssicht sehen. Das Ergebnis der gewünschten Änderung ist in Abbildung 5.49 zu sehen. Die zusätzlichen Daten sollen als dritter Baustein direkt unter dem Baustein Allgemeine Daten platziert werden. Es handelt sich um den Bildbaustein Werksbestände laufende Periode (Dynpro 3103) aus Abbildung 5.43.

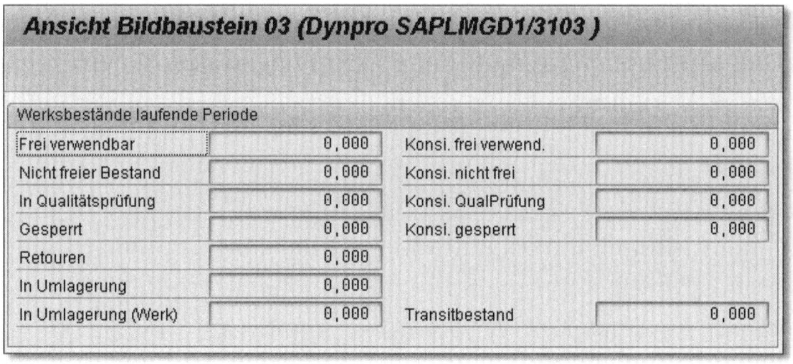

Abbildung 5.43 Dynpro SAPLMGD1/3103 – »Werksbestände«

Das Datenbild Werksbestand hat in der Bildsequenz 21 die Bildnummer 24. Die Bestände der aktuellen Periode sind dort der dritte Bildbaustein.

In der Materialstammanzeige können Sie das Dynpro über die technische Information aus der [F1]-Hilfe finden. Das Dynpro gehört zum gleichen Programm SAPLMGD1 wie die vier Dynpros aus dem Einkaufsbild, also können Sie es ohne weiteres einfügen.

1. In der IMG-Aktivität LOGISTIK ALLGEMEIN • MATERIALSTAMM • KONFIGURIEREN DES MATERIALSTAMMS • AUFBAU DER DATENBILDER PRO BILDSEQUENZ DEFINIEREN kopieren Sie die Bildsequenz 21 und nennen die Kopie beispielsweise Bildsequenz Z1.
2. Nun sehen Sie sich die Subscreens von Bild 14 an. Dort ersetzen Sie das leere Dynpro 0001 durch das Dynpro 3103 und verschieben es zweimal nach oben.
3. In Abbildung 5.44 besteht das Bild 14 nun aus fünf aktiven Bildbausteinen. Die Werksbestände sind an dritter Stelle eingefügt.

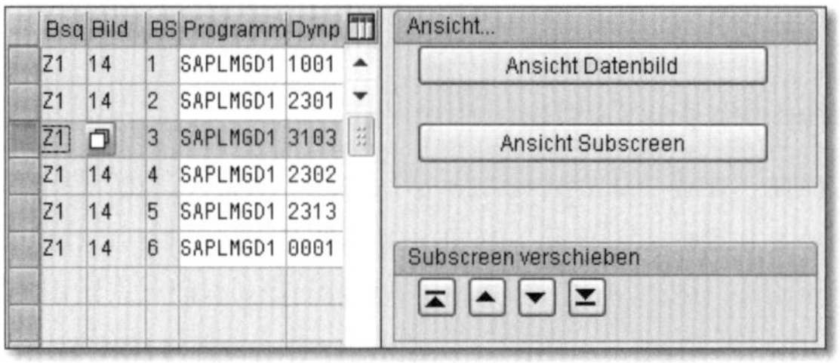

Abbildung 5.44 Bildsequenz Z1 – Bild 14 erweitert

4. Weil das Bild nun zusätzliche Daten enthält, sollten Sie auch die Bildbezeichnung und den Pflegestatus entsprechend anpassen. Ordnen Sie dem erweiterten Datenbild EINKAUF MIT WERKSBESTAND zusätzlich zu seinem bisherigen Pflegestatus E (Einkauf) auch den Pflegestatus X (Werksbestand) zu, wie in Abbildung 5.45 zu sehen.

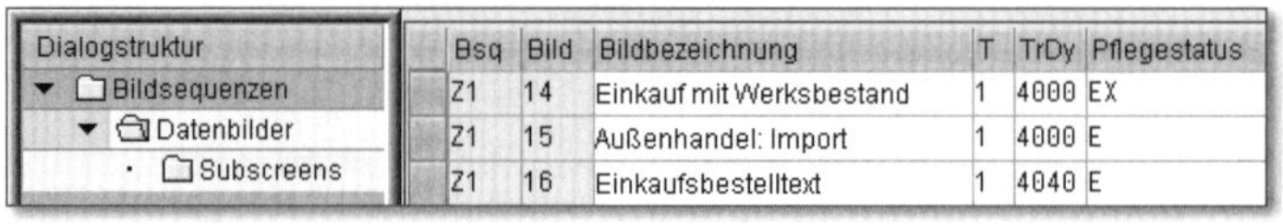

Abbildung 5.45 Bild 14 – Einkauf mit Werksbestand

Damit die Änderung für Ihre Kollegin Melanie B. wirksam wird, müssen Sie noch eine weitere Customizing-Aktivität durchführen: Sie müssen die eigene Bildsequenz noch richtig zuordnen.

Bildsequenz zuordnen

Für die Zuordnung der Bildsequenz stehen Ihnen folgende Einflussfaktoren zur Verfügung:

- Bildreferenz Transaktion
- Bildreferenz Benutzer
- Bildreferenz Materialart
- Bildreferenz Branche

Die Zuordnung nehmen Sie mit der Transaktion OMT3E (Einflussfaktoren pflegen) vor. Im IMG rufen Sie folgende Aktivität auf: LOGISTIK ALLGEMEIN • MATERIALSTAMM • KONFIGURIEREN DES MATERIALSTAMMS • BILDSEQUENZEN ZU BENUTZERN/MATERIALARTEN/TRANSAKTIONEN/BRANCHEN ZUORDNEN.

Bildreferenz Transaktion

Die Zuordnung einer BILDREFERENZ TRANSAKTION (erste Spalte) ist hier zwingend (siehe Abbildung 5.46).

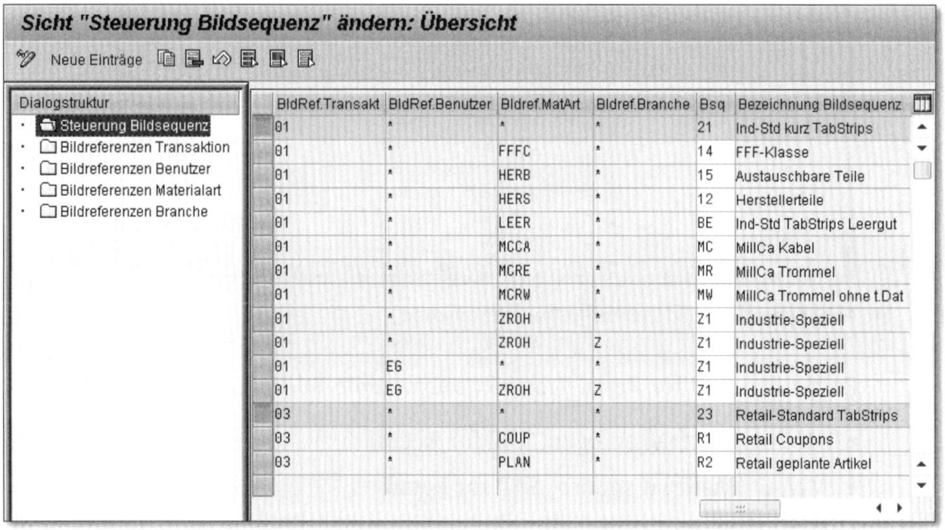

BldRef.Transakt	BldRef.Benutzer	Bldref.MatArt	Bldref.Branche	Bsq	Bezeichnung Bildsequenz
01	*	*	*	21	Ind-Std kurz TabStrips
01	*	FFFC	*	14	FFF-Klasse
01	*	HERB	*	15	Austauschbare Teile
01	*	HERS	*	12	Herstellerteile
01	*	LEER	*	BE	Ind-Std TabStrips Leergut
01	*	MCCA	*	MC	MillCa Kabel
01	*	MCRE	*	MR	MillCa Trommel
01	*	MCRW	*	MW	MillCa Trommel ohne t.Dat
01	*	ZROH	*	Z1	Industrie-Speziell
01	*	ZROH	Z	Z1	Industrie-Speziell
01	EG	*	*	Z1	Industrie-Speziell
01	EG	ZROH	Z	Z1	Industrie-Speziell
03	*	*	*	23	Retail-Standard TabStrips
03	*	COUP	*	R1	Retail Coupons
03	*	PLAN	*	R2	Retail geplante Artikel

Abbildung 5.46 Bildsequenz ermitteln

Sie haben die Option, zusätzlich Bildreferenzen für Benutzer, Materialart und Branche für die Ermittlung alternativer Bildsequenzen einzusetzen. Das Sternchen (*) steht für beliebige Bildreferenzen. Es wirkt sich aus, solange keine spezielle Referenz zutrifft. Wie Sie in Abbildung 5.46 sehen, werden die Bildsequenzen 21 und 23 allein über die Spalte BILDREFERENZ TRANSAKTION ermittelt.

Die zweistellige BILDREFERENZ TRANSAKTION ist voreingestellt mit 01 (SAP ERP) oder 03 (SAP for Retail).

Den Referenzen sind die jeweiligen Standardtransaktionen für den Materialstamm zugeordnet. Infolgedessen ist auch den bekanntesten Transaktionen für den Materialstamm der Industrie die Bildreferenz 01 zugeordnet (siehe Abbildung 5.47):

- MM01 (Material anlegen)
- MM02 (Material ändern)
- MM03 (Material anzeigen)

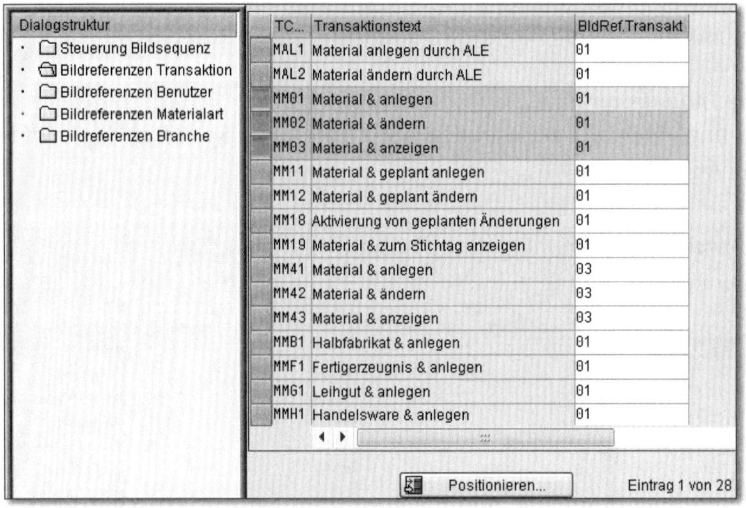

TC...	Transaktionstext	BldRef.Transakt
MAL1	Material anlegen durch ALE	01
MAL2	Material ändern durch ALE	01
MM01	Material & anlegen	01
MM02	Material & ändern	01
MM03	Material & anzeigen	01
MM11	Material & geplant anlegen	01
MM12	Material & geplant ändern	01
MM18	Aktivierung von geplanten Änderungen	01
MM19	Material & zum Stichtag anzeigen	01
MM41	Material & anlegen	03
MM42	Material & ändern	03
MM43	Material & anzeigen	03
MMB1	Halbfabrikat & anlegen	01
MMF1	Fertigerzeugnis & anlegen	01
MMG1	Leihgut & anlegen	01
MMH1	Handelsware & anlegen	01

Abbildung 5.47 Bildreferenz je Transaktionscode

Folgenden SAP for Retail-Transaktionen ist die Bildreferenz 03 zugeordnet:

- MM41 (Material anlegen, SAP for Retail)
- MM42 (Material ändern, SAP for Retail)
- MM43 (Material anzeigen, SAP for Retail)

Bildreferenz Materialart

Die BILDREFERENZ MATERIALART ist vierstellig. Sie kennen die Referenz bereits aus Abschnitt 5.2.2, »Materialart«. Die Materialart ROH hat im Standard eine Referenz ROH; in Abbildung 5.48 sehen Sie, dass die Materialart ZROH nun eine Referenz ZROH bekommen hat.

Abbildung 5.48 Bildreferenz je Materialart

Bildreferenz Branche

Die Bildreferenz Branche ist einstellig. Sie können damit Branchen für eine gemeinsame Steuerung der Datenbilder samt Reihenfolge in der Materialstammpflege gruppieren. In Abbildung 5.46 gibt es für die Branche Z die Bildreferenz Z. Die Branche kann nicht für die Ermittlung der Bildsequenz in SAP for Retail eingesetzt werden. Für die SAP for Retail-Transaktion geben Sie bei Branche immer »*« ein.

In Abbildung 5.46 sollte die eigene Bildsequenz Z1 (Industrie-Speziell) nur für Transaktionen mit der Referenz 01 (Industrie) ermittelt werden. Z1 wird benutzerunabhängig ermittelt, sobald die Bildreferenz Materialart ZROH oder die Bildreferenz Branche Z zutreffen. Außerdem wird Z1 für alle Industriebenutzer der Bildreferenz EG ermittelt.

Anstelle der gewohnten Sicht Einkauf, die Sie aus der Bildsequenz 21 kennen, sehen Sie bei der Bildsequenz Z1 das Datenbild/die Registerkarte Einkauf mit Bestand (siehe Abbildung 5.49).

Bildreferenz Benutzer

Die Spalte Bildreferenz Benutzer hat keine Voreinstellung. Hier können Sie Benutzer zu Gruppen zusammenfassen, indem Sie ihnen dieselbe zweistellige Bildreferenz zuordnen. Die Bildreferenz Benutzer hat eine höhere Priorität als die Materialart und die Branche. In Abbildung 5.46 gibt es eine eigene Bildreferenz EG für Benutzer.

Damit Ihre Kollegin Melanie B. die gewünschte Materialstammsicht Einkauf mit Bestand unabhängig vom Material zu sehen bekommt (siehe Abbildung 5.49), müssen Sie die Steuerung mit der Bildreferenz Benutzer einstellen. In meinem Beispiel würden Sie der SAP-Benutzerkennung Ihrer Kollegin die Bildreferenz EG zuordnen.

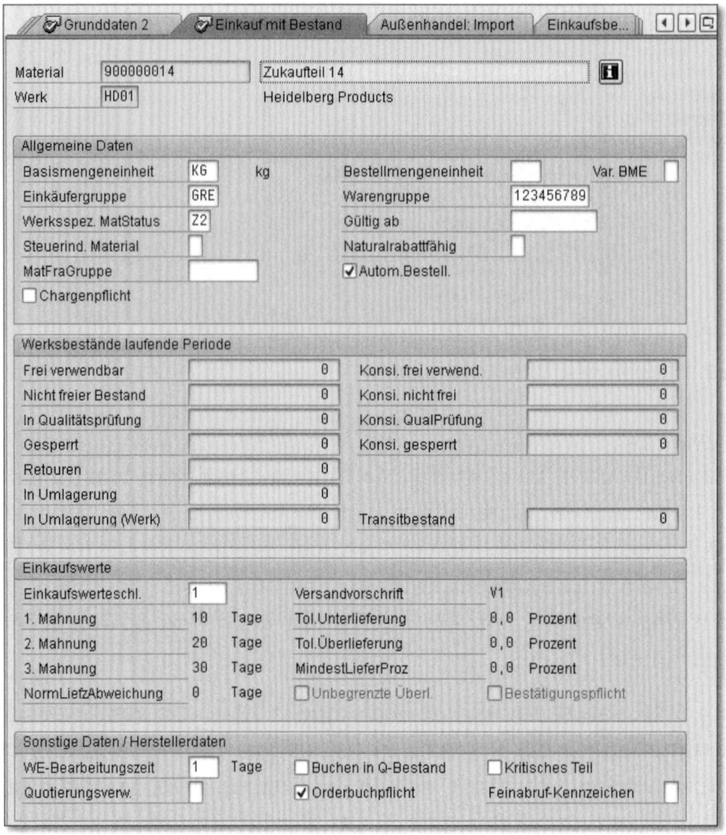

Abbildung 5.49 Datenbild »Einkauf mit Bestand«

Weitere Einstellungen

Weitere Möglichkeiten zur Konfiguration des Materialstamms sind folgende:

- Nebenbilder zuordnen
- Reihenfolgen der Haupt- und Zusatzbilder pflegen
- Benutzereinstellungen pflegen

Diese Möglichkeiten werden nun betrachtet.

Nebenbilder zuordnen

Bislang wurden nur sogenannte *Hauptbilder* der Hauptarbeitsebene gezeigt. Wie Abbildung 5.50 zeigt, können Sie aus der Hauptarbeitsebene in die Arbeitsebene der Zusatzdatenbilder abspringen (Button ZUSATZDATEN).

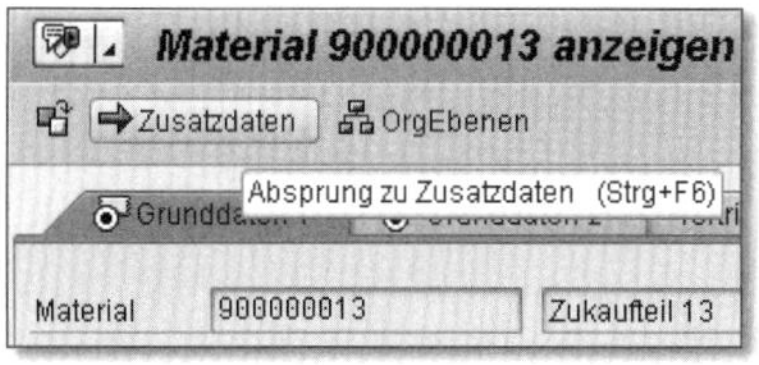

Abbildung 5.50 Absprung in Zusatzdaten

Im ersten Datenbild der Zusatzdaten können Sie die Materialkurztexte sprachabhängig pflegen. Im zweiten Datenbild (siehe Abbildung 5.51) pflegen Sie die alternativen Mengeneinheiten (Spalte AME) mit EAN-Nummer und Nummerntyp.

In Abbildung 5.51 ist für das Material 900000013 die Basismengeneinheit ST (Stück) definiert. Die Mengeneinheit 1 KAR (Karton) entspricht sechs Stück, 1 DZ (Dutzend) entspricht zwölf Stück. EAN-Nummern sind nicht angegeben. Wenn Sie in diesem Zusatzbild weiter nach rechts scrollen, können Sie die jeweiligen Abmessungen und Gewichte hinterlegen.

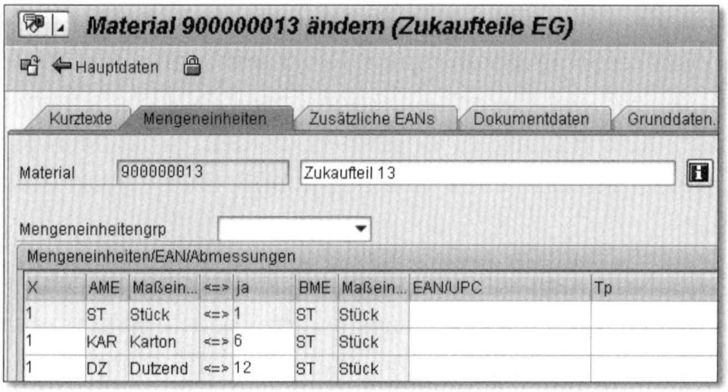

Abbildung 5.51 Zusatzdaten – alternative Mengeneinheiten

Über den Button HAUPTDATEN in Abbildung 5.51 springen Sie aus den Zusatzdaten wieder in die Hauptdaten. Die Zusatzdaten sind sogenannte *Nebenbilder*. Das Customizing für die Zusatzdaten nehmen Sie mit Hilfe der Transaktion OMT3Z (Nebenbilder zuordnen) vor. Im IMG wählen Sie die Aktivität LOGISTIK ALLGEMEIN • MATERIALSTAMM • KONFIGURIEREN DES MATERIALSTAMMS • NEBENBILDER ZUORDNEN.

In Abbildung 5.52 sehen Sie die Nebenbilder der Bildsequenz Z1. Die Zusatzbilder aus Abbildung 5.51 sind in der Spalte ZUSATZBILD durchnummeriert. Das System weist jedem neuen Zusatzbild automatisch die nächste freie Nummer zu. Zusatzbild 1 ist Bildnummer 40 (KURZTEXTE), Zusatzbild 2 ist das eben gezeigte Bild mit der Nummer 41 (MENGENEINHEITEN). Nicht alle Nebenbilder gehören zu den Zusatzbildern.

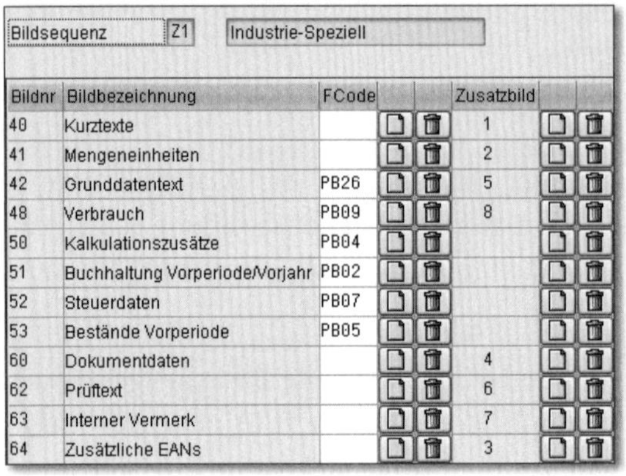

Bildnr	Bildbezeichnung	FCode	Zusatzbild
40	Kurztexte		1
41	Mengeneinheiten		2
42	Grunddatentext	PB26	5
48	Verbrauch	PB09	8
50	Kalkulationszusätze	PB04	
51	Buchhaltung Vorperiode/Vorjahr	PB02	
52	Steuerdaten	PB07	
53	Bestände Vorperiode	PB05	
60	Dokumentdaten		4
62	Prüftext		6
63	Interner Vermerk		7
64	Zusätzliche EANs		3

Abbildung 5.52 Nebenbilder der Bildsequenz Z1

Bei einigen Bildnummern sehen Sie neben der Bildbezeichnung einen Eintrag in der Spalte FCODE. Über einen solchen Funktionscode können Programmfunktionen einer Menüfunktion, einer Funktions- oder Drucktaste zugeordnet werden. Die Nebenbilder mit Funktionscode PBNN können über eine Drucktaste (aus einem Hauptbild) aufgerufen werden. So können Sie Nebenbilder gleichzeitig als Zusatzbild definieren und über Drucktasten zugänglich machen.

Das Nebenbild 42 (GRUNDDATENTEXT) ist ein solches Zusatzbild mit Funktionscode. Dieses Datenbild kann über die Registerkarte GRUNDDATENTEXT in den ZUSATZDATEN, aber auch über eine Drucktaste mit der Bezeichnung GRUNDDATENTEXT im siebten Subscreen/Bildbaustein des Hauptbilds 07 (GRUNDDATEN) aufgerufen werden. Sie kennen das gesamte logische Bild 07 bereits aus Abbildung 5.39. Den Bildbaustein mit dem Button GRUNDDATENTEXT (Dynpro 2033) sehen Sie nochmal in Abbildung 5.53.

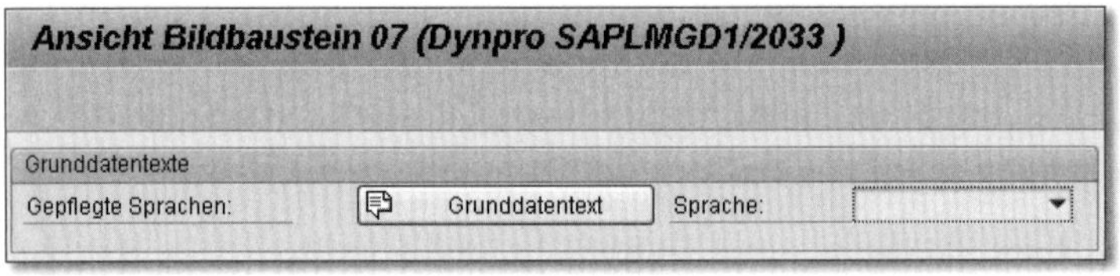

Abbildung 5.53 Bildbaustein 07 (SAPLMG1/2033)

Solche Drucktasten-Funktionscodes PBNN werden mit dem Screen Painter (Transaktion SE51) in die Hauptbilder eingebaut. Customizing allein reicht hier nicht aus.

Reihenfolgen der Haupt- und Zusatzbilder pflegen

Die Bildreihenfolgen für die Haupt- und Zusatzbilder ordnen Sie mit der Transaktion OMT3R (Reihenfolge der Bilder pflegen) zu. Im IMG rufen Sie die Transaktion mit folgender Aktivität auf: LOGISTIK ALLGEMEIN • MATERIALSTAMM • KONFIGURIEREN DES MATERIALSTAMMS • REIHENFOLGEN DER HAUPT- UND ZUSATZBILDER PFLEGEN.

Die Reihenfolge der Hauptbilder definieren Sie links, die Reihenfolge der Zusatzbilder rechts. In Abbildung 5.54 sehen Sie das Nebenbild 40 (KURZTEXTE) als erstes Zusatzbild, es hat die Nummer 10. Danach folgt das Nebenbild 41 (MENGENEINHEITEN) aus Abbildung 5.51. An fünfter Stelle bei den Zusatzdaten kommt das Nebenbild 42 (GRUNDDATENTEXT).

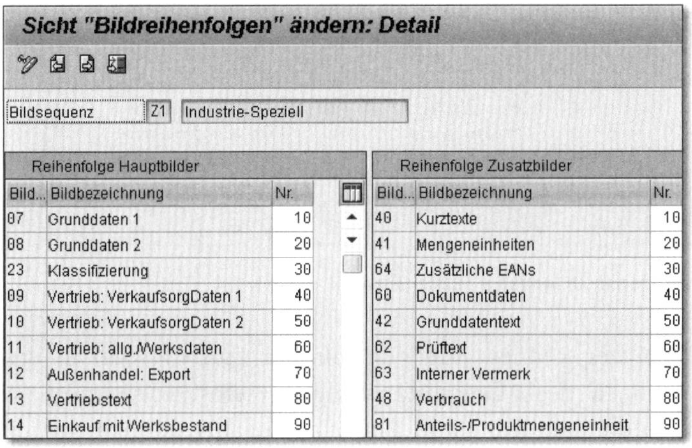

Abbildung 5.54 Bildreihenfolge bei Sequenz Z1

Im SAP-Standard werden bei den Hauptbildern die Grunddaten zuerst angezeigt. Sie können aber beispielsweise das Bild 14 ganz nach vorne stellen, indem Sie eine beliebige Nummer zuordnen, die kleiner ist als 10. Nachdem Sie Ihre Eingabe gesichert haben, nummeriert das System in Zehnerschritten neu durch. Das Datenbild 14 (EINKAUF MIT BESTAND) erhält dann die Nummer 10, das Datenbild 07 (GRUNDDATEN 1) die Nummer 20.

Benutzereinstellungen pflegen

Nachdem Sie Ihre eigene Bildsequenz definiert haben, können Sie noch folgende benutzerabhängige Einstellungen vornehmen:

- Die Branche angeben, mit der ein Materialstammsatz angelegt wird (nicht für SAP for Retail). Die Branche kann auch ausgeblendet werden.
- Organisationsebenen je Benutzer und Bildsequenz vorschlagen.
- Sichtenauswahl je Benutzer und Bildsequenz vorschlagen.

Im IMG wählen Sie hierfür die Aktivität LOGISTIK ALLGEMEIN • MATERIALSTAMM • KONFIGURIEREN DES MATERIALSTAMMS • BENUTZEREINSTELLUNGEN PFLEGEN. In Abbildung 5.55 sehen Sie die Sichtenauswahl einer Benutzerkennung DKXOGRE für die Bildsequenz Z1. Die beiden Datenbilder für GRUNDDATEN (07/08) und der EINKAUF MIT WERKSBESTAND (14) sind selektiert.

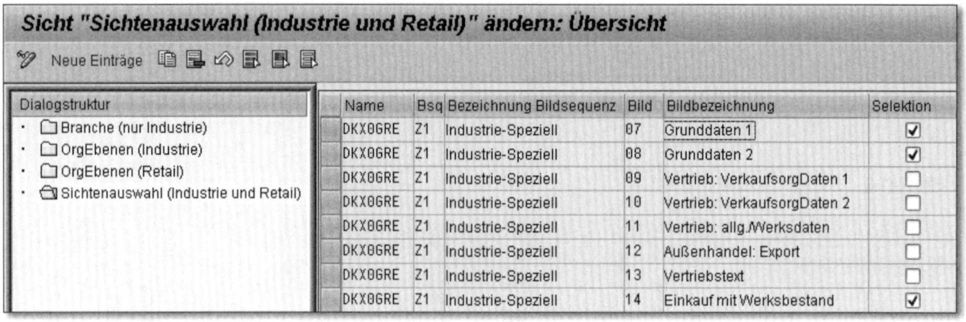

Abbildung 5.55 Benutzereinstellungen – Sichtenauswahl

Die einzelnen Benutzer können ihre persönlichen Einstellungen in den Anwendertransaktionen des Materialstamms auch selbst vornehmen. In Abbildung 5.56 sehen Sie, wie diese Einstellungen für die Transaktion MM02 gemacht werden, indem Sie EINSTELLUNGEN • BRANCHE bzw. SICHTEN oder ORGANISATIONSEBENEN wählen.

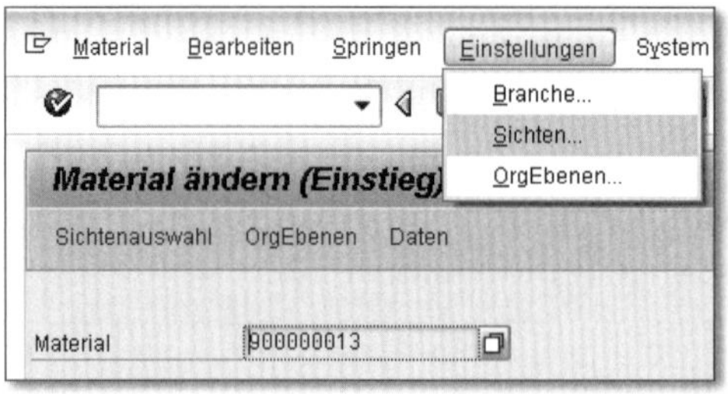

Abbildung 5.56 Benutzerabhängige Einstellungen

Falls in Ihrem Unternehmen alle Materialstämme mit derselben Branche angelegt werden, sollten alle Benutzer die Branche einfach ausblenden. Die Sichtenauswahl und die Organisationseinheiten können benutzerindividuell voreingestellt werden. Dadurch gelangen die Anwender schneller zu ihren speziellen Datenbildern.

5.3 Geschäftspartner

Geschäftspartner sind Organisationen oder Personen, die mit Ihrem Unternehmen Geschäfte machen. In den Stammdaten von SAP ERP lassen sich Geschäftspartner in Kunden und Lieferanten einteilen.

- Geschäftspartner, die Waren/Dienstleistungen und/oder Rechnungen von Ihnen bekommen, legen Sie als *Kunden* an.
- Geschäftspartner, von denen Sie Waren/Dienstleistungen und/oder Rechnungen bekommen, legen Sie als *Lieferanten* an.

In Abbildung 5.57 sehen Sie einige typische Geschäftspartner eines Industrieunternehmens, die als Lieferant oder Kunde anzulegen sind.

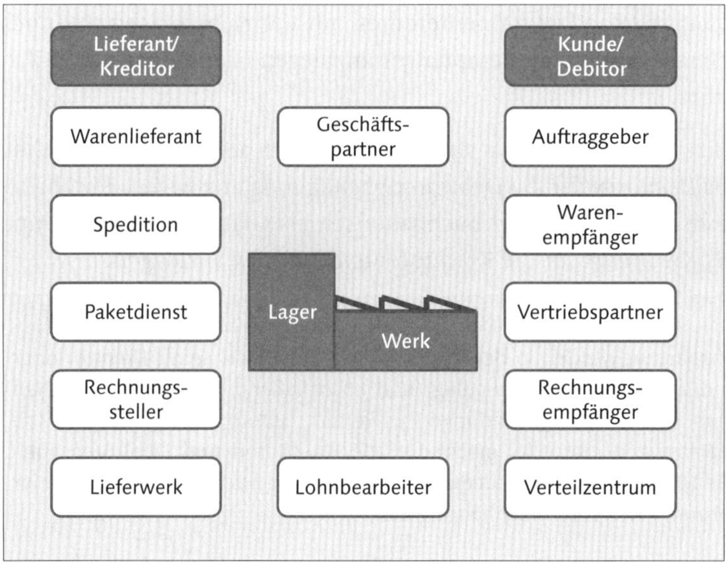

Abbildung 5.57 Typische Geschäftspartner

Handelsunternehmen und Logistikdienstleister haben auch solche Geschäftspartner. Logistisch gesehen stehen vor allem Vertrieb, Versand, Kundendienst, Transportdisposition und Einkauf in Kontakt mit Geschäftspartnern. Aber auch weitere logistische Anwendungen des SAP-Systems wie Produktion, Instandhaltung usw. greifen auf die zentral verwalteten Stammdaten der Geschäftspartner zu. Stimmen Sie deswegen Ihre Anforderungen an die Darstellung der allgemeinen und logistischen Stammdaten für Geschäftspartner und Partnerbeziehungen mit den betroffenen Fachabteilungen ab. Typische Beispiele für abzustimmende Stammdaten sind Zahlungsbedingungen und Incoterms, die gerne auch vom Rechnungswesen vorgegeben werden.

Abhängig von Ihren Anwendungen sind für manche Geschäftspartner zwei Stammdatensätze anzulegen. Den Lohnbearbeiter habe ich in Abbildung 5.57 deswegen in der Mitte platziert.

[+]

Sonderfall Lohnbearbeiter

Lohnbearbeiter sind eigentlich Lieferanten, die eine Dienstleistung für Ihr Unternehmen ausüben und Ihre Produkte bearbeitet zurückliefern. Zur Durchführung der Lohnbearbeitung benötigen die Lohnbearbeiter Komponenten, die von Ihrem Unternehmen bereitgestellt werden. Damit sie die Lieferabwicklung mit Vertriebsbelegen abbilden können, sind die Lohnbearbeiter auch als Warenempfänger anzulegen.

Für die Abwicklung von Lieferantenretouren mit Vertriebsbelegen sind auch normale Lieferanten als Warenempfänger anzulegen (siehe Abschnitt 5.3.2, »Kundenstamm«).

Buchhalterisch relevante Kunden sind buchhalterisch als Schuldner zu sehen und somit als *Debitoren* für die Debitorenbuchhaltung anzulegen. Buchhalterisch relevante Lieferanten sind buchhalterisch als Gläubiger zu sehen und deswegen als *Kreditoren* für die Kreditorenbuchhaltung anzulegen.

[+]

Bemerkung zum Anlegen von Geschäftspartnern

Die Geschäftspartner werden in der Regel von der Buchhaltung als Kreditor oder Debitor für den Buchungskreis angelegt und anschließend von den logistischen Fachbereichen für deren Anwendungen erweitert, sofern es auch logistische Geschäftsbeziehungen gibt. Das macht für alle Kreditoren und Debitoren auch Sinn, weil die Nummer des Geschäftspartners gleichzeitig auch eine Kontonummer in der Kreditoren-/Debitorenbuchhaltung darstellt.

Das allgemeine Customizing zur Darstellung der Stammdaten für Geschäftspartner finden Sie über den IMG-Pfad Logistik Allgemeien • Geschäftspartner. Dort können Sie in die IMG-Aktivitäten für Kunden und Lieferanten verzweigen.

Weil die Fremdbeschaffung von Material eine der Kernaufgaben der Materialwirtschaft ist, wird das Customizing für Lieferanten ausführlich erläutert. In manchen Anwendungen der Materialwirtschaft sind Kunden als Warenempfänger relevant. Darum werden Kundenstämme auch angesprochen.

5.3.1 Lieferantenstamm

Geschäftspartner, die Material liefern, sind als Kreditoren für die Buchhaltung und als Lieferanten für den Einkauf anzulegen. Der Lieferantenstamm im SAP-System wird auf unterschiedliche Tabellen verteilt gespeichert. Zu den allgemeinen Daten auf Mandantenebene kommen spezielle Daten für Organisationseinheiten. Die wichtigsten Tabellen für den Lieferantenstamm sind folgende:

- LFA1 (Lieferantenstamm allgemeine Daten)
- LFB1 (Lieferantenstamm Buchungskreisdaten)
- LFM1 (Lieferantenstamm Einkaufsorganisationsdaten)

Die Aufnahme von zusätzlichen Feldern für die obigen Tabellen ist auch möglich. Dafür gibt es aber keine IMG-Aktivität; hier möchte ich wieder auf die Transaktion SE11 (Dictionary) für Entwickler-User verweisen.

Für die Pflege der Lieferantenstämme stehen den Anwendern aus der Materialwirtschaft mehrere Transaktionen zur Verfügung. Allgemeine Daten und Daten für die Einkaufsorganisation pflegen Sie mit den MKnn-Transaktionen. Sie finden diese Transaktionen im SAP-Anwendungsmenü unter Logistik • Materialwirtschaft • Einkauf • Stammdaten • Lieferant • Einkauf. Die gängigsten sind:

- MK01 (Anlegen Kreditor, Einkauf)
- MK02 (Ändern Kreditor, Einkauf)
- MK03 (Anzeigen Kreditor, Einkauf)

Wollen Sie komplette Lieferantenstämme mit Adress-, Einkaufs- und Buchungskreisdaten pflegen, nehmen Sie die zentralen XKnn-Transaktionen. Diese finden Sie im SAP-Anwendungsmenü unter Logistik • Materialwirtschaft • Einkauf • Stammdaten • Lieferant • Zentral. Die gängigsten sind:

- XK01 (Anlegen Kreditor, Zentral)
- XK02 (Ändern Kreditor, Zentral)
- XK03 (Anzeigen Kreditor, Zentral)

Kontengruppe

Ohne die Zuordnung einer Kontengruppe können Sie im SAP-System keinen Lieferantenstamm anlegen. Mit der Kontengruppe werden Lieferanten nach bestimmten Kriterien zusammengefasst. An der Kontengruppe erkennen Sie, um welche Art von Geschäftspartner es sich handelt. Im SAP-Standard finden Sie unter anderem folgende Kontengruppen vor (siehe Tabelle 5.2):

Kontengruppe	Bedeutung
0001	Lieferant
0002	Warenlieferant
0003	Abweichender Zahlungsempfänger
0004	Rechnungssteller
0005	Spediteur
0006	Bestelladresse
0007	Werke
0100	Lieferant-Verteilzentrum
CPD	CPD-Kreditoren (interne Nummernvergabe)
CPDL	CPD-Kreditoren (externe Nummernvergabe)
KRED	Kreditoren (interne Nummernvergabe)
LIEF	Kreditoren (externe Nummernvergabe)
MNFR	Hersteller (externe Nummernvergabe)

Tabelle 5.2 Wichtige Kontengruppen im SAP-Standard

Diese Kontengruppen stehen für typische Geschäftspartner, wie sie in Abbildung 5.57 bereits beispielhaft gezeigt wurden.

Das Customizing für die Lieferantenstämme umfasst folgende Aspekte:

- Kontengruppen und Feldauswahl je Kontengruppe
- Nummernkreise und Nummernvergabe je Kontengruppe
- Partnerrollen und Partnerfindung je Kontengruppe

Vergleichbar mit der Materialart für den Materialstammsatz bestimmt die Kontengruppe die folgenden Eigenschaften des Lieferantenstammsatzes (siehe auch Abbildung 5.58):

- Nummernvergabe und Nummernkreis
- Verwendung als Kreditor oder CPD

- Datenhaltungsebenen
- Feldauswahl je Datenhaltungsebene
- Durchreichen von Vorschlagswerten
- Partnerrollen

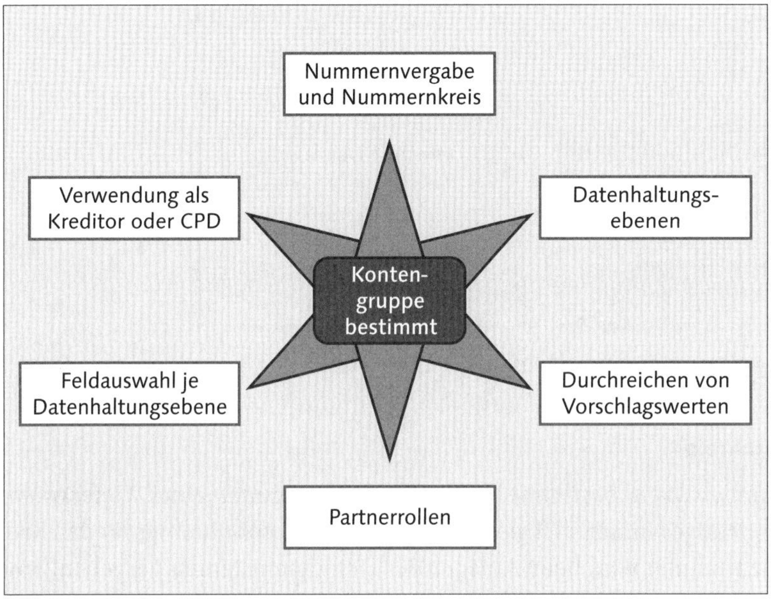

Abbildung 5.58 Eigenschaften des Lieferantenstammsatzes

Kontengruppen für Lieferanten werden in der Tabelle T077K (Kontengruppen Kreditoren) verwaltet. Sie definieren Kontengruppen mit der Transaktion OMSG (Kontengruppen Kreditor) in der IMG-Aktivität LOGISTIK ALLGEMEIN • GESCHÄFTSPARTNER • LIEFERANT • STEUERUNG • KONTENGRUPPEN UND FELDAUSWAHL • LIEFERANTEN FESTLEGEN. Dort finden Sie die oben bereits aufgelisteten Kontengruppen vor. Über die Buttons NEUE EINTRÄGE oder KOPIEREN ALS können Sie sich eine eigene Kontengruppe anlegen. Die Detailsicht einer solchen selbstdefinierten Kontengruppe Z001 sehen Sie in Abbildung 5.59.

Anhand der Kontengruppe Z001 (MEINE LIEFERANTEN) wird nun das Customizing der Lieferantenstammsatz-Eigenschaften beschrieben. Die BEDEUTUNG der Kontengruppe ist ein Textfeld, das dem Anwender beim Anlegen eines Lieferanten helfen soll, die korrekte Kontengruppe zu verwenden.

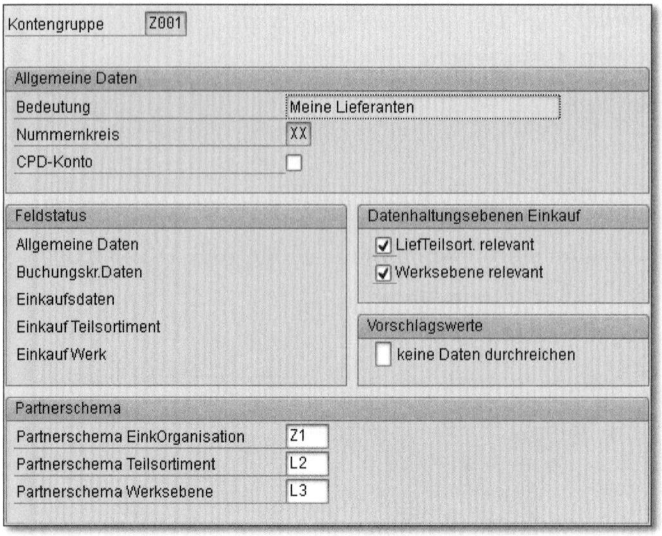

Abbildung 5.59 Kontengruppe Z001 (Meine Lieferanten)

Nummernkreis

Der Nummernkreis bestimmt die eindeutige Nummer eines Lieferanten. Diese eindeutige Nummer ist gleichzeitig auch die Kontonummer für den Kreditor. Die Nummer wird beim Anlegen des Lieferantenstamms vergeben. Entweder vergibt das System intern eine fortlaufende Nummer, oder Sie geben eine Nummer extern vor. Die Eindeutigkeit wird in beiden Fällen durch das System gewährleistet. Extern vergebene Nummern eigenen sich dafür, eventuell bereits auf anderen Systemen existierende Geschäftspartnernummern 1:1 übernehmen zu können. Ansonsten würde ich intern vergebene Nummern in speziell vorgesehenen numerischen Intervallen bevorzugen.

Die Nummernvergabe für die Kontengruppe ist durch den Nummernkreis selbst festgelegt. Für die interne Nummernvergabe kann nur ein numerischer Nummernkreis eingesetzt werden. Bei externer Nummernvergabe sind auch alphanumerische Nummern möglich.

Der Nummernkreis XX in Abbildung 5.59 ist ein Nummernkreis für die externe Nummernvergabe. Hier ist der Nummernkreis nicht eingabebereit, weil die Zuordnung in einer anderen IMG-Aktivität gemacht wird. Sie wählen hierzu die IMG-Aktivität Logistik Allgemein • Geschäftspartner • Lieferant • Steuerung • Nummernkreise für Lieferantenstammsätze festlegen. Dort legen Sie die Intervalle an. Anschließend führen Sie die Zuordnung der Intervalle zu den Kontengruppen durch.

Verwendung

Die Verwendung als Kreditor oder CPD (*Conto pro Diverse*) ist eine allgemeine Einstellung für die Kontengruppe. Die Kontengruppe wird entweder für vollständige Kreditor- bzw. Lieferantenkonten verwendet oder für CPD-Konten.

CPD-Konten sind Sammelkonten für Geschäftspartner ohne eigenes Konto. Beim Anlegen eines Stammsatzes sind die Felder für Anschrift, Kommunikation und Bankdaten ausgeblendet. Diese Daten müssen beim Anlegen eines Einkaufsbelegs eingegeben werden.

Verwendung von CPD-Konten [+]

CPD-Konten sollten nur im Ausnahmefall verwendet werden. Jeder Bestellvorgang erfordert hier die Eingabe der Adress- und Bankdaten. Ohne ein eigenes Lieferantenkonto ist für den Geschäftspartner die Historie der Geschäftsvorfälle nur schwer nachvollziehbar.

Das Feld CPD-KONTO ist in Abbildung 5.59 nicht gesetzt, also ist die Kontengruppe Z001 für real existierende Lieferanten mit Adressdaten vorgesehen.

Datenhaltungsebenen

Zusätzlich zu den Datenhaltungsebenen für die allgemeinen Daten, den Buchungskreis und die Einkaufsorganisation kann die Datenhaltung für Lieferantenteilsortimente und für Werke erlaubt werden. Bei Bedarf können Sie damit abweichende Einkaufsdaten und Partnerrollen für diese Ebenen unterhalb der Einkaufsorganisation hinterlegen.

Bei der Kontengruppe Z001 sind die zusätzlichen Datenhaltungsebenen LIEFERANTENTEILSORTIMENT und WERKSEBENE gesetzt. Die beiden Checkboxen sind markiert. Bei Bedarf können Sie damit abweichende Einkaufsdaten für diese Ebenen hinterlegen.

Feldauswahlsteuerung

Mit der Feldauswahlsteuerung legen Sie fest, welche Felder ausgeblendet werden, welche angezeigt werden, welche eingabebereit sind oder sogar eine Eingabe zwingend erfordern. Die Einflussfaktoren des Lieferantenstamms sind Buchungskreis, Einkaufsorganisation, Kontengruppe und Transaktion.

Welche Daten damit jeweils beeinflusst werden können, sehen Sie in Abbildung 5.60.

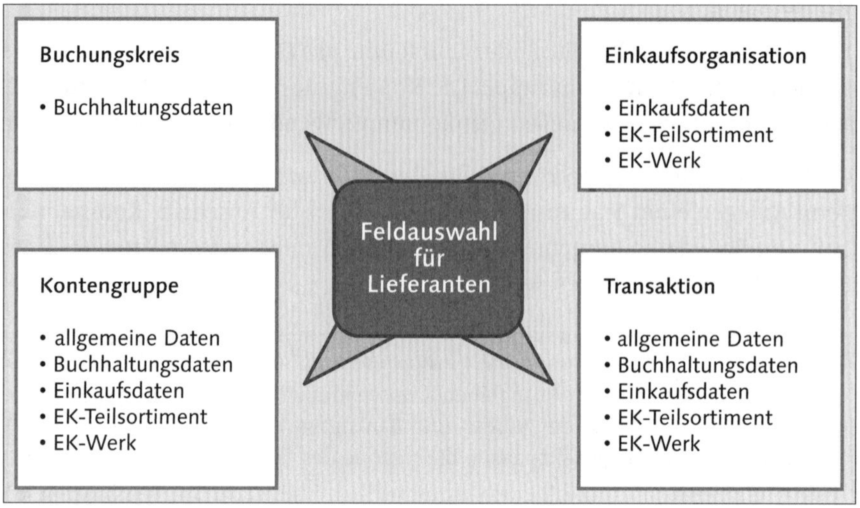

Abbildung 5.60 Einflussfaktoren der Feldauswahl für Lieferanten

Für die Einflussfaktoren der Feldauswahl im Lieferantenstamm gelten die gleichen Verknüpfungsregeln wie beim Materialstamm (siehe Tabelle 5.1).

Die zuständigen Fachbereiche können die Feldauswahl für ihre Organisationseinheiten Buchungskreis und Einkaufsorganisation gezielt beeinflussen. Für Einkaufsorganisation und Buchungskreis gibt es einen Default-Feldstatus »*«, den Sie besser nicht löschen sollten, weil er für alle Einkaufsorganisationen bzw. Buchungskreise ohne speziell definierte Feldauswahl gilt.

Die Feldauswahl für die Buchhaltungsdaten stellen Sie ein in der IMG-Aktivität FINANZWESEN (NEU) • DEBITOREN- UND KREDITORENBUCHHALTUNG • KREDITORENKONTEN • STAMMDATEN • ANLEGEN DER KREDITORENSTAMMDATEN VORBEREITEN • BILDAUFBAU PRO BUCHUNGSKREIS DEFINIEREN (KREDITOREN).

Die Feldauswahl für die Einkaufsorganisation stellen Sie ein in der IMG-Aktivität LOGISTIK ALLGEMEIN • GESCHÄFTSPARTNER • LIEFERANT • STEUERUNG • EINKAUFSORGANISATIONSABHÄNGIGEN BILDAUFBAU FESTLEGEN.

Direkt darunter befindet sich die Aktivität TRANSAKTIONSABHÄNGIGEN BILDAUFBAU FESTLEGEN. Abhängig von der Transaktion, mit der Sie den Lieferantenstamm aufgerufen haben, wird der Bildaufbau beeinflusst. Zusätzlich zu den in diesem Abschnitt bereits erwähnten Transaktionen der Materialwirtschaft können Sie an dieser Stelle auch die Feldauswahl für die hierzu passenden FKnn-Transaktionen der Buchhaltung einstellen:

- FK01 (Anlegen Kreditor, Buchhaltung)
- FK02 (Ändern Kreditor, Buchhaltung)
- FK03 (Anzeigen Kreditor, Buchhaltung)

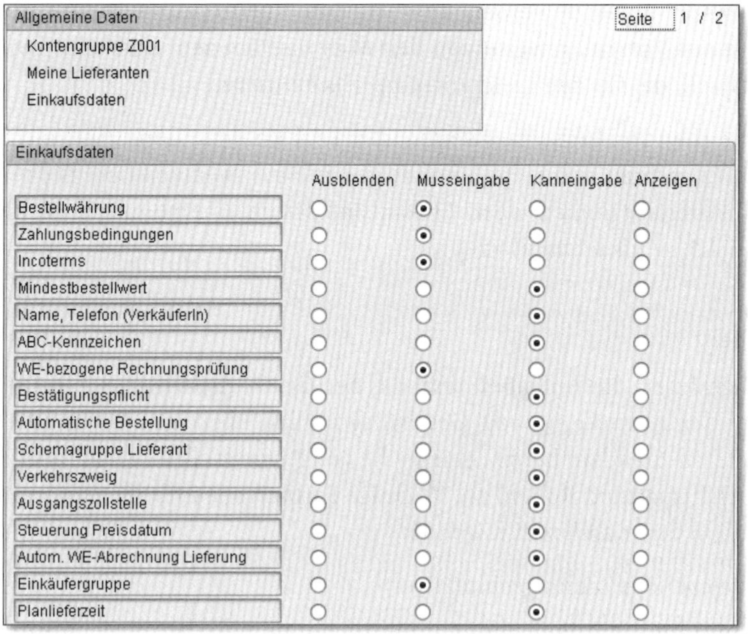

Abbildung 5.61 Feldauswahl Kontengruppe Z001 – Einkaufsdaten

Mit diesen Transaktionen der Buchhaltung kann auf allgemeine Daten und auf Buchhaltungsdaten zugegriffen werden. Sie finden diese Transaktionen im Anwendungsmenü unter Rechnungswesen • Finanzwesen • Kreditoren • Stammdaten.

Die Feldauswahlsteuerung für die zusätzlichen Datenhaltungsebenen Einkauf-Teilsortiment und Einkauf-Werk ist nur relevant, sofern diese Ebenen in der Kontengruppe erlaubt sind, wenn also die jeweilige Checkbox in Abbildung 5.59 gesetzt ist.

Mit der Kontengruppe können alle Datenhaltungsebenen für Lieferanten beeinflusst werden. Sie steuern die Feldauswahl in der Definition der Kontengruppe mit der Transaktion OMSG (Kontengruppen Kreditor). Einen Ausschnitt aus der Feldauswahl für die Einkaufsdaten sehen Sie in Abbildung 5.61.

Die Pflichtfelder in den Einkaufsdaten dieser Kontengruppe sind: Bestellwährung, Zahlungsbedingungen, Incoterms, WE-bezogene Rechnungsprüfung sowie Einkäufergruppe.

Vorschlagswerte

Das Durchreichen von Vorschlagswerten betrifft den Bildbaustein VORSCHLAGSWERTE MATERIAL im Lieferantenstamm. Dort finden Sie Felder, die auch im Materialstamm (siehe Abschnitt 5.2) und im Einkaufsinfosatz (siehe Abschnitt 5.4.1) gepflegt werden können. Das Durchreichen steuert die Übernahme der Vorschlagswerte von den Materialstämmen- und/oder Einkaufsinfosätzen, die für den Lieferanten bereits existieren.

Das Durchreichen von Vorschlagswerten ist bei der Kontengruppe Z001 nicht gewünscht. Es werden also keine Vorschlagswerte aus eventuell bereits existierenden Materialstämmen oder Einkaufsinfosätzen übernommen (siehe Abschnitt 5.4.1, »Einkaufsinfosatz«).

Partnerrollen

Partnerrollen legen die Aufgaben fest, die der Geschäftspartner (Lieferant, Kunde) bei der Abwicklung von Geschäftsvorfällen übernimmt. Das SAP-System bietet im Standard bereits eine Reihe von Partnerrollen in der Tabelle TPAR (Geschäftspartner: Rollen) an. Wichtige Partnerrollen für die Materialwirtschaft sind unter anderem folgende:

- AZ (abweichender Zahlungsempfänger)
- BA (Bestelladresse)
- ET (Etikettendienstleister)
- HR (Hersteller)
- LF (Lieferant)
- LW (Lieferwerk)
- RS (Rechnungssteller)
- SP (Spediteur)
- TF (Frachtführer)
- TZ (Zollagent)
- WL (Warenlieferant)
- ZM (zuständiger Mitarbeiter)

Bei der Rolle ZM handelt es sich um eine(n) eigene(n) Mitarbeiter(in). Hierfür muss ein Personalstammsatz angelegt sein. Für die anderen Partnerrollen aus der obigen Liste müssen Sie Lieferantenstammsätze anlegen. Geschäftspartner, die nur spezielle Rollen annehmen, können mit extra hierfür vorgesehenen Kontengruppen angelegt werden. Beispielsweise kann ein Geschäftspartner, der nur die Rolle AZ (abweichender Zahlungsempfänger) übernimmt, mit der passenden Kontengruppe 0003 (abweichender Zahlungsempfänger) angelegt werden.

Geschäftspartner können aber auch in unterschiedlichen Partnerrollen auftreten. Ein typischer Lieferant mit der Rolle LF hat eine Bestelladresse, ist Warenlieferant, Rechnungssteller und Zahlungsempfänger in einem.

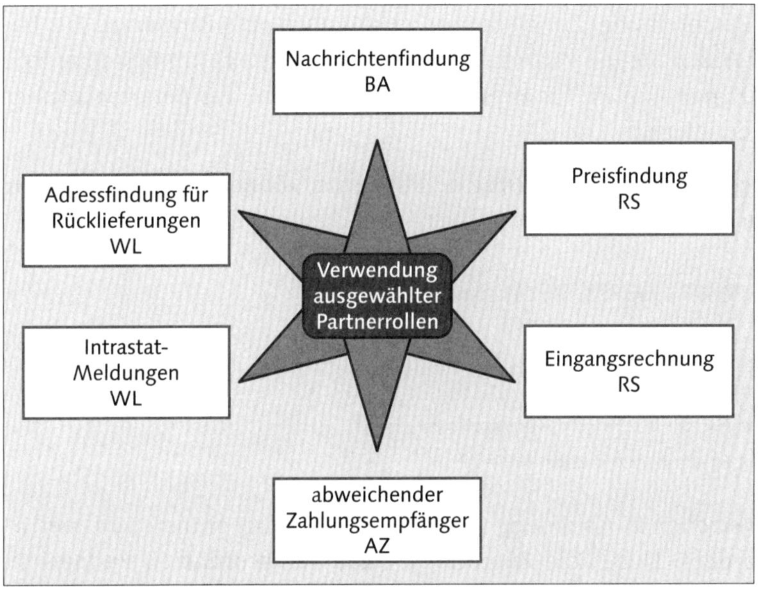

Abbildung 5.62 Verwendung ausgewählter Partnerrollen

Gängige Anwendungen für ausgewählte Partnerrollen aus dem Lieferantenstamm sehen Sie in Abbildung 5.62:

- Die Bestelladresse (BA) kann für die Nachrichtenfindung verwendet werden, damit die Bestellung richtig adressiert wird.
- Der Warenlieferant (WL) kann für eventuelle Rücklieferungen und für Intrastat-Meldungen verwendet werden.
- Der Rechnungssteller (RS) kann für die Preisfindung und für die Eingangsrechnung verwendet werden.
- Der abweichende Zahlungsempfänger (AZ) kann zum Begleichen der Rechnung verwendet werden.

Im Customizing des Einkaufs finden Sie folgende Einstellungen für Partnerrollen im Lieferantenstamm:

- Partnerrollen (Definition, sprachabhängige Umschlüsselung und Zuordnung zu Kontengruppen)
- Partnereinstellungen im Lieferantenstammsatz (Partnerschemata definieren und Kontengruppen zuordnen)

In der IMG-Aktivität Materialwirtschaft • Einkauf • Partnerfindung • Partnerrollen • Partnerrollen definieren finden Sie alle verfügbaren Partnerrollen; Sie können dort auch eigene Partnerrollen definieren. Überlegen Sie sich hierzu einen zweistelligen alphanumerischen Schlüssel und eine textliche Beschreibung. Zur Definition gehört auch eine Partnerart. Für Lieferanten wählen Sie die Partnerart LI. Die Partnerart KU in Abbildung 5.63 steht für Kunde und PE für Personalnummer. Eigene Partnerarten können Sie nicht definieren.

Die Partnerrollen, die als eindeutig definiert sind, können in den Lieferantenstammdaten nur einmal verwendet werden (siehe Rolle ZF in Abbildung 5.63).

Rolle	Bezeichnung	NrArt	Eindeutig	Überg.Par.Rolle
WE	Warenempfänger	KU	☐	
WL	Warenlieferant	LI	☐	
ZA	Abholadresse	KU	☐	
ZF	Systemlieferant	LI	☑	
ZM	zuständiger Mitarb.	PE	☐	

Abbildung 5.63 Partnerdefinition Rolle ZF

Den Partnerrollen in Abbildung 5.63 sind keine übergeordneten Partnerrollen zugeordnet. Durch die Zuordnung einer übergeordneten Partnerrolle können hierarchische Strukturen abgebildet werden. Eine übergeordnete Partnerrolle kann für eine Organisation oder eine Person stehen, für die ein Lieferantenstamm angelegt ist. Beispielsweise kann eine Partnerrolle für Mitglieder einer Organisation definiert werden. Die übergeordnete Rolle wäre dann die Organisation selbst. Die Definition sämtlicher Partnerrollen wird systemintern in der Tabelle TPAR (Geschäftspartner: Rollen) abgelegt.

Optional können Sie noch die sprachabhängige Umschlüsselung von Partnerrollen in Tabelle TPAUM pflegen. In der jeweiligen Anmeldesprache wählen Sie hierfür die IMG-Aktivität Materialwirtschaft • Einkauf • Partnerfindung • Sprachabhängige Umschlüsselung von Partnerrollen. So wird beispielsweise LF (Lieferant) in der englischen Anmeldesprache zu VN (Vendor), WL (Warenlieferant) zu GS (Goods Supplier), BA (Bestelladresse) zu OA (Ordering Address), RS (Rechnungssteller) zu PI (Invoicing Party) und SP (Spediteur) zu CR (Carrier/Forwarding Agent).

Bevor eine Partnerrolle im Lieferantenstamm verwendet werden kann, muss diese in der Customizing-Tabelle TPAKL (Zuordnung Partnerrolle zu Kontengruppe Kreditor) der jeweiligen Kontengruppe zugeordnet werden. Hierzu wählen Sie die IMG-Aktivität MATERIALWIRTSCHAFT • EINKAUF • PARTNERFINDUNG • PARTNERROLLEN • ZULÄSSIGE PARTNERROLLEN PRO KONTENGRUPPE FESTLEGEN. Einen Ausschnitt aus der Zuordnung sehen Sie in Abbildung 5.64.

Rolle	Bezeichnung	Gruppe	Bedeutung
WL	Warenlieferant	Z001	Meine Lieferanten
ZF	Systemlieferant	Z001	Meine Lieferanten

Abbildung 5.64 Partnerrollen der Kontengruppe zuordnen

Ob und wie die Partnerrollen im Lieferantenstamm eingesetzt werden können, bestimmt das Partnerschema der jeweiligen Datenhaltungsebene (Einkaufsorganisation, Lieferantenteilsortiment, Werk) aus der Kontengruppe (siehe Abbildung 5.59).

Das Partnerschema enthält alle erlaubten Partnerrollen. Partnerschemata werden in der anwendungsübergreifenden Customizing-Tabelle TPAER (Geschäftspartner: Partnerrollen im Partnerschema) verwaltet. Sie definieren ein Partnerschema für Lieferanten in der IMG-Aktivität MATERIALWIRTSCHAFT • EINKAUF • PARTNERFINDUNG • PARTNEREINSTELLUNGEN IM LIEFERANTENSTAMMSATZ • PARTNERSCHEMATA DEFINIEREN; in dieser Aktivität legen Sie auch fest, welche Rollen obligatorisch und welche Rollen nach Eingabe nicht mehr änderbar sind.

In Abbildung 5.65 sehen Sie die Definition des Partnerschemas Z1. Die Rolle LF ist hier Pflicht und kann nach Eingabe nicht mehr geändert werden. Die Rollen BA und RS sind ebenfalls Pflicht, können aber noch geändert werden. Die weiteren Rollen sind optional verwendbar. Durch Zuordnung des Schemas Z1 in einer Kontengruppe kann beispielsweise im Lieferantenstamm ein Spediteur hinterlegt werden.

Partnerschema Z1

Rolle	Bezeichnung	keine Änd.	Pflicht
AP	Ansprechpartner	☐	☐
AZ	A.Zahlungsempfänger	☐	☐
BA	Bestelladresse	☐	☑
LF	Lieferant	☑	☑
RS	Rechnungssteller	☐	☑
SP	Spediteur	☐	☐
WL	Warenlieferant	☐	☐
ZM	zuständiger Mitarb.	☐	☐

Abbildung 5.65 Partnerschema Z1

Gefunden wird das Partnerschema über die Zuordnung zu den möglichen Datenhaltungsebenen der Kontengruppe. Wählen Sie hierfür MATERIALWIRTSCHAFT • EINKAUF • PARTNERFINDUNG • PARTNEREINSTELLUNGEN IM LIEFERANTENSTAMMSATZ • PARTNERSCHEMATA ZU KONTENGRUPPEN ZUORDNEN.

Das Partnerschema (PS) Z1 ist bei der (Konten-)GRUPPE Z001 der Datenhaltungsebene Einkaufsorganisation (Spalte PS EKORG) zugeordnet. Für die zusätzlichen Datenhaltungsebenen Lieferantenteilsortiment (Spalte PS LTS) und Werk (Spalte PS WERK) sind die Partnerschemata L2 und L3 aus dem SAP-Standard hinterlegt, wie Sie in Abbildung 5.66 sehen.

Gruppe	Bedeutung	PS EKORG	PS LTS	PS Werk
0002	Warenlieferant			
0003	Abweichender Zahlungsempfänger			
0004	Rechnungssteller			
0005	Spediteur	L5	L5	L5
0006	Bestelladresse			
0007	Werke			
0012	Hierarchieknoten			
0100	Lieferant-Verteilzentrum			
CPD	CPD-Kreditoren (int.NrVergabe)			
CPDL	CPD-Kreditoren (ext.NrVergabe)			
DARL	Darlehensgeber			
KRED	Kreditoren (int. NrVergabe)			
LIEF	Kreditoren (ext. NrVergabe)			
MNFR	Hersteller (ext. NrVergabe).	L4		
REIS	Reisende			
VERT	Vertreter			
Z001	Meine Lieferanten	Z1	L2	L3

Abbildung 5.66 Partnerschema zu Kontengruppen zuordnen

Sie können diese Zuordnungen auch in der Definition der Kontengruppe direkt treffen. Wie bereits in Abbildung 5.59 zu sehen war, gehört die Zuordnung von Partnerschemata zur Definition der Kontengruppen in der Tabelle T077K (Kontengruppen Kreditoren).

Lieferantenhierarchie

Mit der Lieferantenhierarchie ist es möglich, komplexe Verbands- und Konzernstrukturen für übergreifende Preisfestlegungen und Bonusabsprachen abzubilden. Sie verwenden die Lieferantenhierarchie, wenn Organisationen mit hierarchischen Strukturen, wie Genossenschaften, Einzelhandelsketten und sonstige Verkaufsverbände, zu Ihren Lieferanten zählen. In der Bestellbearbeitung können Lieferantenhierarchien zur Preisfindung und zur nachträglichen Abrechnung mit Bonusabsprachen eingesetzt werden.

Lieferantenhierarchien werden im Anwendungsmenü für den Einkauf als Stammdaten angelegt. Beim Einstieg in die Transaktion MKH1 (Pflegen Lieferantenhierarchie) geben Sie das Gültigkeitsdatum und einen Hierarchietyp an. Bei der Pflege der einzelnen Kontenzuordnungen können Sie die Auswahlfelder NACHTRÄGLICHE ABRECHNUNG (Bonusabrechnung) und/oder PREISFINDUNG selektieren.

Sie finden das Customizing für die Lieferantenhierarchie über folgenden IMG-Pfad: MATERIALWIRTSCHAFT • EINKAUF • LIEFERANTENSTAMM • LIEFERANTENHIERARCHIE. Es besteht aus fünf Aktivitäten:

1. **Lieferantenhierarchietypen definieren**
   Abbildung 5.67 zeigt die IMG-Aktivität LIEFERANTENHIERARCHIETYPEN DEFINIEREN. Der Hierarchietyp besteht aus einem einstelligen alphanumerischen Schlüssel, einer Bezeichnung sowie einer Einstiegspartnerrolle. Die Einstiegspartnerrolle ist der unterste Knoten in der hierarchischen Struktur. Für den Hierarchietyp A (Standard) heißt die Einstiegspartnerrolle 2A (LIEFHIERARCHIE 1).

Lieferantenhierarchietypen definieren

Hierarchietyp	Bezeichnung	Einstiegspartnerrolle	Bezeichnung
A	Standard	2A	LiefHierarchie 1
Z	Kein Standard	Z1	Hierarchie 1/2

Abbildung 5.67 Lieferantenhierarchietypen

   Die Einstiegspartnerrolle für den Hierarchietyp Z ist eine selbstdefinierte Partnerrolle Z1 für eine offensichtlich zweistufige Hierarchie. Im SAP-Standard werden die Partnerrollen 2A, 2B, 2C und 2D für eine vierstufige Hierarchie ausgeliefert.

2. **Partnerfindung für Hierarchietypen festlegen**
   In der IMG-Aktivität PARTNERFINDUNG FÜR HIERARCHIETYPEN DEFINIEREN können Sie weitere (hierarchische) Partnerrollen definieren und Kontengruppen zuordnen. Die Aktivität umfasst drei Aktionen:

   - Definition von Partnerrollen
   - Sprachabhängige Umschlüsselung von Partnerrollen
   - Zulässige Partnerrollen pro Kontengruppe

   Maximal 15 Hierarchiestufen sind möglich. Verwenden Sie mindestens so viele übergeordnete Partnerrollen wie Hierarchiestufen.

   Mit der Aktion ZULÄSSIGE PARTNERROLLEN PRO KONTENGRUPPE rufen Sie den aus Abbildung 5.64 bekannten Pflegedialog auf. Die Partnerrollen 2A bis 2D sind den Kontengruppen 0001 (Lieferant) und 0012 (Hierarchieknoten) zugeordnet.

Lieferantenstämme mit der Kontengruppe 0012 sind reine Hierarchieknoten mit einem speziellen Bildaufbau. Die Steuerungsdaten in den Einkaufsdaten des Lieferantenstamms der Kontengruppe 0012 steuern die Relevanz für die nachträgliche Abrechnung und die Preisfindung. Für die Bonusabrechnung und die Preisfindung mit der Lieferantenhierarchie werden nur Partner herangezogen, die als relevant für die nachträgliche Abrechnung und Preisfindung eingestellt sind.

[+] **Hinweis zur Lieferantenhierarchie**

Zusätzlich zum Customizing der Lieferantenhierarchie sind noch Einstellungen in den Einkaufsbelegen und in der Preisfindung nötig, wenn Sie mit mehr Hierarchiestufen arbeiten möchten.

3. **Kontengruppen zuordnen**
   In der IMG-Aktivität Kontengruppen zuordnen definieren Sie die möglichen Beziehungen der zulässigen Kontengruppen je Hierarchietyp (siehe Abbildung 5.68).

Kontengruppen zuordnen

Hierarchietyp	Bezeichnung	Kontengruppe	Bezeichnung	Übergeordn. Kontengruppe	Bezeichnung
A	Standard	0001	Lieferant	0001	Lieferant
A	Standard	0001	Lieferant	0012	Hierarchieknoten
A	Standard	0012	Hierarchieknoten	0012	Hierarchieknoten

Abbildung 5.68 Kontengruppen pro Hierarchietyp

Lieferanten der Kontengruppe 0001 (Lieferant) können beispielsweise nicht einem Lieferanten der Kontengruppe 0012 (Hierarchieknoten) übergeordnet werden.

4. **Einkaufsorganisation zuordnen**
   In der nächsten IMG-Aktivität ordnen Sie die Einkaufsorganisationen in der Tabelle TLHIOZ (Lieferantenhierarchie: erlaubte Zuordnungen) zu (siehe Abbildung 5.69).

Einkaufsorganisation zuordnen

Hierarchietyp	Bezeichnung	Einkaufsorg.	Bezeichnung	Überg.Einkaufsorg.	Bezeichnung
A	Standard	0001	Einkaufsorg. 0001	0001	Einkaufsorg. 0001
Z	Kein Standard	0003	Einkaufsorg. 0003	0003	Einkaufsorg. 0003

Abbildung 5.69 IMG-Aktivität »Einkaufsorganisation zuordnen«

Sie könnten für jeden Hierarchietyp mehrere Konstellationen erlauben. Die übergeordneten Hierarchieknoten in Abbildung 5.69 sind aber immer Lieferantenstämme aus der Einkaufsorganisation des untergeordneten Lieferanten. Der Hierarchietyp A ist nur für die Einkaufsorganisation 0001 erlaubt.

5. **Zuordnung Hierarchietyp pro Bestellbelegart**
   Lieferantenhierarchien werden als Partner in den Einkaufsbelegen abgebildet. In der IMG-Aktivität ZUORDNUNG HIERARCHIETYP PRO BESTELLBELEGART ordnen Sie pro Bestellbelegart einen oder keinen preisfindungsrelevanten Hierarchietyp zu. In Abbildung 5.70 sind die Belegarten DB (DUMMYBESTELLUNG) und NB (NORMALBESTELLUNG) relevant für die Anwendungen mit dem Lieferantenhierarchietyp A.

Sicht "Zuordnung Hierarchietyp pro Bestellbelegart" ändern: Übersicht

Zuordnung Hierarchietyp pro Bestellbelegart

Belegtyp	Bezeichnung	Belegart	Belegartbezeichnung	Hierarchietyp Lieferant	Bezeichnung
F	Bestellung	DB	Dummybestellung	A	Standard
F	Bestellung	EUB	DFPS, int. Best.art		
F	Bestellung	FO	Rahmenbestellung		
F	Bestellung	NB	Normalbestellung	A	Standard
F	Bestellung	NBXE	XLO-Übg.Bestellung		
F	Bestellung	NBXI	XLO-Int.Bestellung		
F	Bestellung	UB	Umlagerungsbestell.		
F	Bestellung	ZNB	Normalbestellung ZNB		
F	Bestellung	ZUB	Umlagerungsbestell.		

Abbildung 5.70 Hierarchietyp pro Bestellbelegart

Bei den Bestellbelegarten mit zugeordnetem Hierarchietyp werden Preisfindungsdaten bei übergeordneten Partnern ermittelt. Wenn relevante Partner aus übergeordneten Knoten im Hierarchiepfad Preisfindungsdaten enthalten, werden diese bei der Bestellbelegart berücksichtigt, sofern gültige Konditionssätze (siehe Abschnitt 6.7.3, »Ausgabesteuerung«) gefunden werden.

Die übergeordneten Partnerrollen müssen allerdings im Partnerschema der Belegart enthalten sein (siehe Abschnitt 6.5.1, »Partnerrollen im Einkaufsbeleg«). Die Partnerrollen 2A bis 2D sind für die Lieferantenhierarchie vorgesehen, 2B ist die übergeordnete Partnerrolle von 2A, 2C von 2B und 2D von 2C (siehe Abbildung 5.71).

Rolle	Bezeichnung	NrArt	Eindeutig	Überg.Par.Rolle
1A	Kundenhierarchie 1	KU	☐	1B
1B	Kundenhierarchie 2	KU	☐	1C
1C	Kundenhierarchie 3	KU	☐	1D
1D	Kundenhierarchie 4	KU	☐	
2A	LiefHierarchie 1	LI	☐	2B
2B	LiefHierarchie 2	LI	☐	2C
2C	LiefHierarchie 3	LI	☐	2D
2D	LiefHierarchie 4	LI	☐	

Abbildung 5.71 Übergeordnete Partnerrollen

Im Partnerschema für die Belegarten mit dem Hierarchietyp A müssen also die Rollen 2B, 2C und 2D enthalten sein.

Das Customizing für Kundenhierarchien verläuft analog. Die Partnerrolle 1B ist hierarchisch über der Rolle 1A etc.

5.3.2 Kundenstamm

Kundenstammdaten sind vor allem für den Vertrieb relevant, aber auch in der Materialwirtschaft gibt es Anwendungen, für die Kundenstammdaten benötigt werden. Erwähnt seien hier etwa Rücklieferungen an Lieferanten – diese können mit SD-Lieferscheinen abgewickelt werden. Dafür sind neben Vertriebssichten im Materialstamm auch Kundenstammdaten notwendig. Der Lieferant ist damit auch Warenempfänger, wie der in Abschnitt 5.3, »Geschäftspartner«, beschriebene Lohnbearbeiter.

Auch der Kundenstamm wird auf unterschiedliche Tabellen verteilt gespeichert. Zu den allgemeinen Daten auf Mandantenebene kommen spezielle Daten für Organisationseinheiten. Die wichtigsten Tabellen für den Kundenstamm sind folgende:

- KNA1 (Kundenstamm allgemeine Daten)
- KNB1 (Kundenstamm Buchungskreisdaten)
- KNVV (Kundenstamm Vertriebsdaten)

Für reine Warenempfänger benötigen Sie keine Buchungskreisdaten. Es genügen die zum Materialstamm passenden Vertriebsbereichsdaten. Hierzu verwenden Sie die Transaktion VD01 (Anlegen Debitor, Vertrieb) und die Standardkontengruppe 0002 (Warenempfänger).

Im Customizing der Kontengruppe werden u.a. folgende Eigenschaften des Kundenstamms festgelegt:

- Nummernvergabe und Nummernkreis
- Verwendung als Debitor/Kunde oder CPD
- Feldauswahl
- Textschema
- Vertriebsdaten
- Kundenschema
- Nachrichtenschema
- Partnerschema

Kontengruppen definieren Sie in der IMG-Aktivität LOGISTIK ALLGEMEIN • GESCHÄFTSPARTNER • KUNDE • STEUERUNG • KONTENGRUPPEN UND FELDAUSWAHL KUNDEN DEFINIEREN.

Die wichtigsten Partnerrollen für Kunden sind die folgenden:

- AG (AUFTRAGGEBER)
- WE (WARENEMPFÄNGER)
- RG (REGULIERER)
- RE (RECHNUNGSEMPFÄNGER)

Die Einstellungen für die Partnerfindung im Kundenstamm und in den diversen Vertriebsbelegen nehmen Sie in der IMG-Aktivität VERTRIEB • GRUNDFUNKTIONEN • PARTNERFINDUNG • PARTNERFINDUNG EINSTELLEN vor. Weitere Einstellungen für Geschäftspartner erledigen Sie in der IMG-Aktivität VERTRIEB • STAMMDATEN • GESCHÄFTSPARTNER • KUNDEN. Details hierzu würden den Rahmen eines Buches über Materialwirtschaft sprengen.

5.4 Stammdaten für die Materialbeschaffung

Der Material- und der Lieferantenstamm sind die wichtigste Voraussetzung für die Beschaffung von lagerhaltigem Material. Darauf aufbauend gibt es noch weitere Stammdaten für die Materialbeschaffung, z.B. Einkaufsinfosatz, Orderbuch und Quotierung. In diesem Abschnitt werden die Einstellmöglichkeiten für die Stammdaten zur Materialbeschaffung erläutert.

Weitere für die Beschaffung relevante Stammdaten sind Konditionen für Preise und Nachrichten. Das Customizing für diese Stammdaten wird im Rahmen der Konditionstechnik in Abschnitt 6.7.3 gezeigt.

5.4.1 Einkaufsinfosatz

Der Einkaufsinfosatz enthält lieferantenspezifische Daten für ein Material bzw. die Materialien einer Warengruppe. Er dient der Bezugsquellenfindung, sofern kein gültiger Rahmenvertrag (Kontrakt/Lieferplan) vorliegt.

Die Daten aus dem Einkaufsinfosatz werden in unterschiedlichen Tabellen gespeichert. Neben den allgemeinen Daten für Material (oder Warengruppe) und Lieferant gibt es noch spezielle Daten für die Einkaufsorganisation (und optional für das Werk). Die wesentlichen Tabellen für den Einkaufsinfosatz sind folgende:

- EINA (Einkaufsinfosatz – allgemeine Daten)
- EINE (Einkaufsinfosatz – Einkaufsorganisationsdaten)

Für die Einkaufsinfosätze stehen Ihnen mehrere Transaktionen zur Verfügung. Sie finden diese im SAP-Anwendungsmenü unter LOGISTIK • MATERIALWIRTSCHAFT • EINKAUF • STAMMDATEN • INFOSATZ. Die Transaktionscodes für die Einzelpflege sind z.B.:

- ME11 (Infosatz hinzufügen)
- ME12 (Infosatz ändern)
- ME13 (Infosatz anzeigen)

Mit der Transaktion MEMASSIN (Massenänderung für Einkaufsinfosätze) können Sie direkt Feldinhalte der Tabellen EINA und EINE bearbeiten.

[+] **Hinweis zum Einkaufsinfosatz**

Einkaufsinfosätze können Sie ohne eigenes Customizing sofort anlegen. Es sind auch keine weiteren Aktivitäten erforderlich.

Um das Customizing des Einkaufsinfosatzes zu erreichen, wählen Sie den IMG-Pfad MATERIALWIRTSCHAFT • EINKAUF • EINKAUFSINFOSATZ. Es umfasst folgende Möglichkeiten:

- Nummernkreise
- Feldauswahlsteuerung
- Texte
- Prüfzeugnistypen
- Preisentwicklung
- Suchhilfen

Nummernkreise

Nummernkreise definieren Sie in der IMG-Aktivität NUMMERNKREISE FESTLEGEN. Dort finden Sie die zwei Nummernkreisgruppen IL (Einkaufsinfo für Lagermaterial) und IN (Einkaufsinfo für Warengruppe (Nichtlagermaterial)) vor. In der Standardauslieferung sind diesen folgende Intervalle zugeordnet:

- **Gruppe IL (Lagermaterial)**
  - intern von 5300000000 bis 5399999999
  - extern von 5400000000 bis 5499999999
- **Gruppe IN (Nichtlagermaterial)**
  - intern von 5500000000 bis 5599999999
  - extern von 5600000000 bis 5699999999

Bildaufbau

Den Bildaufbau für den Einkaufsinfosatz definieren Sie mit der Pflegeview VV_162_I in der IMG-Aktivität MATERIALWIRTSCHAFT • EINKAUF • EINKAUFSINFOSATZ • BILDAUFBAU FESTLEGEN. Dort können Sie die Feldeigenschaften in den Feldauswahlschlüsseln einsehen und an Ihre Anforderungen anpassen. Die Steuerung funktioniert vergleichbar mit der Feldauswahlsteuerung für den Materialstamm, den Lieferantenstamm und mit dem Bildaufbau bei Einkaufsbelegen. Allerdings hängt der Bildaufbau beim Einkaufsinfosatz ausschließlich von der Transaktion ab. Weitere Einflussfaktoren gibt es nicht.

Im Pflegedialog können Sie die Feldeigenschaften Musseingabe, Kanneingabe oder Anzeige auswählen, damit das Feld im Bild erscheint.

Die folgenden Feldauswahlschlüssel für Einkaufsinfosätze sind in der Tabelle T162 (Feldauswahl Einkaufsbeleg) zu finden:

- ANZE – Anzeigen Infosatz
- ME11 – Hinzufügen Einkaufsinfo
- ME12 – Verändern Einkaufsinfo
- ME13 – Anzeigen Einkaufsinfo
- ME15 – Löschvorm. Eink.-info

Der Bildaufbau bei Einkaufsbelegen wird in Abschnitt 6.3.8 ausführlicher beschrieben.

Texte

Die Texte für Einkaufsinfosätze bearbeiten Sie im IMG-Knoten TEXTE FÜR EINKAUFSINFOSÄTZE. Dort wählen Sie zunächst die IMG-Aktivität TEXTE FESTLEGEN. Sie sehen dort folgende Textarten:

- 01 Infonotiz (interner Vermerk)
- 02 Bestelltext (für Bestellposition)

Für Einkaufsinfosätze können Sie keine eigenen Textarten anlegen, aber Sie können für die obigen beiden Textarten die Kopiersteuerung beeinflussen. Dazu wählen Sie die IMG-Aktivität KOPIERREGELN FESTLEGEN.

Hier können Sie einstellen, welche Texte aus den Textobjekten Anfrage/Angebot, Bestellung, Kontrakt, Lieferplan oder Materialstamm in den Einkaufsinfosatz übernommen werden sollen. Sie verknüpfen hierzu die Textarten des Einkaufsinfosatzes (Zieltexte) mit passenden Quelltexten der anderen Objekte. Mit dem Fixierungskennzeichen aus Abbildung 5.72 können Sie bestimmen, ob und wie der Quelltext in den Einkaufsinfosatz übernommen wird.

- Sie setzen kein Fixierungskennzeichen bzw. einen »Blank«, damit ein Quelltext automatisch übernommen und fixiert wird.
- Sie setzen das in Abbildung 5.72 markierte Fixierungskennzeichen »*«, wenn ein Anwender bei der Bearbeitung des Einkaufsinfosatzes entscheiden soll, ob und wann der Text übernommen wird.
- Sie setzen das Kennzeichen N, wenn der Text nicht übernommen werden soll.

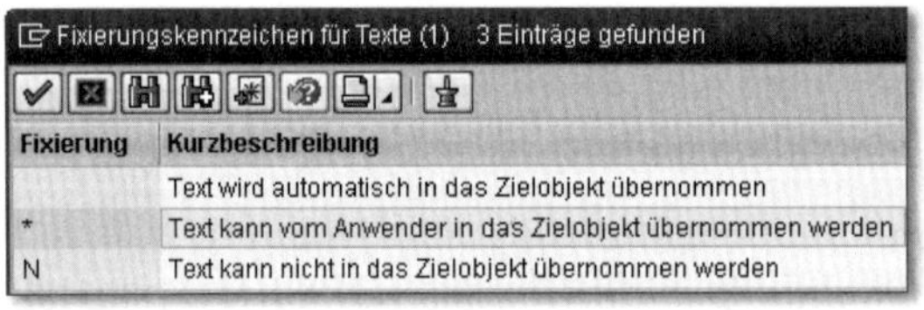

Abbildung 5.72 Fixierungskennzeichen für Texte

Im Standard wird so der Einkaufsbestelltext (Quelltext) aus dem Materialstamm (Quellobjekt) in den Bestelltext (Zieltext 02) des Einkaufsinfosatzes übernommen. Solange der Bestelltext in Abbildung 5.73 den Status »*« hat, werden Änderungen aus dem Einkaufsbestelltext des Materialstamms übernommen.

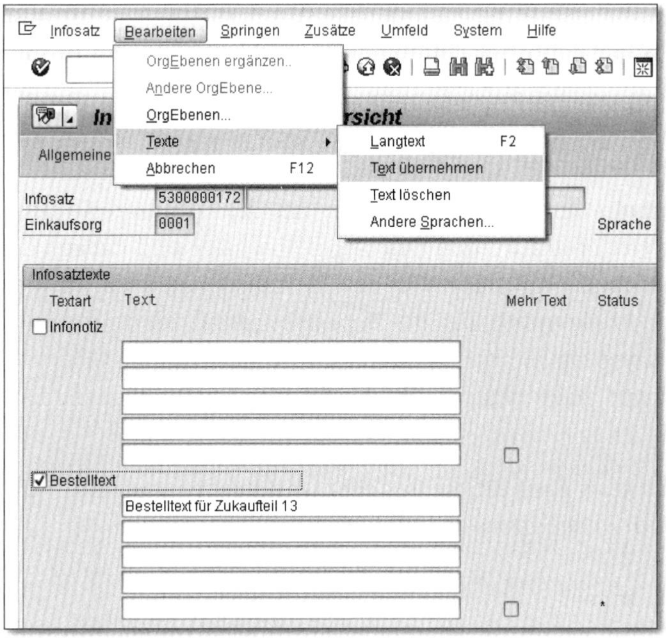

Abbildung 5.73 Text übernehmen

Der Bestelltext hat so lange den Status »*«, bis er geändert, übernommen oder gelöscht wird. Nach dem Sichern verschwindet dann das Fixierungskennzeichen. Änderungen am Quelltext werden nicht mehr übernommen. Quelltext und Zieltext können danach abweichen.

Prüfzeugnistypen

Bei Importgeschäften steht der Prüfzeugnistyp für die Art des Zeugnisses, das der Lieferant ausgestellt hat (z.B. Ursprungszeugnis). Gleichzeitig bestimmt er, welche weiteren Daten noch erforderlich sind. In Abbildung 5.74 sind das Zeugnisnummer, Zeugnisdatum, Ursprungsland und Zolltarifnummer.

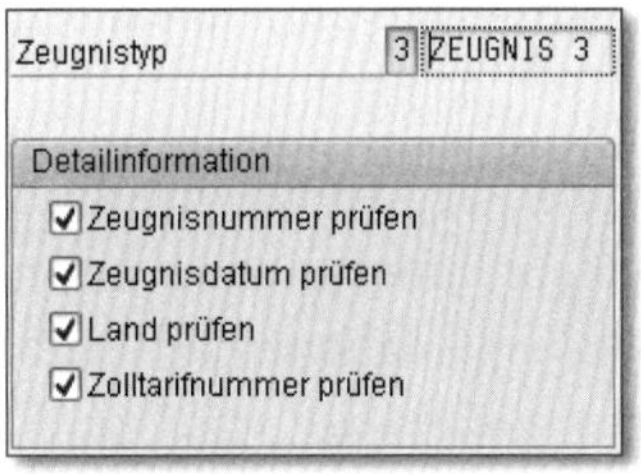

Abbildung 5.74 Prüfzeugnistyp im Einkaufsinfosatz

Die Zeugnistypen definieren Sie in der IMG-Aktivität PRÜFZEUGNISTYPEN PFLEGEN. Den Zeugnistyp und die zugehörigen Detailinformationen pflegen Sie in den allgemeinen Daten des Einkaufsinfosatzes.

Bestellpreisentwicklung

Die Bestellpreisentwicklung wird im Standard mit dem Nettopreis fortgeschrieben. In den Nettopreis werden Zuschläge, Abschläge und Rabatte des Lieferanten eingerechnet. Abhängig von der Einkaufsorganisation können Sie alternativ den Effektivpreis für die Bestellpreisentwicklung nehmen. Beim Effektivpreis werden alle Konditionen eingerechnet. Bezugsnebenkosten, Steuern, Skonto oder neutrale Rückstellungen werden dann auch berücksichtigt.

Um den Effektivpreis als Basis für die Bestellentwicklung einzustellen, wählen Sie die IMG-AKTIVITÄT PREISENTWICKLUNG FESTLEGEN.

Suchhilfen

Folgende Suchhilfen für die Nummer des Einkaufsinfosatzes finden Sie in den Anwendungstransaktionen der Standardauslieferung:

- Infosätze zum Lieferant
- Infosätze zum Material
- Infosätze zur Warengruppe (Nichtlagermaterial)
- Infosätze zur Fremdbearbeitung

Bei Bedarf können Sie diese Suchhilfen überarbeiten oder auch neue Suchhilfen definieren. Damit durch unnötige Suchhilfen die Performance des Systems nicht belastet wird, sollten Sie Suchhilfen deaktivieren, die Sie nicht benötigen.

Suchhilfen für Einkaufsinfosätze (Sammelsuchhilfe MEIN) pflegen Sie mit der Transaktion OMHL (C MM-PUR Matchcode Infosatz). Wählen Sie hierzu die IMG-AKTIVITÄT SUCHHILFEN PFLEGEN.

Suchhilfen gelten mandantenübergreifend, und die Bearbeitung von Suchhilfen geht über das Customizing hinaus. Für weitere Informationen zu den Suchhilfen möchte ich Sie auf die einschlägigen Dokumentationen zur Transaktion SE11 (ABAP Dictionary Pflege) verweisen.

5.4.2 Orderbuch

Im Orderbuch werden die möglichen Bezugsquellen für ein Material abhängig vom Werk eingetragen. In den Werksdaten des Materialstamms können Sie für fremdbeschafftes Material die Orderbuchpflicht individuell setzen. Damit können Sie das Material erst bestellen, wenn die Bezugsquelle im Orderbuch steht.

In der IMG-Aktivität MATERIALWIRTSCHAFT • EINKAUF • ORDERBUCH • ORDERBUCHPFLICHT AUF WERKSEBENE DEFINIEREN können Sie die Orderbuchpflicht für ganze Werke einstellen.

Suchhilfen für Orderbücher (Sammelsuchhilfe MEOR) bearbeiten Sie mit der Transaktion OMHO (C MM-PUR Matchcode Orderbuch). Wählen Sie hierzu die IMG-AKTIVITÄT SUCHHILFEN PFLEGEN.

Suchhilfen für Orderbücher [+]

Suchhilfen für Orderbücher benötigen Sie eher selten; Orderbücher werden in den Anwendertransaktionen mit Material und Werk gefunden. Bearbeiten Sie Suchhilfen für Orderbücher daher auch nur bei einem speziellen Bedarf.

Auch bei Suchhilfen für Orderbücher möchte ich auf die einschlägige Dokumentation zum ABAP Dictionary (Transaktion SE11) verweisen.

5.4.3 Quotierung

Mit der Quotierung können Sie Material mit mehreren Bezugsquellen automatisch disponieren. Die Quotierung steuert werksabhängig, welche Bezugsquelle für die aktuelle Bedarfsdeckung herangezogen werden soll.

Im Customizing könnten Sie für das Objekt »Quotierung« Nummernkreise definieren, falls Ihnen das Intervall der Standardauslieferung nicht zusagt. Interessanter ist das Customizing der Quotierungsverwendung. Mit dem Schlüssel »Quotierungsverwendung« können Sie festlegen, welche Mengen für die Quotierung berücksichtigt werden sollen:

- Bestellmengen
- Lieferplaneinteilungen
- Planauftragsmengen
- Bestellanforderungen
- Planauftragsmengen und Bestellanforderungen aus der Disposition
- Fertigungsauftragsmengen

Sie definieren die Quotierungsverwendung in der IMG-Aktivität MATERIALWIRTSCHAFT • EINKAUF • QUOTIERUNG • QUOTIERUNGSVERWENDUNG FESTLEGEN. In Abbildung 5.75 ist die eigene Quotierungsverwendung Z für Bestellungen, Lieferplaneinteilungen und Bestellanforderungen eingestellt.

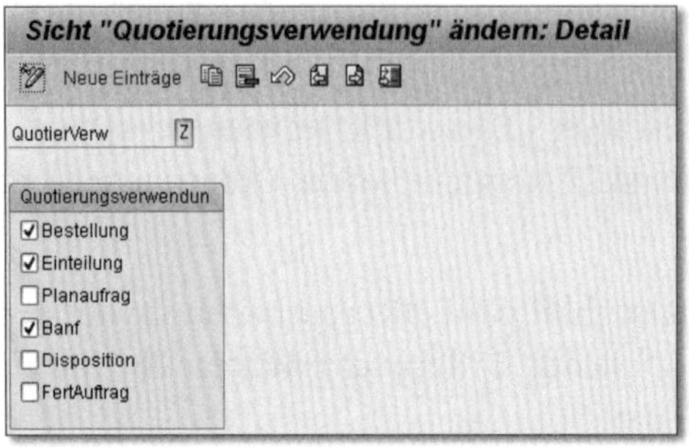

Abbildung 5.75 Quotierungsverwendung

Nach den Stammdaten der Materialbeschaffung werde ich im Folgenden noch ein paar übergreifend wichtige Einstellungen zu Chargen vorstellen.

5.5 Chargen

Eine Charge ist eine Produktmenge mit einheitlichen Produktionsdaten, oft erhält die Tagesproduktionsmenge eine separate Chargennummer. Mit der Chargennummer sind bestimmte Produktionsdaten und Merkmale der Charge verknüpft. Chargen werden verstärkt für Flüssigkeiten eingesetzt. Für viele Produkte, z.B. aus Lebensmittel-, Chemie- oder Pharmaindustrie, wird anhand der Chargen eine Rückverfolgbarkeit der Produktionskette erreicht. Unternehmen sind teilweise sogar dazu verpflichtet, die Bestände mit Chargen zu verwalten.

Chargen haben eine eindeutige Chargennummer (Losnummer, engl. Batch). Dadurch können für eine Materialnummer getrennte Bestände geführt werden; Sie können diese Bestände bei Bedarf auch getrennt bewerten. Die Chargendaten werden auf mehrere Tabellen verteilt gespeichert. Die Tabellen sind oft abhängig von Organisationseinheiten. Wichtige Tabellen für Chargen sind folgende:

- MCHA (Chargen)
- MCHB (Chargenbestände)
- MKOL (Sonderbestände vom Lieferanten)

Für die Chargenverwaltung stehen Ihnen mehrere Transaktionen zur Verfügung. Sie finden diese im SAP-Anwendungsmenü unter LOGISTIK • ZENTRALE FUNKTIONEN • CHARGENVERWALTUNG. Direkt unter diesem Knoten finden Sie die Transaktion BMBC (Batch Information Cockpit); die weiteren Pflegetransaktionen MSC1N (Charge anlegen), MSC2N (Charge ändern) und MSC3N (Charge anzeigen) finden Sie im Knoten CHARGE.

Das Customizing für die Chargenstämme umfasst folgende Möglichkeiten:

- Feldauswahl
- Dokumentenverwaltung aktivieren
- Erweiterungen für die Transaktionen
- Nummernvergabe

5.5.1 Feldauswahl

Die Feldauswahl für den Chargenstamm erfolgt, ähnlich wie beim Materialstamm, über Feldauswahlgruppen. In der Standardauslieferung ist jedes Feld des Chargenstamms bereits einer Gruppe (001 bis 040) zugeordnet. Für die Feldgruppenzuordnung wählen Sie die IMG-Aktivität LOGISTIK ALLGEMEIN • CHARGENVERWALTUNG • CHARGENSTAMM • FELDAUSWAHL CHARGENSTAMM • FELDER ZU FELDGRUPPEN ZUORDNEN.

Die Feldeigenschaften sind wie gewohnt KANNEINGABE, MUSSEINGABE, ANZEIGEN und AUSBLENDEN. Einzige Feldreferenz ist die Transaktion. Zur Feldauswahlsteuerung für die Chargenstammsatz-Transaktionen wählen Sie die IMG-Aktivität LOGISTIK ALLGEMEIN • CHARGENVERWALTUNG • CHARGENSTAMM • FELDAUSWAHL CHARGENSTAMM • FELDAUSWAHLSTEUERUNG BEARBEITEN.

In Abbildung 5.76 sehen Sie die Feldauswahlsteuerung der Feldauswahlgruppe 008. Die drei Datenfelder HERKL, HERKR und MTVER der Tabelle MCHA sind für die Transaktion MSC2 (Charge ändern) und die Enjoy-Transaktion MSC2N (Charge ändern) als KANNEINGABE eingestellt.

Folgende Einschränkungen gelten für die Feldauswahlsteuerung bei Chargen:

- Mussfelder der Standardauslieferung können nicht geändert werden.
- Nur eingabebereite Felder der Standardauslieferung können als Mussfelder definiert werden.
- Nur Felder, die im Standard keine Mussfelder sind, können ausgeblendet oder als Anzeigefelder definiert werden.

Abbildung 5.76 Feldauswahlreferenz MSC2 – Feldauswahlgruppe 008

5.5.2 Dokumentenverwaltung

Wenn Sie die Dokumentenverwaltung für Chargen aktivieren, erscheint im Chargenstamm eine zusätzliche Registerkarte DOKUMENTE. In dieser Registerkarte können Sie Ihre Chargen mit diversen Dokumenten der Dokumentenverwaltung verknüpfen.

Im Standard ist die Dokumentenverwaltung für Chargen nicht aktiv. Um sie für Ihr SAP-System zu aktivieren, wählen Sie die IMG-Aktivität LOGISTIK ALLGEMEIN • CHARGENVERWALTUNG • CHARGENSTAMM • DOKUMENTENVERWALTUNG FÜR CHARGEN AKTIVIEREN.

Die Verknüpfungen bleiben auch erhalten, wenn Sie die Aktivierung eines Tages rückgängig machen. Allerdings erscheint die Registerkarte für die Dokumente nur bei aktivierter Dokumentenverwaltung für Chargenstämme.

5.5.3 Erweiterungen

Das BAdI zur Erweiterung von Chargenstammtransaktionen wird in der Komponente Chargenstamm (LO-BM-MD) verwendet. Es ist im Standard nicht aktiv, nicht mehrfach nutzbar und auch nicht gefiltert. Wenn Sie das BAdI nutzen wollen, wählen Sie die IMG-Aktivität LOGISTIK ALLGEMEIN • CHARGENVERWALTUNG • CHARGENSTAMM • BADI: ERWEITERUNGEN FÜR CHARGENSTAMMTRANSAKTIONEN.

Die Implementierung eines BAdI ist eine Entwicklungstätigkeit und wird daher nicht weiter beschrieben.

5.5.4 Nummernvergabe

Über den IMG-Pfad Logistik Allgemein • Chargenverwaltung • Chargennummernvergabe gibt es für die Chargennummernvergabe folgende IMG-Aktivitäten:

- Interne Chargennummernvergabe aktivieren (allgemein und werksabhängig für kontierte Wareneingänge)
- Nummernkreise für interne Chargennummernvergabe pflegen
- Customer-Exits für interne Chargennummernvergabe einrichten
- Nummernkreis für externe Chargennummernvergabe pflegen
- Customer-Exits für externe Chargennummernvergabe einrichten

In diesen Aktivitäten stellen Sie die Chargennummernvergabe auf Ihre Anforderungen ein. Im Standard ist die interne Nummernvergabe aktiv. Das Intervall 01 geht von 0000000001 bis 9999999999. Ein externer Nummernkreis ist im Standard nicht definiert. Legen Sie für das Objekt BATCH_CLT ein Intervall 02 für die externe Nummernvergabe an, sofern Sie eine Prüfung wünschen. Andernfalls können Sie extern jede freie zehnstellige alphanumerische Nummer vergeben.

5.5.5 Klassifizierung

Chargen werden klassifiziert. Die Klassifizierung selbst ist eine anwendungsübergreifende Komponente des SAP-Systems. Die unterschiedlichen Anwendungen der Klassifizierung werden mit speziellen Klassenarten unterstützt. Folgende Klassenarten sind für die Materialwirtschaft wichtig:

- 001 (Materialklasse)
- 023 (Chargen)
- 032 (Freigabestrategie)

In der Branchenlösung SAP for Retail wird die Klassifizierung zudem noch zur Abbildung hierarchischer Warengruppen verwendet.

Die Kernelemente der Klassifizierung sind Merkmal und Klasse. Mit der Zuordnung von Objekten zu einer Klasse werden die Merkmale der Klasse für das Objekt bewertet.

Eine ausführliche Beschreibung der Klassifizierung mit ihren vielfältigen Einsatzmöglichkeiten würde den Rahmen dieses Buches sprengen. Die Grundeinstellungen zur Gruppierung von Klassen und Merkmalen, werden jedoch erwähnt, da sie als sinnvoll erachtet werden und schnell durchzuführen sind. Die Gruppierung dient den Anwendern zum schnelleren Finden der gesuchten Klassen und Merkmale über die Suchhilfen/Matchcodes.

Folgende Aktivitäten sollten Sie durchführen:

- **Merkmale gruppieren**
  Gruppieren Sie Ihre Merkmale nach organisatorischen Gesichtspunkten. Fassen Sie ähnliche Merkmale in einer Merkmalgruppe zusammen, um diese einfach zu finden. Um Ihre Merkmalgruppen zu definieren, wählen Sie die IMG-Aktivitäten ANWENDUNGSÜBERGREIFENDE KOMPONENTEN • KLASSENSYSTEM • MERKMALE • MERKMALGRUPPEN DEFINIEREN.
- **Klassen gruppieren**
  Gruppieren Sie auch Ihre Klassen nach organisatorischen Gesichtspunkten. Und fassen Sie wiederum ähnliche Klassen in einer Klassengruppe zusammen, um diese einfach zu finden. Um Ihre Klassengruppen zu definieren, wählen Sie die IMG-Aktivität ANWENDUNGSÜBERGREIFENDE KOMPONENTEN • KLASSENSYSTEM • KLASSEN • KLASSENGRUPPEN DEFINIEREN.

5.6 Zusammenfassung

In diesem Kapitel wurden die wesentlichen Customizing-Einstellungen für die übergreifenden Stammdaten der Materialwirtschaft gezeigt. Dabei handelt es sich um die Stammdaten des Materialstamms und der Materialbeschaffung, von Geschäftspartnern und Chargen. Die wichtigsten Einstellmöglichkeiten für Anwendungen des Einkaufs lernen Sie in Kapitel 6, »Einkauf und Beschaffung«, kennen.

Hauptaufgabe der Materialwirtschaft ist die Materialbeschaffung durch den Einkauf. Der jeweilige Lieferant wird durch Bestellnachrichten zum Einkaufsbeleg beauftragt.

6 Einkauf und Beschaffung

In diesem Kapitel beschreibe ich die Einstellmöglichkeiten für Anwendungen des Einkaufs und der Beschaffung. Dazu stelle ich zunächst die Einkaufsbelege im Bestellprozess vor. Anschließend zeige ich, wie Sie Belegarten, Positionstypen und Kontierungstypen für Einkaufsbelege definieren und kombinieren können. Danach lernen Sie die Einflussfaktoren im Bildaufbau bei Einkaufsbelegen kennen, und Sie sehen, wo Sie Belegarten als Vorschlagswerte hinterlegen können.

Wie Sie die Bestätigungssteuerung für Anlieferungen nutzen können oder für Ihre Belege Partnerrollen und Textarten für Einkaufsbelege definieren, erfahren Sie im Anschluss. Die Beschreibung der Nachrichtenfindung im Einkauf als Variante der Konditionstechnik endet mit einem Exkurs zum Formular MEDRUCK.

Gegen Ende des Kapitels beschreibe ich Vorschlagswerte – sowohl für Anwendungen des Einkaufs allgemein mit dem Benutzerparameter `EVO` als auch für kontierte Bestellungen mit Warengruppe.

6.1 Einkauf in der Betriebswirtschaft

Unter dem Begriff *Einkauf* werden alle Tätigkeiten zusammengefasst, die mit der Beschaffung von Waren und Dienstleistungen zu tun haben.

Ziel ist es, das Unternehmen mit Rohstoffen, Hilfsstoffen, Betriebsstoffen, Handelswaren, Fremdleistungen etc. zu versorgen, die zur Unterstützung der Unternehmensleistungen gebraucht werden. Dabei unterscheidet man zwischen den eher strategischen Aufgaben des Einkaufs und den operativen Tätigkeiten der Beschaffung.

Strategische Aufgaben des Einkaufs sind folgende:

- Auswahl von Lieferanten durch das Einholen von vergleichbaren Angeboten und durch die Bewertung der Anlieferungen
- Mitwirkung bei Make-or-Buy-Entscheidungen
- Aushandeln von Konditionen und die Vereinbarung von Rahmenverträgen für das kommende Geschäftsjahr

Operative Beschaffungstätigkeiten sind z.B. die folgenden:

- Beauftragung von Lieferanten durch das Übermitteln von Bestellungen und Lieferabrufen
- Bedarfsbestimmung für Waren und Dienstleistungen von externen Lieferanten durch Verwaltung der Bestellanforderungen aller Fachbereiche
- Anmahnung von Terminüberschreitungen
- Prüfen der eingehenden Rechnungen und Zahlungsveranlassung

6.2 Einkauf in der SAP-Materialwirtschaft

Die Anwendungen des Einkaufs in der SAP-Materialwirtschaft finden Sie im Anwendungsmenü unter LOGISTIK • MATERIALWIRTSCHAFT • EINKAUF. Sie sind folgendermaßen gruppiert:

- Im Verzeichnis BESTELLUNG befinden sich Transaktionen für die Bestellabwicklung (Anlegen, Freigeben, Ausdrucken und Auswerten von Bestellungen, Anlieferungen, Rechnung prüfen etc.).
- Im Verzeichnis BANF befinden sich Transaktionen zur Bearbeitung von Bestellanforderungen (Anlegen, Freigeben, Verwalten, Zuordnen und Bearbeiten etc.).
- Im Verzeichnis RAHMENVERTRAG befinden sich Transaktionen für Kontrakte und Lieferpläne (Anlegen, Freigeben, Ausdrucken etc.).
- Im Verzeichnis ANFRAGE/ANGEBOT befinden sich Transaktionen für Anfragen (Anlegen, Freigeben, Ausdrucken, Auswerten, Angebot pflegen etc.).
- Im Verzeichnis STAMMDATEN befinden sich Transaktionen für Stammdaten (Anlegen, Ändern, Auswerten, Folgefunktionen etc.).
- Recht unterschiedliche Transaktionen finden Sie in den Unterverzeichnissen des Verzeichnisses UMFELD (Leistungserfassung in Dienstleistungsabwicklung, Änderung der Bestellwährung für Lieferanten, Zuordnung von

Organisationseinheiten für EDI-Abwicklung, Transaktionen zur Bündelung von Bestellungen etc.).

Sämtliche Einkaufsbelege aus diesen Verzeichnissen werden im folgenden Abschnitt vorgestellt.

6.3 Einkaufsbeleg

Die Einkaufsbelege lassen sich einteilen in Einkaufsbelege für die Bestellabwicklung und Kommunikation mit dem Lieferanten und für nur unternehmensintern verwendete Bestellanforderungen.

6.3.1 Bestellabwicklung

Folgende Einkaufsbelege stehen für die Bestellabwicklung zur Verfügung:

- **Anfragen**
  Anfragen dienen dazu, für ein Material (oder eine Dienstleistung) vergleichbare *Angebote* bei in Frage kommenden Lieferanten anzufragen. Es handelt sich dabei um denselben Beleg: Die Anfragen werden durch die Ergänzung der angebotenen Preise der angefragten Lieferanten zum Angebot. Die Anfragen werden einer gemeinsamen Submissionsnummer zugeordnet. Das erleichtert die Auflistung und gemeinsame Weiterverarbeitung.
- **Kontrakte**
  Kontrakte und Lieferpläne sind mit dem Lieferanten vereinbarte Rahmenverträge. Bei den Kontrakten können Sie zwischen *Mengenkontrakten* und *Wertkontrakten* wählen. Erstere sind für Materialbestellungen üblich.
- **Bestellungen**
  Bestellungen mit Bezug zu einem Kontrakt werden auch *Kontraktabrufe* genannt. Für jeden Kontraktabruf gibt es eine separate Bestellnummer.

  Bestellungen werden ohne Bezug zu einem Vorgängerbeleg oder mit Bezug zu einer Bestellanforderung, einem Angebot oder eben einem Kontrakt angelegt (auch indirekt über BANF mit Kontraktbezug).
- **Lieferpläne**
  Ein *Lieferplan* ist ein mit dem Lieferanten vereinbarter Rahmenvertrag. Bei Lieferplänen dient die Lieferplannummer über die ganze Laufzeit des Lieferplans als Bestellnummer. Im Gegensatz zur Bestellung ist es beim Lieferplan üblich, für die einzelnen Positionen *Liefereinteilungen* zu er-

stellen. In Bestellpositionen ist das auch möglich, aber nicht unbedingt üblich. Diese Lieferplaneinteilungen können manuell oder automatisch im MRP-Lauf erfasst werden, sofern die Steuerungsparameter für die Lieferplaneinteilung entsprechend eingestellt sind.

Der Lieferplan kann wiederum mit Bezug zu einer Bestellanforderung, einem Angebot, einem Kontrakt oder ohne Vorgängerbeleg angelegt werden.

6.3.2 Bestellprozess

Die wichtigsten Transaktionen zum Anlegen von Einkaufsbelegen im Bestellprozess sind:

- ME41 (Anfrage anlegen)
- ME31K (Kontrakt anlegen)
- ME21N (Bestellung anlegen)
- ME31L (Lieferplan anlegen)

Spezielle Transaktionen für die Lieferplanabwicklung sind ME38 (Einteilungen pflegen) und ME84 (Lieferabruf erstellen).

Der Bestellprozess startet mit einem Bedarf. Ein solcher Bedarf kann im SAP ERP-System als Bestellanforderung erfasst werden.

Bestellanforderung

Eine Bestellanforderung (BANF) ist ein interner Beleg; die einzelnen BANF-Positionen zeigen den Bestellbedarf für fremdbeschaffte Waren und Dienstleistungen innerhalb eines Werkes an. Bestellanforderungen werden folgendermaßen angelegt:

- ungeplant von autorisierten Anwendern aus beliebigen Fachabteilungen mit der Transaktion ME51N (BANF anlegen)
- geplant von Materialdisponenten durch das Umsetzen von *Planaufträgen*, beispielsweise mit der Transaktion MD04 (Anzeigen Bestands-/Bedarfssituation) oder MD05 (Einzelanzeige Dispositionsliste)

Planaufträge entstehen im Materialbedarfsplanungslauf, beispielsweise durch folgende Transaktionen, wenn die Bestände nicht zur Deckung des Primärbedarfs ausreichen:

- MDBT (MRP-Planung BATCH)
- MD01 (MRP-Planungslauf)
- MD02 (MRP-Einzelplanung -mehrstufig-)
- MD03 (MRP-Einzelplanung -einstufig-)
- MD50 (Kundenauftragsplanung)
- MD51 (Projekteinzelplanung)

Bei plangesteuertem Material werden auch Sekundärbedarfe, die durch Auflösung von Stücklisten entstanden sind, durch Planaufträge gedeckt. Bei fremdbeschafftem Material können in der Bedarfsplanung anstelle von Planaufträgen auch automatisch Bestellanforderungen angelegt werden.

In Abbildung 6.1 sehen Sie beispielhaft das Einstiegsbild der Transaktion MD02 (MRP-Einzelplanung -mehrstufig-).

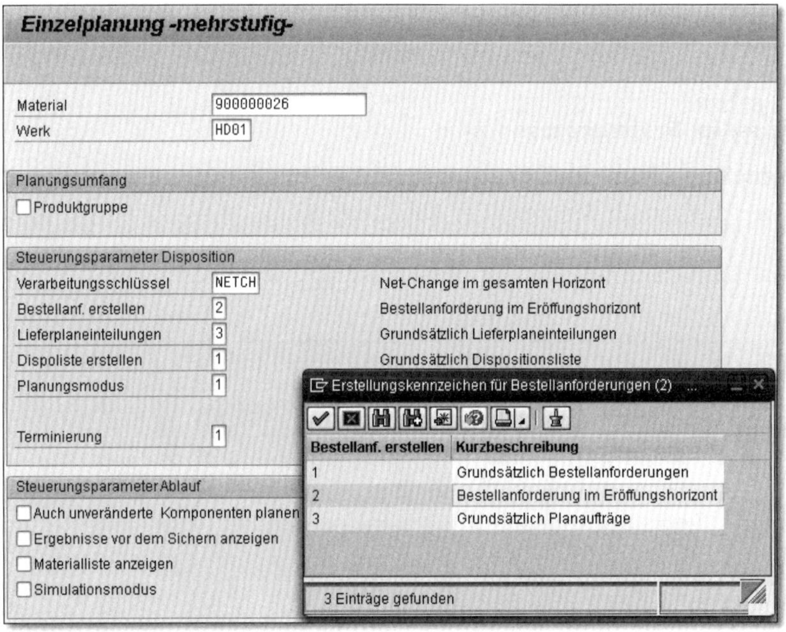

Abbildung 6.1 Bestellanforderungen aus Materialbedarfsplanung

Der Steuerungsparameter BESTELLANFORDERUNG ERSTELLEN muss hierfür auf 1 (GRUNDSÄTZLICH BESTELLANFORDERUNGEN) oder 2 (BESTELLANFORDERUNG IM ERÖFFNUNGSHORIZONT) gesetzt werden.

[+] **Materialbedarfsplanung**

Um den Arbeitsvorrat nicht mit Bestellanforderungen für Bedarfe außerhalb der Wiederbeschaffungszeit aufzublähen, wählen Sie grundsätzlich den Steuerungsparameter 2 (BESTELLANFORDERUNG IM ERÖFFNUNGSHORIZONT) für die Transaktionen der Materialbedarfsplanung.

Neben den neutralen Bestellanforderungen, mit denen der Lagerbestand aufgefüllt wird, gibt es auch auftragsabhängige Bestellanforderungen mit Bezug zum Kundenauftrag, zum Fertigungsauftrag oder zum Instandhaltungsauftrag. Die Summe aller BANF-Positionen bildet den Arbeitsvorrat für geplante Bestellprozesse. Einer BANF-Position kann bereits ein (Wunsch-)Lieferant oder Rahmenvertrag als Bezugsquelle zugeordnet sein, sofern die Bezugsquelle bekannt ist.

Weil die BANF ein Vorgängerbeleg für die anderen Einkaufsbelege ist, kann der Belegfluss durch die Übernahme der Bestelldaten aus der BANF teilweise automatisiert werden.

Belegflüsse im Bestellprozess

Eine komplette Übersicht über die möglichen Belegflüsse im Bestellprozess sehen Sie schematisch dargestellt in Abbildung 6.2.

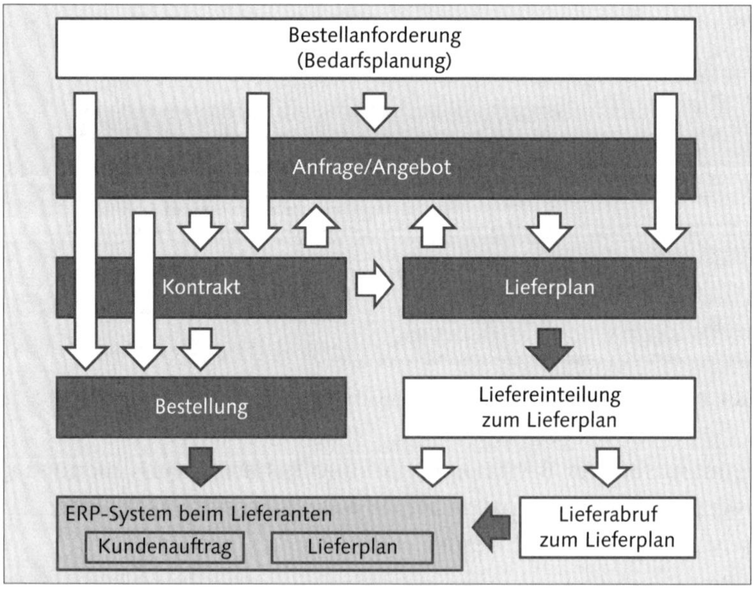

Abbildung 6.2 Einkaufsbelege im Bestellprozess

Die abgehenden Belegflüsse sind mit Pfeilen dargestellt: Helle Pfeile stellen dabei lediglich Optionen dar; dunkle Pfeile stehen für alternativlose Belegflüsse. Die Einkaufsbelege für die Bestellabwicklung sind mit dunkler Füllfarbe dargestellt; für die Bestellanforderung und die »Folgebelege« des Lieferplans habe ich eine helle Füllfarbe gewählt. Auf den Planauftrag als Vorgängerbeleg zur BANF wurde in dieser Abbildung verzichtet, weil dieser nicht zu den Einkaufsbelegen zählt.

Einkaufsbeleg anlegen [+]

Jeder Einkaufsbeleg kann als Kopiervorlage für einen gleichartigen Beleg herangezogen werden. Sie können also Bestellanforderungen, Anfragen, Kontrakte, Lieferpläne und Bestellungen einfach kopieren und ändern.

Wie Sie an den dunklen Pfeilen erkennen, bekommt der Lieferant entweder eine *Bestellung* oder einen *Lieferabruf* als Bestellnachricht aus Ihrem SAP ERP-System übermittelt.

Lieferabrufe zum Lieferplan werden aus Liefereinteilungen ad hoc oder regelmäßig über ein Abrufprofil erstellt. Bei Lieferplänen ohne Abrufdokumentation wird eine Nachricht direkt zur Liefereinteilung übergeben. Im Bestellprozess mit Lieferplan gibt es deswegen für die Liefereinteilung zwei Optionen:

- Bestellnachrichten für den Lieferanten direkt zur Liefereinteilung
- Bestellnachrichten indirekt über Lieferabrufe zur Liefereinteilung

Die Einkaufsbelege können sowohl direkt, also ohne Vorgängerbelege im SAP ERP-System, als auch mit Bezug zu einem Vorgängerbeleg angelegt werden.

Die Übermittlung der Bestellnachrichten zum Lieferanten erfolgt in Papierform oder auf elektronischem Weg. Mit den Bestelldaten aus den Einkaufsbelegen werden im ERP-System des Lieferanten Verkaufsbelege erstellt. Um die Belegflüsse komplett darzustellen, wird das ERP-System des Lieferanten unten links in Abbildung 6.2 angedeutet. Arbeitet der Lieferant mit SAP ERP, wird dort aus Ihrer Bestellung ein Kundenauftrag oder ein Lieferplan.

Freigabeverfahren

Die Weiterverarbeitung von Einkaufsbelegen können Sie mit elektronischen Freigabeverfahren im SAP ERP-System steuern. Das Customizing für Freigabeverfahren finden Sie im IMG zu den jeweiligen Einkaufsbelegen: MATERI-

ALWIRTSCHAFT • EINKAUF • ANFRAGE/ANGEBOT oder BESTELLANFORDERUNG oder BESTELLUNG oder KONTRAKT oder LIEFERPLAN • FREIGABEVERFAHREN.

Das Customizing für die Freigabeverfahren im Einkauf mit den Elementen Freigabegruppe, -code, -kennzeichen, -strategie und Workflow ist in den Dokumenten im Anhang des SAP-Hinweises 207490 (Freigabeverfahren Einkauf: Dokumentation zum Customizing) ausführlich beschrieben.

Die Freigabeverfahren erfolgen in der Regel mit Klassifizierung und bieten zusätzlich zu den Freigabebedingungen Wert, Warengruppe, Kontierung und Werk die Möglichkeit, für ein flexibleres Freigabeverfahren weitere Bedingungen festzulegen. Das Grund-Customizing für die Klassifizierung habe ich bereits in Abschnitt 5.5.5 im Zusammenhang mit Chargen erwähnt.

Für Bestellanforderungen gibt es zusätzlich noch ein einfaches Verfahren ohne Klassifizierung, bei dem Sie Ihre Freigabestrategie abhängig von den Bedingungen Wert, Warengruppe, Kontierung und Werk einstellen können.

Im folgenden Abschnitt geht es nun um das Customizing für die Einkaufsbelege selbst.

6.3.3 Belegtyp

Zur Differenzierung der Einkaufsbelege gibt es folgende *Belegtypen*:

- A (Anfrage)
- K (Kontrakt)
- F (Bestellung)
- L (Lieferplan)

Diese Belegtypen sind jedoch gleichartig aufgebaut, es gibt einen Belegkopf und Belegpositionen. Die verschiedenen Typen nutzen auch dieselben Tabellen für Kopf- und Positionsdaten.

Die Daten der Bestellanforderung (BANF) sind in einer separaten Tabelle abgelegt. Der Belegtyp für BANF-Positionen ist B (Bestellanforderung).

Zu jedem Belegtyp gibt es mehrere *Belegarten*, mit denen individuelle Einkaufsabwicklungen unterschieden werden. Belegtyp und Belegart gehören zu den prägenden Datenfeldern im Belegkopf.

Die Daten zu den Einkaufsbelegen werden in unterschiedlichen Tabellen verwaltet. Folgende sind die wichtigsten Tabellen in alphabetischer Reihenfolge:

- EBAN (Bestellanforderung)
- EKAB (Abrufdokumentation)
- EKEH (Lieferplanabruf-Dokumentation)
- EKES (Bestellbestätigungen)
- EKET (Lieferplaneinteilungen)
- EKKN (Kontierung im Einkaufsbeleg)
- EKKO (Einkaufsbelegkopf)
- EKPB (Beistellposition im Einkaufsbeleg)
- EKPO (Einkaufsbelegposition)

Bei diesen mandantenabhängigen Tabellen gehören der *Mandant* und die *Belegnummer* zu den Schlüsselfeldern. Die weiteren Schlüsselfelder unterscheiden sich je nach Inhalt der Tabellen.

Im nächsten Abschnitt werden die Transaktionen vorgestellt, mit denen Sie die Nummernintervalle für Ihre Einkaufsbelege definieren.

6.3.4 Belegnummer

Für sämtliche Belegarten können Sie eigene *Nummernkreise* für die externe und interne Nummernvergabe festlegen. In der alltäglichen Anwendung erfolgt die Nummernvergabe in der Regel intern. Sie kennen sicher die zehnstelligen 45er-Bestellnummern aus SAP ERP.

Nummernkreise mit extern vergebener Nummer eigenen sich zum Beispiel für das Einspielen von Einkaufsbelegen aus Fremdsystemen. Sie werden nur zugeordnet, wenn sie auch wirklich benötigt werden bzw. erlaubt sind. Wenn die Bestellnummern im Quellsystem kürzer sind, können Sie ein Präfix vor die alte Bestellnummer setzen, an dem Sie das Quellsystem erkennen. Bei SAP R/2-R/3-Migrationsprojekten hat man so die achtstelligen Nummern aus SAP R/2 in zehnstellige SAP R/3-Nummern überführt.

Die Nummernkreise für die Einkaufsbelege gehören zu den wesentlichen Eigenschaften bei der Definition von Belegarten für den Einkauf. Beim Festlegen der Nummernkreise ist dabei zu beachten, dass die Intervalle überlappungsfrei sind. Einkaufsbelege haben maximal zehnstellige Nummern.

Die Transaktionen zur Definition Ihrer Nummernkreise finden Sie im IMG zu den einzelnen Belegtypen (A, K, F, L & B).

Nummernkreise für Bestellanforderungen legen Sie mit der Transaktion OMH7 (Nummernkreise für Bestellanforderungen) an. Wählen Sie hierzu folgende IMG-Aktivität: MATERIALWIRTSCHAFT • EINKAUF • BESTELLANFORDERUNGEN • NUMMERNKREISE FESTLEGEN.

Nummernkreise für Einkaufsbelege legen Sie mit der Transaktion OMH6 (Nummernkreise für Einkaufsbelege) an. Wählen Sie hierzu eine der folgenden IMG-Aktivitäten:

- Materialwirtschaft • Einkauf • Anfrage/Angebot • Nummernkreise festlegen
- Materialwirtschaft • Einkauf • Kontrakt • Nummernkreise festlegen
- Materialwirtschaft • Einkauf • Bestellung • Nummernkreise festlegen
- Materialwirtschaft • Einkauf • Lieferplan • Nummernkreise festlegen

Für Einkaufsbelege sind in der Standardauslieferung folgende Nummernkreise angelegt (siehe Tabelle 6.1):

Nr.	Von Nummer	Bis Nummer
41	4100000000	4199999999 (extern)
44	4400000000	4499999999 (extern)
45	4500000000	4599999999
46	4600000000	4699999999
55	5500000000	5599999999
56	5600000000	5699999999 (extern)
60	6000000000	6099999999
61	6100000000	6199999999 (extern)

Tabelle 6.1 Nummernkreise für Einkaufsbelege in der Standardauslieferung

Nachdem Sie Ihre eigenen Nummernintervalle eingefügt haben, führen Sie die Zuordnung durch. Gehen Sie hierzu in die Definition der einzelnen Belegarten.

6.3.5 Belegart

Mit Belegarten werden die unterschiedlichen Anwendungen des Einkaufs gesteuert. In SAP ERP sind für alle Einkaufsbelege aus Abbildung 6.2 bereits Standardbelegarten definiert. Diese Belegarten sind sofort einsetzbar. Sie können allein mit den Belegarten der Standardauslieferung arbeiten, zur Unterscheidung von Geschäftsvorfällen bieten sich aber eigene Belegarten an. Separate Belegarten für unterschiedliche Prozesse können zur Optimierung Ihrer individuellen Anwendungen beitragen. Es gibt z.B. die folgenden Möglichkeiten der Individualisierung:

- Selektionsvarianten für Auswertungen und Sammelbearbeitung
- Formulare für den Bestelldruck
- Berechtigungskonzepte
- Belegnummernkreise
- Aufbau der Datenbilder
- Zulässige Positionstypen

Einkaufsbelegarten sind in der Tabelle T161 (Einkaufsbelegarten) gespeichert. Zur Definition einer Belegart gehören folgende Einstellungen:

- Schlüssel für Belegart (vierstelliges Feld)
- Belegartbezeichnung (20-stelliger Text)
- Positionsintervall (Abstand der Positionsnummern)
- Internes Nummernintervall (gängig)
- Externes Nummernintervall (zusätzlich)
- Nummernkreis für Abrufbestellungen bei verteilten Kontrakten
- Statistikfortschreibung im Logistikinformationssystem (LIS)
- Feldauswahlschlüssel für Bildaufbau
- Umlagerkennzeichen (Lieferwerk mit Lieferantenstammdaten)
- Kennzeichen für besondere Abwicklungen, wie Transportbestellung
- Positionsintervall für Unterpositionen
- Verknüpfung einer Dokumentart
- Versionsverwaltung
- Zulässige Positionstypen (siehe Abschnitt 6.3.6)
- Verknüpfung Bestellanforderung mit Folgebelegart und Positionstyp
- Partnerschema

Standardbelegarten als Kopiervorlage nutzen [+]

Nehmen Sie die bereits vorhandenen Belegarten als Kopiervorlage, wenn Sie eigene Belegarten definieren.

Wie Sie in Abbildung 6.3 sehen, legen Sie Belegarten in drei Schritten an:

1. BELEGARTEN anlegen; mit Schlüssel, Bezeichnung und den aufgelisteten Einstellungen wie Nummernvergabe und Bildaufbau
2. Jeder Belegart ZULÄSSIGE POSITIONSTYPEN zuordnen
3. VERKNÜPFUNG BANF – BELEGART vornehmen (Umsetzung von BANF-Belegart und Position (Vorlagebeleg) in der Position des aktuellen Einkaufsbelegs)

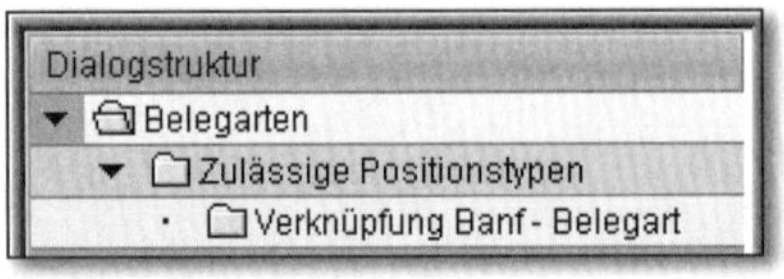

Abbildung 6.3 Belegarten in drei Schritten anlegen

Diese drei Schritte finden Sie für jeden Einkaufsbeleg im IMG über den Pfad MATERIALWIRTSCHAFT • EINKAUF • »EINKAUFSBELEG« • BELEGARTEN EINSTELLEN. Sie gehen immer schrittweise vor:

1. Nachdem Sie eine Belegart als Kopie einer möglichst ähnlichen Belegart angelegt haben, passen Sie die Einstellungen an Ihre Anforderungen an. Die Belegarten werden in Tabelle T161 (Einkaufsbelegarten) verwaltet.
2. Im zweiten Schritt ordnen Sie in der Tabelle T161P (Prüfung Belegart-Belegtyp-Positionstyp) den Belegarten die zulässigen Positionstypen zu. Die Bedeutung der Positionstypen beschreibe ich in Abschnitt 6.3.6.
3. Im dritten Schritt verknüpfen Sie die Kombination aus BANF-Belegart und BANF-Positionstyp mit den zulässigen Kombinationen aus Einkaufsbelegart und Positionstyp. Diese Verknüpfungen sind Voraussetzung für das Anlegen von Einkaufsbelegen aus BANF-Positionen. Sie werden in der Customizing-Tabelle T161A (Verknüpfung BANF-Belegart – Einkaufsbelegart) verwaltet. Diese Verknüpfung mit der jeweiligen Vorlagebelegposition ist nur für die Bestellanforderung als Vorgängerbeleg einzustellen, nicht für Angebote, Kontrakte, Lieferpläne und Bestellung als Vorlagebeleg.

[+]

Tipp zum Anlegen von Belegarten

Wenn Sie im ersten Schritt den Beleg mit allen abhängigen Einträgen kopieren, müssen Sie in den folgenden beiden Schritten unnötige Einträge löschen. Kopieren Sie daher im ersten Schritt nur den Eintrag selbst, dann können Sie in Schritt zwei und drei Ihre übrigen Einträge direkt selbst erfassen.

Bei den nun folgenden Customizing-Einstellungen für die unterschiedlichen Einkaufsbelege geht es vor allem um die jeweiligen Eigenheiten der unterschiedlichen Belegtypen.

Bestellanforderung

Um eine BANF-Belegart anzulegen, wählen Sie die IMG-Aktivität MATERIALWIRTSCHAFT • EINKAUF • BESTELLANFORDERUNG • BELEGARTEN EINSTELLEN. Eine Kopie der Belegart NB (Bestellanforderung) sehen Sie in Abbildung 6.4 als Belegart ZNB (Z BANF).

Art	Belegartbezeichnung	PosInt.	NumkrInt.	NumKr.ext	Feldausw.	Steuerung	GesFrgBanf
FO	Rahmenbestellanf.	10	01	02	FOF		☐
NB	Bestellanforderung	10	01	02	NBB		☐
RV	Rahmenvertragsanf.	10	01	02	RVB	R	☐
ZNB	Z BANF	10	12	02	NBB		☐

Abbildung 6.4 Eigene BANF-Belegart definieren

Die Belegart ZNB hat das Positionsintervall 10 (Zehnerschritte), den internen Nummernkreis 12, den externen Nummernkreis 02 und die Feldauswahlsteuerung NBB. Zur Unterscheidung der neuen Belegart von den Standardbelegarten wurde hier ein eigener interner Nummernkreis 12 angelegt. Speziell für Bestellanforderungen gibt es folgende zwei Einstelloptionen:

- **Steuerung**
  Das Kennzeichen R in der Spalte STEUERUNG steht für Bestellanforderungen für Rahmenvertrag. Diese Bestellanforderung der Belegart RV ist Vorlage für einen Rahmenvertrag.
- **Gesamtfreigabe**
  Das Kennzeichen für die Gesamtfreigabe (Spalte GESFRGBANF) ist für die Bestellanforderungen in Abbildung 6.4 nicht gesetzt. Damit können diese Bestellanforderungen im Freigabeverfahren auch positionsweise freigegeben werden. Andernfalls wäre die Gesamtfreigabe zwingend erforderlich.

Für Bestellanforderungen gibt es noch die Transaktion OMI2 (C MM-MRP Nummernkreise Disposition), mit Hilfe derer die Nummernkreise für die Bedarfsplanung festgelegt werden. Dabei handelt es sich im Detail um die Nummernkreise für Planaufträge, (simulative) Sekundärbedarfe, Dispositionslisten, Summenbedarfe und auch für Bestellanforderungen. Um diese Nummernkreise festzulegen, wählen Sie die IMG-Aktivität PRODUKTION •

Bedarfsplanung • Nummernkreise • Nummernkreise Planungslauf festlegen.

Im SAP-Standard ist dem Werk 0001 der BANF-Nummernkreis 01 zugeordnet. Damit liegt eine Bestellanforderung aus der Bedarfsplanung im selben Intervall wie die manuell mit der Transaktion ME51N (Bestellanforderung anlegen) angelegte Bestellanforderung NB. In Abbildung 6.5 wurde für die Bedarfsplanung in den Werken HD01 bis HD04 der Nummernkreis 11 definiert und zugeordnet. Die Bestellanforderungen in den Werken HD01 bis HD04 teilen sich somit den Nummernkreis 11.

Werk	Name 1	NKr.BestAnf
HD01	Heidelberg Products	11
HD02	Heidelberg Products	11
HD03	Firma 0003	11
HD04	Heidelberg Products	11

Abbildung 6.5 BANF-Nummernkreis 11 für Bedarfsplanung

Mit der Transaktion OMI3 (C MM-MRP Nummernkreise Planaufträge) haben Sie die Möglichkeit, Nummernkreise für die manuelle Bearbeitung von Bestellvorschlägen aus der Bedarfsplanung zu hinterlegen. Sie wählen hierzu die IMG-Aktivität Produktion • Bedarfsplanung • Nummernkreise • Nummernkreise für manuelle Bearbeitung festlegen. In Abbildung 6.6 sehen Sie den internen Nummernkreis 13 den Bestellanforderungen der Auftragsart NB zugeordnet.

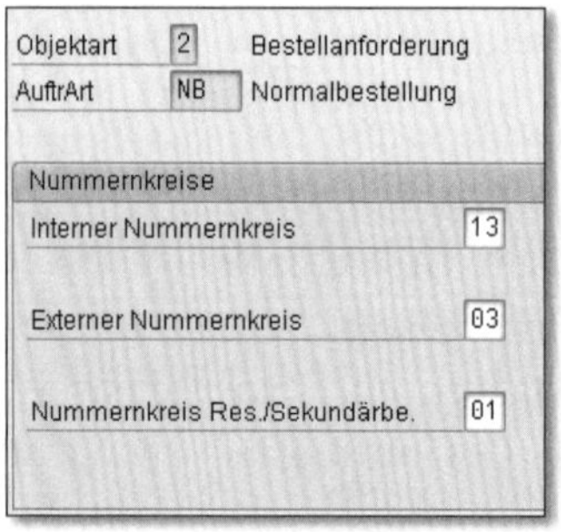

Abbildung 6.6 BANF-Nummernkreise für manuelle Bearbeitung

Diese Einstellung übersteuert den Nummernkreis aus der BANF-Belegart für die manuelle Bearbeitung von Bestellvorschlägen der Bedarfsplanung. Eine mit der Transaktion MD14 (Einzelumsetzung Planauftrag) manuell aus einem Planauftrag angelegte Bestellanforderung würde nun eine Nummer aus dem Nummernkreis 13 bekommen.

Schritt drei in Abbildung 6.3 VERKNÜPFUNG BANF – BELEGART unterscheidet sich insofern von Schritt 3 bei den anderen Einkaufsbelegen, weil die BANF der aktuelle Beleg ist. Vorlagebeleg ist beispielsweise ein Rahmenvertrag. Die erste Zeile in Abbildung 6.7 zeigt die Verknüpfung der Mengenkontraktposition »Blank« mit der BANF-Position »Blank«.

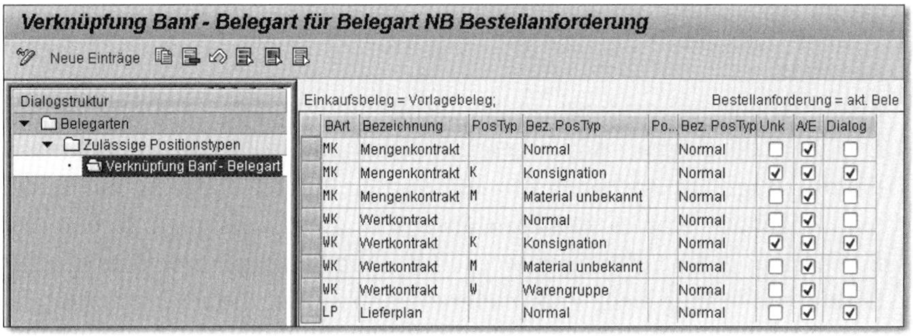

BArt	Bezeichnung	PosTyp	Bez. PosTyp	Po...	Bez. PosTyp	Unk	A/E	Dialog
MK	Mengenkontrakt		Normal		Normal	☐	☑	☐
MK	Mengenkontrakt	K	Konsignation		Normal	☑	☑	☑
MK	Mengenkontrakt	M	Material unbekannt		Normal	☐	☑	☐
WK	Wertkontrakt		Normal		Normal	☐	☑	☐
WK	Wertkontrakt	K	Konsignation		Normal	☑	☑	☑
WK	Wertkontrakt	M	Material unbekannt		Normal	☐	☑	☐
WK	Wertkontrakt	W	Warengruppe		Normal	☐	☑	☐
LP	Lieferplan		Normal		Normal	☐	☑	☑

Abbildung 6.7 Verknüpfung Vorlagebeleg mit Bestellanforderung

Bei POSITIONSTYP K ist das Kennzeichen UNK (unkontiert) eingestellt. Bei allen Zeilen in Abbildung 6.7 sind ABRUFE (Kontrakt) oder EINTEILUNGEN (Lieferplan) möglich, weil das Kennzeichen A/E gesetzt ist. Das gesetzte Kennzeichen DIALOG bewirkt eine Warnmeldung beim Anlegen des Einkaufsbelegs. Es wird gesetzt, um bestimmte Kombinationen mit Vorlagebeleg- und BANF-Position im Ausnahmefall zu erlauben.

Ein Beispiel für Verknüpfungen mit der BANF als Vorlagebeleg zeige ich Ihnen bei der Definition der Einkaufsbelege Anfrage/Angebot.

Anfrage/Angebot

Um eine Belegart für Anfragen anzulegen, wählen Sie die IMG-Aktivität MATERIALWIRTSCHAFT • EINKAUF • ANFRAGE/ANGEBOT • BELEGARTEN EINSTELLEN. Die Belegarten für Anfragen sehen Sie in Abbildung 6.8. Dort sind beispielsweise der Belegart AN die beiden Nummernkreisintervalle 60 und 61 aus Abschnitt 6.3.4, »Belegnummer«, zugeordnet.

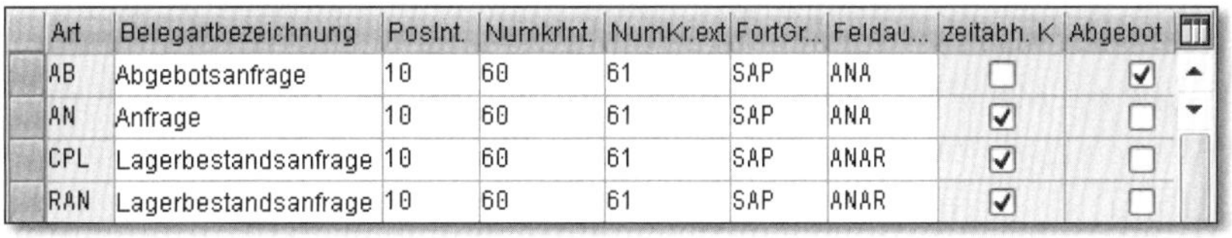

Art	Belegartbezeichnung	PosInt.	NumkrInt.	NumKr.ext	FortGr...	Feldau...	zeitabh. K	Angebot
AB	Abgebotsanfrage	10	60	61	SAP	ANA	☐	☑
AN	Anfrage	10	60	61	SAP	ANA	☑	☐
CPL	Lagerbestandsanfrage	10	60	61	SAP	ANAR	☑	☐
RAN	Lagerbestandsanfrage	10	60	61	SAP	ANAR	☑	☐

Abbildung 6.8 Belegarten für Anfragen

Die Statistikfortschreibung im Logistikinformationssystem (LIS) in SAP ERP wird mit der Standard-Fortschreibungsgruppe SAP gesteuert (Spalte FORTGR).

Speziell für Anfragen gibt es die folgenden zwei Spalten als Einstelloptionen:

1. **Zeitabhängige Konditionen (zeitabh. K.)**
   In den herkömmlichen Anfragen AN sind zeitabhängige Konditionen für die Angebotsabgabe üblich.
2. **Abgebot**
   Eine spezielle Anwendung sind Ausschreibungsverfahren über Abgebot, hierfür ist die Belegart AB vorgesehen. Unter einem *Abgebot* versteht man das nachträgliche Offerieren von kostenlosen Zusatzleistungen und Rabatten. Abgebote gibt es für Positionstyp D (Dienstleistung). Neben der Beschreibung der Leistungen werden im Abgebot auch bereits Preise für Leistungen vorgegeben. Vom Lieferanten erwarten Sie etwa prozentuale Abschläge (oder auch Zuschläge) auf die vorgegebenen Preise je Gliederungsstufe oder für das gesamte Leistungsverzeichnis.

In Abbildung 6.9 sehen Sie die Verknüpfung der Abgebotsanfrage mit den BANF-Belegarten FO, NB und RV. Der Positionstyp ist immer D.

Abbildung 6.9 Verknüpfung BANF-Belegart für Abgebotsanfrage

Die Belegart AB eignet sich nicht für Materialanfragen. Angebote für Materialbestellungen können Sie mit der Belegart AN anfragen.

Kontrakt

Um eine Belegart für Kontrakte anzulegen, wählen Sie die IMG-Aktivität MATERIALWIRTSCHAFT • EINKAUF • KONTRAKT • BELEGARTEN EINSTELLEN. Die Belegarten für Kontrakte sehen Sie in Abbildung 6.10. Dort sind die beiden Kontraktarten MK (Mengenkontrakt) und WK (Wertkontrakt) ähnlich definiert. Der einzige Unterschied in Abbildung 6.10 ist die Feldauswahl für den Bildaufbau.

Art	Belegartbezeichnung	PosInt.	Numkrl...	NumKr.ext	FortGr...	Feldausw.	Shared-Sperre	ALE-Vert
MK	Mengenkontrakt	10	46	44	SAP	MKK	☐	☐
WK	Wertkontrakt	10	46	44	SAP	WKK	☐	☐

Abbildung 6.10 Belegarten für Kontrakte

Speziell für Kontrakte gibt es folgende zwei Einstelloptionen:

- **Shared-Sperre**
  Die gesetzte SHARED-SPERRE ermöglicht es mehreren Benutzern gleichzeitig, Abrufbestellungen zum selben Kontrakt anzulegen; sie blockieren sich also nicht gegenseitig. Allerdings kann dadurch die Zielmenge überschritten werden, ohne dass eine Meldung ausgegeben wird, weil die Zielmenge vorher durch die Summe der parallel angelegten Abrufmengen überschritten wird. Der Kontrakt an sich kann, während ein Bestellabruf angelegt wird, nicht geändert werden.

  Die Belegarten MK und WK arbeiten mit exklusiver Sperre. Damit wird ein Überschreiten der Zielmenge direkt (im Dialog) bemerkt.
- **ALE-Verteiler-Kontrakt**
  Wenn Sie mit verteilten Kontrakten arbeiten, sollten Sie das Kennzeichen ALE-VERT setzen. Änderungen werden über Zeiger identifiziert und sind somit über das ALE-Monitoring auswertbar.

Bestellung

Um eine Belegart für Bestellungen anzulegen, wählen Sie die IMG-Aktivität MATERIALWIRTSCHAFT • EINKAUF • BESTELLUNG • BELEGARTEN EINSTELLEN. Die Belegarten für Bestellungen sehen Sie in Abbildung 6.11. Die Belegart ZNB wurde als Kopie der Belegart NB angelegt. Die intern vergebenen zehnstelligen Bestellnummern kommen aus dem Nummernkreis 45.

Art	Belegartbezeichnung	PosInt.	NumkrInt.	NumKr.ext	FortGr...	Feldausw.	Steueru...	Uml. Lief.
DB	Dummybestellung	10	45	41	SAP	NBF		☐
EUB	DFPS, int. Best.art	10	45	41	SAP	UBF	T	☑
FO	Rahmenbestellung	10	45	41	SAP	FOF		☐
NB	Normalbestellung	10	45	41	SAP	NBF		☐
NBXE	XLO-Übg.Bestellung	10	45	41	SAP	NBF		☐
NBXI	XLO-Int.Bestellung	10	45	41	SAP	NBF		☐
UB	Umlagerungsbestell.	10	45	41	SAP	UBF	T	☐
ZNB	Normalbestellung ZNB	10	45	41	SAP	NBF		☐

Abbildung 6.11 Belegarten für Bestellungen

Umlagerbestellungen haben den Feldauswahlschlüssel UBF, während die anderen Belegarten ihren Bildaufbau mit dem Schlüssel NBF steuern (siehe Abschnitt 6.3.8, »Bildaufbau bei Einkaufsbelegen«).

Speziell für Umlagerbestellungen gibt es die folgenden Einstelloptionen:

- **Steuerung**
  Das Kennzeichen T steht für Transport; damit können Sie eine Normalbestellung von einer Transportbestellung für Umlagerungen unterscheiden.
- **Umlagerung: Lieferantendaten berücksichtigen**
  Sie setzen das Kennzeichen Uml. Lief, wenn für das Lieferwerk ein Lieferantenstammsatz existiert.

In Abbildung 6.12 sehen Sie den zulässigen Positionstyp U (dessen Zuordnung war Schritt zwei der Belegdefinition) für die beiden Belegarten UB und EUB in Abbildung 6.11.

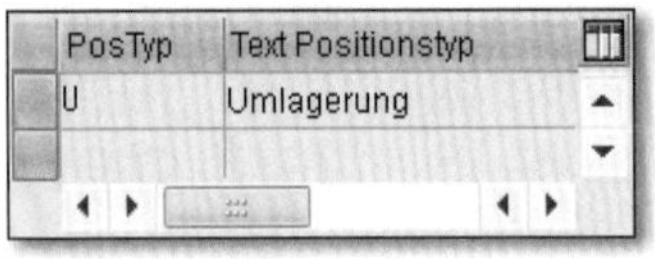

Abbildung 6.12 Positionstyp U für Umlagerbestellungen

Weitere Customizing-Aktivitäten für Umlagerbestellvorgänge finden Sie über den Menüpfad Materialwirtschaft • Einkauf • Bestellung • Umlagerungsbestellung einstellen. Hier wird für buchungskreisübergreifende Umlagervorgänge mit Faktura die Belegart NB eingesetzt. Für Normalbestellungen ist der Positionstyp U nicht zugelassen, sondern nur bei Werk-Werk-Umlagerbestellungen innerhalb eines Buchungskreises.

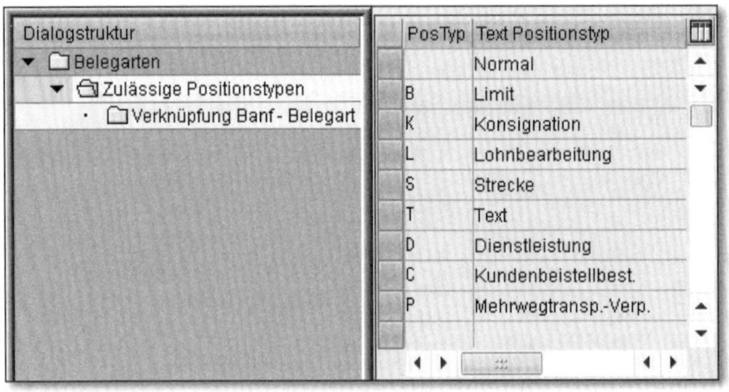

Abbildung 6.13 Positionstypen für Normalbestellungen

Die zugelassenen Positionstypen für Normalbestellungen sehen Sie in Abbildung 6.13. Neben dem Positionstyp »Blank« (Normal) sind weitere Positionstypen zugelassen. Mit diesen wickeln Sie spezielle Bestellvorgänge ab, wie Sie in Abschnitt 6.3.6, »Positionstyp«, noch erfahren werden.

Damit diese Bestellpositionen mit Bezug auf eine BANF angelegt werden können, müssen Sie alle erlaubten Kombinationen aus BANF-Belegart und BANF-Positionstyp mit Belegart und Positionstyp verknüpfen. Ein Ausschnitt aus diesem Customizing-Schritt sehen Sie in Abbildung 6.14.

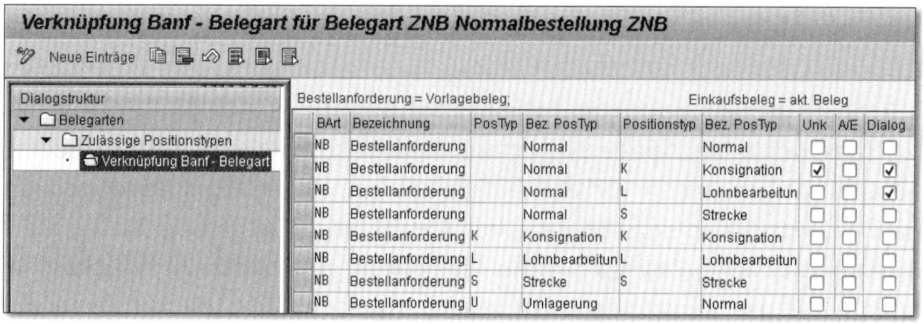

BArt	Bezeichnung	PosTyp	Bez. PosTyp	Positionstyp	Bez. PosTyp	Unk	A/E	Dialog
NB	Bestellanforderung		Normal		Normal	☐	☐	☐
NB	Bestellanforderung		Normal	K	Konsignation	☑	☐	☑
NB	Bestellanforderung		Normal	L	Lohnbearbeitun	☐	☐	☑
NB	Bestellanforderung		Normal	S	Strecke	☐	☐	☐
NB	Bestellanforderung	K	Konsignation	K	Konsignation	☐	☐	☐
NB	Bestellanforderung	L	Lohnbearbeitun	L	Lohnbearbeitun	☐	☐	☐
NB	Bestellanforderung	S	Strecke	S	Strecke	☐	☐	☐
NB	Bestellanforderung	U	Umlagerung		Normal	☐	☐	☐

Abbildung 6.14 Verknüpfung BANF-Belegart mit Bestellbelegart ZNB

Der Bildausschnitt in Abbildung 6.14 zeigt Verknüpfungen der BANF-Belegart NB als Vorlagebeleg für den Einkaufsbeleg ZNB (Normalbestellung). Bei den gängigen Bestellvorgängen wird der Positionstyp aus der BANF in die Bestellposition übernommen. Es gibt aber auch Vorgänge, bei denen sich der Positionstyp ändert. In der zweiten und dritten Zeile wird beispielsweise aus einer BANF-Position für Lagermaterial (Normal) in der Bestellung der Positionstyp K (Konsignation) bzw. L (Lohnbearbeitung).

Bei den Bestellpositionen mit den Positionstypen K und L kann von einem Sonderbeschaffungsschlüssel im Materialstamm ausgegangen werden. Im Standard wäre das 10 für Konsignation und 30 für Lohnbearbeitung. Ein fehlender Sonderbeschaffungsschlüssel (SOBSL) in den Werksdaten des Materialstamms könnte in der Bedarfsplanung zu einer neutralen BANF-Position führen. Das Kennzeichen DIALOG ist hier gesetzt, damit Sie beim Anlegen der Bestellung eine Warnmeldung erhalten.

Lieferplan

Um eine Belegart für Bestellungen anzulegen, wählen Sie die IMG-Aktivität MATERIALWIRTSCHAFT • EINKAUF • LIEFERPLAN • BELEGARTEN EINSTELLEN. Die Belegarten für Lieferpläne sehen Sie in Abbildung 6.15.

Art	Belegartbezeichnung	PosInt	Numkrl...	NumKr.ext	Feldausw.	Steu...	zeitabh....	Ab...	Uml. Lief.
LP	Lieferplan	10	55	56	LPL		☑	☐	☐
LPA	Lieferplan	10	55	56	LPL		☑	☑	☐
LPXE	XLO-Übg.Lieferplan	10	55	56	LPL		☑	☑	☐
LPXI	XLO-Int.Lieferplan	10	55	56	LPL		☑	☑	☐
LU	Umlagerungslieferpl.	10	55	56	LUL	T	☑	☐	☐

Abbildung 6.15 Belegarten für Lieferpläne

Die intern vergebenen zehnstelligen Lieferplannummern stammen allesamt aus dem Nummernkreis 55. Lieferpläne für Umlagerungen haben den Feldauswahlschlüssel LUL, die anderen Belegarten steuern den Bildaufbau mit Hilfe des Schlüssels LPL. Wie bei Anfragen gibt es zeitabhängige Konditionen (Checkbox ZEITABHÄNGIG), und wie bei Bestellungen gibt es das Kennzeichen T (Transport) in der Spalte STEUERUNG. Zudem können Sie Lieferantendaten berücksichtigen, wenn für das Lieferwerk ein Lieferantenstammsatz existiert. Sie setzen dann das Kennzeichen UML. LIEF. (Umlagerung: Lieferantendaten berücksichtigen). Speziell für Lieferpläne gibt es die »Abrufdokumentation«. Ist das Kennzeichen Ab gesetzt, werden die Lieferabrufe in der Tabelle EKAB (siehe Abschnitt 6.3.3, »Belegtyp«) gespeichert und können jederzeit eingesehen werden.

6.3.6 Positionstyp

Der Positionstyp regelt grundsätzlich, wie eine Bestellposition (unter anderem Material) beschafft wird. Neben der Normalposition, mit der bereits viele Anwendungen – mit und ohne Materialnummer – möglich sind, gibt es noch spezielle Positionstypen für besondere Anwendungen, zum Beispiel die folgenden:

- **B (Limit)**
  Beschaffung von Verbrauchsmaterial oder Dienstleistungen bis zum Erreichen eines Wertlimits. Mögliche Anwendung: Beauftragung eines IT-Dienstleisters wegen Netzwerkproblemen
- **K (Konsignation)**
  Lieferanten-Konsignationsbestand mit Abrechnung der Materialentnahmen. Mögliche Anwendung: Ein Schraubenlager, das vom Händler selbständig aufgefüllt wird
- **L (Lohnbearbeitung)**
  Beschaffung von Produkten, die ein Lieferant in Lohnbearbeitung fertiggestellt hat. Das Material, das der Lieferant (Lohnbearbeiter) hierfür be-

nötigt, wird teilweise vom Besteller selbst bereitgestellt, man spricht hier von *Beistellkomponenten*. Zur automatischen Berechnung des Bedarfs an Beistellkomponenten können Materialstücklisten eingesetzt werden. Stücklisten gehören zu den Grunddaten der Produktion. Weitere Anwendungen für Stücklisten gibt es in Disposition, Konstruktion, Instandhaltung, Kalkulation und Vertrieb. Mögliche Anwendung: Verpacken von Zucker, den der Hersteller bereitstellt. Das Packmaterial bekommt der Lohnbearbeiter direkt vom Lieferanten. Der Lohnbearbeiter kauft das Packmaterial selbst, oder der Zuckerhersteller bestellt das Packmaterial und lässt es direkt beim Lohnbearbeiter anliefern.

- **S (Strecke)**
  Das bestellte Material wird direkt an einen Dritten (engl. *Third Party*) geliefert, die Rechnung geht an den Besteller. Mögliche Anwendung: Der Dritte ist ein Lohnbearbeiter, der Packmaterial benötigt.
- **D (Dienstleistung)**
  Beschaffung von Dienstleistungen (möglichst) mit Leistungsstammdaten und Leistungsverzeichnissen (allgemeine Standard-LV oder eigene Muster-LV). Für erbrachte Leistungen buchen Sie eine Leistungserfassung und Leistungsabnahme statt des Wareneingangs zum Material. Mögliche Anwendung: Eine Baufirma wird für ein größeres Bauvorhaben beauftragt. Die erbrachten Leistungen sollen jeweils erst nach erfolgter Abnahme bezahlt werden. Dienstleistungen könnten auch ohne Leistungsstämme durch Angabe einer Warengruppe und eines Limits bestellt werden.
- **U (Umlagerung)**
  Geplante Materialumlagerung zwischen zwei Werken oder zwischen zwei Lagerorten per Umlagerbestellung oder Umlagerungslieferplan. Mögliche Anwendung: Produktionswerk beliefert Distributionszentrum.

Diese Anwendungen werden teilweise durch entsprechend eingestellte Sonderbeschaffungsschlüssel in den Werksdaten des Materials gesteuert.

Sonderbeschaffung

Sonderbeschaffungsschlüssel im Materialstamm steuern zusätzlich zur Beschaffungsart werksabhängig die Beschaffung und Lagerung des Materials. Bei Eigenfertigung gibt es folgende Anwendungen mit Sonderbeschaffung:

- E (Eigenfertigung)
- P (Produktion in anderem Werk)

Bei fremdbeschafftem Material gibt es Sonderbeschaffungsschlüssel (SOBSL) für folgende Anwendungen:

- K (Konsignation)
- L (Lohnbearbeitung)
- U (Umlagerung)

Für diese Sonderbeschaffungsvorgänge mit Bestellabwicklung gibt es auch spezielle Positionstypen im Einkaufsbeleg. Die Darstellung der Positionstypen im Einkaufsbeleg können Sie im Customizing einstellen.

Darstellung der Positionstypen

Positionstypen im Einkaufsbeleg haben eine interne und eine externe Darstellung. Der Positionstyp »Blank« (Normal) aus dem Einkaufsbeleg wird intern mit 0 dargestellt, B (Limit) mit 1, K (Konsignation) mit 2, L (Lohnbearbeitung) mit 3 etc.

Das interne Kürzel ist nicht änderbar, das externe Kürzel und den zugehörigen Text können Sie ändern, wie man an der hellen Hintergrundfarbe in Abbildung 6.16 erkennen kann.

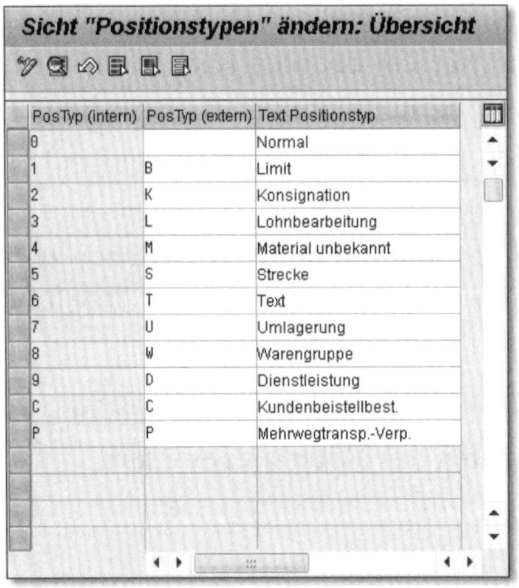
Sicht "Positionstypen" ändern: Übersicht

PosTyp (intern)	PosTyp (extern)	Text Positionstyp
0		Normal
1	B	Limit
2	K	Konsignation
3	L	Lohnbearbeitung
4	M	Material unbekannt
5	S	Strecke
6	T	Text
7	U	Umlagerung
8	W	Warengruppe
9	D	Dienstleistung
C	C	Kundenbeistellbest.
P	P	Mehrwegtransp.-Verp.

Abbildung 6.16 Externe Darstellung der Positionstypen

Die externe Darstellung der Positionstypen im Einkaufsbeleg können Sie mit Hilfe des Pflegedialogs V_T163Y (Positionstypen) anpassen. Hierzu wählen Sie die IMG-Aktivität Materialwirtschaft • Einkauf • Externe Darstellung der Positionstypen festlegen. Die Positionstypen selbst werden in der Tabelle T163 (Positionstypen im Einkaufsbeleg) verwaltet; die Texte sind sprachabhängig und werden in der Tabelle T163Y (Texte zu Positionstypen) verwaltet.

Darstellung der Positionstypen [+]

In den Anwendungstransaktionen sehen Sie die externe Darstellung, aber in eigenen Programmen und für Freigabestrategien verwenden Sie die – weniger sprechende – interne Darstellung.

Im Gegensatz zur externen Darstellung dürfen Sie die Eigenschaften der Positionstypen nicht ändern.

Eigenschaften der Positionstypen

Die Positionstypen der Einkaufsbelege und ihre Eigenschaften sind vom System vorgegeben. Sie können keine eigenen Positionstypen definieren und keine vorhandenen Positionstypen löschen. Der Positionstyp bestimmt folgende Eigenschaften der Belegposition:

- Materialnummernpflicht
- Bestandsführung
- Kontierung
- Wareneingang
- Rechnungseingang

In Tabelle 6.2 finden Sie alle zwölf Positionstypen mit ihren wesentlichen Eigenschaften:

	Materialnummernpflicht	Bestandsführung	Kontierung	Wareneingang	Rechnungseingang
0 ( ) Normal	möglich	möglich	möglich	möglich (bei Lagermaterial ja)	möglich
1 (B) Limit	nein	nein	ja	nein	ja
2 (K) Konsignation	nein	nein	ja	ja (Bewertung erst bei Entnahme)	ja
3 (L) Lohnbearbeitung	möglich	möglich	möglich	ja	möglich

Tabelle 6.2 Positionstypen und Eigenschaften

	Materialnummernpflicht	Bestandsführung	Kontierung	Wareneingang	Rechnungseingang
4 (M) Material unbekannt	nein	möglich	möglich	ja	möglich
5 (S) Strecke	möglich	möglich	ja	nein	möglich
6 (T) Text	nein	nein	nein	nein	nein
7 (U) Umlagerung	ja	möglich	möglich	ja	nein
8 (W) Warengruppe	nein	möglich	möglich	ja	ja
9 (D) Dienstleistung	nein	möglich	ja	ja	ja
C (C) Kundenbeistellung	ja	möglich	ja	nein	ja
P (P) Mehrwegtransportverpackung	ja	ja	nein	ja	nein

Tabelle 6.2 Positionstypen und Eigenschaften (Forts.)

Besonders wichtig ist die Normalposition. Deswegen sehen Sie in Abbildung 6.17, wie die Eigenschaften des Positionstyps 0 im Detailbild des Pflegedialogs V_T163Y (Externe Darstellung der Positionstypen festlegen) eingestellt sind.

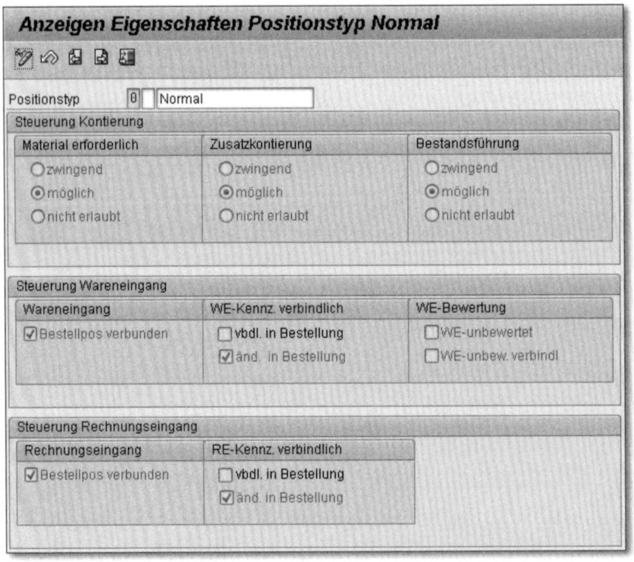

Abbildung 6.17 Eigenschaften des Positionstyps 0

Sie könnten dem Positionstyp 0 auch für die externe Darstellung das Kürzel N zuweisen oder aus dem deutschen Text NORMAL eine NORMALPOSITION machen etc.

Positionstypen [+]

Bei eigenen Belegarten für manche Positionstypen (Limit, Konsignation, Lohnbearbeitung, Strecke, Dienstleistung oder Umlagerung) erkennen Sie die Anwendung gleich am Einkaufsbelegkopf. Sie dürfen dann bei der Definition der neuen Belegart nur den einen Positionstyp zulassen.

Wie Sie bereits gesehen haben, erfordern manche Positionstypen die Angabe von Kontierungsdaten. Um für eine Bestellposition Kontierungsdaten zu erfassen, geben Sie zunächst einen Kontierungstyp an. Das Customizing für Kontierungstypen zeige ich Ihnen im folgenden Abschnitt.

6.3.7 Kontierungstyp

Bestellpositionen gibt es mit und ohne Kontierungstyp. Die Zugangsbuchung für Bestellpositionen mit Kontierungstyp führt nicht zu einer Bestandserhöhung, sondern zu einer Verbrauchsbuchung. Der Kontierungstyp steuert, welche Kontierungsobjekte (z.B.: Kostenstelle, Fertigungsauftrag etc.) in der Bestellposition anzugeben sind. Ein Kontierungsobjekt entspricht dem Verbraucher des Materials bzw. der Dienstleistung.

Bestellpositionen ohne Kontierungstyp werden in den neutralen Materialbestand gebucht, und der Verbraucher wird erst bei der Entnahme erfasst.

Die folgenden drei Customizing-Aktivitäten zum Kontierungstyp finden Sie im IMG-Pfad MATERIALWIRTSCHAFT • EINKAUF • KONTIERUNG:

- Kontierungstypen pflegen
- Kombination Positionstypen – Kontierungstypen festlegen
- Subscreen für Kontierungsblock einstellen

Kontierungstypen pflegen

Die Eigenschaften der vorhandenen Kontierungstypen ändern und eigene Kontierungstypen anlegen können Sie mit dem Pflegedialog V_T163K. Folgende Kontierungstypen gibt es bereits in der Tabelle T163K (Kontierungstypen im Einkaufsbeleg):

- A (Anlage)
- B (Lagerfert./Abr.KDAUF)
- C (Kundenauftrag)
- D (KD-Einzel/Abr.Proj.)
- E (KD-Einzel mit KD-CO)
- F (Auftrag)
- G (Lagerfert./Abr.Proj.)
- K (Kostenstelle)
- M (KD-Einzel ohne KD-CO)
- N (Netzplan)
- P (Projekt)
- Q (Projekteinzelfertigung)
- T (Alle neuen Nebenk.)
- U (unbekannt)
- X (Alle Nebenkont.)
- Z (Leihgut)

[!]

Kontierungstyp

Leider hat der Kontierungstyp nur einen einstelligen Schlüssel. Nach den Buchstaben und Zahlen können Sie die weiteren Kontierungstypen mit Sonderzeichen anlegen (z.B. §, $, % oder &), was aber durchaus gewöhnungsbedürftig ist.

Den Pflegedialog V_T163K finden Sie noch an anderen Stellen im IMG, beispielsweise im Logistics Execution System (LES) in ERP, wo Kontierungstypen zum Abrechnen von Frachtkosten für Transporte angepasst werden können.

Zu den Eigenschaften der Kontierungstypen gehört auch die Feldauswahl. Folgende Ausprägungen von Feldern sind möglich:

- muss gepflegt werden
- kann gepflegt werden
- wird angezeigt
- wird ausgeblendet

In Abbildung 6.18 sehen Sie die Details zum Kontierungstyp 1. Die ABLADESTELLE kann eingegeben werden, die KOSTENSTELLE muss eingegeben werden.

Ein weiteres Pflichtfeld ist das SACHKONTO, das in der Feldauswahl auf Seite zwei eingestellt wird (und nicht mehr in der Abbildung zu sehen ist).

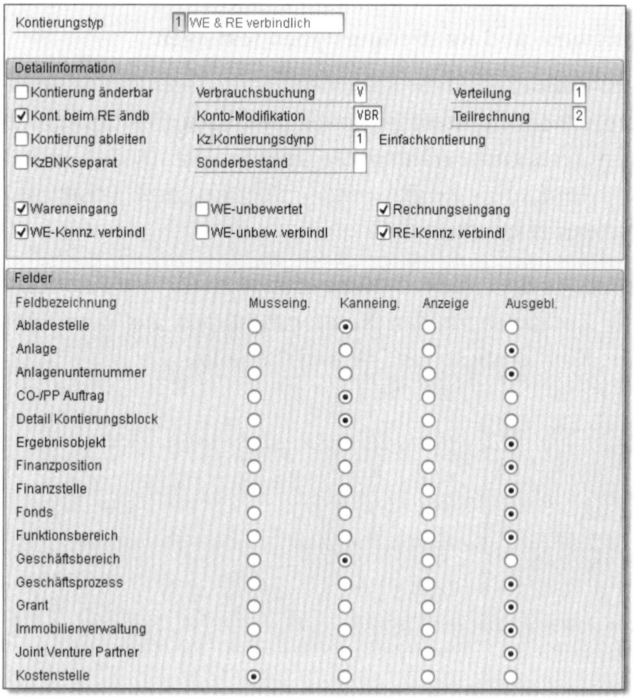

Abbildung 6.18 Kontierungstyp 1 – WE & RE verbindlich

Beim Kontierungstyp 1 handelt es sich um eine modifizierte Kopie des Kontierungstyps K. Bei 1 ist der CO-/PP AUFTRAG ein zusätzliches Kann-Eingabefeld; beim Kontierungstyp K wird das Feld AUFTRAG im Kontierungsblock ausgeblendet. Wareneingang und Rechnungseingang sind bei 1 verbindlich, können also in der Anwendertransaktion nicht ausgeschaltet werden.

Das Feld KONTO-MODIFIKATION mit dem Eintrag VBR dient dazu, ein passendes Sachkonto für die Gegenbuchung zur Bestandsbuchung (Vorgang GBB) zu ermitteln. Die automatische Kontenfindung ist Thema in Kapitel 8, »Bewertung und Kontierung«.

Wie bei den Kontierungstypen F und K steht das Verbrauchskennzeichen beim Kontierungstyp 1 auf V (Verbrauch). Alternativ gibt es Verbrauchsbuchungen auf A (Anlage), E (Abrechnung über Kundenauftrag), P (Abrechnung über Projekt) oder U (unbekannt). Das Verbrauchskennzeichen E beim Kontierungstyp E (KD-Einzel mit KD-CO) bewirkt eine Sammlung der Kosten auf der Kundenauftragsposition.

Die Eigenschaften der Kontierungstypen dürfen nicht im Widerspruch zu den Eigenschaften der relevanten Positionstypen stehen.

Kombination von Positions- und Kontierungstypen festlegen

Sowohl für die eigenen Kontierungstypen als auch für die eigenen Positionstypen müssen Sie die erlaubten Kombinationen zwischen Positionstypen und Kontierungstypen festlegen. Wählen Sie hierfür die IMG-Aktivität MATERIALWIRTSCHAFT • EINKAUF • KONTIERUNG • KOMBINATION POSITIONSTYPEN – KONTIERUNGSTYPEN FESTLEGEN.

In Abbildung 6.19 sehen Sie die erlaubten Kombinationen für den Positionstyp »Blank« (Normal). Zusätzlich zu den Kontierungstypen aus dem SAP-Standard sind noch die Kontierungstypen »*« und 1 erlaubt.

Pos typ	KontTyp	Text	Bez. Kontierungstyp
	*	Normal	Kontierung *
	1	Normal	WE & RE verbindlich
	A	Normal	Anlage
	C	Normal	Kundenauftrag
	D	Normal	KD-Einzel/Abr.Proj.
	E	Normal	KD-Einzel mit KD-CO
	F	Normal	Auftrag
	K	Normal	Kostenstelle
	M	Normal	KD-Einzel ohne KD-CO
	N	Normal	Netzplan
	P	Normal	Projekt
	Q	Normal	Projekteinzelfert.
	T	Normal	Alle neuen Nebenk.
	U	Normal	unbekannt
	X	Normal	Alle Nebenkont.
	Z	Normal	Leihgut
B	K	Limit	Kostenstelle

Abbildung 6.19 Kontierungstypen für Positionstyp Normal

Die Kontierungstypen 1 und »*« sind für den internen Positionstyp 0 (Normalposition) erlaubt.

In Abbildung 6.20 sehen Sie die Registerkarte KONTIERUNG für eine Bestellposition 30, angelegt mit dem Kontierungstyp 1. Die Abladestelle und die Kostenstelle wurden manuell eingetragen, der Kostenrechnungskreis wurde zum Buchungskreis über das Customizing der Organisationseinheiten ermittelt (siehe Abschnitt 4.4.1, »Kostenrechnungskreis«).

Der Vorschlagswert für das Sachkonto wurde mit Hilfe der Konto-Modifikation aus dem Kontierungstyp und der Bewertungsklasse aus dem Materialstamm ermittelt (siehe Abschnitt 8.3, »Kontenfindung in Bestandsführung«). Bei Bestellpositionen ohne Bewertungsklasse im Materialstamm sucht das

System in der Tabelle T023 (Warengruppen) nach einer Bewertungsklasse zur Warengruppe (siehe Abschnitt 6.8.2, »Warengruppe«). Findet das System keine Bewertungsklasse zur Bestellposition, wird ohne Bewertungsklasse ein Konto gesucht.

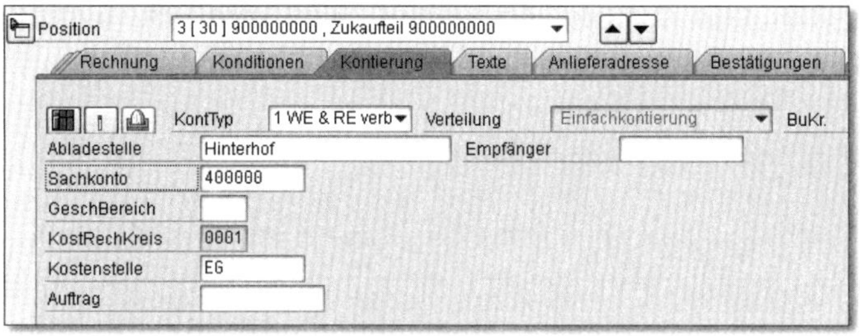

Abbildung 6.20 Kontierungsdaten bei Kontierungstyp 1

Das Konto 400000 (Verbrauch Rohstoffe 1) aus dem zugeordneten Musterkontenplan INT ist kein Bestandskonto. Bei kontierten Bestellpositionen wird der Bestandswert mit der Sollbuchung direkt in den Verbrauch gebucht.

Allein durch die Auswahl des Feldes CO-/PP Auftrag in der Definition des Kontierungstyps (siehe Abbildung 6.18) wird der Subscreen des Kontierungsblocks um das Kann-Eingabefeld Auftrag erweitert. In Abbildung 6.21 sehen Sie die technische Information zum Feld Auftrag im Kontierungsblock.

Abbildung 6.21 Technische Info zu Feld COBL-AUFNR

Das Feld AUFNR gehört zu der Struktur COBL (Kontierungsblock), es ist in Bildnummer 1101 im Programm `SAPLKACB` enthalten.

Subscreen für Kontierungsblock einstellen

Der passende Subscreen für den Kontierungsblock wird vom System ermittelt. In Abbildung 6.22 sehen Sie die Subscreens aus dem Standard.

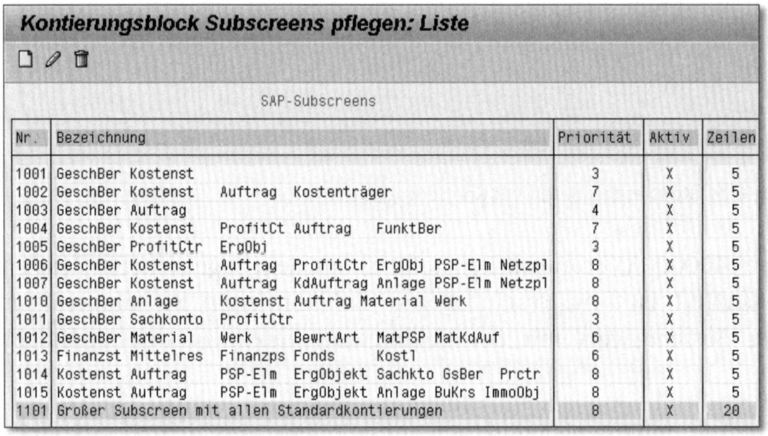

Nr.	Bezeichnung	Priorität	Aktiv	Zeilen
1001	GeschBer Kostenst	3	X	5
1002	GeschBer Kostenst Auftrag Kostenträger	7	X	5
1003	GeschBer Auftrag	4	X	5
1004	GeschBer Kostenst ProfitCt Auftrag FunktBer	7	X	5
1005	GeschBer ProfitCtr ErgObj	3	X	5
1006	GeschBer Kostenst Auftrag ProfitCtr ErgObj PSP-Elm Netzpl	8	X	5
1007	GeschBer Kostenst Auftrag KdAuftrag Anlage PSP-Elm Netzpl	8	X	5
1010	GeschBer Anlage Kostenst Auftrag Material Werk	8	X	5
1011	GeschBer Sachkonto ProfitCtr	3	X	5
1012	GeschBer Material Werk BewrtArt MatPSP MatKdAuf	6	X	5
1013	Finanzst Mittelres Finanzps Fonds Kostl	6	X	5
1014	Kostenst Auftrag PSP-Elm ErgObjekt Sachkto GsBer Prctr	8	X	5
1015	Kostenst Auftrag PSP-Elm ErgObjekt Anlage BuKrs ImmoObj	8	X	5
1101	Großer Subscreen mit allen Standardkontierungen	8	X	20

Abbildung 6.22 COBL-Subscreens

Bei den Standard-Subscreens der Struktur COBL (Kontierungsblock) haben Sie nur folgende Änderungsmöglichkeiten:

- Ändern der Priorität (für die Ermittlung des passenden Subscreens)
- Deaktivieren von Subscreens ohne Verwendungsbedarf (Spalte AKTIV)

Sie können diese Subscreens nicht löschen. Mit der Funktion SUBSCREEN RÜCKSETZEN STANDARD können Sie Ihre Änderungen zurücksetzen, Sie müssen die Subscreens dann wieder generieren, damit die Änderungen wirklich zurückgesetzt sind.

Definieren Sie nur eigene Subscreens für Kontierungsblöcke, wenn Sie zusätzliche Felder im Kontierungsblock haben wollen, für die es keinen passenden Subscreen gibt. In diesem Fall verwenden Sie die Transaktion OXK1 (Kontierungsblock Subscreens pflegen), um eigene Subscreens (Nummernintervall 9000 bis 9999) zu definieren. Wählen Sie in dieser Transaktion die gewünschten Felder aus, und positionieren Sie diese zwischen 1 (1. Zeile links) und 10 (5. Zeile rechts). Möglich sind auch große Subscreens bis maximal 40 Positionen.

In dem neuen Kontierungsblock 9003 soll das Datenfeld AUFTRAG an der ersten Position stehen. Der zugehörige Text soll auch angezeigt werden (siehe Abbildung 6.23).

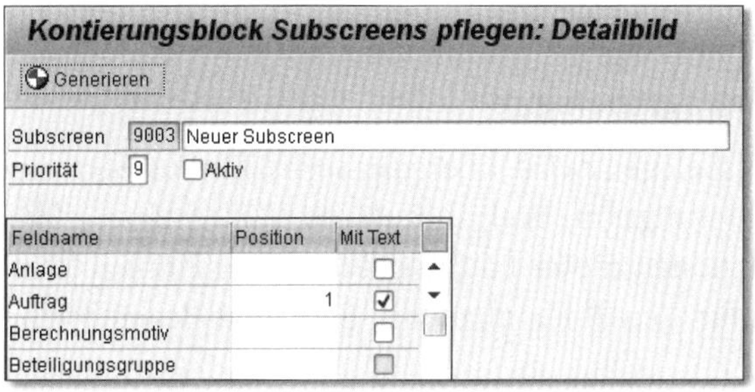

Abbildung 6.23 Kontierungsblock-Subscreen definieren

Da Sie mit der Transaktion OXK1 mandantenunabhängige Tabellen ändern, benötigen Sie hierfür eine Berechtigung (S_TABU_CLI). In Abbildung 6.24 sehen Sie einen selbstangelegten Subscreen 9003 mit den Feldern AUFTRAG, KOSTENSTELLE, MATERIAL, PSP-ELEMENT und SACHKONTO an den Positionen 1, 3, 5, 7 und 9 (ungerade Zahlen auf der linken Seite).

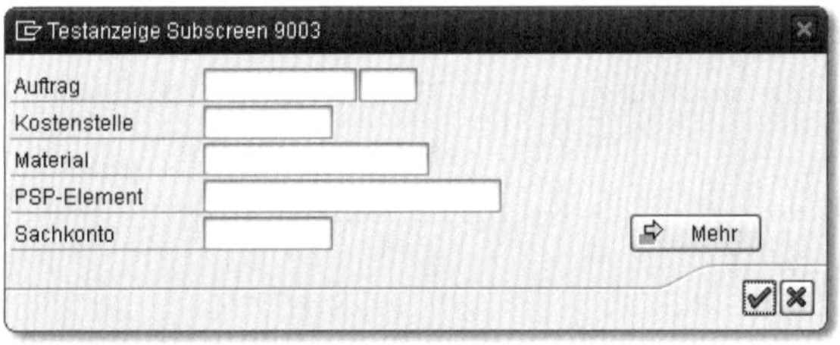

Abbildung 6.24 Subscreen 9003

Nachdem Sie einen solchen eigenen Subscreen für den Kontierungsblock generiert haben, gelten die vorgenommenen Änderungen in allen Mandanten des Systems bei den Transaktionen, die diesen Kontierungsblock nutzen.

Subscreens für Kontierungsblock [+]

Prüfen Sie, ob die vorhandenen Subscreens Ihren Anforderungen genügen, und legen Sie nur neue Subscreens an, wenn es erforderlich ist. Ändern Sie ggf. die Priorität oder das Aktivkennzeichen des voreingestellten Subscreens (siehe Abbildung 6.22).

Wie Sie in diesem Abschnitt gesehen haben, stellen Sie die Feldeigenschaften für den Kontierungsblock direkt mit dem Pflegedialog zur Definition der Kontierungstypen ein. Im nächsten Abschnitt werden alle Einflussfaktoren für den Bildaufbau bei Einkaufsbelegen gezeigt.

6.3.8 Bildaufbau bei Einkaufsbelegen

Der Bildaufbau bei Einkaufsbelegen wird über die sechs Einflussfaktoren Belegart, Positionstyp, Kontierungstyp, Freigabezustand, Berechtigung und Vorgang gesteuert. Kombinationen dieser Einflussfaktoren bestimmen letztlich die Feldeigenschaften für den Bildaufbau bei Einkaufsbelegen (siehe Abbildung 6.25).

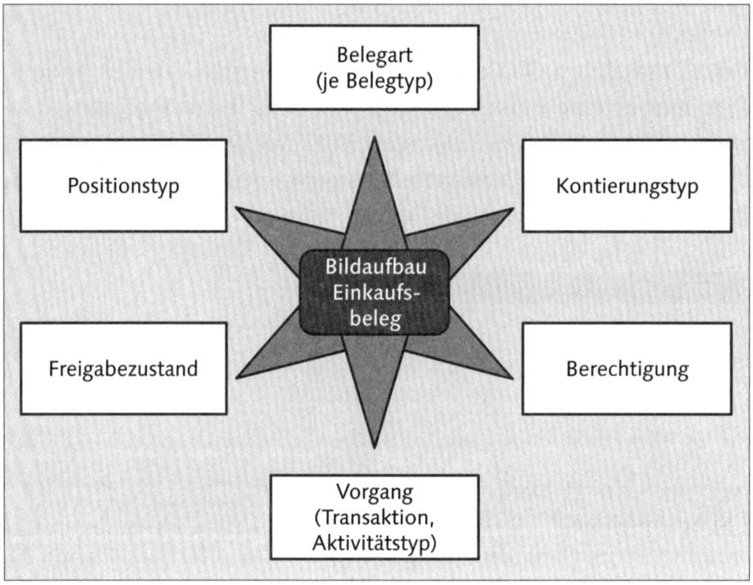

Abbildung 6.25 Einflussfaktoren im Bildaufbau bei Einkaufsbelegen

Hinsichtlich der Priorität gilt wieder dieselbe Reihenfolge wie bei der Feldauswahl für den Material- oder Lieferantenstamm in Kapitel 5:

1. Feld ausblenden
2. Feld anzeigen
3. Mussfeld
4. Kannfeld

Es gilt jeweils die Feldeigenschaft mit der höheren Priorität, wie Sie an den Verknüpfungsregeln der bereits bekannten Tabelle erkennen können (siehe auch noch einmal Tabelle 5.1 auf Seite 167).

Die Beeinflussung des Bildaufbaus erfolgt zu einem großen Teil über die Feldauswahlschlüssel für Einkaufsbelege aus der Tabelle T162 (Feldauswahl Einkaufsbeleg).

Sie pflegen diese Feldauswahlschlüssel abhängig vom jeweiligen Einkaufsbelegtyp mit der IMG-Aktivität MATERIALWIRTSCHAFT • EINKAUF • »EINKAUFSBELEG« • BILDAUFBAU AUF BELEGEBENE FESTLEGEN. Das Einstiegsbild mit einem Teil der aktuell 44 Feldauswahlschlüssel für den Bildaufbau beim Einkaufsbeleg Bestellung sehen Sie in Abbildung 6.26.

Abbildung 6.26 Feldauswahlschlüssel für Bildaufbau bei Bestellung

Die Feldauswahlschlüssel stehen für unterschiedliche Einflussfaktoren. Die nun folgende kurze Beschreibung der Einflussfaktoren aus Abbildung 6.25 soll Ihnen dabei helfen herauszufinden, zu welchem Einflussfaktor die einzelnen Feldauswahlschlüssel gehören:

1. **Belegart**
   Der Feldauswahlschlüssel der Belegart gehört zur Definition der Belegart je Belegtyp (siehe Abschnitt 6.3.5, »Belegarten«); der Feldauswahlschlüssel FOF steuert eine Rahmenbestellung, NBF (nicht im Bild) eine »normale« Bestellung, UBF (nicht im Bild) steuert eine Umlagerbestellung.

2. **Positionstyp**
   Der Feldauswahlschlüssel des Positionstyps wird in Kombination mit dem Belegtyp ermittelt. Die ersten beiden Stellen sind fix (PT), die dritte Stelle entspricht der internen Darstellung des Positionstyps, die vierte Stelle entspricht dem Belegtyp (B, A, K, F, L).

   Der Feldauswahlschlüssel PT0B steuert somit eine Normalposition in der BANF, PT0F steuert eine Normalposition in der Bestellung und PT2F eine Bestellposition für Lieferantenkonsignation.
3. **Kontierungstyp**
   Der Einfluss des Kontierungstyps auf die Feldauswahl wurde bereits in Abschnitt 6.3.7 gezeigt. Die Feldeigenschaften werden direkt bei der Definition des Kontierungstyps eingestellt.
4. **Freigabezustand**
   Der Feldauswahlschlüssel des Freigabezustands wirkt sich auf Bestellanforderungen aus. Abhängig vom Freigabezustand kann der Feldstatus einer Bestellanforderung beeinflusst werden.
5. **Berechtigung für Preisanzeige**
   Für Anwender mit fehlender Berechtigung für die Preisanzeige kann über die Parameter-ID `EFB` im Benutzerstamm der Feldauswahlschlüssel $$$$ (Ohne Preise) eingeschaltet werden. Voraussetzung hierfür ist eine mit dem Pflegedialog V_T160D in der Tabelle T160D (Funktionsberechtigungen Bestellung) entsprechend eingestellte Funktionsberechtigung. Wählen Sie hierzu die IMG-Aktivität Materialwirtschaft • Einkauf • Berechtigungsverwaltung • Funktionsberechtigungen für Einkäufer festlegen.
6. **Vorgang**
   Betrachten wir einige Beispiele: Bei der Funktionsberechtigung Z1 in Abbildung 6.27 ist der Auswahlschlüssel $$$$ (Ohne Preise) hinterlegt.

Das Kennzeichen Konditionen anzeigen ist nicht gesetzt, die entsprechenden Felder und Registerkarten im Einkaufsbeleg werden also ausgeblendet. Auch das Kennzeichen Konditionen eingeben ist nicht gesetzt. Anwender mit einem solchen Benutzerparameter `EFB` sehen demnach weder Konditionen noch Preise in den Einkaufsbelegen.

Die Konditionen sind über die Funktionsberechtigung ausgeblendet. Es muss zusätzlich ein Feldauswahlschlüssel hinterlegt werden, der den passenden Feldstatus (Anzeigen oder Ausblenden) der entsprechenden Felder steuert. Über den Feldauswahlschlüssel $$$$ sind die Preise ausgeblendet.

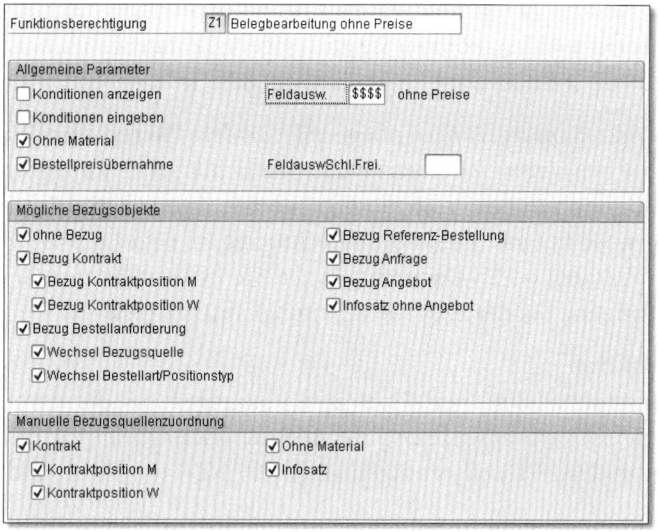

Abbildung 6.27 Funktionsberechtigung Z1 für Parameter-ID EFB

In den Pflegedialogen für die Tabelle T162 (Feldauswahl Einkaufsbeleg) können Sie die Einstellungen für den Feldauswahlschlüssel $$$$ (OHNE PREISE) anzeigen oder auch ändern. Wählen Sie hierzu die IMG-Aktivität Bildaufbau auf Belegebene. Im Feldauswahlschlüssel $$$$ sind die Datenfelder PREIS UND PREISEINHEIT ausgeblendet (siehe Abbildung 6.28).

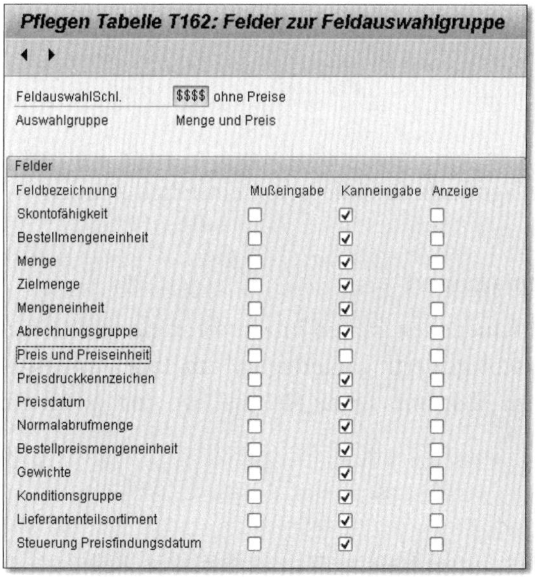

Abbildung 6.28 Feldauswahlschlüssel $$$$ ohne Preise

Indem Sie im IMG-Pfad für den jeweiligen Einkaufsbeleg die Aktivität BILDAUFBAU AUF BELEGEBENE wählen, können Sie auch eigene Feldauswahlschlüssel für die Tabelle T162 (Feldauswahl Einkaufsbeleg) definieren.

Den Bildaufbau für *Bestellanforderungen* pflegen Sie mit dem Pflegedialog VV_162_B. Dort legen Sie beispielsweise einen Feldauswahlschlüssel als Kopie von $$$$ an, bei dem bestimmte Felder nicht eingabebereit sein sollen. Diesen Schlüssel hinterlegen Sie in einer Funktionsberechtigung im Feld FELDAUSW-SCHL.FREI (siehe Abbildung 6.27). Dadurch können Sie bei bestimmten Anwendern die Berechtigung bei der BANF-Bearbeitung einschränken.

- **Vorgang/Transaktion**
  Der Feldauswahlschlüssel der Transaktion zum Vorgang ist mit der jeweiligen Transaktion fest verbunden. Beispiele sind die Transaktionen ME51 (Anlegen BANF) und ME51N (Hinzufügen »Enjoy-BANF«) für die Einbildtransaktion.
- **Vorgang/Aktivitätstyp**
  Der Feldauswahlschlüssel des Aktivitätstyps zum Vorgang wird intern vom Anwendungsprogramm aufgerufen. Folgende vier Aktivitätstypen gibt es:
  - AKTA (Beleg anzeigen)
  - AKTE (Bestellung erweitern)
  - AKTH (Beleg anlegen oder Position hinzufügen)
  - AKTV (Beleg ändern oder anlegen mit »Enjoy-Transaktion«)

Insgesamt gibt es aktuell 118 Feldauswahlschlüssel in der Tabelle T162 (Feldauswahl Einkaufsbeleg).

Nachdem die Belegarten nun hinreichend erklärt wurden, zeige ich Ihnen noch, wo und wie Sie Vorschlagswerte für Belegarten einstellen können.

6.3.9 Belegart als Vorschlagswert

Belegarten können Sie an verschiedenen Stellen im Customizing und in den Benutzerparametern als Vorschlagswerte hinterlegen, um Ihre Arbeitsabläufe zu optimieren. In diesem Abschnitt sehen Sie, wie, wo und wofür Sie das machen.

Transaktion

Sie können abhängig von der aufgerufenen Transaktion eine Belegart als Vorschlagswert in der Tabelle T160 (Transaktionssteuerung Einkauf) hinterlegen. Wählen Sie hierzu die IMG-Aktivität MATERIALWIRTSCHAFT • EINKAUF • VORSCHLAGSWERTE FÜR BELEGART FESTLEGEN. IM PFLEGEDIALOG V_T160 WIRD JE TRANSAKTION GENAU EINE EINKAUFSBELEGART ALS Vorschlagswert angegeben. Wenn Sie beispielsweise die Transaktion ME41 (Anfrage anlegen) aufrufen, wird die Belegart AN vorgeschlagen (siehe Abbildung 6.29).

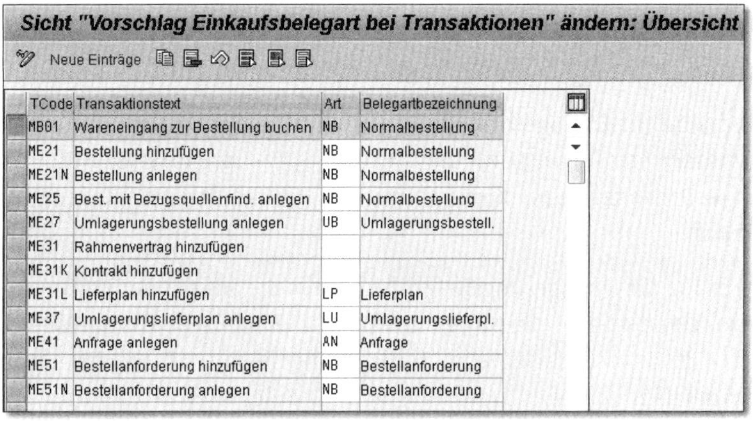
Sicht "Vorschlag Einkaufsbelegart bei Transaktionen" ändern: Übersicht

Neue Einträge

TCode	Transaktionstext	Art	Belegartbezeichnung
MB01	Wareneingang zur Bestellung buchen	NB	Normalbestellung
ME21	Bestellung hinzufügen	NB	Normalbestellung
ME21N	Bestellung anlegen	NB	Normalbestellung
ME25	Best. mit Bezugsquellenfind. anlegen	NB	Normalbestellung
ME27	Umlagerungsbestellung anlegen	UB	Umlagerungsbestell.
ME31	Rahmenvertrag hinzufügen		
ME31K	Kontrakt hinzufügen		
ME31L	Lieferplan hinzufügen	LP	Lieferplan
ME37	Umlagerungslieferplan anlegen	LU	Umlagerungslieferpl.
ME41	Anfrage anlegen	AN	Anfrage
ME51	Bestellanforderung hinzufügen	NB	Bestellanforderung
ME51N	Bestellanforderung anlegen	NB	Bestellanforderung

Abbildung 6.29 Vorschlagswerte für Belegarten je Transaktion

Die in Abbildung 6.29 markierte Transaktion MB01 (Wareneingang zur Bestellung) ist eine Transaktion aus der Bestandsführung, genauer eine Vorgängertransaktion der Transaktion MIGO (Warenbewegungen). Der Eintrag für die Transaktion MB01 bewirkt, dass für die automatische Bestellerzeugung beim Wareneingang die Belegart NB verwendet wird.

Für die Sammeltransaktion ME59N (automatische Bestellerzeugung aus einer Gruppe von Bestellanforderungen) gibt es keinen separaten Eintrag in Abbildung 6.29. Die Belegart wird nach folgender Logik aus der Belegart der ersten BANF abgeleitet:

- Existiert eine Bestellbelegart, die mit der BANF-Belegart identisch ist, hat diese Belegart Priorität. Aus einer BANF NB würde somit eine Bestellung NB – allerdings nur, sofern die Belegart zulässig ist (siehe Abschnitt 6.3.5).
- Ist die Bestellbelegart aus mehreren zulässigen Belegarten auszuwählen, wird in den Vorschlagswerten der Sicht V_T160 nach einer Belegart für die Transaktion ME21 (Bestellung hinzufügen) gesucht. Haben Sie den Eintrag NB in der Zeile ME21 gelöscht, wird aus den zulässigen Belegarten einfach die erste gewählt.

Umlagerung

Bei geplanten Umlagerungen wird die Belegart aus dem Customizing für Umlagerbestellungen bzw. Umlagerungslieferpläne über folgende Kombination aus der Tabelle T161W (Bestellarten für Umlagerung) ermittelt:

- abgebendes Werk bei Transportbestellung
- empfangendes Werk
- Typ des Einkaufsbelegs (F, Bestellung)

Den Pflegedialog für Umlagerbestellungen rufen Sie mit der IMG-Aktivität MATERIALWIRTSCHAFT • EINKAUF • BESTELLUNG • UMLAGERUNGSBESTELLUNG EINSTELLEN • BELEGART, EINSCHRITTVERFAHREN, UNTERLIEFERUNGSTOLERANZ ZUORDNEN auf.

Den Pflegedialog für Umlagerungslieferpläne rufen Sie auf mit der IMG-Aktivität MATERIALWIRTSCHAFT • EINKAUF • LIEFERPLAN • UMLAGERUNGSLIEFERPLAN EINSTELLEN • BELEGART ZUORDNEN. Umlagerungen mit SD-Lieferbelegen erfordern zusätzlich noch die Zuordnung von SD-Belegarten und Prüfregeln.

Dispositionsgruppe

Mit den Parametern der Dispositionsgruppe können Sie materialabhängig die Bedarfsplanung beeinflussen. Beispielsweise legen Sie die Erstellungskennzeichen für Bestellanforderungen, Dispositionslisten und Lieferplaneinteilungen fest. Für fremdbeschafftes Material können Sie die Belegarten der Bestellanforderungen festlegen und die Terminierung im Planungslauf einstellen – mit Hilfe der Planlieferzeit aus dem Einkaufsinfosatz oder dem Rahmenvertrag aus dem Orderbuch.

Legen Sie hierzu im Customizing werksabhängig Dispositionsgruppen an, und ordnen Sie diese im Materialstamm (der Sicht DISPOSITION 1) im Feld MARC-DISGR zu. Dispositionsgruppen legen Sie mit folgenden IMG-Aktivitäten an:

- Materialwirtschaft • Verbrauchsgesteuerte Disposition • Dispositionsgruppen • Gesamtpflege der Dispositionsgruppen durchführen
- Produktion • Bedarfsplanung • Dispositionsgruppen • Gesamtpflege der Dispositionsgruppen durchführen

Für bereits existierende Dispositionsgruppen wählen Sie die IMG-Aktivität PRODUKTION • BEDARFSPLANUNG • PLANUNG • BESCHAFFUNGSVORSCHLÄGE • FREMDBESCHAFFUNG FESTLEGEN.

In der Dispositionsgruppe Z000 (Eigene BANF-Belegarten) sind ausschließlich eigene Belegarten für Bestellanforderungen hinterlegt:

- ZNB (Z BANF für Normalbestellungen)
- LB (LB BANF für Lohnbearbeitung)
- UB (UB BANF für Umlagerungen)

Die Terminierung dieser Belegarten im Planungslauf soll mit der Planlieferzeit aus dem aktuellen Einkaufsinfosatz oder Rahmenvertrag aus dem Orderbuch durchgeführt werden (siehe Abbildung 6.30).

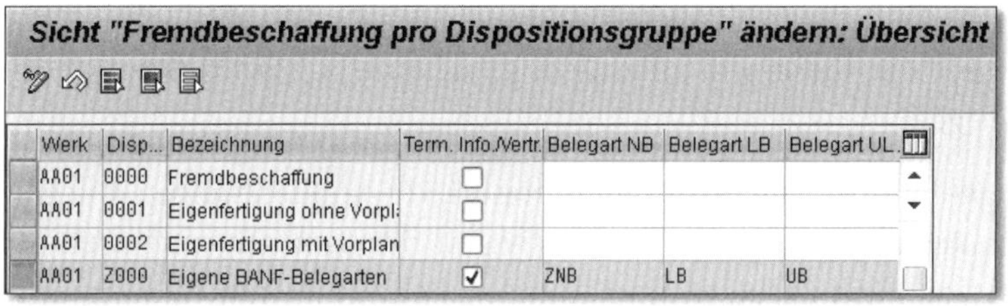
Sicht "Fremdbeschaffung pro Dispositionsgruppe" ändern: Übersicht

Werk	Disp...	Bezeichnung	Term. Info./Vertr.	Belegart NB	Belegart LB	Belegart UL
AA01	0000	Fremdbeschaffung	☐			
AA01	0001	Eigenfertigung ohne Vorpl:	☐			
AA01	0002	Eigenfertigung mit Vorplan	☐			
AA01	Z000	Eigene BANF-Belegarten	☑	ZNB	LB	UB

Abbildung 6.30 BANF-Belegarten bei Dispositionsgruppe Z000

An den Belegarten der Bestellanforderungen können Sie so bereits Normalbestellung, Lohnbearbeitung und Umlagerung unterscheiden. Konsequenterweise bieten sich hier auch entsprechend definierte eigene Belegarten für die Bestellungen an.

Benutzer

Wenn die Belegart nicht bereits über das Customizing vorgegeben wird, kommen Vorschlagswerte aus den Benutzervorgaben zum Zug. Für folgende Belegarten können Sie Vorschlagswerte als Parameter-ID in den eigenen Benutzervorgaben mit der Transaktion SU3 (Benutzereigene Daten pflegen) hinterlegen:

- ASA (Anfrage)
- BBA (Bestellanforderung)
- BSA (Bestellung)
- VSA (Rahmenvertrag)
- ALT (Lieferart)

Die Parameter-ID `ALT` können Sie für den Parameterwert `EL` (Anlieferung) verwenden. Mit Hilfe von Anlieferungen können Sie Ihre Anlieferprozesse im Wareneingang abwickeln; Sie benötigen hierzu Bestellungen mit Bestätigungssteuerung.

6.4 Bestätigungssteuerung

Die Bestätigungssteuerung brauchen Sie, um den Wareneingang mit Anlieferbelegen abzuwickeln. Sie schalten diese Funktionalität mit einem Bestätigungssteuerschlüssel im Feld BSTAE in der Tabelle EKPO (Einkaufsbelegposition) ein. Bestätigungssteuerschlüssel können aus dem Einkaufsinfosatz in die Einkaufsbelegarten übertragen werden; Kontraktabrufe verwenden die Bestätigungssteuerung aus dem Kontrakt.

In diesem Abschnitt wird das notwendige Customizing für die Bestätigungssteuerung mit Anlieferungen gezeigt, das für die Disposition und den Wareneingang relevant ist. Anlieferungen gehören zu den LES-Belegen und werden deshalb in diesem Kapitel nicht so detailliert beschrieben wie die Einkaufsbelege.

Anlieferungen werden mit der Transaktion VL31N (Anlieferungen anlegen) einzeln zur Bestellung angelegt, alternativ mit der Sammelverarbeitung in der Transaktion VL34 (Arbeitsvorrat Anlieferungen). Lieferanten, mit denen Sie über EDI (*Electronic Data Interchange*) elektronische Nachrichten austauschen, können Auftragsbestätigungen und Lieferavise verschicken und somit auf Ihrem SAP-System Anlieferungen automatisch anlegen. Voraussetzung hierfür sind entsprechende Partnervereinbarungen für EDI-Nachrichten, die Sie mit der Transaktion WE20 (Partnervereinbarungen) für den Nachrichtentyp DESADV anlegen.

Die Avisierung der Lieferung erfolgt »getriggert« durch die Warenausgangsbuchung im ERP-System Ihres Lieferanten. Damit Sie gleich die korrekten Gebinde (Handling Units) kennen, sendet der Lieferant die Packdaten mit, oder er hält sich streng an vereinbarte Packvorschriften.

Bestätigungstypen

Der Bestätigungssteuerschlüssel ermöglicht das Erfassen von Mengen und Terminen für externe und interne Bestätigungstypen.

Externe Bestätigungstypen werden in Bestätigungssteuerschlüsseln zugeordnet und sind dadurch im Bestellbeleg auf der Registerkarte BESTÄTIGUNGEN sichtbar. Zur Definition externer Bestätigungstypen wählen Sie die IMG-Aktivität MATERIALWIRTSCHAFT • EINKAUF • BESTÄTIGUNGEN • EXTERNE BESTÄTIGUNGSTYPEN EINSTELLEN. Die externen Bestätigungstypen aus dem SAP-Standard heißen beispielsweise AB (Auftragsbestätigung) oder LA (Anlieferung, siehe Abbildung 6.31).

BestätTyp	Bezeichnung	Überschrift Menge
AB	Auftragsbestätigung	Bestätigte Menge
CH	Bestelländerung	Bestelländerung
GW	Grob-WE	Grob-WE-Menge
HU	HU Anlieferung	HU Anlieferung
LA	Anlieferung	Avisierte Menge
ZB	Bescheid	Bescheid-Menge

Abbildung 6.31 Externe Bestätigungstypen

Bestätigungstyp AB ist für Auftragsbestätigungen nach dem Bestelleingang vorgesehen; für Lieferavise ist der Bestätigungstyp LA (Anlieferung/Avisierte Menge) eingestellt. Diesem externen Bestätigungstyp ist der interne Bestätigungstyp 2 (Lieferavis) zugeordnet. Die Zuordnung der externen und internen Bestätigungstypen stellen Sie ein in der IMG-Aktivität MATERIALWIRTSCHAFT • EINKAUF • BESTÄTIGUNGEN • INTERNE BESTÄTIGUNGSTYPEN EINSTELLEN. In dieser Aktivität ordnen Sie den internen Bestätigungstypen je einen externen Bestätigungstyp zu.

Das System erkennt anhand dieser Zuordnung, welcher Bestätigungstyp aus einem Lieferavis erstellt wird. Bei der Eingangsverarbeitung von EDI-Nachrichten erkennt das System, ob es sich bei der eingehenden Nachricht um eine Auftragsbestätigung oder ein Lieferavis handelt (siehe Abbildung 6.32).

Interne Bestätigungstypen

BestätigTyp intern	Bestätigungstyp	Bezeichnung	LFArt	Rückl. sichtb.
1 Auftragsbestätigung	AB	Auftragsbestätigung		☐
2 Lieferavis	LA	Anlieferung	EL	☐

Abbildung 6.32 Interne Bestätigungstypen

Beim Eingang einer EDI-Nachricht mit dem internen Bestätigungstyp 2 legt das System eine Anlieferung an und aktualisiert die bestätigten Mengen und Termine in der Bestätigungsübersicht des Einkaufsbelegs.

Im SAP-Standard ist dem externen Bestätigungstyp LA die Lieferart EL (Vertriebsbelegtyp 7: Anlieferung/Lieferavis) zugeordnet. In Lieferungen der Lieferart EL sind nur Positionen enthalten, bei denen der Lagerort zu der im Lieferkopf angegebenen Lagernummer passt. Beim Bearbeiten des Liefervorrats werden Kundenauftragspositionen aus verschiedenen Lagernummern auf separate Lieferungen aufgeteilt.

Die Lieferart EG (Vertriebsbelegtyp EG: Grobwareneingang) und der entsprechende Bestätigungstyp GW werden in der Branchenlösung SAP for

Retail (Handelsunternehmen) verwendet. Die Belegarten unterscheiden sich durch andere Nummernkreise sowie Partner- und Nachrichtenschemata. Im Unterschied zur Lieferart EL muss die Lieferung mit der Lieferart EG nicht zwingend »lagernummernrein« sein.

Das Kennzeichen RÜCKLIEFERUNG SICHTBAR in Abbildung 6.32 bewirkt unter bestimmten Voraussetzungen, dass mit der Transaktion MBRL (Rücklieferung zum Materialbeleg) erzeugte Rücklieferungen zu einer Anlieferung ebenfalls in der Bestätigungsübersicht der Bestellposition sichtbar werden. Das Kennzeichen setzt für die Anlieferung eine WE-Zuordnung im Bestätigungssteuerschlüssel voraus, außerdem dürfen die Warenbewegungen nicht mit den Transaktionen der Bestandsführung gebucht werden.

Externe Bestätigungstypen ohne Zuordnung in der IMG-AKTIVITÄT INTERNE BESTÄTIGUNGSTYPEN EINSTELLEN haben lediglich einen informativen Charakter. Sie werden manuell angelegt. Externe Bestätigungstypen können manuell, per Lieferavis, per EDI oder über Rücklieferung erstellt werden.

Im nächsten Schritt definieren Sie den Bestätigungssteuerschlüssel.

Bestätigungssteuerschlüssel

Bestätigungssteuerschlüssel benötigen Sie für Bestellpositionen, für die Sie Bestätigungen mit/ohne Anlieferung erfassen möchten. Für die Definition eines Bestätigungssteuerschlüssels wählen Sie die IMG-Aktivität MATERIALWIRTSCHAFT • EINKAUF • BESTÄTIGUNGEN • BESTÄTIGUNGSSTEUERUNG EINSTELLEN. Folgende Customizing-Einstellungen sind hier vorzunehmen:

1. Steuerschlüssel anlegen (eventuell als Kopie)
2. Bestätigungstypen in der gewünschten Reihenfolge zuordnen und festlegen, welche Bestätigungstypen für die Disposition und den Wareneingang (mit/ohne Zuordnung) relevant sind
3. In der Spalte ÜBERWACHUNGSZEIT den Überwachungszeitraum mit Bezugsdatum angeben (Bestelldatum plus Überwachungszeitraum oder Lieferdatum minus Überwachungszeitraum)

Mit dem Bestätigungssteuerschlüssel 0004 aus dem SAP ERP-Standard können Sie Anlieferungen anlegen (siehe Abbildung 6.33).

Abbildung 6.33 Bestätigungssteuerschlüssel

Die Bestätigungssteuerschlüssel in Abbildung 6.33 erzeugen nicht automatisch Anlieferungen, und sie sind nicht relevant für eine Lieferempfangsbestätigung. Sie können Bestätigungssteuerschlüssel mit nur einem Bestätigungstyp (z.B. Lieferavis/Anlieferung) oder mit mehreren Bestätigungstypen (Auftrags- und Verladebestätigung sowie Lieferavis) definieren. Dem eigenen Bestätigungssteuerschlüssel Z004 (Anlieferung B) in Abbildung 6.34 sind die Bestätigungstypen ZB und LA zugeordnet.

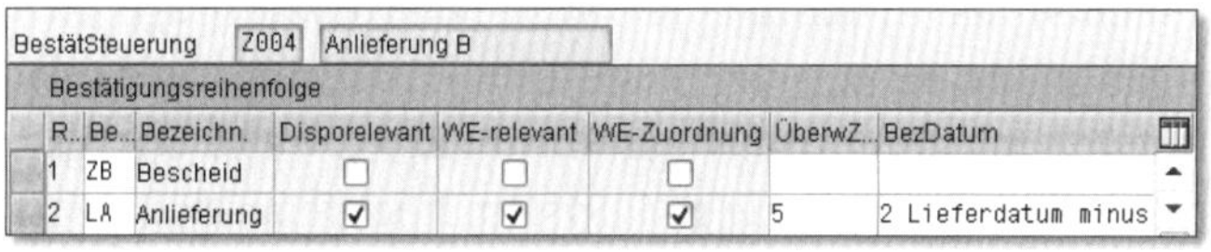

Abbildung 6.34 Bestätigungsreihenfolge in Steuerschlüssel Z004

Bei mehreren Bestätigungstypen legen Sie hier auch die zeitliche Reihenfolge der einzelnen Bestätigungen innerhalb eines Bestätigungssteuerschlüssels fest. Für alle Bestätigungstypen können Sie weiterhin festlegen, ob diese nur zur Information dienen oder zudem für die Disposition und den Wareneingang relevant sein sollen.

Die Zahl 5 in der Spalte ÜBERWACHUNGSZEIT mit dem BEZUGSDATUM 2 LIEFERDATUM MINUS ÜBERWACHUNGSZEITRAUM bewirkt eine Selektion aller Positionen, die fünf Tage vor dem Lieferdatum in der Bestellung noch nicht bestätigt wurden. Überwachungsrelevante Bestätigungen können Sie mit der Transaktion ME2A (Bestätigungen überwachen) auswerten.

Bestätigungssteuerung [+]

Wenn Sie die Bestätigungssteuerung bereits in einem Produktivsystem eingestellt haben, sollten Sie die Customizing-Einstellungen nicht mehr ändern. Änderungen im laufenden Betrieb können zu Datenschiefständen in Ihrem System führen, z.B. in der Materialdisposition.

Bestätigungspflicht

Zur Überwachung von ausstehenden Auftragsbestätigungen für Ihre Bestellungen können Sie zusätzlich das Feld EKPO-KZABS (Auftragsbestätigungspflicht) auf der Registerkarte BESTÄTIGUNGEN pflegen. Mit der Transaktion ME92F (Auftragsbestätigung überwachen) können Sie dem Lieferanten für unbestätigte Positionen Mahnschreiben senden.

Anlieferungen für die Lagerverwaltung

Anlieferungen sind die Voraussetzung für die Bildung von Handling Units in Einlagerprozessen in der Lagerverwaltung. Folgende Szenarien gibt es beispielsweise:

- SAP LES (Logistics Execution System)
- SAP EWM (Extended Warehouse Management)
- sonstige IT-Systeme

Die Anlieferungen dienen als Grundlage für WM-Transportaufträge bzw. SAP EWM-Lageraufgaben für Einlagerprozesse. Der Wareneingang zu solchen Anlieferungen wird im dezentralen System (beispielsweise nach der Einlagerung) gebucht und an das zentrale ERP-System hochgemeldet.

Wenn Sie keine Lieferavise vom Lieferanten bekommen, können Sie die Anlieferungen auch automatisch aus den Bestellpositionen erzeugen. Wählen Sie hierzu die IMG-Aktivität LOGISTICS EXECUTION • VERSAND • LIEFERUNGEN • BESTELLBESTÄTIGUNG ANLIEFERUNG DEFINIEREN. Dort können Sie für Kombinationen mit Werk, Lagerort und Bestellart einen Bestätigungssteuerschlüssel hinterlegen. Dazu sind folgende Schritte notwendig:

1. Identifizieren der dezentral verwalteten Lagernummern (LES und EWM)
2. Identifizieren der relevanten Lagerorte aus der Tabelle T320 (Zuordnung IM-Lagerort zu WM-Lagernummer)
3. Festlegen der Bestellart für automatische Anlieferungen
4. Zuordnen des Bestätigungssteuerschlüssels

Die Anlieferungen erstellen Sie mit der Transaktion VL31N (Anlieferung anlegen). Im SAP-Anwendungsmenü finden Sie die Transaktionen zum Bearbeiten von Anlieferungen unter dem Pfad LOGISTICS EXECUTION • WARENEINGANGSPROZESS • WARENEINGANG ZUR ANLIEFERUNG • ANLIEFERUNG • ANLEGEN.

Transportmittelart

Die Transportmittelart ist ein Schlüssel, der die Art des Transportmittels für die Warenlieferung angibt. Die Transportmittelart wird im Customizing als Packmittelart vom Typ TRANSPORTMITTEL oder TRANSPORTHILFSMITTEL angelegt. Denkbare Transportmittelarten sind LKW, Bahn oder Schiff. In den Kopfdaten der Anlieferung können Sie eine Transportmittelart zuordnen (siehe Abbildung 6.35).

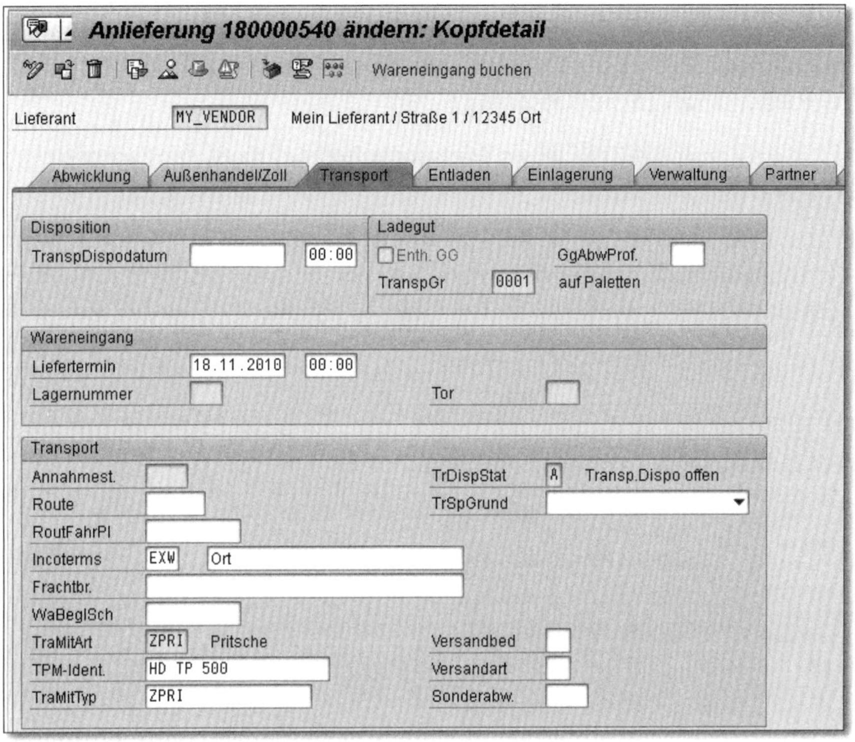

Abbildung 6.35 Transportdaten in Anlieferung

Folgende Felder zur Identifikation des Transportmittels sind in Abbildung 6.35 gefüllt:

- Transportmittelart, Feld TRAMITART (Packmittelart ZPRI)
- Transportmittel-Identifikation, Feld TPM-IDENT. (Fahrzeug-Kennzeichen, Textfeld)
- Transportmitteltyp, Feld TRAMITTYP (Materialstamm ZPRI, Materialart VERP)

Das Customizing der Transportmittelarten gehört zu den Grundlagen des Handling Unit Managements.

Im Customizing-Bereich des Einkaufs können Sie Transportmittelarten in folgender IMG-Aktivität definieren: Materialwirtschaft • Einkauf • Bestätigungen • Packmittelarten festlegen. In dieser Aktivität definieren Sie die Schlüssel für die Transportmittelarten, die in Ihrem Unternehmen vorgesehen sind. Die Packmittelart besteht aus einem vierstelligen Code (z.B. Paletten, Kartons, LKW) und einer 20-stelligen Beschreibung. Im Feld Packmittelart geben Sie den Code ein, im Feld daneben eine textliche Bezeichnung. Anschließend erledigen Sie die notwendigen Angaben auf dem Detailbild der Packmittelart (siehe Abbildung 6.36).

- Die Packmittelart ZPRI ist als Transportmittel definiert, der Packmitteltyp ist A (Transportmittel).
- Der Transportmitteltyp ZPRI in Abbildung 6.35 ist als Materialstamm angelegt. Durch Angabe einer Packmittelart im Materialstamm (Datenfeld MARA-VHART) wird ein Material zum Packmittel(-typ) oder alternativ zum Transportmittel(-typ).

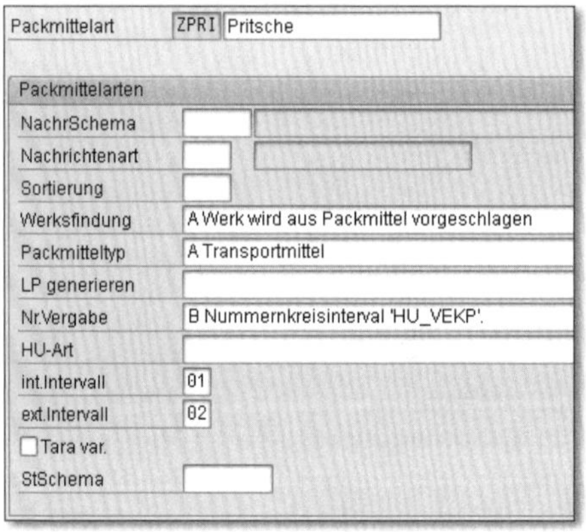

Abbildung 6.36 Packmittelart ZPRI

Beim Anlegen des Materialstamms ist eine geeignete Materialart zu verwenden (siehe Kapitel 5, »Stammdaten«); der SAP-Standard sieht hier die Materialart VERP (Verpackung) vor.

Damit Sie mit Packmitteln einer Packmittelart in Lieferbelegen Material verpacken können, müssen Sie der Packmittelart die erlaubten Materialgruppen zuordnen. Die Materialgruppe (Feld MAGRV) gehört zu den allgemeinen Feldern im Materialstamm (Tabelle MARA). Wählen Sie die IMG-Aktivitäten

Logistik Allgemein • Handling Unit Management • Packmittelarten definieren und Materialgruppe Packmittel definieren und Erlaubte Packmittel festlegen. So definieren Sie beispielsweise eine Packmittelart für Einwegpaletten und eine für Europaletten. Dann definieren Sie noch eine Materialgruppe für Palettenware und erlauben anschließend beide Packmittelarten für diese Materialgruppe.

Anlieferungen für das Transportmanagement

Mit SAP TM (Transportation Management) können Sie Transporte planen, Ausschreibungen durchführen (Tendering) und Spediteure beauftragen. SAP TM plant ausgehende Transporte anhand von Kundenaufträgen und Auslieferungen. Eingehende Transporte werden anhand von Bestellungen und Anlieferungen geplant. In diesem Fall benötigen Sie die Bestätigungssteuerung für Ihre Bestellpositionen.

6.5 Partner

Zu den Kopfdaten der Einkaufsbelege gehört die Registerkarte Partner. Auf dieser Registerkarte finden Sie Partnerrollen aus dem Lieferantenstamm (siehe Abschnitt 5.3.1, »Lieferantenstamm«) und möglicherweise noch weitere, die nicht zu den Stammdaten gehören. Eine solche, oft nicht zu den Stammdaten gehörende Partnerrolle, die teilweise dynamisch vergeben wird, ist die Rolle SP (Spediteur), die Sie für SAP LES-Transportabwicklungen und für die Anbindung von SAP TM benötigen.

6.5.1 Partnerrollen im Einkaufsbeleg

Die Einstellung der Partnerrollen im Einkaufsbeleg nehmen Sie mit Hilfe von Partnerschemata vor, die Sie definieren und zuordnen. Hierzu gruppieren Sie die Belegarten entsprechend Ihren Anforderungen bezüglich Partnerrollen, Pflichtrollen etc. Anschließend legen Sie die Partnerschemata an und ordnen diese den Belegarten zu.

Schritt 1: Partnerschema anlegen

Der SAP-Standard bietet Ihnen folgende drei Schemata:

- 0001 (Kontrakte)
- 0002 (Normalbestellung)
- 0003 (Umlagerbestellung)

Partnerschemata für Einkaufsbelege definieren Sie in der IMG-Aktivität Materialwirtschaft • Einkauf • Partnerfindung • Partnereinstellung in Einkaufsbelegen • Partnerschemata definieren. In Abbildung 6.37 sehen Sie unter den drei Partnerschemata 0001, 0002 und 0003 das eigene Schema Z002 (Normalbestellung ZNB).

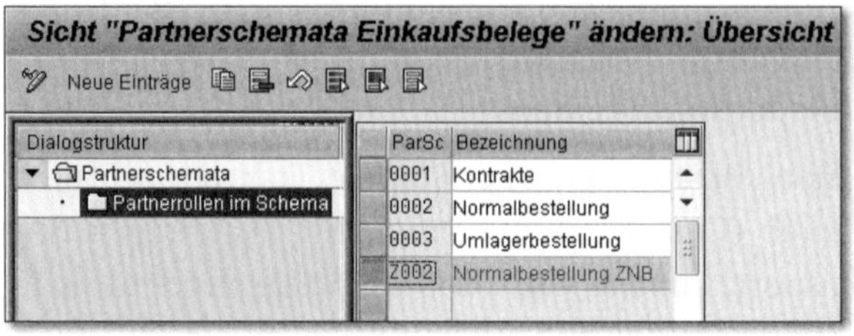

Abbildung 6.37 Sicht »Partnerschemata Einkaufsbelege«

Das Partnerschema legen Sie mit einem vierstelligen Code und einer Bezeichnung an.

Schritt 2: Partnerrollen und Eigenschaften im Partnerschema zuordnen

Im zweiten Schritt ordnen Sie die Partnerrollen und ihre jeweiligen Eigenschaften zu. Sie bestimmen hierbei Folgendes:

- ob Rollen änderbar sein sollen
- Pflichtrollen (fehlende Pflichtrollen führen zu einer Meldung)
- den Zeitpunkt der Partnerfindung (Anfang/Ende der Belegerfassung)
- ob auf höherer Ebene nach Partnern gesucht werden soll, wenn die Partner für den Einkaufsbeleg nicht eindeutig ermittelt werden können. Wenn beispielsweise in den Belegpositionen unterschiedliche Werke vorhanden sind, dann werden die Partner auf der Ebene der Einkaufsorganisation gesucht. Die Einkaufsorganisation gehört zusammen mit dem Buchungskreis und der Einkäufergruppe zu den Daten aus dem Belegkopf.

In Abbildung 6.38 sehen Sie, wie die Partnerrollen im Schema 0001 (Kontrakte) eingestellt sind.

In Kontrakten ist die Partnerrolle LF (Lieferant) nicht änderbar und Pflicht. Die Partnerfindung steht für alle Rollen am Anfang der Belegerfassung. Über die Belegart wird das Schema gefunden. Die Pflichtrollen werden automatisch angelegt. Die Partner können aus den Stammdaten oder aus Vorgängerbelegen übertragen werden. Die Sichtbarkeit der Partnerdaten im Belegkopf schon während der Belegbearbeitung ist ein Vorteil. Man kann – noch vor dem Sichern des Belegs – die Rollen ergänzen und ändern, bei denen das erlaubt ist.

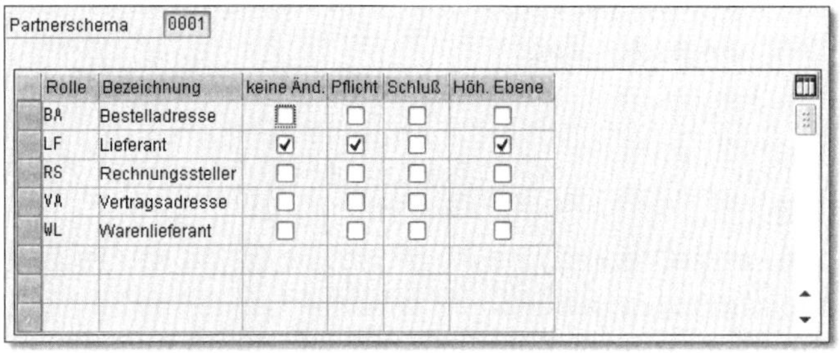
Partnerschema 0001

Rolle	Bezeichnung	keine Änd.	Pflicht	Schluß	Höh. Ebene
BA	Bestelladresse	☐	☐	☐	☐
LF	Lieferant	☑	☑	☐	☑
RS	Rechnungssteller	☐	☐	☐	☐
VA	Vertragsadresse	☐	☐	☐	☐
WL	Warenlieferant	☐	☐	☐	☐

Abbildung 6.38 Partnerschema 0001 – Kontrakte

In Abbildung 6.39 sehen Sie, wie die Partnerrollen BA bis WL im Schema 0002 (Normalbestellung) eingestellt sind.

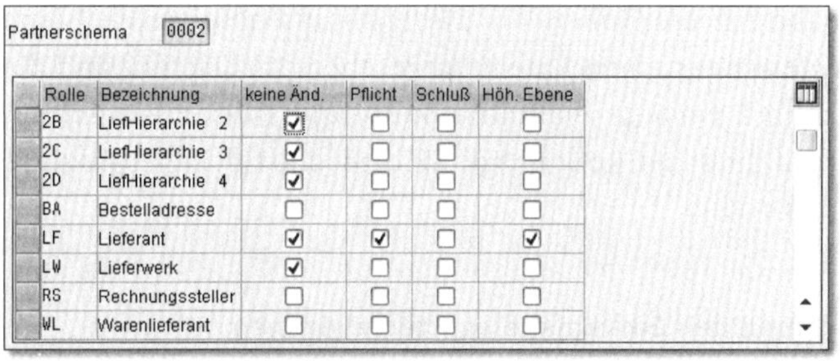
Partnerschema 0002

Rolle	Bezeichnung	keine Änd.	Pflicht	Schluß	Höh. Ebene
2B	LiefHierarchie 2	☑	☐	☐	☐
2C	LiefHierarchie 3	☑	☐	☐	☐
2D	LiefHierarchie 4	☑	☐	☐	☐
BA	Bestelladresse	☐	☐	☐	☐
LF	Lieferant	☑	☑	☐	☑
LW	Lieferwerk	☑	☐	☐	☐
RS	Rechnungssteller	☐	☐	☐	☐
WL	Warenlieferant	☐	☐	☐	☐

Abbildung 6.39 Partnerschema 0002 – Normalbestellungen

In der Bestellung kann zusätzlich mit den Rollen 2B, 2C und 2D aus der Lieferantenhierarchie gearbeitet werden (siehe Abschnitt 5.3.1, »Lieferantenstamm«). Fünf Rollen sind als nicht änderbar eingestellt, weil es sonst zu einem Bruch in der Bestellabwicklung kommen würde. Zwingend ist wieder nur die Rolle LF (Lieferant), die im Schema 0002 genau gleich eingestellt ist wie im Schema 0001.

In Abbildung 6.40 sehen Sie, wie die Partnerrollen im Schema 0003 (Umlagerbestellung) eingestellt sind.

Partnerschema 0003

Rolle	Bezeichnung	keine Änd.	Pflicht	Schluß	Höh. Ebene
LW	Lieferwerk	☑	☑	☐	☑

Abbildung 6.40 Partnerschema 0003 – Umlagerbestellungen

Bei diesem Schema ist die Rolle LW (LIEFERWERK) Pflichtfeld statt LF (Lieferant). Das Schema 0003 eignet sich für Werk-an-Werk-Umlagerbestellungen mit der Belegart UB.

In Abbildung 6.41 sehen Sie, wie die Partnerrollen im eigenen Schema Z002 (Normalbestellung ZNB) eingestellt sind.

Partnerschema Z002

Rolle	Bezeichnung	keine Änd.	Pflicht	Schluß	Höh. Ebene
AU	Autor	☐	☐	☐	☐
BA	Bestelladresse	☐	☑	☐	☐
LF	Lieferant	☑	☑	☐	☑
LW	Lieferwerk	☑	☐	☐	☐
RS	Rechnungssteller	☐	☑	☐	☐
SE	Sender	☐	☐	☐	☐
SP	Spediteur	☐	☐	☐	☐
WL	Warenlieferant	☐	☑	☐	☐

Abbildung 6.41 Partnerschema Z002 – Normalbestellung ZNB

Im Schema Z002 habe ich die Rollen für die Lieferantenhierarchie (siehe Abschnitt 5.3.1, »Lieferantenstamm«) nicht vorgesehen. Im Schema sind die vier betriebswirtschaftlich wichtigsten Rollen eines Lieferanten als Pflichtrollen definiert. Optional sind die Rollen AU, SE und die für Lieferprozesse wichtige Rolle SP (SPEDITEUR).

Schritt 3: Partnerschema den Einkaufsbelegarten zuordnen

Im nächsten Schritt ordnen Sie das jeweils passende Partnerschema den Einkaufsbelegarten in der Tabelle T161 (Einkaufsbelegarten) zu. Wählen Sie hierfür die IMG-Aktivität MATERIALWIRTSCHAFT • EINKAUF • PARTNERFINDUNG • PARTNEREINSTELLUNG ZU EINKAUFSBELEGEN • PARTNERSCHEMA ZU BELEGARTEN ZUORDNEN. In Abbildung 6.42 sehen Sie einen Ausschnitt aus dem Pflegedialog V_T161_P für die Zuordnung.

Belegtyp	Art	Belegartbezeichnung	ParSc	Bezeichnung
Bestellung	NB	Normalbestellung	0002	Normalbestellung
Bestellung	NBXE	XLO-Übg.Bestellung		
Bestellung	NBXI	XLO-Int.Bestellung		
Bestellung	UB	Umlagerungsbestell.	0003	Umlagerbestellung
Bestellung	ZNB	Normalbestellung ZNB	Z002	Normalbestellung ZNB
Bestellung	ZUB	Umlagerungsbestell.	0003	Umlagerbestellung
Kontrakt	MK	Mengenkontrakt	0001	Kontrakte
Kontrakt	WK	Wertkontrakt	0001	Kontrakte
Lieferplan	LP	Lieferplan		

Abbildung 6.42 Partnerschema je Einkaufsbelegart

Die Schemata aus dem SAP-Standard sind den Standardbelegarten zugeordnet, also 0001 für Kontrakte, 0002 für NB und 0003 für UB. Das Schema Z002 habe ich der eigenen Belegart ZNB zugeordnet.

Zuordnung des Partnerschemas [+]

Die Zuordnung eines Partnerschemas zu Belegarten wird beim Kopieren einer Belegart nicht mitkopiert. Sie müssen hier also alle Einkaufsbelege prüfen.

Bei Wareneingangsprozessen mit Anlieferungen sollten Sie auch das Partnerschema der Anlieferung prüfen.

6.5.2 Partnerrollen in der Anlieferung

Die Partner aus der Bestellung möchten Sie sicher auch als Partnerrollen in der Anlieferung sehen. Anlieferungen sind Lieferbelege und deswegen thematisch dem Versand zugeordnet. Die Partnerfindung für alle Lieferungen findet in folgenden Schritten statt:

1. Partnerschemata definieren
2. Partnerschema zuordnen
3. Partnerrollen definieren
4. Kontengruppen-Rollenzuordnung
5. Partnerrollenumschlüsselung

Die Partnerfindung für Lieferungen stellen Sie ein in der IMG-Aktivität Logistics Execution • Versand • Grundlagen • Partner • Partnerfindung für Lieferungen einstellen.

Schritt 1: Partnerschema definieren

Wie bei den Einkaufsbelegen können Sie für das Partnerschema einen bis zu vierstelligen Code und eine Bezeichnung vergeben. In Abbildung 6.43 sind die beiden Partnerschemata EL (Lieferavis) und ZEL (Lieferavis ZEL) markiert. Die Partnerrolle ZEL ist eine Kopie der Standardpartnerrolle EL. Die nächsten Schritte werden anhand der eigenen Partnerrolle ZEL erläutert.

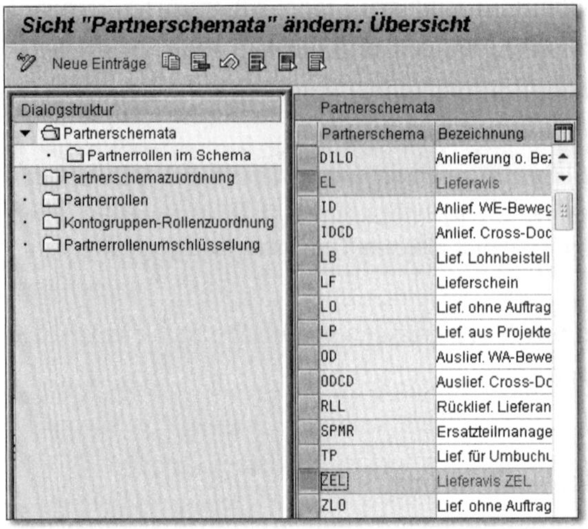

Abbildung 6.43 Partnerschemata für Lieferbelege

In der Rollenzuordnung legen Sie je Rolle fest, welche Partnerrollen änderbar sind und welches die Pflichtrollen sind (siehe Abbildung 6.44).

Abbildung 6.44 Sicht »Partnerrollen im Schema«

Wie beim Schema Z002 aus den Einkaufsbelegen ist im Partnerschema ZEL die Partnerrolle LF nicht änderbar und obligatorisch. Außerdem habe ich die – für den Anliefervorgang wichtige – Rolle SP (SPEDITEUR) zugeordnet. Sämtliche Partnerrollen, die Sie im Anlieferbeleg mitführen möchten, nehmen Sie so in Ihrem eigenen Schema auf.

Schritt 2: Partnerschema zuordnen

Im nächsten Schritt ordnen Sie das Schema der Lieferart zu, die Sie im Customizing der internen Bestätigungstypen für Ihre Lieferavise vorgesehen haben (siehe Abschnitt 6.4, »Bestätigungssteuerung«). Einen Ausschnitt aus der Partnerschemazuordnung sehen Sie in Abbildung 6.45.

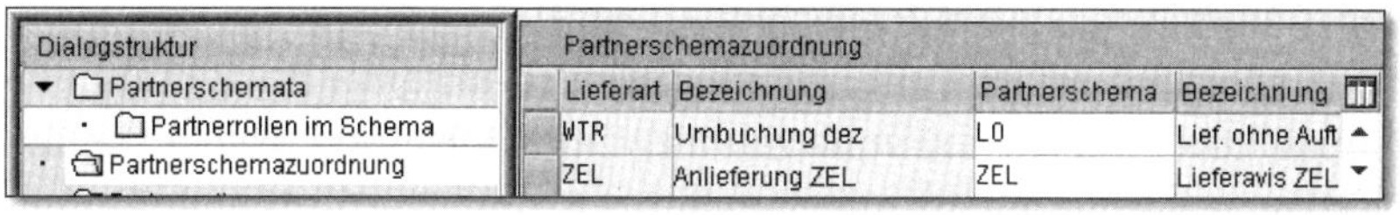

Abbildung 6.45 Sicht »Partnerschemazuordnung«

Sie sehen hier außerdem, dass das eigene Partnerschema ZEL der eigenen Lieferart ZEL zugeordnet wurde.

Schritt 3: Partnerrollen definieren

Bei der Definition der Partnerrollen können Sie neben dem zweistelligen Schlüssel und der Bezeichnung noch folgende Festlegungen treffen:

- Partnerart (LI (Lieferant), KU (Kunde), LS (logisches System), PE (Personalnummer), US (Benutzer) etc.)
- Fehlergruppe (Unvollständigkeitsschema Vertriebsbeleg)
- Übergeordnete Partnerrolle (Kundenhierarchie)
- Eindeutigkeit in den Stammdaten (Kunden-/Lieferantenstammdaten)
- Übergeordnete Partnerrolle (Kundenhierarchie)
- Kundenhierarchietyp

In Abbildung 6.46 ist unter anderem die Partnerrolle LF (Lieferant) aus dem Schema zur Anlieferung zu sehen. Diese Partnerrolle gehört zur Partnerart LI (Lieferant) und muss im Lieferantenstamm eindeutig sein.

Abbildung 6.46 Partnerrollen definieren

Dem Partner LF ist die Fehlergruppe 08 zugeordnet. Die Fehlergruppe für die Partnerrolle entspricht einem *Unvollständigkeitsschema* aus dem Customizing der Unvollständigkeit für Vertriebsbelege. In einem solchen Unvollständigkeitsschema sind Felder festgelegt, die vom Benutzer ausgefüllt werden müssen. Wenn solche Felder bei der Prüfung auf Vollständigkeit nicht gefüllt sind, gilt der Beleg als unvollständig. Abhängig von der Statusgruppe können dann bestimmte Folgeaktivitäten gesperrt sein. Das Customizing der Unvollständigkeitsprüfungen bei Vertriebsbelegen wird im IMG-Pfad VERTRIEB • GRUNDFUNKTION • UNVOLLSTÄNDIGKEIT vorgenommen. Dort finden Sie drei Customizing-Einstellungen für den Vertrieb vor:

- Unvollständigkeitsschemata definieren
- Unvollständigkeitsschemata zuordnen
- Statusgruppen definieren

Schritt 4: Kontengruppen-Rollenzuordnung

Partnerrollen, die auch im Kundenstamm verwendet werden, müssen der passenden Kontengruppe zugeordnet werden (siehe Abbildung 6.47).

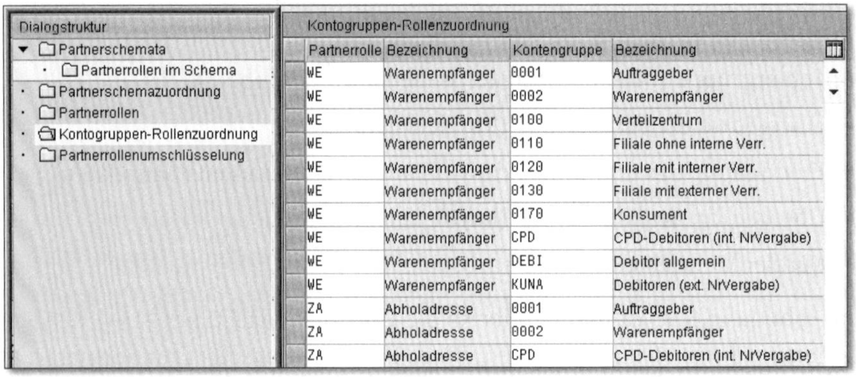

Partnerrolle	Bezeichnung	Kontengruppe	Bezeichnung
WE	Warenempfänger	0001	Auftraggeber
WE	Warenempfänger	0002	Warenempfänger
WE	Warenempfänger	0100	Verteilzentrum
WE	Warenempfänger	0110	Filiale ohne interne Verr.
WE	Warenempfänger	0120	Filiale mit interner Verr.
WE	Warenempfänger	0130	Filiale mit externer Verr.
WE	Warenempfänger	0170	Konsument
WE	Warenempfänger	CPD	CPD-Debitoren (int. NrVergabe)
WE	Warenempfänger	DEBI	Debitor allgemein
WE	Warenempfänger	KUNA	Debitoren (ext. NrVergabe)
ZA	Abholadresse	0001	Auftraggeber
ZA	Abholadresse	0002	Warenempfänger
ZA	Abholadresse	CPD	CPD-Debitoren (int. NrVergabe)

Abbildung 6.47 Sicht »Kontogruppen-Rollenzuordnung«

Heutzutage wird in den Unternehmen mehrsprachig gearbeitet, deswegen ist die sprachabhängige Umschlüsselung der Partnerrollen interessant.

Schritt 5: Partnerrollenumschlüsselung

Die sprachabhängige Partnerrollenumschlüsselung ist speziell für mehrsprachig arbeitende Unternehmen vorgesehen. Die Codes für die Partnerrollen werden in der jeweiligen Anmeldesprache angezeigt. Deswegen kann es für Anwender sinnvoll sein, wenn die Schlüssel angepasst werden. In Abbildung 6.48 sehen Sie die Partnerbezeichnung unverschlüsselt für die Anmeldung mit dem Sprachschlüssel DE. In der Spalte SPRACHE können Sie die Umschlüsselung in der jeweiligen Anmeldesprache vornehmen.

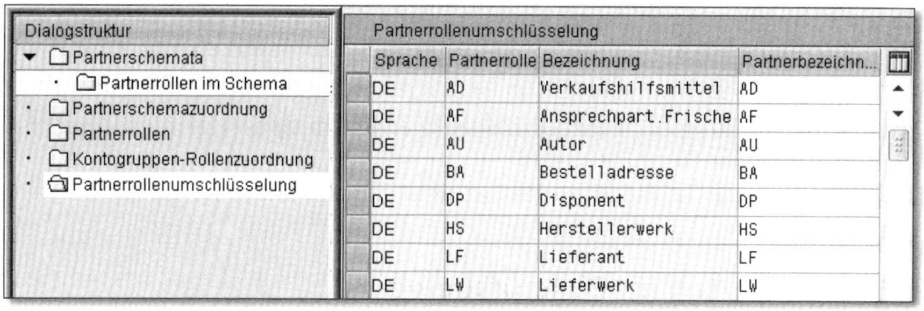

Abbildung 6.48 Sicht »Partnerrollenumschlüsselung«

Das Partnerschema für Anlieferungen können Sie auch direkt in der Definition der Lieferungsart eintragen, hierzu wählen Sie die IMG-Aktivität Logistics Execution • Versand • Lieferungen • Lieferarten definieren (siehe Abbildung 6.49).

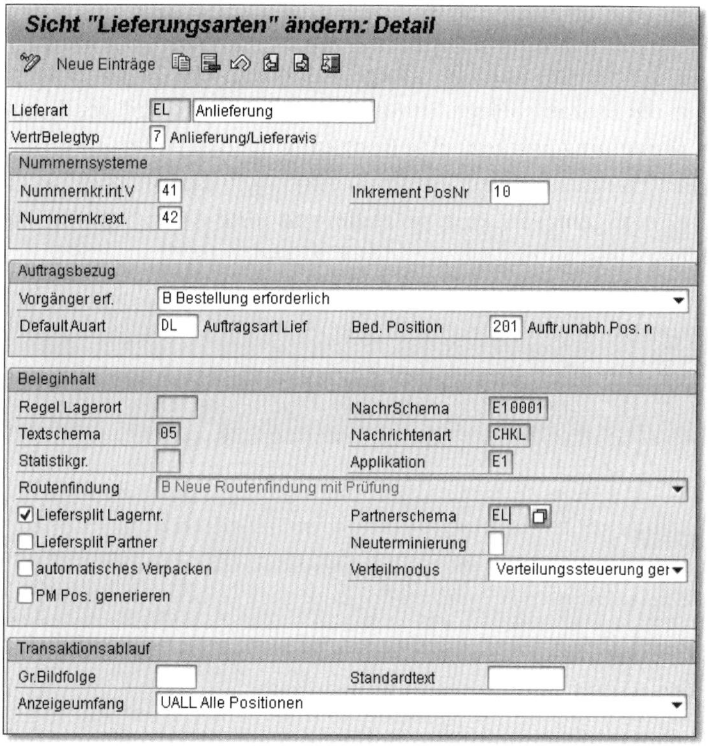

Abbildung 6.49 Lieferungsart EL

Der Lieferart EL (Anlieferung) ist das Partnerschema EL zugeordnet. In dem Bildbaustein BELEGINHALT sind außerdem ein Nachrichtenschema, eine Nachrichtenart und ein Textschema für Vertriebsbelege hinterlegt. Textarten und Nachrichtenfindung für Einkaufsbelege werden in den folgenden Abschnitten bearbeitet.

6.6 Textarten im Einkaufsbeleg

Bei den Textarten für Einkaufsbelege unterscheidet man Texte zum Bestellkopf und zu den Bestellpositionen. In all den Textarten können verbale Beschreibungen aller Art als sogenannte *Langtexte* im Einkaufsbeleg direkt erfasst werden.

Durch entsprechend eingestellte Verknüpfungen können solche Texte auch automatisch aus diversen Quelltexten in die Einkaufsbelege kopiert werden.

Damit Sie für die unterschiedlichen Anwendungen separate Texte erfassen können, gibt es bereits im Standard einige Textarten und voreingestellte Kopierregeln für die Einkaufsbelege. In Abbildung 6.50 wird mit der Transaktion ME21N (Bestellung anlegen) eine Bestellung für den Lieferanten MY_VENDOR (Mein Lieferant) angelegt. Unter KOPFTEXTE finden Sie drei Lieferantennotizen, eine allgemeine, eine spezielle und eine eigene. Sie sehen, dass für die eigene Lieferantennotiz ein Text vorhanden ist.

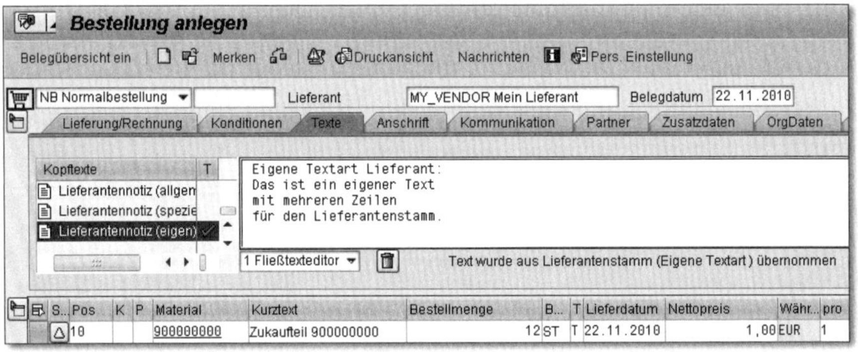

Abbildung 6.50 Text aus dem Lieferantenstamm im Bestellkopf

Der Text zu dieser Lieferantennotiz stammt ursprünglich aus einer eigenen Textart im Lieferantenstamm. In diesem Abschnitt erfahren Sie, wie Sie eine solche eigene Textart für den Lieferantenstamm definieren und mit einer Textart im Einkaufsbeleg verknüpfen.

[+]

Textarten und Verknüpfungen

Die Textarten und deren Verknüpfungen sind mandantenunabhängig!

Die Steuerung der Ausgabe von Texten in Einkaufsbelegen gehört zum Thema Nachrichtenfindung und wird in Abschnitt 6.7.1 erläutert.

6.6.1 Quellobjekte

Die Texte in den Einkaufsbelegen können mit Hilfe von Kopierregeln aus unterschiedlichen Quellobjekten übernommen werden. In Abbildung 6.51 sehen Sie die Stammdaten und Belege, aus denen Texte in die Einkaufsbelege übernommen werden können.

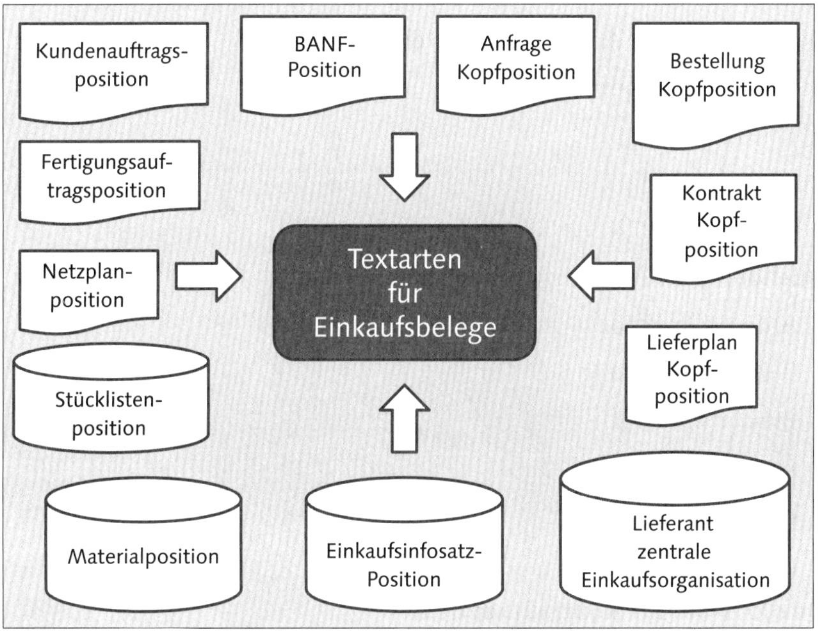

Abbildung 6.51 Quellobjekte der Textarten für Einkaufsbelege

Wiederkehrende Texte hinterlegen Sie in den Stammdaten für Material, Lieferant, Einkaufsinfosatz und Stückliste. Die Einkaufsbelege übernehmen Texte aus Stammdaten, aus Einkaufsbelegen oder aus anderen Belegen.

Quellobjekte je Ziel-Textart

Je nach Ziel-Textart können unterschiedliche Quellobjekte (Belege oder Stammdaten) verknüpft werden. Im Folgenden sehen Sie eine Auflistung möglicher Quellobjekte für die Kopf- und Positionstexte bei Einkaufsbelegen:

- **Quellobjekte für BANF-Positionstexte:**
  - Fertigungsauftrag
  - Bestellanforderung
  - Kundenauftrag
  - Materialstamm
  - Netzplan
  - Stückliste
- **Quellobjekte für Anfragekopftexte:**
  - Anfrage/Angebot
  - Kontrakt
  - Lieferant
  - Lieferplan
- **Quellobjekte für Anfragepositionstexte:**
  - Anfrage/Angebot
  - Bestellanforderung
  - Einkaufsinfosatz
  - Kontrakt
  - Lieferplan
  - Materialstamm
- **Quellobjekte für Kontraktkopftexte:**
  - Anfrage/Angebot
  - Kontrakt
  - Lieferant
- **Quellobjekte für Kontraktposition:**
  - Anfrage/Angebot
  - Bestellanforderung

   - Einkaufsinfosatz
   - Kontrakt
   - Materialstamm
- **Quellobjekte für Bestellkopftexte:**
   - Anfrage/Angebot
   - Bestellung
   - Kontrakt
   - Lieferant
- **Quellobjekte für Bestellpositionstexte:**
   - Anfrage/Angebot
   - Bestellanforderung
   - Bestellung
   - Einkaufsinfosatz
   - Kontrakt
   - Kundenauftrag
   - Materialstamm

Die Kopfnotiz der Bestellanforderung ist für Verknüpfungen nicht vorgesehen.

Stammdaten als Quellobjekte

Für wiederkehrende Texte bieten sich Stammdaten als Quellobjekte an. In diesem Abschnitt beschreibe ich die Möglichkeiten hierfür. Der Stücklistenpositionstext ist ein solcher möglicher Quelltext, allerdings nur für BANF-Positionstexte. Die vier einzigen Langtexte des Materialstamms sind:

- Grunddatentext
- Prüftext
- interner Vermerk
- Einkaufsbestelltext

Die zwei Textarten aus dem Einkaufsinfosatz sind:

- allgemeine Infonotiz
- Bestelltext für die Einkaufsorganisation

Für den *Einkaufsinfosatz* ist es nicht möglich, eigene Textarten zu definieren.

[+]

Einkaufsinfosatz

Ist das Kennzeichen KEIN MTEXT (Feld EINE-MTXNO, Materialbestelltext nicht relevant) im Einkaufsinfosatz gesetzt, wird der allgemeine Einkaufsbestelltext aus dem Materialstamm nicht in die Position des Einkaufsbelegs übernommen. Es wird immer der lieferantenspezifische Bestelltext übernommen, falls vorhanden.

Für den *Lieferantenstamm* gibt es zwei Möglichkeiten, Textarten anzulegen:

- zentrale Texte für die allgemeinen Lieferantenstammdaten
- Texte für die Lieferantenstammdaten der Einkaufsorganisation

Um Textarten für den Lieferantenstamm anzulegen, wählen Sie den IMG-Pfad MATERIALWIRTSCHAFT • EINKAUF • LIEFERANTENSTAMM. In der Aktivität TEXTARTEN FÜR ZENTRALE TEXTE EINSTELLEN können Textarten für die allgemeinen Lieferantenstammdaten definiert werden. Die Textart LIEFERANTENNOTIZ (EIGEN) aus Abbildung 6.50 (Bestellung anlegen) gehört zu den einkaufsorganisationsabhängigen Textarten. Sie wurde mit der IMG-Aktivität TEXTARTEN FÜR EINKAUFSORGANISATIONSTEXTE EINSTELLEN angelegt.

Beim Anlegen einer Textart für den Lieferantenstamm gehen Sie folgendermaßen vor:

1. vierstelligen Schlüssel für Text-ID eingeben
2. Text im Feld BEDEUTUNG angeben
3. Kennzeichen TEXT RELEVANT markieren, damit der Text in den Einkaufsdaten zur Pflege und Anzeige angeboten wird.

In Abbildung 6.52 wurde die eigene Textart Z030 als Lieferantentext für den Einkauf definiert.

Die drei in der Checkbox als relevant markierte Texte können Sie für Einkaufsdaten des Lieferantenstamms in Ihrem Mandanten verwenden. Dazu rufen Sie den Lieferantenstamm mit der Transaktion MK02 (Ändern Kreditor, Einkauf) auf und springen in die Einkaufsdaten zur Einkaufsorganisation ab. Aus dieser Sicht heraus wählen Sie ZUSÄTZE • TEXTE. Dort können Sie diese drei Textarten selektieren (siehe Abbildung 6.53).

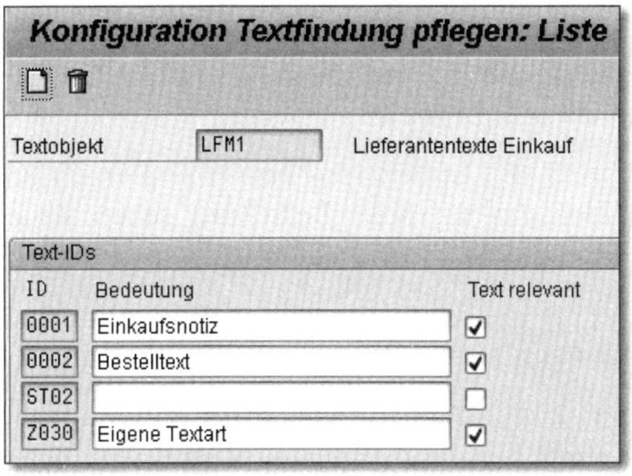

Abbildung 6.52 Quelltextobjekt LFM1 – Lieferantentexte Einkauf

Abbildung 6.53 Einkaufstexte im Lieferantenstamm

Das gesetzte Kennzeichen M in der dritten Zeile sagt aus, dass im Langtextbild zusätzliche Textzeilen vorhanden sind. Es handelt sich um den Langtext im Bestellkopf aus Abbildung 6.50.

In den folgenden zwei Abschnitten erfahren Sie, wie Textarten für Einkaufsbelege angelegt und mit Textarten aus Quellobjekten verknüpft werden.

6.6.2 Textarten definieren

Für sämtliche Einkaufsbelege können Sie eigene Textarten definieren.

- Für Bestellanforderungen wählen Sie die IMG-Aktivität MATERIALWIRTSCHAFT • EINKAUF • BESTELLANFORDERUNG • TEXTE FÜR BESTELLANFORDERUNGEN • TEXTARTEN FESTLEGEN.
- Für die anderen Einkaufsbelege wählen Sie die IMG-Aktivität MATERIALWIRTSCHAFT • EINKAUF • »EINKAUFSBELEG« • TEXTE FÜR »EINKAUFSBELEGE« • TEXTARTEN FÜR KOPFTEXTE FESTLEGEN.

[+]

Eintrag »Einkaufsbeleg« in den IMG-Pfaden

Der Punkt »EINKAUFSBELEG« wird hier und im Folgenden als Platzhalter für Anfrage/Angebot, Bestellung, Kontrakt oder Lieferplan verwendet.

Die Textarten der Kopftexte für den Einkaufsbeleg Bestellung sehen Sie in Abbildung 6.54.

Pflegen Textarten: Kopftexte Bestellung

Neue Einträge

Lfd. Nr.	Bedeutung
01	Kopftext
02	Kopfnotiz
03	Preisarten
04	Termine
05	Lieferbedingungen
06	Versandvorschrift
07	Zahlungsbedingungen
08	Gewährleistungen
09	Vertragsstrafen
10	Garantien
11	Nebenabreden
12	Anlage
13	Sonstige Vereinbarungen
14	Anlieferung
15	Lieferantennotiz (allgemein)
16	Lieferantennotiz (speziell)
30	Lieferantennotiz (eigen)

Abbildung 6.54 Kopftexte für Bestellung

Die Standardauslieferung des SAP ERP-Systems bietet Ihnen bereits 16 Textarten für den Bestellkopf an. Darunter sehen Sie die Textart 30 LIEFERANTENNOTIZ (EIGEN) aus Abbildung 6.50. Die Definition der Textarten der Bestellposition sehen Sie in Abbildung 6.55.

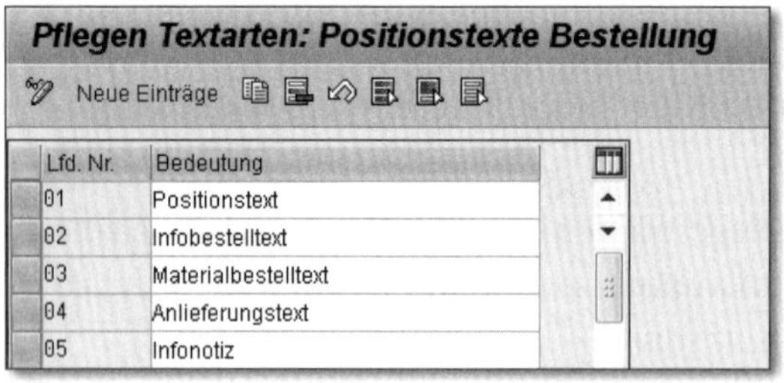

Pflegen Textarten: Positionstexte Bestellung

Neue Einträge

Lfd. Nr.	Bedeutung
01	Positionstext
02	Infobestelltext
03	Materialbestelltext
04	Anlieferungstext
05	Infonotiz

Abbildung 6.55 Positionstexte für Bestellung

Die Textarten der Bestellposition sind materialorientiert. Texte aus den Lieferantennotizen finden Sie hier nicht.

Für jede Textart in den Einkaufsbelegen können Sie einstellen, ob der Text selbst aus einem geeigneten Quellobjekt übernommen werden soll.

6.6.3 Textarten verknüpfen

Textarten verknüpfen Sie, indem Sie den Zieltext auswählen und anschließend die Quellobjekte passend zuordnen. Die Kopfnotiz der Bestellanforderung kann nicht mit Folgebelegen verknüpft werden, Kopftexte aus anderen Einkaufsbelegtypen schon. Wählen Sie die IMG-Aktivität Materialwirtschaft • Einkauf • Einkaufsbeleg • Texte für Einkaufsbelege • Kopierregeln für Kopftexte festlegen, um die Verknüpfungen einzustellen.

Beispielhaft zeige ich nun die voreingestellten Verknüpfungen für den Bestellkopftext 14 (Anlieferung). In Abbildung 6.56 sehen Sie die drei verknüpften Quelltexte Anlieferung aus den Objekten Anfrage/Angebot, Bestellung und Kontrakt.

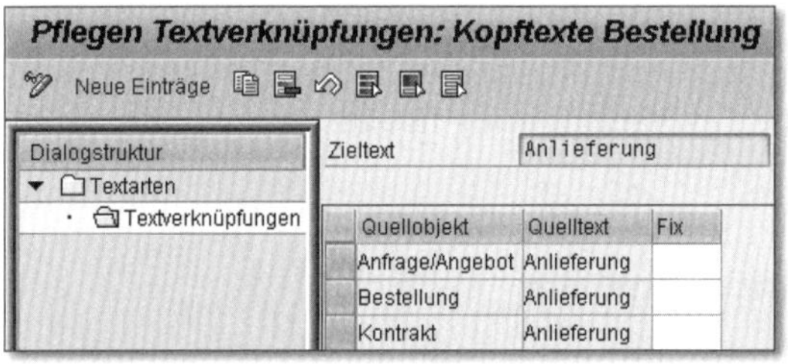

Abbildung 6.56 Textverknüpfungen für Bestellkopftext »Anlieferung«

Je nachdem, wie Sie die Bestellung anlegen, wird der entsprechende Quelltext gefunden:

- Bestellung mit Bezug zu Anfrage/Angebot
- Bestellung mit Kopiervorlage (eine andere Bestellung)
- Bestellung mit Bezug zum Kontrakt

Für den Zieltext Anlieferung gibt es keine Verknüpfung mit einem Text aus dem Lieferantenstamm.

Weil es zu den Positionstexten mehrere potentielle Quellen geben kann, geben Sie bei der Textverknüpfung von Positionstexten in der Spalte Folge zudem eine Kopierreihenfolge an. Das erste gefundene Objekt mit vorhandenem Quelltext wird in das Zielobjekt übernommen. In Abbildung 6.57 sehen Sie die Textverknüpfungen mit Reihenfolge am Beispiel des Anlieferungstextes aus der Bestellposition.

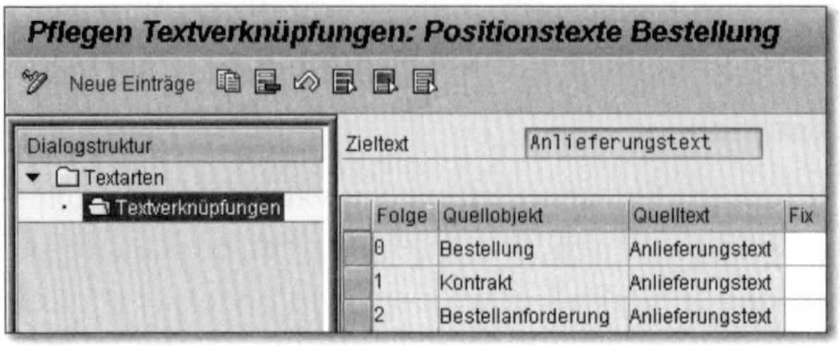

Abbildung 6.57 Textverknüpfung für Bestellpositionstext »Anlieferungstext«

Die Reihenfolge der Objektsuche für diesen Positionstext ist folgende:

- Bestellung (aus Kopiervorlage)
- Kontrakt (nur bei Abrufbestellung und wenn kein Text aus dem Objekt Bestellung stammt)
- BANF (nur falls Bezug zur BANF und kein Text im Kontrakt bzw. kein Kontrakt vorliegt)

In Abbildung 6.58 sehen Sie die Textverknüpfung für die eigene Lieferantennotiz im Bestellkopf.

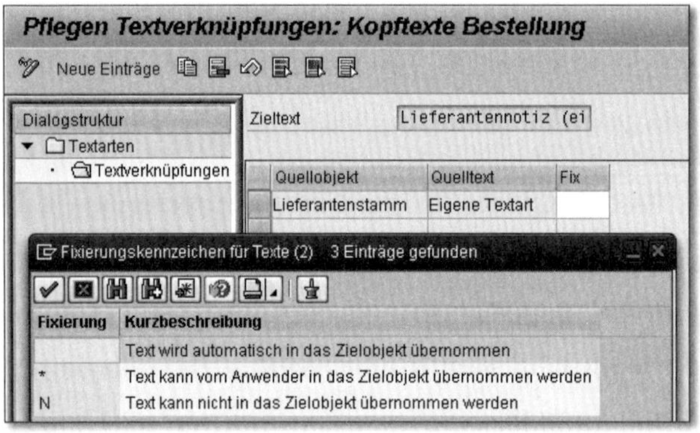

Abbildung 6.58 Textverknüpfung für eigene Lieferantennotiz

Das Fixierungskennzeichen »Blank« in der rechten Spalte legt fest, wie ein Quelltext übernommen wird. In der [F4]-Hilfe oder der Wertehilfe finden Sie folgende Ausprägungen:

- Bei der Fixierung »Blank« wird der zugehörige Quelltext in den Zieltext kopiert. Änderungen am kopierten Quell-/Zieltext wirken sich nicht mehr auf den zugehörigen Ziel-/Quelltext aus.
- Bei der Fixierung »*« wird der Quelltext zunächst nur im Zieltext angezeigt. Änderungen am Zieltext werden im Quelltext übernommen, solange der Zieltext nicht fixiert wurde durch:
  - Ändern und Sichern
  - Markieren und Übernehmen

  Nach endgültiger Übernahme ändert sich der Status in »Blank«.
- Bei der Fixierung N wird der Text im Beleg nur angezeigt. Er kann nicht geändert, nicht übernommen und somit auch nicht gedruckt werden.

Das Fixierungskennzeichen »Blank« wird für die Textverknüpfungen in den Kopf- und Positionstexten aller Einkaufsbelege angeboten. Gedruckt werden nur Texte mit dem Status »Blank« (siehe Abschnitt 6.7, »Nachrichten«).

6.7 Nachrichten

Für Ihre Einkaufsbelege Anfragen, Kontrakte, Bestellungen, Lieferpläne und Lieferabrufe erstellen Sie *Nachrichten, die* an Lieferanten versendet werden können. Für Bestellanforderungen ist das nicht vorgesehen. Der Versand der Bestellnachrichten erfolgt beispielsweise ausgedruckt auf dem Postweg oder in elektronischer Form als Fax, E-Mail bzw. PDF-basiert als E-Mail-Anhang, per ALE oder EDI.

Mit Hilfe der Nachrichtenfindung können Sie die Nachrichten automatisch erstellen und versenden. Die Druckerfindung sorgt dafür, dass die Nachrichten auf dem vorgesehenen Drucker ausgedruckt werden.

In diesem Abschnitt zeige ich Ihnen, welche Art von Texten in den Nachrichten zum Einkaufsbeleg ausgegeben werden können. Anschließend erfahren Sie, welche Einkaufsbelegänderungen druckrelevant sind, und Sie lernen wichtige Customizing-Einstellungen kennen. Schließlich folgt ein kleiner Exkurs zum Layout der Nachrichten anhand des Formulars MEDRUCK.

6.7.1 Texte in Nachrichten

Zum Teil stammen die Texte in Nachrichten direkt aus den Textarten der Einkaufsbelege (EKB), zum Teil stammen Sie aus den Texten der Einkaufsorganisation (EKO). Einen Überblick über die Texte in Nachrichten des Einkaufs und ihre Verwendung sehen Sie in Abbildung 6.59.

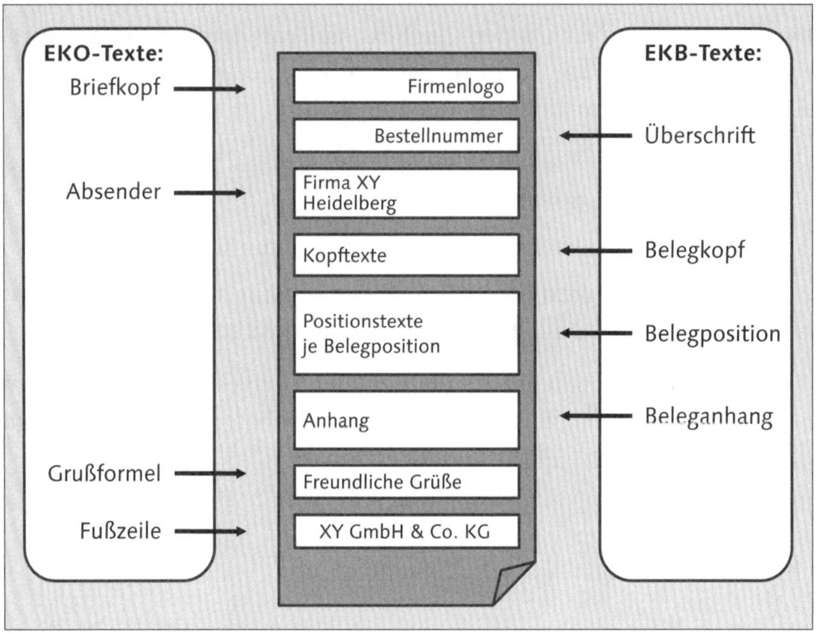

Abbildung 6.59 Texte in den Nachrichten des Einkaufs

Die Texte in den Nachrichten des Einkaufs müssen aber nicht alle aus dem Einkaufsbeleg oder der Einkaufsorganisation stammen, es können auch *Standardtexte* ausgegeben werden.

Standardtexte

Eigene Standardtexte, die Sie in den Nachrichten Ihrer Einkaufsbelege ausgeben wollen, legen Sie mit der Transaktion SO10 (Standardtext) an. Im Anwendungsmenü finden Sie diese Transaktion unter Werkzeuge • Formulardruck • SAPscript • Standardtext. Diese Standardtexte werden durch einen Textnamen, einen Sprachschlüssel und eine Text-ID identifiziert. Neben Text-IDs für spezielle Anwendungen gibt es im Standard auch anwendungsübergreifende Text-IDs für das Objekt Text (Standardtexte):

- SYST für anwendungsübergreifende Systemtexte
- ST für benutzerspezifische Standardtexte allgemein

Für Ihre Einkaufsnachrichten könnten Sie die Text-ID ST verwenden. Spezielle Text-IDs für unterschiedliche Anwendungen ermöglichen die Einschränkung der Zugriffsberechtigungen, indem Sie die Text-ID bei der Zugriffsberechtigung berücksichtigen. Deshalb ist es sinnvoll, eigene Text-IDs für Standardtexte zu definieren (siehe Abbildung 6.60).

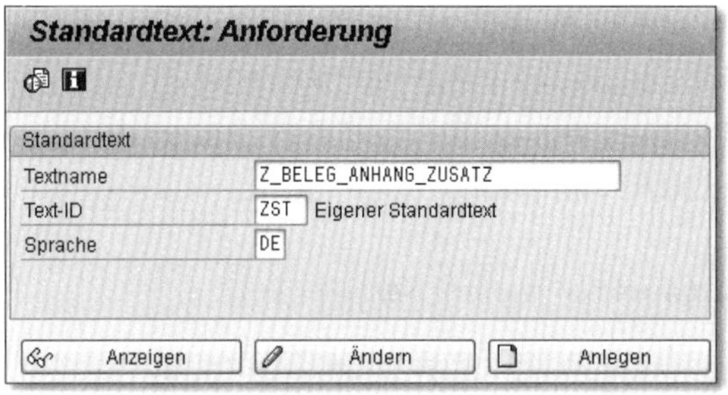

Abbildung 6.60 Transaktion SO10 – Standardtext mit Text-ID ZST anfordern

Eine Text-ID ZST kann für eigene Standardtexte allgemein verwendet werden. Sie können aber auch spezielle Text-IDs für die Standardtexte zu den Bestellnachrichten anlegen.

EKO-Texte

Wenn Sie für Ihre Bestelldrucke kein vorgedrucktes Briefpapier mit Firmenlogo, Firmenanschrift, Rechtsform etc. verwenden, können Sie hierfür je Einkaufsorganisation (EKO) individuelle Texte festlegen. Die EKO-Texte (Texte der Einkaufsorganisation, in Abbildung 6.59 auf der linken Seite) sind entsprechend ihrer Positionierung auf dem Formular Standardtexte für:

- Briefkopf (wie Briefvordruck der Firma oder nur Firmenlogo)
- Absender (Absenderzeile mit Firmenanschrift)
- Grußformel (nach der letzten Bestellposition oder nach dem Anhang)
- Fußzeile (Firma, Rechtsform, Geschäftsführer oder Vorstand, unten auf jeder Seite)

Sie definieren Ihre eigenen Standardtexte mit der Transaktion SO10 (SAPscript Standardtexte, siehe Abbildung 6.61).

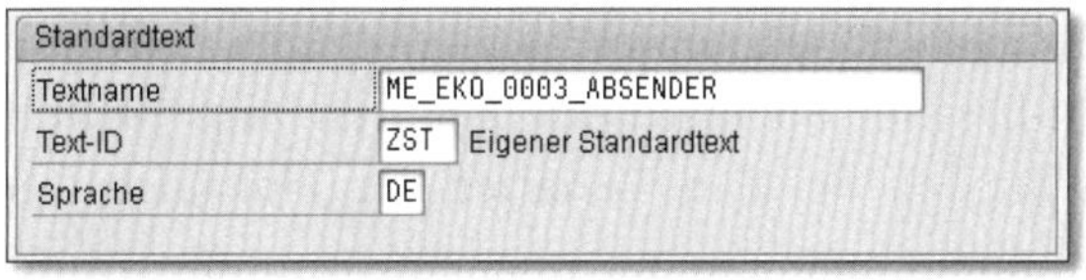

Abbildung 6.61 Eigener Standardtext für Einkaufsorganisation 0003

Beim Anlegen der Standardtexte vergeben Sie einen eindeutigen Namen, der möglichst die Einkaufsorganisation enthält. Nachdem Sie Ihre Texte angelegt haben, wählen Sie die IMG-Aktivität Materialwirtschaft • Einkauf • Nachrichten • Texte für Nachrichten • Texte für Einkaufsorganisation festlegen. In dieser Aktivität können Sie eigene Texte hinterlegen, indem Sie die gewünschte Einkaufsorganisation markieren und ins Detailbild springen. In Abbildung 6.62 sehen Sie als TextAbsenderz. für das Adressfenster den eigenen Text ME_EKO_0003_ABSENDER hinterlegt.

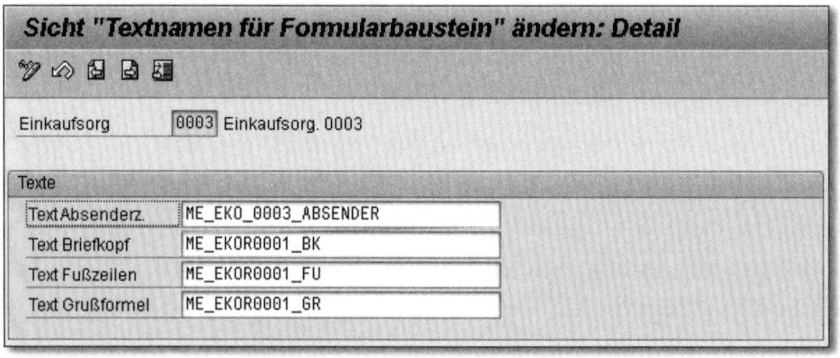

Abbildung 6.62 Standardtexte der Einkaufsorganisation 0003

Die Absenderadresse wird beim Ausdruck der Bestellnachricht als Zeile über der Anschrift des Nachrichtenempfängers ausgegeben.

EKB-Texte

Folgende EKB-Texte (Texte zum Einkaufsbeleg) können Sie für den Belegdruck der Einkaufsbelege verwenden:

- Kopftexte der Tabelle T166K (Kopftexte im Einkaufsbelegdruck)
- Positionstexte der Tabelle T166P (Positionstexte im Einkaufsbelegdruck)
- Anhangtexte der Tabelle T166A (Anhangtext im Einkaufsbelegdruck)
- Überschriften der Tabelle T166U (Überschriften im Einkaufsbelegdruck)

Zum Teil stammen die Texte in den Nachrichten direkt aus den Textarten der Einkaufsbelege (siehe Abschnitt 6.6.2, »Textarten definieren«). Alle Texte gehören zu einem Anwendungsobjekt (Textobjekt) und sind über eine Text-ID identifizierbar. Die Text-IDs der Standardtexte gehören zum Anwendungsobjekt TEXT (Standardtexte). Bei den Textarten für Einkaufsbelege orientiert sich die Bezeichnung der Anwendungsobjekte an den Tabellen der Einkaufsbelege. Die wichtigsten Anwendungsobjekte für die EKB-Texte sind:

- EKKO (Kopftexte Einkaufsbeleg)
- EKPO (Positionstexte Einkaufsbeleg)

Abhängig vom Belegtyp gibt es für das Anwendungsobjekt EKKO beispielsweise zur Textart 01 (Kopftext) folgende Text-IDs:

- A01 (Kopftext) in Anfrage
- F01 (Kopftext) in Bestellung
- K01 (Kopftext) in Kontrakt
- L01 (Kopftext) in Lieferplan

Die *Textausgabe* wird durch das Kennzeichen Druckvorgang beeinflusst. Der Druckvorgang 1 (neu) bewirkt beispielsweise, dass ein Beleg komplett ausgedruckt wird; Vorgang 2 bewirkt, dass nur Änderungen ausgegeben werden; Vorgang 3 bewirkt die Ausgabe einer Mahnung, wenn eine Mahnstufe überschritten wurde.

Folgende Kennzeichen für Druckvorgänge gibt es insgesamt einschließlich Reserven:

- 1 (Kompletter Neudruck)
- 2 (Änderungsdruck)
- 3 (Mahnung / Erinnerung)
- 4 (Absage Anfrage)
- 5 (Lieferplaneinteilung)
- 6 (Mahnung LP-Einteilung)
- 7 (Auftragsbestätigung)
- 8 (Änderung LP-Einteilung)
- 9 (LP-Abrufdokumentation LAB)
- A (LP-Abrufdokumentation FAB)
- B (Reserve 1)
- C (Reserve 2)

Für die Einkaufsbelegtypen A, F, K und L wählen Sie jeweils die IMG-Aktivität Materialwirtschaft • Einkauf • Nachrichten • Texte für Nachrichten •

Texte für Einkaufsbelegtyp festlegen, um Ihre Texte für Nachrichten festzulegen. In dieser Aktivität geben Sie für Ihre Einkaufsbelegarten je Druckvorgang die auszugebenden Text-IDs für den Belegkopf, die Belegpositionen und den Beleganhang vor. Im Detailbild der jeweiligen Einträge stellen Sie die Druckreihenfolge der Text-IDs ein.

Belegkopf

Die Customizing-Einträge für *Kopftexte* bei Belegtyp F (Bestellung) sehen Sie in Abbildung 6.63.

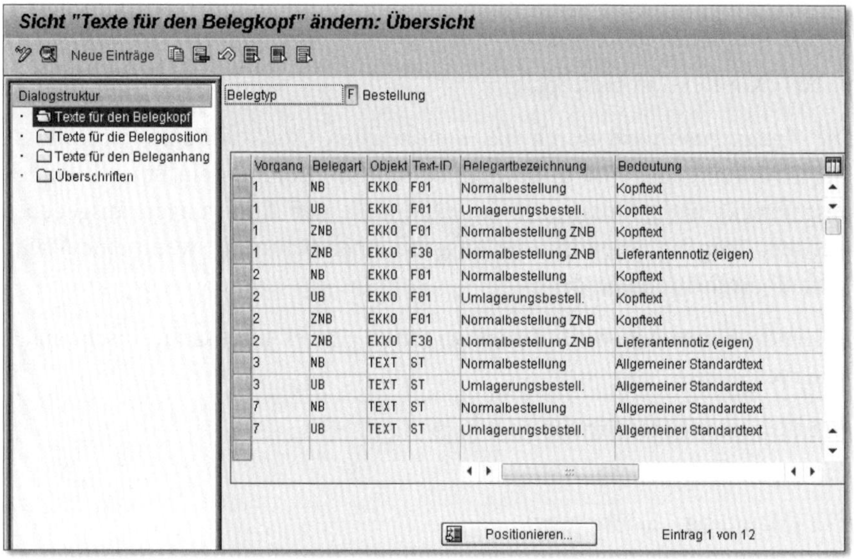

Abbildung 6.63 Texte für den Belegkopf – Belegtyp Bestellung

Die eigene Text-ID F30 (Lieferantennotiz (eigen)) soll bei der Belegart ZNB (Normalbestellung ZNB) zusätzlich zur Standardtext-ID F01 (Kopftext) im Neudruck und im Änderungsdruck (Vorgang 1 und 2) ausgegeben werden. Die Reihenfolge (Spalte RF), in der die Text-IDs auf dem Beleg ausgegeben werden, sehen Sie in der Druckansicht (siehe Abbildung 6.64). Zuerst wird die Text-ID F01 ausgegeben (RF 1), dann die Text-ID F30 (RF 2).

Die Druckansicht rufen Sie auf, indem Sie in der Menüleiste oben links Tabellensicht • Drucken wählen. So bekommen Sie einen Überblick über Detailinformationen zu den Belegtexten. Abbildung 6.64 zeigt einen Ausschnitt aus den Detaildaten, gefiltert nach der Belegart ZNB.

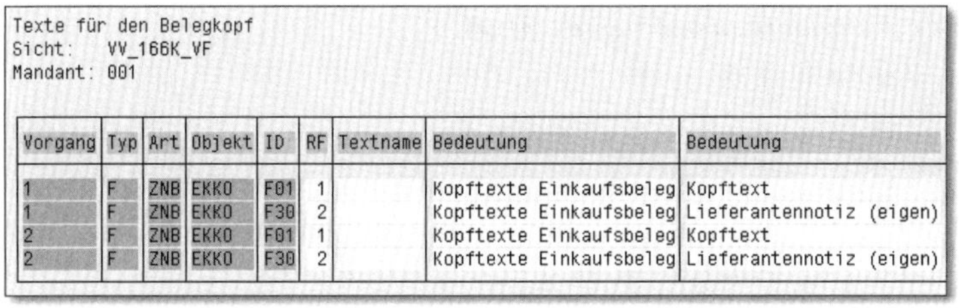

Texte für den Belegkopf
Sicht: VV_166K_VF
Mandant: 001

Vorgang	Typ	Art	Objekt	ID	RF	Textname	Bedeutung	Bedeutung
1	F	ZNB	EKKO	F01	1		Kopftexte Einkaufsbeleg	Kopftext
1	F	ZNB	EKKO	F30	2		Kopftexte Einkaufsbeleg	Lieferantennotiz (eigen)
2	F	ZNB	EKKO	F01	1		Kopftexte Einkaufsbeleg	Kopftext
2	F	ZNB	EKKO	F30	2		Kopftexte Einkaufsbeleg	Lieferantennotiz (eigen)

Abbildung 6.64 Kopftexte bei Belegart ZNB – Druckansicht

Belegposition

Die Textausgabe in der *Belegposition* wird zusätzlich durch den Positionstyp beeinflusst. Bei Dienstleistungspositionen (Positionstyp D) sollen beispielsweise die Texte zu den bestellten Dienstleistungen ausgegeben werden (siehe Abbildung 6.65).

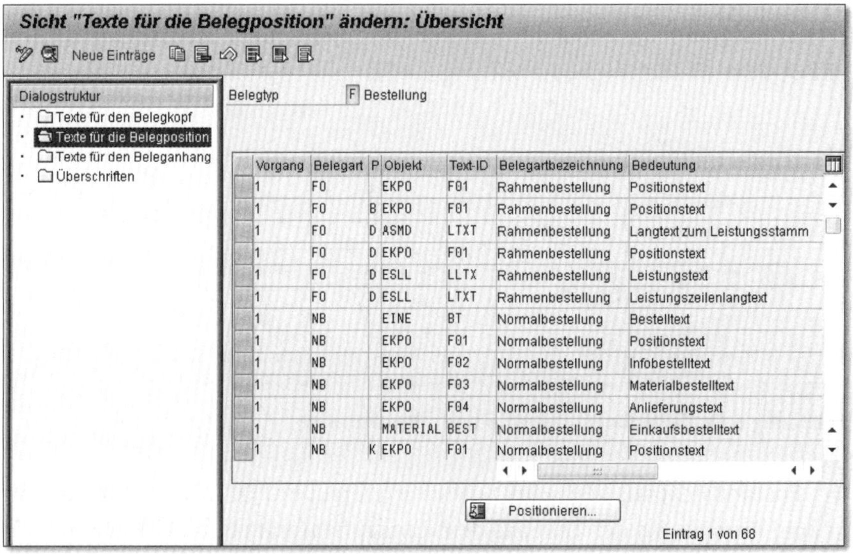

Vorgang	Belegart	P	Objekt	Text-ID	Belegartbezeichnung	Bedeutung
1	FO		EKPO	F01	Rahmenbestellung	Positionstext
1	FO	B	EKPO	F01	Rahmenbestellung	Positionstext
1	FO	D	ASMD	LTXT	Rahmenbestellung	Langtext zum Leistungsstamm
1	FO	D	EKPO	F01	Rahmenbestellung	Positionstext
1	FO	D	ESLL	LLTX	Rahmenbestellung	Leistungstext
1	FO	D	ESLL	LTXT	Rahmenbestellung	Leistungszeilenlangtext
1	NB		EINE	BT	Normalbestellung	Bestelltext
1	NB		EKPO	F01	Normalbestellung	Positionstext
1	NB		EKPO	F02	Normalbestellung	Infobestelltext
1	NB		EKPO	F03	Normalbestellung	Materialbestelltext
1	NB		EKPO	F04	Normalbestellung	Anlieferungstext
1	NB		MATERIAL	BEST	Normalbestellung	Einkaufsbestelltext
1	NB	K	EKPO	F01	Normalbestellung	Positionstext

Abbildung 6.65 Texte für die Belegposition – Belegtyp F

Zum Anwendungsobjekt EKPO gehören die Text-IDs der Textarten für Positionstexte zu den Einkaufsbelegen F01, F02 etc. Für die Belegpositionstexte können Sie zusätzlich zur *Druckreihenfolge* im Detailbild noch eine *Druckpriorität* angeben (siehe Abbildung 6.66).

Druckpriorität 2 bewirkt in Abbildung 6.66, dass im Änderungsdruck bei Belegart ZNB der Bestelltext aus dem Einkaufsinfosatz (Objekt EINE, Text-ID BT) als zweiter Langtext zur Bestellposition nur dann ausgegeben wird, wenn für die Druckreihenfolge 2 kein Text mit Priorität 1 gefunden wird.

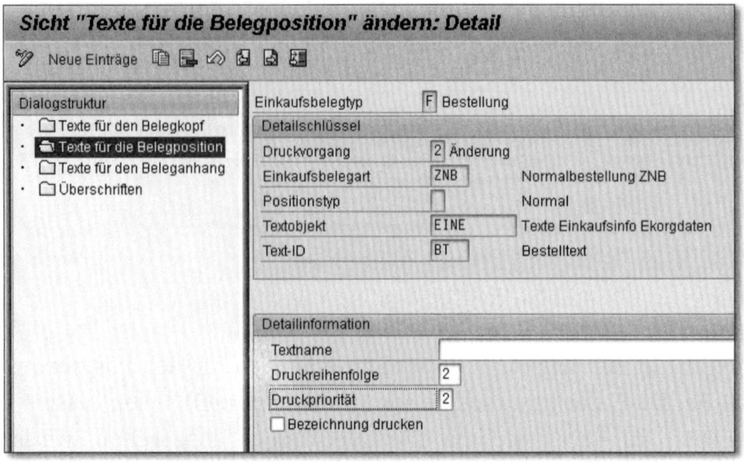

Abbildung 6.66 Texte für die Belegposition – Detailinformation

Druckpriorität 1 hat etwa der Positionstext aus dem Einkaufsbeleg (Objekt EKPO, Text-ID F02, siehe Abbildung 6.67).

Texte für die Belegposition
Sicht: VV_166P_VF
Mandant: 001

Vorgang	Typ	Art	P	Objekt	ID	Textname	RF	DrPr	Bedeutung
2	F	ZNB	0	EKPO	F03		1	1	Positionstexte Einkaufsbeleg
2	F	ZNB	0	MATERIAL	BEST		1	2	Materialtexte Einkauf/Lagerung
2	F	ZNB	0	EKPO	F02		2	1	Positionstexte Einkaufsbeleg
2	F	ZNB	0	EINE	BT		2	2	Texte Einkaufsinfo Ekorgdaten
2	F	ZNB	0	EKPO	F01		3		Positionstexte Einkaufsbeleg
2	F	ZNB	0	EKPO	F04		4		Positionstexte Einkaufsbeleg

Abbildung 6.67 Texte für die Belegposition – Druckansicht

Der Positionstext aus dem Einkaufsbeleg (Objekt EKPO, ID F03) hat also eine höhere Priorität als der Text aus dem Einkaufsinfosatz (Objekt EINE, ID BT). Weil zur jeweiligen Reihenfolge immer nur ein Text ausgegeben wird, kommt der Bestelltext nur dann aus dem Einkaufsinfosatz, wenn es keinen Positionstext im Einkaufsbeleg gibt.

Beleganhang

Das Customizing für den *Beleganhang* verläuft, analog zum Customizing für den Belegkopf, mit Druckreihenfolge und ohne Druckpriorität (siehe Abbildung 6.68). Im Beleganhang werden vorwiegend Kopftexte aus dem Einkaufsbeleg (Anwendungsobjekt EKKO) ausgegeben.

Vorgang	Belegart	Textobjekt	Text-ID	Belegartbezeichnung	Bedeutung
1	NB	EKKO	F03	Normalbestellung	Preisarten
1	NB	EKKO	F04	Normalbestellung	Termine
1	NB	EKKO	F05	Normalbestellung	Lieferbedingungen
1	NB	EKKO	F06	Normalbestellung	Versandvorschrift
1	NB	EKKO	F07	Normalbestellung	Zahlungsbedingungen
1	NB	EKKO	F08	Normalbestellung	Gewährleistungen
1	NB	EKKO	F09	Normalbestellung	Vertragsstrafen
1	NB	EKKO	F10	Normalbestellung	Garantien
1	NB	EKKO	F11	Normalbestellung	Nebenabreden
1	NB	EKKO	F12	Normalbestellung	Anlage
1	NB	EKKO	F13	Normalbestellung	Sonstige Vereinbarungen
1	NB	EKKO	F14	Normalbestellung	Anlieferung
1	UB	EKKO	F04	Umlagerungsbestell.	Termine

Abbildung 6.68 Texte für den Beleganhang – Belegtyp Bestellung

Überschrift

Im Customizing für *Überschriften* ordnen Sie keine vorher definierten Text-IDs zu. Abhängig von Druckvorgang und Einkaufsbelegart bestimmen Sie die Überschrift der Druckausgabe (siehe Abbildung 6.69).

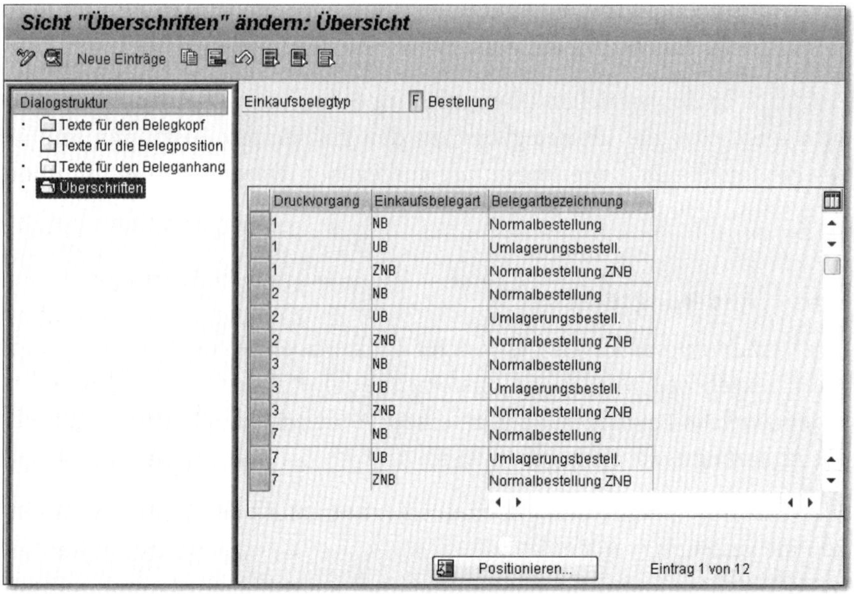

Druckvorgang	Einkaufsbelegart	Belegartbezeichnung
1	NB	Normalbestellung
1	UB	Umlagerungsbestell.
1	ZNB	Normalbestellung ZNB
2	NB	Normalbestellung
2	UB	Umlagerungsbestell.
2	ZNB	Normalbestellung ZNB
3	NB	Normalbestellung
3	UB	Umlagerungsbestell.
3	ZNB	Normalbestellung ZNB
7	NB	Normalbestellung
7	UB	Umlagerungsbestell.
7	ZNB	Normalbestellung ZNB

Abbildung 6.69 Überschriften bei dem Belegtyp Bestellung

Die Überschrift bei Änderungsnachrichten (Druckvorgang 2) zur Bestellbelegart ZNB (Normalbestellung ZNB) sehen Sie im zugehörigen Detailbild in Abbildung 6.70.

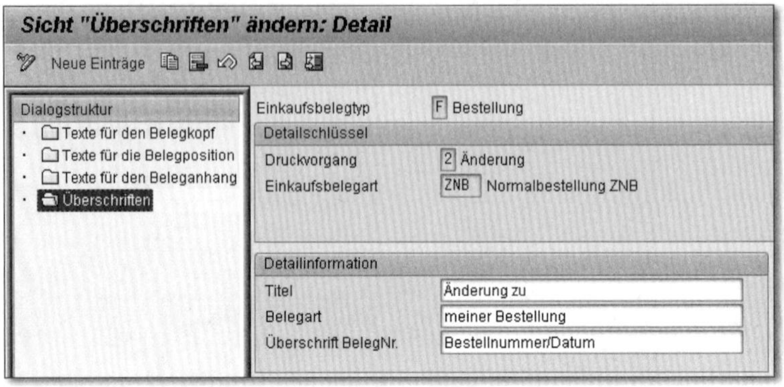

Abbildung 6.70 Überschrift – Änderungsnachricht zur Bestellung

Die Überschrift besteht aus drei Zeilen:

1. TITEL (Belegart oder Hinweis auf Vorgang)
2. BELEGART (bei Neudruck (Vorgang 1) oft leer, sonst Bezeichnung der Belegart)
3. ÜBERSCHRIFT BELEGNR. (Belegnummer und Datum)

Die Texte von TITEL und BELEGART gehören zusammen und werden im Standardformular MEDRUCK auf den ersten zwei Zeilen ausgegeben.

Zusätzlich zu der speziellen Überschrift für Belegänderungen bestimmen Sie auch die Texte, die im Belegkopf, zu den geänderten Positionen und im Beleganhang beim Änderungsdruck ausgegeben werden. Texte zur Änderung selbst definieren Sie an anderer Stelle.

6.7.2 Änderungsdruck

Einen Änderungsdruck gibt es nur für Einkaufsbelege, die bereits als Neudruck ausgegeben wurden. Im Customizing für den Änderungsdruck stellen Sie ein, welche Feldänderungen zu einem Änderungsdruck führen und welche Änderungstexte ausgegeben werden.

Die Textausgabe kann direkt über eine Textnummer oder indirekt über eine Routine gesteuert werden.

- **Beispiel mit Änderungstext**
  Einer Änderung der Bestellmenge (Tabelle EKPO, Feld MENGE) ist in der Standardauslieferung der Änderungstext P4 (Bestellmenge geändert) direkt zugeordnet. Wenn die Bestellmenge in einer bereits gedruckten Bestellung geändert wird, dann wird der Änderungstext »Bestellmenge geändert« im Änderungsdruck ausgegeben. Die Änderung ist nur für den Belegtyp B (Bestellung) druckrelevant.
- **Beispiel mit Routine**
  Wenn zu einer Feldänderung kein eindeutiger Text zugeordnet werden kann, wird der Änderungstext über eine Formroutine ermittelt. Die Routine 3 beispielsweise überprüft für Änderungen im Feld EKPO-LOEKZ, ob eine Position gelöscht oder gesperrt wurde. Abhängig davon wird einer der beiden folgenden Texte ausgegeben:
  - S3-L (Position storniert)
  - S3-S (Position gesperrt)

Druckrelevante Änderungen

Das Customizing der druckrelevanten Einkaufsbelegänderungen wird in der Tabelle T166C (Druckrelevante Einkaufsbelegänderungen) eingestellt. Folgende Schritte sind notwendig:

1. Tabelle und Feldnamen eingeben
2. Änderungsdruckrelevante Belegtyp(en) markieren
3. Textnummer und/oder Routine zuordnen

Im IMG wählen Sie hierzu die Aktivität MATERIALWIRTSCHAFT • EINKAUF • NACHRICHTEN • TEXTE FÜR NACHRICHTEN • ÄNDERUNGSDRUCKRELEVANTE FELDER. Dort können Sie je Belegtyp die druckrelevanten Felder bestimmen (siehe Abbildung 6.71).

Tabelle T166C (Druckrelevante Einkaufsbelegänderungen) enthält alle druckrelevanten Felder aus der Standardauslieferung. Zusätzliche Felder können aus folgenden Tabellen aufgenommen werden.

- ADRC (Adressen (Business Address Services))
- EKES (Bestellbestätigungen)
- EKET (Lieferplaneinteilungen)
- EKKN (Kontierung im Einkaufsbeleg)
- EKKO (Einkaufsbelegkopf)

- EKPO (Einkaufsbelegposition)
- ESLL (Zeilen des Leistungspakets)
- ESUH (Dienstleistungsabw. ungeplante Leistungslimits Kopfdaten)
- KONPAE (Konditionen (Position) – Hilfsstruktur Änderungsbelege)
- SADR (Adressverwaltung: Firmendaten)

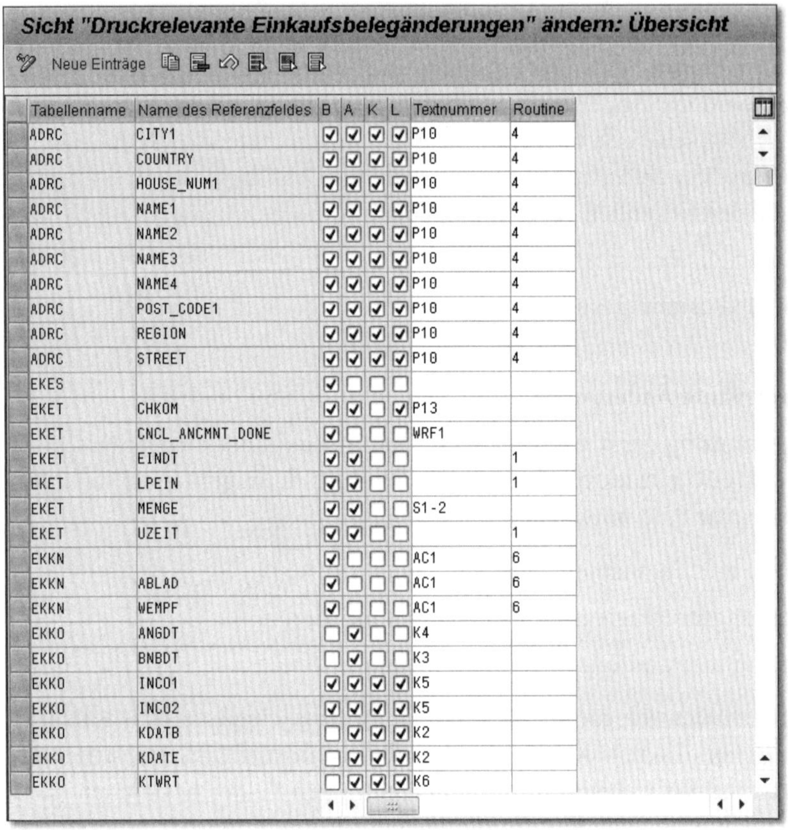
Sicht "Druckrelevante Einkaufsbelegänderungen" ändern: Übersicht

Neue Einträge

Tabellenname	Name des Referenzfeldes	B	A	K	L	Textnummer	Routine
ADRC	CITY1	☑	☑	☑	☑	P10	4
ADRC	COUNTRY	☑	☑	☑	☑	P10	4
ADRC	HOUSE_NUM1	☑	☑	☑	☑	P10	4
ADRC	NAME1	☑	☑	☑	☑	P10	4
ADRC	NAME2	☑	☑	☑	☑	P10	4
ADRC	NAME3	☑	☑	☑	☑	P10	4
ADRC	NAME4	☑	☑	☑	☑	P10	4
ADRC	POST_CODE1	☑	☑	☑	☑	P10	4
ADRC	REGION	☑	☑	☑	☑	P10	4
ADRC	STREET	☑	☑	☑	☑	P10	4
EKES		☑	☐	☐	☐		
EKET	CHKOM	☑	☑	☐	☑	P13	
EKET	CNCL_ANCMNT_DONE	☑	☐	☐	☐	WRF1	
EKET	EINDT	☑	☑	☐	☐		1
EKET	LPEIN	☑	☑	☐	☐		1
EKET	MENGE	☑	☑	☐	☐	S1-2	
EKET	UZEIT	☑	☑	☐	☐		1
EKKN		☑	☐	☐	☐	AC1	6
EKKN	ABLAD	☑	☐	☐	☐	AC1	6
EKKN	WEMPF	☑	☐	☐	☐	AC1	6
EKKO	ANGDT	☐	☑	☐	☐	K4	
EKKO	BNBDT	☐	☑	☐	☐	K3	
EKKO	INCO1	☑	☑	☑	☑	K5	
EKKO	INCO2	☑	☑	☑	☑	K5	
EKKO	KDATB	☐	☑	☑	☑	K2	
EKKO	KDATE	☐	☑	☑	☑	K2	
EKKO	KTWRT	☐	☑	☑	☑	K6	

Abbildung 6.71 Sicht »Druckrelevante Einkaufsbelegänderungen«

Die Spalten mit den Buchstaben in Abbildung 6.71 stehen für die folgenden Einkaufsbelegtypen:

- B (Bestellung)
- A (Anfrage)
- K (Kontrakt)
- L (Lieferplan)

Bei den Adressfeldern in der Tabelle ADRC (Adressen (Business Address Services)) und bei den Kontierungsdaten in der Tabelle EKKN (Kontierung im Einkaufsbeleg) sind sowohl Textnummer als auch Routine angegeben. Bei druckrelevanten Änderungen wird in solchen Fällen die Routine bevorzugt behandelt.

Zur Programmierung von eigenen Routinen steht Ihnen der User Exit `EXIT_SAPLMEDRUCK_001` zur Verfügung.

Änderungstexte

Die Änderungstexte im Einkaufsbelegdruck sind in der Tabelle T166T (Änderungstexte im Einkaufsbelegdruck) abgelegt. Die Definition der Textnummern erfolgt mit Hilfe des Pflegedialogs V_166T. Folgende Schritte sind notwendig:

1. Textnummer festlegen (zehnstellig alphanumerisch)
2. Text im Druck eingeben (30-stelliger Text)

Im IMG wählen Sie hierzu die Aktivität Materialwirtschaft • Einkauf • Nachrichten • Texte für Nachrichten • Änderungstexte festlegen. Tabelle T166T (Änderungstexte im Einkaufsbelegdruck) enthält beispielsweise folgende Textnummern:

- AC1 (Warenempfänger geändert)
- K1 (Zahlungsbedingungen geändert)
- K4 (Angebotsfrist geändert)
- KIE (Konfiguration wurde geändert)
- P1 (Bezeichnung geändert)
- P10 (Anlieferungsanschrift geändert)
- P2 (Ihre Materialnummer geändert)
- P4 (Bestellmenge geändert)
- P9 (Versandvorschrift geändert)
- SRV12 (Leistungen wurden geändert)

Der Warenempfänger gehört zu den Kontierungsdaten der Position. Die Zahlungsbedingung und die Angebotsfrist gehören zu den Kopfdaten in Einkaufsbelegen. Die folgenden Texte gehören wiederum alle zu geänderten Belegpositionen.

[+] **Änderungstexte**

Änderungstexte werden in der Anmeldesprache gepflegt. Eine in der Sprache DE erfasste Textnummer existiert nicht automatisch in einer anderen Sprache.

Sie können die Änderungstexte an Ihre Bedürfnisse anpassen oder eigene Änderungstexte für die Ausgabe Ihrer Änderungsnachrichten definieren.

6.7.3 Ausgabesteuerung

In der Ausgabesteuerung der Einkaufsbelege können Sie für die einzelnen Belegtypen festlegen, in welchem Druckvorgang welche Nachricht unter welchen Bedingungen über welches Medium und zu welchem Zeitpunkt ausgegeben werden soll. Mögliche Ausgabemedien für Nachrichten sind:

- 1 (Drucker)
- 2 (Telefax)
- 4 (Telex)
- 5 (externes Senden)
- 6 (EDI)
- 7 (einfache Mail)
- 8 (Sonderfunktion)
- 9 (Ereignisse SAP Business Workflow)
- A (Verteilung ALE)
- T (Aufgaben SAP Business Workflow)

[+] **Belege als Anhang in E-Mails**

Im SAP-Hinweis 786847 (Belege als E-Mail mit Mailtext und mehreren Anhängen) erhalten Sie Informationen zu der Anforderung, Belege als Anhänge in E-Mails mit individuellen E-Mail-Titeln und mit einem kundeneigenen Druckprogramm über das Sendemedium 7 (einfache Mail) zu versenden.

Zur Überwachung von Nachrichten stehen Ihnen – abhängig vom Ausgabemedium – beispielsweise folgende Transaktionen zur Verfügung:

- BD87 (Statusmonitor für ALE-Nachrichten)
- NWBC (Net Weaver Business Client)
- SCOT (SAPconnect – Administration)
- SP01 (Ausgabesteuerung)

- SP02 (Anzeigen von Spool-Aufträgen)
- SXI_MONITOR (XI Message Monitoring)

In diesem Abschnitt erfahren Sie, wie die Nachrichtenfindung für Einkaufsbelege einzustellen ist, damit die gewünschten Nachrichten entsprechend Ihren Anforderungen ausgegeben werden. Um eigene Nachrichtenarten für Ihre Anforderungen einzurichten, stehen Ihnen folgende Customizing-Objekte zur Verfügung:

- Konditionstabellen (für die Zugriffsfolgen)
- Zugriffsfolgen (für die Nachrichtenarten)
- Nachrichtenarten (für das Schema)
- Bedingungen (für das Schema)
- Nachrichtenschemata (für die Verwendung und Applikation)
- Partnerrollen (für die Nachrichtenart)

Die IMG-Aktivitäten für das Customizing der Nachrichtenfindung im Einkauf finden Sie über den IMG-Pfad Materialwirtschaft • Einkauf • Nachrichten • Ausgabesteuerung. Alternativ können Sie auch mit Hilfe der Transaktion NACE (WFMC: Einstieg in das Customizing) die Nachrichtensteuerung einstellen. Diese applikationsübergreifende Transaktion können Sie aber nicht in Ihrem IMG-Projekt aufrufen. Die Nachrichtenfindung an sich ist eine Variante der Konditionstechnik des SAP-Systems.

Konditionstechnik

Mit Hilfe der Konditionstechnik können bedingte Datenkonstellationen formuliert werden, und es kann geprüft werden, ob ein oder mehrere Datensätze in den relevanten Konditionstabellen der zugehörigen Zugriffsfolge zu den aktuellen Anwendungsdaten passen.

Die verschiedenen Varianten der Konditionstechnik sind einer sogenannten *Verwendung* zugeordnet. Die Verwendung sagt aus, für welche Variante die zugehörigen Konditionstabellen genutzt werden. Die für Materialwirtschaft und Logistik wichtigsten Verwendungen sind folgende (in alphabetischer Reihenfolge):

- 2 (Routenfindung)
- A (Preisfindung)
- B (Nachrichtenfindung)
- C (Kontenfindung)

- D (Materialfindung)
- E (Bonusabwicklung)
- H (Chargenfindung)

Zur Untergliederung der Verwendung in Teilbereichen gibt es in der Konditionstechnik die *Applikation*. Für die unterschiedlichen Anwendungen stehen verschiedene Applikationskürzel zur Verfügung, beispielsweise werden die Schemata für die Preisfindung (Verwendung A) in der Tabelle T683 (Kalkulationsschemata) mit der Applikation M (Einkauf) ermittelt.

Die Applikationen für die Nachrichtenfindung (Verwendung B) im Einkauf sind folgende:

- E1 (Anlieferung)
- EA (Einkauf Anfrage)
- EF (Einkauf Bestellung)
- EL (Einkauf LP-Abruf)
- EV (Einkauf Rahmenvertrag)

Die in der Nachrichtenfindung mit Hilfe der Konditionstechnik ermittelten Datensätze zum jeweiligen Einkaufsbeleg führen zu Nachrichtenvorschlägen auf der Kopfebene des Belegs. Je nach Einstellung können die Nachrichten sofort ausgegeben oder zu einem späteren Zeitpunkt weiterverarbeitet werden.

Ohne einen passenden Datensatz (Konditionssatz/Nachrichtensatz) gibt es keinen automatischen Nachrichtenvorschlag.

Konditionssatz/Nachrichtensatz

Ein Eintrag in einer Konditionstabelle wird allgemein als *Konditionssatz* bzw. in der Nachrichtenfindung speziell als *Nachrichtensatz* bezeichnet. Der Konditionssatz enthält die Felder, die zu der Nachricht führen, und die Nummer des Konditionssatzes (den Index auf die Attribute dieser Nachricht). Abhängig von den Attributen wird die gefundene Nachricht direkt an die Verarbeitung weitergereicht oder im weiteren Verlauf der Anwendung vorgeschlagen (siehe Überschrift »Konditionstabelle« in Abschnitt 6.7.3).

Nachrichtenarten, für die Konditionssätze angelegt sind, werden ausgegeben, sofern dem Einkaufsbelegtyp ein Nachrichtenschema für die Ausgabesteuerung zugeordnet ist. Bei Einkaufsbelegen ohne Schema sind Konditionssätze nicht relevant.

In der Standardauslieferung des SAP ERP-Systems ist die Nachrichtenfindung für alle Belegtypen aktiv, und Nachrichtenschemata sind zugeordnet. Sie können die vorhandenen Nachrichtenarten ohne eigene Customizing-Einstellungen verwenden; Sie müssen lediglich die passenden Konditionssätze anlegen. Folgende Transaktionen stehen Ihnen zur Verfügung:

- MN01 (Nachricht anlegen: Anfrage)
- MN02 (Nachricht ändern: Anfrage)
- MN03 (Nachricht anzeigen: Anfrage)
- MN04 (Nachricht anlegen: Bestellung)
- MN05 (Nachricht ändern: Bestellung)
- MN06 (Nachricht anzeigen: Bestellung)
- MN07 (Nachricht anlegen: Rahmenvertrag)
- MN08 (Nachricht ändern: Rahmenvertrag)
- MN09 (Nachricht anzeigen: Rahmenvertrag)
- MN10 (Nachricht anlegen: Lieferplaneinteilung)
- MN11 (Nachricht ändern: Lieferplaneinteilung)
- MN12 (Nachricht anzeigen: Lieferplaneinteilung)
- MN24 (Nachricht anlegen: Lieferavis)
- MN25 (Nachricht ändern: Lieferavis)
- MN26 (Nachricht anzeigen: Lieferavis)

Im SAP Easy-Access-Menü (Anwendungsmenü) wählen Sie hierfür Logistik • Einkauf • Stammdaten • Nachrichten • »Einkaufsbelegtyp« • Anlegen oder Ändern. Tragen Sie die auszugebende Nachrichtenart ein, und wählen Sie die Konditionstabelle, indem Sie auf Schlüsselkombination klicken (siehe Abbildung 6.72).

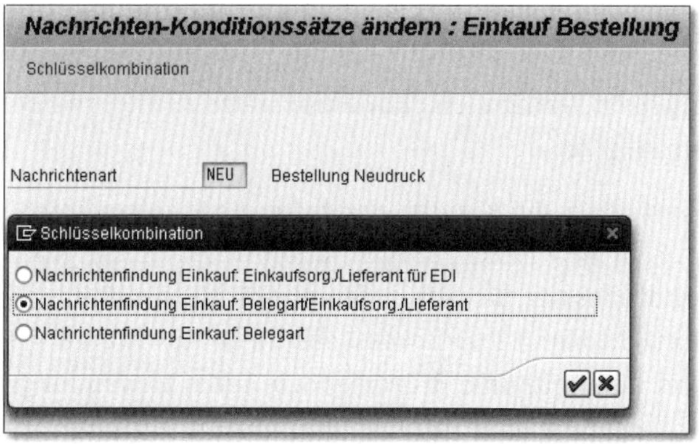

Abbildung 6.72 Transaktion MN05 – Schlüsselkombination wählen

Die Schlüsselkombination BELEGART/EINKAUFSORG./LIEFERANT in der Nachrichtenfindung des Einkaufs entspricht der Konditionstabelle 025, in der ich nun einen Konditionssatz anlege/ändere. Die angebotenen Tabellen entsprechen der Zugriffsfolge 0001, ermittelt über die Nachrichtenart NEU.

Im nächsten Datenbild geben Sie Ihre Einkaufsbelegart und die Einkaufsorganisation ein (siehe Abbildung 6.73).

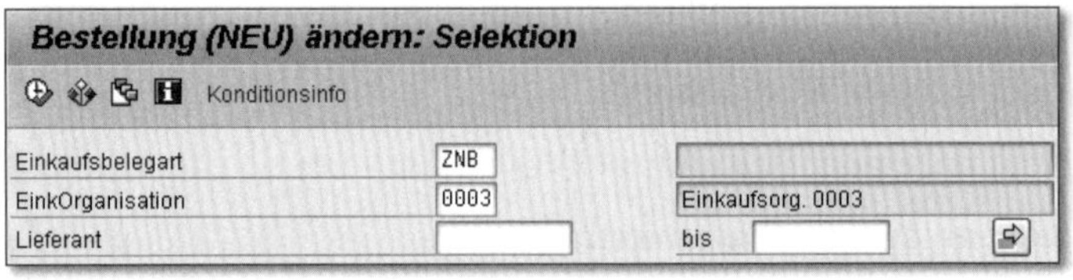

Abbildung 6.73 Transaktion MN05 – Konditionssätze selektieren

Der Lieferant ist ein sogenanntes *Zeilenfeld* (siehe hierzu auch Abbildung 6.77). Sie füllen das Feld erst im nächsten Datenbild aus, es sei denn, Sie wollen den Lieferanten gezielt auswählen. Ohne die Vorgabe der Lieferantennummer listet Ihnen das System die bereits vorhandenen Konditionssätze aller Lieferanten auf (siehe Abbildung 6.74).

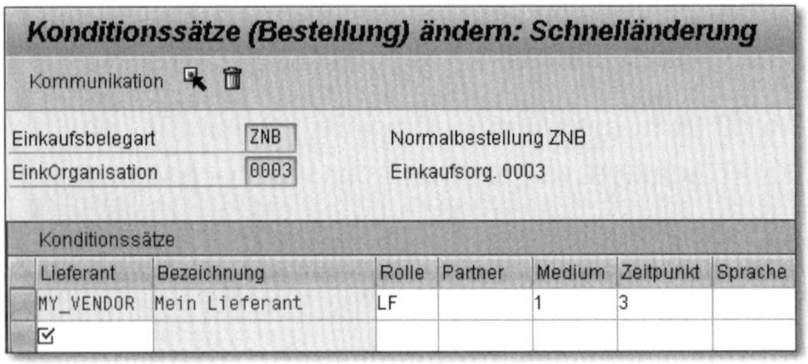

Abbildung 6.74 Transaktion MN05 – Schnelländerung für alle Lieferanten

Sie haben nun die Möglichkeit, vorhandene Konditionssätze zu ändern oder neue Konditionssätze anzulegen.

In Abbildung 6.74 existiert genau ein Konditionssatz für die Schlüsselkombination Einkaufsbelegart ZNB und Einkaufsorganisation 0003 für die Nachrichtenart NEU. Der Konditionssatz für den Lieferant MY_VENDOR hat die Partnerrolle LF (LIEFERANT), Medium 1 (Druckausgabe, siehe Abschnitt 6.7.3, »Ausgabesteuerung«) und den Zeitpunkt 3 (Versenden durch anwendungseigene Transaktion). Partnerrolle, Medium und Zeitpunkt werden aus der Nachrichtenart vorgeschlagen.

Die Nachrichtenfindung wurde sprachunabhängig eingestellt; der Sprachschlüssel im Konditionssatz ist ohnehin nicht relevant für die Nachrichtenausgabe. Für die Nachrichtenausgabe ist der Sprachschlüssel aus dem Lieferantenstamm entscheidend. Dieser wird beim Anlegen des Einkaufsbelegs in den Belegkopf übernommen. Der Materialkurztext, die Kopftexte und die Positionstexte werden in der Belegsprache gespeichert. Der Sprachschlüssel im Einkaufsbeleg kann mit der Transaktion ME21 bzw. ME21N (Bestellung anlegen) noch geändert werden, solange keine Positionen erfasst sind – siehe SAP-Hinweis 89899 (Ausgabe in Belegsprache).

Sprache [+]

Die Sprache der Nachricht sollte der Belegsprache des Einkaufsbelegs entsprechen. Andernfalls können die Texte nicht ausgegeben werden.

Pro Konditionssatz pflegen Sie nun noch die Kommunikationsdaten. Markieren Sie hierzu den Nachrichtensatz, und wählen Sie den Button KOMMUNIKATION (alternativ wählen Sie über die Menüleiste SPRINGEN • KOMMUNIKATIONSMITTEL).

Im Detailbild der Kommunikationsdaten sehen Sie oben im Bildbaustein VARIABLER KEY die Schlüsselkombination des Konditionssatzes (siehe Abbildung 6.75).

Die Bestellnachricht NEU zur Belegart ZNB soll für den Lieferanten MY_VENDOR am Ausgabegerät MEIN_DRUCKER sofort mit der Nachrichtenausgabe gedruckt werden. Das Kennzeichen SOFORT AUSGEBEN bewirkt, dass die Nachricht nicht im Spool auf den expliziten Druckanstoß »wartet«, sondern direkt zum Drucker durchgereicht wird.

Pflege der Konditionssätze [+]

Wenn Sie über die Anzeigetransaktion eingestiegen sind, können Sie im Einstiegsbild über die Menüleiste per NACHRICHTENKONDITION • ÄNDERN direkt in die Änderungstransaktion wechseln.

Wie die Konditionssätze in den Konditionstabellen gefunden werden, können Sie unter »Findungsanalyse« am Ende dieses Abschnitts nachlesen.

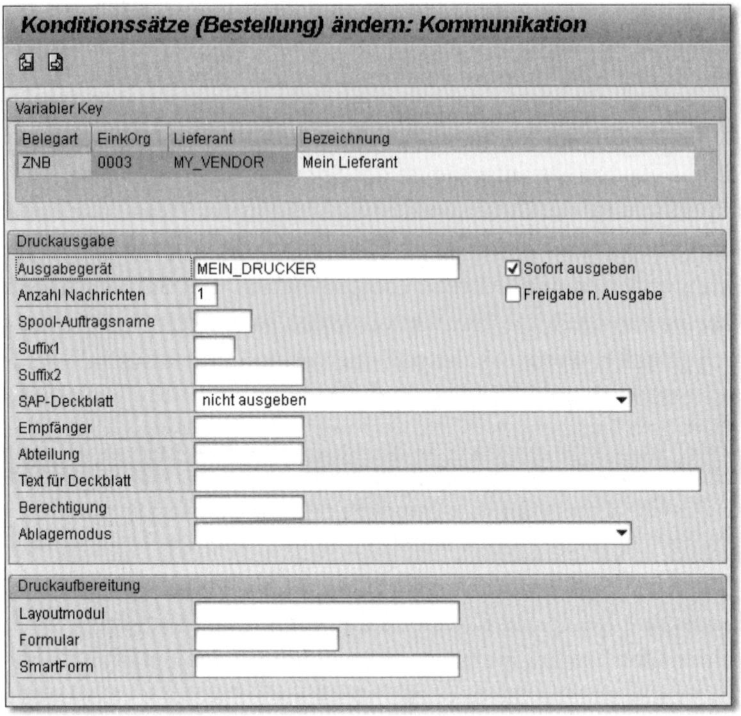

Abbildung 6.75 Kommunikationsdaten zum Nachrichtensatz

Konditionstabelle

Die Konditionstabelle enthält einen Verweis auf die angelegten Nachrichtensätze. Durch das Anlegen passender Nachrichtensätze zu den verschiedenen Schlüsselkombinationen Ihrer Konditionstabellen können Sie das Medium und den Zeitpunkt für die Nachrichtenausgabe individuell steuern. Eine Konditionstabelle (Anwendungstabelle Bxyz) wird durch die Konditionsschlüssel, z.B. Mandant oder Belegart, und einen Datenteil definiert. Der Datenteil ist abhängig von der Verwendung. Für die Nachrichtenfindung (Verwendung B) besteht der Datenteil aus einem Index auf die Tabelle NACH (Detaildaten für Nachrichten). Dieser Index ist das Datenfeld KNUMH (Nummer Nachrichtenkonditionssatz, siehe vorherigen Abschnitt »Konditionssatz/Nachrichtensatz«).

Die Tabelle NACH ist eine Anwendungstabelle für Stammdaten und Bewegungsdaten, sie enthält beispielsweise die Datenfelder mit den Nachrichtenattributen Verwendung, Applikation, Konditionsschlüssel, Partnerrolle etc. zum Konditionssatz.

Der oder die Konditionsschlüssel aus dem Feldkatalog der Applikation bestimmen die Datenkonstellation für die Nachrichtenausgabe. Der Feldkatalog enthält alle Datenfelder, die für die Konditionstabellen der Nachrichtenfindung als Schlüssel ausgewählt werden können. Der Feldkatalog wird durch die Applikation gefiltert. Zu den Datenfeldern der Applikation EF zählen beispielsweise neben der Einkaufsbelegart auch die Organisationseinheiten Einkaufsorganisation, Einkäufergruppe, Werk und Buchungskreis sowie die Stammdaten Lieferant und Material.

Konditionstabellen pflegen Sie für die Einkaufsbelegtypen in der IMG-Aktivität Materialwirtschaft • Einkauf • Nachrichten • Ausgabesteuerung • Konditionstabellen • Konditionstabelle für Einkaufsbelegtyp festlegen.

Zu den Konditionstabellen für die Bestellung (Applikation EF) gehört die Konditionstabelle 25 (Anwendungstabelle B025) in Abbildung 6.76. Die ausgewählten Felder auf der linken Seite bilden die Schlüsselkombination für die Pflege der Nachrichtensätze.

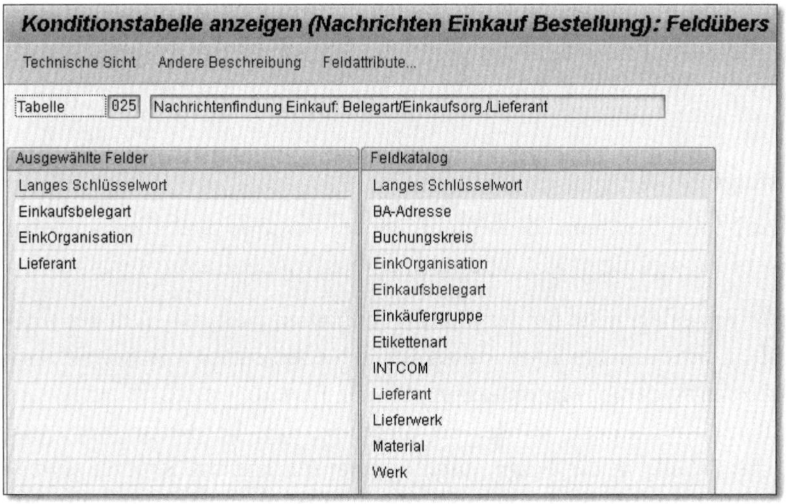

Abbildung 6.76 Konditionstabelle 25 – Feldübersicht

In der Applikation EF (Einkauf Bestellung) sind die Schlüsselfelder der Tabelle 25 (B025) Einkaufsbelegart, Einkaufsorganisation und Lieferant. In der technischen Sicht können Sie die Feldnamen und technischen Eigenschaften der ausgewählten Felder ansehen (siehe Abbildung 6.77).

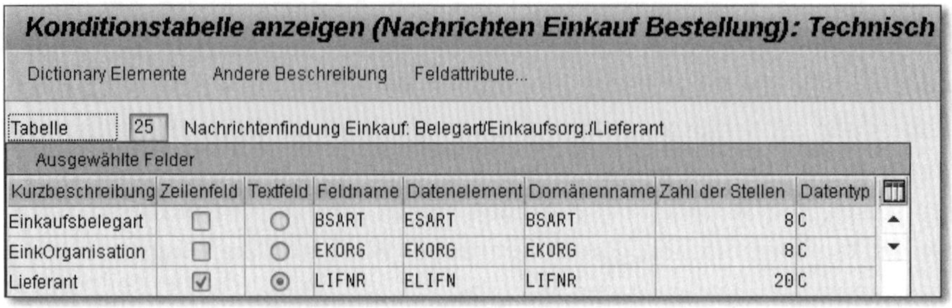

Abbildung 6.77 Konditionstabelle 25 – technische Sicht

Der Lieferant ist als Zeilenfeld für die Tabelle 25 (Nachrichtenfindung Einkauf: Belegart/Einkaufsorg./Lieferant) markiert, wie Sie bereits in Abbildung 6.74 gesehen hatten.

Bei der Definition von eigenen Konditionstabellen vergeben Sie einen dreistelligen numerischen Schlüssel, der größer als 500 sein muss. Anschließend wählen Sie die gewünschten Felder aus dem Feldkatalog aus. Beachten Sie, dass die Nachrichtenfindung für Einkaufsbelege auf Kopfebene stattfindet; weitere geeignete Felder sind deswegen der Buchungskreis oder die Einkäufergruppe.

Zugriffsfolge

Die Zugriffsfolge bestimmt die Reihenfolge der Konditionstabellen, in denen das System nach gültigen Konditionssätzen/Nachrichtensätzen sucht.

Zugriffsfolgen pflegen Sie für die jeweiligen Einkaufsbelegtypen in der IMG-Aktivität Materialwirtschaft • Einkauf • Nachrichten • Ausgabesteuerung • Zugriffsfolgen • Zugriffsfolgen für Einkaufsbelegtyp festlegen. Die laufenden Nummern werden so vergeben, dass bei Bedarf noch eine zusätzliche Tabelle in die Folge eingefügt werden könnte. Sinnvollerweise sollte die Reihenfolge immer so ein, dass in den spezielleren Tabellen mit mehreren Schlüsselfeldern zuerst nach einem passenden Konditionssatz gesucht wird. Oft enthält die letzte Tabelle in der Zugriffsfolge die Nachrichtensätze zur Belegart (siehe Abbildung 6.78).

Die Bedingung ist eine Formroutine, mit der Sie erreichen könnten, dass bestimmte Nachrichtensätze nicht berücksichtigt werden. Es werden dann nur die Nachrichten ausgegeben, für die die Bedingung erfüllt ist (siehe Abbildungen 6.89 und 6.90 ab Seite 330).

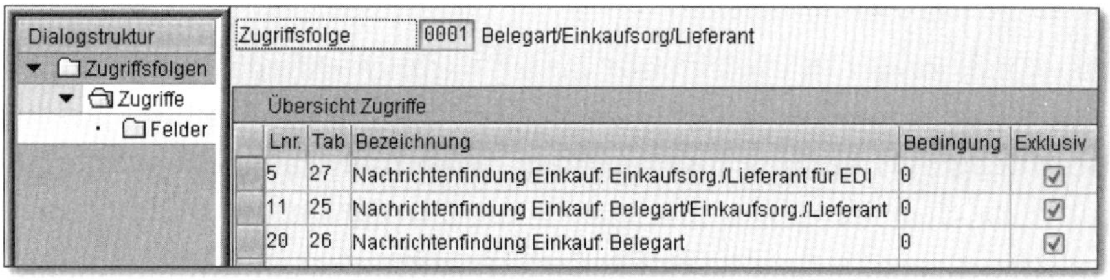

Abbildung 6.78 Zugriffsfolge 0001 für Einkaufsbelege

In der Zugriffsfolge 0001 ist keine Bedingung hinterlegt. Für die drei Tabellen in der Zugriffsfolge ist aber die exklusive Suche eingestellt (Spalte EXKLUSIV). Bei exklusiver Suche wird nach dem ersten erfolgreichen Zugriff auf einen Konditionssatz zu einer Konditionsart innerhalb der Zugriffsfolge die Suche abgebrochen.

Bei der Definition der Zugriffsfolge können Sie auch in die Feldübersicht zu den einzelnen Zugriffen abspringen (siehe Abbildung 6.79).

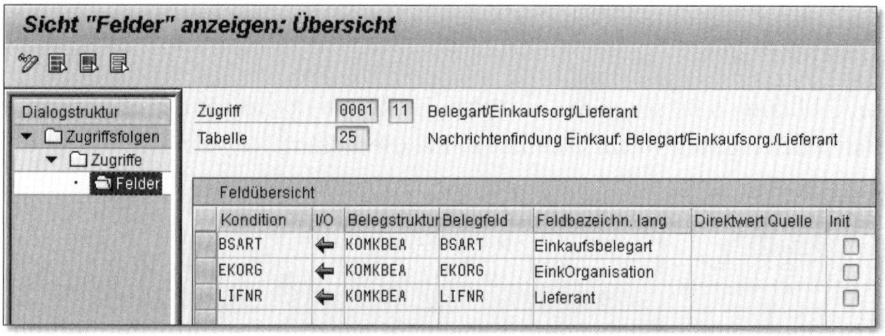

Abbildung 6.79 Zugriff 11 in Folge 0001 – Felder der Tabelle 25

In Abbildung 6.79 zeigt die laufende Nummer 11 in der Zugriffsfolge 0001 auf die Konditionstabelle 25 (B025) mit den Feldern EINKAUFSBELEGART, EINKAUFSORGANISATION und LIEFERANT.

Sie definieren eigene Zugriffsfolgen, um andere Konditionstabellen für die Nachrichtenfindung einzusetzen. Der Schlüssel Ihrer eigenen Zugriffsfolge sollte mit Y oder Z beginnen, damit er im Namensraum für Kunden liegt. Wenn Sie die Berechtigung für mandantenunabhängiges Customizing haben, kopieren Sie eine bereits bestehende Folge und passen die Kopie Ihren Anforderungen an.

Konditionsart/Nachrichtenart

Die Konditionsart (Nachrichtenart in der Nachrichtenfindung) ist ein vierstelliger alphanumerischer Schlüssel, der Konditionen (Nachrichten) gleicher Bedeutung (Ausprägung) zusammenfasst. Beim Anlegen eines Nachrichtensatzes zu einer Nachrichtenart werden die Detaildaten der Nachrichtenart (Versandzeitpunkt, Ausgabemedium, Partnerrolle etc.) als Vorschlagswerte übernommen. Im Folgenden werden alle wesentlichen Einstellungen der Definition von Nachrichtenarten anhand einer eigenen Nachrichtenart gezeigt, die als Kopie der Nachrichtenart NEU angelegt wurde.

Nachrichtenarten pflegen Sie für die jeweiligen Einkaufsbelegtypen in der IMG-Aktivität MATERIALWIRTSCHAFT • EINKAUF • NACHRICHTEN • AUSGABESTEUERUNG • NACHRICHTENARTEN • NACHRICHTENARTEN FÜR EINKAUFSBELEGTYP FESTLEGEN. Nach den Registerkarten für die Detaildaten pflegen Sie in drei weiteren Dialogschritten:

1. Mailtitel und -texte (nur bei Bedarf)
2. Verarbeitungsroutinen
3. Partnerrollen

In Abbildung 6.80 sehen Sie zunächst die Registerkarte mit den allgemeinen Daten der eigenen Nachrichtenart ZBEN (Bestellung Neudruck).

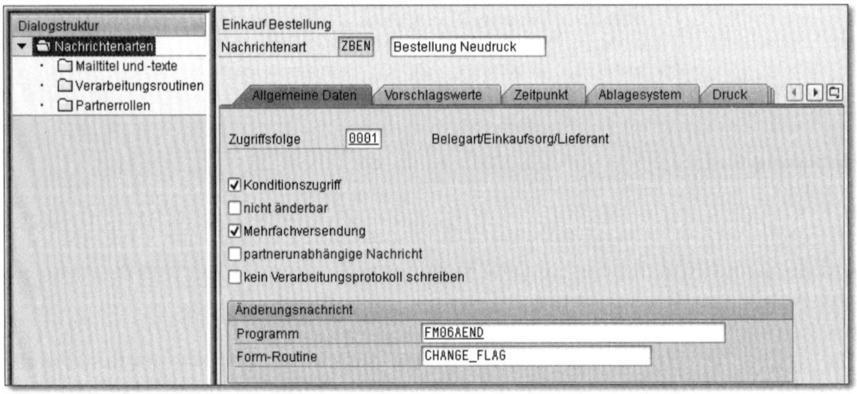

Abbildung 6.80 Allgemeine Daten der Nachrichtenart ZBEN

Die Nachrichtenart ZBEN nutzt die bereits gezeigte Zugriffsfolge 0001 mit den drei Tabellen 27, 25 und 26.

Nachrichten der Nachrichtenart ZBEN sollen – entsprechend der angehakten Checkboxen – aufgrund gültiger Konditionssätze ermittelt werden, und eine Mehrfachversendung an denselben Partner ist möglich. Änderungsnachrichten werden mit dem Programm `FM06AEND` und der Formroutine `CHANGE_FLAG` erzeugt.

In den Vorschlagswerten geben Sie den Versandzeitpunkt, das bevorzugte Sendemedium und die bevorzugte Partnerrolle des Empfängers mit (siehe Abbildung 6.81).

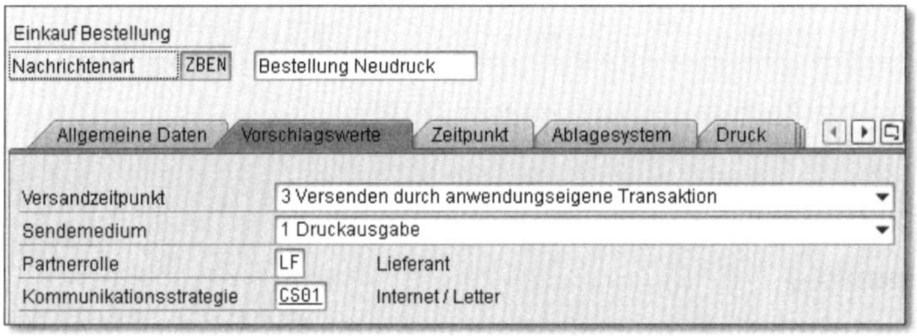

Abbildung 6.81 Vorschlagswerte der Nachrichtenart ZBEN

Die Kommunikationsstrategie CS01 steht für eine Reihenfolge von Kommunikationsarten, also nicht für die Transaktion CS01 (Anlegen Materialstückliste). Die Reihenfolge der Kommunikationsarten wird durchlaufen, bis zu der betrachteten Adresse (aus den Business Address Services) Kommunikationsdaten vorhanden sind. Sie können die Kommunikationsstrategie auch nutzen, um ein PDF-basiertes Formular mit Ausgabemedium 5 (externes Senden) per E-Mail zu versenden (siehe Abbildung 6.86). Wenn Sie weitere Details zu Kommunikationsstrategien erfahren möchten, lesen Sie den SAP-Hinweis 191470 (Bestellungen als E-Mail).

Der Versandzeitpunkt 3 sagt aus, dass die Nachrichtenausgabe nicht direkt mit dem Sichern des Einkaufsbelegs erfolgen soll, sondern über Anwendungstransaktionen, wie z.B. die Transaktionen zur Ausgabe von Bestellnachrichten ME9F (Nachrichten ausgeben), ME91F (Mahnen und Erinnern), ME92F (Überwachen Auftragsbestätigung) etc. Auf der Registerkarte ZEITPUNKT können Sie unerwünschte Versandzeitpunkte verbieten (siehe Abbildung 6.82).

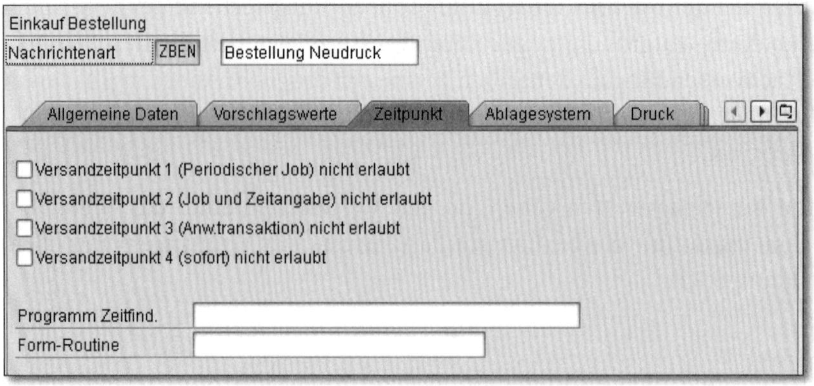

Abbildung 6.82 Versandzeitpunkte der Nachrichtenart ZBEN

Folgende Versandzeitpunkte stehen zur Verfügung:

- **Versandzeitpunkt 1**
  Periodisch eingeplanter Job mit Selektionsvarianten für Report RSNAST00 (Selektionsparameter Applikation, Nachrichtenart, Sendemedium etc.). Der Report kann mit der Transaktion SA38 (ABAP/4 Reporting) auch manuell gestartet werden.
- **Versandzeitpunkt 2**
  Job mit Report RSNAST00, wie Versandzeitpunkt 1, aber Nachricht mit Angabe des frühesten Verarbeitungsdatums und gewünschter Verarbeitungszeit starten.
- **Versandzeitpunkt 3**
  Per Anwendertransaktionen der jeweiligen Belegtypen (Einzel- oder Sammelverarbeitung möglich) die Nachricht verarbeiten.
- **Versandzeitpunkt 4**
  Nachricht sofort (beim Sichern des Einkaufsbelegs in der Anwendung) verarbeiten.

Auf der Registerkarte Ablagesystem können Sie die Nachricht grundsätzlich für die optische Archivierung vorsehen (siehe Abbildung 6.83). Folgende Eingaben sind möglich:

- 1 (nur drucken)
- 2 (nur archivieren)
- 3 (drucken und ablegen)

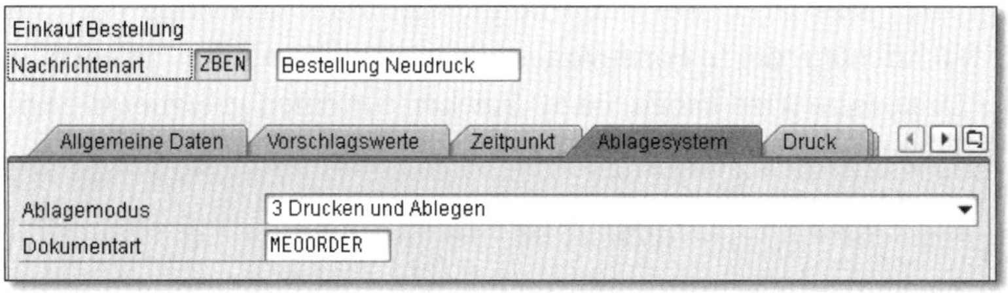

Abbildung 6.83 Ablagemodus der Nachrichtenart ZBEN

In der Nachrichtenart ZBEN ist der Modus 3 eingestellt, der die optische Archivierung parallel zur Druckausgabe ermöglicht. Die Dokumentart für die Ablage dieser Bestellnachricht in einem Dokumentenverwaltungssystem ist Meoorder. Allerdings erfordert die optische Archivierung neben der Berücksichtigung im Druckprogramm noch Customizing-Einstellungen über den IMG-Pfad SAP NetWeaver • Application Server • Basis-Services • ArchiveLink.

Jeder Applikation ist eine Menge von Druckparametern zugeordnet. Die Druckparameter können beispielsweise Organisationseinheiten wie Werk, Lagerort oder Versandstelle sein. Auf der Registerkarte Druck können Sie den Druckparameter auswählen (siehe Abbildung 6.84).

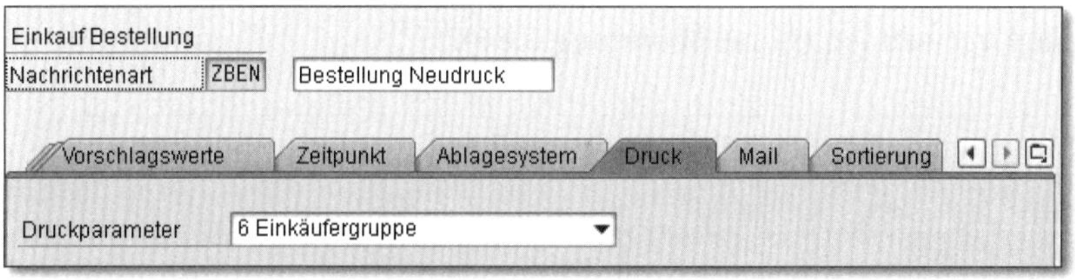

Abbildung 6.84 Druckparameter der Nachrichtenart ZBEN

Bei der Applikation EA (Anfrage), EF (Bestellung), EL (Lieferplanabruf) und EV (Rahmenvertrag) wird in der Standardauslieferung des SAP ERP-Systems lediglich der Druckparameter 6 (Einkäufergruppe) angeboten.

Druckparameter [+]

Mit dem Pflegedialog V_T685P können Sie den Druckparameter S (Festwerte des Benutzers) als neuen Eintrag für die Applikationen des Einkaufs in der Tabelle T685P (WFMC: Zulässige Druckparameter einer Applikation) anlegen.

Damit können Sie Ihre Einkaufsnachrichten auch auf dem Drucker aus den Festwerten des Benutzers ermitteln – siehe Transaktion SU3 (Benutzereigene Daten pflegen). Solche zusätzlichen Einträge können für andere Applikationen wie ES (Erfassungsblatt) oder ME (Bestandsführung) ebenfalls sinnvoll sein.

Im Dialogschritt MAILTITEL UND -TEXTE können Sie sprachabhängig Titel und Texte für Nachrichten, die in Form von Mails verschickt werden, pflegen. In der Spalte DOKUMENTTITEL haben Sie 50 Zeichen für einen geeigneten Mailtitel zur Verfügung (siehe Abbildung 6.85).

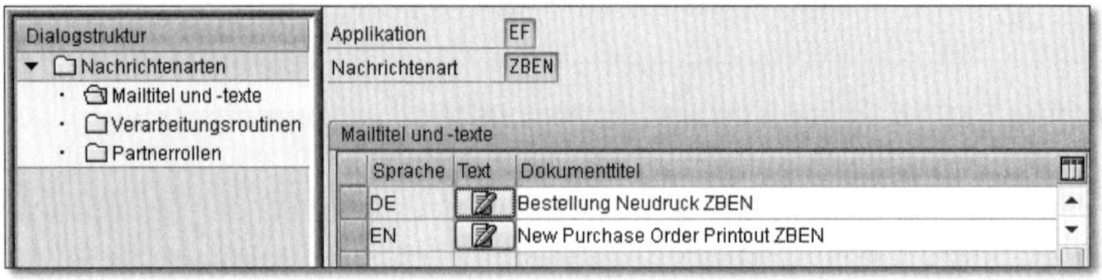

Abbildung 6.85 Mailtitel der Nachrichtenart ZBEN

Für Nachrichten, die im SAP-System als Mail ausgegeben werden, können Sie hier dic Mailtexte pflegen. Entsprechende Mails gibt es z.B. als Nachrichtenart MLGR (Mail an Einkauf) oder MLFH (Fehlteilbenachrichtigung in der Bestandsführung, siehe Abbildung 7.70 auf Seite 443).

Im Dialogschritt VERARBEITUNGSROUTINEN hinterlegen Sie für alle gewünschten Ausgabemedien das Verarbeitungsprogramm, die Formroutine und das Formular. MEDRUCK ist das SAPscript-Formular aus der Standardauslieferung des SAP ERP-Systems. Sie können aber auch Smart-Form- oder PDF-Formulare verwenden (siehe Abbildung 6.86).

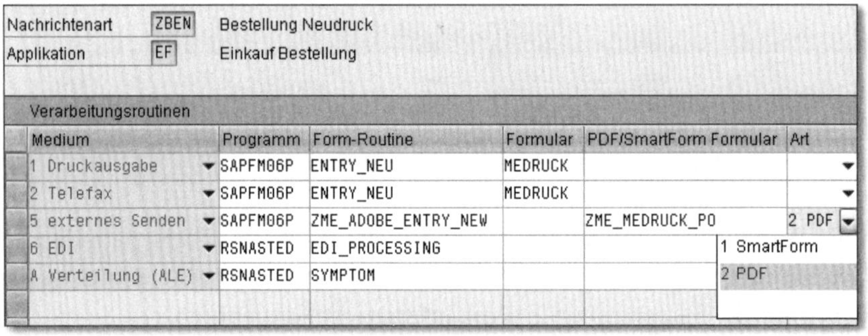

Abbildung 6.86 Verarbeitungsroutinen der Nachrichtenart ZBEN

Um den Einkaufsbeleg mit dem Medium 5 per E-Mail zu versenden, nutzen Sie ein PDF-basiertes Druckformular mit Kommunikationsstrategie (siehe Abbildung 6.81). Zur Überprüfung des Nachrichtenversands steht Ihnen die SAPconnect-Schnittstelle, Transaktion SCOT (SAPconnect – Administration), zur Verfügung.

PDF-basierte Formulare [+]

Ab dem Erweiterungspaket 4 (EHP4) für SAP ERP 6.0 liefert SAP auch PDF-Formulare aus. Eine ausführlichere Dokumentation zu den PDF-basierten Formularen finden Sie in der Transaktion SFW5 (Switch Framework Customizing). Mit dieser Transaktion können *Business Functions* (Neuerungen/Erweiterungen für Ihre SAP-Installation) aktiviert werden. Die PDF-basierten Formulare gehören zur Enterprise Business Function `ERP_ALL_PDF_FORMS`. Eine Übersicht über alle mit EHP4 eingeführten PDF-basierten Formulare bekommen Sie mit Hilfe des Reports `RERP_EHP_SHOW_FORM_LIST`, den Sie mit der Transaktion SA38 (ABAP/4 Reporting) aufrufen.

Im Dialogschritt PARTNERROLLEN legen Sie für jedes Ausgabemedium die Partnerrollen zur Definition des Nachrichtenempfängers fest (siehe Abbildung 6.87).

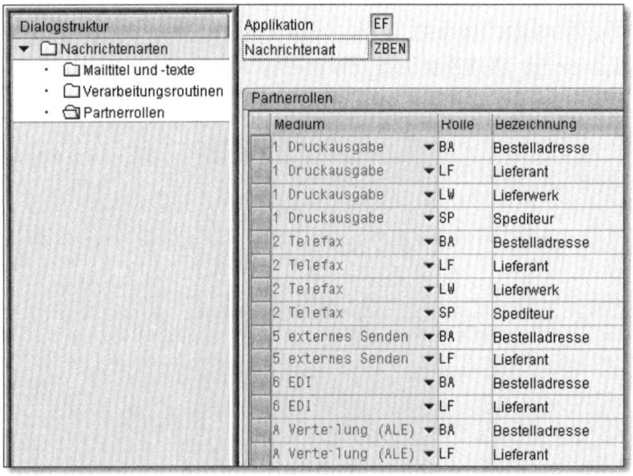

Abbildung 6.87 Nachrichtenart ZBEN – Partnerrollen zur Definition des Empfängers

Die so gemachten Einstellungen werden in der Customizing-Tabelle TNAPN (Nachrichtensteuerung: Nachrichten je Partnerrolle) verwaltet. Für die Applikation EF (Einkauf Bestellung) sind die Standardpartnerrollen der Nachrichtenempfänger LF (Lieferant) und BA (Bestelladresse) relevant.

Feinsteuerung der Nachrichten

In der Feinsteuerung der Nachrichten des Einkaufs legen Sie die relevanten Vorgänge der Nachrichtenarten fest. Folgende Vorgänge gibt es:

- 1 (Neu)
- 2 (Änderung)

- 3 (Mahnung/Erinnerung)
- 4 (Absage Anfrage)
- 5 (Lieferplaneinteilung)
- 6 (Mahnung LP-Einteilung)
- 7 (Auftragsbestätigung)
- 8 (Änderung LP-Einteilung)
- 9 (LP-Abrufdokumentation LAB)
- A (LP-Abrufdokumentation FAB)
- B (Reserve 1)
- C (Reserve 2)

Sie können z.B. für Bestellungen beim Neudruck und beim Änderungsdruck (Vorgänge 1 und 2) die Nachrichtenart NEU verwenden. Für Mahnungen können Sie die Nachrichtenart AUFB einsetzen (siehe Abbildung 6.88).

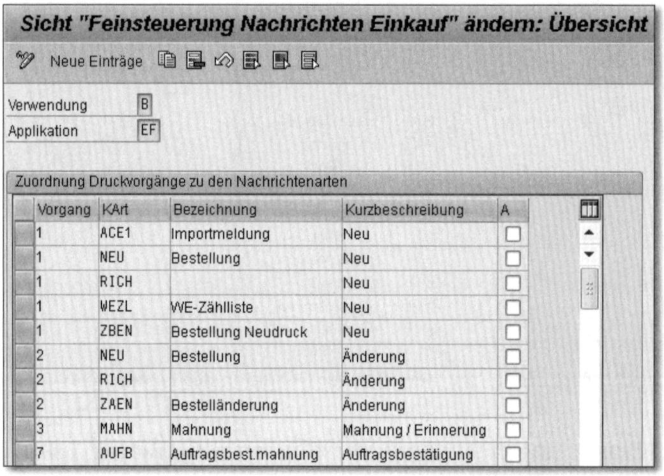

Abbildung 6.88 Feinsteuerung – Nachrichten für Applikation EF

Die Nachrichtenarten ZBEN und ZAEN sind eigene Nachrichtenarten der Applikation EF, die hier alternativ zu NEU verwendet werden sollen.

Diese Feinsteuerung machen Sie für die Applikationen EA (Anfrage), EF (Bestellung), EV (Rahmenvertrag) und EL (LP-Abruf/Mahnung), nicht jedoch für die Applikation E1 (Anlieferung).

Bedingungen

Bedingungen für die Nachrichtenfindung sind Formroutinen, die bestimmte Kriterien überprüfen. Ist eine Bedingung erfüllt (SY-SUBRC = 0), kann die Nachricht ausgegeben werden. Andernfalls wird sie verworfen.

Einsatz von Bedingungen in der Nachrichtenfindung [zB]

Wenn die Nachrichtenfindung durch das Mahnprogramm (Vorgang 3, Mahnung) aufgerufen wird, ist die Bedingung 101 (Vorgang 1, Neudruck) nicht erfüllt. Die Nachrichtenart NEU wird nicht ausgegeben, dafür kann die Nachrichtenart MAHN ausgegeben werden, weil die Bedingung 103 (Mahnung) erfüllt ist.

Sie pflegen die Bedingungen zur Nachrichtensteuerung mit der Transaktion OMFT (Bedingungen Nachrichtenfindung). Im IMG-Pfad für die Ausgabesteuerung wählen Sie hierzu die Aktivität BEDINGUNGEN ZUR NACHRICHTENSTEUERUNG PFLEGEN. Einen Ausschnitt aus der Transaktion OMFT (Bedingungen Nachrichtenfindung) sehen Sie in Abbildung 6.89.

Anzeigen: Bedingungen Nachrichtensteuerung

Anzeigen: Bedingungen Nachrichtensteuerung

Formroutine	Bezeichnung	aktiv	Applikation
101	Neudruck	☑	
103	Mahnung	☑	
104	Absage	☑	
105	Lieferplaneinteilung	☑	
106	Mahn. Lieferplaneint	☑	
107	Auftragsbest.mahnung	☑	
109	LP aus Doku	☑	EL
110	BA-Adresse?	☐	EA
111	Feinabrufbedingung	☐	EL
170	Bestandsführung	☑	ME
171	WE-Mail	☑	ME
172	WE-Mail Preismenge	☑	ME
173	WE/WA-Sammelscheine	☑	ME
174	WE Unter-/Überlief.	☑	ME
180	Mail an Einkäufer	☑	MR

Abbildung 6.89 Bedingungen für die Nachrichtenfindung

Die Bedingungen 101 (Neudruck), 103 (Mahnung) etc. sind übergreifend für alle Applikationen des Einkaufs gültig. Die Bedingungen 109 und 111 sind nur für Lieferpläne geeignet (Applikation EL), 110 ist für Anfragen (Applikation EA) vorgesehen. Die Bedingungen 170 bis 174 gehören zur Bestandsführung (Applikation ME), Bedingung 180 gehört zur Rechnungsprüfung (Applikation MR).

Die Bedingung für die Nachrichtenfindung ist frei programmierbar. Den Quelltext können Sie ansehen, indem Sie die Bedingung markieren und die Taste F5 drücken bzw. den Button (QUELLTEXT) anklicken. Den Quelltext für die Bedingung 101 sehen Sie in Abbildung 6.90.

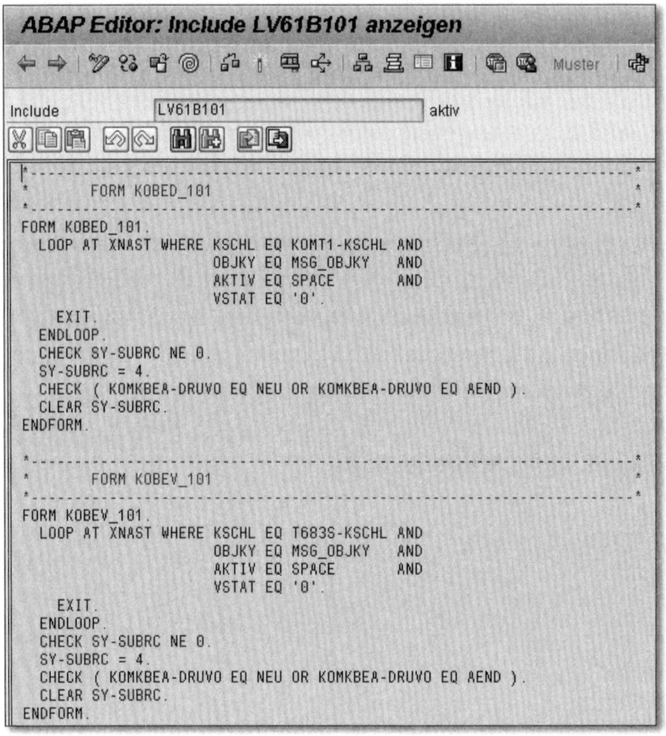


```
*---------------------------------------------------------------------*
*       FORM KOBED_101                                                *
*---------------------------------------------------------------------*
FORM KOBED_101.
  LOOP AT XNAST WHERE KSCHL EQ KOMT1-KSCHL AND
                      OBJKY EQ MSG_OBJKY   AND
                      AKTIV EQ SPACE       AND
                      VSTAT EQ '0'.
    EXIT.
  ENDLOOP.
  CHECK SY-SUBRC NE 0.
  SY-SUBRC = 4.
  CHECK ( KOMKBEA-DRUVO EQ NEU OR KOMKBEA-DRUVO EQ AEND ).
  CLEAR SY-SUBRC.
ENDFORM.

*---------------------------------------------------------------------*
*       FORM KOBEV_101                                                *
*---------------------------------------------------------------------*
FORM KOBEV_101.
  LOOP AT XNAST WHERE KSCHL EQ T683S-KSCHL AND
                      OBJKY EQ MSG_OBJKY   AND
                      AKTIV EQ SPACE       AND
                      VSTAT EQ '0'.
    EXIT.
  ENDLOOP.
  CHECK SY-SUBRC NE 0.
  SY-SUBRC = 4.
  CHECK ( KOMKBEA-DRUVO EQ NEU OR KOMKBEA-DRUVO EQ AEND ).
  CLEAR SY-SUBRC.
ENDFORM.
```

Abbildung 6.90 Quelltext der Bedingung 101

Bei Bedingung 101 werden in der Standardauslieferung nur Neudrucke (Vorgang 1, NEU) oder Änderungsdrucke (Vorgang 2, AEND) ausgegeben.

[+] **Bedingungen**

Bedingungen jeglicher Art (Preisfindung, Nachrichtensteuerung, Kontenfindung, Materialfindung, Chargenfindung, ...) können Sie mit der SD-Transaktion VOFM (Konfiguration Bedingungen, Formeln) bearbeiten.

Verwaltet werden die Formroutinen in der zentralen Customizing-Tabelle TFRM (Formroutinen zu Bedingungen/Formeln/Datentransporten). Die Bedingungen der Nachrichtensteuerung sämtlicher Applikationen haben die Gruppenzuordnung PBEN.

Die Quelltexte der Standardbedingungen sollten Sie nicht ändern. Wenn Sie für die Vorgänge Neudruck und Änderungsdruck separate Nachrichtenarten einsetzen möchten, definieren Sie eigene Bedingungen (etwa 901 und 902). Sie benötigen dafür allerdings entsprechende Berechtigungen und einen Entwicklerschlüssel.

Stellen Sie als Nächstes die Nachrichtenarten mit den zugehörigen Bedingungen in Ihrem Nachrichtenschema ein.

Kalkulationsschema/Nachrichtenschema

Das Kalkulationsschema/Nachrichtenschema ist eine Zusammenfassung von Konditionsarten/Nachrichtenarten. Im Schema sind alle zulässigen Konditionsarten/Nachrichtenarten einer Applikation abgelegt. Für die Verwendung B und die Applikation EF sind in der Standardauslieferung der Tabelle T6835 die Nachrichtenarten NEU (Neudruck), MAHN (Mahnung) etc. vorgesehen. Die Zuordnung eines Schemas für die Verwendung B (Nachrichtenfindung) und die Applikation EF (Einkauf Bestellung) ermöglicht einen automatischen Nachrichtenvorschlag zum Einkaufsbelegtyp.

Nachrichtenschemata pflegen Sie für die jeweiligen Einkaufsbelegtypen in der IMG-Aktivität MATERIALWIRTSCHAFT • EINKAUF • NACHRICHTEN • AUSGABESTEUERUNG • NACHRICHTENSCHEMATA • NACHRICHTENSCHEMA FÜR EINKAUFSBELEGTYP FESTLEGEN.

Eine Kopie des Nachrichtenschemas RMBEF1 für Bestellungen (Applikation EF) mit einer separaten Nachrichtenart für Änderungsnachrichten sehen Sie in Abbildung 6.91.

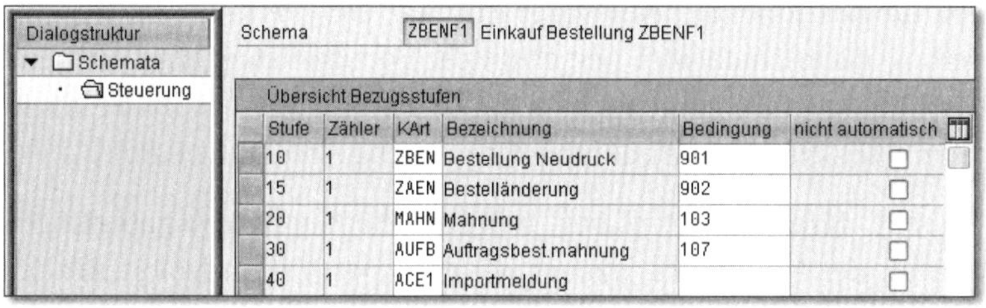

Stufe	Zähler	KArt	Bezeichnung	Bedingung	nicht automatisch
10	1	ZBEN	Bestellung Neudruck	901	☐
15	1	ZAEN	Bestelländerung	902	☐
20	1	MAHN	Mahnung	103	☐
30	1	AUFB	Auftragsbest.mahnung	107	☐
40	1	ACE1	Importmeldung		☐

Abbildung 6.91 Steuerung im Nachrichtenschema ZBENF1

In Stufe 10 wurde die Konditionsart NEU – aus dem ursprünglichen Schema RMBEF1 – durch die Konditionsart ZBEN ersetzt. Anstelle der Bedingung 101 gibt es eine Bedingung 901 für den Neudruck. In der zusätzlich eingefügten Stufe 15 sehen Sie die Änderungsnachricht ZAEN mit der Bedingung 902.

Die Nachrichten werden alle in der Nachrichtenfindung automatisch einbezogen, da die Checkbox in der Spalte NICHT AUTOMATISCH nicht angehakt ist.

Durch Zuordnung eines Nachrichtenschemas können Sie je Belegtyp festlegen, ob Sie für die Ausgabesteuerung die Nachrichtenfindung einsetzen wollen. Zur Aktivierung der Nachrichtenfindung ordnen Sie in der Tabelle T683 (Kalkulationsschemata) jedem Belegtyp ein spezielles Nachrichtenschema zu. Damit können Sie beliebige Nachrichtenarten aus dem Nachrichtenschema ausgeben. Die Zuordnung ist eine Aktion in derselben IMG-Aktivität wie die Definition des Nachrichtenschemas. Sie nehmen die Zuordnung für die Verwendung B je Applikation für Einkaufsbelegtypen vor (siehe Abbildung 6.92).

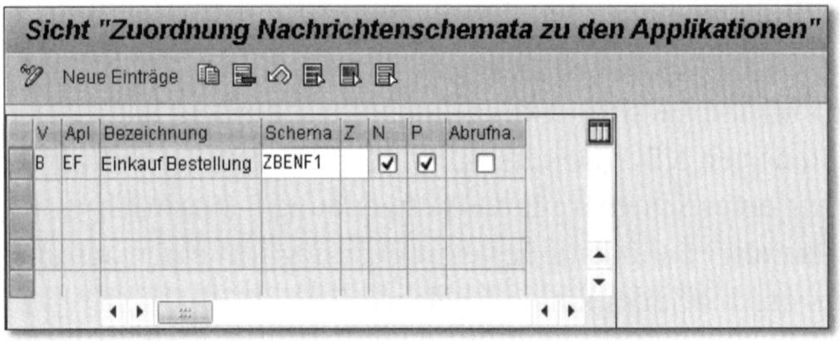

Abbildung 6.92 Zuordnung – Nachrichtenschema ZBENF1 für Bestellung

In der Spalte Z ist für Änderungsnachrichten kein Versandzeitpunkt vorgegeben. Dafür ist die Checkbox in der Spalte N (neue Nachrichtenfindung) gesetzt. Bei Änderungen wird damit eine neue Nachrichtenfindung durchgeführt. Dabei werden alle Nachrichten gefunden, die für den Neudruck eingerichtet sind und über die Feinsteuerung der Nachrichtenarten als Änderungsnachrichten definiert wurden. Diese Nachrichten erhalten ein Änderungskennzeichen und werden für den Einkaufsbeleg vorgeschlagen. Der Versandzeitpunkt für diese Änderungsnachrichten wird neu ermittelt. Voraussetzung für diese neue Nachrichtenfindung ist das Kennzeichen MEHRFACHVERSENDUNG in der Nachrichtenart für einen Neu- und Änderungsdruck (siehe Abbildung 6.80).

Ohne die neue Nachrichtenfindung würden die Änderungsnachrichten durch Kopieren des Neudrucks erzeugt werden. Der Versandzeitpunkt des Neudrucks würde auf diese Weise übernommen werden.

In dem selbstdefinierten Schema ZBENF1 sind allerdings separate Nachrichtenarten für die Druckvorgänge 1 (Neudruck) und 2 (Änderungsdruck) vorgesehen. Hier findet das System mit der Bedingung 902 die Nachricht ZAEN im Änderungsfall (siehe Abbildung 6.91).

Die angehakte Checkbox in der Spalte P (Partnerrollenbestimmung) in Abbildung 6.92 bewirkt, dass alle Partner aus dem Einkaufsbeleg an die Nachrichtenfindung übergeben werden. Die Nachrichtenfindung sucht für alle Partnerrollen nach passenden Konditionssätzen. Damit können Sie beispielsweise die Bestellnachricht gleichzeitig an den Lieferanten und an eine (abweichende) Bestelladresse versenden. Sie verwenden hierzu in Ihrem Nachrichtenschema eine separate Nachrichtenart (Kopie von NEU), für die Sie einen Nachrichtensatz für die Partnerrolle BA anlegen.

Die Checkbox in der Spalte ABRUFNA (Nachricht pro Abruf erzeugen) ist für die Applikation EF nicht relevant. Sie sorgt dafür, dass für jede Lieferplanposition eine eigene Abrufnachricht ausgegeben wird. Ist das Kennzeichen nicht gesetzt, legt das System nur für Abrufpositionen des Lieferplans eine Nachricht an.

Bei Belegtypen ohne Nachrichtenschema ist die Nachrichtenfindung ausgeschaltet. In diesem Fall können Sie keine eigenen Nachrichtenarten ausgeben, sondern nur die im Standard vorgesehenen Nachrichtenarten.

Zulässige Partnerrollen

Für Ihre Nachrichtenarten legen Sie die zulässigen Partnerrollen pro Ausgabemedium fest. Beim Anlegen eines Nachrichtensatzes mit einer nicht zulässigen Partnerrolle erhalten Sie eine Warnmeldung.

Sie nehmen diese Einstellung für alle Einkaufsbelegtypen (Anfrage, Bestellung, Rahmenvertrag, Lieferplanabruf/Mahnung und Anlieferung) mit dieser IMG-Aktivität vor: MATERIALWIRTSCHAFT • EINKAUF • NACHRICHTEN • AUSGABESTEUERUNG • PARTNERROLLEN PRO NACHRICHTENART • PARTNERROLLEN FÜR EINKAUFSBELEGTYP FESTLEGEN.

Für Nachrichten zu Einkaufsbelegen benötigen Sie die Partnerrollen LF (LIEFERANT) und BA (BESTELLADRESSE, siehe Abbildung 6.93).

Je nach Anwendung benötigen Sie für Ihre Nachrichtenarten noch andere Partnerrollen, wie LW (LIEFERWERK) und SP (SPEDITEUR). Bei der Partnerfindung übergibt die Anwendung der Nachrichtensteuerung die Partner (Partnerrollen und -nummern) zum Anwendungsobjekt. Im Konditionssatz genügt die Angabe der Partnerrolle, da bei der Nachrichtenfindung die Partnernummer in den Nachrichtenstatussatz übernommen wird.

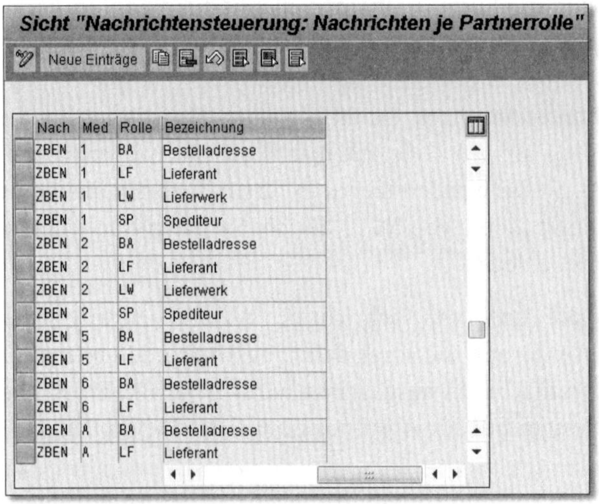
Sicht "Nachrichtensteuerung: Nachrichten je Partnerrolle"

Neue Einträge

Nach	Med	Rolle	Bezeichnung
ZBEN	1	BA	Bestelladresse
ZBEN	1	LF	Lieferant
ZBEN	1	LW	Lieferwerk
ZBEN	1	SP	Spediteur
ZBEN	2	BA	Bestelladresse
ZBEN	2	LF	Lieferant
ZBEN	2	LW	Lieferwerk
ZBEN	2	SP	Spediteur
ZBEN	5	BA	Bestelladresse
ZBEN	5	LF	Lieferant
ZBEN	6	BA	Bestelladresse
ZBEN	6	LF	Lieferant
ZBEN	A	BA	Bestelladresse
ZBEN	A	LF	Lieferant

Abbildung 6.93 Partnerrollen je Nachrichtenart und Ausgabemedium

Partnernummern aus Nachrichtensätzen werden aber in jedem Fall in den Nachrichtenvorschlag übernommen, das gilt auch für Ausgabegeräte.

Druckerfindung im Einkauf

Wenn der Nachrichtensatz kein Ausgabegerät enthält, wird das Ausgabegerät über die Druckerfindung ermittelt. Die Druckerfindung ist eine wichtige Voraussetzung für die Ausgabe von Drucknachrichten, ohne Ausgabegerät wird kein Nachrichtensatz erzeugt und folglich auch nicht im Kopf des Einkaufsbelegs angezeigt. Der Drucker wird folgendermaßen ermittelt: Das System sucht ein Ausgabegerät im Nachrichtensatz.

- Ist dort ein Drucker hinterlegt, wird dieser auch verwendet.
- Ist kein Drucker hinterlegt, wird entsprechend dem Druckparameter in der Nachricht nach einem Drucker gesucht.
- Wird kein Drucker gefunden, wird keine Nachricht erzeugt.

In den Nachrichtenarten der Einkaufsbelege wird der Drucker in der Regel über den Druckparameter 6 (Einkäufergruppe) ermittelt – es sei denn, Sie haben die Tabelle T685P (WFMC: Zulässige Druckparameter einer Applikation) um den Eintrag S erweitert, dann wird der Drucker aus dem Benutzerfestwert ermittelt (siehe Abbildung 6.84).

Die Drucker gehören zur Definition der Einkäufergruppen in der Tabelle T024 (Einkaufsgruppen, siehe Abschnitt 4.7.2, »Einkäufergruppe«). Wählen

Sie die IMG-Aktivität MATERIALWIRTSCHAFT • EINKAUF • NACHRICHTEN • AUSGABEGERÄTE ZU EINKÄUFERGRUPPEN ZUORDNEN, und ordnen Sie die Einkäufergruppe in der Spalte AGER (Ausgabegerät) einem Drucker zu (siehe Abbildung 6.94).

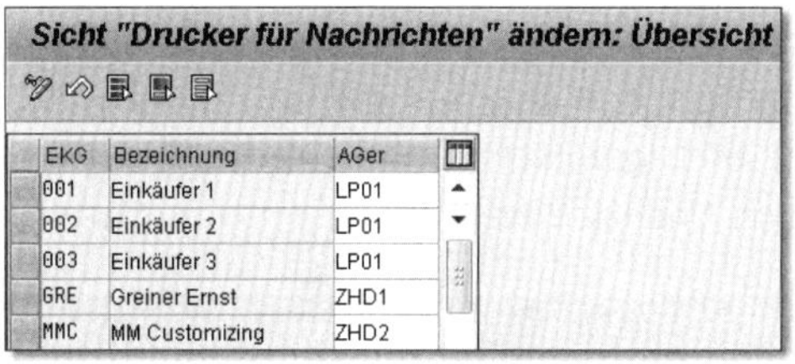

Abbildung 6.94 Ausgabegeräte je Einkäufergruppe

LP01 ist der Kurzname für den Beispieldrucker aus der SAP-Standardauslieferung. Sie definieren Ihre Drucker mit der Transaktion SPAD (Spool-Administration, siehe Abbildung 6.95).

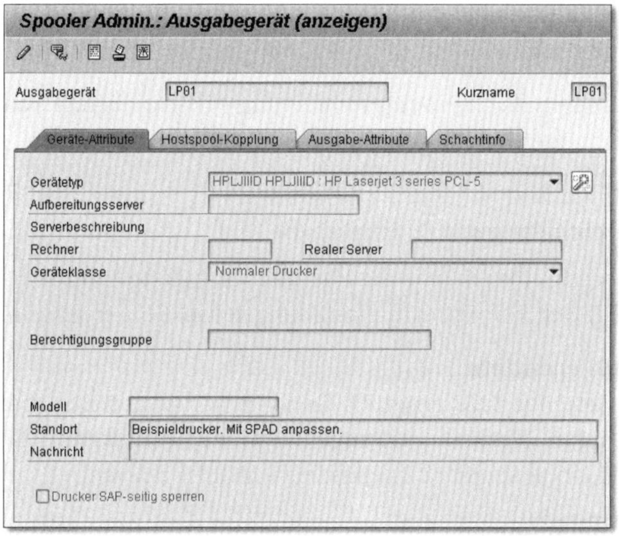

Abbildung 6.95 Ausgabegerät LP01 in der Spool-Administration

Für die Bezeichnung der Ausgabegeräte stehen Ihnen 30 Stellen zur Verfügung, der Kurzname ist ein vierstelliger Schlüssel. Wenn Sie aus Ihrem SAP ERP-System viele Drucker ansteuern, ist eine logische Namenskonvention hilfreich. Ohne Zuordnung eines Nachrichtenschemas zum Einkaufsbelegtyp wird der Drucker über die folgenden Zuordnungen ermittelt:

1. Einkäufergruppe
2. Benutzerparameter PRI
3. Benutzerfestwert

In der Druckerfindung prüft das System zuerst die Einkäufergruppe. Ist kein Drucker zugeordnet, wird der Benutzerparameter PRI geprüft. Ist der Parameter nicht gepflegt, nimmt das System den Drucker aus der Spool-Steuerung der Benutzerfestwerte. Wenn auch dort kein Drucker gefunden wird, erzeugt das System wiederum keinen Nachrichtensatz.

[+] **Tipp zum Benutzerfestwert**

Wenn Sie den lokalen Drucker LOCL als Festwert hinterlegen, können Sie Ihren Standarddrucker aus Windows verwenden. Wenn dieser wiederum eine PDF-Datei erstellt, können Sie diese Datei als Anhang in einer E-Mail versenden.

Zur Überprüfung der Customizing-Einstellungen der Nachrichtenfindung steht Ihnen der Report RSNASTCK (NAST: Konsistenzcheck) zur Verfügung. Sie rufen den Report mit Transaktion SA38 auf und geben die Applikation an, die überprüft werden soll.

Sind alle in diesem Abschnitt (6.7.3, »Ausgabesteuerung«) beschriebenen Voraussetzungen geschaffen, werden die gewünschten Nachrichten gefunden.

Beispiel für Nachrichtenfindung mit Druckausgabe

Im folgenden Ablauf beschreibe ich, wie die Nachrichtenfindung beim Anlegen einer Bestellung mit den SAP-Standardeinstellungen funktionieren kann:

1. **Nachrichtenschema ermitteln**
   Beim Anlegen der Bestellung NB ermittelt das System über den Belegtyp das Nachrichtenschema. Normalbestellungen sind der Applikation EF zugeordnet, deshalb ist im Standard das Schema RMBEF1 relevant.
2. **Nachrichtenart ermitteln**
   Die Nachrichtenart NEU erfüllt die Bedingung 101 im Schema und ist in der Feinsteuerung für den Vorgang 1 (Neudruck) vorgesehen. Die anderen Nachrichten erfüllen diese Voraussetzungen nicht.
3. **Zugriffsfolge ermitteln**
   Die Zugriffsfolge 0001 aus der Nachrichtenart NEU enthält die jeweils exklusive Suche in den drei Tabellen (027, 025, 026).

4. **Nachrichtensatz ermitteln**
   Das System findet keinen Nachrichtensatz in der Tabelle 027, sucht dann in der Tabelle 025. Das System findet einen gültigen Nachrichtensatz in der Tabelle 025 und begnügt sich mit folgendem Ergebnis:
   - Nachricht NEU
   - Sendemedium 1 (Druckausgabe)
   - Partnerrolle LF (LIEFERANT)
   - Zeitpunkt 3 (Anwendungseigene Transaktion)
   - Drucker aus Nachrichtensatz wird gefunden.
   - Checkbox SOFORT AUSGEBEN ist angehakt (siehe Abbildung 6.75).
5. **Nachricht in Einkaufsbeleg übernehmen**
   Die Nachricht NEU wird mit den Eigenschaften aus dem Nachrichtensatz (Sendemedium, Partnerrolle, Zeitpunkt, Drucker etc.) in den Belegkopf übernommen.
6. **Nachricht ausgeben**
   Solange die Nachricht nicht mit einer geeigneten Anwendertransaktion (beispielsweise ME9F (Nachrichten ausgeben)) ausgegeben wurde, können Sie die Nachrichtenparameter noch ändern. Den Drucker ändern Sie in den Kommunikationsdaten der Nachricht.
7. **Nachricht drucken**
   Die Nachricht wird ausgegeben (egal, ob einzeln oder Sammeldruck) und wandert sofort auf den Drucker.

Findungsanalyse

Das Ergebnis der Nachrichtenfindung überprüfen Sie bei der Belegbearbeitung, beispielsweise mit der Transaktion ME22N (Bestellung ändern), über SPRINGEN • NACHRICHTEN im Nachrichtenübersichtsbild des Belegkopfs, indem Sie die Findungsanalyse aufrufen. Über den Menüpfad SPRINGEN • FINDUNGSANALYSE gelangen Sie in die Findungsanalyse (siehe Abbildung 6.96).

Dort sehen Sie alle Nachrichtenarten zum Schema. Im linken Bildteil der Findungsanalyse werden in einem Übersichtsbaum die vier Ebenen der Nachrichtenfindung gezeigt:

1. Nachrichtenschema
2. Nachrichtenart

3. Zugriffsfolge
4. Nachrichtensatz

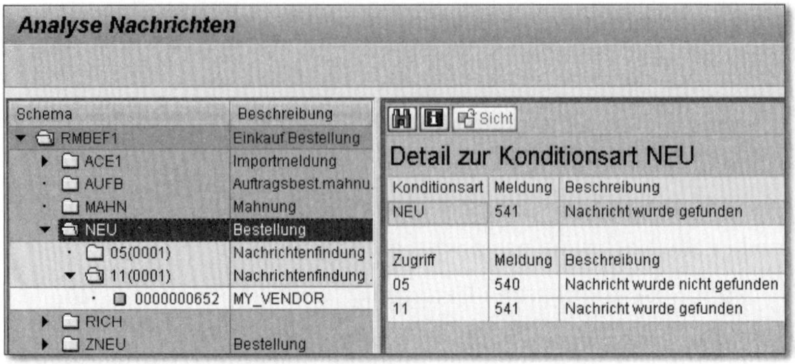

Abbildung 6.96 Nachrichtenfindungsanalyse

Die Nummer 0000000652 in Abbildung 6.96 ist die Nummer des Konditionssatzes (Feld KNUMH) in der Konditionstabelle B025 (Nachrichtenfindung Einkauf: Belegart/Einkaufsorg./Lieferant). Sie verweist auf die Detaildaten für die Nachricht in der Tabelle NACH (Detaildaten für Nachrichten).

Der rechte Bildteil der Findungsanalyse zeigt die Detailinformationen zu der Ebene im Übersichtsbaum, auf der Sie sich gerade befinden. In Abbildung 6.96 sind das Details zur Nachrichtenart NEU, die gefunden wurde. Die Detaildaten zum Nachrichtensatz können Sie allerdings so nicht anzeigen lassen.

6.7.4 Exkurs: Formular MEDRUCK

Das Layout der Nachrichten wird durch Formulare festgelegt. Mit dem SAP ERP-System werden einige Standardformular für die unterschiedlichen Anwendungen ausgeliefert. Sie sollten Standardformulare allgemein nicht ändern, sondern eigene Formulare anlegen. Das Standardformular für Einkaufsbelege ist MEDRUCK. Dieses SAPscript-Formular steht Ihnen als Vorlage zur Verfügung. SAPscript-Formulare bearbeiten Sie mit der Transaktion SE71 (SAPscript Formular).

Im IMG-Projekt wählen Sie die Aktivität Materialwirtschaft • Einkauf • Nachrichten • Texte für Nachrichten • Formulare für Nachrichten • Formular für Einkaufsbelege anpassen. So gelangen Sie in das Form-Painter-Einstiegsbild zum Anlegen, Ändern und Anzeigen von SAPscript-Formularen (siehe Abbildung 6.97). Ein Formular besteht aus verschiedenen Teilobjekten, etwa Kopf und Seitenfenster.

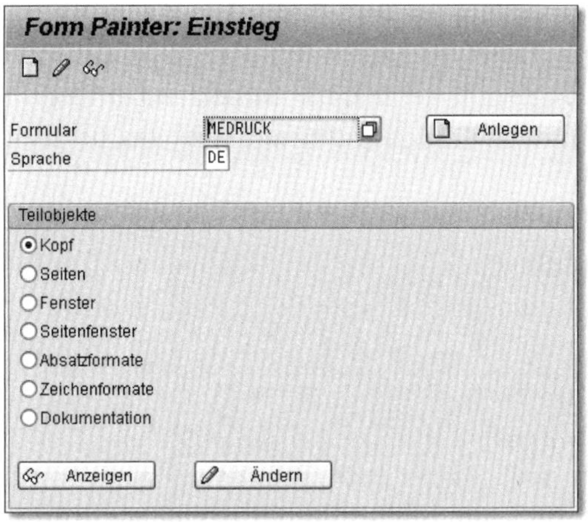

Abbildung 6.97 Transaktion SE71 – Form-Painter-Einstieg

Durch Anklicken des Buttons ANZEIGEN können Sie sich das oben eingegebene Formular MEDRUCK ansehen. Auf diese Weise springen Sie in das selektierte Teilobjekt. Das Datenbild VERWALTUNGSDATEN des Formulars MEDRUCK aus dem selektierten Teilobjekt KOPF sehen Sie in Abbildung 6.98.

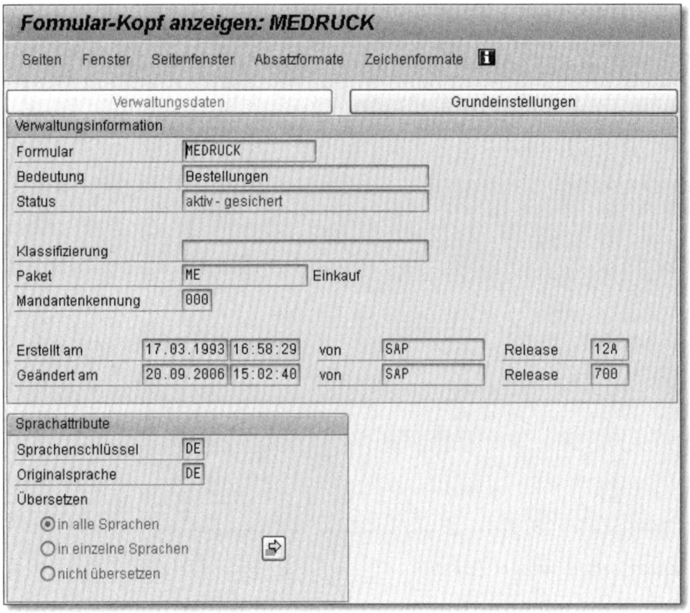

Abbildung 6.98 Verwaltungsdaten im Formular MEDRUCK

Das SAPscript-Formular MEDRUCK gehört zum Paket ME (Einkauf) und existiert bereits seit dem Release 1.2A. Es wurde 1993 erstellt, die letzte Änderung gab es im Jahr 2006. In dem Datenbild GRUNDEINSTELLUNGEN finden sich Angaben wie Seitenformat DIN-A4, Orientierung Hochformat, Fontfamilie COURIER etc.

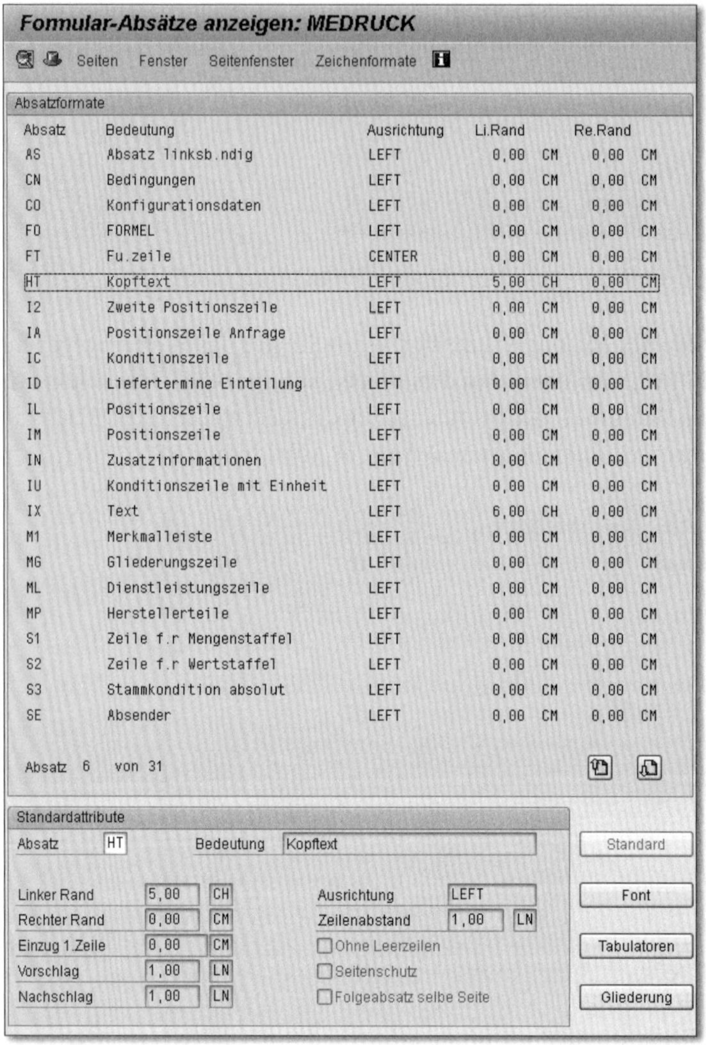

Absatz	Bedeutung	Ausrichtung	Li.Rand		Re.Rand	
AS	Absatz linksb.ndig	LEFT	0,00	CM	0,00	CM
CN	Bedingungen	LEFT	0,00	CM	0,00	CM
CO	Konfigurationsdaten	LEFT	0,00	CM	0,00	CM
FO	FORMEL	LEFT	0,00	CM	0,00	CM
FT	Fu.zeile	CENTER	0,00	CM	0,00	CM
HT	Kopftext	LEFT	5,00	CH	0,00	CM
I2	Zweite Positionszeile	LEFT	0,00	CM	0,00	CM
IA	Positionszeile Anfrage	LEFT	0,00	CM	0,00	CM
IC	Konditionszeile	LEFT	0,00	CM	0,00	CM
ID	Liefertermine Einteilung	LEFT	0,00	CM	0,00	CM
IL	Positionszeile	LEFT	0,00	CM	0,00	CM
IM	Positionszeile	LEFT	0,00	CM	0,00	CM
IN	Zusatzinformationen	LEFT	0,00	CM	0,00	CM
IU	Konditionszeile mit Einheit	LEFT	0,00	CM	0,00	CM
IX	Text	LEFT	6,00	CH	0,00	CM
M1	Merkmalleiste	LEFT	0,00	CM	0,00	CM
MG	Gliederungszeile	LEFT	0,00	CM	0,00	CM
ML	Dienstleistungszeile	LEFT	0,00	CM	0,00	CM
MP	Herstellerteile	LEFT	0,00	CM	0,00	CM
S1	Zeile f.r Mengenstaffel	LEFT	0,00	CM	0,00	CM
S2	Zeile f.r Wertstaffel	LEFT	0,00	CM	0,00	CM
S3	Stammkondition absolut	LEFT	0,00	CM	0,00	CM
SE	Absender	LEFT	0,00	CM	0,00	CM

Abbildung 6.99 Absatzformate von MEDRUCK

Im Teilobjekt ABSATZFORMATE werden die Standardattribute der Absätze eingestellt, Absätze positioniert und am linken und rechten Rand ausgerichtet. Als Beispiel für die Ausgabe von Texten in Nachrichten sehen Sie in Abbildung 6.99 die Ausrichtung und Positionierung für den markierten Absatz HT (Kopftext).

Der Absatz HT (Kopftext) ist, alphabetisch gesehen, der sechste von 31 Absätzen im Formular MEDRUCK: CH steht für Zeichen, CM für Zentimeter und LN für Zeilen. Zum linken Rand sollen 5 Zeichen Abstand sein. Die Ausrichtung ist linksbündig. Der Zeilenabstand ist eine Zeile, und es gibt je eine Zeile Vor- und Nachschlag etc.

Programmieren von Formularen [+]

Formulare anlegen und ändern ist eine Entwicklungstätigkeit. Customizing-Berechtigungen reichen hierfür nicht aus; oft gibt es im Unternehmen Spezialisten für Formulare. Wenden Sie sich mit Ihren Anforderungen an diese Spezialisten, und lassen Sie sich eine Kopie des SAP-Formulars mit einem neuen Namen (etwa Z_MEDRUCK) erstellen. Diese eigene Version des Formulars soll gemäß Ihren Anforderungen angepasst werden. So können Sie ein Formular pro Nachricht (z.B. Neudruck, Mahnung usw.) oder Nachrichtenart (z.B. Druckausgabe, Telefax usw.) anlegen. Anschließend tragen Sie den Namen der eigenen Formularversion für jeden Einkaufsbeleg in die Steuerungstabelle für Nachrichten TNAPR (Verarbeitungsprogramme für Nachrichten) ein.

Die Zuordnung eines Formulars zur Nachricht zählt zu den Customizing-Tätigkeiten. Sie nehmen die Zuordnung bereits im Customizing der Nachrichtenart vor (siehe Abbildung 6.86) oder mit dem Pflegedialog V_TNAPR.

Diesen Pflegedialog rufen Sie im IMG auf mit der Aktivität MATERIALWIRTSCHAFT • EINKAUF • NACHRICHTEN • TEXTE FÜR NACHRICHTEN • FORMULARE FÜR NACHRICHTEN • FORMULAR UND AUSGABEPROGRAMM FÜR EINKAUFSBELEGTYP ZUORDNEN. Im Einstiegsbild legen Sie den Arbeitsbereich fest, indem Sie die Applikation (Einkaufsbelegtyp) angeben.

Den Pflegedialog für Formulare und Ausgabeprogramme für Bestellungsnachrichtenarten sehen Sie in Abbildung 6.100.

Für die Applikation EF verwendet die Nachrichtenart NEU das Programm `SAPFM06P` und die Formroutine `ENTRY_NEU`, um das Formular MEDRUCK auszudrucken. Wenn Sie ein eigenes Druckprogramm (etwa als Kopie von `SAPFM06P`) einsetzen, geben Sie hier Programm und Formroutine an.

Nach den Abschnitten zu den Anwendungen in Einkauf und Beschaffung erkläre ich Ihnen abschließend, wie Sie benutzerabhängig Vorschlagswerte für Einkäufer festlegen können.

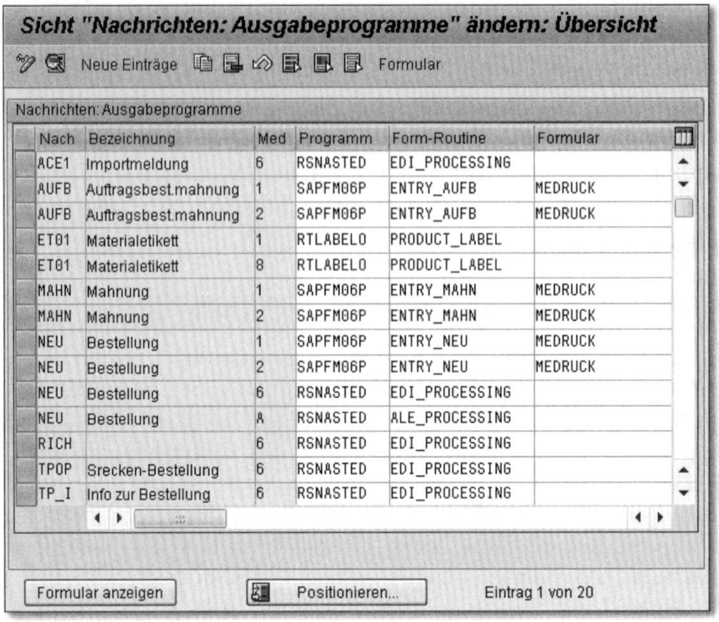

Nach	Bezeichnung	Med	Programm	Form-Routine	Formular
ACE1	Importmeldung	6	RSNASTED	EDI_PROCESSING	
AUFB	Auftragsbest.mahnung	1	SAPFM06P	ENTRY_AUFB	MEDRUCK
AUFB	Auftragsbest.mahnung	2	SAPFM06P	ENTRY_AUFB	MEDRUCK
ET01	Materialetikett	1	RTLABELO	PRODUCT_LABEL	
ET01	Materialetikett	8	RTLABELO	PRODUCT_LABEL	
MAHN	Mahnung	1	SAPFM06P	ENTRY_MAHN	MEDRUCK
MAHN	Mahnung	2	SAPFM06P	ENTRY_MAHN	MEDRUCK
NEU	Bestellung	1	SAPFM06P	ENTRY_NEU	MEDRUCK
NEU	Bestellung	2	SAPFM06P	ENTRY_NEU	MEDRUCK
NEU	Bestellung	6	RSNASTED	EDI_PROCESSING	
NEU	Bestellung	A	RSNASTED	ALE_PROCESSING	
RICH		6	RSNASTED	EDI_PROCESSING	
TPOP	Srecken-Bestellung	6	RSNASTED	EDI_PROCESSING	
TP_I	Info zur Bestellung	6	RSNASTED	EDI_PROCESSING	

Abbildung 6.100 Programme und Formulare für Bestellungen

6.8 Vorschlagswerte für die Anwendung

Im Folgenden stelle ich Ihnen Vorschlagswerte für die Anwendung vor, die zur Optimierung der Transaktionen des Einkaufs von Bedeutung sein können.

6.8.1 Benutzerparameter EVO

Sie können pro Benutzer Vorschlagswerte für die Einkaufsabwicklung einstellen. Sie definieren diese Vorschlagswerte im Customizing und ordnen sie dem Benutzerstamm mit der Parameter-ID EVO (Vorschlagswerte für Einkaufsabwicklung) zu. Als Kopiervorlage können Sie die Vorschlagswerte 01 (Vorschlagswerte für Gruppe 1) aus der Standardauslieferung nehmen.

Auf der Registerkarte Schnellbearbeitung können Sie unter anderem die Umsetzung von Bestellanforderungen in Bestellungen beeinflussen (siehe Abbildung 6.101).

Ausgehend von den in Abbildung 6.101 angehakten Checkboxen nehmen wir beispielsweise an, Sie möchten beim Anlegen einer Bestellung mit Bezug zu einer BANF alle Positionen der BANF automatisch markiert haben und Sie möchten beim Zuordnen und Bearbeiten von Bestellanforderungen das Übersichtsbild der zugeordneten BANF-Positionen nicht mehr zur Auswahl angeboten bekommen. Das System soll stattdessen sofort zu dem Übersichtsbild des generierten Einkaufsbelegs verzweigen. Dort muss der Beleg dann noch manuell gesichert werden. Danach möchten Sie wieder in das Übersichtsbild der Zuordnungen zurück.

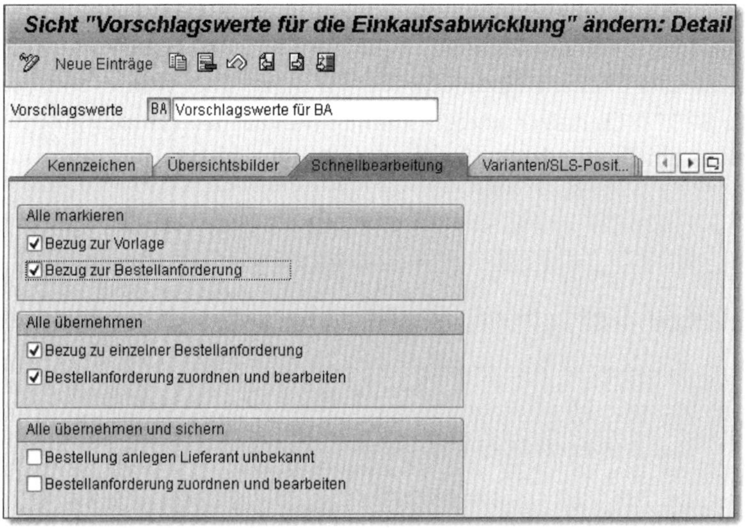

Abbildung 6.101 Vorschlagswerte für die Einkaufsabwicklung

Die Schlüssel der Parameter werden in der Tabelle T160W (Bezeichnung für die Vorschlagswerte für die Einkaufsabwicklung) verwaltet, die Vorschlagswerte selbst in der Tabelle T160V (Vorschlagswerte für Einkaufsabwicklung). Den Pflegedialog V_T160V rufen Sie auf mit der IMG-Aktivität MATERIALWIRTSCHAFT • EINKAUF • UMFELDDATEN • VORSCHLAGSWERTE FÜR EINKÄUFER FESTLEGEN.

Speziell die Einstellungen zur Umsetzung von Bestellanforderungen in Bestellungen können Sie auch im IMG-Pfad der Materialwirtschaft mit folgender Aktivität durchführen: MATERIALWIRTSCHAFT • VERBRAUCHSGESTEUERTE DISPOSITION • BESCHAFFUNGSVORSCHLÄGE • UMSETZEN VON BESTELLANFORDERUNGEN IN BESTELLUNG FESTLEGEN. Oder Sie wählen im IMG-Pfad der Produktion folgende Aktivität: PRODUKTION • BEDARFSPLANUNG • BESCHAFFUNGSVORSCHLÄGE • UMSETZEN VON BESTELLANFORDERUNGEN IN BESTELLUNG FESTLEGEN.

Es gibt noch einige weitere Vorschlagswerte für die Einkaufsabwicklung, die Sie mit dem Pflegedialog V_T160V auf Ihre Anforderungen überprüfen sollten. Wichtig sind Vorschlagswerte für folgende Fälle:

- Fortschreibung Einkaufsinfosatzes
- Automatische Bestätigungspflicht
- Preisübernahme aus der letzten Bestellung
- Automatische Bezugsquellenfindung

Die Vorschlagswerte werden wirksam, wenn der Schlüssel dem Benutzer im Benutzerstammsatz über die Parameter-ID EVO zugeordnet wurde. Mit der Transaktion SU01D (Benutzeranzeige) können Sie die Benutzerdaten überprüfen (siehe Abbildung 6.102).

Abbildung 6.102 Benutzerparameter im Benutzerstamm

Dem obigen Benutzer ist auf der Registerkarte PARAMETER bei der Parameter-ID EVO der Parameterwert BA zugeordnet.

6.8.2 Warengruppe

Die Warengruppe gehört zu den zentralen Feldern im Materialstamm (siehe Abschnitt 5.2.4). Jedem Material wird eine allgemein gültige Warengruppe (MARA-MATKL) zugeordnet. Wenn Sie ein Material mit Materialstamm bestellen, spielen die hier beschriebenen Vorschlagswerte zur Warengruppe keine Rolle.

Kontierte Bestellpositionen können Sie ohne konkrete Materialnummer anlegen. Auf diese Weise können Sie Ihre Bestellprozesse mit den optionalen Vorschlagswerten aus dem Customizing der Warengruppen heraus steuernd beeinflussen. Die folgenden Vorschlagswerte für Nichtlagerpositionen im Einkauf werden in der Customizing-Tabelle T023 (Warengruppen) verwaltet:

- **Anlagenklasse für Anlagenerzeugung**
  Anlagenklassen benötigen Sie im Zusammenhang mit Anlagebestellungen (Kontierungstyp A). Pro Warengruppe können Sie eine Anlagenklasse als Vorschlagswert zuordnen; wählen Sie hierzu die IMG-Aktivität MATERIALWIRTSCHAFT • EINKAUF • KONTIERUNG • VORSCHLAGSWERTE FÜR ANLAGENKLASSE ZUORDNEN.

  Die Anlagenklasse wird vorgeschlagen, wenn Sie ein Material dieser Warengruppe bestellen und zu der Bestellung eine Anlage anlegen. Für kontierte Bestellungen allgemein ordnen Sie eine Bewertungsklasse zu.
- **Bewertungsklasse**
  Die Bewertungsklasse ist ein vierstelliger Schlüssel zur Steuerung der Kontenfindung. Der Einfluss der Bewertungsklasse auf die Kontenfindung wird in Abschnitt 8.3.3, »Material«, beschrieben. Gepflegt wird die Bewertungsklasse in den Buchhaltungsdaten des Materialstamms. Die Bewertungsklasse der Warengruppe wird beim Anlegen einer kontierten Bestellposition relevant, wenn keine Bewertungsklasse aus dem Materialstamm ermittelt werden kann. Die Zuordnung der Bewertungsklasse zur Warengruppe erfolgt mit dem Pflegedialog V023_E. Im IMG wählen Sie die Aktivität MATERIALWIRTSCHAFT • EINKAUF • MATERIALSTAMM • ERFASSUNGSHILFE FÜR POSITIONEN OHNE MATERIALSTAMMSATZ. Mit diesem Pflegedialog ordnen Sie auch Einkaufswerteschlüssel zu.
- **Einkaufswerteschlüssel**
  Der Einkaufswerteschlüssel ist ein vierstelliger Schlüssel zur Steuerung der Materialbeschaffung. Er gehört zu den Materialstammdaten des Einkaufs. Das Datenfeld EKWSL wird mit den allgemein gültigen Materialstammdaten in der Tabelle MARA verwaltet, also nicht werksabhängig. Bei Beschaffungsvorgängen ohne Materialnummer kann der Einkaufswerteschlüssel der Warengruppe verwendet werden.

  Folgende Vorschlagswerte gehören allgemein zur Definition des Einkaufswerteschlüssels:

  - Terminüberwachung (Mahnrhythmus, Bestätigungspflicht)
  - WE/RE-Steuerung (Toleranzgrenzen, Versandvorschrift)
  - Lieferantenbeurteilung (Mindestliefermenge für Beurteilung, Normierungswert für Terminabweichung)

In Abbildung 6.103 sehen Sie die Definition eines eigenen Einkaufswerteschlüssels Z001.

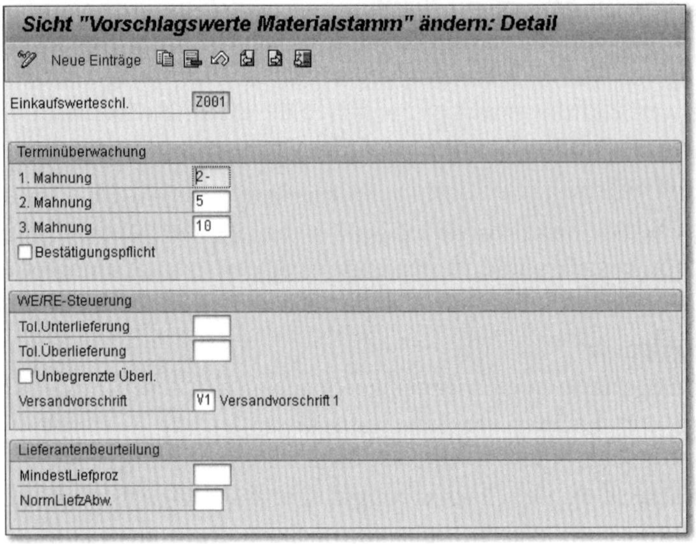

Abbildung 6.103 Definition eines Einkaufswerteschlüssels

Die negative Zahl 2- bei der ersten Mahnung bedeutet, dass der Lieferant 2 Tage vorher bereits an den Liefertermin (oder an das Ende der Angebotsfrist) erinnert wird. Die positive Anzahl von Tagen für die zweite und dritte Mahnstufe bedeutet, dass die Mahnung bzw. Erinnerung 5 bzw. 10 Tage nach Verstreichen des Termins geschickt werden soll.

Für den nächsten Vorschlagswert gibt es keine Standardanwendung.

- **Sparte**

  Die Sparte ist ein zweistelliger Schlüssel zur Gruppierung der Produkte und Dienstleistungen eines Unternehmens. Die Sparte gehört ebenfalls zu den allgemein gültigen zentralen Feldern im Materialstamm.

  Ohne Materialstamm werden Sie die Sparte im Regelfall nicht verwenden. Möglicherweise haben Sie Ihre Warengruppen aber so definiert, dass eine Sparte eindeutig zugeordnet werden kann, oder Sie verwenden spezielle Warengruppen für Abwicklungen ohne Materialstamm, die Sie auswerten wollen. Für die Zuordnung der Sparte zur Warengruppe gibt es die Pflegeview V_T023, die Sie mit der Transaktion SM30 aufrufen können. Es existiert keine IMG-Aktivität für diese View.

Auch die Berechtigungsgruppe und die Gewichtseinheit im Materialstamm sind Vorschlagswerte für Nichtlagerpositionen im Einkauf und werden direkt in der Customizing-Tabelle T023 (Warengruppen) verwaltet. Weitere Informationen hierzu finden Sie bei der Beschreibung der Warengruppen in Abschnitt 5.2.4, »Zentrale Felder«.

6.9 Zusammenfassung

In diesem Kapitel wurden die wichtigsten Customizing-Einstellungen des Einkaufs ausführlich erklärt. Sie können nun Einkaufsbelegarten anlegen, Kontierungstypen definieren, den Bildaufbau von Einkaufsbelegen beeinflussen, die Bestätigungssteuerung einsetzen, Partnerrollen zuordnen, Textarten definieren und verknüpfen, Texte in Nachrichten ausgeben und die Nachrichtenfindung für Ihre Einkaufsvorgänge individuell einstellen.

Die Waren, die Sie mit den Einkaufsbelegen bestellen, führen in der Regel zu Beständen in Ihrem Unternehmen. Die Bestandsführung ist das Thema des nächsten Kapitels.

Durch die fortwährende und zeitnahe Verbuchung aller Bestandszugänge, -abgänge und Umbuchungen können zu jeder Zeit die aktuellen Lagerbestände kumulativ ausgewiesen werden und stehen damit internen und externen Bedarfen zur Verfügung.

7 Bestandsführung

In diesem Kapitel stelle ich Ihnen Funktionen der Bestandsführung in der Betriebswirtschaft und im SAP ERP-System vor – inklusive einer kurzen Abgrenzung zur SAP-Lagerverwaltung.

Hinsichtlich des Customizings beginne ich mit den Belegen der Bestandsführung und deren Nummernvergabe, anschließend werden die im IMG zusammengefassten Werksparameter gezeigt. Nach dem Abschnitt zur Feldauswahl bei Anwendungstransaktionen folgt eine ausführliche Beschreibung der Customizing-Einstellungen für Warenbewegungen mit den SAP-Bewegungsarten. Nach kurzen Ausflügen in die Feldauswahl des Finanzwesens und in die dynamische Verfügbarkeitsprüfung beschreibe ich die Einstellungen für die Nachrichten der Bestandsführung.

7.1 Bestandsführung in der Betriebswirtschaft

Unter Bestandsführung versteht man in der Betriebswirtschaft eine mengenmäßige Lagerbuchhaltung, die einen aktuellen Einblick in die Vorratshaltung gewährt. Die eingelagerten Bestände sind nach Gattungen (Herkunft, Grund der Bevorratung, Zustand, Besitzverhältnisse, ...) getrennt und eindeutigen Materialnummern zugeordnet. Ein wichtiges Kriterium für das Material ist die Mengeneinheit, mit der es im Bestand geführt wird.

Voraussetzung für eine korrekte Bestandsführung ist ein geschlossenes Lager. Einlagerungen, Umlagerungen sowie Materialentnahmen sollten ausschließlich von autorisierten Lagermitarbeitern durchgeführt werden.

Ebenfalls von autorisiertem Personal durchzuführen ist eine zeitnahe Dokumentation aller Warenbewegungen in einem EDV-System mit Funktionen zur Bestandsverwaltung. Handschriftlich ausgefüllte Karteikarten sind schon länger nicht mehr zeitgemäß, weil der Bestand in der Unternehmenssoftware transparent sein muss. Eine aktuelle und zugleich präzise Bestandsführung ist Voraussetzung für eine zuverlässige Steuerung aller Logistikbereiche. Sie dient beispielsweise dazu, die Produktion mit Rohstoffen, Hilfs- und Betriebsstoffen sowie Zwischenprodukten zu versorgen, aber auch verkaufsfähige Fertigerzeugnisse aus Produktion und Handel für den Versand bereitzustellen etc.

Mit einer Echtzeitsoftware für die Bestandsführung wissen Sie immer genau, wie viel Material von welcher Sorte Sie aktuell auf Lager haben, und können Warenströme planen und auswerten. Die erhöhte Transparenz im Lager ermöglicht eine gezieltere Materialbeschaffung und erhöht den Lagerumschlag bei weniger Lagerhaltungskosten. Gleichzeitig hilft Ihnen eine solche Software, Ihren Kundenservice zu verbessern und für einen schnelleren Cashflow zu sorgen.

Bestandswerte können einen großen Aktivposten in der Jahresbilanz ausmachen (siehe Abschnitt 8.1.2). Deswegen wird die Ordnungsmäßigkeit der ausgewiesenen Lageraktiva im Rahmen der Jahresabschlussprüfung vom Wirtschaftsprüfer kontrolliert. Für alle Bestände ist es üblich, einmal im Geschäftsjahr eine Zählung im Rahmen einer Inventur durchzuführen. Ausnahmen gibt es teilweise für geschlossene, automatisierte Lagersysteme mit Wareneingangs- und Leerplatzkontrolle (Einlager-Inventur und Nullkontrolle in WM).

Eine jederzeit korrekte Bestandsführung ist auch Voraussetzung für die Produktion und den Vertrieb eines produzierenden und liefernden Unternehmens; die lückenlose Materialversorgung bei gleichzeitig niedrigen durchschnittlichen Beständen ist eine ständige Herausforderung der Logistik.

Niedrige Bestände binden weniger Kapital. Die frei werdende Liquidität bei niedrigen Beständen ermöglicht neben der Bildung von Finanzreserven auch Investitionen für die Zukunft des Unternehmens.

Treten allerdings durch falsche Bevorratung Versorgungsengpässe für die Produktion und Lieferprobleme im Versand auf, dann führt das unmittelbar zu Einnahmeausfällen und wird dadurch teuer für das Unternehmen.

Als einer der Hauptbestandteile der Materialwirtschaft ist die Bestandsführung für die artikelgenaue Verwaltung der Bestandsmengen und Bestandswerte zuständig. Hierzu gehören die Planung und Dokumentation aller

Warenbewegungen sowie die Vorbereitung und Durchführung der Jahresinventur. Die Buchhaltung verlangt nach einer Gruppierung der einzelnen Bestände entsprechend dem Verwendungszweck. In der Bilanz können somit beispielsweise Rohstoffe und Fertigerzeugnisse separat ausgewiesen werden.

Die Materialverbräuche aus der Vergangenheit sind ein Kriterium für die Planung der künftigen Materialbedarfe. Hierzu sollten aussagekräftige Auswertungen zur Verfügung stehen.

7.2 Bestandsführung in SAP ERP

Die Bestandsführung im SAP ERP-System ist für die Verwaltung sämtlicher Materialbestände zuständig und somit von zentraler Bedeutung für alle Logistik-Module. Sämtliche Warenbewegungen werden mit Belegen dokumentiert und stehen für spätere Auswertungen zur Verfügung. Die Dokumentation aller bestandsverändernden Vorgänge einschließlich der »Online«-Fortschreibung ermöglicht jederzeit einen aktuellen Überblick über die Bestandssituation Ihres Materials im Werk.

Die Bestandsführung ist artikelgenau. Warenbewegungen werden mit Materialnummer gebucht, und Bestände werden zur Materialnummer ausgewiesen. Nur in der Branchenlösung SAP for Retail gibt es zusätzlich eine »nicht artikelgenaue« Bestandsführung auf Ebene eines Wertartikels, der stellvertretend für eine Gruppe von Artikeln steht. Die Bestandsführung erfolgt hier auf Wertbasis.

Im nächsten Abschnitt stelle ich Ihnen logistische Anwendungen vor, die auf artikelgenaue Erfassung von Beständen angewiesen sind.

7.2.1 Funktionen der SAP-Module

Korrekte Bestandsmengen sind Voraussetzung für viele Funktionen der SAP-Module. Das folgende Beispiel zeigt die wichtigsten Module zur Unterstützung der Unternehmensaktivitäten von Industrieunternehmen; das sind vor allem die Module Materialwirtschaft, Produktion, Qualitätsmanagement, Logistics Execution System und Vertrieb. Diese Module und ihre wichtigsten Funktionen sehen Sie in Abbildung 7.1 dargestellt.

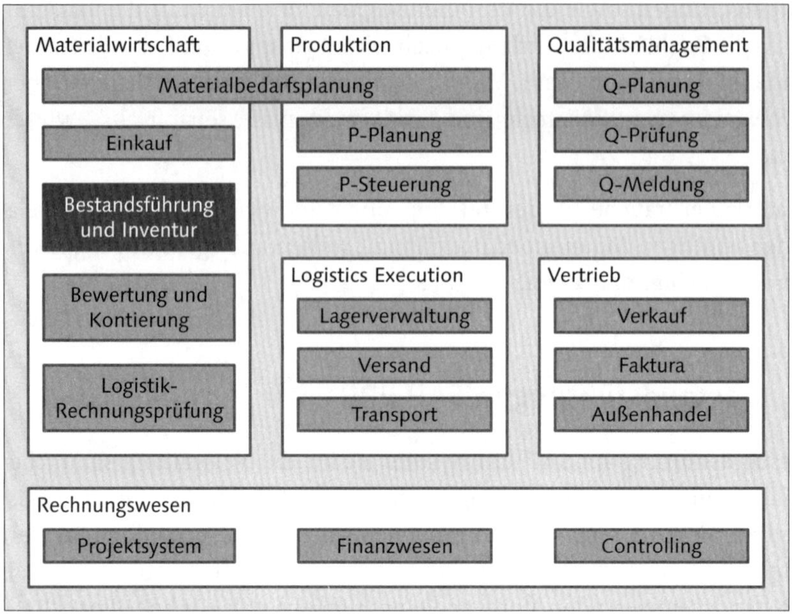

Abbildung 7.1 Bestandsführung in SAP ERP

Andere Module, wie beispielsweise Projektsystem, Kundenservice und Instandhaltung, wurden aus Gründen der Übersichtlichkeit in diesem Beispiel weggelassen. Aber auch für diese Module ist die Integration in die Bestandsführung im SAP ERP-System unverzichtbar. Es folgt nun eine Beschreibung der in Abbildung 7.1 dargestellten Anwendungen.

- **Materialwirtschaft**
  Als Hauptanwendungen der Materialwirtschaft werden in diesem Buch die Funktionen für Einkauf, Bestandsführung, Bewertung und Kontierung sowie Logistik-Rechnungsprüfung ausführlich beschrieben. Aufgrund der Integration der Bestandsführung mit den Funktionen anderer SAP-Module werde ich an dieser Stelle kurz auf die Materialbedarfsplanung und die Inventur eingehen.

- **Materialbedarfsplanung**
  Die Materialbedarfsplanung ist im SAP ERP-System auf die Module Materialwirtschaft und Produktion verteilt. Nur die verbrauchsgesteuerte Disposition wird der Materialwirtschaft zugerechnet, entscheidend ist hierbei das Dispositionsverfahren im Customizing des Dispomerkmals, das in den Werksdaten des Materialstamms im Datenfeld MARC-DISMM eingetragen ist. Die Dispomerkmale V1, V2, VB und VM der Standardauslieferung sind

in der Tabelle T438A (Dispositionsmerkmal) dem Dispoverfahren B (Bestellpunktdisposition) zugeordnet und zählen somit zur verbrauchsgesteuerten Disposition.

Ausgehend vom aktuellen Bestand lösen bei Bestellpunktverfahren die Warenentnahmen, die ein Unterschreiten des Bestellpunktes zur Folge haben, eine Anforderung zum Auffüllen des Lagerbestandes aus. Eine Bestellanforderung wird also erst ausgelöst, wenn der Lagerbestand entsprechend niedrig ist. Geplante Warenbewegungen werden hierbei zunächst nicht berücksichtigt.

Im SAP ERP-System gibt es für Dispomerkmale der Bestellpunktdisposition den Steuerungsparameter BESTELLPUNKTDISPOSITION MIT EXTERNEM BEDARF im Customizing des Dispomerkmals. Dieser Parameter ermöglicht es, Kundenaufträge und manuelle Reservierungen zu berücksichtigen, falls dies gewünscht wird. Es gibt zwei Arten der Berücksichtigung:

- externe Bedarfe im gesamten Horizont
- externe Bedarfe innerhalb der Wiederbeschaffungszeit

Zusätzlich zu Kundenaufträgen und manuellen Reservierungen können folgende Bedarfe zugeschaltet werden:

- Beistellbedarfe für die Lohnbearbeitung
- abhängige Auftragsreservierungen aufgrund von Fertigungsaufträgen
- abhängige Auftragsreservierungen aufgrund von Instandhaltungsaufträgen oder Netzplänen
- Bestellabrufe
- Bestellanforderungsabrufe
- Lieferplanabrufe

Nur bei den plangesteuerten Dispositionsverfahren der Produktion werden auch Sekundärbedarfe durch Stücklistenauflösung berücksichtigt. Das komplette Customizing für die Bedarfsplanung finden Sie im IMG-Knoten PRODUKTION • BEDARFSPLANUNG. Ergebnis der Bedarfsplanung sind Bestellanforderungen für den Einkauf oder Planaufträge, mit denen die Produktion geplant wird (siehe Abschnitt 6.3.2, »Bestellprozess«).

- **Inventur**
  Die Qualität der Bestandsinformationen wird durch regelmäßige Zählungen im Rahmen der Inventur überprüft. Die Planung und Durchführung der Inventur gehört aus diesem Grund ebenfalls zu den Aufgaben der Bestandsführung.

In Abschnitt 6.3.6, »Positionstyp«, hatte ich bereits erwähnt, dass Sie mit Sonderbeschaffungsschlüsseln werksabhängig Beschaffung und Lagerung des Materials steuern können. Zur Vorbereitung der Inventur für solche und andere Sonderbestände stehen Ihnen in der Materialwirtschaft separate Transaktionen zum Anlegen der Inventurbelege zur Verfügung:

- *Ohne Sonderbestand*
  MI31 (Batch-Input: InvBeleg anlegen)
  für Datenselektion ohne Sonderbestand
- *Für fremde Sonderbestände*
  MIE1 (Batch-Input: InvBeleg Kundenauftrag)
  für Kundenauftragsbestände
  MIK1 (Batch-Input: InvBeleg LiefKonsi)
  für Lieferantenkonsignationsbestände
  MIM1 (Batch-Input: InvBelege MTV anlegen)
  für Mehrwegtransportverpackungen
  MIQ1 (Batch-Input: InvBeleg Projektbestand)
  für Projektbestände
- *Für eigene Sonderbestände*
  MIO1 (Batch-Input: InvBeleg LiefBeistell.)
  für Lieferantenbeistellbestände
  MIV1 (Batch-Input: InvBeleg Kunden Leihgut)
  für Kundenleihgutbestände
  MIW1 (Batch-Input: InvBeleg Kunden Konsig.)
  für Kundenkonsignationsbestände

Neben der materialbezogenen Inventur für Materialbestände, die ausschließlich mit der Bestandsführung in der SAP-Materialwirtschaft geführt werden, gibt es noch die *lagerplatzbezogene Inventur*. Diese eignet sich für Bestandsmengen, die zusätzlich mit den Lagerverwaltungsfunktionen des Warehouse-Management-Moduls (WM) in Logistics Execution System (LES) auf Lagerplätzen verwaltet werden. Bei der platzbezogenen Inventur werden die jeweiligen Bestände auf den einzelnen Lagerplätzen gezählt.

Eventuell festgestellte Soll-Ist-Bestandsdifferenzen werden im Lager auf eine Differenzschnittstelle gebucht. Nach entsprechender Überprüfung werden die entdeckten Differenzen durch berechtigte Personen summiert in der Bestandsführung ausgebucht. Anschließend passen die Mengen und Werte in Materialwirtschaft und Buchhaltung wieder zu den Mengen in der Lagerverwaltung.

- **Logistics Execution System**
  WM bietet Ihnen die Möglichkeit, eine komplexe Lagerstruktur im SAP ERP-System abzubilden. Durch die Aktivierung von WM können Sie die Materialbestandsmengen aus Ihren Lagerorten zusätzlich auf Lagerplatzebene im SAP-System verwalten. Damit wissen Sie jederzeit, auf welchen Lagerplätzen sich Ihre Materialbestände aktuell befinden. Über individuelle Ein- und Auslagerstrategien können Sie die Platzbelegung und Lagerbewegungen optimieren. Sie bilden hierzu die ganze Lagerstruktur eines Standortes mit unterschiedlichen Lagertypen in einer Lagernummer ab und ordnen diese Lagernummer den relevanten Werk-Lagerort-Kombinationen zu (siehe Abschnitt 4.8.1, »Lagernummer«).

  Eine weitere LES-Hauptfunktion ist die Kundenbelieferung mit Hilfe von Liefer- und Transportbelegen. Die Funktionen des Logistics Execution System können auch ausgelagert vom Logistikdienstleister durchgeführt werden; inzwischen bevorzugt man hierfür jedoch das SAP-Produkt SCM-EWM (Extended Warehouse Management). EWM ist ein Teil der SAP SCM-Lösung (Supply Chain Management), es bietet einen ausgeprägten Funktionsumfang und mehr Einstellmöglichkeiten als WM.
- **Vertrieb**
  Basis für Auslieferungen sind Kundenaufträge des Vertriebs. Verfügbare Bestände ermöglichen die Kundenbelieferung.
- **Produktion**
  Zusätzlich zur Materialbedarfsplanung können die Produktionsplanung und Produktionssteuerung als Kernfunktionen der Produktion angesehen werden.
- **Qualitätsmanagement**
  Das Qualitätsmanagement (QM) übt eine Querschnittsfunktion aus und enthält Schnittstellen zu Materialwirtschaft, Produktion und Vertrieb.
- **Rechnungswesen**
  Für das Rechnungswesen sind vor allem die Bestandswerte der bewerteten Materialarten und Sonderbestände relevant. Durch die Integration der Materialwirtschaft mit dem Rechnungswesen werden die aus den Bestandsmengen resultierenden Bestandswerte auf Sachkonten geführt. In der automatischen Kontenfindung ist geregelt, auf welche Sachkonten die unterschiedlichen Materialarten je betriebswirtschaftlichem Vorgang gebucht werden.

Die Bestandsmengen werden im SAP ERP-System summiert in verschiedenen Ebenen geführt.

7.2.2 Ebenen der Bestandsführung

Folgende Organisationseinheiten dienen als Ebenen der Bestandsführung:

1. Mandant
2. Buchungskreis
3. Werk
4. Lagerort

Die Lagerbestände werden jeweils pro Werk und Lagerort geführt, wobei einem Werk mehrere Lagerorte zugeordnet sein können. Andere Bestände werden als Umlager- oder Sonderbestände direkt auf der Werksebene geführt. Der Buchungskreisbestand ist die Summe der zugehörigen Werksbestände entsprechend der Zuordnung der Werke zum Buchungskreis (siehe Abschnitt 4.5.1, »Werk«).

In allen Ebenen der Bestandsführung werden die Bestandsmengen getrennt nach Materialnummer/Charge/Bestandsart geführt. Die Bestandsführung unterscheidet im SAP ERP-System folgende Bestandsarten:

- **F (Frei verwendbarer Bestand)**
  Die Bestandsart F steht für den frei verwendbaren Bestand, auf den alle Anwendungen zugreifen können. Frei verwendbar ist nicht dasselbe wie verfügbar.

[zB]

Bestandsarten: Frei verwendbar versus verfügbar

Sie haben z. B. aktuell frei verwendbare Bestände im Lager und wollen eine Auslieferposition für einen Kundenauftrag anlegen. Das System lässt Sie diese Position nicht ausliefern, weil das Material bereits für andere Auslieferbelege reserviert wurde. Der frei verwendbare Bestand ist also aktuell nicht mehr verfügbar.

- **Q (Qualitätsprüfbestand)**
  Die Bestandsart Q kann mit dem und ohne das Modul Qualitätsmanagement eingesetzt werden. Sie zeigt an, dass der Bestand noch nicht von der Qualitätsprüfung freigegeben wurde. Er ist also (noch) nicht verfügbar.
- **S (Gesperrter Bestand)**
  Die Bestandsart S kann jederzeit verwendet werden, um Bestände temporär aus der Verfügbarkeit rauszunehmen.
- **R (Retourensperrbestand)**
  Die Bestandsart R kann optional für Prozesse mit Kundenretouren einge-

setzt werden, solange der Bestand nicht in den eigenen Bestand gebucht wurde. Für andere Anwendungen ist die Bestandsart R nicht vorgesehen.

Ein weiteres bestandstrennendes Merkmal stellt die *Charge* dar. Bei sämtlichen Warenbewegungen für chargenverwaltetes Material ist die Chargennummer anzugeben. Das gilt für alle Bestandsarten und auch für Sonderbestände.

Eingelagerte Bestände werden in Lagerorten geführt. Dazu gehören auch manche Sonderbestände. Sonderbestände können eigene aber auch fremde Bestände sein. Beispiele für Sonderbestände im Lagerort sind folgende:

- E (Auftragsbestände)
- Q (Projektbestände)
- K (Lieferantenkonsignationsbestände)

Ausgelagerte Bestände werden nicht im Lagerort geführt, sondern auf Werksebene. Dazu gehören auch Sonderbestände bei Geschäftspartnern:

- W (Kundenkonsignationsbestände)
- V (Kundenleihgutbestände)
- O (Beistellkomponenten für Lohnbearbeitung)

Im Folgenden sind alle Sonderbestände in SAP ECC 6.0 aufgelistet:

- B (Kundenbestand)
- C (LB Kundenbestand)
- E (Auftragsbestand)
- F (LB Kundenauftragsbestand)
- I (LB MVT)
- J (LB Lieferantenkonsignationsbestand)
- K (Konsignation Lief.)
- M (Mehrwegtransportverpackung Lieferant)
- O (Beistellteile Lieferant)
- P (Pipeline-Material)
- Q (Projektbestand)
- R (LB-Projektbestand)
- V (Leihgut Kunde)

- W (Konsignation Kunde)
- Y (Versandelement Lager)

Der Werksbestand ist die Summe aller zugehörigen Lagerortbestände inklusive direkt auf Werksebene geführter Sonderbestände, Umlagerbestände etc. Die Summe der Werksbestände ergibt den zugehörigen Buchungskreisbestand. Die Summe der Bestände aller logistisch relevanten Buchungskreise ergibt den Gesamtbestand im Mandanten (siehe Abbildung 7.2).

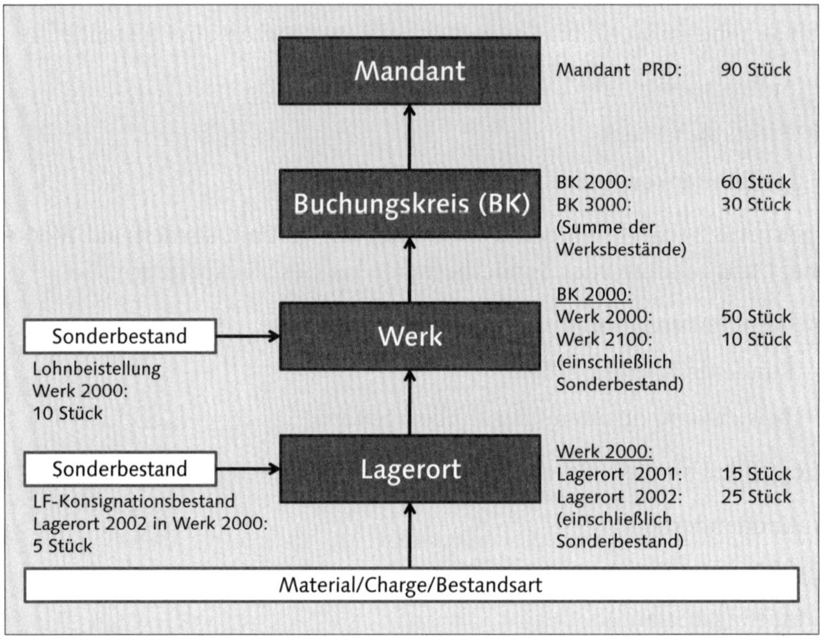

Abbildung 7.2 Ebenen der Bestandsführung

Im Beispiel in Abbildung 7.2 gibt es für ein ausgewähltes Material in mehreren Lagerorten Bestände. Der Werksbestand in Werk 2000 beträgt 50 Stück. Die Menge setzt sich folgendermaßen zusammen: 15 Stück eigener Bestand im Lagerort 2001, 25 Stück im Lagerort 2002, davon liegen 5 Stück als Lieferantenkonsignationsbestand im Lagerort 2002. Auf Werksebene kommen noch 10 Stück Beistellkomponenten beim Lohnbearbeiter hinzu. Für den Buchungskreis 2000 kommen noch die 10 Stück aus Werk 2100 hinzu. Zusammen mit den 30 Stück aus dem Buchungskreis 3000 wird auf dem Mandanten insgesamt ein Bestand von 90 Stück geführt.

Die Anwendungen der Logistik finden grundsätzlich mit Bezug zu einem Werk statt, bei Umbuchungen/Umlagerungen können es auch zwei Werke sein. Für die Logistik allgemein und die Materialwirtschaft im Speziellen sind deswegen vor allem die Bestände der Ebenen Lagerort und Werk von Bedeutung. Die Bestände der höheren Ebenen sind vor allem als Information für das Unternehmens-Controlling relevant.

Exkurs: Serialnummern

Bei serialisierungspflichtigen Produkten können Sie als zusätzliche Bestandsinformation Serialnummern verwalten, die auf den einzelnen Produkten angebracht werden. Innerhalb eines Mandanten ist die Kombination aus Materialnummer und Serialnummer eindeutig.

Voraussetzung für die Verwaltung der Serialnummern ist die Zuordnung eines Serialnummernprofils in der Tabelle MARC (Werksdaten zum Material). Mit dem Serialnummernprofil legen Sie die betriebswirtschaftlichen Anwendungen fest, bei denen die Serialnummern der einzelnen Produkte bekannt sein sollen (müssen/können). Folgende Anwendungen sind möglich:

- Bestandsführung
- Einkauf
- Fertigungsauftrag
- Handling Unit
- Instandhaltung
- Inventur
- Qualitätsmanagement
- Serienfertigung
- Vertrieb

Die Eingabe der Serialnummern erfolgt manuell durch das Scannen des am Produkt angebrachten Barcodes oder mit interner Nummernvergabe (nur falls die Serialnummern dem Produkt noch nicht zugeordnet sind). Die Historie der Serialnummer wird in einem internen Stammdatensatz verwaltet. Die Stammsätze der Serialnummern können technisch als unvollständige Equipmentstammsätze angesehen werden. Diese werden wiederum für die Instandhaltung und die Serviceabwicklung benötigt.

Serialnummernprofile definieren Sie z.B. im Customizing der Instandhaltung.

Tabellen der Bestandsführung

In den folgenden Tabellen aus der Bestandsführung werden Lagerbestände, Sonderbestände, Chargen und Serialnummern verwaltet:

- EQUI (Equipment Stammdaten)
- MARA (Allgemeine Materialdaten)

- MARC (Werksdaten zum Material)
- MARD (Lagerortdaten zum Material)
- MBEW (Materialbewertung)
- MCHB (Chargenbestände)
- MCSD (Kundenbeistellbestand)
- MCSS (Kundenbeistellbestand gesamt)
- MKLK (Konsignationsbestände und Leergut beim Kunden)
- MKOL (Sonderbestände vom Lieferanten)
- MSKA (Kundenauftragsbestand)
- MSKU (Sonderbestände beim Kunden)
- MSLB (Sonderbestände beim Lieferanten)
- MSOA (Summe Kundenauftragsbestände beim Lieferanten)
- MSRD (Projektbestand beim Lieferanten)
- MSSA (Summe Kundenauftragsbestände)
- MSSL (Summe Sonderbestände beim Lieferanten)
- SERI (Serialnummern)

Durch Aufrufen der obigen Tabellen mit der Transaktion SE16 (Data Browser) können Sie die Bestandsdaten direkt auswerten. Alternativ können Sie mit eigenen Reports, Querys und QuickViews auf diese Daten zugreifen. Es gibt aber selbstverständlich auch einige Anwendertransaktionen, mit denen Sie Ihre Bestände auswerten können.

7.2.3 Anwendertransaktionen

Mit den folgenden Transaktionen können Sie Bestandsinformationen zu Ihren Materialnummern ausgeben:

- BMBC (Batch Information Cockpit)
- HUMO (Handling-Unit-Monitor)
- IQ09 (Serialnummern-Selektion)
- MB51 (Materialbelegliste)
- MB52 (Lagerbestand)
- MB53 (Werksverfügbarkeit)
- MB54 (LF-Konsignationsbestände)

- MB58 (Kundenkonsignations- und Leihgutbestände)
- MB5B (Bestände zum Buchungsdatum)
- MB5L (Bestandswertliste)
- MB5T (Transitbestand)
- MB5W (Bestandswertliste)
- MBBS (Bewerteter Sonderbestand)
- MBLB (LB-Beistellbestand)
- MCBA (BCO: Werksanalyse-Selektion)
- MCBC (BCO: Lagerortanalyse-Selektion)
- MCBE (BCO: Materialanalyse-Selektion)
- MCBR (BCO: Chargenanalyse-Selektion)
- MD04 (Aktuelle Bedarfs-/Bestandsliste), siehe Seite 236
- ME2O (LB-Bestandsüberwachung zum Lieferanten)
- MM03 (Material anzeigen)
- MMBE (Bestandsübersicht)
- MMCL (Bestandsübersicht nach Merkmalen)
- MR51 (Buchhaltungsbelege zum Material)

Die mächtigsten Transaktionen zur Buchung von Warenbewegungen in der SAP-Materialwirtschaft sind folgende:

- MIGO (Enjoy: Warenbewegungen allgemein)
- MIGO_GI (Enjoy: Warenausgänge für Reservierungen und sonstige Warenbewegungen)
- MIGO_GO (Enjoy: Anzeigen Materialbeleg und Wareneingang zum Fertigungsauftrag)
- MIGO_GR (Enjoy: Wareneingänge aus Fremdbeschaffung)
- MIGO_GS (Enjoy: Nachverrechnung von Beistellmaterial zur Lohnbearbeiter-Bestellung)
- MIGO_TR (Enjoy: Umbuchung/Umlagerung sonstige)
- MB11 (Warenbewegungen allgemein)
- MB1A (Warenentnahme)
- MB1B (Umbuchung)
- MB1C (Wareneingang Sonstige)

Zusätzlich stehen Ihnen zur Buchung von Warenbewegungen in den unterschiedlichsten Logistik-Anwendungen von SAP ERP einige weitere Transaktionen zur Verfügung. Beispielsweise wird der Wareneingang zur Bestellung für Positionen mit Anlieferungen in der Transaktion VL32N (Anlieferung ändern) gebucht, andernfalls wäre der Belegfluss nicht korrekt. Insgesamt werden derzeit in der Tabelle T158 (Transaktionssteuerung Bestandsführung) 175 Transaktionscodes für die Bestandsführung verwaltet. Einige relevante Transaktionen werden in Abschnitt 7.3.2, »Belegnummer«, Abbildung 7.8 bis Abbildung 7.11, näher beschrieben.

7.3 Belege der Bestandsführung

Zur Planung und Dokumentation von Warenbewegungen gibt es im SAP ERP-System eine Reihe unterschiedlicher Belege der Bestandsführung: Es gibt Belege, die geplante Warenbewegungen anzeigen, und es gibt Belege, die gebuchte Warenbewegungen dokumentieren. Als geplante Warenzugänge sind beispielsweise terminierte Positionen der Einkaufsbelege (Bestell- und Lieferplaneinteilungen) anzusehen; mit Reservierungen werden Warenausgänge aus dem verwendbaren Bestand geplant. Man unterscheidet hierbei manuelle Reservierungen von den abhängigen Reservierungen mit Auftrags- oder Lieferbezug.

7.3.1 Warenbewegung erfassen

Warenbewegungen erfassen Sie in der Materialwirtschaft mit oder ohne Bezug zu einem Vorlagebeleg oder einer Stückliste. Als mögliche Vorlagebelege dienen Reservierungen, Aufträge, Bestellungen oder Materialbelege. Die gebuchten Warenbewegungen werden in Material- und Buchhaltungsbelegen dokumentiert (siehe Abbildung 7.3).

Sie können Warenbewegungen auch ungeplant ohne Bezug erfassen, indem Sie die notwendigen Daten manuell eingeben.

Jede Warenbewegung erzeugt einen Materialbeleg mit mindestens einer Position. Der *Materialbeleg* dient als Nachweis für eine oder mehrere Warenbewegungen und ist Grundlage für die Mengenfortschreibung im Materialstamm, für den Ausdruck eines Warenbegleitscheins etc.

Für einzelne Warenzugänge und Warenabgänge genügt eine Belegposition, Umlagerungen und Umbuchungen erzeugen mehrere Positionen (raus/rein). Der Materialbeleg besteht aus allgemeinen Kopfdaten (Erfasser, Datum etc.)

sowie genauen Positionsdaten (Material, Menge, Werk, Lagerort etc.) zur Warenbewegung selbst und wird durch eine Belegnummer und das Materialbelegjahr eindeutig identifiziert. Die zugehörigen Tabellen für Materialbelege sind MKPF (Belegkopf Materialbeleg) und MSEG (Belegsegment Material).

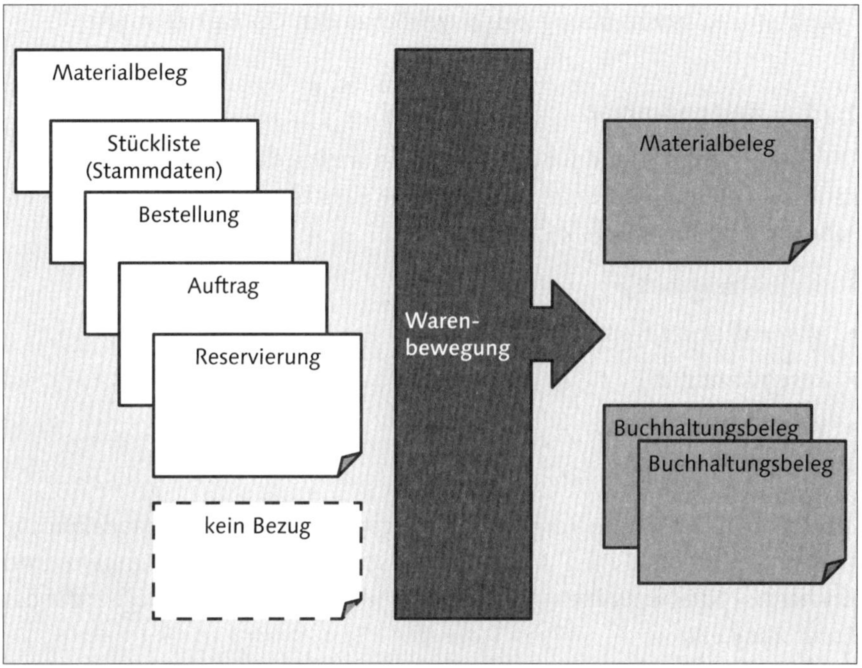

Abbildung 7.3 Warenbewegung in Materialwirtschaft erfassen

Bei Warenbewegungen, die für das Rechnungswesen relevant sind, wird zusätzlich ein *Buchhaltungsbeleg* zur Dokumentation der wertmäßigen Veränderung innerhalb eines Buchungskreises erstellt. Auch bei der Buchung von Inventurdifferenzen werden Buchhaltungsbelege erstellt. Zur Dokumentation von Buchung und Gegenbuchung enthält der Buchhaltungsbeleg immer mindestens zwei Positionszeilen. Die Identifizierung erfolgt über Belegnummer, Geschäftsjahr und Buchungskreis. Aus diesem Grund erfordern buchungskreisübergreifende Vorgänge gleich mehrere Buchhaltungsbelege zur Dokumentation eines Vorgangs, also je Buchungskreis.

Die Tabellen der Buchhaltungsbelege sind BKPF (Belegkopf für Buchhaltung) und BSEG (Belegsegment Buchhaltung). Die Ermittlung der Sachkonten für die Wertfortschreibung erfolgt über die Customizing-Einstellungen zur Kontenfindung (siehe Abschnitt 8.3).

Ist das Sachkonto eine Kostenart oder handelt es sich um eine kontierte Warenbewegung, wird der Vorgang zusätzlich in einem *Kostenrechnungsbeleg* (CO-Beleg) dokumentiert. Der Kostenrechnungsbeleg wird durch eine Belegnummer und den Kostenrechnungskreis identifiziert. Tabellen für Kostenrechnungsbelege sind COBK (CO-Objekt: Belegkopf) und die Struktur KAEP_COAC (Feldliste für Ist-Kosten-Einzelpostenbericht). Die Nummernvergabe für Kostenrechnungsbelege gehört zu den CO-Einstellungen.

7.3.2 Belegnummer

Die Belegnummern sind für alle Belege ein wichtiges Kriterium zur Identifikation. In diesem Abschnitt lernen Sie die Einstellungen zur Nummernvergabe für folgende Belege kennen:

- Buchhaltungsbelege
- Material- und Inventurbelege
- Reservierungen
- Warenbegleitscheine
- CO-Belege (Controlling)

Das Customizing für die Vergabe der Belegnummern in der Bestandsführung finden Sie im IMG-Pfad MATERIALWIRTSCHAFT • BESTANDSFÜHRUNG UND INVENTUR • NUMMERNVERGABE. Die Belegnummern für CO-Belege stellt das Controlling ein.

In der SAP ERP-Standardauslieferung ist die Nummernvergabe für Buchhaltungsbelege, Material- und Inventurbelege und Reservierungen bereits eingestellt. Warenbegleitscheine sind nicht aktiv.

Im Gegensatz zu den Customizing-Zuordnungen der Nummernkreise sind die Nummernkreise selbst nicht an das automatische Transportwesen angeschlossen.

[+]

Transport von Nummernkreisen

Nummernkreise sind nicht automatisch dem Transportwesen zugeordnet. Sie können die Nummernkreise transportieren, indem Sie in der Definition (im Änderungsmodus) in der Kopfleiste INTERVALL • TRANSPORTIEREN wählen (siehe Abbildung 7.7). Beachten Sie dabei, dass die Nummernstände mit dem Wert ins Zielsystem importiert werden, den sie zum Zeitpunkt des Exports im Quellsystem gehabt haben.

Buchhaltungsbelege

Die Nummernvergabe für Buchhaltungsbelege ist abhängig von der Belegart. Zur Unterscheidung buchhalterischer Vorgänge gibt es im SAP ERP-System aktuell 38 (FI-)Belegarten für Buchhaltungsbelege (SAP ECC 6.0). In den Anwendungen der Bestandsführung wird die (FI-)Belegart über den Transaktionscode ermittelt. Die Festlegung der Intervalle für die Belegnummern erfolgt pro Buchungskreis, abhängig von Nummernkreis und Geschäftsjahr.

Sie finden die Customizing-Aktivitäten für Buchhaltungsbelege in der IMG-Aktivität NUMMERNVERGABE FÜR BUCHHALTUNGSBELEGE FESTLEGEN. Zuerst werden die Belegarten eingerichtet, dazu gehört auch die Zuordnung eines Nummernkreises; danach ordnen Sie den Transaktionscodes der Bestandsführung jeweils eine Belegart zu (siehe Abbildung 7.4).

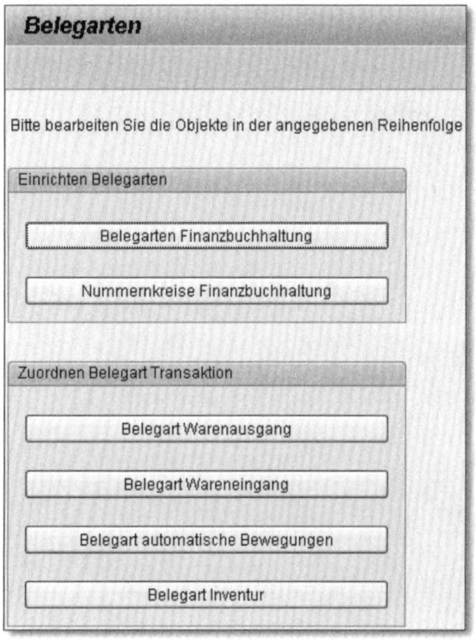

Abbildung 7.4 Nummernvergabe für Buchhaltungsbelege

Die Belegart ist ein zweistelliger alphanumerischer Schlüssel, der die Ablage von Buchhaltungsbelegen steuert. Folgende FI-Belegarten sind in der Standardauslieferung für die Bestandsführung vorgesehen (siehe Tabelle 7.1):

Art	Bezeichnung
PR	Preisänderung/Umbewertung
WA	Warenausgabe, Umbuchungen, sonstige Wareneingänge
WE	Wareneingänge mit Bezug auf Bestellung

Tabelle 7.1 FI-Belegarten in der ERP-Standardauslieferung

Art	Bezeichnung
WI	Inventurbeleg
WL	Warenausgänge zu Lieferbelegen
WN	Wareneingang netto (alternativ zu WE, aber im Standard nicht aktiv)

Tabelle 7.1 FI-Belegarten in der ERP-Standardauslieferung (Forts.)

Diesen Belegarten sind bereits Nummernkreise zugeordnet, wie Sie am Beispiel der Belegart WA in Abbildung 7.5 sehen.

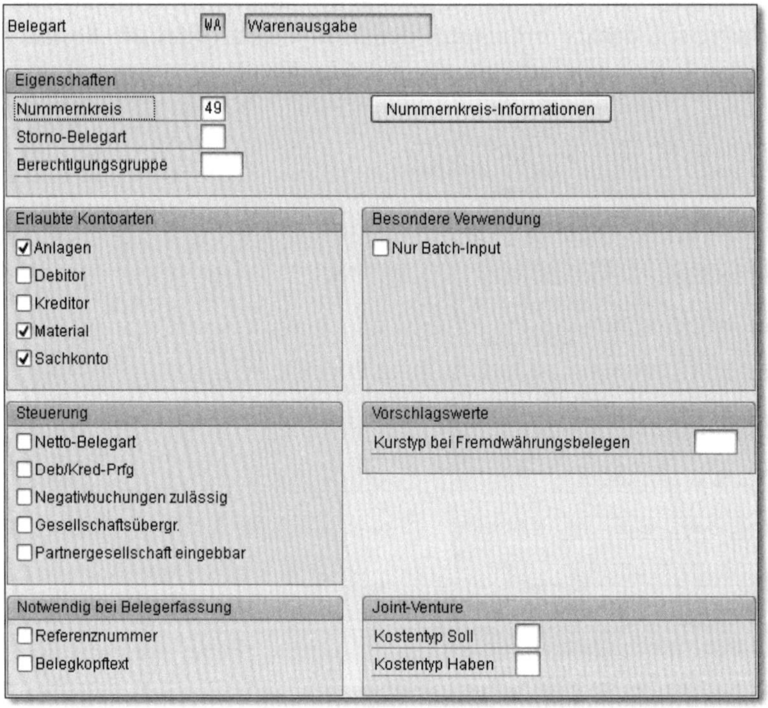

Abbildung 7.5 Standardbelegart WA mit Nummernkreis 49

Der Belegart WA ist der Nummernkreis 49 zugeordnet, und sie darf auf die Kontenarten Anlagen, Material und Sachkonto buchen. Der Belegart WA ist keine Storno-Belegart zugeordnet, storniert wird mit der Belegart des Originalbelegs.

[+]

Storno-Belegarten

Storno-Belegarten sind Pflicht für Belegarten mit externer Nummernvergabe, weil der Storno nur mit interner Nummernvergabe funktioniert.

Durch die Zuordnung einer Berechtigungsgruppe könnten Sie eine Belegart nur für eine berechtigte Benutzergruppe zugänglich machen. Für die Belegart WA sind weder Referenznummer noch Kopftext notwendig.

Mit Hilfe des Buttons NUMMERNKREIS-DEFINITION können Sie in die Nummernkreise der Finanzbuchhaltung abspringen. Die Nummernkreise für die FI-Belegarten definieren Sie separat für jeden Buchungskreis (siehe Abbildung 7.6).

Abbildung 7.6 Intervalle für Buchungskreis 0001

Sie können nun die Intervalle der Nummernkreise anzeigen oder ändern/definieren. Außerdem ist es möglich, den Nummernstand anzupassen. Die Nummernkreise können Sie abhängig vom Geschäftsjahr definieren. Möchten Sie Ihre Nummernkreise nicht jahresbezogen definieren, geben Sie das Jahr 9999 ein (siehe Abbildung 7.7).

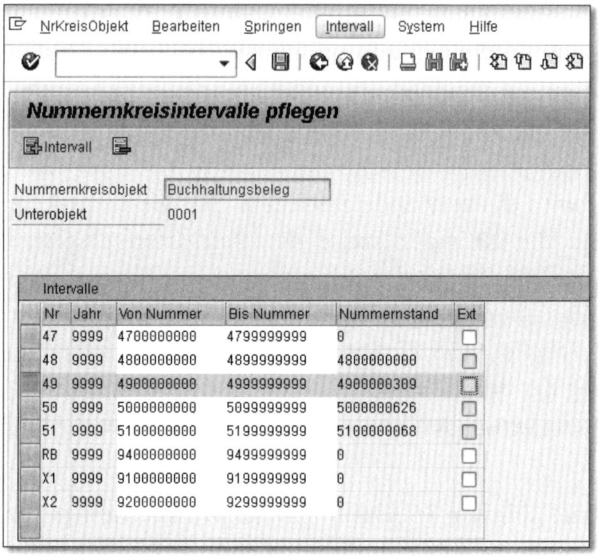

Abbildung 7.7 Nummernkreise für Buchhaltungsbelege

Der zweistellige Schlüssel für die Nummernkreise entspricht bei den Nummernkreisen 47 bis 51 den ersten zwei Stellen des Intervalls. Das zehnstellige Intervall 4900000000 bis 4999999999 ist der Nummer 49 zugeordnet.

Die Nummernkreise 48 bis 51 werden im Standard für die Belegarten der Bestandsführung verwendet; es handelt sich hierbei jeweils um interne Nummernvergabe. Wenn Sie für die FI-Belegart WE ein Intervall mit externer Nummernvergabe einstellen, erhält der Buchhaltungsbeleg dieselbe Nummer wie der zugehörige Materialbeleg.

Im Buchungskreis 0001 sind die Nummernkreise folgenden Belegarten zugeordnet (siehe Tabelle 7.2):

Belegart	Nummernkreis
PR	48
WA	49
WE	50
WI	49
WL	49
WN	50

Tabelle 7.2 Belegarten und Nummernkreise im Buchungskreis 0001

[+]

Nummernkreise für Buchhaltungsbelege

Weil Buchhaltungsbelege eindeutig durch Buchungskreis, Belegnummer und Geschäftsjahr identifiziert werden, ist es üblich, die Intervalle jährlich zurückzusetzen. Die Belegnummern starten dann in jedem Geschäftsjahr von vorne.

In der Bestandsführung wird die verwendete Belegart über die Transaktion bestimmt. Nachdem Sie die Nummernkreise der Belegarten eingestellt haben, überprüfen Sie die Zuordnung der Belegarten zu den Transaktionscodes, mit denen Sie Warenbewegungen buchen können. Die Zuordnung wird verwaltet in der Tabelle T158 (Transaktionssteuerung Bestandsführung). Bei der Zuordnung der Belegarten zu den Transaktionen ist darauf zu achten, dass die im Vorgang benötigten Kontoarten erlaubt sind (siehe Abbildung 7.5).

Die Belegart WA ist für die üblichen Transaktionen des Warenausgangs voreingestellt. Dazu zählen auch die Umbuchungen, wie Sie in Abbildung 7.8 sehen können. Durch die Zuordnung der Belegart WA wird für diese Transaktionen der Nummernkreis 49 gefunden.

Sicht "Belegart Bestandsführung/Inventur" ändern: Übersicht

TCode	Transaktionstext	Belegart	Bezeichnung
MB05	Nachverrechnung Wirkstoffmaterial	WE	Wareneingang
MB11	Warenbewegung	WA	Warenausgabe
MB1A	Warenentnahme	WA	Warenausgabe
MB1B	Umbuchung	WA	Warenausgabe
MB26	Kommissionierliste	WA	Warenausgabe
MBSU	Materialbeleg einlagern: Einstieg		
MIGO_GI	Warenbewegung	WA	Warenausgabe
MIGO_TR	Umbuchung	WA	Warenausgabe

Abbildung 7.8 Belegarten für Transaktionen des Warenausgangs

Den Transaktionen, mit denen Sie Wareneingänge zur Bestellung buchen, ist die Belegart WE zugeordnet (siehe Abbildung 7.9).

Sicht "Belegart Bestandsführung/Inventur" ändern: Übersicht

TCode	Transaktionstext	Belegart	Bezeichnung
MB01	Wareneingang zur Bestellung buchen	WE	Wareneingang
MB04	Nachverrechnung von Beistellmaterial	WE	Wareneingang
MB0A	Wareneingang zur Bestellung buchen	WE	Wareneingang
MB1C	Wareneingang Sonstige	WA	Warenausgabe
MB31	Wareneingang zum Fertigungsauftrag	WE	Wareneingang
MBNL	Nachlieferung zum Materialbeleg		
MBRL	Rücklieferung zum Materialbeleg		
MBSF	SperrBstd über M-Beleg freigeben	WE	Wareneingang
MBSL	Materialbeleg kopieren		
MBST	Materialbeleg stornieren		
MIGO_GO	Warenbewegung	WE	Wareneingang
MIGO_GR	Warenbewegung	WE	Wareneingang
MIGO_GS	Nachverrechnung von Beistellmaterial	WE	Wareneingang

Abbildung 7.9 Belegarten für Transaktionen des Wareneingangs

Sonstige Wareneingänge mit der Transaktion MB1C (Sonstiger WE) erzeugen Buchhaltungsbelege mit der Belegart WA.

Neben den Transaktionen, mit denen Sie die Warenbewegungen direkt in der Bestandsführung buchen, gibt es noch eine ganze Reihe von weiteren Anwendertransaktionen, mit denen Sie indirekt die Warenbewegungen buchen. Es gibt derzeit 144 Einträge für indirekte Buchungen in der Pflegeview V_158. In Abbildung 7.10 sehen Sie die Belegart-Zuordnungen zu den – alphabetisch gesehen – letzten Transaktionscodes aus dieser Zuordnung.

Sicht "Belegart Bestandsführung/Inventur" ändern: Übersicht

TCode	Transaktionstext	Belegart	Bezeichnung
VL01N	Auslieferung zum Kd.auftrag anlegen	WL	Warenausg./Lieferung
VL01NO	Auslieferung ohne Bezug anlegen	WL	Warenausg./Lieferung
VL02	Aendern Auslieferung	WL	Warenausg./Lieferung
VL02N	Auslieferung ändern	WL	Warenausg./Lieferung
VL03N	Auslieferung anzeigen	WL	Warenausg./Lieferung
VL07		WE	Wareneingang
VL08	Rückmeldung Kommissionierauftrag	WL	Warenausg./Lieferung
VL09	Storno Warenausgang zum Lieferschein	WL	Warenausg./Lieferung
VL10X	VL10 (technisch)	WA	Warenausgabe
VL32	Aendern Anlieferung	WE	Wareneingang
VL32N	Anlieferung ändern	WE	Wareneingang
VL33N	Anlieferung anzeigen	WE	Wareneingang
VLMOVE	HU Warenbewegungen	WA	Warenausgabe
VT10	Transporte selektieren: Start	WE	Wareneingang
WF00	Workflow: Vorgänge auswählen	WA	Warenausgabe

Abbildung 7.10 Belegarten für automatische Bewegungen

Der Wareneingang zur Bestellung über den Anlieferbeleg zählt zu diesen indirekten Buchungen der Bestandsführung. Den Transaktionscodes VL32 und VL32N ist deswegen auch die Belegart WE zugeordnet.

Die Transaktionen, mit denen Sie Ihre Inventurdifferenzen ausbuchen, bilden die letzte Gruppe der Transaktionen bei der Zuordnung der Belegarten (siehe Abbildung 7.11).

Sicht "Belegart Bestandsführung/Inventur" ändern: Übersicht

TCode	Transaktionstext	Belegart	Bezeichnung
MI07	Differenzenliste bearbeiten	WI	Inventurbeleg
MI08	Differenzenliste anlegen mit Beleg	WI	Inventurbeleg
MI10	Differenzenliste anlegen ohne Beleg	WI	Inventurbeleg

Abbildung 7.11 Belegarten für die Inventur

Die Zuordnung der FI-Belegarten zu den Transaktionscodes ist intern in der Customizing-Tabelle T158 (Transaktionssteuerung Bestandsführung) abgelegt. Die FI-Belegart PR (Preisänderung) ist als Belegart für Umbewertungsbelege bei fast allen Transaktionen vorgegeben.

In der nächsten Aktivität stellen Sie die Nummernvergabe für Materialbelege und Inventurbelege ein.

Material- und Inventurbelege

Die Nummernvergabe der Material- und Inventurbelege ist über eine Gruppierung abhängig von der Vorgangsart, die wiederum der Transaktion intern zugeordnet ist. Wie bei den Buchhaltungsbelegen (FI-Belegart und Belegart des Umbewertungsbelegs) erfolgt die Zuordnung der Vorgangsart ebenfalls in der Tabelle T158 (Transaktionssteuerung Bestandsführung).

Die Vorgangsart wird auch zur Nachrichtenfindung eingesetzt (siehe Abschnitt 7.7.2, »Nachrichtenfindung«) und ist ein Selektionskriterium in der Transaktion MB51 (Materialbelegliste). Die Vorgangsarten selbst sind nicht änderbar. Es besteht in der Regel auch keine Veranlassung, die Zuordnung zu den Standardtransaktionen zu ändern. In Tabelle 7.3 sehen Sie eine Auflistung aller aktuell in SAP ERP eingesetzten Vorgangsarten:

Vorgangsart	Beschreibung des Vorgangs
DB	Differenz buchen (ohne Nummernvergabe)
IB	Inventurbeleg
ID	Inventurbeleg, Zählung und Differenz
IN	Inventurnachzählbeleg
IZ	Inventurbeleg und Zählung
RS	Reservierung
SI	Stichprobeninventur
WA	Warenausgang, Umbuchung, sonst. Warenbewegung
WE	Wareneingang zur Bestellung
WF	Wareneingang zum Auftrag
WH	WA, Umbuchung, sonst. Warenbewegung für HU
WI	Warenbewegung zur Inventurdifferenz
WL	Warenausgang zur Lieferung
WO	Warenbewegung zur Lohnbearbeitung
WQ	Warenbewegung zum Verwendungsentscheid
WR	Warenbewegung zur Rückmeldung
WS	Warenbewegung in der Serienfertigung
WV	Inventurbelege bei Warenbewegungen
WW	Nachverrechnung von Wirkstoffmaterial
WZ	Charge Zustandsänderung/Umbewertung

Tabelle 7.3 Vorgangsarten in Tabelle T158

Einstellbar sind die Gruppierung der Vorgangsarten und die Zuordnung des Nummernkreises. Sie ordnen jeder Gruppe jeweils einen Nummernkreis mit Angabe eines Geschäftsjahrs zu. Dabei brauchen Sie nicht für jedes Geschäftsjahr einen separaten Nummernkreis anzugeben, Sie können ein Intervall auch für mehrere Geschäftsjahre verwenden. Der aktuelle Nummernkreis wird genau für das aktuelle Geschäftsjahr oder für ein künftiges Geschäftsjahr definiert. Die Nummernvergabe für Materialbelege erfolgt grundsätzlich intern. Den einzelnen Gruppen wird hierfür jeweils ein Nummernkreis zugeordnet.

Folgende Gruppierung für die Zuordnung von Nummernkreisen finden Sie mit ECC 6.0 in der Standardauslieferung des SAP ERP-Systems:

- **Materialbelege zu Wareneingängen**
  - WE Wareneingang zur Bestellung
  - WF Wareneingang zum Auftrag
  - WO Warenbewegung zur Lohnbearbeitung
  - WW Nachverrechnung von Wirkstoffmaterial
- **Materialbelege zu Warenbewegungen und Inventurdifferenzen**
  - WA Warenausgang, Umbuchung, sonst. Warenbewegung
  - WH WA, Umbuchung, sonst. Warenbewegung für HU
  - WI Warenbewegung zur Inventurdifferenz
  - WL Warenausgang zur Lieferung
  - WQ Warenbewegung zum Verwendungsentscheid
  - WR Warenbewegung zur Rückmeldung
  - WS Warenbewegung in der Serienfertigung
  - WZ Charge Zustandsänderung/Umbewertung
- **Inventurbelege**
  - IB Inventurbeleg
  - ID Inventurbeleg, Zählung und Differenz
  - IN Inventurnachzählbeleg
  - IZ Inventurbeleg und Zählung
  - WV Inventurbelege bei Warenbewegungen
- **Stichprobeninventurnummer**
  - SI Stichprobeninventur

Gruppierung und Nummernkreise pflegen Sie mit der Transaktion OMBT (Nummernkreise Matbeleg/Inventur). Wählen Sie hierzu die IMG-Aktivität NUMMERNVERGABE FÜR MATERIAL- UND INVENTURBELEGE FESTLEGEN. Dort können Sie die Gruppen anzeigen und ändern (siehe Abbildung 7.12).

Abbildung 7.12 Transaktion OMBT (Nummernkreise für Materialbelege) – Einstieg

In der Kopfleiste können Sie wählen zwischen der ÜBERSICHT über die Gruppenzuordnung, der Option GRUPPEN PFLEGEN und der Option GRUPPEN ANZEIGEN. Wählen Sie den Button PFLEGEN (Taste F6), um direkt aus der Pflege der Gruppen die Nummernkreise anzulegen.

Zur Zuordnung eines Nummernkreises selektieren Sie die Gruppe und wählen in der Kopfleiste INTERVALL • PFLEGEN. In Abbildung 7.13 wurde die Gruppe MATERIALBELEGE ZU WARENEINGÄNGEN gewählt, diese Checkbox ist angehakt.

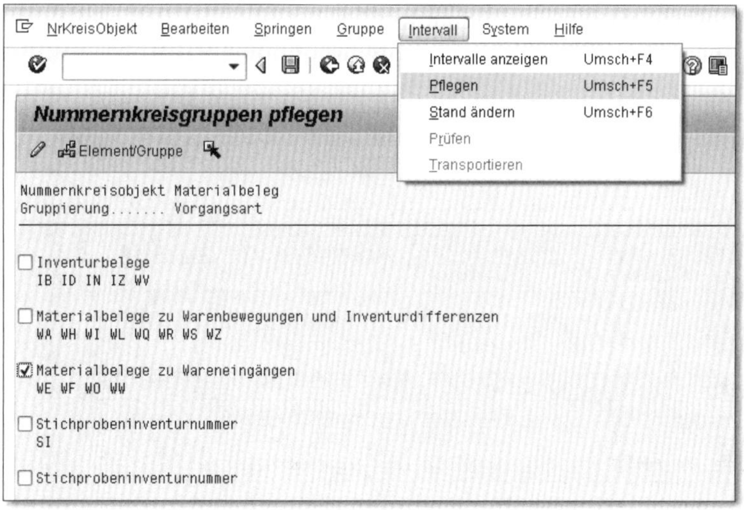

Abbildung 7.13 Nummernkreise für Materialbelege zum WE pflegen

Sie können das Intervall direkt aus dem Dialog zur zugehörigen Gruppe pflegen. Wählen Sie hierfür BEARBEITEN • JAHR EINFÜGEN (siehe Abbildung 7.14).

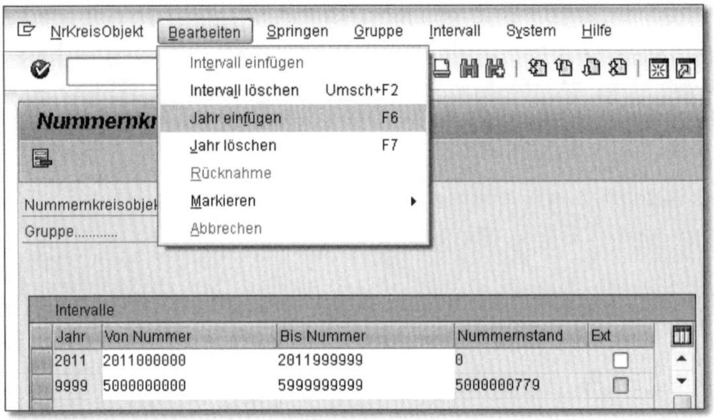

Abbildung 7.14 Menüeintrag »Jahr einfügen« – WE-Belege

So können Sie zu den bestehenden Nummernkreisen noch weitere »Bis-Jahre« einfügen (siehe Abbildung 7.15). Die Intervalle müssen numerisch und überlappungsfrei angelegt werden. Aus Sicherheitsgründen ist das Löschen von Nummernkreisen nur möglich, solange der Stand initial ist. Wollen Sie ein Intervall trotzdem löschen, verzweigen Sie vorher in die Nummernstandpflege und setzen den Stand auf 0.

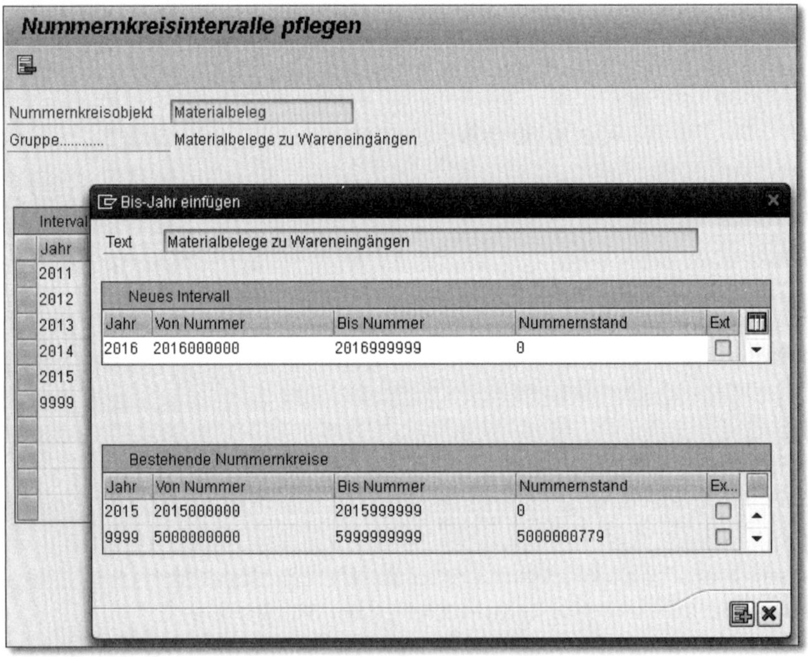

Abbildung 7.15 Weiteres Intervall (»Bis-Jahr«) – WE-Belege

Zurücksetzen [+]

Bei jährlichem Zurücksetzen müssen Sie einen Monat lang noch ein Intervall für das Vorjahr stehen lassen. Täten Sie das nicht, würde das System beim Rückbuchen in die Vorperiode (letzter Monat im Vorjahr) eine Belegnummer vergeben, die höchstwahrscheinlich im Vorjahr ebenfalls bereits vergeben wurde. Das führt dann zu einem Verbuchungsabbruch wegen »Duplicate Key«.

In den Beispielen gibt es ab 2011 jährlich ein separates Intervall für Wareneingangsbelege. Vorher wurden die Belegnummern aus dem Intervall für das »Bis-Jahr« 9999 vergeben.

Alternativ zur Pflege der Nummernkreise aus der Pflege der Gruppen heraus legen Sie die Nummernkreise in der Intervallpflege an (siehe Abbildung 7.16). Bei der Definition von Nummernkreisen in der Intervallpflege markieren Sie die Zeile, in der Sie ein Intervall einfügen wollen, und wählen Bearbeiten • Jahr einfügen.

Abbildung 7.16 Menüeintrag »Jahr einfügen« – Intervallpflege

Die Gruppenzuordnung sieht man bei dieser Vorgehensweise leider nicht direkt. Sie sollten Ihre Eingaben deswegen unbedingt anschliessend in der Übersicht (Icon) im Einstiegsbild der Nummernkreiszuordnung für das Objekt Materialbeleg überprüfen (siehe Abbildung 7.17).

Lücken bei der Nummernvergabe [+]

Aus Gründen der Performance werden bei der Nummernvergabe für Materialbelege jeweils 10 Belegnummern auf dem Applikationsserver gepuffert (zwischengelagert/reserviert). So lassen sich eventuell aufgetretene Lücken in der Nummernvergabe erklären.

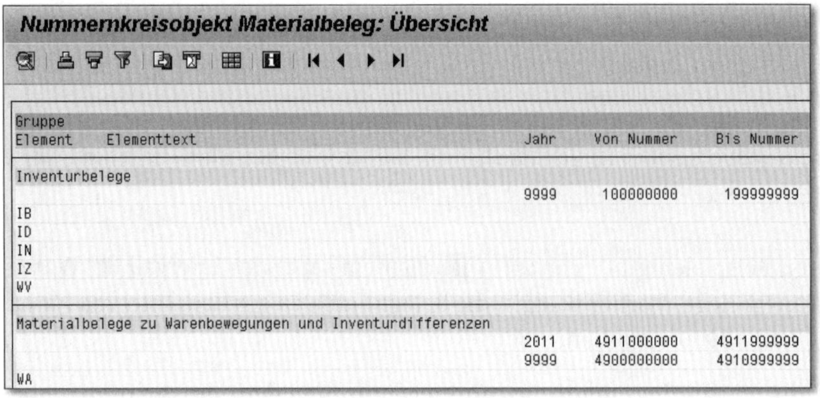

Abbildung 7.17 Nummernkreise für Material- und Inventurbelege

Das soeben vor dem Intervall 9999 (von 4900000000 bis 4910000000) eingefügte Jahr enthält den Nummernkreis der Gruppe Materialbelege zu Warenbewegungen und Inventurdifferenzen für 2011.

Sie wissen nun, wie die Nummern der Materialbelege vergeben werden.

Reservierungen

Die Nummernvergabe für Reservierungen gilt in allen Werken für alle Reservierungen und Sekundärbedarfe auf Ihrem Mandanten. Sie können zwar mehrere Nummernkreise mit Nummernintervallen anlegen, aber es wird immer nur genau ein Nummernkreis verwendet. In der Standardauslieferung wird die Nummer für Reservierungen und Sekundärbedarfe intern aus dem Nummernkreis 01 vergeben (Nummernkreisobjekt MRES/SBED). Für externe Nummernvergabe gibt es das Intervall RB. Das externe Intervall RB erfordert die Verwendung des Funktionsbausteins `BAPI_RESERVATION_CREATE1` zum Anlegen einzelner Reservierungen.

[+]

Externe Nummernvergabe für Reservierungen

Den Nummernkreis RB für externe Nummernvergabe können Sie verwenden, wenn Sie Reservierungen mit der Methode `CreateFromData1` anlegen. Im Funktionsbaustein `BAPI_RESERVATION_CREATE1` zum Anlegen einzelner Reservierungen verwenden Sie den Importparameter `RESERVATION_EXTERNAL`, der die externe Reservierungsnummer aus dem Nummernkreis RB für Reservierungen und Sekundärbedarfe festlegt. Bei intern vergebenen Nummern ist der Wert »Blank«.

Die Nummernvergabe pflegen Sie mit der Transaktion OMC2 (Nummernvergabe Reservierungen). Wählen Sie hierzu die IMG-Aktivität NUMMERNVERGABE FÜR RESERVIERUNGEN FESTLEGEN.

1. Im ersten Schritt springen Sie zunächst ab in die Transaktion OMJK (Nummernkreise Reservierungen), wo Sie die Intervalle für das Objekt MRES/SBED definieren können (siehe Abbildung 7.18).

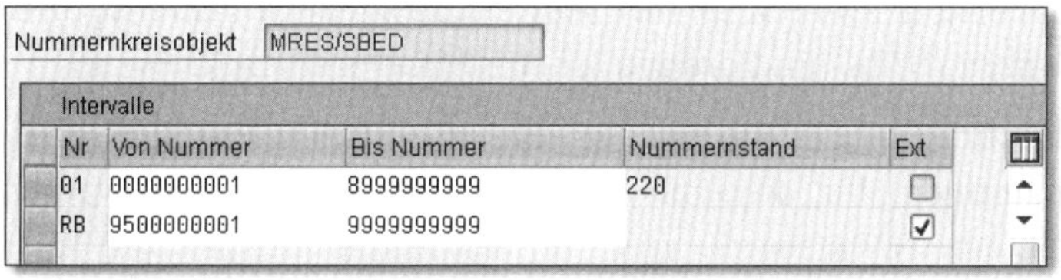

Abbildung 7.18 Nummernkreise für das Objekt MRES/SBED

Das interne Intervall 01 beginnt bei 1. Das externe Intervall RB beginnt in dem Beispiel bei 9500000001.

2. Im zweiten Schritt ordnen Sie den Nummernkreis für Reservierungen zu. Diesen Schritt müssen Sie nur ausführen, wenn Sie einen anderen Nummernkreis verwenden möchten.

Lücken bei der Nummernvergabe [+]

Aus Gründen der Performance werden bei der Nummernvergabe für Reservierungen 20 Nummern auf dem Applikationsserver gepuffert (zwischengelagert/reserviert). So lassen sich eventuelle Lücken in der Nummernvergabe erklären.

Warenbegleitscheine

Die Nummernvergabe für Warenbegleitscheine bei der Erfassung von Warenbewegungen (Materialwirtschaft) oder von Lieferungen (Logistics Execution System) kann abhängig von Werk, Lagerort und Bewegungsart eingestellt werden. *Warenbegleitscheinnummern* verwenden Sie aber nur in Ländern, deren Gesetzgebung eine solche Nummer verlangt. In Italien benötigen Sie eine solche Nummer, wenn Waren das Werk verlassen und auf öffentlichen Straßen transportiert werden. In allen anderen Ländern reichen die Materialbelegnummern in Kombination mit dem Feld MATERIALSCHEIN oder LIEFERSCHEIN vollkommen aus.

Die Nummernvergabe für Warenbegleitscheine pflegen Sie mit der Transaktion OMC1 (Warenbegleitscheinnummer). Wählen Sie hierzu die IMG-Aktivität NUMMERNVERGABE FÜR WARENBEGLEITSCHEINE FESTLEGEN, und gehen Sie folgendermaßen vor:

1. Im ersten Schritt aktivieren Sie die relevanten Werke für die Vergabe der Warenbegleitscheinnummer.
2. Im zweiten Schritt definieren Sie pro Geschäftsjahr die Intervalle zu den einzelnen Nummernkreisen.
3. Im dritten Schritt definieren Sie Ihre sogenannten *Nummernkreismodifikationskonstanten* (NMK) und ordnen jeder NMK Nummernkreise zu.
4. Im vierten Schritt ordnen Sie den relevanten Werk/Lagerort/Bewegungsart-Kombinationen, für die eine Warenbegleitscheinnummer vergeben werden soll, eine NMK zu.

CO-Belege

Die Nummernvergabe für CO-Belege ist abhängig vom Kostenrechnungskreis. Für jede Buchung im Controlling erzeugt das System einen CO-Beleg mit einer eindeutigen Nummer. Es gibt hierbei keine gesetzlichen Vorschriften für eine lückenlose Nummernvergabe.

Die Nummernvergabe für CO-Belege wird in der IMG-Aktivität CONTROLLING • CONTROLLING ALLGEMEIN • ORGANISATION • NUMMERNKREISE FÜR CO-BELEGE PFLEGEN definiert. Die Intervalle sind nach Vorgängen gruppiert; die CO-Belege zu den Warenbewegungen gehören zu den Primärbuchungen. Das Standardintervall ist 0100000000 bis 0199999999 mit interner Nummernvergabe.

7.4 Werksparameter

Die Werksparameter sind eine Zusammenfassung von werksabhängigen Steuerungsparametern für Bestandsführung und Inventur. Die Parameter sind folgendermaßen gruppiert:

- Warenbewegungen
- Inventur
- Reservierungen
- Negative Bestände

Sie hinterlegen diese Parameter für jedes logistisch relevante Werk in der Customizing-Tabelle T159L (Vorschlagswerte für die Bestandsführung und Inventur). Bei Werken, die mit der komplexen Kopierfunktion (siehe Abschnitt 4.5.1) angelegt wurden, sind die Parameter bereits analog gesetzt.

Für manuell angelegte Werke müssen Sie mit dem Pflegedialog V_159L selbst einen Eintrag anlegen. Wählen Sie hierzu die IMG-Aktivität MATERIALWIRTSCHAFT • BESTANDSFÜHRUNG UND INVENTUR • WERKSPARAMETER, und kopieren Sie den Eintrag mit den Parametern eines vergleichbaren Werkes. Damit müssen Sie an dieser Stelle keine weiteren Einstellungen vornehmen. All diese Parameter können Sie nämlich auch in den IMG-Aktivitäten zu den jeweiligen Themen einstellen, wo sie im Kontext besser verständlich sind.

In diesem Abschnitt stelle ich Ihnen die Werksparameter für Warenbewegungen einzeln vor, bevor ich auf negative Bestände eingehe (siehe Abbildung 7.19).

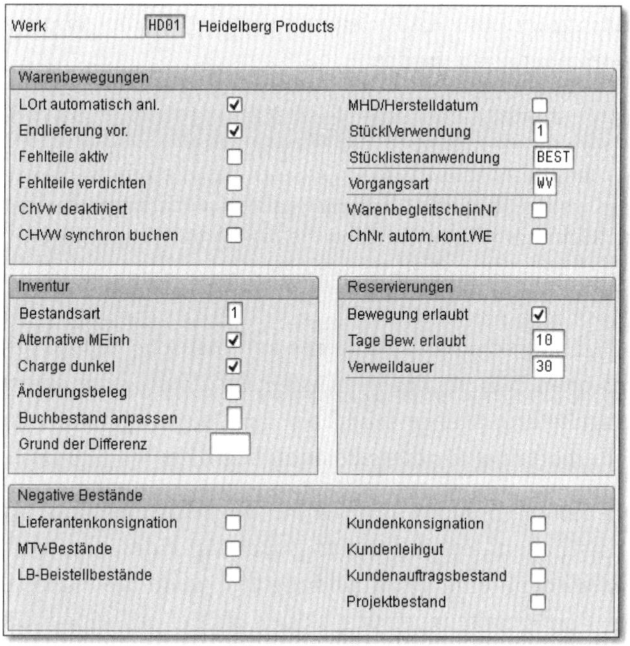

Abbildung 7.19 Werksparameter – Beispiel

Warenbewegungen

In den Einstellungen zu den Warenbewegungen sehen Sie, dass für das Werk HD01 das Kennzeichen LAGERORT AUTOMATISCH ANLEGEN gesetzt ist. Dieses

Kennzeichen ermöglicht beim ersten Wareneingang in den anonymen Lagerortbestand einen automatischen Eintrag in der Tabelle MARD (Lagerortdaten zum Material). Damit wird der Materialstamm für das Material automatisch um den Lagerort erweitert (siehe Abschnitt 5.1, »Stammdaten in SAP ERP«).

Folgende Voraussetzungen müssen für das automatische Anlegen der Lagerortdaten erfüllt sein:

- Der Lagerort selbst muss vorher als Organisationseinheit in der Unternehmensstruktur für die Materialwirtschaft definiert sein (siehe Abschnitt 4.7.3, »Lagerort«).
- Die Bewegungsart (siehe Abschnitt 7.6, »Warenbewegungen«), mit der gebucht wird, muss für automatische Lagerortdaten eingestellt sein. In der Standardauslieferung ist beispielsweise der Wareneingang zur Bestellung dafür vorgesehen – während Inventurdifferenzbuchungen aus dem Lagerverwaltungssystem nicht dafür vorgesehen sind.

Das vollständige Customizing für diese Funktion stellen Sie ein in der IMG-Aktivität MATERIALWIRTSCHAFT • BESTANDSFÜHRUNG UND INVENTUR • WARENEINGANG • LAGERORT AUTOMATISCH ANLEGEN.

[+] **Automatisches Anlegen von Lagerortdaten**

Sie sollten das Kennzeichen LAGERORT AUTOMATISCH ANLEGEN nicht setzen, wenn Sie für das Werk verhindern wollen, dass jeder Materialstamm in jedem Lagerort eingelagert werden kann. Allerdings müssen Sie dann die Lagerortdaten vor der ersten Warenbewegung zu diesem Lagerort manuell anlegen.

Das Kennzeichen ENDLIEFERUNG VOR. steuert das automatische Setzen des Endlieferkennzeichens beim Wareneingang zu einer Bestellung oder einem Auftrag, sofern die angelieferte Menge innerhalb der Toleranzgrenzen für Überlieferung und Unterlieferung für diese Position liegt.

Mit dem Kennzeichen FEHLTEILE AKTIV können Sie die Fehlteilprüfung für den Wareneingang einschalten. Bei der Zugangsbuchung eines geprüften Materials gibt das System dann eine Warnmeldung aus, wenn das Material von der dynamischen Verfügbarkeitsprüfung aktuell als Fehlteil eingestuft wird. Die Meldung erhält der zuständige Fehlteildisponent.

Um die Fehlteilprüfung einzuschalten, müssen Sie zusätzlich den Transaktionen der Bestandsführung in der Tabelle T158 (Transaktionssteuerung Bestandsführung) Prüfregeln zuordnen.

Abhängig vom Werk stellen Sie die Art der Fehlteilnachrichten ein:

- *Unverdichtet*, mit einer Mail pro Fehlteil plus Angabe von maximal 5 Dispositionselementen (Reservierungen, Lieferungen etc.) mit Bedarf.
- *Verdichtet*, mit einer Mail pro Materialbeleg und Werk. Hier werden nur die Fehlteile aufgelistet, und Dispositionselemente mit Materialbedarf zu den einzelnen Fehlteilen werden nicht angegeben.

Die komplette Fehlteilprüfung für Ihre Werke stellen Sie ein in der IMG-Aktivität MATERIALWIRTSCHAFT • BESTANDSFÜHRUNG UND INVENTUR • WARENEINGANG • FEHLTEILPRÜFUNG EINSTELLEN.

Eine E-Mail-Nachricht wird aber nur dann gesendet, wenn im Customizing der Bestandsführung zudem auch die Nachrichtenfindung (siehe Abschnitt 7.7.2, »Nachrichtenfindung«) eingestellt ist.

Das Kennzeichen CHARGENVERWENDUNGSNACHWEIS DEAKTIVIERT gibt an, dass in dem Werk der Verwendungsnachweis für Chargen nicht aktiv ist. Ist das Kennzeichen nicht gesetzt, werden die Chargenpositionen von Materialbelegen für dieses Werk beim Aufbau der Chargenverwendungsdatei berücksichtigt.

Bei aktivem Chargenverwendungsnachweis können Sie das Kennzeichen CHARGENVERWENDUNGSSÄTZE SYNCHRON BUCHEN setzen. Die Chargenverwendungsdatei wird dann synchron zur Verbuchung einer Warenbewegung fortgeschrieben. Die synchrone Fortschreibung stellt eine zusätzliche Belastung für die System-Performance dar. Wenn Sie das Kennzeichen deshalb nicht setzen, muss die Chargenverwendungsdatei manuell aufgebaut werden.

Den Report `RM07MCHW` zum Aufbau der Chargenverwendungsdatei starten Sie mit der Transaktion *MB57* (Chargenverwendungsnachweis aufbauen). Sie finden die Transaktion im Anwendungsmenü unter MATERIALWIRTSCHAFT • BESTANDSFÜHRUNG • UMFELD • CHARGENVERWENDUNG • AUFBAUEN. Das komplette Customizing für die Chargenverwendungsnachweise einschließlich Customer Exits und Business Add-ins finden Sie im IMG-Pfad LOGISTIK ALLGEMEIN • CHARGENVERWALTUNG CHARGENVERWENDUNGSNACHWEIS.

Mit dem Kennzeichen MINDESTHALTBARKEITS-/HERSTELLDATUM aktivieren Sie für das Werk die Mindesthaltbarkeitsprüfung (MHD) beim Wareneingang. Die MHD-Prüfung erfolgt bei Material mit Mindestrestlaufzeit im Materialstamm oder in der Bestellung. Das komplette Customizing für Werk und Bewegungsart stellen Sie ein in der IMG-Aktivität MATERIALWIRTSCHAFT • BESTANDSFÜHRUNG UND INVENTUR • WARENEINGANG • MINDESTHALTBARKEITSPRÜFUNG EINSTELLEN. Dort entscheiden Sie pro Bewegungsart, ob und wie Sie das MHD-Datum prüfen und im Materialbeleg festhalten. Es gibt vier Möglichkeiten:

- » « (Blank, nicht prüfen)
- 1 (erfassen und prüfen)
- 2 (nur erfassen)
- 3 (keine Prüfung bei Warenausgang)

Die STÜCKLISTENVERWENDUNG gibt Auskunft darüber, in welchen Anwendungen die Stückliste verwendet wird. Je nach Verwendung sind spezielle Daten relevant. Die Verwendung legt auch die maximale Ausprägung der Stückliste fest. In der Standardauslieferung gibt es bereits Verwendungen für Fertigung, Konstruktion, Instandhaltung, Vertrieb, Kalkulation, Leergut etc. Dadurch ist es möglich, spezielle Stücklisten für die unterschiedlichen Verwendungen eines Objekts anzulegen: In der Instandhaltung gibt es Stücklisten für technische Plätze, Equipments und Material; bei der Materialwirtschaft gehe ich von Materialstücklisten aus.

Als Beispiele für die unterschiedliche Verwendung von Stücklisten beschreibe ich nun die Verwendungen 1 (Fertigung) und 6 (Kalkulation):

- Die *Fertigungsstückliste* (Verwendung 1) enthält Positionen, die für die Fertigung relevant sind. Für diese Positionen werden Sekundärbedarfe in den Planauftrag übernommen und in den Fertigungsauftrag übertragen. Die Fertigung wird über den Fertigungsauftrag mit der Herstellung des Kopfmaterials beauftragt.
- Die *Kalkulationsstückliste* (Verwendung 6) enthält Positionen, die für die Ermittlung der Materialeinsatzkosten eines Produktes relevant sind. Wenn Sie beispielsweise eine Kalkulation mit Mengengerüst anlegen, werden über die Stückliste alle kalkulationsrelevanten Positionen für die Kalkulation der Herstellkosten ermittelt.

Im Customizing können Sie Verwendungen definieren und ändern, indem Sie für die Anwendungen Fertigung, Konstruktion, Ersatzteil, Instandhaltung, Vertrieb und Kalkulation die Feldauswahl einstellen:

- + (Musseingabe)
- » « (Blank, Feld ist eingabebereit)
- – (Feld ist nicht eingabebereit)

Zur Definition der Verwendung wählen Sie im IMG die Aktivität PRODUKTION • GRUNDDATEN • STÜCKLISTE • ALLGEMEINE DATEN • STÜCKLISTENVERWENDUNG • STÜCKLISTENVERWENDUNG DEFINIEREN.

Bemerkungen zur Stücklistenverwendung [+]

Die Instandhaltungsfelder sollten nur bei Stücklisten der Instandhaltung eingabebereit sein.

Sobald eine Stückliste zu einer Verwendung existiert, kann diese Verwendung nicht mehr gelöscht und nur noch bedingt geändert werden.

Die STÜCKLISTENANWENDUNG ist ein Verfahren zur automatischen Alternativenbestimmung für Stücklisten, damit für jede betriebswirtschaftliche Anwendung die geeignete Stücklistenalternative ermittelt wird. Die Alternativenbestimmung kann zusätzlich auch durch folgende Felder im Materialstamm beeinflusst werden:

- Stücklistenalternative (MARC-STLAL)
- Fertigungsversion (MARC-FVIDK)

Die Anwendung BEST (Bestandsführung) ist unabhängig von der Fertigungsversion und bestimmt Alternativen der Verwendungen 1 (Fertigung) oder 3 (Universal) mit Auflösung in der Bedarfsplanung und freigebbaren Planaufträgen. Sie finden diese anwendungsspezifischen Kriterien zur automatischen Alternativenbestimmung in der IMG-Aktivität PRODUKTION • GRUNDDATEN • STÜCKLISTE • ALTERNATIVENBESTIMMUNG • ANWENDUNGEN DEFINIEREN.

Die VORGANGSART ist ein Parameter für Material- und Inventurbelege, der die Nummernvergabe beeinflusst (siehe Abschnitt 7.3.2, »Belegnummer«). In der Regel wird die Vorgangsart über die Anwendungstransaktion in der Tabelle T158 (Transaktionssteuerung Bestandsführung) ermittelt. Falls das nicht der Fall ist, wird für das Werk HD01 in Abbildung 7.19 die Vorgangsart WV (Inventurbelege bei Warenbewegungen) ermittelt.

Der Parameter WARENBEGLEITSCHEINNUMMER ist nicht gesetzt. Die Nummernvergabe für Warenbegleitscheine ist in diesem Werk nicht aktiv, wie Sie bereits in Abschnitt 7.3.2 gesehen hatten. Der Parameter MASCHINELLE CHARGENNUMMERNVERGABE BEI KONT. WE ERLAUBT (CHNR. AUTOM. KONT.WE) ist ebenfalls nicht gesetzt. Wäre dieser Parameter aktiv, würden Sie beim Wareneingang zu einer kontierten Bestellposition für chargenpflichtiges Material die automatische Nummernvergabe erlauben.

Inventur

Der Parameter BESTANDSART schlägt die Bestandsart vor, für die eine Inventur durchgeführt wird. Der Eintrag 1 steht für den frei verwendbaren Lagerbestand. Weitere Eingabemöglichkeiten sind folgende:

- 2 (Qualitätsprüfbestand)
- 3 (Lager/Q-Bestand für Stichprobeninventur)
- 4 (gesperrter Bestand)

Der Parameter ALTERNATIVE MENGENEINHEIT sagt aus, dass die Erfassungsmengeneinheit zur Inventurzählung vorgeschlagen wird statt der Basismengeneinheit aus dem Materialstamm.

Der Parameter CHARGEN DUNKEL bewirkt die automatische Chargenermittlung für die Inventur, falls Sie die Charge nicht vorgeben. Die zur Inventur anstehenden Chargen werden damit automatisch in die Inventurposition übernommen. Ist das Kennzeichen nicht gesetzt, wählen Sie die Chargen manuell aus.

Der Parameter ÄNDERUNGSBELEG IN DER INVENTUR bewirkt, dass zur Dokumentation der Änderung von Inventurbelegen Änderungsbelege erstellt werden. Diese Einstellung sollten Sie nur wählen, wenn Ihr Wirtschaftsprüfer ausdrücklich darauf besteht, um keinen unnötigen »Datenmüll« zu produzieren.

Mit dem PARAMETER BUCHBESTAND ANPASSEN aktivieren Sie die Aktualisierung des Buchbestandes im Inventurbeleg für den Fall, dass sich das Material aktiv in der Inventur befindet. Es gibt drei Einstellmöglichkeiten:

- » « (Blank, nicht aktiv)
- 1 (aktiv, bei gleichem Datum war Inventur vor Warenbewegung)
- 2 (aktiv, bei gleichem Datum war Warenbewegung vor Inventur)

[+]

Kennzeichen »Buchbestand anpassen«

Diese Funktion wirkt sich negativ auf die Performance aus. Da die Inventur im Regelfall an arbeitsfreien Tagen bzw. Zeitfenstern durchgeführt werden sollte, benötigen Sie diese Funktion im Regelfall nicht.

Wichtig ist, dass Sie Ihre Inventurbelege erst unmittelbar vor der Durchführung der Inventur aktivieren, dann sind die Buchbestände noch aktuell.

Wenn Sie während der Inventur doch eine Anpassung der Buchbestände benötigen, dann aktivieren Sie die Anpassung des Buchbestands temporär während der Durchführung der Inventur. Anstatt den Buchbestand im Inventurbeleg anzupassen, können Sie auch zur Kontrolle eine Nachzählung veranlassen.

Der Parameter GRUND DER DIFFERENZ erscheint als Vorschlagswert, wenn Sie eine Differenz ohne Belegbezug erfassen. Gründe für Warenbewegungen definieren Sie unter IMG-Aktivität MATERIALWIRTSCHAFT • BESTANDSFÜHRUNG UND INVENTUR • BEWEGUNGSARTEN • GRUND FÜR WARENBEWEGUNGEN HINTERLEGEN.

Für alle Vorschlagswerte und sonstige Einstellungen der Inventur wählen Sie den IMG-Pfad MATERIALWIRTSCHAFT • BESTANDSFÜHRUNG UND INVENTUR • INVENTUR. Dort können Sie neben den werksabhängigen Einstellungen auch grundsätzliche Einstellungen und Einstellungen zum Buchungskreis vornehmen. Für den Buchungskreis definieren Sie Inventurtoleranzgruppen zum Buchen von Inventurdifferenzen, indem Sie die Differenzbeträge pro Inventurbeleg und pro Inventurposition wertmäßig beschränken und einzelnen Benutzern zuordnen.

Reservierungen

Der Parameter BEWEGUNG ERLAUBT ermöglicht das Buchen von Warenbewegungen mit Bezug zu einer Reservierung, beispielsweise eine manuelle Reservierung mit Bezug zu einer Kostenstelle.

Der Parameter TAGE BEW. ERLAUBT (heißt: ANZAHL TAGE, WENN 'BEWEGUNG ERLAUBT' MASCHINELL GESETZT WIRD) prüft zusätzlich, ob die Warenbewegung zu der Reservierungsposition zeitlich in etwa passt. Der Parameter VERWEILDAUER (heißt: VERWEILDAUER IN TAGEN FÜR RESERVIERUNGSPOSITIONEN) gibt vor, wann die offenen Reservierungspositionen gelöscht werden, für die keine Warenbewegungen erfolgt sind.

Dieselben Parameter können Sie auch in der IMG-Aktivität MATERIALWIRTSCHAFT • BESTANDSFÜHRUNG UND INVENTUR • RESERVIERUNG • VORSCHLAGSWERTE FESTLEGEN einstellen. Zusätzlich können Sie dort einstellen, dass für geplante Zu- und Abgänge Lagerortbestandsdaten für die Reservierung im Materialstammsatz automatisch angelegt werden.

Negative Bestände

Negative Bestände können Sie für den Bewertungskreis, das Werk, für Sonderbestände im Werk, für Lagerorte und im Materialstamm erlauben.

Bei folgenden Sonderbeständen können Sie negative Bestände erlauben:

- Lieferantenkonsignation (K)
- Lieferantenbeistellbestand (O)

- Kundenkonsignation (W)
- Kundenauftragsbestand (E)
- Projektbestand (Q)
- Kundenleihgut (V)
- Mehrwegtransportverpackung (M)

[+]

Negative Bestände

Überlegen Sie sich gut, ob Sie mit negativen Beständen arbeiten wollen; nach Möglichkeit sollten Sie das vermeiden.

Bei bewertetem Material müssen Sie die Arbeit mit negativen Beständen zwingend vorher mit dem Rechnungswesen abklären, weil man in der Bilanz keine negativen Bestandswerte ausweist.

Bei bestimmten Beständen kann es jedoch abwicklungstechnisch bedingt durchaus vorkommen, dass Warenabgänge bereits vor dem Zugang gebucht werden. Darum kann es bei manchen Sonderbeständen toleriert werden, wenn temporär mit negativen Beständen gearbeitet wird.

Damit Sie mit negativen Beständen arbeiten können, müssen Sie zusätzlich das Kennzeichen XBKNG zum zugehörigen Bewertungskreis in der Tabelle T001K (Bewertungskreis) setzen. Wählen Sie hierfür die IMG-Aktivität Materialwirtschaft • Bestandsführung und Inventur • Warenausgang/Umbuchungen • negative Bestände erlauben. Sicherheitshalber sind negative Bestände für normale Lagerbestände in den dafür vorgesehenen Lagerorten nur zulässig, wenn zusätzlich im Materialstamm das Feld Negative Bestände im Werk zulässig (MARC-XMCNG) gesetzt ist. Bei Sonderbeständen ist die Erlaubnis im Materialstamm nicht erforderlich.

7.5 Feldauswahl

In diesem Abschnitt erfahren Sie, welche Möglichkeiten es zur Beeinflussung der Feldauswahl bei Warenbewegungen gibt. Zuerst zeige ich Ihnen die Festlegungen für die Einstiegs- und Kopfbilder der herkömmlichen Transaktionen für Warenbewegungen, anschließend die Einstellungen für die neueren Einbild- bzw. Enjoy-Transaktionen.

7.5.1 Einstiegs- und Kopfbilder

Wie Sie die Feldauswahl für Einstiegsbilder und Kopfbilder von Warenbewegungen einstellen, erfahren Sie hier. Die Feldauswahl der Positionsbilder hingegen gehört zum Customizing der Bewegungsarten (siehe Abschnitt 7.6, »Warenbewegungen«).

Sie stellen die Feldauswahl global in Abhängigkeit von der Transaktion bzw. von den Transaktionsfeldern (z.B. Belegart) ein. Das Werk eignet sich beispielsweise nicht für die Feldauswahl im Einstiegsbild einer Warenbewegung, weil es zu den Positionsdaten im Materialbeleg gehört und somit in einer Sitzung nicht eindeutig sein muss.

Eigene Transaktion anlegen [+]

Weil die Feldauswahl vom Transaktionscode beeinflusst wird, kann es unter Umständen sinnvoll sein, für bestimmte Anwendungen oder Benutzer eigene Transaktionscodes anzulegen. Sie gehen folgendermaßen vor, um einen Transaktionscode zu kopieren:

- Legen Sie mit der Transaktion SE93 (Pflege Transaktionscodes) eine Kopie der Standardtransaktion als »Z-Transaktion« an.
- Kopieren Sie die Transaktionssteuerung (Pflegedialog V_158_ALL).
- Stellen Sie erlaubte Bewegungsarten ein (siehe Abschnitt 7.6).

Die Feldauswahl der Einstiegs-/Kopfbilder wird mit der Transaktion OMJN (Allgemeine Feldauswahl Warenbewegung) eingestellt. Im IMG wählen Sie die Aktivität Materialwirtschaft • Bestandsführung und Inventur • Feldauswahl für Einstiegs-/Kopfbilder von Warenbewegungen. Im Einstiegsbild sehen Sie nun modifizierbare Felder der Bildgruppe Warenbewegungen: Einstiegs-/Kopfbilder, die für die Feldauswahl der herkömmlichen Transaktionen relevant sind.

Modifizierbare Felder

Modifizierbare Felder, wie z.B. das Belegdatum, ermöglichen eine einfach einzustellende Feldauswahl mit und ohne beeinflussende Werte. Es gibt folgende fünf Möglichkeiten, die Felder auf dem Bildschirm darzustellen:

- Feld ist eingabebereit.
- Feld erfordert Eingabe (Muss).
- Feld wird angezeigt.
- Feld wird ausgeblendet.
- Feld wird hell leuchtend dargestellt.

Mit Ausnahme des Feldes WARENBEGLEITSCHEIN sind alle modifizierbaren Felder in der Standardauslieferung eingabebereit (siehe Abbildung 7.20). Wie bereits in Abschnitt 7.3.2, »Belegnummer«, erwähnt, sind für die meisten Länder Warenbegleitscheinnummern nicht relevant.

Wenn Sie mit der automatischen Wareneingangsabrechnung arbeiten, sollten Sie den Lieferschein und gegebenenfalls den Frachtbrief grundsätzlich als Mussfelder einstellen.

Sie können die Kennzeichen der modifizierbaren Felder auch abhängig von einem beeinflussenden Wert pflegen, wie Sie gleich sehen werden.

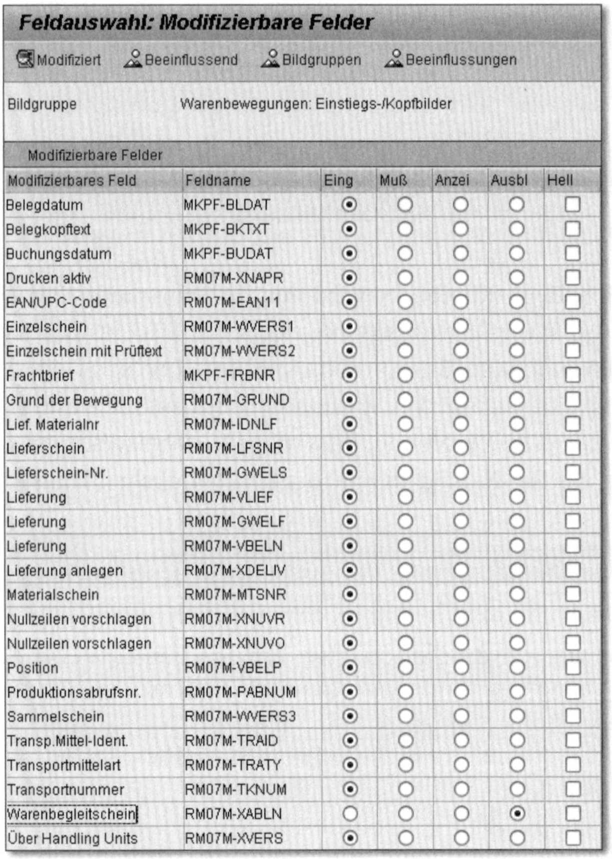

Modifizierbares Feld	Feldname	Eing	Muß	Anzei	Ausbl	Hell
Belegdatum	MKPF-BLDAT	◉	○	○	○	☐
Belegkopftext	MKPF-BKTXT	◉	○	○	○	☐
Buchungsdatum	MKPF-BUDAT	◉	○	○	○	☐
Drucken aktiv	RM07M-XNAPR	◉	○	○	○	☐
EAN/UPC-Code	RM07M-EAN11	◉	○	○	○	☐
Einzelschein	RM07M-WVERS1	◉	○	○	○	☐
Einzelschein mit Prüftext	RM07M-WVERS2	◉	○	○	○	☐
Frachtbrief	MKPF-FRBNR	◉	○	○	○	☐
Grund der Bewegung	RM07M-GRUND	◉	○	○	○	☐
Lief. Materialnr	RM07M-IDNLF	◉	○	○	○	☐
Lieferschein	RM07M-LFSNR	◉	○	○	○	☐
Lieferschein-Nr.	RM07M-GWELS	◉	○	○	○	☐
Lieferung	RM07M-VLIEF	◉	○	○	○	☐
Lieferung	RM07M-GWELF	◉	○	○	○	☐
Lieferung	RM07M-VBELN	◉	○	○	○	☐
Lieferung anlegen	RM07M-XDELIV	◉	○	○	○	☐
Materialschein	RM07M-MTSNR	◉	○	○	○	☐
Nullzeilen vorschlagen	RM07M-XNUVR	◉	○	○	○	☐
Nullzeilen vorschlagen	RM07M-XNUVO	◉	○	○	○	☐
Position	RM07M-VBELP	◉	○	○	○	☐
Produktionsabrufsnr.	RM07M-PABNUM	◉	○	○	○	☐
Sammelschein	RM07M-WVERS3	◉	○	○	○	☐
Transp.Mittel-Ident.	RM07M-TRAID	◉	○	○	○	☐
Transportmittelart	RM07M-TRATY	◉	○	○	○	☐
Transportnummer	RM07M-TKNUM	◉	○	○	○	☐
Warenbegleitschein	RM07M-XABLN	○	○	○	◉	☐
Über Handling Units	RM07M-XVERS	◉	○	○	○	☐

Abbildung 7.20 Feldauswahl für modifizierbare Felder

Beeinflussende Felder

Für beeinflussende Felder können Sie einen beeinflussenden Wert definieren und anschließend die Eigenschaft zu den modifizierbaren Feldern pflegen. Sie legen also abhängig von einem Wert fest, wie das modifizierbare Feld beim Erfassen einer Warenbewegung dargestellt wird. Beeinflussende Felder sind Belegart, Drucken aktiv, Druckversion, Nullzeilen vorschlagen und Transaktionscode.

Nehmen wir an, Sie wollen die Feldauswahl bei einem Transaktionscode beeinflussen. Es gibt zwei Möglichkeiten, um die Feldauswahl mit beeinflussenden Feldern zu steuern:

1. Sie steigen über die Funktionstaste Beeinflussend ein (siehe Abbildung 7.20), und es erscheinen die beeinflussenden Felder, für die Sie Werte eingeben können. Per Doppelklick wählen Sie das Feld aus, das Sie bewerten wollen.
   - Sie sehen nun alle Felder, die in Abhängigkeit von dem beeinflussenden Wert modifiziert werden können. Abbildung 7.21 zeigt einen Ausschnitt – hier wurde der Transaktionscode als beeinflussendes Feld gewählt.

Abbildung 7.21 Beeinflussendes Feld

   - Im Feld Beeinfluss.Wert geben Sie den anzupassenden Wert ein (Transaktionscode in Abbildung 7.21) und passen die Feldauswahl der modifizierbaren Felder an. Anschließend sichern Sie Ihre Eingaben.
   - Bei Bedarf pflegen Sie weitere Einträge für das beeinflussende Feld oder wählen weitere beeinflussende Felder aus, für die Sie Werte pflegen und Felder modifizieren wollen.

2. Steigen Sie über die Funktionstaste MODIFIZIERBAR ein, und springen Sie in die Liste der modifizierbaren Felder.
   - Wählen Sie dort per Doppelklick ein modifizierbares Feld aus, zu dem Sie beeinflussende Werte pflegen wollen.
   - Es erscheinen alle beeinflussenden Felder. Positionieren Sie den Cursor auf einem beeinflussenden Feld, zu dem Sie einen Wert hinterlegen möchten, und wählen Sie die Funktionstaste NEUE WERTE. Es erscheint ein Dialogfenster. In Abbildung 7.22 wurde die Belegart (statt des Transaktionscodes) als beeinflussendes Feld gewählt.

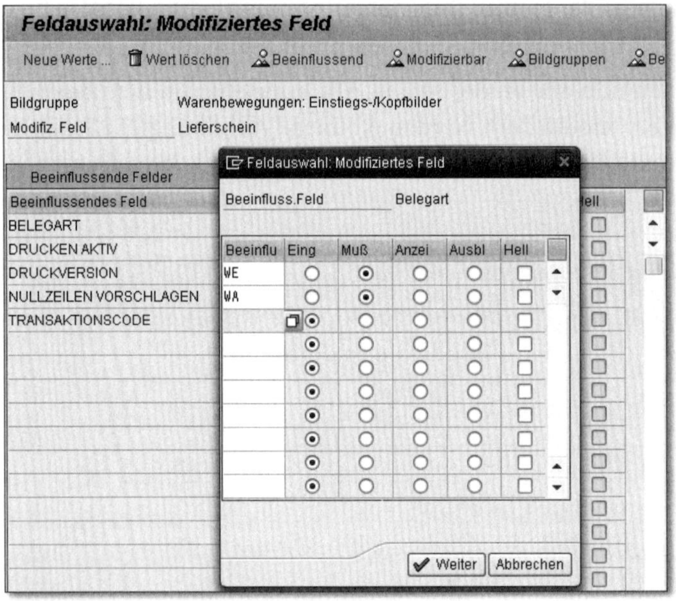

Abbildung 7.22 Modifiziertes Feld

   - Pflegen Sie Werte und Kennzeichen des zu beeinflussenden Feldes, und übernehmen Sie die Einträge mit WEITER.
   - Abschließend sichern Sie die Einträge.

Im nächsten Abschnitt geht es um die Einstellmöglichkeiten für Enjoy-Transaktionen.

7.5.2 Enjoy-Transaktionen

Seit dem SAP R/3-Release 4.6 können Warenbewegungen mit den komfortableren und zugleich komplexeren Enjoy-Transaktionen MIGO (Warenbewegung) und MIGO_GI, MIGO_GR, MIGO_GS und MIGO_TR erfasst werden. Zu den Einstellungen für Enjoy-Transaktionen gehören die Feldauswahl MIGO und die Feldauswahl pro Bewegungsart.

Feldauswahl bei MIGO

In der Feldauswahl für die MIGO-Transaktionen können Sie beispielsweise nicht benötigte Felder oder Drucktasten ausblenden oder dringend benötigte Datenfelder als Mussfeld definieren. Die Einstellungen gelten für alle Vorgänge und Bewegungsarten.

Mögliche Beispiele für solche Voreinstellungen:

- Felder LIEFERSCHEIN und FRACHTBRIEF als Muss-Eingabefeld für die automatische Wareneingangsabrechnung definieren
- Warenbegleitscheinnummer (GOHEAD-XABLN) für Länder wie Italien einblenden
- Bestellwerk (GODYNPRO-PO_WERKS) einblenden, weil es zur Selektion bei bestellbezogenen Warenbewegungen benötigt wird
- Druckkennzeichen ausblenden, falls Sie keine Warenbegleitscheine drucken möchten, weil Sie beispielsweise mit mobiler Datenerfassung und Barcodes an der Ware arbeiten

Die Einstellungen für die Transaktion MIGO werden in der Transaktion OMJX (Feldauswahl WE aus Fremdbeschaffung) durchgeführt. Sie rufen die Transaktion im IMG mit folgender Aktivität auf: MATERIALWIRTSCHAFT • BESTANDSFÜHRUNG UND INVENTUR • EINSTELLUNGEN FÜR ENJOYTRANSAKTIONEN • EINSTELLUNGEN FÜR WARENBEWEGUNGEN (MIGO) • FELDAUSWAHL FÜR MIGO. Die für die Feldauswahl der Warenbewegungen mit Enjoy-Transaktionen relevanten Bildschirmbilder gehören zur Bildgruppe FELDAUSWAHL MIGO. Die zweite Bildgruppe TABELLENFELDER WE AUS FREMDBESCHAFFUNG, die Sie in dieser Transaktion vorfinden, enthält aktuell keine Felder.

Für die Transaktion MIGO sind in der Standardauslieferung alle modifizierbaren Felder eingabebereit, mit Ausnahme von Warenbegleitscheinnummer (GOHEAD-XABLN), Bestellwerk (GODYNPRO-PO_WERKS) und Herstellerteilenummer (GOITEM-EMATN). Das HTN-Material wird angezeigt, die anderen beiden Felder sind ausgeblendet.

[+] **Feldauswahl bei der Transaktion MIGO**

Es werden nicht alle Einstellungen in die Transaktion MIGO übernommen – siehe SAP-Hinweise 329334 (MIGO Feldauswahl: nicht alle Einstellungen möglich) und 382998 (Darstellung von Mussfeldern in der MIGO).

- Für nicht chargenpflichtiges Material wird das Feld CHARGE grundsätzlich ausgeblendet.
- Das Feld LAGERORTSCHLÜSSEL darf nicht eingabebereit sein, wenn das Anwendungsprogramm das Feld LGORT (Lagerort) nur als Anzeigefeld zulässt, weil LGOBE (Lagerortbeschreibung) eingabebereit ist.
- Die Eigenschaft »Musseingabe« können Sie nur für Kopffelder mit der Bezeichnung GOHEAD... und bei Positionsfeldern mit der Bezeichnung GOITEM... einstellen. Nicht gefüllte Musseingabe-Felder werden automatisch »hell« dargestellt.
- Die Steuerung der Eigenschaft »hell« wird systemseitig ebenso wenig unterstützt wie die Steuerung abhängig von einem beeinflussenden Wert (obwohl es in Abbildung 7.23 aussieht, als ob dies so sei).

Abbildung 7.23 Modifizierbare Felder bei Feldauswahl MIGO

Zusätzlich zu den Kopf- und Positionsfeldern können Sie die Feldauswahl bei Enjoy-Transaktionen auch abhängig von der Bewegungsart einstellen.

Feldauswahl pro Bewegungsart

Für alle Enjoy-Transaktionen werden die Einstellungen der Feldauswahl zur Bewegungsart in diesem Arbeitsschritt gepflegt. Die Einstellungen in den anderen Aktivitäten zur bewegungsartabhängigen Feldauswahl haben nur noch Auswirkungen auf die alten MB*-Transaktionen. Dies gilt auch für die Einstellung der Feldauswahl bei manueller Kontierung sowie für die Feldauswahl des Grundes der Bewegung (siehe Abschnitt 7.6.1, »Grund der Bewegung«).

In der Feldauswahl pro Bewegungsart sehen Sie die Liste aller Felder, die abhängig von bestimmten Bewegungsarten eingabebereit sind, als Muss- oder als Kann-Eingabefeld eingestellt.

- Wollen Sie ein Feld ausblenden, löschen Sie den entsprechenden Eintrag aus der Tabelle MIGO_CUST_FIELDS (Feldauswahl pro Bewegungsart).
- Ebenso können Sie auch neue Einträge in der Tabelle MIGO_CUST_FIELDS erfassen, wenn Sie zu einer Bewegungsart weitere Felder einblenden möchten.

Die Einträge in der Tabelle MIGO_CUST_FIELDS nehmen Sie mit dem gleichnamigen Pflegedialog MIGO_CUST_FIELDS vor. Sie rufen den Pflegedialog im IMG mit folgender Aktivität auf: Materialwirtschaft • Bestandsführung und Inventur • Einstellungen für Enjoytransaktionen • Einstellungen für Warenbewegungen (MIGO) • Feldauswahl pro Bewegungsart. Einen Ausschnitt aus dem Pflegedialog sehen Sie in Abbildung 7.24.

Für die Bewegungsart 101 sind die Felder CUSTNAME (Kunde), SGTXT (Text) und WEMPF (Warenempfänger) eingabebereit und auf Kanneingabe gesetzt. Das Feld Grund ist bei der Bewegungsart 122 auf Musseingabe gesetzt und somit ein Pflichtfeld.

Neue Felder können Sie aufnehmen, indem Sie aus der Liste der Eingabemöglichkeiten auswählen. Die sieben Eingabemöglichkeiten für die Bewegungsart 101 sehen Sie in Abbildung 7.25.

Das Feld Grund gehört auch zu den zusätzlichen Eingabemöglichkeiten bei der Bewegungsart 101. Stellen Sie das Feld nur dann auf eingabebereit, wenn Sie auch tatsächlich für diese Bewegungsart Gründe verwenden wollen (siehe Abschnitt 7.6.1, »Grund der Bewegung«).

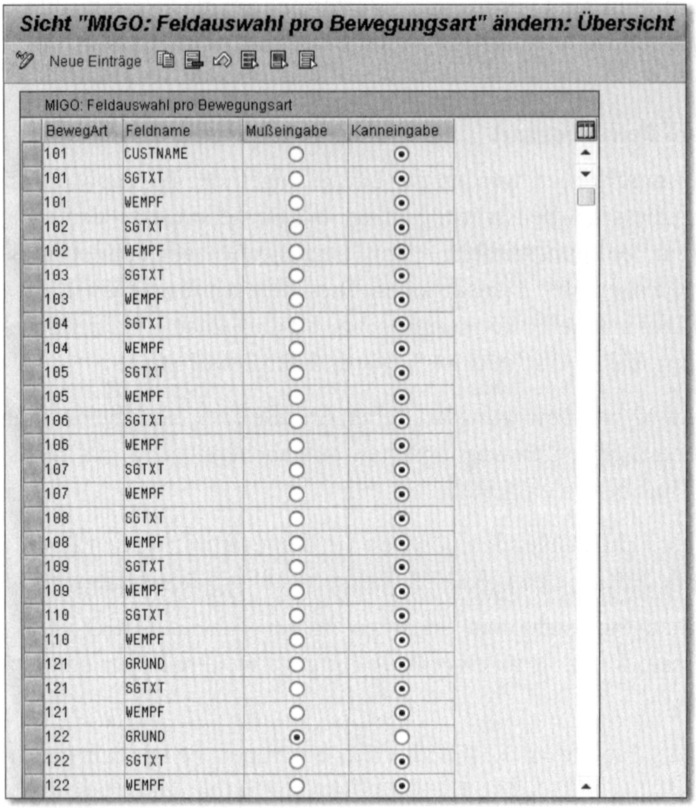
Sicht "MIGO: Feldauswahl pro Bewegungsart" ändern: Übersicht

Neue Einträge

MIGO: Feldauswahl pro Bewegungsart

BewegArt	Feldname	Mußeingabe	Kanneingabe
101	CUSTNAME	○	◉
101	SGTXT	○	◉
101	WEMPF	○	◉
102	SGTXT	○	◉
102	WEMPF	○	◉
103	SGTXT	○	◉
103	WEMPF	○	◉
104	SGTXT	○	◉
104	WEMPF	○	◉
105	SGTXT	○	◉
105	WEMPF	○	◉
106	SGTXT	○	◉
106	WEMPF	○	◉
107	SGTXT	○	◉
107	WEMPF	○	◉
108	SGTXT	○	◉
108	WEMPF	○	◉
109	SGTXT	○	◉
109	WEMPF	○	◉
110	SGTXT	○	◉
110	WEMPF	○	◉
121	GRUND	○	◉
121	SGTXT	○	◉
121	WEMPF	○	◉
122	GRUND	◉	○
122	SGTXT	○	◉
122	WEMPF	○	◉

Abbildung 7.24 MIGO-Feldauswahl pro Bewegungsart

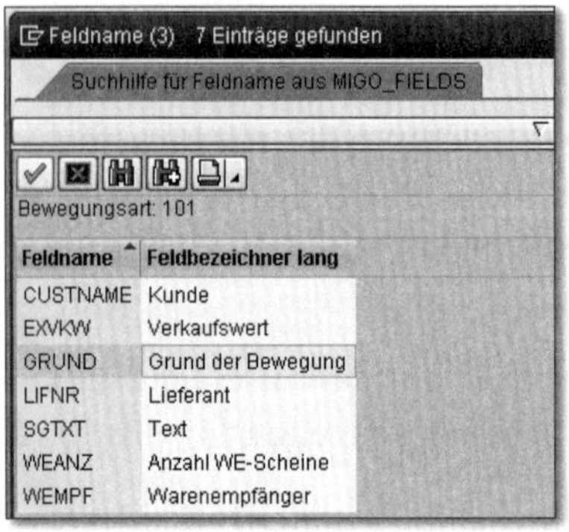
Feldname (3) 7 Einträge gefunden

Suchhilfe für Feldname aus MIGO_FIELDS

Bewegungsart: 101

Feldname	Feldbezeichner lang
CUSTNAME	Kunde
EXVKW	Verkaufswert
GRUND	Grund der Bewegung
LIFNR	Lieferant
SGTXT	Text
WEANZ	Anzahl WE-Scheine
WEMPF	Warenempfänger

Abbildung 7.25 Eingabemöglichkeiten für Bewegungsart 101

Mehr Felder, die in der Feldauswahl pro Bewegungsart auf eingabebereit gesetzt werden können, gibt es bei Bewegungsarten ohne Bezug zu einer Bestellung, beispielsweise bei Verbrauchsbuchungen mit 261.

Feldauswahl bei Bewegungen mit Sonderbeständen [+]

Bei der Feldauswahl pro Bewegungsart gibt es keine Unterscheidung zwischen den Sonderbestandskennzeichen. Sonderbestandsfelder werden automatisch eingeblendet.

Wie Sie die Customizing-Tabelle MIGO_CUST_FIELDS mit dem Pflegedialog MB_156 über die Transaktion OMJJ (Customizing Neue Bewegungsarten) pflegen, erfahren Sie in Abschnitt 7.6.2, »Bewegungsarten einstellen«.

Außer der Feldauswahl bei Anwendertransaktionen werden noch einige weitere Funktionen abhängig von der Bewegungsart gesteuert, beispielsweise das automatische Anlegen von Lagerortdaten im Materialstamm, die Mindesthaltbarkeitsprüfung und die Bestandsfindung. Bewegungsartenabhängiges Customizing ist Thema des nächsten Abschnitts.

7.6 Warenbewegungen

Die Warenbewegungen eines Unternehmens können folgendermaßen eingeteilt werden:

- **Wareneingänge**
  Warenbewegungen, die zu einer Erhöhung des Lagerbestandes führen und der Erhöhung der Verfügbarkeit dienen. Zu den gängigsten Wareneingängen zählen Warenanlieferungen vom externen Lieferanten und aus der internen Produktion.
- **Warenausgänge**
  Warenbewegungen, die zu einer Minderung des Lagerbestandes führen und der Versorgung von Produktion und Versand dienen. Zu den gängigsten Warenausgängen zählen Materialentnahmen für Fertigungsaufträge und Auslieferungen.
- **Umbuchungen/Umlagerungen**
  Warenbewegungen, die zu einer Änderung der charakteristischen Merkmale vorhandener Bestände führen. Der Begriff *Umbuchung* ist auch Oberbegriff für Bestandsumbuchungen mit und ohne *echte Warenbewegung*.
  - Ein Änderung der Bestandsqualifikation von S (gesperrt) auf F (frei) sowie die Umbuchung eines Lieferantenkonsignationsbestandes in den eigenen Bestand zählen zu den Umbuchungen ohne Umlagerung.
  - Umlagerungen von einem Lagerort zum anderen zählen zu den *physischen* Umlagerungen.

Eine weniger geläufige Einteilung unterscheidet externe und interne Warenbewegungen.

- Zu den *externen Warenbewegungen* zählen hierbei beispielsweise Zugänge aus Bestellvorgängen vom Lieferanten sowie Abgänge zur Kundenbelieferung.
- Zu den *internen Warenbewegungen* zählen Zugänge an selbst produziertem Material und Umbuchungen innerhalb eines Lagerortes.

In SAP ERP werden die Eigenschaften von Warenbewegungen mit unterschiedlichen Bewegungsarten charakterisiert. Im Customizing können Sie vorhandene Bewegungsarten an Ihre Anforderungen anpassen und eigene Bewegungsarten anlegen.

Einen schnellen Überblick über die Schlüssel aller Bewegungsarten erhalten Sie in der Customizing-Tabelle T156 (Bewegungsart), und einen Ausschnitt sehen Sie in der Data-Browser-Standardliste (Transaktion SE16) in Abbildung 7.26 (zu Bedeutung und Einstellung der einzelnen Felder siehe Abschnitt 7.6.2, »Bewegungsarten einstellen«).

Die Schlüssel mit der um eins höheren Zahl gehören oft der zugehörigen Storno-Bewegungsart an:

- Sie stornieren einen falsch verbuchten Wareneingang zur Bestellung (101) mit der Bewegungsart 102 – nicht zu verwechseln mit der Rücklieferung an den Lieferanten, die Sie mit 122 buchen würden.
- Eine falsch verbuchte Entnahme auf der Kostenstelle (201) buchen Sie mit 202 zurück ins Lager.
- Auf einen Fertigungsauftrag verbuchtes Material (261), das Sie nicht verbraucht haben, buchen Sie mit 262 zurück ins Lager etc.

Die Schlüssel der SAP-Bewegungsarten sind zwar traditionell dreistellige Zahlen, aber das Feld BWART (Bewegungsart (Bestandsführung)) ist vom Datentyp her eine Zeichenfolge (CHAR). Deswegen sind auch Buchstaben und Sonderzeichen beim Anlegen eines neuen Schlüssels für eine Bewegungsart erlaubt.

Die Eingabebereitschaft des Feldes GRUND beim Erfassen von Warenbewegungen stellen Sie für alle Bewegungsarten individuell ein.

Bewegungsart	Soll/Haben	Pos drucken	Steuerung Grund	BuchungsStr-Ref	BewegText
101	S	1	-	101	WE Wareneingang
102	H	1	-	101	WE zur Best. Storno
103	S	1	-	103	WE in Sperrbestand
104	H	1	-	103	WE in Sperrb Storno
105	S	1	-	105	WE aus Sperrbestand
106	H	1	-	105	WE aus Sperrb Storno
107	S	1	-	107	
108	H	1	-	107	
109	S	1	-	109	
110	H	1	-	109	
121	H			121	WE Nachverrechnung
122	H	2	+	101	WR Rückl. an Liefer
123	S	1	-	101	WR Rückl. Liefer St.
124	H	1	+	103	WE Rückl. Sperrb.
125	S	1	-	103	WE Rückl. Sperrb. St
131	S	1	-	131	Wareneingang
132	H	1	-	131	Wareneingang
141	S	1	-	141	WE W-Nachverrechnung
142	H	1	-	141	WE W-Nachverrechnung
161	H	2	.	161	WE Retoure
162	S	1	-	161	WE Retoure Storno
201	H	1	-	201	WA für Kostenstelle
202	S	1	-	201	WR für Kostenstelle
221	H	1	-	201	WA für Projekt
222	S		-	201	WR für Projekt
231	H	1	-	231	WA für Kundenauftrag
232	S		-	231	WR für Kundenauftrag
241	H	1	-	241	WA für Anlage
242	S		-	241	WR für Anlage
251	H	1	-	201	WA für Verkauf
252	S	1	-	201	WR für Verkauf
261	H	1	-	201	WA für Auftrag
262	S	1	-	201	WR für Auftrag
281	H	1	-	281	WA für Netzplan
282	S	1	-	281	WR für Netzplan
291	H	1	-	201	WA alle Kontierungen
292	S	1	-	201	WR alle Kontierungen
301	H	1	-	301	UL Umlagern WK an WK
302	S		-	301	UR Umlagern WK an WK
303	H		-	303	UL Auslagern an Werk
304	S		-	303	UR Auslagern an Werk
305	S		-	305	UL Einlagern im Werk
306	H		-	305	UR Einlagern im Werk
309	H		-	309	UL Umbuch Mat an Mat
310	S		-	309	UR Umbuch Mat an Mat
311	H		-	311	UL Umlagern im Werk
312	S		-	311	UR Umlagern im Werk

Abbildung 7.26 Ausschnitt aus Tabelle T156 mit SE16-Standardliste

7.6.1 Grund der Bewegung

Der Grund für Warenbewegungen ist ein vierstelliger Schlüssel, den Sie beim Buchen der Warenbewegung mitgeben können. Der Grund wird mit dem Materialbeleg gespeichert und ist anschließend mit der Transaktion MBGR (Materialbelege zum Grund der Bewegung anzeigen) auswertbar. Sie finden diese Auflistung im Anwendungsmenü unter MATERIALWIRTSCHAFT • BESTANDSFÜHRUNG • UMFELD • LISTANZEIGEN • GRUND DER BEWEGUNG.

Die Gründe werden im Customizing je Bewegungsart definiert. Zuvor stellen Sie in der Feldauswahl für die gewählte Bewegungsart sicher, dass der Grund eingabebereit ist (siehe Abschnitt 7.5, »Feldauswahl«). Sinnvolle Anwendungen für Gründe sind beispielsweise:

- Rücklieferungen zum Lieferanten
- Annahme von Kundenretouren
- Verschrottungsbuchungen
- Bestandsdifferenzen allgemein
- Inventurbuchungen

Pro Bewegungsart können Sie folgende Einstellungen in der Transaktion OMBS (Gründe für Bewegungen) vornehmen:

- Eingabebereitschaft einstellen (obligatorisch/möglich/nicht möglich)
- Schlüssel und Text für Begründung definieren

Im IMG wählen Sie hierfür die Aktivität MATERIALWIRTSCHAFT • BESTANDSFÜHRUNG UND INVENTUR • BEWEGUNGSARTEN • GRUND FÜR WARENBEWEGUNGEN HINTERLEGEN. Zuerst prüfen Sie hier die Eingabebereitschaft.

Eingabebereitschaft

Die Eingabebereitschaft für Bewegungsgründe wird bei Enjoy-Transaktionen über die Feldauswahl gesteuert (siehe Abbildung 7.24). In Abbildung 7.27 sehen Sie die Einstellungen zur Steuerung der Eingabebereitschaft bei den herkömmlichen Transaktionen.

Abbildung 7.27 Sicht »Steuerung Grund der Bewegung«

- Bei der Bewegungsart 101 (WE Wareneingang) ist es nicht üblich, einen Grund einzugeben, das Feld wird hier ausgeblendet.
- Bei der Bewegungsart 121 (WE Nachverrechnung) ist der Grund eingabebereit, ein Grund kann eingegeben werden.
- Zwingend ist die Begründung bei 122 (WR Rücklieferung an Lieferant), der Grund muss eingegeben werden.

Als Nächstes definieren Sie Ihre speziellen Gründe.

Gründe

Gründe für die Warenbewegung benötigen Sie für alle Bewegungsarten, bei denen das Feld GRUND eingabebereit ist. Sie definieren Ihre eigenen Schlüssel und Texte zur Begründung der Warenbewegung. In Abbildung 7.28 sehen Sie eigene Gründe für die Bewegungsart 122.

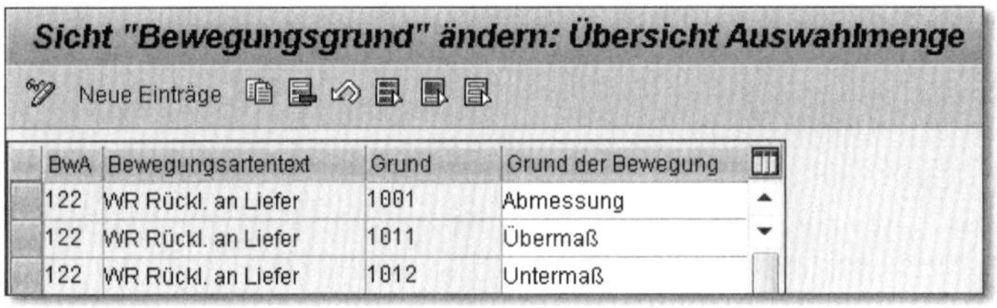
Sicht "Bewegungsgrund" ändern: Übersicht Auswahlmenge

Neue Einträge

BwA	Bewegungsartentext	Grund	Grund der Bewegung
122	WR Rückl. an Liefer	1001	Abmessung
122	WR Rückl. an Liefer	1011	Übermaß
122	WR Rückl. an Liefer	1012	Untermaß

Abbildung 7.28 Gründe für Bewegungsart 122

Die erste Stelle des maximal vierstelligen Schlüssels für den Grund der Warenbewegung kann beispielsweise für eine Organisationseinheit oder irgendeinen zuständigen Bereich stehen. Dadurch bleiben noch drei Stellen für die eigentliche Begründung. In meinem Beispiel sind das Abmessungen im Allgemeinen sowie Übermaße und Untermaße. Solche Gründe für Rücklieferungen an Lieferanten könnten mit dem Qualitätsmanagement abgestimmt werden. Anhand der Bewegungsart 122 wird daher ein kurzer Exkurs zum Thema Qualitätsmanagement vorgenommen.

Exkurs: Qualitätsmanagement

Sofern Sie das Qualitätsmanagement in der Beschaffung einsetzen, können Sie die Gründe mit QM-Fehlercodes abstimmen. Wenn die Rücklieferungen mit dem entsprechenden Grund gebucht werden, sehen Sie die Fehlerursache dadurch zusätzlich im Materialbeleg.

Die Codes für Fehlerarten finden Sie mit der Transaktion QS41 (Katalog pflegen). In Ihrem IMG-Projekt wählen Sie dazu den Pfad Qualitätsmanagement • Qualitätsplanung • Grundlagen • Katalog • Kataloge bearbeiten oder auch den Pfad Qualitätsmanagement • Qualitätsprüfung • Prüflosabschluss • Katalog für Verwendungsentscheide pflegen. Mit der Aktivität Codegruppen und Codes bearbeiten rufen Sie die Transaktion QS41 (Katalog pflegen) auf. Eine Auswahl der Codes für die Katalogart 9 (Fehlerarten), Codegruppe QM-M sehen Sie in Abbildung 7.29.

Die Fehlercodes der Codegruppe QM-M (Mechanik-Teilefertigung) sind beispielsweise 1 (Abmessung), 11 (Übermaß) oder 12 (Untermaß). Diese Fehlercodes habe ich in Abbildung 7.28 mit einer 1 als Präfix in die Gründe für die Bewegungsart 122 eingebaut (Spalte Grund).

Abbildung 7.29 Fehlerarten aus dem QM-Katalog

Für Ihre eigenen Anwendungen in QM können Sie Codegruppen und Fehlercodes so definieren, dass diese den Warenbewegungen aus dem QM zugeordnet werden können.

1. Die Bewegungsarten für Bestandsbuchungen aus dem QM ordnen Sie mit der Transaktion QS51 (Auswahlmengen bearbeiten) indirekt den Codes aus der Katalogart 3 (Verwendungsentscheide) zu.

   Die Transaktion QS51 rufen Sie über denselben IMG-Pfad auf wie die Transaktion QS41. Wählen Sie dafür aber die Aktivität Auswahlmengen bearbeiten. Mit dieser Aktivität definieren Sie für Ihr Werk Auswahlmengen bei den dafür vorgesehenen Katalogarten. Die Auswahlmengen werden in der Tabelle QPAC (Prüfkatalog Codes zur Auswahlmenge) verwaltet.

2. In den Auswahlmengen aus dem Katalog 3 (Verwendungsentscheide) können Sie Buchungsvorschläge aus dem Arbeitsvorrat in der Tabelle TQ07M (QM: Bestandsbuchungen bei Verwendungsentscheid) für die einzelnen Codes zum Verwendungsentscheid hinterlegen. Bei den Codes für Rückweisungen an den Lieferanten wird üblicherweise aus dem Buchungsvorschlag VMENGE07 (Rücklieferung) die Bewegungsart 122 für Q-Bestände und für freie Bestände ermittelt. Die Gründe für diese Bewegungsart können Sie mit dem QM abstimmen.

7.6.2 Bewegungsarten einstellen

Die Einstellungen für Bewegungsarten werden in mehreren Tabellen verwaltet. Die allgemein gültigen Einstellungen zur Bewegungsart finden Sie in der Tabelle T156 (Bewegungsart). Die Pflege der Bewegungsart erfolgt in mehreren Sichten (Pflegedialogen).

Für das komplette Customizing der Bewegungsarten steht Ihnen die Transaktion OMJJ (Customizing Neue Bewegungsarten) zur Verfügung. Mit dieser Transaktion können Sie sowohl vorhandene Bewegungsarten einstellen als auch Bewegungsarten anlegen. In Ihrem IMG-Projekt wählen Sie hierfür die Aktivität Materialwirtschaft • Bestandsführung und Inventur • Bewegungsarten • Bewegungsarten kopieren, ändern.

1. In dem zuerst erscheinenden Popup Feldauswahl haben Sie die Möglichkeit, gezielt in die Transaktion einzusteigen, indem Sie Ihren Arbeitsbereich auf eine Teilmenge der existierenden Bewegungsarten einschränken – beispielsweise wenn Sie sich für Bewegungsarten interessieren, bei denen das Kennzeichen Lagerort automatisch anlegen gesetzt ist. Alternativ können Sie auch alle Bewegungsarten ohne Einschränkung in Ihren Arbeitsbereich laden.

   Um gezielt Bewegungsarten anhand ihres Schlüssels auszuwählen, markieren Sie das Auswahlfeld Bewegungsart (siehe Abbildung 7.30).
2. Bestätigen Sie die Eingabe.
3. Legen Sie anschließend Ihren Arbeitsbereich fest, indem Sie die Bewegungsart angeben (siehe Abbildung 7.31).
4. Sie haben nun die Möglichkeit, einen Einzelwert oder ein Intervall für Ihre Selektion einzugeben. Klicken Sie hierzu den Button Weitere Selektionsbedingungen an. Diese wären z.B. andere Vergleichsoperatoren wie <, <=, <> etc. Außerdem könnten Sie eine weitere Feldauswahl Anhängen.

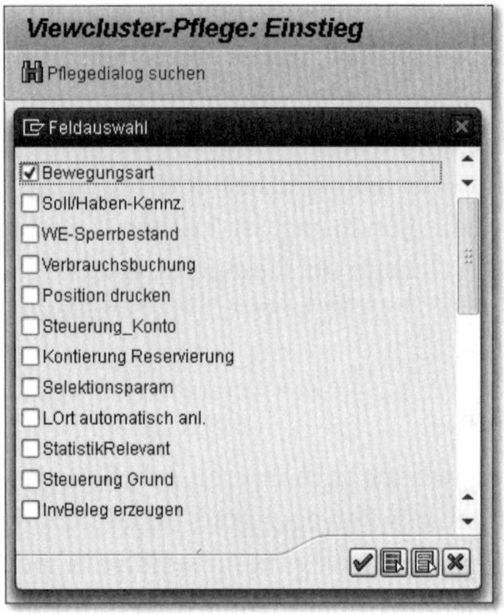

Abbildung 7.30 Einstieg in Transaktion OMJJ

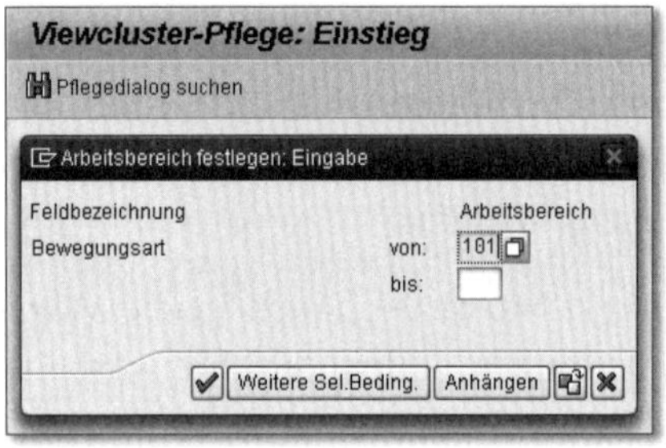

Abbildung 7.31 Arbeitsbereich festlegen

5. Bei Arbeitsbereichen mit mehreren Bewegungsarten können Sie die einzelnen Detailbilder durchblättern, nachdem Sie aus der Auflistung in der rechten Bildhälfte eine Bewegungsart ausgewählt haben (siehe Abbildung 7.32). Ich habe lediglich die Bewegungsart 101 als Arbeitsbereich ausgewählt.
6. Durch Bestätigung der Eingabe springen Sie gezielt in das Detailbild der ausgewählten Bewegungsart, hier 101.
7. Das Detailbild der Bewegungsart entspricht dem Pflegedialog V_156_VC (Definition neuer Bewegungsarten). Im Kasten DIALOGSTRUKTUR, den Sie in der linken Bildhälfte sehen, entspricht dieser Dialog der obersten Stufe. Darunter können Sie eine Reihe weiterer Pflegedialoge aufrufen:
   - Kurztexte
   - Erlaubte Transaktionen

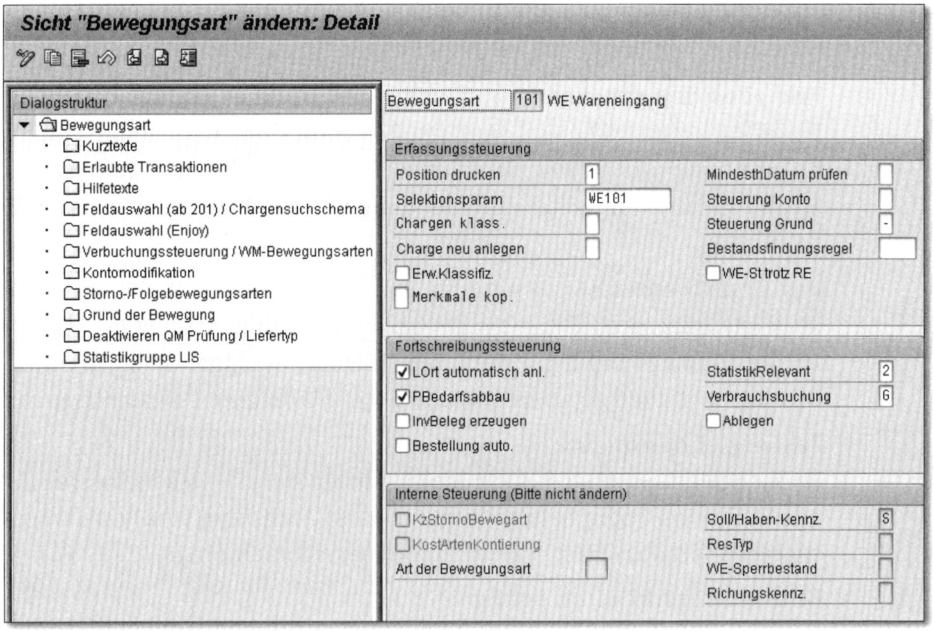

Abbildung 7.32 Bewegungsart 101

- Hilfetexte
- Feldtexte (ab 201) / Chargensuchschema
- Feldauswahl (Enjoy)
- Verbuchungssteuerung / WM-Bewegungsarten
- Kontomodifikation
- Storno-/Folgebewegungsarten
- Grund der Bewegung
- Deaktivieren QM-Prüfung / Liefertyp
- Statistikgruppe LIS

Im Dialog Bewegungsart können Sie die allgemein bei der Bewegungsart gültigen Eigenschaften beim Erfassen und Fortschreiben von Warenbewegungen pflegen. Im Folgenden beschreibe ich nun die einzelnen Einstelloptionen anhand der Bewegungsart 101.

Dialog »Bewegungsart«

Bevor die einzelnen Pflegedialoge erläutert werden, gehe ich kurz auf die Parameter im Dialog Bewegungsart ein.

Erfassungssteuerung

Betrachten wir zunächst den Baustein ERFASSUNGSSTEUERUNG.

- **Feld »Position drucken«**

  Das »Druckkennzeichen« steuert den Belegdruck. Zusammen mit anderen Kennzeichen wird in der Nachrichtenfindung für die Bewegungsart die Nachrichtenart ermittelt (siehe Abschnitt 7.7, »Nachrichten der Bestandsführung«).

  Das Druckkennzeichen 1 steht für Materialbelegdruck allgemein, 2 für Rücklieferungen etc. Ohne ein Druckkennzeichen in diesem Feld würde zu der Warenbewegung kein Beleg gedruckt werden. Wie Sie eigene Druckkennzeichen definieren, können Sie in Abschnitt 7.7 nachlesen.

- **Feld »Selektionsparam«**

  Dieser Selektionsparameter für Einkaufslisten steuert, welche Informationen in Einkaufslisten beispielsweise bei der Auflistung von Bestellungen angezeigt werden. WE101 steht für offene Wareneingänge.

- **Feld »MindesthDatum prüfen«**

  Der Parameter »Mindesthaltbarkeits-/Herstelldatum prüfen« gibt an, ob und wie Daten erfasst und geprüft werden sollen. »Blank« steht für keine Prüfung.

- **Feld »Steuerung Konto«**

  Der Parameter »Kontofeld anzeigen oder ausblenden/manuelle Kontierung« steuert die Eingabebereitschaft von Sachkonten. »Blank« bedeutet, ein Sachkonto kann eingegeben werden.

- **Feld »Steuerung Grund«**

  Der Parameter »Steuerung Grund der Bewegung« steuert die Eingabebereitschaft für Bewegungsgründe (siehe Abschnitt 7.6.1, »Grund der Bewegung«). Der Eintrag »-« bewirkt, dass kein Grund eingegeben werden kann.

[+]

Felder »Steuerung Konto« und »Steuerung Grund«

Die hier gemachten Einstellungen zur Steuerung der Felder »Sachkonto« und »Grund« gelten nicht für die MIGO-Transaktionen. Für diese Transaktionen ist die Feldauswahl (Enjoy) ausschlaggebend.

- **Feld »Bestandsfindungsregel«**

  Dieses Feld steuert zusammen mit der werksabhängigen Bestandsfindungsgruppe die Bestandsfindungsstrategie. Das komplette Customizing für die unterschiedlichen Anwendungen der Bestandsfindung stellen Sie im IMG-Pfad MATERIALWIRTSCHAFT • BESTANDSFÜHRUNG UND INVENTUR •

BESTANDSFINDUNG ein. In der Standardauslieferung ist in keiner Bewegungsart eine Bestandsfindungsregel hinterlegt.

- **Feld »WE-St trotz RE«**
  Bei wareneingangsbezogener Rechnungsprüfung erlaubt der Parameter »WE-Storno bei WE-bezogener RP trotz Rechnung« eine Stornierung oder Rücklieferung, auch wenn die Rechnung bereits gebucht wurde. Dieser Parameter ist in der Standardauslieferung bei keiner Bewegungsart gesetzt.

Fortschreibungssteuerung
Folgende Parameter finden Sie im Baustein FORTSCHREIBUNGSSTEUERUNG vor:

- **Feld »LOrt automatisch anl.«**
  Der Parameter »Lagerort automatisch anlegen erlaubt« ermöglicht das automatische Anlegen von Lagerortdaten zum Material beim ersten anonymen Lagerortbestandszugang, wenn dies im Werk vorgesehen ist (siehe Abschnitt 7.4, »Werksparameter«). Bei Wareneingängen kann mit diesem Kennzeichen manueller Aufwand in der Materialstammpflege eingespart werden.
- **Feld »PBedarfsabbau«**
  Der Parameter »Bedarfsabbau bei Warenbewegungen« steuert, ob beim Buchen der Warenbewegung gegebenenfalls noch ein Bedarf zur Materialbelegposition abzubauen ist. Bei der Bewegungsart 101 führt das System diese Prüfung durch.
- **Feld »StatistikRelevant«**
  Der Parameter »Vorgang ist relevant für die Statistik« steuert die Fortschreibung der Warenbewegung im Bestands-Controlling. Der Eintrag 2 bewirkt eine Fortschreibung für Standardanalysen und Belegauswertungen. Nur wenige Bewegungsarten sind nicht relevant für die Statistik. Zu diesen wenigen gehören die Arten 103 (WE in Sperrbestand) und 104 (Storno Sperrbestand an Bestellung), weil der (unbewertete) WE-Sperrbestand nicht zu den verfügbaren Beständen zählt.
- **Verbrauchsbuchung**
  Mit diesem Parameter steuern Sie die Fortschreibung der Materialverbräuche. Das System schreibt in Abhängigkeit von Materialnummer, Werk, Geschäftsjahr und Periodenkennzeichen (in der Regel monatlich) in der Tabelle MVER (Materialverbräuche) die Materialverbräuche fort. Hierbei unterscheidet es zwischen Gesamtverbräuchen und ungeplanten Verbräuchen:
  - Für geplante Entnahmen wird der *Gesamtverbrauch* fortgeschrieben.
  - *Ungeplante Entnahmen* werden zusätzlich als ungeplanter Verbrauch fortgeschrieben.

Zur Beeinflussung der Materialprognosen können Sie im Materialstamm mit der Transaktion MM02 (Material ändern) zusätzlich sogenannte *korrigierte Werte* eintragen. Keine Auswirkung auf die Fortschreibung der Materialverbräuche haben beispielsweise werksinterne Umlagerungen und Warenbewegungen aus der Inventur.

Der Eintrag G steht für geplante Entnahmen (Gesamtverbrauch); mit dem Parameter R werden Bewegungen mit Bezug auf Reservierungen als geplant angesehen, U steht für ungeplante Entnahmen. Ohne Eintrag gibt es keine Fortschreibung. Beispiele für »R-Einträge« sind kontierte Entnahmen, wie z.B. mit der Bewegungsart 201 auf der Kostenstelle. Solche Entnahmen sind mit und ohne Reservierung buchbar. Den Wareneingang zur Bestellung können Sie nur mit Bezug zu einer Bestellung buchen. Der Wareneingang zur Bestellung führt allerdings nur bei kontierten Bestellpositionen direkt zu einem Verbrauch.

Interne Steuerung

Die internen Steuerungsparameter sind nur bei eigenen Bewegungsarten eingabebereit. Es gibt ein besonders wichtiges Feld, das bei jeder Bewegungsart gefüllt ist:

- **Feld »Soll/Haben-Kennz.«**

  Das Soll- und Habenkennzeichen zeigt an, um welche Art der Buchung es sich bei der erfassten Warenbewegung buchhalterisch handelt. Bestandszugänge sind Warenbewegungen mit dem Kennzeichen S (Sollbuchungen); Bestandsabgänge sind Warenbewegungen mit dem Kennzeichen H (Habenbuchung).

  Der Wareneingang zur Bestellung zählt somit zu den Sollbuchungen, Materialentnahmen für Kostenstellen und Aufträge zählen zu den Habenbuchungen. Eine Umlagerung besteht zunächst aus einer Auslagerung und wird deswegen intern als Habenbuchung angesehen. Entscheidend ist hierbei die erste Buchung, die durch die Warenbewegung ausgelöst wurde.

Weitere Details zur Kontenfindung lesen Sie in Abschnitt 8.3. In den folgenden Abschnitten werden nun alle weiteren Pflegedialoge der Dialogstruktur unterhalb der Sicht BEWEGUNGSART vorgestellt:

Kurztexte

Kurztexte beschreiben die Bewegungsart in den Anwendertransaktionen. Sie werden in der Customizing-Tabelle T156T (Bewegungsart Text) verwaltet. Sie rufen den Pflegedialog V_156T_VC in der Dialogstruktur mit einem

Doppelklick auf KURZTEXTE auf. Falls Sie mehrere Bewegungsarten im Arbeitsbereich haben, markieren Sie die gewünschte(n) Bewegungsart(en) vorher.

Sie pflegen die Kurztexte der Bewegungsart sprachabhängig in Kombination mit:

- **Sonderbestandskennzeichen**
  Sonderbestände werden für spezielle Abwicklungen separat im Bestand verwaltet.
- **Bewegungskennzeichen**
  Das Bewegungskennzeichen leitet sich vom Transaktionscode ab. Es gibt an, auf welchen Beleg sich die Warenbewegung bezieht, und beeinflusst die Fortschreibung von Daten und Konten.
- **Zugangskennzeichen**
  Für Umlagerbestellungen und gebundenes Leergut; für alle anderen Warenbewegungen bleibt das Feld leer (wie bei normalen Bestellungen).
- **Verbrauchskennzeichen**
  Warenbewegungen, die zu einem Verbrauch führen, werden durch ein Verbrauchskennzeichen spezifiziert. A (Anlage), E (Kundenauftrag), P (Projekt) und V (Verbrauch) sind als Eingabe möglich. Bei Bestellzugängen leitet sich das Kennzeichen aus dem Kontierungstyp ab.

Für jede Kombination dieser Merkmale können Sie einen separaten Text pflegen (siehe Abbildung 7.33).

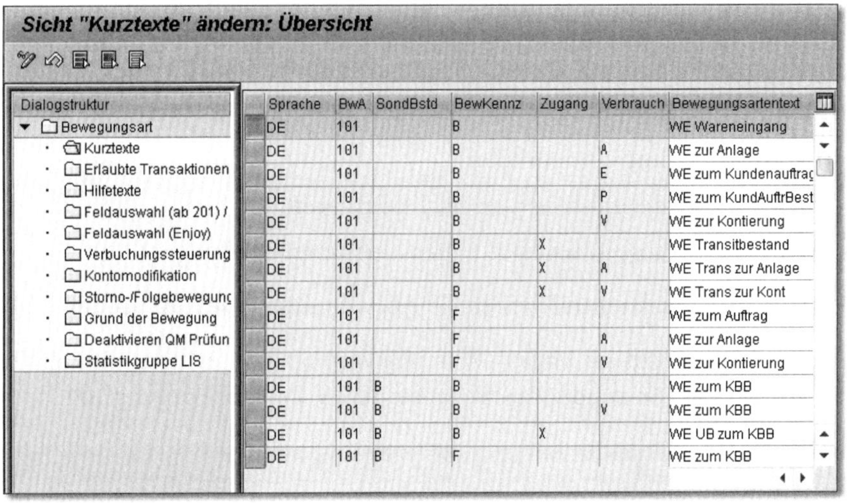
Sicht "Kurztexte" ändern: Übersicht

Dialogstruktur
- Bewegungsart
  - Kurztexte
  - Erlaubte Transaktionen
  - Hilfetexte
  - Feldauswahl (ab 201) /
  - Feldauswahl (Enjoy)
  - Verbuchungssteuerung
  - Kontomodifikation
  - Storno-/Folgebewegunç
  - Grund der Bewegung
  - Deaktivieren QM Prüfun
  - Statistikgruppe LIS

Sprache	BwA	SondBstd	BewKennz	Zugang	Verbrauch	Bewegungsartentext
DE	101		B			WE Wareneingang
DE	101		B		A	WE zur Anlage
DE	101		B		E	WE zum Kundenauftrag
DE	101		B		P	WE zum KundAuftrBest
DE	101		B		V	WE zur Kontierung
DE	101		B	X		WE Transitbestand
DE	101		B	X	A	WE Trans zur Anlage
DE	101		B	X	V	WE Trans zur Kont
DE	101		F			WE zum Auftrag
DE	101		F		A	WE zur Anlage
DE	101		F		V	WE zur Kontierung
DE	101	B	B			WE zum KBB
DE	101	B	B		V	WE zum KBB
DE	101	B	B	X		WE UB zum KBB
DE	101	B	F			WE zum KBB

Abbildung 7.33 Kurztexte für 101

Die Bewegungsart 101 wird mit und ohne Sonderbestände verwendet. Das Bewegungskennzeichen B steht für Warenbewegung zur Bestellung, F für Warenbewegung zum Auftrag. Der Schlüssel 101 wird sowohl für Bestellzugänge als auch für interne Zugänge mit und ohne direkten Verbrauch verwendet.

Erlaubte Transaktionen

Die zur Bewegungsart erlaubten Transaktionen werden in der Steuerungstabelle T158B (Prüftabelle Bewegungsart zu Transaktionscode) verwaltet. Sie rufen den Pflegedialog V_158B_VC in der Dialogstruktur mit einem Doppelklick auf Erlaubte Transaktionen auf.

Buchen Sie Ihre Warenbewegungen soweit möglich mit der Enjoy-Transaktion MIGO (Warenbewegung). Die gleichen Warenbewegungen können aber auch weiterhin mit herkömmlichen Transaktionen gebucht werden, z.B.:

- MB01 (Wareneingang zur Bestellung buchen)
- MB0A (Wareneingang Bestellung unbekannt)
- MB11 (Warenbewegung)
- MB1A (Warenentnahme)
- MB1B (Umbuchung)
- MB1C (Wareneingang Sonstige)

Diese »alten« Transaktionen eignen sich besser für Batch-Input-Anwendungen zum Einspielen von Warenbewegungen mit der Transaktion SM35 (Batch-Input Monitoring). Zusätzlich gibt es spezielle Transaktionen für manche Anwendungen, die Warenbewegungen (indirekt) auslösen können:

- HUMO (Handling-Unit-Monitor)
- MF42N (Sammelerfassung von Rückmeldungen)
- ML81N (Leistungserfassung für Dienstleistungsbestellungen)

Auch solche Transaktionen erlauben Sie je Bewegungsart (siehe Abbildung 7.34).

Neben der Transaktion MIGO (Warenbewegung) gibt es noch eine ganze Anzahl weiterer Anwendertransaktionen für die Warenbewegung 101.

[+] **Transaktionscodes ohne Text**

Bei Gelegenheit können im Rahmen einer Bereinigungsaktion Einträge mit nicht (mehr) existierenden Transaktionscodes, wie MF40 und MF43, aus der Steuerungstabelle der Standardauslieferung gelöscht werden.

Abbildung 7.34 Erlaubte Transaktionen für Bewegungsart 101

Hilfetexte

Die Hilfetexte werden für Suchhilfen und auf der Liste der erlaubten Bewegungsarten zu einer Transaktion verwendet. Verwaltet werden sie in der Steuerungstabelle T157H (Hilfetexte zur Bewegungsart). Den Pflegedialog V_157H_VC rufen Sie in der Dialogstruktur mit einem Doppelklick auf HILFETEXTE auf. Sie pflegen die Hilfetexte der Bewegungsart sprachabhängig in Kombination mit dem Sonderbestandskennzeichen und dem Transaktionscode (sollte erlaubt sein, siehe vorherigen Abschnitt).

Hilfetexte sind bis zu 60 Zeichen lang (siehe Abbildung 7.35).

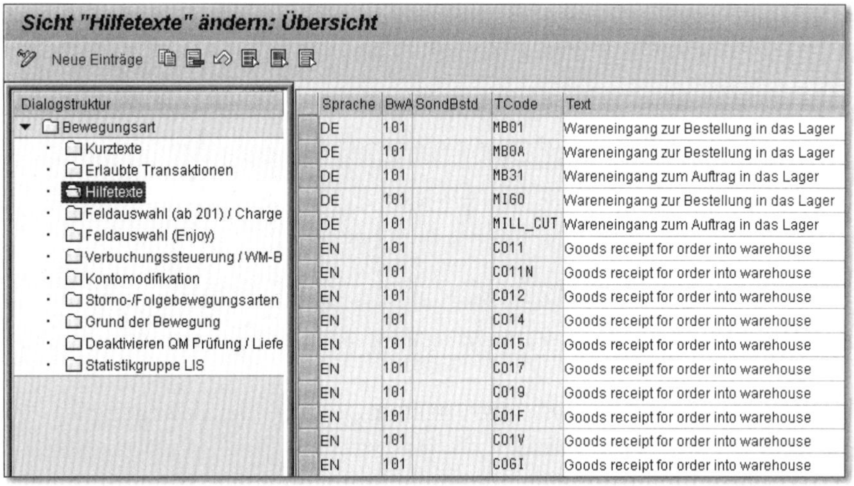

Abbildung 7.35 Hilfetexte für Bewegungsart 101

Folgende deutsche Hilfetexte für die Bewegungsart 101 gibt es in Abhängigkeit vom Transaktionscode:

- Wareneingang zur Bestellung in das Lager
- Wareneingang zum Auftrag in das Lager

Bei Bedarf können Sie den Text transaktionsabhängig ändern.

Feldauswahl (ab 201)/Chargensuchschema

Die Feldauswahl ab der Bewegungsart 201 und das Chargensuchschema werden in der Customizing-Tabelle T156B (Bewegungsart Bildauswahl) verwaltet. Sie rufen den Pflegedialog V_156B_VC in der Dialogstruktur mit einem Doppelklick auf FELDAUSWAHL (AB 201) / CHARGENSUCHSCHEMA auf.

In der Standardauslieferung ist das Kennzeichen zur Prüfung der eingegebenen Charge nicht gesetzt. Eine solche Prüfung kann nur mit einem Suchschema stattfinden, und ein Chargensuchschema ist in der Standardauslieferung für keine Bewegungsart gepflegt. Wenn Sie ein Chargensuchschema benötigen, dann ist hier was zu tun.

Bei Bewegungsarten ab 201 (>=) können Sie für die Kombination Bewegungsart und Sonderbestandskennzeichen in ein Detailbild zum Einstellen der Feldauswahl abspringen. Einen Ausschnitt aus der Feldauswahl für die Bewegungsart 201 ohne Sonderbestandskennzeichen sehen Sie in Abbildung 7.36.

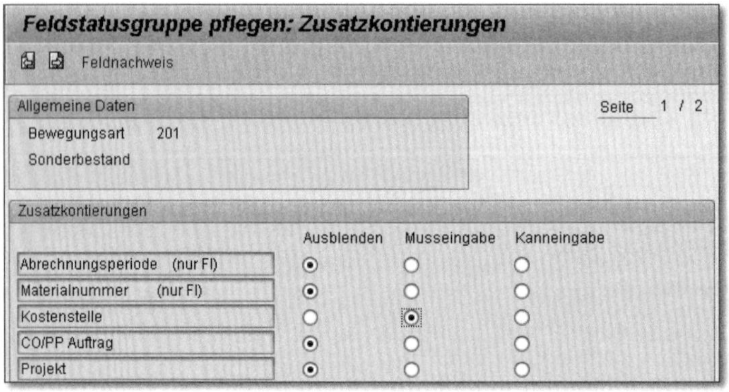

Abbildung 7.36 Feldstatusgruppe »Zusatzkontierungen« für Bewegungsart 201

In der Feldstatusgruppe ZUSATZKONTIERUNGEN ist bei der Bewegungsart 201 die Kostenstelle ein Pflichtfeld.

Feldauswahl (Enjoy)

Die Feldauswahl (Enjoy) wird in der Customizing-Tabelle MIGO_CUST_FIELDS (MIGO: Feldauswahl pro Bewegungsart) verwaltet; Sie rufen den Pflegedialog MB_156 in der Dialogstruktur mit einem Doppelklick auf FELDAUSWAHL (ENJOY) auf.

In Abschnitt 7.5.2, »Enjoy-Transaktionen«, wurde der bewegungsartenübergreifende Pflegedialog MIGO_CUST_FIELDS vorgestellt; den Pflegedialog MB_156 sehen Sie in Abbildung 7.37.

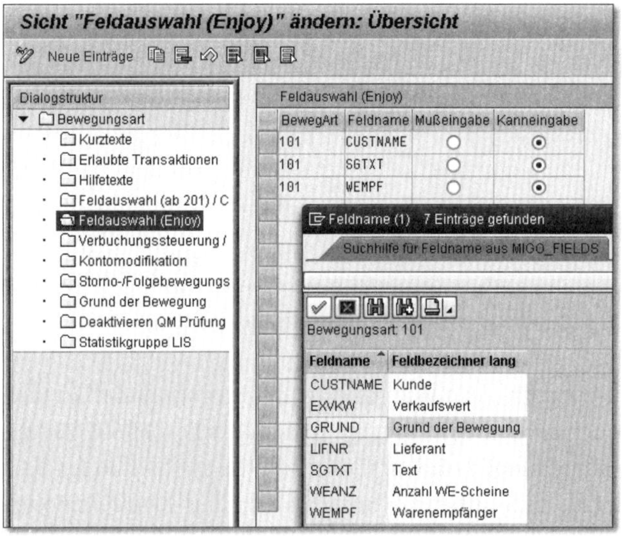

Abbildung 7.37 Feldauswahl (Enjoy) für Bewegungsart 101

Für die Bewegungsart 101 sind die Felder KUNDE, TEXT und WARENEMPFÄNGER eingabebereit. Abhängig von der Bewegungsart werden weitere Felder für die Feldauswahl (Enjoy) angeboten. Auch für Enjoy-Transaktionen ist bei der Bewegungsart 201 die Kostenstelle als MUSSEINGABE definiert.

Abhängig von der Bewegungsart kann auch das Feld SACHKONTO FÜR DIE GEGENBUCHUNG ZUR BESTANDSBUCHUNG eingabebereit sein. Bei 201 und 261 ist das Sachkonto beispielsweise als KANNEINGABE eingestellt.

Verbuchungssteuerung/WM-Bewegungsarten

Diese Einstellung wird in der Customizing-Tabelle T156SC (Bewegungsart Mengen/Wertbuchung: Kundentabelle; ab Rel. 4.6A) verwaltet.

Sie rufen den Pflegedialog V_156SC_VC in der Dialogstruktur mit einem Doppelklick auf VERBUCHUNGSSTEUERUNG/WM-BEWEGUNGSARTEN auf und erhalten einen Überblick über die unterschiedlichen Vorgänge, die Sie mit der gewählten Bewegungsart erfassen können (siehe Abbildung 7.38).

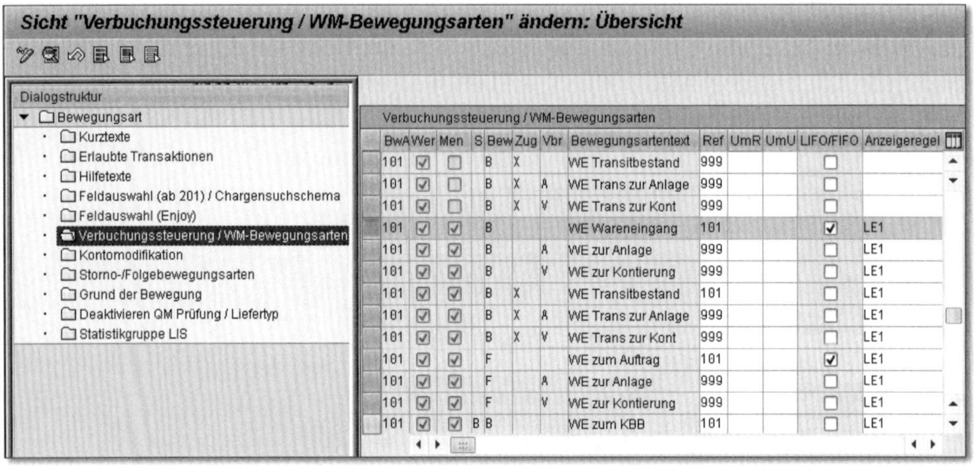

BwA	Wer	Men	S	Bew	Zug	Vbr	Bewegungsartentext	Ref	UmR	UmU	LIFO/FIFO	Anzeigeregel
101	☑	☐		B	X		WE Transitbestand	999			☐	
101	☑	☐		B	X	A	WE Trans zur Anlage	999			☐	
101	☑	☐		B	X	V	WE Trans zur Kont	999			☐	
101	☑	☑		B			WE Wareneingang	101			☑	LE1
101	☑	☑		B		A	WE zur Anlage	999			☐	LE1
101	☑	☑		B		V	WE zur Kontierung	999			☐	LE1
101	☑	☑		B	X		WE Transitbestand	101			☐	LE1
101	☑	☑		B	X	A	WE Trans zur Anlage	999			☐	LE1
101	☑	☑		B	X	V	WE Trans zur Kont	999			☐	LE1
101	☑	☑		F			WE zum Auftrag	101			☑	LE1
101	☑	☑		F		A	WE zur Anlage	999			☐	LE1
101	☑	☑		F		V	WE zur Kontierung	999			☐	LE1
101	☑	☑	B	B			WE zum KBB	101			☐	LE1

Abbildung 7.38 Verbuchungssteuerung/WM-Bewegungsarten für Bewegungsart 101

Die Bewegungsart 101 wird für viele Warenbewegungen verwendet. In meinem Mandanten finde ich aktuell 105 Einträge in der Tabelle T156SC (Bewegungsart Mengen/Wertbuchung: Kundentabelle; ab Release SAP R/3 4.6A). Diese hohe Anzahl ergibt sich aufgrund unterschiedlicher Kombinationen mit folgenden Schlüsselfeldern:

- Bewegungsart (Bestandsführung)
- Wertfortschreibung im Materialstammsatz (Fortschreibung der Bestandswerte auf Sachkonten im zugehörigen Bewertungskreis)
- Mengenfortschreibung im Materialstammsatz (Fortschreibung der Bestandsmengen im zugehörigen Bewertungskreis)
- Sonderbestandskennzeichen (siehe Kurztexte)
- Bewegungskennzeichen (siehe Kurztexte)
- Zugangskennzeichen (siehe Kurztexte)
- Verbrauchsbuchung (siehe Kurztexte)

Im Folgenden beschreibe ich das Customizing anhand des in Abbildung 7.38 markierten Vorgangs. Es handelt sich um den normalen Wareneingang zur Bestellung ohne Sonderbestand und ohne Kontierung:

- Spalte Ref (Referenzbewegungsart WM): Der Eintrag 101 dient der Ermittlung der passenden WM-Bewegungsart. Die Referenzbewegungsart 999 steht für Vorgänge ohne Relevanz für das SAP Warehouse Management (WM); Sie sehen die 999 bei Vorgängen, die direkt zu einem Verbrauch führen.
- Die Spalten UmR und UmU sind Referenzbewegungsarten zur Ermittlung der WM-Bewegungsart für Umlagerungen und Umbuchungen. Diese werden nur für Bewegungsarten benötigt, mit denen solche Vorgänge gebucht werden, also beispielsweise 311 (Lagerort an Lagerort) und 321 (Qualität an Frei).
- Das Kennzeichen in der Spalte LIFO/FIFO ist gesetzt, der markierte Vorgang ist also für LIFO- und FIFO-Bewertung (*last in, first out* und *first in, first out*) relevant.
- Die Spalte Anzeigeregel bestimmt die Bestandsfelder, die in der Verfügbarkeitsanzeige und auf der Werksbestandsübersicht angezeigt werden.

Weitere eingabebereite Felder sehen Sie, wenn Sie in der Übersicht und in den jeweiligen Detailbildern zum einzelnen Vorgang nach rechts scrollen (siehe Abbildung 7.39).

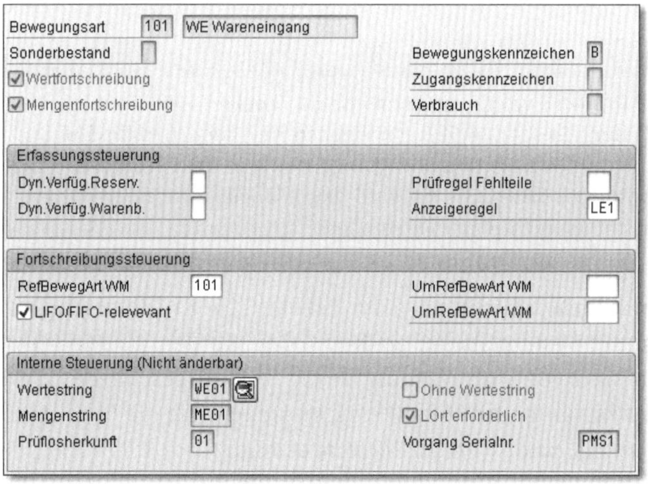

Abbildung 7.39 Verbuchungssteuerung für Bewegungsart 101 – Details

Mit den Parametern Dyn.Verfüg.Reserv. und Dyn.Verfüg.Warenb. kann für die Warenbewegung eine Verfügbarkeitsprüfung eingeschaltet werden, die beim Erfassen von Reservierungen und Warenausgängen gegebenenfalls eine Warnmeldung ausgibt. Weitere Einstellungen für die dynamische

Verfügbarkeitsprüfung finden Sie in Abschnitt 7.6.5, »Dynamische Verfügbarkeitsprüfung«.

Im Feld PRÜFREGEL FEHLTEILE könnten Sie für genau diesen Vorgang im Detailbild eine Prüfregel für die Verfügbarkeitsprüfung hinterlegen, mit der beispielsweise die Fehlteilprüfung in der Bestandsführung oder die flexible Planung durchgeführt wird. In der Standardauslieferung ist das Feld PRREG in der Tabelle T156SC (Bewegungsart Mengen/Wertbuchung: Kundentabelle; ab Rel. 4.6A) für alle Datensätze leer.

In der Bestandsführung wird die Prüfregel über die Transaktion bestimmt. Zusammen mit der Prüfgruppe aus den Werksdaten des Materialstamms bestimmt die Prüfregel die genaue Prüfvorschrift (siehe Abschnitt 7.6.5).

Die internen Steuerungsparameter dürfen Sie nicht ändern; diese Daten werden intern separat auf der Systemtabelle T156SY (Bewegungsart Mengen/Wertbuchung: Systemtabelle; ab Rel. 4.6A) verwaltet (ohne Bild). Erstes Schlüsselfeld in dieser mandantenunabhängigen SAP-Tabelle ist nicht die Bewegungsart selbst, sondern das Feld BUSTR (Buchungsstring-Referenz für die Bestandsführung). Es gruppiert die Bewegungsarten in der Tabelle T156 (Bewegungsarten) unter buchungstechnischen Gesichtspunkten (siehe Abbildung 7.26 auf Seite 395).

[+] **Verbuchungssteuerung bis Release SAP R/3 4.5B**

Bis zum Release SAP R/3 4.5B wurde die gemeinsame Tabelle T156S (Bewegungsart Mengen/Wertbuchung (bis Rel. 4.5B)) mit eigenen Key-Bereichen für SAP und Kunden zur Ermittlung von Wertestring und Mengenstring in der Bestandsführung verwendet. Ab dem Release SAP R/3 4.6A wird diese Tabelle zwar noch mit ausgeliefert, aber offensichtlich nicht mehr verwendet.

Änderungen an den internen Parametern der Tabelle T156SY (Bewegungsart Mengen/Wertbuchung: Systemtabelle; ab Rel. 4.6A) werden als Modifikation betrachtet und sind von der Wartung durch SAP ausgeschlossen. Mit den Parametern WERTESTRING und MENGENSTRING steuern Sie die Fortschreibung von Bestandsmenge und -wert im Materialstamm.

- Der Buchungsstring für Mengen (*Mengenstring*) dient der Verfügbarkeitsprüfung und der Fortschreibung bei der Ermittlung der relevanten Bestandsfelder.
- Der Buchungsstring für Werte (*Wertestring*) wird für die automatische Kontenfindung zur Ermittlung der Vorgangsschlüssel benötigt. Die Vorgangsschlüssel zum Wertestring werden in der Tabelle T156W (Buchungsstring Werte) mit einem fortlaufenden Zähler verwaltet (siehe Abschnitt

8.3). Solche Buchungsstrings für Werte gibt es auch für Vorgänge aus der Rechnungsprüfung. Die Vorgangsschlüssel der Rechnungsprüfung werden in der Tabelle T169A (Buchungsstring Rechnungsprüfung) ebenfalls mit einem Zähler verwaltet (siehe Abschnitt 9.3).

Kontomodifikation

Die Kontomodifikation wird in der Customizing-Tabelle T156X (Vorgangsschlüssel-Modifikation) verwaltet (siehe Abschnitt 8.3.4). Sie rufen den Pflegedialog V_156X_VC in der Dialogstruktur mit einem Doppelklick auf KONTOMODIFIKATION auf.

Anhand des Wertestrings aus der Tabelle T156SY werden die Vorgangsschlüssel zur Kontenfindung in der Tabelle T156W (Buchungsstring Werte) ermittelt. Bei manchen Vorgängen wird zusätzlich zum Vorgangsschlüssel noch die Kontomodifikation zur Differenzierung der Sachkontenzuordnung in die Kontenfindung einbezogen. Beispiele hierfür sind GBB (Gegenbuchung zur Bestandsführung), KDM (Kursdifferenzen Materialwirtschaft) und PRD (Preisdifferenzen, siehe Abbildung 7.40).

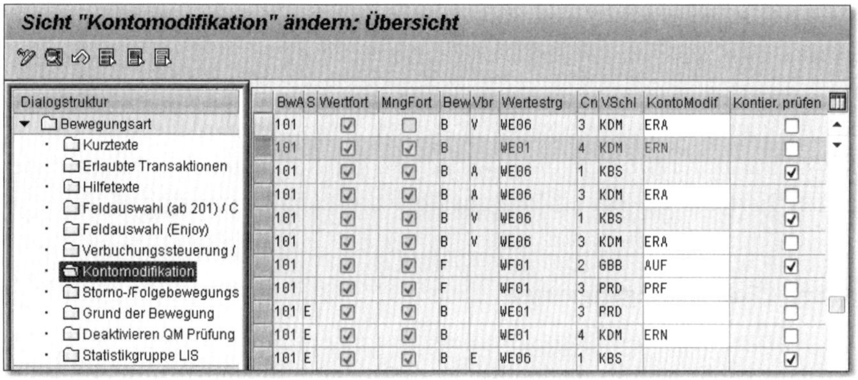

BwA	S	Wertfort	MngFort	Bew	Vbr	Wertestrg	Cn	VSchl	KontoModif	Kontier. prüfen
101		☑	☐	B	V	WE06	3	KDM	ERA	☐
101		☑	☑	B		WE01	4	KDM	ERN	☐
101		☑	☑	B	A	WE06	1	KBS		☑
101		☑	☑	B	A	WE06	3	KDM	ERA	☐
101		☑	☑	B	V	WE06	1	KBS		☑
101		☑	☑	B	V	WE06	3	KDM	ERA	☐
101		☑	☑	F		WF01	2	GBB	AUF	☑
101		☑	☑	F		WF01	3	PRD	PRF	☐
101	E	☑	☑	B		WE01	3	PRD		☐
101	E	☑	☑	B		WE01	4	KDM	ERN	☐
101	E	☑	☑	B	E	WE06	1	KBS		☑

Abbildung 7.40 Kontomodifikation Bewegungsart101 – Übersicht

Im Pflegedialog KONTOMODIFIKATION können Sie bei einzelnen Vorgängen die Kontenfindung manipulieren und in das Detailbild zum Vorgang abspringen (siehe Abbildung 7.41).

Im Bildbaustein AKTUELLER EINTRAG ist zwar die Kontomodifikation nicht änderbar, Sie können aber das Kennzeichen PRÜFEN (Kontierung prüfen) setzen.

- Wenn das Kennzeichen nicht gesetzt ist, verwendet das System immer die automatisch ermittelten Sachkonten und Kontierungen.

- Ist das Kennzeichen gesetzt, prüft das System, ob Sachkonto und/oder Kontierung im Positionsbild eingegeben wurden, und übernimmt diese Eingaben in die jeweilige Buchungszeile.

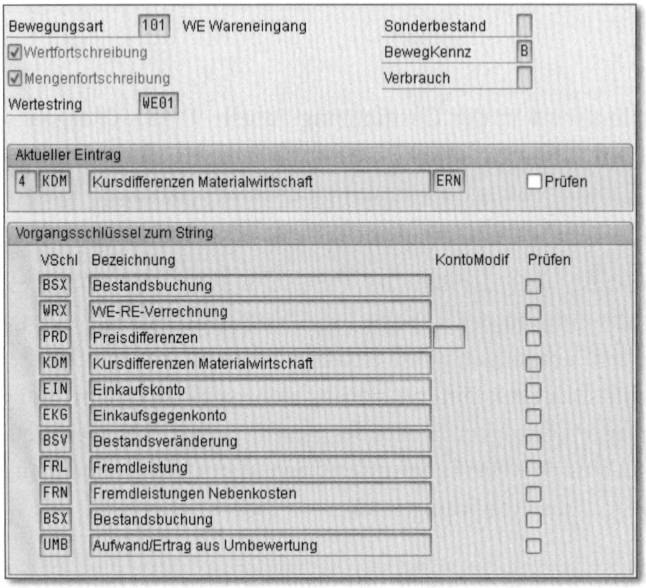

Abbildung 7.41 Kontomodifikation Bewegungsart 101 – Details

Im Bildbaustein VORGANGSSCHLÜSSEL ZUM STRING sehen Sie den Eintrag KDM (Kursdifferenzen Materialwirtschaft) mit fortlaufender Nummer vier an der vierten Stelle der elf Vorgangsschlüssel zum Wertestring `WE01`.

Storno-/Folgebewegungsarten

Die Storno-/Folgebewegungsarten werden in der Steuerungstabelle T156N (Nächste Bewegungsart) verwaltet; Sie rufen den Pflegedialog V_156N_VC in der Dialogstruktur mit einem Doppelklick auf STORNO-/FOLGEBEWEGUNGSARTEN auf.

Je nach Funktionscode, mit dem das aufrufende Programm sucht, wird eine Bewegungsart für die Weiterverarbeitung gefunden. Beim Wareneingang zur Bestellung gibt es neben der Rücklieferung mit der Bewegungsart 122 und der Stornierung mit der Bewegungsart 102 noch die Retourenposition mit der Bewegungsart 161 (siehe Abbildung 7.42).

Zusätzlich zur Bewegungsart können Sie noch die ART DER BUCHUNG einstellen. Hier sieht das System, ob es sich beispielsweise um eine Rücklieferung mit eingabebereiter Menge oder um eine Stornierung ohne die Möglichkeit der Mengenänderung handelt.

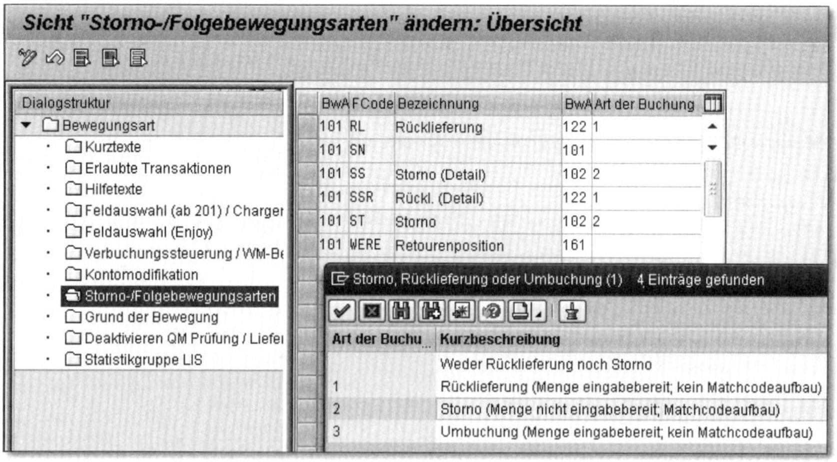

Abbildung 7.42 Storno-Bewegungsarten für Bewegungsart 101

Grund der Bewegung

Die Bewegungsgründe werden in der Steuerungstabelle T157D (Grund der Bewegung) verwaltet. Sie rufen den Pflegedialog V_157D_VC in der Dialogstruktur mit einem Doppelklick auf GRUND DER BEWEGUNG auf.

Die Gründe für Warenbewegungen wurden bereits in Abschnitt 7.6.1, »Grund der Bewegung«, ausführlich beschrieben; für die Bewegungsart 101 sehen Sie zwei Gründe in Abbildung 7.43.

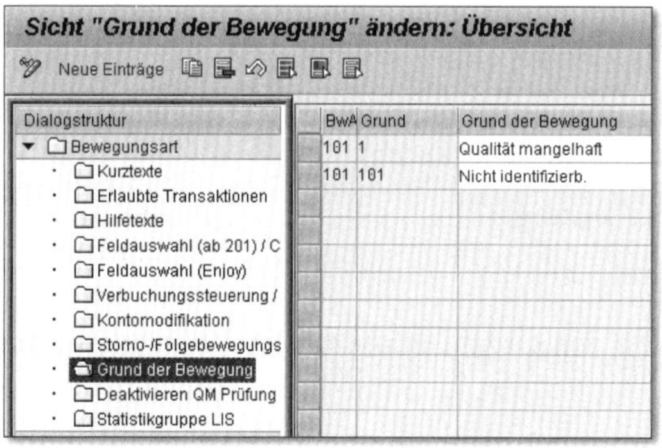

Abbildung 7.43 Gründe für Warenbewegung Bewegungsart 101

Beim Erfassen der Warenbewegung können die Gründe nicht verwendet werden, solange das Feld nicht eingabebereit ist (siehe Abschnitt 7.6.1).

QM Prüfung/Liefertyp deaktivieren

Die Deaktivierung der QM-Prüfung und der Liefertyp werden in der Customizing-Tabelle T156Q (Bewegungsart: materialartunabhängige Steuerung) verwaltet. Sie rufen den Pflegedialog V_156Q_VC in der Dialogstruktur mit einem Doppelklick auf DEAKTIVIEREN QM PRÜFUNG / LIEFERTYP auf.

Abbildung 7.44 QM und Liefertyp deaktivieren

Sie können hier die zwei – voneinander unabhängigen – Einstellungen durchführen (siehe Abbildung 7.44).

- Mit dem Kennzeichen QM NICHT AKTIV (QM-Prüfabwicklung nicht aktiv) können Sie verhindern, dass QM-Prüflose erzeugt werden.
- Außerdem können Sie im Feld LIEFERTYP einen für die Warenbewegung passenden Liefertyp eingeben. Folgende Liefertypen gibt es:
  - ID (Liefertyp für Anlieferungen)
  - OD (Liefertyp für Auslieferungen)
  - TP (Liefertyp für Umbuchungs- bzw. Umlagerungslieferungen)
  - RL (Liefertyp Rücklieferung zum Lieferanten)
  - LB (Liefertyp zur Lohnbearbeitung)
  - RK (Liefertyp für Kundenretouren)

Abhängig vom Liefertyp und von den Organisationsstrukturen ermittelt das System die Lieferart.

Statistikgruppe LIS

Die Statistikgruppe LIS finden Sie in der Steuerungstabelle TMCA (Auswerten Bewegungsarten für LIS-Fortschreibung). Sie rufen den Pflegedialog V_MCA_VC in der Dialogstruktur mit einem Doppelklick auf STATISTIKGRUPPE LIS auf.

Statistikgruppen können im LIS (Logistikinformationssystem) für Auswertungen zur Bewegungsart eingesetzt werden. In der Standardauslieferung ist für keine Bewegungsart eine Statistikgruppe hinterlegt.

Das Logistikinformationssystem schreibt Warenbewegungen fort und stellt diese Informationen in Anwendungstabellen für Auswertungen zur Verfügung. Folgende LIS-Tabellen gibt es für die Bestandsführung:

- S031 (Statistik: Bewegungen zu aktuellen Beständen)
- S031E (S031 – Strukturinformationen)
- S032 (Statistik: Aktuelle Bestände und Gruppierungsbegriffe)
- S032E (S032 – Strukturinformationen)
- S033 (Statistik: Bewegungen zu aktuellen Beständen)
- S033E (S033 – Strukturinformationen)
- S034 (BCO: Bewegungen (Chargen))
- S034E (S034 – Strukturinformationen)
- S035 (Statistik: Chargenbestände)

Die LIS-Transaktionen der Bestandsführung finden Sie im Anwendungsmenü über den Pfad INFOSYSTEME • LOGISTIK • BESTANDSFÜHRUNG. Überprüfen Sie beim Anlegen von eigenen Bewegungsarten alle Sichten der neuen Bewegungsart, und ändern Sie die anzupassenden Parameter. Achten Sie darauf, dass es für manche Sichten Detailbilder gibt.

7.6.3 Eigene Bewegungsarten

Eigene Bewegungsarten legen Sie möglicherweise an, um bestimmte Änderungen an den Steuerungsparametern der Standardbewegungsarten zu vermeiden oder um unterschiedliche Anwendungen separat zu steuern.

Um zu zeigen, wie Sie eigene Bewegungsarten anlegen, habe ich als Beispiel die Bewegungsart 261 (Materialverbrauch aus dem Lager für unterschiedlichste Auftragsarten) ausgewählt, mit der Sie Materialverbrauch aus dem Lager für unterschiedliche Auftragsarten buchen können.

Angenommen, Sie sollen eine spezielle Bewegungsart für Entnahmen auf Instandhaltungsaufträge mit einer separaten Kontenfindung für die Verbrauchsbuchungen anlegen. Sie benötigen hierfür eine eigene Kontomodifikation für die Gegenbuchung zur Bestandsführung. Beim Anlegen eigener Bewegungsarten gehen Sie folgendermaßen vor:

1. Rufen Sie die Transaktion OMJJ (Customizing Neue Bewegungsarten) in Ihrem IMG-Projekt auf, indem Sie die Aktivität MATERIALWIRTSCHAFT • BESTANDSFÜHRUNG UND INVENTUR • BEWEGUNGSARTEN • BEWEGUNGSARTEN KOPIEREN, ÄNDERN wählen. Nachdem Sie die Transaktion aufgerufen haben, gelangen Sie in das Dialogfenster zur Feldauswahl. Dort markieren Sie das Feld BEWEGUNGSART (siehe Abbildung 7.30 auf Seite 400).
2. Im nächsten Dialogfenster legen Sie den Arbeitsbereich fest. Tragen Sie eine geeignete Bewegungsart, die möglichst genau Ihren Anforderungen entspricht, in das Feld VON: ein. Im Feld BIS: geben Sie den Schlüssel für die neu anzulegende Bewegungsart ein. In der Regel führen Sie diese Schritte für eine neu anzulegende Bewegungsart durch. In meinem Beispiel werden aber gleich zwei Bewegungsarten in dem entsprechend festgelegten Arbeitsbereich kopiert. Deswegen lesen Sie im Feld BIS: nicht Z61, sondern Z62 (siehe Abbildung 7.45).

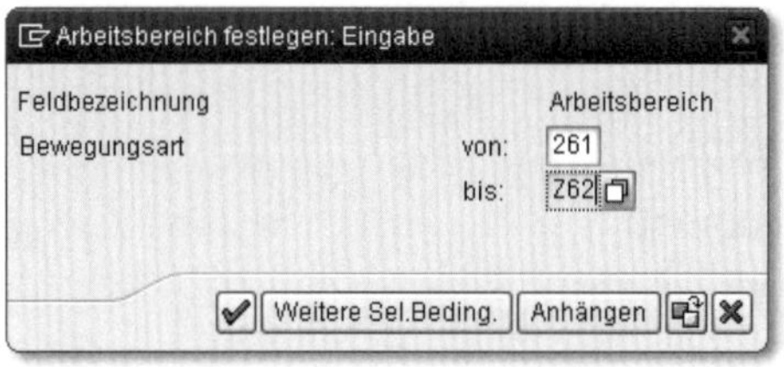

Abbildung 7.45 Arbeitsbereich festlegen für neue Bewegungsarten

3. Nachdem Sie die Eingabe mit dem Button [✔] oder [↵] übernommen haben, wird das selektierte Intervall der Bewegungsarten aufgelistet. Im nächsten Arbeitsschritt markieren Sie die zu kopierende Bewegungsart – ich habe gleich die beiden Bewegungsarten 261 und 262 markiert. Nachdem die Kopiervorlagen markiert sind, wählen Sie BEARBEITEN • KOPIEREN ALS oder klicken den entsprechenden Button KOPIEREN ALS an oder betätigen die Taste [F6] (siehe Abbildung 7.46).

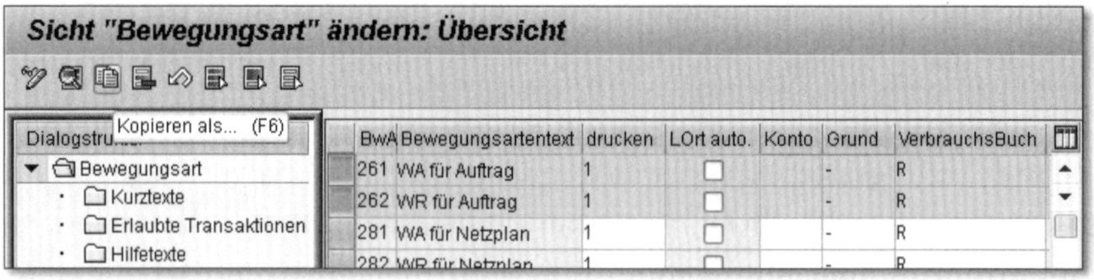

Abbildung 7.46 Bewegungsarten kopieren

4. Im nächsten Bild überschreiben Sie den Schlüssel der jeweiligen Kopiervorlage mit Ihrem neuen Schlüssel und übernehmen die Eingabe mit [↵].

Damit Sie Ihre Bewegungsarten von den Bewegungsarten des SAP-Standards unterscheiden können, beginnen die eigenen Bewegungsarten mit 9, X, Y oder Z.

5. Nach der Eingabe des dreistelligen Schlüssels für Ihre Bewegungsart erscheint das Popup-Bild ZU KOPIERENDE OBJEKTE SPEZIFIZIEREN. Damit sämtliche Steuerungsparameter aus der Vorlage in die neue Bewegungsart übernommen werden, kopieren Sie alle abhängigen Einträge mit (siehe Abbildung 7.47).

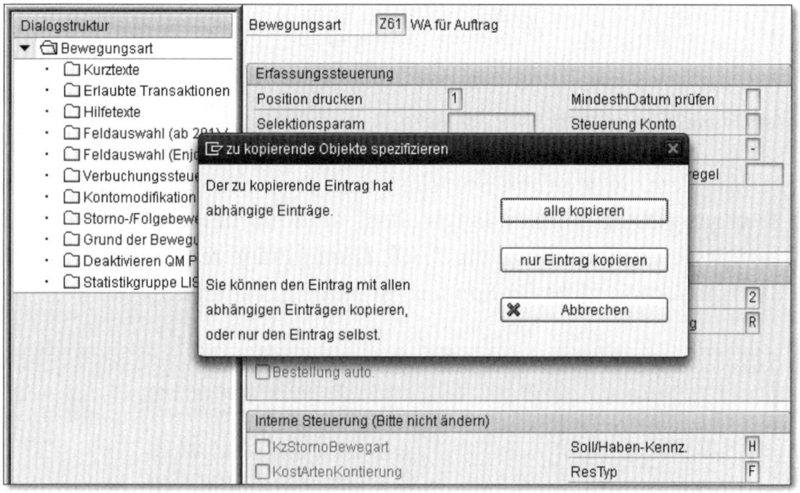

Abbildung 7.47 Bewegungsart Z61 als Kopie von 261 anlegen

6. Nachdem die Tabelleneinträge 1:1 kopiert wurden, hat die neue Bewegungsart noch keine eigenen Texte. Gehen Sie zuerst in den Pflegedialog zum Bearbeiten der Kurztexte. Bearbeiten Sie dort die Kurztexte für alle relevanten Kombinationen aus Sprache, Sonderbestandskennzeichen, Bewegungskennzeichen etc. (siehe Abbildung 7.48).

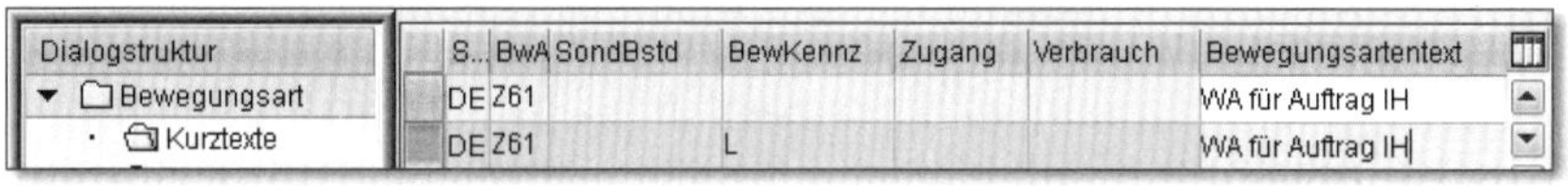

Abbildung 7.48 Kurztexte anpassen

7. Im nächsten Schritt überprüfen Sie die erlaubten Transaktionen für Ihre Bewegungsart(en). In meinem Beispiel sind das spezielle Instandhaltungstransaktionen und Transaktionen aus der Bestandsführung. Wenn Sie die Transaktion MIGO (Warenbewegung) allgemein erlauben, sind automatisch auch die speziellen Transaktionen MIGO_GI etc. erlaubt (siehe Abbildung 7.49).

Abbildung 7.49 Erlaubte Transaktionen

8. Je nachdem, in welchen Sprachen und Transaktionen Sie die eigenen Bewegungsarten verwenden wollen, sind mitunter einige Hilfetexte anzupassen (siehe Abbildung 7.50). Die Einträge reduzieren sich, wenn die Transaktion nicht für Sonderbestände relevant ist.

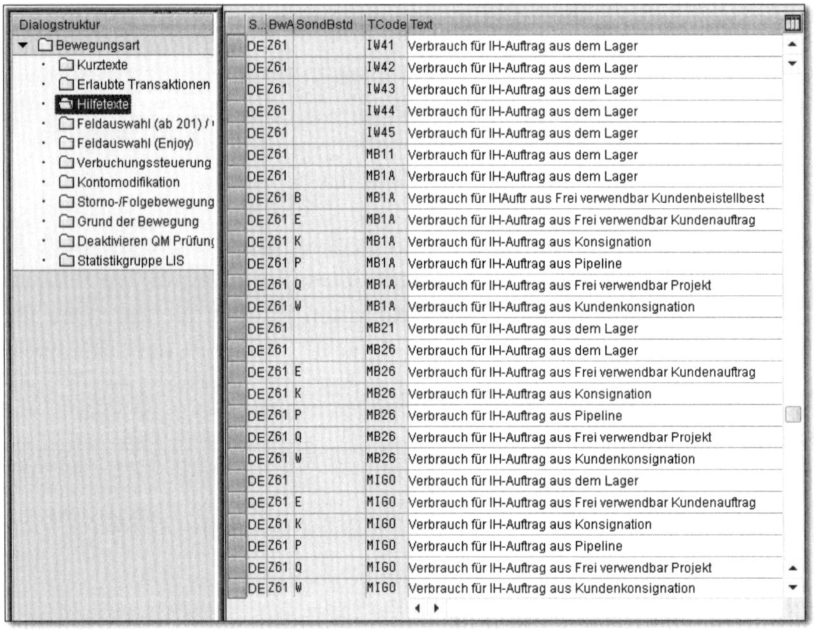

Abbildung 7.50 Hilfetexte anpassen

9. Sie führen nun die Änderungen gegenüber der Vorlagebewegungsart durch. In meinem Beispiel soll die Kontomodifikation abweichend zur

Vorlage eingestellt werden (siehe Abbildung 7.51), statt VBR habe ich VBI definiert. Die Auswirkungen sehen Sie in Abschnitt 8.3.5 anhand von Abbildung 8.27 (siehe Seite 489).

Abbildung 7.51 Kontomodifikation anpassen

10. Überprüfen Sie auch die Storno-Bewegungsarten aus der Vorlage, und passen Sie diese gegebenenfalls an. Möglicherweise benötigen Sie spezielle Storno-Bewegungsarten. Ich hatte die Bewegungsart Z62 als Kopie von 262 gleich mitangelegt und kann diese nun in der rechten Spalte BwA austauschen (siehe Abbildung 7.52). Bei der Bewegungsart Z62 geben Sie anschließend noch die Z61 als Storno-Bewegungsart an.

Abbildung 7.52 Storno-Bewegungsart anpassen

11. Wenn Sie alle Sichten überprüft und angepasst haben, können Sie die Bewegungsarten in den Anwendertransaktionen finden. In Abbildung 7.53 sehen Sie einen Kurztext der Bewegungsart Z61 und Hilfetexte für Z01, Z02, Z61 sowie Z62 aus der Suchhilfe.

12. Sie sollten nun mit den gewünschten Transaktionen einige Testbuchungen durchführen. Dann wissen Sie bald, ob Ihre Customizing-Einstellungen komplett waren.

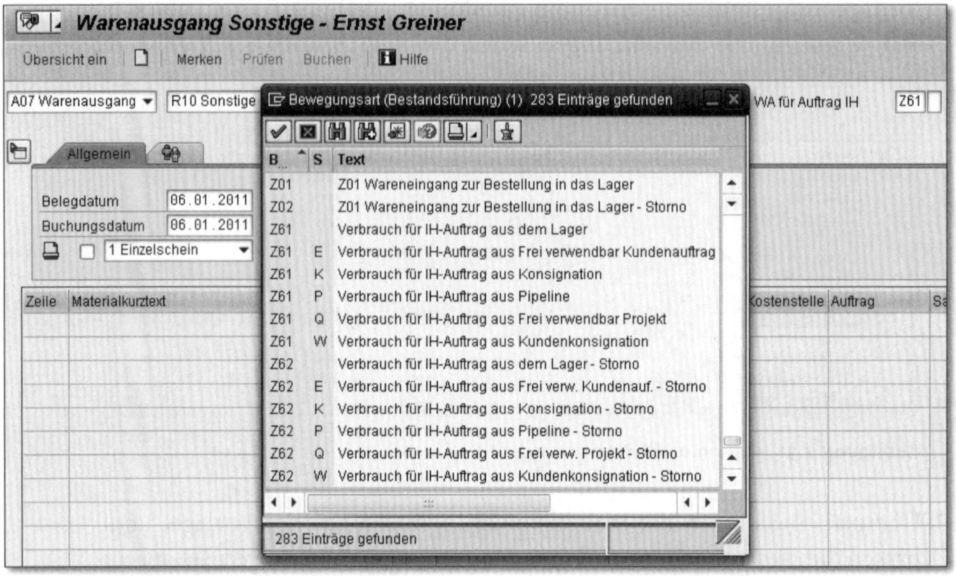

Abbildung 7.53 Eigene Bewegungsarten in der Transaktion MIGO_GI

[+]

Eigene Bewegungsarten

Das Customizing wird weniger komplex, wenn Sie die neuen Bewegungsarten nur für ausgewählte Transaktionen und/oder nicht für alle Sonderbestände einrichten. Das geht natürlich nur, wenn Sie für die anderen Transaktionen und Sonderbestände keine Anwendungen haben.

Zu den charakteristischen Eigenschaften der Bewegungsarten zählen Einstellungen zur Feldauswahl. Für buchhalterisch relevante Warenbewegungen muss die Feldauswahl der Bewegungsart zur Feldauswahl der beteiligten Sachkonten passen.

7.6.4 Feldauswahl des Finanzwesens

Die Feldauswahl einer Bewegungsart darf nicht im Widerspruch zu den Einstellungen der Feldauswahl des Finanzwesens stehen. In diesem Abschnitt beschreibe ich die Einstellungen aus dem Customizing des Finanzwesens, bevor ich den Report RM07CUFA (Bewegungsart – Sachkonto) mit einem Beispiel vorstelle.

Buchungsschlüssel

Der Buchungsschlüssel wird für die Erfassung und Bearbeitung der Buchhaltungsbelegpositionen gebraucht. Er steuert beispielsweise, auf welche Seite des Kontos (Soll oder Haben) gebucht wird und welche Kontoart (Material-, Anlagen-, Kreditor-, Debitor-, Sachkonto) benötigt wird. Außerdem beeinflusst der Buchungsschlüssel die Feldauswahl in den Eingabebildern.

Beim Bildaufbau für Warenbewegungen und Reservierungen prüft das System auch, ob die Feldauswahl des zu buchenden Sachkontos zur Feldauswahl des Buchungsschlüssels passt. In der Standardauslieferung sind beispielsweise den Vorgangsschlüsseln beim Warenzugang zur Bestellung folgende Buchungsschlüssel zugeordnet:

- 89 (Zugang Bestand/Vorgang BSX)
- 96 (WE/RE-Haben/Vorgang WRX)

Buchungsschlüssel werden von zuständigen Mitarbeitern aus dem Rechnungswesen definiert. Die Schlüssel und deren Einstellungen zur Feldauswahl werden in der Customizing-Tabelle TBSL (Buchungsschlüssel) verwaltet und mit der Transaktion OB41 (Pflege Buchhaltungsschlüssel) eingestellt.

Die Zuordnung der Buchungsschlüssel zum Vorgang wird in der Tabelle T030B (Fixbuchungsschlüssel) verwaltet. Die Tätigkeit gehört zu den Einstellungen für die automatische Kontenfindung (siehe Abschnitt 8.3.5, Abbildung 8.24).

Sachkonto

Die Feldauswahl des Sachkontos wird über die *Feldstatusgruppe* im Sachkontenstamm eingestellt. Feldstatusgruppen für den Sachkontenstamm werden in einer Feldstatusvariante zusammengefasst.

Die *Feldstatusvariante* gehört zu den Grundeinstellungen des Finanzwesens. Sie überprüfen die Zuordnung der Feldstatusvariante zum Buchungskreis in der Tabelle T001 (Buchungskreise) mit dem Pflegedialog V_001_P (Zuordnung Buchungskreis – Feldstatusvariante). Diese Transaktion rufen Sie beispielsweise mit der IMG-Aktivität FINANZWESEN (NEU) • GRUNDEINSTELLUNGEN FINANZWESEN (NEU) BÜCHER • FELDER • KUNDENEIGENE FELDER • BUCHUNGSKREIS FELDSTATUSVARIANTEN ZUORDNEN auf. In der Standardauslieferung ist dem Buchungskreis 0001 die gleichnamige Feldstatusvariante 0001 zugeordnet.

Die Feldstatusvarianten werden in der Customizing-Tabelle T004F (Gruppen der Feldstatusleisten je Feldstatusvariante) verwaltet. Die Pflege der Feldstatusgruppen zur Feldstatusvariante erfolgt mit der Transaktion OBC4 (C FI Pflege Tabelle T004V). Im IMG rufen Sie die Transaktion OBC4 beispielsweise mit folgender Aktivität auf: FINANZWESEN (NEU) • GRUNDEINSTELLUNGEN FINANZWESEN (NEU) BÜCHER • FELDER • FELDSTATUSVARIANTEN DEFINIEREN. So gelangen Sie zunächst in den Pflegedialog V_T004V. Aus diesem können Sie dann in den Dialog V_T004F zur Zuordnung der Feldstatusgruppen zu einer ausgewählten Feldstatusvariante abspringen (siehe Abbildung 7.54).

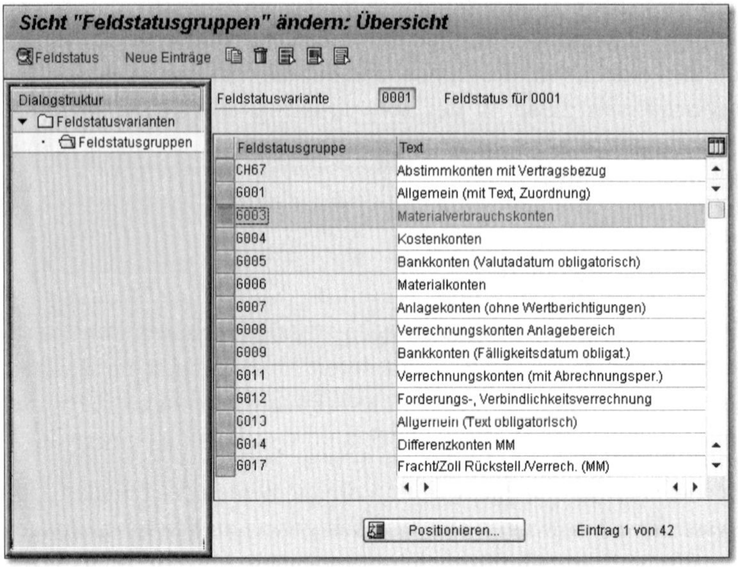

Abbildung 7.54 Feldstatusvariante definieren

Zur Feldstatusvariante 0001 gehört unter anderem die markierte Feldstatusgruppe G003 (Materialverbrauchskonten). Einen Ausschnitt aus den Feldern Zusatzkontierungen der Feldstatusgruppe G003 zur Feldstatusvariante 0001 sehen Sie in Abbildung 7.55.

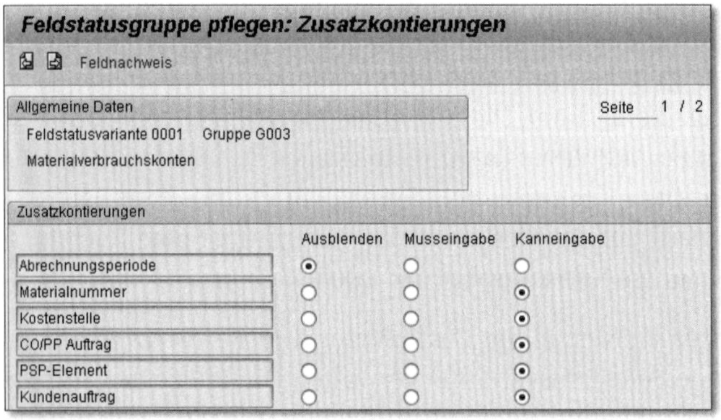

Abbildung 7.55 Feldstatusgruppe G003

Bei den Materialverbrauchskonten der Gruppe G003 sind beispielsweise die Felder Kostenstelle und CO/PP-Auftrag als Kanneingabe eingestellt. Diese

Felder sollten beim Erfassen einer Materialentnahme mit Buchung auf ein solches Verbrauchskonto ebenfalls eingabebereit sein.

Feldauswahlabgleich

Mit dem Report RM07CUFA (Bewegungsart – Sachkonto) zum Feldauswahlabgleich prüfen Sie, ob die Feldauswahl-Einstellungen der Bewegungsart (einschließlich Sonderbestandskennzeichen) im Widerspruch zur Feldauswahl der Sachkonten stehen. Sie rufen den Report mit der Transaktion SA38 (ABAP: Programmausführung) auf.

Sie sehen nun einen Abgleich mit der Bewegungsart 261 (WA für Auftrag) ohne Sonderbestandskennzeichen und mit zwei unterschiedlich eingestellten Sachkonten:

- Konto 233000 (Aufwand aus Inventurdifferenzen)
- Konto 400000 (Verbrauch Rohstoffe 1)

Der Abgleich mit mehreren Sachkonten gleichzeitig funktioniert nur innerhalb eines Buchungskreises (siehe Abbildung 7.56).

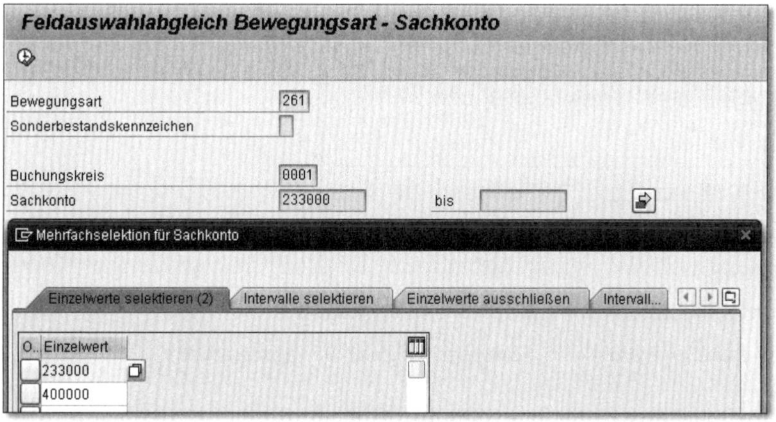

Abbildung 7.56 Feldauswahlabgleich für Bewegungsart 261 mit Report RM07CUFA

In der Ergebnisanzeige werden widersprüchliche Einstellungen rot markiert angezeigt (siehe Abbildung 7.57). Über den Button (FEHLERPROTOKOLL) können Sie sich das Fehlerprotokoll anzeigen lassen (siehe Abbildung 7.58).

Das Sachkonto 233000 kann bei Entnahmen nicht auf Aufträge mit der Bewegungsart 261 für Gegenbuchungen zur Bestandsführung verwendet werden. In der Feldauswahl zum Konto 233000 sind zwei Felder ausgeblendet, die bei 261 eingegeben werden können. Die KOSTENSTELLE ist ein Kannfeld und der CO/PP AUFTRAG ein Mussfeld bei der Bewegungsart 261 (siehe Abbildung 7.58).

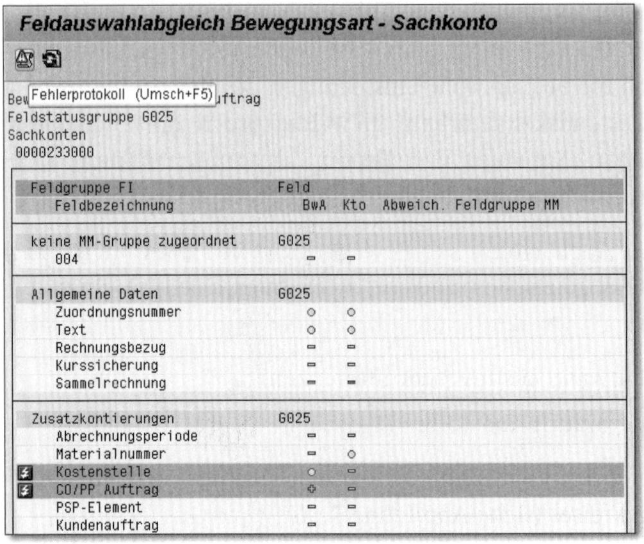

Abbildung 7.57 Feldauswahlabgleich mit Fehlern

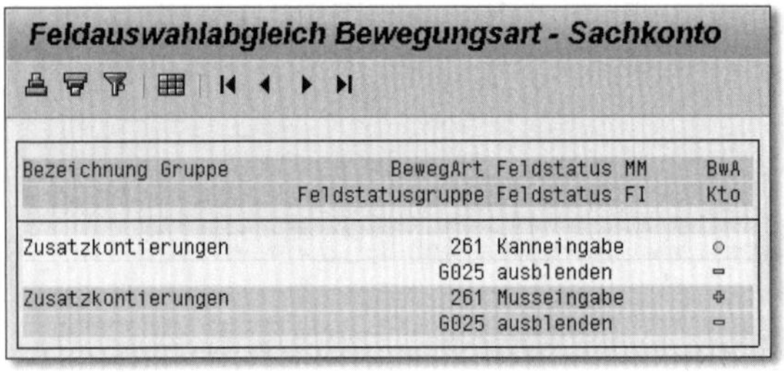

Abbildung 7.58 Fehlerprotokoll – Feldauswahlabgleich Bewegungsart 261

Mit der Bewegungsart 261 soll nicht wirklich auf das Konto 233000 gebucht werden. Es sollte damit lediglich ein Fehlerprotokoll provoziert werden, deswegen geht die widersprüchliche Feldauswahl in diesem Beispiel in Ordnung.

Zur Feldstatusgruppe G003 des Kontos 400000 (Verbrauch Rohstoffe 1) hat der Report `RM07CUFA` erwartungsgemäß kein Fehlerprotokoll ausgegeben. Das Konto 400000 wird für Buchungen mit der Bewegungsart 261 verwendet.

7.6.5 Dynamische Verfügbarkeitsprüfung

Für Warenbewegungen und Reservierungen können Sie zusätzlich zur statischen Prüfung, ob Bestände physikalisch im Lager vorhanden sind, die dynamische Verfügbarkeitsprüfung aktivieren. Das System prüft dann beim Erfassen von Reservierungen und Warenbewegungen, ob das gewünschte Material zum Zeitpunkt der (geplanten) Warenbewegung verfügbar ist (siehe Abbildung 7.39 auf Seite 411).

Die dynamische Verfügbarkeitsprüfung wird durchgeführt, wenn zur jeweiligen Anwendung eine Prüfregel zugeordnet ist und wenn in den Werksdaten des Materialstamms eine Prüfgruppe (ungleich KP) vorhanden ist. Das Datenfeld Prüfgruppe im Materialstamm (MARC-MTVFP) pflegen Sie in der Sicht Disposition 3 oder in den allgemeinen Werksdaten des Vertriebs Vertrieb: allg./Werk.

Prüfgruppen werden in der Customizing-Tabelle TMVF (Verfügbarkeitsprüfung: Steuerung) verwaltet und mit dem Pflegedialog V_TMVF im Customizing für Versand, Absatz- und Produktionsgrobplanung (SOP), Distribution Resource Planning (DRP), Fertigungsaufträge, Prozessauftrag sowie für die Grundfunktionen des Vertriebs definiert. Folgende Prüfgruppen aus der Standardauslieferung für die Verfügbarkeitsprüfung sollten Sie kennen:

- 01 (Tagesbedarf)
- 02 (Einzelbedarf)
- CH (Chargen)
- KP (Keine Prüfung)

Mit diesen Schlüsseln können Sie Ihr Material werksabhängig für eine einheitliche Steuerung der Verfügbarkeitsprüfung gruppieren. Die Prüfgruppe KP schließt das Material in dem entsprechenden Werk von der Verfügbarkeitsprüfung aus.

Mit folgenden Customizing-Transaktionen können Sie die dynamische Verfügbarkeitsprüfung der Bestandsführung einstellen:

- Transaktion OMB1 (Verfügbarkeitsprüfung Reservierung)
- Transaktion OMCM (Verfügbarkeitsprüfung Wareneingang)
- Transaktion OMCP (Verfügbarkeitsprüfung Warenausgang)

Mit Hilfe des IMG-Pfads Materialwirtschaft • Bestandsführung und Inventur • Warenausgang / Umbuchungen (oder Wareneingang oder Reservierung) wählen Sie die Aktivität Dynamische Verfügbarkeits-

Prüfung einrichten und führen folgende vier Aktivitäten durch, wenn Sie eine eigene Prüfregel für die Verfügbarkeitsprüfung definieren und einstellen wollen:

1. Bewegungsarten und Art der Meldung pro Bewegungsart festlegen. In der Standardauslieferung ist bei manchen Bewegungsarten eine Warnmeldung bei Nichtverfügbarkeit aufgrund der dynamischen Verfügbarkeitsprüfung eingestellt. Fehlermeldungen aufgrund der dynamischen Verfügbarkeitsprüfung sind zu keiner Bewegungsart eingestellt. Zum Fehler kommt es also nur, wenn tatsächlich kein Bestand vorhanden ist.
2. Prüfregel(n) für die Bestandsführung bestimmen oder eigene Prüfregeln anlegen. Für Transaktionen der Bestandsführung gibt es im Standard die Prüfregel 03.
3. Steuerung der Verfügbarkeitsprüfung für die relevanten Kombinationen aus Prüfregel und Prüfgruppe einstellen.
4. Prüfregel(n) den Transaktionscodes der Bestandsführung zuordnen.

Im folgenden Beispiel wird eine eigene Prüfregel Z3 für Material der Prüfgruppe 02 eingestellt (siehe Abbildung 7.59).

Vf	PRg	Prüfregel
01	SM	Serviceprüfregel
02	01	Prüfregel 01
02	03	Prüfregel 03
02	A	SD-Auftrag
02	AE	SD-Auftrag Einzelbestand
02	AQ	SD-Auftrag Projektbestand
02	AV	SD-Auftrag Leihgut
02	AW	SD-Auftrag Konsignation
02	B	SD-Lieferung
02	BB	
02	BE	SD-Lieferung Einzelbestand
02	BO	Rückstandsbearbeitung
02	BQ	SD-Lieferung Projektbestand
02	BV	SD-Lieferung Leihgut
02	BW	SD-Lieferung Konsignation
02	DE	
02	PP	PP-Prüfregel
02	PS	PS Prüfregel (Projektsystem)
02	RP	Nachschub
02	RS	Prüfregel (SAP Retail Store)
02	Z3	Prüfregel Z3
CH	01	Prüfregel 01

Abbildung 7.59 Verfügbarkeitsprüfung je Prüfgruppe und Prüfregel

Im System gibt es Prüfregeln für unterschiedliche Anwendungen. Für Anwendungen der Bestandsführung und Produktion können Sie eigene Prüfregeln definieren und zuordnen. Die Regeln für Kundenaufträge (A, AE, AQ, AV, AW) und Lieferungen (B, BB, BE, BO, BQ, BV, BW) sind programmintern fest vorgegeben und können nicht geändert werden.

Die Einstellungen zur Steuerung der dynamischen Verfügbarkeitsprüfung sind mit den anderen logistischen Anwendungen (Vertrieb, Disposition, Einkauf, Produktion etc.) im Detail abzustimmen. In Abbildung 7.60 sehen Sie Einstellungen für die Verfügbarkeitsprüfung 02 und die Prüfregel Z3.

Abbildung 7.60 Verfügbarkeitsprüfung bei Gruppe 02 mit Regel Z3

Die Steuerung für Material mit der Verfügbarkeitsprüfung 02 (Einzelbedarf) ist bei der eigenen Prüfregel Z3 folgendermaßen eingestellt:

- BESTÄNDE: Sicherheitsbestand wird als verfügbar angesehen.
- WIEDERBESCHAFFUNGSZEIT: Es wird ohne Berücksichtigung der Wiederbeschaffungszeit immer geprüft.
- LAGERORTPRÜFUNG: Die Prüfung erfolgt auf Bestand im betroffenen Lagerort, nicht auf Werksebene.

- FEHLTEILEABWICKLUNG: Es ist kein Prüfhorizont für die Fehlteilabwicklung eingestellt. Beim Wareneingang wird also nicht in die Zukunft geprüft, ob das Material zum Fehlteil wird.
- ZU-/ABGÄNGE: Geplante Zugänge werden nicht als verfügbar angesehen, nur geplante Abgänge für Reservierungen, Kundenaufträge und Auslieferungen. Abhängige Reservierungen werden nicht berücksichtigt.
- ZUGÄNGE IN DER VERGANGENHEIT: Geplante Zugänge in Vergangenheit und Zukunft sollen berücksichtigt werden.

Abhängig von der gewählten Customizing-Aktivität ordnen Sie die Prüfregel(n) den jeweiligen Transaktionscodes zu. Mit der Transaktion OMCP (Dynamische Verfügbarkeitsprüfung WA) ordnen Sie die Transaktionen des Warenausgangs Prüfregeln zu (siehe Abbildung 7.61).

TCode	Transaktionstext	PRg	Prüfregel
C027	Kommissionierliste	Z3	Prüfregel Z3
MB11	Warenbewegung	Z3	Prüfregel Z3
MB1A	Warenentnahme	Z3	Prüfregel Z3
MB1B	Umbuchung	Z3	Prüfregel Z3
MB26	Kommissionierliste	Z3	Prüfregel Z3
MIGO_GI	Warenbewegung	Z3	Prüfregel Z3
MIGO_TR	Umbuchung	Z3	Prüfregel Z3

Abbildung 7.61 Transaktion OMCP – Prüfregel in Transaktionen des Warenausgangs

Weitere Transaktionscodes können Sie in den Customizing-Transaktionen OMB1 (Dynamische Verfügbarkeitsprüfung Reservierung) und OMCM (Dynamische Verfügbarkeitsprüfung WE Wareneingang) zuordnen.

In der Transaktion OMBC (Fehlteileprüfung einstellen) können Sie mit der Pflegeview V_158_P allen 175 Transaktionscodes der Bestandsführung aus der Tabelle T158 (Transaktionssteuerung Bestandsführung) eine Prüfregel zuordnen. Die Transaktion OMBC (Fehlteileprüfung einstellen) rufen Sie auf mit der IMG-Aktivität MATERIALWIRTSCHAFT • BESTANDSFÜHRUNG UND INVENTUR • WARENEINGANG • FEHLTEILEPRÜFUNG EINSTELLEN. Die Fehlteilprüfung beim Wareneingang prüft, ob das zugebuchte Material entsprechend der dynamischen Verfügbarkeitsprüfung als Fehlteil anzusehen ist. Der zuständige Disponent erhält in diesem Fall eine Fehlteilnachricht als Mail. Nachrichten aus der Bestandsführung sind Thema des nächsten Abschnitts.

7.7 Nachrichten der Bestandsführung

Die Nachrichten der Bestandsführung sind Warenbegleitscheine und Etiketten, die zur Dokumentation von Warenbewegungen und zur Identifizierung der Bestände gedruckt werden. Weitere Nachrichten der Bestandsführung werden im SAPoffice als Mail versendet, um beispielsweise einen Disponenten über den Warenzugang eines Fehlteils zu informieren. Mit der Transaktion SBWP (SAP Business Workplace) können diese Mails gelesen werden.

Im Folgenden erläutere ich zusätzlich zur Nachrichtenfindung auch alle Einstellungen zur Druckausgabe von Nachrichten der Bestandsführung.

Analog zur Nachrichtenfindung im Einkauf (siehe Abschnitt 6.7.3, »Ausgabesteuerung«) werden auch Nachrichten der Bestandsführung mit Hilfe der Konditionstechnik ermittelt. Durch Anlegen der entsprechenden Nachrichtensätze in den Konditionstabellen legen Sie fest, welche Nachrichten erzeugt werden sollen. Der Ablauf der Nachrichtenfindung in der Bestandsführung startet mit dem Buchen einer Warenbewegung (siehe links oben in Abbildung 7.62).

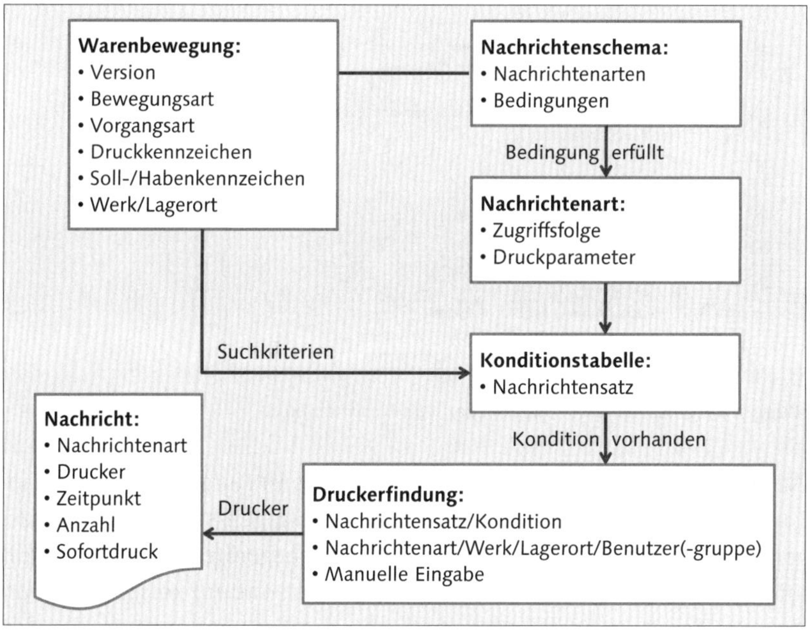

Abbildung 7.62 Nachrichten der Bestandsführung drucken

Mit dem Druckkennzeichen der Bewegungsart und der Version zur Transaktion wird in den Konditionstabellen der Zugriffsfolge zu den im Nachrichtenschema ME0001 in Frage kommenden Nachrichtenarten mit erfüllter Bedingung nach vorhandenen Nachrichtensätzen gesucht.

Je nachdem, welche Tabellen in der Zugriffsfolge sind, können die Nachrichtensätze auch mit dem Soll-/Habenkennzeichen, Werk, Lagerort etc. angelegt werden.

Für alle druckrelevanten Konditionen wird ein Ausgabegerät (Drucker) benötigt. Das Ausgabegerät steht im Nachrichtensatz selbst, oder es wird entsprechend dem Druckparameter der Nachrichtenart ermittelt. Zusätzlich ist die manuelle Eingabe möglich, etwa wenn die Druckerfindung nicht erfolgreich war oder um den Druck auf ein anderes Ausgabegerät umzuleiten.

Die Einstellungen für Nachrichten der Bestandsführung finden Sie im IMG-Pfad Materialwirtschaft • Bestandsführung und Inventur direkt unter dem Knoten Bewegungsarten (siehe Abbildung 7.63).

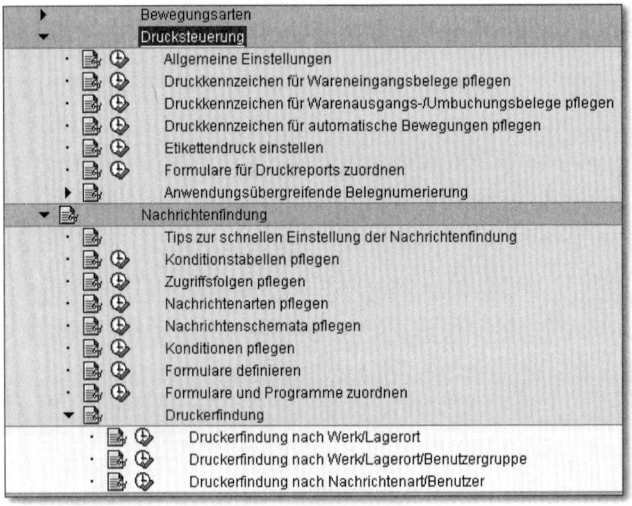

Abbildung 7.63 Einstellungen zum Drucken von Nachrichten

Die Auswahl geeigneter Drucker und Zeichensätze ist Aufgabe der Systemadministration. Die folgenden Customizing-Einstellungen setzen voraus, dass die von der Bestandsführung verwendeten Ausgabegeräte und Schachtinformationen in der Transaktion SPAD (Spool-Administration) korrekt definiert wurden. In der Bestandsführung beginnen Sie das Customizing für den Belegdruck mit den Aktivitäten des Knotens Drucksteuerung.

7.7.1 Drucksteuerung

Im IMG-Knoten DRUCKSTEUERUNG beginnen Sie mit der Aktivität ALLGEMEINE EINSTELLUNGEN.

Allgemeine Einstellungen

In der Aktivität ALLGEMEINE EINSTELLUNGEN führen Sie folgende Einstellungen der Reihe nach durch:

1. **Druckereinstellungen**
   Geben Sie für alle Ausgabegeräte der Bestandsführung an, ob der Drucker barcodefähig und für den Mehrfachdruck von Warenbegleitscheinen vorgesehen ist.
2. **Positionsdruckkennzeichen**
   Mit dem Druckkennzeichen findet das System die Nachrichtenart und somit das Formular. Überprüfen Sie die vorhandenen Druckkennzeichen der Tabelle T159Q (Bestandsführung Druck: Wertetabelle für KZDRU), die Sie in einem späteren Arbeitsschritt den druckrelevanten Bewegungsarten in der Tabelle T156 (Bewegungsart) zuordnen. Folgende Druckkennzeichen gibt es in der Bestandsführung:
   - 1 (allgemein)
   - 2 (Rücklieferung an den Lieferanten)
   - 3 (Beistellung an den Lohnbearbeiter)
   - 6 (Sonstiger Zugang ohne Bestellbezug und kostenlose Lieferung)

   Zwei weitere Druckkennzeichen sind für die Inventur vorgesehen:
   - 4 (für Inventur ohne Verkaufspreisbewertung)
   - 5 (für Inventur mit Verkaufspreisbewertung)

   Bei Bedarf definieren Sie zusätzlich eigene Kennzeichen, um damit spezielle Nachrichtenarten zu ermitteln, die auf andere Formulare verweisen.
3. **Druckversion (Transaktionssteuerung)**
   Die Druckversion ist eine Einstellung der Tabelle T158 (Transaktionssteuerung Bestandsführung); Abbildung 7.64 zeigt einen Ausschnitt dieser Zuordnung. Für den Warenbegleitschein gibt es drei Druckversionen:
   - Version 1 (Einzelschein je Belegposition)
   - Version 2 (Einzelschein zusätzlich mit Qualitätsprüftext aus den Zusatzdaten zum Materialstamm)
   - Version 3 (Sammelschein mit allen Belegpositionen)

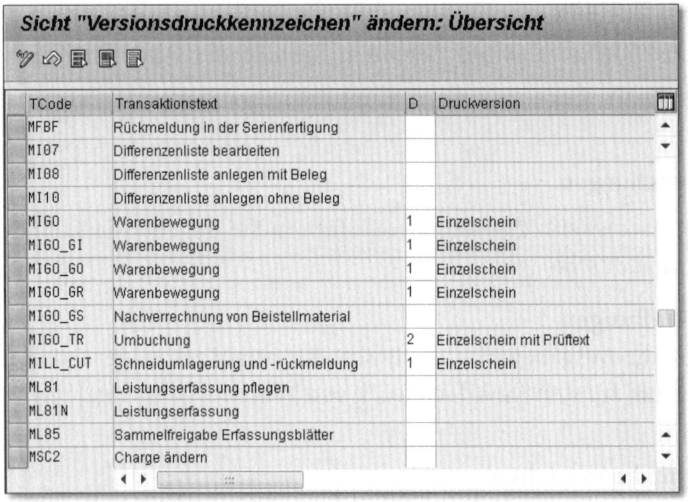

Sicht "Versionsdruckkennzeichen" ändern: Übersicht

TCode	Transaktionstext	D	Druckversion
MFBF	Rückmeldung in der Serienfertigung		
MI07	Differenzenliste bearbeiten		
MI08	Differenzenliste anlegen mit Beleg		
MI10	Differenzenliste anlegen ohne Beleg		
MIGO	Warenbewegung	1	Einzelschein
MIGO_GI	Warenbewegung	1	Einzelschein
MIGO_GO	Warenbewegung	1	Einzelschein
MIGO_GR	Warenbewegung	1	Einzelschein
MIGO_GS	Nachverrechnung von Beistellmaterial		
MIGO_TR	Umbuchung	2	Einzelschein mit Prüftext
MILL_CUT	Schneidumlagerung und -rückmeldung	1	Einzelschein
ML81	Leistungserfassung pflegen		
ML81N	Leistungserfassung		
ML85	Sammelfreigabe Erfassungsblätter		
MSC2	Charge ändern		

Abbildung 7.64 Druckversion je Transaktionscode

[+] **Warenbewegungen der Vorgangsart WQ**

Für Warenbewegungen der Vorgangsart WQ (Warenbewegung zum Verwendungsentscheid) ordnen Sie den Transaktionen QA11 (Verwendungsentscheid erfassen) und QA12 (Verwendungsentscheid ändern mit Historie) eine passende Druckversion zu.

Druckkennzeichen zuordnen

In den nächsten drei IMG-Aktivitäten ordnen Sie den druckrelevanten Bewegungsarten passende Druckkennzeichen zu. Die Bewegungsarten sind dabei folgendermaßen gruppiert:

- Wareneingangsbelege
- Warenausgangs-/Umbuchungsbelege
- Automatische Bewegungen

Das Druckkennzeichen gehört zur Definition der Bewegungsart in der Tabelle T156 (Bewegungsart, siehe Abbildung 7.26). Einen Ausschnitt aus der Zuordnung des Druckkennzeichens sehen Sie in Abbildung 7.65.

Die Nachrichtenfindung bei Warenbewegungen mit den Bewegungsarten Z01, Z02, Z61 und Z62 soll mit dem eigenen Druckkennzeichen Z gesteuert werden. Für die beiden Inventurbuchungen 715 und 716 in Abbildung 7.65 soll keine Nachrichtenart ermittelt werden.

BwA	Bewegungsartentext	D	Position drucken
715	WA InvDiff. Retoure		Kein Belegdruck
716	WE InvDiff. Retoure		Kein Belegdruck
Z01	WE Wareneingang Z01	Z	Positionsdruck Z
Z02	Storno für Z01	Z	Positionsdruck Z
Z61	WA für Auftrag IH	Z	Positionsdruck Z
Z62	WR für Auftrag IH	Z	Positionsdruck Z

Abbildung 7.65 Tabelle T156 – Druckkennzeichen der Bewegungsart

Etikettendruck

Der Etikettendruck beim Buchen von Warenbewegungen setzt voraus, dass im Materialstamm die neuen Felder ETIKETTIERUNGSART (MARA-ETIAR) und ETIKETTIERUNGSFORM (MARA-ETIFO) gefüllt sind. Etikettierungsart und -form können Sie im Customizing frei definieren.

- Im IMG-Knoten DRUCKSTEUERUNG rufen Sie hierfür mit der Aktivität ETIKETTENDRUCK EINSTELLEN die Transaktion OMCF (Etikettendruck einstellen) auf.
- Die Etikettierungsformen der Standardauslieferung E1/E2/E3 unterscheiden sich nach der Anzahl der zu druckenden Etiketten. Die Menge wird aus der Materialbelegposition ermittelt:
  - WE-Etikett Anzahl in Erfassungsmenge (MSEG-ERFMG)
  - WE-Etikett Anzahl in Lagermenge (MSEG-MENGE)
  - WE-Etikett Anzahl in Bestellpreismenge (MSEG-BPMNG)

Wenn Sie mit den Einstellungen der SAP-Standardauslieferung arbeiten, brauchen Sie lediglich Ihren Etikettentext zu pflegen.

Etiketten aus der Bestandsführung [+]

Für Anwendungen ohne Handling Units und ohne Lagerverwaltung bieten sich Etiketten der Bestandsführung an. Etiketten erzeugen Sie sonst als Nachricht für Handling Units im Zusammenhang mit LES- oder EWM-Anwendungen.

Die Ausgabe von Etiketten im Wareneingang und -ausgang wird mit speziell dafür vorgesehenen Nachrichtenarten gesteuert.

7.7.2 Nachrichtenfindung

In den Aktivitäten des Knotens NACHRICHTENFINDUNG können Sie folgende Einstellungen zur Steuerung der Nachrichtenfindung durchführen (siehe Abbildung 7.63):

- Konditionstabellen pflegen
- Zugriffsfolgen pflegen
- Nachrichtenarten pflegen
- Nachrichtenschema pflegen
- Nachrichtensätze/Konditionen pflegen
- Formulare und Programme zuordnen

Konditionstabelle

Die Felder der Konditionstabellen sind die Bedingungen, die zur Erzeugung einer Nachrichtenart führen. Folgende Konditionstabellen gibt es in der Standardauslieferung:

- 16 (Etikettierung mit Feld Etikettenart)
- 70 (Vorgang/Druckvers./DruckKZ/Etikett.-Art/Etikett.-Form)
- 71 (WE-Nachricht)
- 72 (Vorgang/Druckvers./DruckKZ)
- 73 (Vorgang/Druckvers./DruckKZ/SHKZG)
- 74 (Fehlteile)
- 75 (Kanbankarten bei WE)

Die ausgewählten Felder der Konditionstabelle 72 sehen Sie in Abbildung 7.66. Die Nachrichtensätze werden in Tabellen mit dem Präfix B verwaltet (siehe Abschnitt 6.7.3, »Ausgabesteuerung«).

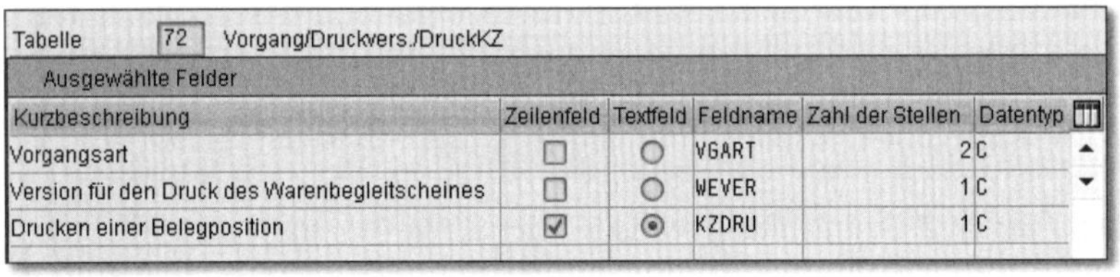

Tabelle 72 Vorgang/Druckvers./DruckKZ

Ausgewählte Felder

Kurzbeschreibung	Zeilenfeld	Textfeld	Feldname	Zahl der Stellen	Datentyp
Vorgangsart	☐	○	VGART	2	C
Version für den Druck des Warenbegleitscheines	☐	○	WEVER	1	C
Drucken einer Belegposition	☑	◉	KZDRU	1	C

Abbildung 7.66 Konditionstabelle 72

Die Tabelle 72 definiert sich über die Felder Vorgangsart, Druckversion und das Druckkennzeichen als Zeilenfeld. Zur Definition von eigenen Tabellen stehen Ihnen weitere Felder im Feldkatalog zur Verfügung:

- Angelegt von
- Etikettenart
- Lagerort
- Soll/Haben-Kennz.

- Etikettierungsart
- Etikettierungsform
- Fehlteil
- Kanban drucken
- Unter-/Überlieferung
- WE-Nachricht
- Werk

Die Felder Soll/Haben-Kennzeichen, Werk und Lagerort eignen sich mitunter für Warenbegleitscheine aus Umbuchungsvorgängen, bei denen Sie Zu-/Abgänge separat steuern möchten. Die Zuordnung der Tabellen zur Nachrichtenart erfolgt indirekt über Zugriffsfolgen.

Zugriffsfolge

Zugriffsfolgen werden mandantenunabhängig in der Tabelle T682 (Konditionen: Zugriffsfolgen) mit der Verwendung B (Nachrichten) und der Applikation ME (Bestandsführung) verwaltet. Folgende Zugriffsfolgen gibt es im Standard:

- 0001 (Vorg.art/Druckvers/KZ/Etikette, Tabelle 070)
- 0002 (WE-Mails, Tabelle 071)
- 0003 (Vorg.art/Druckvers/KZ, Tabelle 072)
- 0004 (Vorg.art/Druckvers/KZ/SHKZ, Tabelle 073)
- 0005 (Fehlteile, Tabelle 074)
- 0006 (Etikettenart (Typ 01), Tabelle 016)
- 0007 (Kanbankarte bei WE, Tabelle 075)

Die Zugriffsfolgen aus den Nachrichten des Standards enthalten jeweils nur eine Konditionstabelle, in der die Nachrichtensätze angelegt werden.

Eigene Zugriffsfolge [zB]

In einer eigenen Zugriffsfolge Z003 könnten Sie beispielsweise statt der Tabelle 072 eine Tabelle 972 (»aufgebohrte« Kopie von 072) mit dem Werk als zusätzlichem Feld eintragen. Alternativ könnten Sie der Tabelle 072 eine speziellere Tabelle 972 mit einem zusätzlichen Feld in der Zugriffsfolge voranstellen, also Z003 mit dieser Zugriffsreihenfolge:

- 10 Tabelle 972
- 20 Tabelle 072

Wenn Sie in dieser Zugriffsfolge das Kennzeichen Exklusiv setzen, wird die Suche abgebrochen, falls in der ersten Tabelle (972) ein passender Nachrichtensatz gefunden wird. Gibt es keinen passenden Nachrichtensatz in der spezielleren Tabelle, wird in der allgemeineren Tabelle 072 gesucht.

Nachrichtenarten

Die Nachrichtenarten werden in der Tabelle T685 (Konditionen: Arten) verwaltet. In Tabelle 7.4 sehen Sie alle 23 Nachrichtenarten mit der Verwendung B und der Applikation ME mit den Zugriffsfolgen:

Nachrichtenart	Bezeichnung	Zugriffsfolge
ET01	Materialetikett	0006
MLFH	WE Fehlteilemeldung	0005
MLGR	WE-Meldung	0002
MLMD	WE-Mengenabweichung	0002
MLUD	WE Unter-/Überlief.	0002
WA01	WA-Schein Vers.1	0003
WA02	WA-Schein Vers.2	0003
WA03	WA-Schein Vers.3	0003
WAE1	WA-Etikett Vers.1	0001
WAE2	WA-Etikett Vers.2	0001
WAE3	WA-Etikett Vers.3	0001
WE01	WE-Schein Vers.1	0003
WE02	WE-Schein Vers.2	0003
WE03	WE-Schein Vers.3	0003
WEE1	WE-Etikett Vers.1	0001
WEE2	WE-Etikett Vers.2	0001
WEE3	WE-Etikett Vers.3	0001
WEK1	Kanbankarte 1	0007
WF01	WE-FertAuftr. Vers.1	0003
WF02	WE-FertAuftr. Vers.2	0003
WLB1	WA-Schein LB Vers.1	0004
WLB2	WA-Schein LB Vers.2	0004
WLB3	WA-Schein LB Vers.3	0004

Tabelle 7.4 Nachrichtenarten in Tabelle T685

Den Nachrichtenarten WA01, WA02, WA03, WE01, WE02, WE03, WF01 und WF02 ist die Zugriffsfolge 0003 (mit der Tabelle 072 Vorg.art/Druckvers./KZ) zugeordnet.

Bei den Nachrichten der Bestandsführung sind für Warenbegleitscheine neben der Zugriffsfolge auch Druckparameter und Verarbeitungsroutinen entscheidende Parameter für die Ausgabesteuerung. Falls Sie mit E-Mails aus der Bestandsführung arbeiten, müssen Sie noch den Titel, den Text und die Partnerrollen festlegen (siehe Abschnitt »Nachricht als SAP-Mail« auf Seite 442).

Nachrichtenschema

Das Nachrichtenschema ME0001 (Bestandsführung) ist programmintern vorgegeben. Dem Schema ME0001 sind alle Nachrichtenarten der Bestandsführung in der Tabelle T683S (Kalkulationsschemata: Daten) mit der Verwendung B und der Applikation ME zugeordnet. Bei den Nachrichtenarten in Tabelle 7.5 ist eine Bedingung zugeordnet:

Nachrichtenart	Bedingung
MLGR (WE-Meldung)	171
MLMD (WE-Mengenabweichung)	172
MLUD (WE Unter-/Überlief.)	174
WE03 (WE-Schein Vers.3)	173
WA03 (WA-Schein Vers.3)	173
WLB3 (WA-Schein LB Vers.3)	173

Tabelle 7.5 Nachrichtenarten mit Bedingung

Diese Nachrichtenarten werden nur erzeugt, wenn die zugehörige Bedingung erfüllt ist:

- 171 (WE-Mail, bei WE)
- 172 (WE-Mail Preismenge, bei Bestellpreismengenabweichung)
- 173 (WE/WA-Sammelscheine)
- 174 (WE Unter-/Überlief.)

Bedingungen werden in der Tabelle TFRM (Formroutinen zu Bedingungen/Formeln/Datentransporten) verwaltet. Für die Entwicklung von Bedingungen aller Art steht Ihnen die Transaktion VOFM (Konfiguration Bedingungen, Formeln) zur Verfügung, die Sie auch über die IMG-Aktivität NACHRICHTENSCHEMATA PFLEGEN in der Nachrichtenfindung der Bestandsführung aufrufen können.

Nachrichtensätze

Auch die Nachrichtensätze der Bestandsführung sind Stammdaten, aber die Transaktionen zur Pflege der Nachrichtensätze/Konditionen für die Bestandsführung werden im IMG mit der Aktivität KONDITIONEN PFLEGEN aufgerufen. Aus folgenden Aktionen können Sie auswählen:

- MN21 (Kondition anlegen: Bestandsführung)
- MN22 (Kondition ändern: Bestandsführung)
- MN23 (Kondition anzeigen: Bestandsführung)

[+] **Konditionspflege**

Mit der Transaktion MN22 können Sie auch Konditionen anlegen.

Bei Nachrichtenarten mit der Zugriffsfolge 0003 steigen Sie in die Konditionspflege mit Vorgangsart und Druckversion ein. Konditionen für die Nachrichtenart WF01 (WE-FertAuftr. Vers.1) werden mit der Vorgangsart WF (siehe Abschnitt 7.3.2, »Belegnummer«) angelegt (siehe Abbildung 7.67).

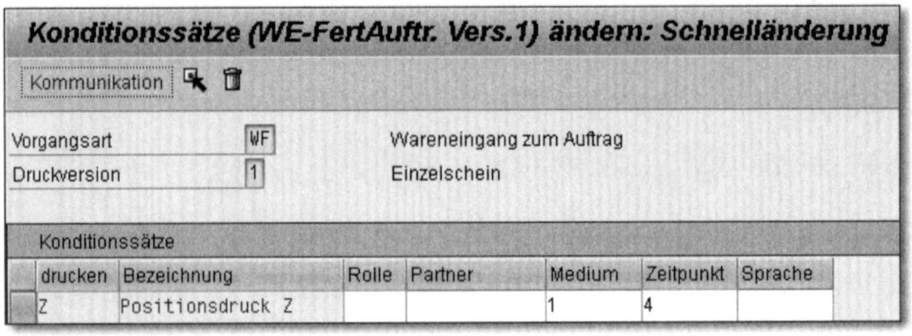

Abbildung 7.67 Kondition für Nachrichtenart WF01

Die Druckversion 1 stammt aus der Tabelle T158 (Transaktionssteuerung Bestandsführung, siehe Abschnitt 7.7.1, »Drucksteuerung«). Das Druckkennzeichen aus der Tabelle T156 (Bewegungsart) ist in der Tabelle 072 als Zeilenfeld für den Konditionssatz definiert (siehe Abbildung 7.66).

Nachrichtensätze für Warenbegleitscheine werden in der Regel mit Sendemedium 1 (Druckausgabe) und Zeitpunkt 4 (beim Buchen der Warenbewegung) angelegt.

Partnerrollen spielen bei den Warenbegleitscheinen im Standard keine Rolle. Falls Sie eine sinnvolle Anwendung dafür haben, könnten Sie mit `USER_EXIT_KOMPBME_PARTNER` (Include `RVCOMFZ2`) selbst dafür sorgen, dass Partnerrollen aus den Stammdaten von Lieferant bzw. Kunde nachgelesen werden. Die so angelegten Nachrichtensätze werden in der Konditionstabelle B072 (Vorgang/Druckvers./DruckKZ) verwaltet.

Nachdem Sie die Findung der Nachrichtenarten eingestellt haben, ordnen Sie noch Verarbeitungsprogramme und Formulare zu.

Druckprogramm, Formroutine und Formular

Alle Nachrichtenarten für das Ausgabemedium 1 (Druckausgabe) benötigen in der Tabelle TNAPR (Verarbeitungsprogramme für Nachrichten) einen Eintrag mit Druckprogramm, Formroutine und Formular. Die Zuordnung erfolgt mit dem Pflegedialog V_TNAPR. Sie rufen den Pflegedialog zur Applikation ME (Bestandsführung) im IMG mit der Aktivität FORMULARE UND PROGRAMME ZUORDNEN auf.

So sind beispielsweise der Nachrichtenart WF01 (WE-FertAuftr. Vers.1) das Programm `SAPM07DR` (Modulpool), die Formroutine `ENTRY_WF01` und das Formular WE_FERT_VERS1 zugeordnet. Eine komplette Auflistung der zugeordneten Programme und Formulare für Nachrichtenarten der Applikation ME (Bestandsführung) sehen Sie in Abbildung 7.68.

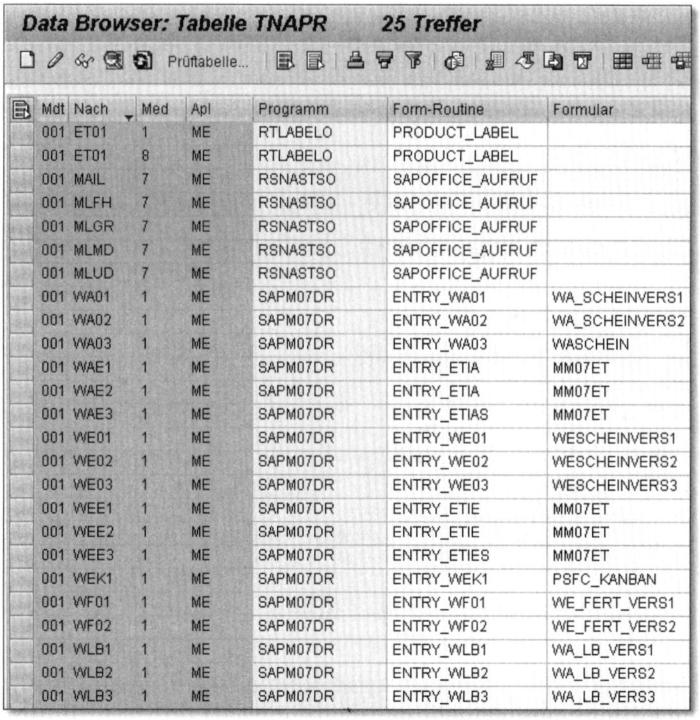
Data Browser: Tabelle TNAPR 25 Treffer

Mdt	Nach	Med	Apl	Programm	Form-Routine	Formular
001	ET01	1	ME	RTLABELO	PRODUCT_LABEL	
001	ET01	8	ME	RTLABELO	PRODUCT_LABEL	
001	MAIL	7	ME	RSNASTSO	SAPOFFICE_AUFRUF	
001	MLFH	7	ME	RSNASTSO	SAPOFFICE_AUFRUF	
001	MLGR	7	ME	RSNASTSO	SAPOFFICE_AUFRUF	
001	MLMD	7	ME	RSNASTSO	SAPOFFICE_AUFRUF	
001	MLUD	7	ME	RSNASTSO	SAPOFFICE_AUFRUF	
001	WA01	1	ME	SAPM07DR	ENTRY_WA01	WA_SCHEINVERS1
001	WA02	1	ME	SAPM07DR	ENTRY_WA02	WA_SCHEINVERS2
001	WA03	1	ME	SAPM07DR	ENTRY_WA03	WASCHEIN
001	WAE1	1	ME	SAPM07DR	ENTRY_ETIA	MM07ET
001	WAE2	1	ME	SAPM07DR	ENTRY_ETIA	MM07ET
001	WAE3	1	ME	SAPM07DR	ENTRY_ETIAS	MM07ET
001	WE01	1	ME	SAPM07DR	ENTRY_WE01	WESCHEINVERS1
001	WE02	1	ME	SAPM07DR	ENTRY_WE02	WESCHEINVERS2
001	WE03	1	ME	SAPM07DR	ENTRY_WE03	WESCHEINVERS3
001	WEE1	1	ME	SAPM07DR	ENTRY_ETIE	MM07ET
001	WEE2	1	ME	SAPM07DR	ENTRY_ETIE	MM07ET
001	WEE3	1	ME	SAPM07DR	ENTRY_ETIES	MM07ET
001	WEK1	1	ME	SAPM07DR	ENTRY_WEK1	PSFC_KANBAN
001	WF01	1	ME	SAPM07DR	ENTRY_WF01	WE_FERT_VERS1
001	WF02	1	ME	SAPM07DR	ENTRY_WF02	WE_FERT_VERS2
001	WLB1	1	ME	SAPM07DR	ENTRY_WLB1	WA_LB_VERS1
001	WLB2	1	ME	SAPM07DR	ENTRY_WLB2	WA_LB_VERS2
001	WLB3	1	ME	SAPM07DR	ENTRY_WLB3	WA_LB_VERS3

Abbildung 7.68 Nachrichtenarten der Applikation ME in Tabelle TNAPR

Wie Sie in der Tabelle TNAPR (Verarbeitungsprogramme für Nachrichten) sehen können, sind für Nachrichten, die in SAPoffice als Mail verschickt werden, keine Formulare zuzuordnen.

[zB] **Druckausgabe von E-Mails**

Mit relativ wenig Customizing- und Entwicklungsaufwand können Sie anstelle einer SAPoffice-Nachrichtenart auch eine eigene Nachrichtenart definieren, die mit Hilfe eines eigenen Druckprogramms ein Formular ausgibt. Beispielsweise könnten Sie so beim Wareneingang eines Fehlteils einen Nachlieferschein drucken, um das Material am Lager vorbei gleich in die wartende Abteilung zu bringen. Das wäre sozusagen eine Cross-Docking-Abwicklung für die Bestandsführung.

Die Nachrichtenarten für Mails sind in der Tabelle TNAPR (Verarbeitungsprogramme für Nachrichten) mit dem Sendemedium 7 und dem Programm RSNASTSO eingestellt.

Nachricht als SAP-Mail

In diesem Abschnitt werden die speziellen Einstellungen für die Nachrichtenarten MLFH, MLGR, MLMD und MLUD gezeigt, die als SAP-Mail versendet werden. Der Mailversand erfolgt über das Ausgabemedium 7 (einfache Mail) und die Partnerrolle MP (Mail-Partner) bzw. DP (Disponent) für die Fehlteilmail MLFH. Diese Einträge für die Applikation ME (Bestandsführung) werden in der Tabelle TNAPN (Nachrichtensteuerung: Nachrichten je Partnerrolle) verwaltet.

In der Definition der Nachrichtenarten können Sie E-Mail-Titel und -Texte speziell für Ihr Unternehmen anpassen (siehe Abbildung 7.69).

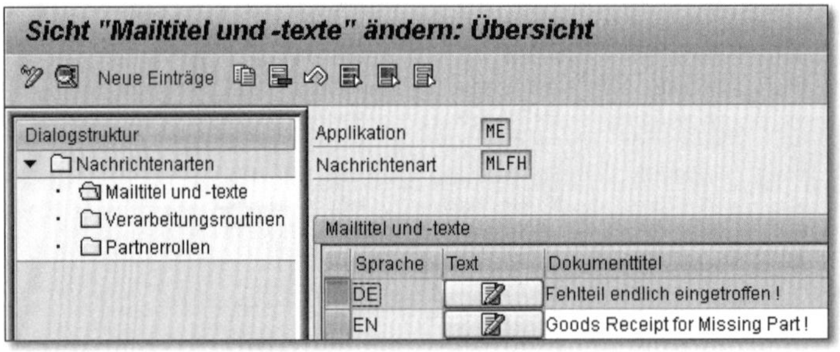

Abbildung 7.69 SAP-Mail-Titel für die Nachrichtenart MLFH

E-Mail-Texte können Sie nur im Änderungsmodus erfassen. In Abbildung 7.70 sehen Sie ein fiktives Beispiel für einen E-Mail-Text.

```
&MSEG-MATNR&·ist·aktuell·ein·Fehlteil¶
¶
Für·Sie·sind·Fehlteile·eingetroffen.¶
¶
&MFG&,¶
&MKPF-USNAM&¶
```

Abbildung 7.70 SAP-Mail-Text mit Variablen

Die Textvariablen Ihrer individuellen Mailtexte füllen Sie aus folgenden Tabellen:

- MKPF (Belegkopf Materialbeleg)
- MSEG (Belegsegment Material)
- DM07M (Felder für die Dialogsteuerung Modulpool SAPMM07M)
- EKKO (Einkaufsbelegkopf)
- EKPO (Einkaufsbelegposition)
- EKAN (Lieferantenanschrift Einkaufsbeleg)
- LFA1 (Allgemeine Lieferantenstammdaten)

Beim Festlegen des Textes mit dem neuen SAPscript-Editor müssen Sie die Textvariablen über das Menü einbinden. Wählen Sie hierfür Einbinden • Symbole • Programmsymbole. Im herkömmlichen Monitor können Sie die Textvariablen durch Angabe von »&« direkt im Text eingeben.

Änderungen am Text [+]

Der E-Mail-Text wird intern in den Nachrichtensatz kopiert. Haben Sie einen Text geändert, müssen Sie den alten Nachrichtensatz löschen und einen neuen Nachrichtensatz anlegen.

Im nächsten IMG-Knoten stellen Sie für Nachrichten mit Druckparameter 7, 9 und U die Druckerfindung ein.

7.7.3 Druckerfindung

Die Druckerfindung wird durch den Druckparameter in der jeweiligen Nachrichtenart gesteuert (siehe Abbildung 7.71).

Folgende *Druckparameter* gibt es für die Nachrichtenarten der Bestandsführung:

- 7 (Druckerfindung nach Werk/Lagerort (Standardeinstellung))
- 9 (Druckerfindung nach Werk/Lagerort/Benutzergruppe)

- E (User Exit)
- S (Druckerfindung aus Benutzerfestwert)
- U (Druckerfindung nach Nachrichtenart/Benutzer)

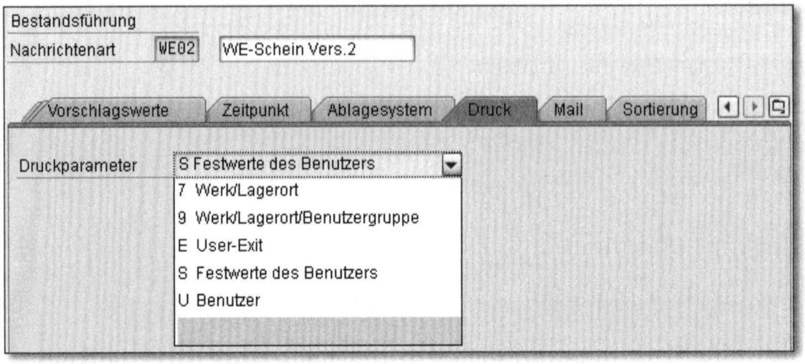

Abbildung 7.71 Druckparameter in der Bestandsführung

In den Aktivitäten des Knotens DRUCKERFINDUNG können Sie für die auszudruckenden Nachrichtenarten die Druckerfindung für die Parameter 7, 9 und U einstellen. Die Alternativen E (User Exit) und S (Festwert im Benutzerstamm) sind nicht im IMG einstellbar.

Je nachdem, welchen Druckparameter Sie in Ihren Nachrichtenarten eingetragen haben, pflegen Sie die zugehörige(n) Aktivität(en) für alle auszudruckenden Nachrichtenarten in einer der folgenden *Tabellen*:

- TNAD7 (Nachrichtensteuerung: Drucker je Lagerort) für Druckerfindung mit Nachrichtenart, Werk und Lagerort
- TNAD9 (Nachrichtenfindung: Drucker je Lagerort u. Benutzergruppe) für Druckerfindung mit Nachrichtenart, Werk, Lagerort und Benutzergruppe
- TNADU (Nachrichtenfindung: Drucker je Benutzer) für Druckerfindung mit Nachrichtenart und Benutzer

Zusätzlich pflegen Sie noch die *Benutzerparameter*:

- NDR = X (Großbuchstabe), damit das Kennzeichen DRUCKEN bei der Erfassung von Warenbewegungen immer gesetzt wird
- ND9 = BENUTZERGRUPPE für die Druckerfindung 9 mit Nachrichtenart, Werk, Lagerort und Benutzergruppe

Die Benutzergruppe ist eine frei definierbare achtstellige Zeichenfolge, die Sie für Nachrichtenarten mit dem Druckparameter 9 benötigen.

7.7.4 Reports für Voreinstellungen

Zur schnellen Einstellung der Nachrichtenfindung bietet Ihnen SAP zwei Reports an, die Sie hintereinander starten können:

- RM07NCUS (Voreinstellung Customizing Nachrichtenfindung)
- RM07NKON (Batch-Input für Konditionssätze Nachrichtenfindung)

Starten Sie das erste Programm, das Customizing-Einstellungen durchführt. Erfassen Sie dann Ihre persönlichen Mailtexte in der Definition der Nachrichtenarten MLFH, MLGR, MLMD und MLUD, wenn Sie diese Nachrichten als Mails versenden möchten.

Starten Sie das zweite Programm RM07NKON mit dem gewünschten Versandzeitpunk (NA_VSZTP), folgende Eingaben sind möglich:

- 1 Versenden durch periodisch eingeplanten Job
- 2 Versenden durch Job, mit zusätzlicher Zeitangabe
- 3 Versenden durch anwendungseigene Transaktion
- 4 sofort versenden (direkt beim Buchen)

Antworten auf oft gestellte Fragen zum Thema »Nachrichten der Bestandsführung« finden Sie in SAP-Hinweis 522591 (FAQ: Nachrichtenfindung IM).

7.8 Zusammenfassung

Den Schwerpunkt stellten in diesem Kapitel die Warenbewegungen dar. Mit den hier gezeigten Einstellungen können Sie SAP ERP für alle Vorgänge der Bestandsführung einrichten, Nachrichten ausgeben und Belege der Bestandsführung auswerten.

Im nächsten Kapitel geht es um die Materialbewertung und die Kontenfindung für die Vorgänge der Bestandsführung.

Die Bestände eines Unternehmens sind üblicherweise bewertet, und Warenbewegungen in der Bestandsführung sind Vorgänge, die automatisch zu Buchungen auf Konten des Rechnungswesens führen.

8 Bewertung und Kontierung

In diesem Kapitel wird die Materialbewertung betriebswirtschaftlich eingeordnet. Anschließend lernen Sie, wie Sie im SAP ERP-System die Preissteuerung mit der Materialart beeinflussen können und wie Sie für Material die getrennte Bewertung einstellen können. Der Schwerpunkt dieses Kapitels liegt auf der automatischen Kontenfindung für die Vorgänge der Bestandsführung.

8.1 Materialbewertung in der Betriebswirtschaft

In der Betriebswirtschaft verbindet die Materialbewertung die Materialwirtschaft mit dem Rechnungswesen. Eine Aufgabe der Materialbewertung ist die Ermittlung der aktuellen Bestandswerte. Der Bestandswert eines Materials wird durch Multiplikation der Bestandsmenge mit dem Materialpreis berechnet: *Bestandswert = Bestandsmenge x Materialpreis*.

Maßgeblich für die realistische Berechnung des Bestandswertes ist – neben korrekten Bestandsmengen – auch ein realistischer Materialpreis.

8.1.1 Materialpreis

Produkte aus der eigenen Fertigung werden mit einem kalkulierten Stückpreis bewertet, der sich aus Materialkosten, Lohnkosten, Maschinenkosten, Fremdleistungskosten etc. zusammensetzt. Der Materialpreis für die eigenen Produkte wird in der Regel jährlich kalkuliert und angepasst. Ab dem Zeitpunkt X (beispielsweise 1. Januar) werden dann alle aktuell vorhandenen Bestände und Zugänge mit dem neuen Materialpreis bewertet.

Zugekauftes Material hat einen *Einstandspreis*. Dieser berechnet sich aus dem Listeneinkaufspreis minus Rabatte, minus Skonto und plus Bezugskosten für Versicherung, Fracht und Verpackung. Bei zugekauften Waren sind unterschiedliche Einstandspreise an der Tagesordnung – etwa wenn Sie an diverse Rohstoffe denken, die dem freien Markt unterworfen sind.

Mit einem bewerteten Warenzugang erhöhen sich für dieses Material Bestandsmenge und Bestandswert. Sofern nicht jeder Warenzugang komplett separat bewertet wird, vermischen sich auf dem Bestandskonto die Werte des aktuellen Zugangs mit den Werten der vorhandenen Bestände. Auch im Lager kann es zu Vermischungen kommen, vor allem wenn das Material nicht in Chargen verwaltet und gelagert wird. Der üblicherweise bevorzugte Materialverbrauch nach FIFO (first in, first out) kann daher oft nicht durchgängig streng gewährleistet werden.

Aus den eben aufgeführten Gründen wird bei fremdbeschafften Waren für die Materialbewertung oft der gleitende Durchschnittspreis herangezogen. Dieser Materialpreis wird mit jedem Bestandszugang neu berechnet. Die Berechnung erfolgt in zwei Schritten, zunächst muss der aktuelle Bestandswert berechnet werden; anschließend kann der aktuelle gleitende Durchschnittspreis bestimmt werden:

1. Bestandswert neu = Bestandswert alt plus Bestandswert Zugang
2. gleitender Durchschnittspreis neu = Bestandswert neu geteilt durch Bestandsmenge neu (alt plus Zugang)

Bestandsabgänge wirken sich nicht auf den Materialpreis aus, reduzieren aber die Bestandsmenge und somit auch den Bestandswert.

8.1.2 Bestandswert

Die Bestandswerte werden in der Bilanz eines Unternehmens als Teil des Umlaufvermögens ausgewiesen.

Die Bilanz unterscheidet links Aktiva (Mittelverwendung) und rechts Passiva (Mittelherkunft). Die Aktivseite weist aus, was ein Unternehmen besitzt. Hierbei unterscheidet man zwei Arten von Vermögen:

- *Anlagevermögen*: Grundstücke, Gebäude, Maschinen, immaterielle Anlagen (käuflich erworbene Rechte, Patente), Finanzanlagen (Wertpapiere, Beteiligungen)
- *Umlaufvermögen*: Vorräte, Forderungen, Bankguthaben, Bargeld

Die Passivseite der Bilanz hingegen zeigt, wer Anspruch auf den Besitz hat, der auf der Aktivseite aufgeführt ist. Auf der Passivseite unterscheidet man zwei Arten von Kapitel:

- *Eigenkapital*: Gezeichnetes Kapital, Rücklagen und Bilanzgewinn der Eigentümer etc.
- *Fremdkapital*: Verbindlichkeiten bei Lieferanten und Banken, Rückstellungen etc.

Die einzelnen Materialbestände werden nach betriebswirtschaftlichen Gesichtspunkten zusammengefasst und auf separaten Bestandskonten geführt. Bestandswerte werden beispielsweise eingeteilt in:

- Rohstoffe
- Hilfsstoffe
- Betriebsstoffe
- Ersatzteile
- Verpackungen
- Handelsware
- Halbfabrikate
- Fertigwaren
- Werbemittel

Im SAP ERP-System werden Lagerbestände abhängig von der Materialart und dem Bewertungskreis mit Menge und/oder Wert geführt.

8.2 Materialbewertung in SAP ERP

Die Materialbewertung im SAP ERP-System ist keine logistische Anwendung, sie gehört aber zu den Funktionen in der Materialwirtschaft, bei denen die Beschaffung, Lagerung und Verwendung der Materialbestände im Mittelpunkt stehen. Die Vorgaben für die Materialbewertung kommen aus dem Rechnungswesen. Die Buchungen laufen teilweise mit Hilfe der automatischen Kontenfindung im Hintergrund ab.

Die Einstellungen für die automatische Kontenfindung wirken sich bei Warenbewegungen und in der Rechnungsprüfung aus (siehe Kapitel 9). Bewertungsrelevante Warenbewegungen führen automatisch zu einer Fortschreibung der Mengen und Werte. Mengen werden aufsummiert je Material im Werk und in den zugehörigen Lagerorten geführt; Werte werden aufsummiert auf Sachkonten der Finanzbuchhaltung geführt. Für das interne Rechnungswesen können zudem noch Mengen und Werte zu den Kontierungsobjekten fortgeschrieben werden.

Die zu den einzelnen Vorgängen von Konto zu Konto bewegten Beträge sind über die Belegpositionen des Rechnungswesens (Buchhaltungsbeleg und teilweise auch Kostenrechnungsbeleg) mit der Transaktion MR51 (Material Einzelposten) auswertbar.

Der Materialpreis wird in der Tabelle MBEW (Materialbewertung) je Material und Bewertungskreis geführt, bei getrennter Bewertung auch abhängig von der Bewertungsart (siehe Abschnitt 8.2.2, »Getrennte Materialbewertung«).

[zB] **Materialpreis**

Der Materialpreis wird in der Tabelle MBEW (Materialbewertung) immer mit der Preiseinheit (Datenfeld PEINH) geführt. Die Preiseinheit steht für die Anzahl der Mengeneinheiten, auf die sich der Preis bezieht. Üblich sind Preiseinheiten 1, 10, 100 oder gar 1.000 bei günstigem Material mit viel Bestand. Haben Sie aber den Materialstamm für Spanplattenschrauben Edelstahl A2 4,5 × 20 mm in der Basismengeneinheit Stück angelegt, dann werden Sie den Materialpreis möglicherweise mit der Preiseinheit 500 führen, weil Sie die Schrauben im 500er-Pack kaufen.

Wie der Materialpreis in SAP ERP bestimmt wird, ist durch das Preissteuerungskennzeichen (Datenfeld MBEW-VPRSV) vorgegeben.

8.2.1 Preissteuerungskennzeichen

Das Preissteuerungskennzeichen im Materialstamm steuert die Berechnung des Materialpreises je Bewertungskreis. Weil der Bewertungskreis in der Regel 1:1 dem Werk entspricht, können Sie die Berechnung des Materialpreises werksabhängig steuern. Es gibt zwei Preissteuerungskennzeichen:

- **S (Standardpreis)**
  Bei Material mit dem Preissteuerungskennzeichen S werden alle Warenbewegungen zu dem im Materialstamm hinterlegten Standardpreis (Datenfeld MBEW-STPRS) gebucht. Der Standardpreis wird in der Regel jährlich neu kalkuliert und im Materialstamm aktualisiert. Bei zugekauftem Material mit dem Preissteuerungskennzeichen S gibt es Preisabweichungen, wenn das Material nicht exakt zum aktuellen Standardpreis beschafft wird. Solche Abweichungen zwischen Bezugspreis und Standardpreis werden auf ein Preisdifferenzkonto gebucht.
- **V (gleitender Durchschnittspreis/periodischer Verrechnungspreis)**
  Bei Material mit dem Preissteuerungskennzeichen V ändert sich der Materialpreis dynamisch. Folgende Preisbestimmungen sind möglich:

- gleitender Durchschnittspreis
- periodischer Verrechnungspreis (nur bei aktivem Material Ledger)

Beim gleitenden Durchschnittspreis werden Materialzugänge mit dem jeweiligen Bestellpreis bewertet. Abgänge werden zum aktuell gültigen V-Preis bewertet. In der Tabelle MBEW (Materialbewertung) wird der gleitende Durchschnittspreis je Preiseinheit im Datenfeld VERPR geführt. Er ist das Ergebnis der Division *(Bestandswert : Bestandsmenge) x Preiseinheit im Werk* und wird beim Buchen der Warenbewegung automatisch berechnet und aktualisiert.

Bei Material mit aktivem Material Ledger kann auch ein periodischer Verrechnungspreis anstelle des gleitenden Durchschnittspreises für die Bewertung als Materialpreis herangezogen werden. Der periodische Verrechnungspreis wird erst mit einer Material-Ledger-Abrechnung aktualisiert.

Die Preissteuerung kann durch die Materialart vorgeschlagen bzw. auch verbindlich vorgegeben werden (siehe Tabelle T134 (Materialarten), Felder VPRSV und KZVPR und Abschnitt 5.2.2, »Materialart«). Sie können die Preissteuerung der Materialarten auch in der IMG-Aktivität Materialwirtschaft • Bewertung und Kontierung • Preissteuerung für Materialarten festlegen einstellen. In Abbildung 8.1 sehen Sie einen Ausschnitt aus diesem Pflegedialog (V_134_P).

Sicht "Preissteuerung" ändern: Übersicht

Materialart	Materialartenbezeichnung	Preissteuerung	Preissteuerung verb.
ROH	Rohstoff	V	☐
UNBW	Unbewertetes Material		☐
VBRA	ETM Verbrauchsmaterial	S	☐
VEHI	Konfig. Fahrzeug	V	☐
VERP	Verpackung	V	☐
VKHM	Verkaufshilfsmittel	V	☐
VOLL	Vollgut	V	☐
VVGR	Wettbewerberprodukt	V	☐
WERB	Werbemittel	V	☐
WERT	Wertmaterial	V	☐
WETT	Wettbewerberprodukt		☐
ZROG	Kaufteile getrennt bew.	V	☐
ZROH	Zukaufteile EG	S	☑

Abbildung 8.1 Preissteuerung je Materialart

Der selbst definierten Materialart ZROG (Kaufteile getrennt bewertet) ist das Preissteuerungskennzeichen V als Vorschlagswert unverbindlich zugeordnet. Beim Anlegen eines Materialstamms wird dieses Preissteuerungskennzeichen für alle Bewertungskreise vorgeschlagen. In der SAP-Standardauslieferung ist die Preissteuerung folgendermaßen eingestellt:

- gleitender Durchschnittspreis für zugekauftes Material
- Standardpreis für selbstgefertigtes Material

Nur bei Material mit der Preissteuerung V kann die getrennte Materialbewertung eingesetzt werden.

8.2.2 Getrennte Materialbewertung

Bei der getrennten Materialbewertung können Sie Teilmengen eines Materials unterschiedlich bewerten, ohne eine neue Materialnummer anzulegen. Die Teilmengen können innerhalb eines Werkes mit unterschiedlichen Materialpreisen abhängig von der Bewertungsart (Datenfeld MBEW-BWTAR) bewertet werden. Darüber hinaus ist es auch möglich, die Bestandswerte und Verbräuche der Teilmengen auf separate Sachkonten zu buchen.

Übliche Anwendungen für die getrennte Bewertung der Bestände einer Materialnummer sind:

- Material wird sowohl extern, als auch intern beschafft.
- Material wird in Chargen produziert, verwaltet und verkauft.
- Fremdbeschafftes Material wird in Chargen angeliefert.
- Material wird von unterschiedlichen Lieferanten beschafft.
- Material hat unterschiedliche Qualität.
- Rücklagerung von gebrauchtem Material

Im IMG-Knoten Materialwirtschaft • Bewertung und Kontierung • Getrennte Bewertung legen Sie fest, ob und wie Sie die getrennte Materialbewertung in Ihrem Unternehmen nutzen.

[+] **Umstellung auf getrennte Bewertung**

Im laufenden Betrieb können Sie ein Material nur dann auf getrennte Bewertung umstellen, wenn keine Bestände oder offenen Vorgänge (Belege) vorhanden sind.

Wenn Sie sich für Anwendungen mit getrennter Materialbewertung entschieden haben, müssen Sie folgende IMG-Aktivitäten durchführen:

1. getrennte Bewertung aktivieren
2. getrennte Bewertung einstellen

Zuerst aktivieren Sie die getrennte Bewertung auf Ihrem SAP ERP-Mandanten.

Getrennte Bewertung aktivieren

Nur wenn die getrennte Bewertung auf dem Mandanten aktiv ist, können Sie einzelne Materialstämme für die getrennte Bewertung einstellen. Die Aktivierung der getrennten Bewertung gehört zu den zentralen Einstellungen des Mandanten in der Tabelle TCURM (Customizing Konfiguration MM).

Um die getrennte Bewertung zu aktivieren, wählen Sie die IMG-Aktivität Materialwirtschaft • Bewertung und Kontierung • Getrennte Bewertung aktivieren. In der Standardauslieferung ist die getrennte Bewertung aktiv (siehe Abbildung 8.2).

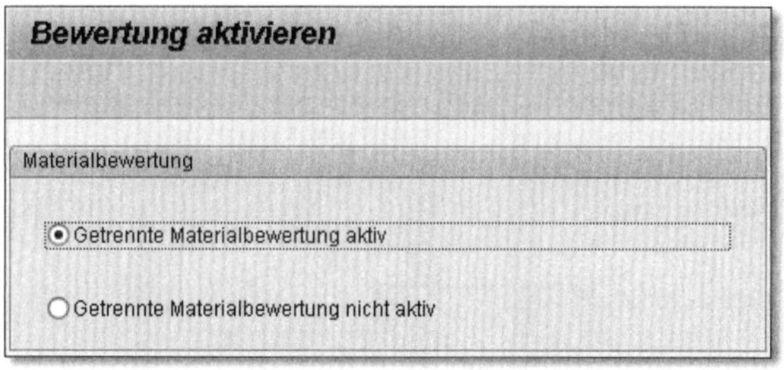

Abbildung 8.2 Getrennte Bewertung aktivieren

Die (De-)Aktivierung der getrennten Bewertung ist nicht an die automatische Transportfunktion angeschlossen und muss folglich im Zielmandanten ebenfalls durchgeführt werden.

Aktivierung der getrennten Bewertung [+]

Auch wenn Sie aktuell kein Material getrennt bewerten, sollten Sie die Aktivierung nicht zurücknehmen, da die getrennte Bewertung möglicherweise zu einem späteren Zeitpunkt für Sie interessant werden könnte. Eine spätere Aktivierung ist jedoch nur mit erheblichem Aufwand möglich. Folgende Aktivitäten wären bei der Aktivierung und Deaktivierung durchzuführen:

- Bestände komplett ausbuchen
- Aktivierungsschalter umlegen
- Kontenfindung bei Bedarf anpassen
- Bestände wieder zurückbuchen

Vorausgesetzt, die getrennte Bewertung ist auf Ihrem Mandanten grundsätzlich aktiv, können Sie Ihre Anforderungen einstellen.

Getrennte Bewertung einstellen

Sind Ihre Anforderungen an die getrennte Bewertung klar, können Sie diese auf Ihrem Entwicklungssystem einstellen. Das Customizing erfolgt in zwei Schritten:

1. Globale Definition der Bewertungsarten und Bewertungstypen
2. Zuordnung zum Werk, lokale Änderungen bei Bedarf

Überprüfen Sie zuerst, ob die global definierten Bewertungsarten und Bewertungstypen der SAP-Standardauslieferung auf Ihre Anforderungen übertragbar sind. Andernfalls legen Sie Ihre eigenen Bewertungsarten und Bewertungstypen global an. In diesem Abschnitt verwende ich sowohl eigene Bewertungstypen als auch Bewertungstypen aus dem SAP-Standard (siehe Abbildung 8.3).

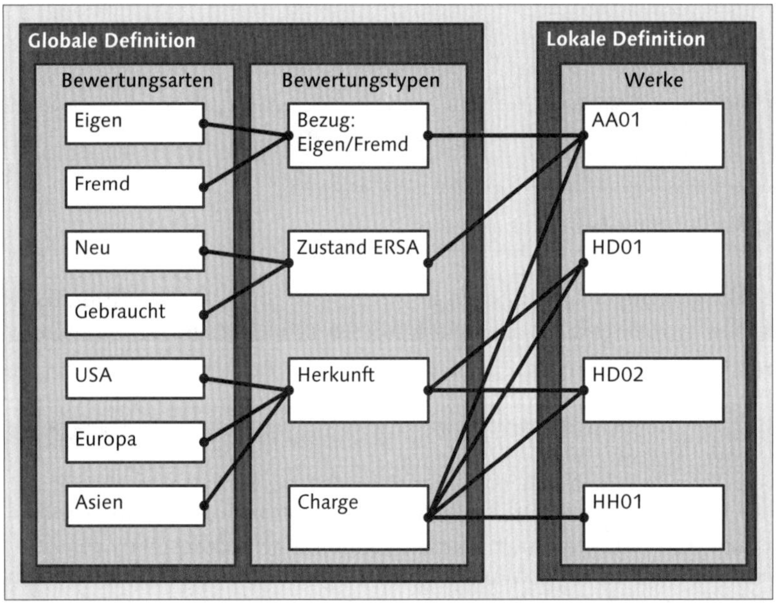

Abbildung 8.3 Getrennte Bewertung einstellen

Es werden folgende Bewertungstypen für die Werke auf der rechten Seite verwendet:

- BEZUG: EIGEN/FREMD (Standard mit Bewertungsarten EIGEN und FREMD)
- ZUSTAND ERSA (selbstdefiniert für Ersatzteile mit NEU und GEBRAUCHT)
- HERKUNFT (eigene Bewertungsarten CHINA, EUROPA und USA)
- CHARGE (Bewertungstyp mit Standardeinstellungen)

Dem Bewertungstyp CHARGE sind keine Bewertungsarten zugeordnet. Bei chargenpflichtigem Material sind stattdessen die Bewertungsarten im Stammsatz der Charge (Datenfeld MCHA-BWTAR) zugeordnet. Über den Bewertungstyp X im Materialstamm (Datenfeld MBEW-BWTTY) wird beim Bestandszugang einer neuen Charge die Bewertungsart automatisch 1:1 zu der Charge angelegt.

Die Bewertungstypen sind unterschiedlichen Werken zugeordnet. Das Werk AA01 verwendet die Bewertungstypen BEZUG: EIGEN/FREMD, ZUSTAND ERSA und CHARGE, die anderen drei Werke verwenden HERKUNFT und CHARGE.

Das Customizing für die getrennte Bewertung stellen Sie mit der Transaktion OMWC (C MM-IV Getrennte Materialbewertung) ein. Im IMG wählen Sie MATERIALWIRTSCHAFT • BEWERTUNG UND KONTIERUNG • GETRENNTE BEWERTUNG EINSTELLEN, um die getrennte Bewertung anzupassen.

Schritt 1: Bewertungsarten definieren

Zuerst prüfen Sie also die globalen Bewertungsarten (siehe Abbildung 8.4).

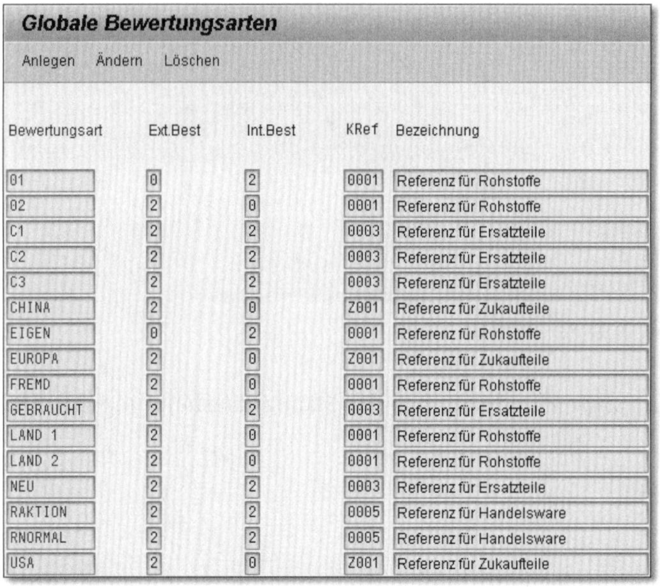

Bewertungsart	Ext.Best	Int.Best	KRef	Bezeichnung
01	0	2	0001	Referenz für Rohstoffe
02	2	0	0001	Referenz für Rohstoffe
C1	2	2	0003	Referenz für Ersatzteile
C2	2	2	0003	Referenz für Ersatzteile
C3	2	2	0003	Referenz für Ersatzteile
CHINA	2	0	Z001	Referenz für Zukaufteile
EIGEN	0	2	0001	Referenz für Rohstoffe
EUROPA	2	0	Z001	Referenz für Zukaufteile
FREMD	2	0	0001	Referenz für Rohstoffe
GEBRAUCHT	2	2	0003	Referenz für Ersatzteile
LAND 1	2	0	0001	Referenz für Rohstoffe
LAND 2	2	0	0001	Referenz für Rohstoffe
NEU	2	2	0003	Referenz für Ersatzteile
RAKTION	2	2	0005	Referenz für Handelsware
RNORMAL	2	2	0005	Referenz für Handelsware
USA	2	0	Z001	Referenz für Zukaufteile

Abbildung 8.4 Globale Bewertungsarten

Die Bewertungsarten in Abbildung 8.4 werden durch einen zehnstelligen Schlüssel und folgende Eigenschaften definiert:

- Externe Bestellung erlaubt? (extern beschafft)
- Interne Bestellung erlaubt? (eigene Herstellung)
- Kontoklassenreferenz (siehe Abschnitt 8.3.3, »Material«)

Für eine Bewertungsart können Sie durchaus beide Beschaffungsarten (extern/intern) gleichermaßen erlauben, wie Sie unter anderem an den eigenen Bewertungsarten GEBRAUCHT und NEU sehen können. Gibt es eine klar bevorzugte Beschaffungsart, dann stellen Sie diese mit 2 ein. Die zusätzliche Beschaffungsart können Sie auf 1 (erlaubt mit Warnung) einstellen. Mit 0 verbieten Sie die Beschaffungsart.

Die eigene Kontoreferenz Z001 (Zukaufteile) ist den fremdbeschafften Bewertungsarten CHINA, EUROPA und USA zugeordnet. Das wirkt sich insofern auf die Kontenfindung aus, als nur die Bewertungsklassen der Kontoklassenreferenz Z001 erlaubt sind (siehe Abbildung 8.14 auf Seite 469).

Die global definierten Eigenschaften der Bewertungsarten können Sie später werksabhängig ändern. Nachdem Sie Ihre Bewertungsarten global definiert haben, wählen Sie SPRINGEN • GLOBALE TYPEN für das Customizing der globalen Bewertungstypen (siehe Abbildung 8.5).

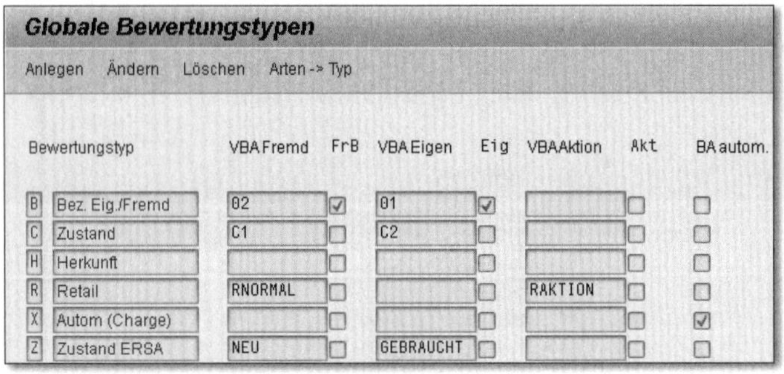

Abbildung 8.5 Globale Bewertungstypen

Folgende Bewertungstypen finden Sie in der Standardauslieferung des SAP ERP-Systems:

- B Bez. Eig./Fremd
- C Zustand

- H Herkunft
- R Retail
- X Autom (Charge)

Der Bewertungstyp Z in Abbildung 8.5 gehört nicht zum SAP-Standard. Zur Definition der Bewertungstypen zählen die folgenden Einstellungen:

- VBA Fremd (Vorschlagsbewertungsart für Fremdbeschaffung)
- FrB (VBA Fremd ist verbindlich)
- VBE Eigen (Vorschlagsbewertungsart für Eigenfertigung)
- Eig (VBA Eigen ist verbindlich)
- VBA Aktion (Vorschlagsbewertungsart für Handelsaktion)
- Akt (VBA Aktion ist verbindlich)
- BA autom. (bei Chargen wird die Bewertungsart automatisch aus der Charge ermittelt, bzw. es wird eine Bewertungsart je Charge angelegt)

Die globalen Einstellungen zum Bewertungstyp können lokal geändert werden. Beispielsweise können Sie in einem Werk die sprechende Bewertungsarten FREMD und EIGEN statt 02 und 01 bei Bewertungstyp B (Bez. Eig./ Fremd) verwenden.

Der Bewertungstyp Z (Zustand ERSA) ist komplett selbstdefiniert. Als unverbindlicher Vorschlagswert für Fremdbeschaffung wurde NEU gewählt; der Vorschlag für Eigenfertigung ist GEBRAUCHT.

Die Bewertungsarten aus den Vorschlagswerten sind dem Bewertungstyp automatisch zugeordnet. Weitere Bewertungsarten ordnen Sie zu mit SPRINGEN • GLOBALE TYPEN • ZUORDNUNGEN • ARTEN • TYP, oder Sie klicken auf den entsprechenden Button ARTEN • TYP (siehe Abbildung 8.5). Die Zuordnung erfolgt dadurch, dass Sie den Status der Bewertungsart in der Auswahlliste auf AKTIV setzen (siehe Abbildung 8.6). Für den Bewertungstyp Z (Zustand ERSA) sind die Bewertungsarten GEBRAUCHT und NEU zugeordnet (aktiviert).

Zuordnung der Bewertungsarten [+]

Wollen Sie eine Bewertungsart mehreren Bewertungstypen zuordnen, erhalten Sie die nützliche Warnmeldung 070 der Nachrichtenklasse OM: »Bewertungsart X ist auch für Bewertungstyp Y aktiv«. Aus Gründen der Nachvollziehbarkeit empfehle ich, die Bewertungsarten jeweils eindeutig für einen Bewertungstyp zu definieren.

Abbildung 8.6 Bewertungstyp Z global definiert

Nach der globalen Definition der Bewertungstypen mit ihren Bewertungsarten führen Sie die Werkszuordnung durch.

Schritt 2: Werke zuordnen

Sie ordnen die Werke zu mit Springen • Lokale Definitionen oder klicken im Einstiegsbild der Transaktion OMWC (C MM-IV Getrennte Materialbewertung) auf den Button Lokale Definitionen. Ihre Werksschlüssel werden mit Name und Ort aufgelistet. In der Auflistung Ihrer Werke positionieren Sie den Cursor auf das gewünschte Werk und wählen Springen • Lokale Definitionen • Typen • Orgaeinh, oder klicken Sie auf den Button Typen • Orgaeinh, um die Bewertungstypen Ihrem Werk zuzuordnen. Die Zuordnung ändern Sie mit dem Button Aktivieren bzw. Deaktivieren (siehe Abbildung 8.7).

Dem Werk AA01 sind die Bewertungstypen B (Bezug: Eigen/Fremd), X (Autom. (Charge)) und Z (Zustand ERSA) durch Aktivieren zugeordnet. Die Vorschlagswerte beim Bewertungstyp B sind – gegenüber der globalen Definition in Abbildung 8.5 – lokal auf FREMD bzw. EIGEN umgestellt.

Die Zuordnung der Bewertungsarten zum Werk erfolgt indirekt über den Bewertungstyp und ist nicht lokal änderbar. Lokal änderbar sind nur die Einstellungen zum Bewertungstyp und die Eigenschaften der Bewertungsart.

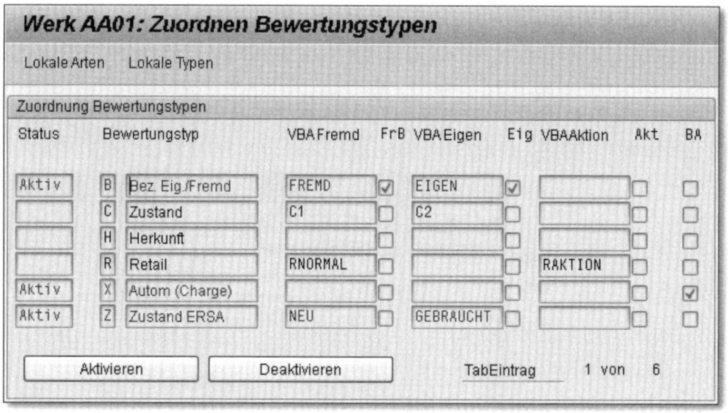

Abbildung 8.7 Lokale Bewertungstypen für das Werk AA01

Den Bewertungstyp ändern Sie, indem Sie SPRINGEN • LOKALE DEFINITIONEN • LOKALE TYPEN WÄHLEN, oder klicken Sie den Button LOKALE TYPEN an: In Abbildung 8.8 sehen Sie, wie der Bewertungstyp B lokal für das Werk AA01 geändert wird.

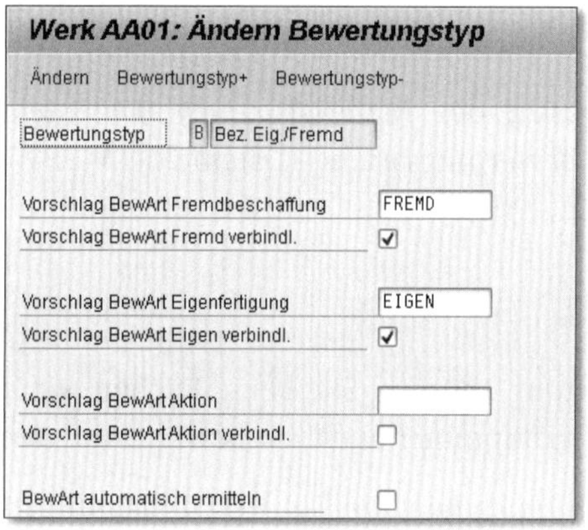

Abbildung 8.8 Bewertungstyp lokal ändern

Ebenso können Sie die Bewertungsarten im Werk lokal ändern, indem Sie SPRINGEN • LOKALE DEFINITIONEN • LOKALE ARTEN wählen und dann den Button ÄNDERN anklicken. Die Änderungen gegenüber der globalen Definition werden dabei angezeigt. In Abbildung 8.9 sehen Sie die Einstellmöglichkeiten für das Erlauben von internen Bestellungen (eigene Fertigung).

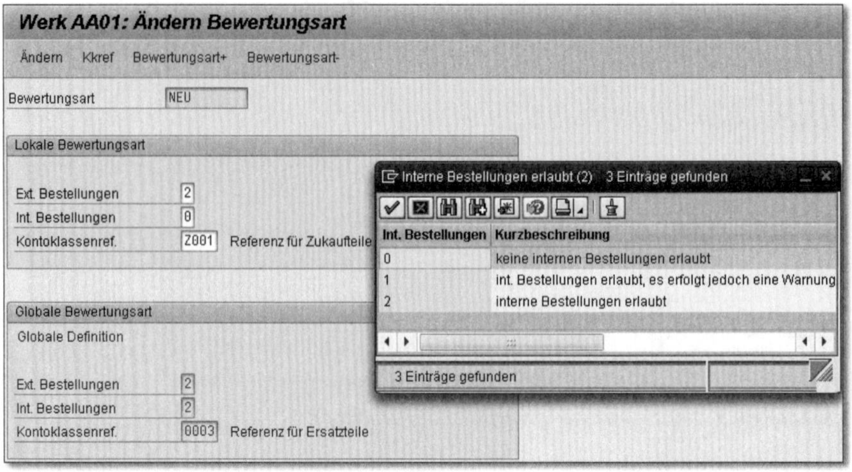

Abbildung 8.9 Bewertungsart lokal ändern

Mit der lokalen Definition ist es möglich, ein Material in einem Werk für externe Bestellungen und in einem anderen Werk für Eigenfertigung einzustellen. Zusätzlich kann die Kontenfindung im Werk an die Beschaffungsart angepasst werden.

Der Bewertungstyp im Bewertungssatz des Materialstamms (Datenfeld MBEW-BWTTY) steuert, welche Bewertungsarten (Datenfeld MBEW-BWTAR) für das Material erlaubt sind.

Material mit getrennter Bewertung

Bei Material mit getrennter Bewertung müssen Sie beim Buchen einer Warenbewegung zusätzlich zur Materialnummer auch die Bewertungsarten der Teilbestände angeben.

Bei zugekauftem Material können die Einkäufer mit der Transaktion ME21N (Bestellung anlegen) auf der Registerkarte LIEFERUNG der Bestellposition die Bewertungsart vorgeben.

[+] **Bewertungsart bei Bestellpositionen**

Weil Sie die Bewertungsart beim Wareneingang zur Bestellung nicht ändern können, geben Sie sie nur dann in der Bestellposition vor, wenn diese tatsächlich bekannt ist. Bekannt ist die Bewertungsart z. B., wenn Sie mit dem Bewertungstyp B nur EIGEN und FREMD unterscheiden oder mit Typ H nach Herkunft.

Bei Material mit getrennter Bewertung benötigen Sie in der Tabelle MBEW zusätzliche Bewertungssätze je Bewertungsart im Bewertungskreis. Hierfür legen Sie im Materialstamm zusätzliche Buchhaltungssichten mit den Bewertungsdaten je Bewertungsart an. Dadurch erzeugen Sie weitere Bewertungssätze in der Tabelle MBEW (Materialbewertung), in der die Bestandsmengen und Werte zu Materialnummer, Bewertungskreis und Bewertungsart getrennt verwaltet werden.

Bei chargenpflichtigem Material können Sie die Bewertungssätze beim ersten WE (beispielsweise eine Tagescharge aus der Produktion) automatisch vom System anlegen lassen. Die Zuordnung der Bewertungsart zur jeweiligen Charge wird im Chargenstammsatz in der Tabelle MCHA (Chargen) im Feld BWTAR verwaltet, wie bereits erwähnt wurde.

Im zugehörigen Bewertungskopfsatz ohne Bewertungsart werden die einzelnen Bestandsmengen und Werte zusammengeführt. Aus den Werten der einzelnen Bewertungsarten und den Bestandsmengen wird der gleitende Durchschnittspreis für das Material berechnet. Das Kopfmaterial müssen Sie deswegen mit dem Preissteuerungskennzeichen V anlegen.

Unabhängig davon, ob es sich um getrennt bewertetes Material handelt, beeinflusst die Bewertungsklasse aus dem jeweiligen Bewertungssatz die Kontenfindung.

8.3 Kontenfindung in der Bestandsführung

Mit Hilfe der Kontenfindung in der Bestandsführung werden Standardbuchungsvorgänge für das Rechnungswesen automatisiert. Die Einflussfaktoren zur Ermittlung der gewünschten Sachkonten bei bewerteten Warenbewegungen sind folgende:

- Kontenplan (vom Buchungskreis vorgegeben)
- Bewertungsmodifikationskonstante
- Bewertungsklasse
- Vorgangsschlüssel
- Kontomodifikation

In Abbildung 8.10 sind diese Einflussgrößen gruppiert nach ihrer Herkunft dargestellt. Die wesentlichen Tabellen für die Ermittlung der Einflussgrößen sind in Klammern angegeben.

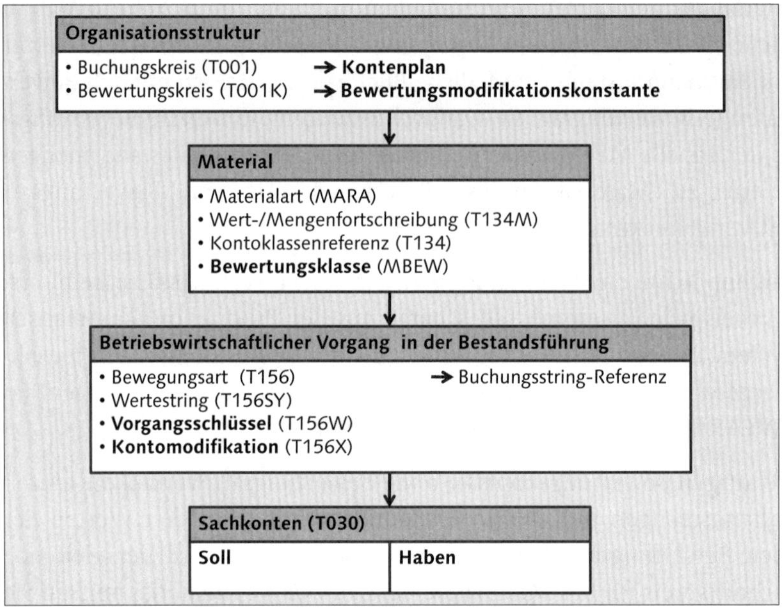

Abbildung 8.10 Einflussgrößen der Kontenfindung in Bestandsführung

Die Einflussgrößen ergeben sich aus der Organisationsstruktur, dem Material und dem betriebswirtschaftlichen Vorgang. Im Kasten »Organisationsstruktur« in Abbildung 8.10 sind die Tabellen für die Ableitung von Kontenplan und Bewertungsmodifikationskonstante angegeben: T001 und T001K.

Im Kasten »Material« sehen Sie die Tabellen, aus denen die erlaubten Bewertungsklassen abgeleitet werden können. Die Bewertungsdaten des Materials werden in der Anwendungstabelle MBEW verwaltet.

Im Kasten »Betriebswirtschaftlicher Vorgang in der Bestandsführung« sind die Tabellen für die Ableitung von Vorgangsschlüssel und Kontomodifikation aus der Bewegungsart angegeben:

- T156 (Bewegungsart)
- T156SY (Bewegungsart Mengen/Wertbuchung: Systemtabelle; ab Rel. 4.6A)
- T156W (Buchungsstring Werte)
- T156X (Vorgangsschlüssel-Modifikation)

Im Kasten »Sachkonten (T030)« sehen Sie ein Sachkonto als T-Konto mit Soll- und Habenseite dargestellt. Die zentrale Tabelle für die Kontenfindung in der Materialwirtschaft ist die Customizing-Tabelle T030 (Fixkontentabelle).

In dieser sind die obigen Einflussgrößen als Schlüsselfelder definiert. Die Einstellungen für die Kontenfindung anhand dieser Einflussgrößen erläutere ich in Abschnitt 8.3.5, »Automatische Buchungen«.

Ehe die Einflussgrößen in der SAP-Kontenfindung beschrieben werden, erkläre ich in einem kurzen Exkurs die Sachkonten, die ja von der Kontenfindung gefunden werden sollen.

8.3.1 Exkurs: Sachkonten

Um eine doppelte Buchführung durchführen zu können, benötigen Sie im Kontenplan neben den bilanzwirksamen Bestandskonten auch die erfolgswirksamen Aufwands- und Ertragskonten der Gewinn-und-Verlust-Rechnung. Beides sind Sachkonten, die für die automatische Kontenfindung relevant sind. Sachkonten werden gerne als sogenannte *T-Konten* visuell dargestellt. Über dem waagerechten Strich befinden sich die Angaben zur Identifizierung des Kontos, also Kontonummer und Kontobezeichnung. Die Fläche darunter ist durch einen senkrechten Strich geteilt (siehe Abbildung 8.10 unten). Links werden die Sollbuchungen eingetragen und rechts die Habenbuchungen.

Bei aktiven Bestandskonten und Aufwandskonten werden Beträge gutgeschrieben (+), indem sie auf der linken Seite (Soll) des Kontos eingetragen werden. Beträge auf der rechten Seite (Haben) sind vom Konto abzuziehen (–). Bei passiven Bestands- und Ertragskonten verhält es sich umgekehrt.

Ein Sachkonto kann auch als zweispaltige Tabelle mit beliebig vielen Zeilen für die einzelnen Buchungen interpretiert werden. Bei Bedarf können für zusätzliche Informationen (Buchungsdatum, Texterläuterung etc.) Hilfsspalten angelegt werden.

- Bei Warenbewegungen in SAP ERP entscheidet das Soll-/Habenkennzeichen aus der Bewegungsart (siehe »Interne Steuerung« in Abschnitt 7.6.2, »Bewegungsarten einstellen«), auf welche Seite des Bestandskontos gebucht wird: Ein bewerteter Wareneingang wird auf die linke Seite (Soll) gebucht.
- Ein bewerteter Warenausgang wird auf die rechte Seite (Haben) gebucht.
- Bei den Sachkonten für die jeweilige Gegenbuchung wird auf der gegenüberliegenden Seite gebucht.

[zB]

Buchungen auf Sachkonten

Zwei Beispiele für bewertete Buchungen auf Sachkonten:

- *Beispiel 1: Wareneingang zur Bestellung*
  (siehe auch Abschnitt 8.3.4, »Vorsorge«)
  Der Wareneingang zur Bestellung führt zu einer Sollbuchung (+) auf einem Bestandskonto. Die Gegenbuchung ist eine Habenbuchung (–) auf dem WE/RE-Verrechnungskonto für Fremdbezug.
- *Beispiel 2: Verbrauch auf Kostenstelle*
  Verbrauch auf Kostenstelle führt zu einer Habenbuchung (–) auf dem Bestandskonto und einer Sollbuchung auf einem Verbrauchskonto (+).

Die Differenz aus den Summen der Sollbuchungen und der Habenbuchungen eines Sachkontos stellt den effektiven Kontostand dar und wird als *Saldo* bezeichnet.

[+]

Definition von eigenen Sachkonten

Im SAP-System sind Sachkonten als Stammdaten mit der Transaktion FS01 (Anlegen Stamm) anzulegen.

In den folgenden Abschnitten wird für kontierte Bestellungen ein spezielles Sachkonto 400009 verwendet. Dieses Konto wurde mit dem Sachkonto 400000 als Vorlage angelegt. Damit der kontierte Warenzugang funktioniert, muss ein solches Konto auch noch als Kostenart angelegt sein. Kostenarten werden angelegt mit der Transaktion KA01 (Kostenart anlegen).

Im Folgenden beschreibe ich nun den Einfluss der Organisationsstruktur auf die Kontenfindung.

8.3.2 Organisationsstruktur

Die Organisationsstruktur bei der Materialbewertung und Kontenfindung umfasst folgende Ebenen:

- Kontenplan
- Bewertungskreis (Buchungskreis/Werk)
- Bewertungsart

Nur bei getrennt bewertetem Material werden die Bestandswerte innerhalb eines Bewertungskreises separat je Bewertungsart verwaltet.

Der Bewertungskreis ist in der Anwendertransaktion verborgen. Er ergibt sich aus der in der Tabelle TCURM (Customizing Konfiguration MM) eingestellten Bewertungsebene und entspricht in der Regel dem Werk (siehe Abschnitt 4.5.4). Nur für die Bewertungsebene »Werk« können Sie die Sachkonten werksabhängig zuordnen. Bei der Bewertungsebene »Buchungskreis« hätten Sie diese Option nicht. Mit einer Bewertungsmodifikationskonstante wiederum können Sie Bewertungskreise für eine einheitliche Kontenfindung zusammenfassen.

Die Vorgänge der Bestandsführung finden mit Bezug zu einem oder mehreren Werken statt. Die Bestandsmengen werden einem Werk zugebucht, aus einem Werk entnommen oder innerhalb eines Werkes bewegt bzw. umgebucht. Das Werk ist einem Buchungskreis zugeordnet (siehe Abschnitt 4.5.1), und dem Buchungskreis wiederum ist ein Kontenplan (siehe Abschnitt 4.3.1) zugeordnet.

Kontenplan

Der Kontenplan ist das Verzeichnis aller Sachkonten eines oder mehrerer Unternehmen. Die Bedeutung der einzelnen Sachkonten ist innerhalb eines Kontenplans geregelt. Ordnen Sie jedem Buchungskreis genau einen Kontenplan zu. Der Kontenplan (KTOPL) gehört zu den Feldern, die den Buchungskreis in der Tabelle T001 (Buchungskreise) definieren (siehe Abschnitt 4.3.1). Kontenpläne können buchungskreisübergreifend verwendet werden. Sie verwenden beispielsweise für alle Ihre Buchungskreise aus einem Land einen gemeinsamen Kontenplan.

Der Kontenplan stellt die oberste Ebene der Materialbewertung dar. Auf den Sachkonten des Kontenplans werden die Werte aller zugehörigen Bewertungskreise gebucht. Der Kontenplan gehört zu den Schlüsselfeldern der Kontenfindung in der Tabelle T030 (Fixkontentabelle).

Neben dem operativen Kontenplan Ihres Buchungskreises können weitere Kontenpläne auf Ihrem SAP-Mandanten vorhanden sein:

- Kontenpläne für landesspezifische Rechtsvorschriften
- Konzernkontenplan für die Konsolidierung

Die automatische Kontenfindung muss für jeden Kontenplan separat eingestellt werden. Ein Hilfsmittel zur Reduzierung des Aufwands für die Konfiguration ist die Bewertungsmodifikationskonstante.

Bewertungsmodifikationskonstante

Die Aktivierung der Bewertungsmodifikationskonstante (BMK) gehört auch zu den zentralen Einstellungen des Mandanten in der Customizing-Tabelle TCURM (Customizing Konfiguration MM).

- Wenn die Bewertungsmodifikationskonstante *nicht aktiv* wäre, könnten Sie die Kontenfindung für Bewertungskreise, die denselben Kontenplan verwenden, nicht differenziert einstellen.
- Ist die Bewertungsmodifikationskonstante hingegen *aktiv*, müssen Sie allen Bewertungskreisen eine Konstante zuordnen. Sie nutzen diese Konstante zur Gruppierung von Bewertungskreisen, wenn die automatische Kontenfindung innerhalb eines Kontenplans für diese Bewertungskreise gleich ablaufen soll.

Die Aktivierung der Bewertungsmodifikationskonstanten erfolgt mit der IMG-Aktivität MATERIALWIRTSCHAFT • BEWERTUNG UND KONTIERUNG • KONTENFINDUNG • KONTENFINDUNG OHNE ASSISTENT • BEWERTUNGSSTEUERUNG FESTLEGEN. In der Standardauslieferung des SAP ERP-Systems ist die Bewertungsmodifikationskonstante bereits aktiviert (siehe Abbildung 8.11).

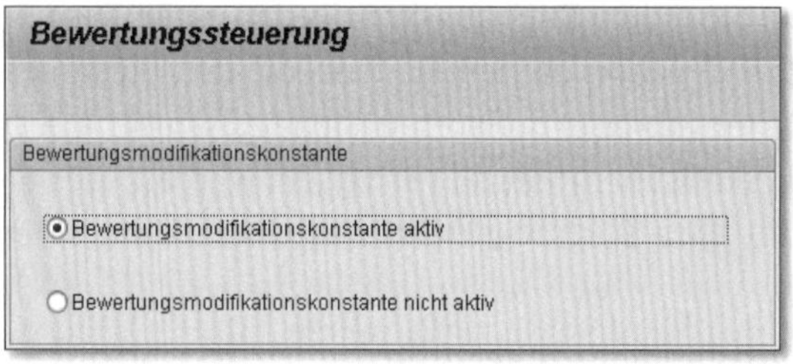

Abbildung 8.11 Bewertungsmodifikationskonstante aktiviert

Für die Gruppierung der Bewertungskreise durch Zuordnung einer Bewertungsmodifikationskonstante wählen Sie die IMG-Aktivität MATERIALWIRTSCHAFT • BEWERTUNG UND KONTIERUNG • KONTENFINDUNG • KONTENFINDUNG OHNE ASSISTENT • BEWERTUNGSKREISE GRUPPIEREN. Sie erhalten eine Auflistung der Bewertungskreise zum Kontenplan.

Ist das Werk als Bewertungsebene in der Tabelle TCURM (Customizing Konfiguration MM) für den Mandanten definiert, können Sie einzelne Werke durch Zuordnung werksabhängiger Konstanten in der Kontenfindung differenziert einstellen. Sie können aber auch alle Werke gleich behandeln oder die Steuerung der Kontenfindung buchungskreisabhängig einstellen. Die

BMK (Spalte BEWMODIKONST in Abbildung 8.12) ist ein frei definierbarer vierstelliger Schlüssel.

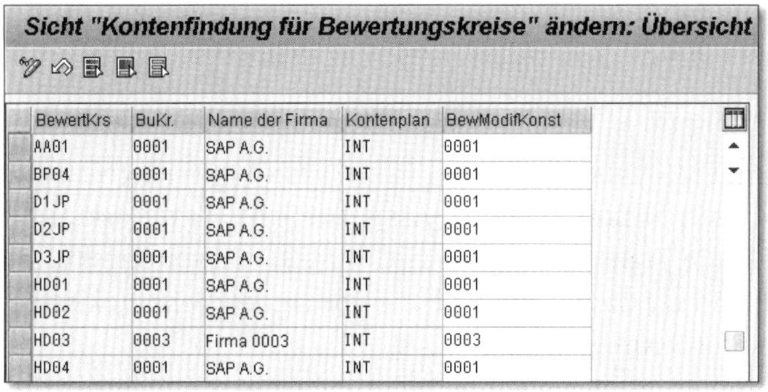

BewertKrs	BuKr.	Name der Firma	Kontenplan	BewModifKonst
AA01	0001	SAP A.G.	INT	0001
BP04	0001	SAP A.G.	INT	0001
D1JP	0001	SAP A.G.	INT	0001
D2JP	0001	SAP A.G.	INT	0001
D3JP	0001	SAP A.G.	INT	0001
HD01	0001	SAP A.G.	INT	0001
HD02	0001	SAP A.G.	INT	0001
HD03	0003	Firma 0003	INT	0003
HD04	0001	SAP A.G.	INT	0001

Abbildung 8.12 Bewertungsmodifikationskonstante zuordnen

Dem Werk HD03 aus dem Buchungskreis 0003 ist eine spezielle BMK 0003 zugeordnet; alle anderen Werke in Abbildung 8.12 werden mit einer BMK 0001 gesteuert.

Die Gruppierung der Bewertungskreise gehört zu den Einstellungen in der Tabelle T001K (Bewertungskreis). Die zugeordnete Konstante wird im Datenfeld BWMOD verwaltet. Der Kontenplan ist durch den Buchungskreis vorgegeben. Sie müssen die Bewertungsmodifikationskonstante nicht für alle Vorgänge der Kontenfindung verwenden. Wie Sie vorgangsabhängig die Relevanz der BMK für die Sachkontenfindung regeln, erfahren Sie in Abschnitt 8.3.5, »Automatische Buchungen«. Sie können ebenso vorgangsabhängig definieren, ob die Kontenfindung materialabhängig eingestellt wird.

8.3.3 Material

Das Material hat einen direkten Einfluss auf die Kontenfindung über die Bewertungsklasse (Datenfeld MBEW-BKLAS) aus den Buchhaltungsdaten des Materialstamms. Im Customizing kommt es hierbei auf folgende Einstellungen der Materialart (Datenfeld MARA-MTART) an:

- In der Tabelle T134M (Steuerung Mengen-/Wertfortschreibung) steuert die Materialart (MTART) die Mengen- und Wertfortschreibung je Bewertungskreis (siehe Abbildung 5.9 auf Seite 161).
- In der Tabelle T134 (Materialarten) gruppiert die Kontoklassenreferenz (KKREF) Materialarten hinsichtlich der Kontenfindung (siehe Abbildung 5.7 auf Seite 160).

Die bewertungstechnische Gruppierung der Materialarten wird in der Regel vom Rechnungswesen vorgegeben. Das Customizing erfolgt in drei Schritten:

1. Kontoklassenreferenz definieren
2. Bewertungsklassen für die Kontoklassenreferenz definieren
3. Kontoklassenreferenz den Materialarten zuordnen

Mit der IMG-Aktivität MATERIALWIRTSCHAFT • BEWERTUNG UND KONTIERUNG • KONTENFINDUNG • KONTENFINDUNG OHNE ASSISTENT • BEWERTUNGSKLASSEN FESTLEGEN rufen Sie die Transaktion OMSK (C MM-BD Bewertungsklassen T025) auf und prüfen im ersten Schritt, ob die vorhandenen Kontoklassenreferenzen Ihren Anforderungen genügen.

Kontoklassenreferenz definieren

Die Kontoklassenreferenz ist ein Hilfsmittel für die Zuordnung der erlaubten Bewertungsklassen je Materialart. Sie können die Kontoklassenreferenzen – vierstellige Schlüssel – aus der SAP-Standardauslieferung verwenden, und/oder Sie definieren eigene Referenzen (siehe Abbildung 8.13).

Abbildung 8.13 Kontoklassenreferenzen

Die Referenz 0001 beispielsweise ist die Referenz für Rohstoffe, die eigene Referenz Z001 (Referenz für Zukaufteile) habe ich für eigene Materialarten definiert, wie Sie in den nächsten Schritten noch sehen werden.

Nach den Kontoklassenreferenzen definieren Sie die zugehörigen Bewertungsklassen.

Bewertungsklasse definieren

Die Bewertungsklasse kann zur materialabhängigen Beeinflussung der Kontenfindung herangezogen werden; Sie können damit beispielsweise separate Bestands- und Verbrauchskonten für Ihre Materialarten Rohstoffe, Hilfsstoffe, Ersatzteile, Verpackungen, Handelswaren, Fertigerzeugnisse etc. zuordnen.

Bewertungsklassen bestehen aus einem vierstelligen Schlüssel und einer Bezeichnung mit 25 Stellen.

Nummern der Bewertungsklassen [zB]

Bei der Nummerierung der Bewertungsklassen können Sie sich an den Schlüsseln der Bestandskonten Ihres Kontenplans orientieren. Beispielsweise verwenden Sie eine Bewertungsklasse 3000 für ein Bestandskonto 300000 (Rohstoffe).

Sie pflegen das Datenfeld MBEW-BKLAS (Bewertungsklasse) im Materialstamm in den Sichten BUCHHALTUNG 1 oder KALKULATION 2. Abbildung 8.14 zeigt einen Ausschnitt aus dem Customizing der Bewertungsklassen.

Sicht "Bewertungsklassen" ändern: Übersicht

Neue Einträge

Bewertungsklassen

BewKl	KRef	Bezeichnung	Bezeichnung
3003	0001	Rohstoffe 4	Referenz für Rohstoffe
3030	0002	Hilfs- u. Betriebsstoffe	Referenz für Hilfsstoffe
3031	0002	Hilfs- u. Betriebsstoffe2	Referenz für Hilfsstoffe
3040	0003	Ersatzteile	Referenz für Ersatzteile
3050	0004	Verpackung u. Leergut	Referenz für Verpackung
3100	0005	Handelsware	Referenz für Handelsware
3200	0006	Dienstleistungen	Referenz für Dienstleistungen
3201	0006	Dienstleistungen Fracht	Referenz für Dienstleistungen
3300	0007	Unbewertetes Material	Referenz für unbewertete Mat.
7900	0008	Halbfabrikate	Referenz für Halbfabrikate
7920	0009	Fertigerzeugnisse	Referenz für Fertigartikel
Y201	0006	Dienstleistungen Verpacku	Referenz für Dienstleistungen
Z001	Z001	Zukaufteile 1	Referenz für Zukaufteile
Z002	Z001	Zukaufteile 2	Referenz für Zukaufteile

Abbildung 8.14 Bewertungsklassen zur Kontoklassenreferenz

Die Bewertungsklassen werden einer Kontoklassenreferenz (Spalte KREF) zugeordnet. Die Zuordnung ist änderbar und wird in der Customizing-Tabelle T025 (Bewertungsklassen) verwaltet. Die selbstdefinierten Bewertungsklassen Z001 und Z002 in Abbildung 8.14 sind etwa für die Zukaufteile mit der Referenz Z001 vorgesehen.

[+] **Bezeichnung der Bewertungsklassen**

Wenn Sie mehrere Bewertungsklassen je Kontoklassenreferenz definieren, sollten Sie auf eine eindeutige Bezeichnung achten, damit beim Anlegen des Materialstamms die richtige Bewertungsklasse gewählt wird. Die Bezeichnung Bewertungsklasse 3003 (Rohstoffe 4) ist nicht so eindeutig wie beispielsweise die Bewertungsklasse 3040 (Ersatzteile), solange es nur eine Bewertungsklasse für Ersatzteile gibt.

Nach der Definition der Bewertungsklassen für die einzelnen Kontoklassenreferenzen ordnen Sie die Kontoklassenreferenzen den Materialarten zu.

Materialart/Kontoklassenreferenz zuordnen

In diesem Arbeitsschritt können Sie für sämtliche Materialarten die Zuordnung der Kontoklassenreferenz pflegen. In Abbildung 8.15 sehen Sie die Zuordnung der eigenen Kontoklassenreferenz Z001 für die eigenen Materialarten ZROG und ZROH.

Sicht "Kontoklassenreferenz/Materialart" ändern: Übersicht

Kontoklassenreferenz/Materialart

MArt	Materialartenbez	KRef	Bezeichnung
ZROG	Kaufteile getrennt bew.	Z001	Referenz für Zukaufteile
ZROH	Zukaufteile EG	Z001	Referenz für Zukaufteile

Abbildung 8.15 Kontoklassenreferenz je Materialart

Beim Anlegen eines Materialstamms mit der Materialart ZROG (Kaufteile getrennt bewertet) oder ZROH (Zukaufteile) können Sie nur die Bewertungsklassen Z001 (Zukaufteile 1) und Z002 (Zukaufteile 2) auswählen, weil diese für die Kontoklassenreferenz Z001 (Referenz für Zukaufteile) vorgesehen sind.

Nachdem Sie nun die drei Customizing-Schritte der bewertungstechnischen Gruppierung mit der Transaktion OMSK (C MM-BD Bewertungsklassen T025) ausgeführt haben, sind den Materialarten die gewünschten Bewertungsklassen indirekt zugeordnet (siehe Abbildung 8.16).

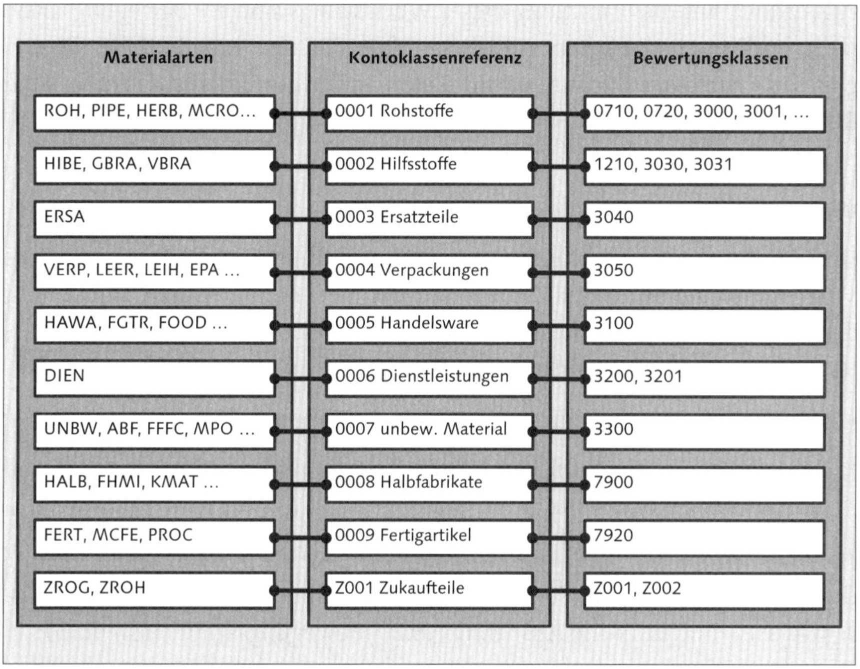

Abbildung 8.16 Materialarten – Kontoklassenreferenz – Bewertungsklassen

Auf der linken Seite sehen Sie die gruppierten Materialarten. Die Gruppen der erlaubten Bewertungsklassen sind auf der rechten Seite aufgeführt. In der Mitte steht die Kontoklassenreferenz als verbindendes Element.

Kontoklassenreferenz in der Materialart [+]

Im produktiven Betrieb können Sie für ein Material mit der Transaktion MMAM (Materialart ändern) die Materialart nur umstellen, wenn sich dadurch die Kontoklassenreferenz nicht ändert oder wenn das Material bis dato noch nicht wirklich verwendet wurde. Zum Zeitpunkt der Umstellung dürfen keine Bestände, Reservierungen, Bestellungen etc. vorhanden sein.

Im nächsten Abschnitt beschreibe ich den Einfluss des betriebswirtschaftlichen Vorgangs auf die Kontenfindung.

8.3.4 Vorgang

Der betriebswirtschaftliche Vorgang beeinflusst die Kontenfindung in der Bestandsführung vor allem durch die Einstellungen zur Bewegungsart. Den bewertungsrelevanten Bewegungsarten sind Buchungsstrings für Werte zugeordnet. Für die Ermittlung dieser Wertestrings sind die Bewegungsarten nach buchungstechnischen Gesichtspunkten in der Tabelle T156 (Bewegungsart) mit einer Buchungsstring-Referenz für die Bestandsführung (Feld BUSTR) gruppiert.

Wertestring

Der Wertestring ist ein vierstelliger Schlüssel, der die Buchungsregeln des Vorgangs in der Bestandsführung und der Rechnungsprüfung angibt. Mit dem Wertestring startet die automatische Kontenfindung. Beispiele für Wertestrings in der Bestandsführung sind:

- `WA01` (Warenausgänge und sonstige Wareneingänge)
- `WE01` (Wareneingänge zu bewerteten Bestellpositionen ins Lager, LB und Normal ohne Kontierung)

Ab dem Release SAP R/3 4.6A wird der Wertestring in der Tabelle T156SY (Bewegungsart Mengen/Wertbuchung: Systemtabelle) mit folgenden Schlüsselfeldern ermittelt (siehe Abschnitt 7.6.2, »Bewegungsarten einstellen«):

- Buchungsstring-Referenz
- Wertfortschreibung
- Mengenfortschreibung
- Sonderbestandskennzeichen
- Bewegungskennzeichen
  - » « (Blank, Warenbewegung ohne Referenz)
  - B (Warenbewegung zur Bestellung)
  - F (Warenbewegung zum Auftrag)
  - L (Warenbewegung zum Lieferschein)
  - K (Warenbewegung zur Kanban-Anforderung (WM intern))
  - O (Nachverrechnung von Beistellmaterial)
  - W (Nachverrechnung von Anteils-/Produkt ME Material)
- Zugangsart (normal, Umlagerbestellung, gebundenes Leergut)
- Verbrauchskennzeichen

Bis zum Release SAP R/3 4.5B erfolgt die Zuordnung direkt über die Bewegungsart in der Tabelle T156S (Bewegungsart Mengen/Wertbuchung; bis Release 4.5B) mit folgenden Schlüsselfeldern:

- Bewegungsart
- Wertfortschreibung
- Mengenfortschreibung
- Sonderbestandskennzeichen
- Bewegungskennzeichen
- Zugangsart
- Verbrauchskennzeichen

Die Zuordnung der Wertestrings zu den Warenbewegungen ist durch Customizing nicht änderbar. Wertestrings führen zu den beiden direkten Einflussgrößen aus den betriebswirtschaftlichen Vorgängen:

- Vorgangsschlüssel (Tabelle T156W (Buchungsstring Werte))
- Kontomodifikation (Tabelle T156X (Vorgangsschlüssel-Modifikation))

Die bei einer bewertungsrelevanten Warenbewegung durchzuführenden Buchungen werden durch spezielle Vorgangsschlüssel symbolisiert. Bestimmte Vorgänge können zusätzlich durch eine Kontomodifikation differenziert werden.

Vorgangsschlüssel

Die Kontenfindung bei Warenbewegungen und Rechnungsbuchungen erfolgt mit Hilfe der Vorgangsschlüssel. Die Vorgangsschlüssel bestimmen, ob eine Buchung auf ein Bestandskonto, Preisdifferenzkonto, WE/RE-Verrechnungskonto etc. erfolgen soll. Bei Warenbewegungen werden die maximal möglichen Vorgangsschlüssel in der Tabelle T156W (Buchungsstring Werte) über den Wertestring ermittelt. Welche Vorgänge tatsächlich zu einer Sachkontobuchung führen, wird aus dem konkreten Vorgang heraus vom Programm intern entschieden und ist nicht einstellbar.

In Abbildung 8.17 sehen Sie die maximal möglichen Vorgangsschlüssel zum Wertestring `WE01` (Wareneingang zur Normalbestellposition ins Lager). Diese Vorgangsschlüssel kennen Sie aus dem Detailbild der Kontomodifikationspflege zur Bewegungsart 101 (siehe Abbildung 7.41 auf Seite 414).

Data Browser: Tabelle T156W   11 Treffer

Tabelle: T156W
Angezeigte Felder: 7 von 7   Feststehende Führungsspalten: 2   Listbreit

Wertestring	Lfd. Zähler	VorgangsSchl	Feldname	MaterialFsch	Bestellforts
WE01	001	BSX	BESTD	X	
WE01	002	WRX	VWERE		X
WE01	003	PRD	PRDIF		
WE01	004	KDM	KUDIF		
WE01	005	EIN	EINKK		
WE01	006	EKG	EINKG		
WE01	007	BSV	VERBR		
WE01	008	FRL	FREMD		
WE01	009	FRN	FRBNK		
WE01	010	BSX	BESTU	X	
WE01	011	UMB	AUFUM		

Abbildung 8.17 Tabelle T156W – Vorgangsschlüssel zum Wertestring WE01

Die einzelnen Vorgangsschlüssel zum Wertestring `WE01` bedeuten Folgendes:

1. *BSX* steuert Buchungen auf Bestandskonten (Zugang bei `WE01`).
2. *WRX* steuert Buchungen auf das WE/RE-Verrechnungskonto bei Waren- und Rechnungseingängen zu Bestellpositionen.
3. *PRD* steht für Preisabweichungen vom Standardpreis (WE und RE) bei Material mit dem Preissteuerungskennzeichen S.
4. *KDM* steht für Kursdifferenzen durch abweichende Umrechnungskurse bei WE und RE.
5. *EIN* gilt nur für Buchungskreise mit Einkaufskontoabwicklung aufgrund gesetzlicher Anforderungen (Belgien, Finnland, Frankreich, Italien, Portugal, Spanien).
6. *EKG* steht für Einkaufsgegenkonto bei Ländern mit Einkaufskontoabwicklung.
7. *BSV* steht für die Bestandsveränderung bei WE und Nachverrechnung zur Lohnbearbeitungsbestellung (LB-Bestellung).
8. *FRL* steht für Fremdleistungen bei WE und RE zu LB-Bestellungen.
9. *FRN* steht für Bezugsnebenkosten bei LB-Bestellungen.
10. *BSX* steht für mögliche zusätzliche Buchungen auf Bestandskonten (z.B. Verbrauch an Beistellkomponenten).
11. *UMB* steuert die Gegenbuchung bei Preisänderungen.

Beim Vorgangsschlüssel BSX erfolgt eine Materialfortschreibung, bei WRX eine Bestellfortschreibung.

Für jeden Vorgang sind mindestens zwei Buchungen durchzuführen; die relevanten Vorgangsschlüssel werden systemintern bestimmt.

[zB]

Vorgangsschlüssel zum Vorgang

Betrachten wir einige Beispiele (siehe auch Abschnitt 8.3.1):

- **WE zur Normalbestellung**
  Ein Wareneingang zur Normalbestellung führt zu einer Sollbuchung (+) auf dem zugehörigen Bestandskonto (Vorgangsschlüssel BSX) sowie zu einer Habenbuchung (–) auf dem WE/RE-Verrechnungskonto (Vorgangsschlüssel WRX). Bei Material mit dem Preissteuerungskennzeichen S werden Abweichungen zwischen Bestellpreis und Standardpreis als Aufwand oder Ertrag auf ein Preisdifferenzkonto (Vorgangsschlüssel PRD) gebucht (+/–).
- **RE für WE zur Bestellung** (siehe Abschnitt 9.2)
  Der Rechnungseingang führt zu einer Sollbuchung (+) auf dem WE/RE-Verrechnungskonto (Vorgangsschlüssel WRX) und zu einer Habenbuchung (–) auf dem Konto des Kreditors. Auftretende Differenzen zwischen Bestellpreis und Rechnungspreis werden wiederum als Aufwand oder Ertrag auf ein Preisdifferenzkonto (Vorgangsschlüssel PRD) gebucht (+/–).
- **Warenausgang auf Kostenstelle, Auftrag etc.**
  Ein Warenausgang auf eine Kostenstelle führt zu einer Habenbuchung (–) auf das Bestandskonto (Vorgangsschlüssel BSX) sowie zu einer Sollbuchung (+) als Gegenbuchung auf das Verbrauchskonto (Vorgangsschlüssel GBB mit Kontomodifikation VBR).

Sehr häufig wird bei Bestandsbuchungen der Vorgangsschlüssel GBB (Gegenbuchung zur Bestandsbuchung) aus dem dritten Beispiel des Kastens verwendet, beispielsweise für folgende Buchungsvorgänge:

- Warenbewegungen auf Kostenstelle, Auftrag etc.
- Umlagerungen (Werk, Lagerort)
- Materialumbuchungen (Material, Sonderbestand, Bestandsart, Eigen aus Retoure)
- Ungeplante Warenbewegungen (Bestandsaufnahme, ohne Bestellung, ohne Auftrag etc.)
- Verschrottungsbuchungen
- Warenbewegungen für Auslieferungen im Versand
- Inventurdifferenzen

In der Tabelle T156W (Buchungsstring Werte) ist der Vorgangsschlüssel GBB folgenden sechs Wertestrings zugeordnet:

- WA01
- WA03
- WA04
- WA06
- WA15
- WF01

Für derartig unterschiedliche betriebswirtschaftliche Vorgänge sind im Rechnungswesen unterschiedliche Konten der Materialwirtschaft (Verbrauchskonten, Aufwands-/Ertragskonten, Erfolgskonten etc.) vorgesehen. Deshalb müssen Sie für den Vorgangsschlüssel GBB aus der Tabelle T156W (Buchungsstring Werte) die Kontenfindung weiter differenzieren. Dafür ist die Kontomodifikation aus der Tabelle T156X (Vorgangsschlüssel-Modifikation) vorgesehen.

Kontomodifikation

In den Vorgängen der Materialwirtschaft ist die Kontomodifikation (KM) nur für den Vorgangsschlüssel GBB aktiv. Bei Bedarf können Sie die Kontomodifikation für weitere Vorgangsschlüssel (z.B. KON, PRD etc.) zur Differenzierung der Sachkontenzuordnung einsetzen.

In der Tabelle T156X (Vorgangsschlüssel-Modifikation) wird das Feld KOMOK (Kontomodifikation) folgenden Schlüsselfeldern zugeordnet:

- Bewegungsart (Bestandsführung)
- Wertfortschreibung im Materialstammsatz
- Mengenfortschreibung im Materialstammsatz
- Sonderbestandskennzeichen
- Bewegungskennzeichen
- Verbrauchsbuchung
- Buchungsstring für Werte (Wertestring)
- Kontenfindung für Verbrauchssteuer
- Fortlauf. Zähler Buchungsstring für Werte (Bestandsführung)

Allein die sechs Wertestrings, die dem Vorgangsschlüssel GBB zugeordnet sind, führen aktuell zu knapp 4.000 Datensätzen mit einem Eintrag im Feld KOMOK.

Die Schlüssel der Kontomodifikationen sind frei wählbar. Folgende Kontomodifikationen werden von SAP für den Vorgangsschlüssel GBB bereits ausgeliefert (siehe Tabelle 8.1):

Schlüssel	Kontomodifikation
AUA	für Auftragsabrechnung
AUF	für Wareneingänge zu Aufträgen (ohne Kontierung) und bei Auftragsabrechnung, wenn AUA nicht gepflegt ist
AUI	Ist-Tarifnachverrechnung von Kostenstelle direkt an Material (mit Kontierung)
BSA	für Bestandsaufnahmen
INV	für Aufwand/Ertrag aus Inventurdifferenzen
VAX	für Warenausgänge für Kundenaufträge ohne Kontierungsobjekt (das Konto ist keine Kostenart)
VAY	für Warenausgänge für Kundenaufträge mit Kontierungsobjekt (das Konto ist eine Kostenart)
VBO	für Verbräuche aus dem Lieferantenbeistellbestand
VBR	für interne Warenausgänge (z.B. für Kostenstelle)
VKA	für Kundenauftragskontierung (z.B. bei Einzelbestellung)
VKP	für Projektkontierung (z.B. bei Einzelbestellung)
VNG	für Verschrottung/Vernichtung
VQP	für Stichprobenentnahmen ohne Kontierung
VQY	für Stichprobenentnahmen mit Kontierung
ZOB	für Wareneingänge ohne Bestellungen (Bewegungsart 501)
ZOF	für Wareneingänge ohne Fertigungsaufträge (Bwa 521 und 531)

Tabelle 8.1 Standard-GBB-Kontomodifikationen

Die Ableitung der Kontomodifikation für die Gegenbuchung zur Bestandsbuchung (Vorgangsschlüssel GBB) erfolgt bei Wareneingängen zu kontierten Bestellungen (Vorgangsschlüssel KBS) aus dem Kontierungstyp der Bestellposition. Jedem Kontierungstyp kann eine spezielle Kontomodifikation zugeordnet werden. In Abschnitt 6.3.7, »Kontierungstyp«, ist dem Kontierungstyp 1 die Standardkontomodifikation VBR zugeordnet (siehe Abbildung 6.18 auf Seite 259). Abbildung 8.18 zeigt nun eine eigene Kontomodifikation ZKB in der Definition des Kontierungstyps.

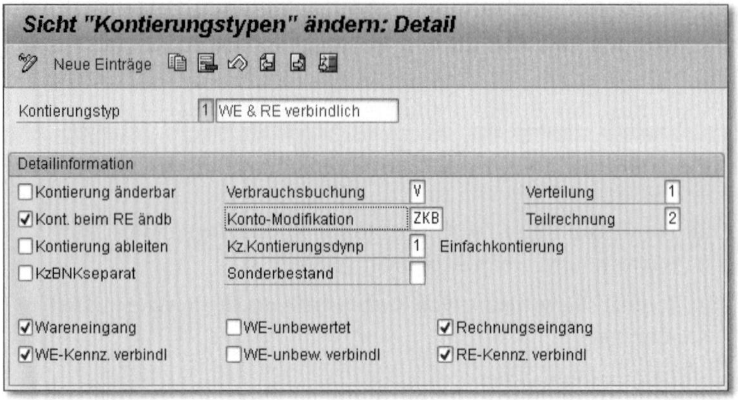

Abbildung 8.18 Eigener Kontierungstyp mit eigener Kontomodifikation

Die Sachkonto-Zuordnungen für die Kontomodifikation ZKB zum Vorgangsschlüssel GBB werden im nächsten Abschnitt erläutert (siehe Abbildung 8.28 auf Seite 490).

Betrachten wir nun einige weitere Kontomodifikationen:

- **Vorgangsschlüssel KON**
  Folgende Kontomodifikationen werden von SAP für den Vorgangsschlüssel KON (Konsignationsverbindlichkeiten) bereits ausgeliefert und können optional zur Differenzierung verwendet werden:
  - » « (Blank, Konsignationsverbindlichkeiten)
  - PIP (Pipeline-Verbindlichkeiten)
- **Vorgangsschlüssel PRD**
  Folgende Kontomodifikationen werden von SAP für den Vorgangsschlüssel PRD (Preisdifferenzen) bereits ausgeliefert:
  - » « (Blank, WE und RE zur Bestellung)
  - PRF (WE zum Auftrag und Auftragsabrechnung)
  - PRA (WA und andere Bewegungen)
  - PRU (Umbuchungen mit Preisdifferenzen bei externen Beträgen)

Das Prinzip, wie betriebswirtschaftliche Vorgänge in der Kontenfindung mit Wertestring, Vorgangsschlüssel und Kontomodifikation eingestellt werden, sehen Sie anhand beispielhafter Schlüssel in Abbildung 8.19.

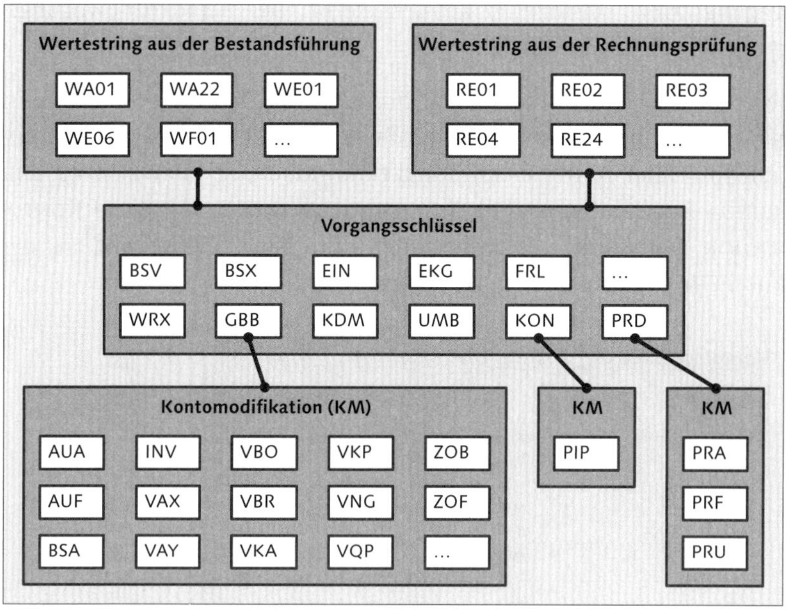

Abbildung 8.19 Betriebswirtschaftlicher Vorgang

1. Die Kontenfindung startet mit einem Vorgang in der *Bestandsführung* oder in der Rechnungsprüfung (siehe Abschnitt 9.3). In der Bestandsführung ergibt sich der Wertestring aus der Bewegungsart und weiteren Merkmalen der Warenbewegung.
2. Aus dem *Wertestring* lassen sich die Vorgangsschlüssel für die einzelnen Buchungsvorgänge ableiten. Für den Vorgangsschlüssel GBB wird die Kontenfindung immer mit der Kontomodifikation differenziert. Die optionalen Kontomodifikationen für die Vorgangsschlüssel KON und PRD sind ebenfalls abgebildet.
3. Wertestring und Vorgangsschlüssel dürfen Sie im Customizing nicht ändern. Bei den Vorgängen in der Bestandsführung können Sie die *Kontomodifikation verändern*. Bei den Vorgängen der Rechnungsprüfung ist das nicht möglich (siehe Abschnitt 9.3).
4. Zusätzlich zu den Standardkontomodifikationen aus den Standardbewegungsarten können Sie den (eigenen) Bewegungsarten *eigene Kontomodifikationen zuordnen*, die Sie zur Differenzierung der Kontenfindung für die Gegenbuchung zur Bestandsführung einsetzen.
5. Die Zuordnung der Kontomodifikation mit dem Pflegedialog V_156X_VC in der Definition einer Bewegungsart haben Sie bereits in Abschnitt 7.6.2,

»Bewegungsarten einstellen«, kennengelernt. Bei Standardbewegungsarten müssen Sie nichts einstellen.

Die übergreifende Transaktion zur Zuordnung der Kontomodifikation ist OMWN (MM-IM Kontomodifikation zur Bwa). Im IMG rufen Sie diese Transaktion mit folgender Aktivität auf: MATERIALWIRTSCHAFT • BEWERTUNG UND KONTIERUNG • KONTENFINDUNG • KONTENFINDUNG OHNE ASSISTENT • KONTOMODIFIKATION FÜR BEWEGUNGSARTEN FESTLEGEN. Einen Ausschnitt aus der Transaktion OMWN sehen Sie in Abbildung 8.20.

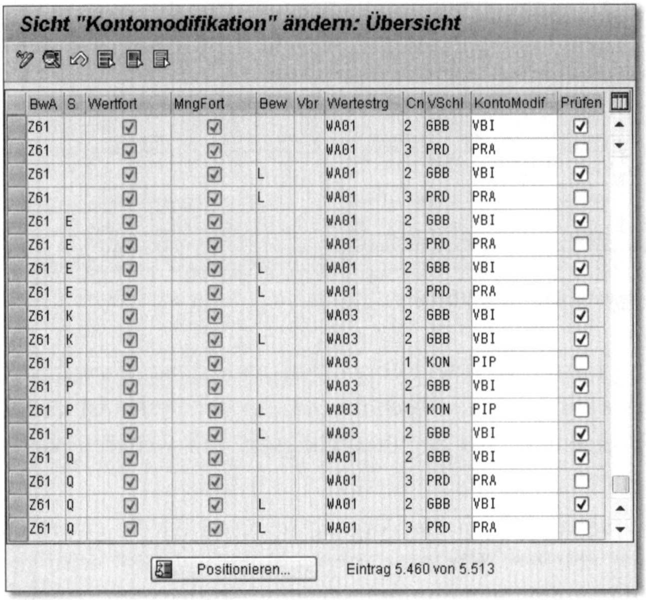
Sicht "Kontomodifikation" ändern: Übersicht

BwA	S	Wertfort	MngFort	Bew	Vbr	Wertestrg	Cn	VSchl	KontoModif	Prüfen
Z61		☑	☑			WA01	2	GBB	VBI	☑
Z61		☑	☑			WA01	3	PRD	PRA	☐
Z61		☑	☑	L		WA01	2	GBB	VBI	☑
Z61		☑	☑	L		WA01	3	PRD	PRA	☐
Z61	E	☑	☑			WA01	2	GBB	VBI	☑
Z61	E	☑	☑			WA01	3	PRD	PRA	☐
Z61	E	☑	☑	L		WA01	2	GBB	VBI	☑
Z61	E	☑	☑	L		WA01	3	PRD	PRA	☐
Z61	K	☑	☑			WA03	2	GBB	VBI	☑
Z61	K	☑	☑	L		WA03	2	GBB	VBI	☑
Z61	P	☑	☑			WA03	1	KON	PIP	☐
Z61	P	☑	☑			WA03	2	GBB	VBI	☑
Z61	P	☑	☑	L		WA03	1	KON	PIP	☐
Z61	P	☑	☑	L		WA03	2	GBB	VBI	☑
Z61	Q	☑	☑			WA01	2	GBB	VBI	☑
Z61	Q	☑	☑			WA01	3	PRD	PRA	☐
Z61	Q	☑	☑	L		WA01	2	GBB	VBI	☑
Z61	Q	☑	☑	L		WA01	3	PRD	PRA	☐

Positionieren... Eintrag 5.460 von 5.513

Abbildung 8.20 Transaktion OMWN (Kontomodifikation zur Bewegungsart)

Die eigene Bewegungsart Z61 (Verbrauch für IH-Auftrag aus dem Lager) hatte ich in Abschnitt 7.6.3 definiert (siehe Abbildung 7.51 auf Seite 421). Die Sachkonten-Zuordnung für diese eigene Kontomodifikation sehen Sie ebenfalls im nächsten Abschnitt.

8.3.5 Automatische Buchungen

Sie können die automatischen Buchungen für die Vorgangsschlüssel einstellen, wenn Ihnen folgende Informationen vorliegen:

- Kontenplan (Tabelle T001)
- Bewertungsebene (Tabelle TCURM)

- Getrennte Bewertung (Tabelle TCURM)
- Bewertungsmodifikationskonstante (Tabelle T001K)
- Bewertungsklassen (Tabelle T025)
- Kontomodifikation für die Gegenbuchung zur Bestandsbuchung (Tabelle T156X) und gegebenenfalls weitere Vorgangsschlüssel

Die Zuordnung der Sachkonten für alle betriebswirtschaftlichen Vorgänge wird in der Tabelle T030 (Fixkontentabelle) verwaltet. Diese Tabelle besteht aus folgenden Feldern:

- Mandant (mandantenabhängiges Customizing)
- Kontenplan
- Vorgangsschlüssel
- Bewertungsmodifikationskonstante
- Kontomodifikation
- Bewertungsklasse
- Nummer des Sachkontos für Sollbuchungen
- Nummer des Sachkontos für Habenbuchungen

In der Standardauslieferung sind in der Tabelle T030 bereits für mehrere Kontenpläne den Vorgangsschlüsseln passende Sachkonten zugeordnet – mit unterschiedlichem Differenzierungsgrad. Die Kontenfindung für Vorgänge aus der Bestandsführung ist beispielsweise für den Kontenplan INT mit der Bewertungsmodifikationskonstante `0001` voreingestellt. Die Anzahl der Einträge je Kontenplan und Vorgangsschlüssel hängt von den festgelegten Regeln zur Differenzierung ab, die ich in diesem Abschnitt noch vorstellen werde.

Zur Automatisierung von Standardbuchungsvorgängen für das Rechnungswesen ordnen Sie nun die Sachkonten zu. Sie rufen hierfür im IMG mit der Aktivität Materialwirtschaft • Bewertung und Kontierung • Kontenfindung • Kontenfindung ohne Assistent • Automatische Buchungen einstellen die Transaktion OMWB (C MM-IV Autom. Kontierung (Simu)) auf. Im Einstiegsbild der Transaktion OMWB haben Sie drei Wahlmöglichkeiten (siehe Abbildung 8.21):

- Kontierung (Sachkonten zuordnen mit Absprung in die Transaktion OBYC (C FI Tabelle T030 rmk + space, Kontenfindung für automatische Buchungen))
- Simulation (Kontenfindung zur Bewegungsart simulieren)
- Sachkonten (Verwendung der Sachkonten)

Abbildung 8.21 Automatische Buchungen einstellen

Der Button KONTIERUNG führt Sie zur Kontenzuordnung. Alternativ wählen Sie SPRINGEN • KONTIERUNG.

Konten zuordnen

Die Zuordnung der Sachkonten stellen Sie mit der Transaktion OBYC, die die kryptische Bezeichnung C FI TABELLE T030 RMK + SPACE trägt, ein. Mit der Transaktion OBYC können Sie den einzelnen Vorgängen der Materialwirtschaft Sachkonten zuordnen. Im Einstiegsbild werden Ihnen die einstellbaren Vorgangsschlüssel in alphabetischer Reihenfolge von AG1 bis WRY angeboten; indem Sie scrollen, können Sie im Bild rauf und runter navigieren. In diesem Abschnitt zeige ich Ihnen die Kontenzuordnungen zu den häufig relevanten Vorgangsschlüsseln BSX (Bestandsbuchungen) und GBB (Gegenbuchung zur Bestandsbuchung).

Wählen Sie den gewünschten Vorgangsschlüssel per Doppelklick auf die entsprechende Zeile aus. Als Nächstes werden Sie zur Eingabe Ihres Kontenplans aufgefordert. Geben Sie den Kontenplan ein, der Ihrem Buchungskreis zugeordnet ist (siehe Abschnitt 8.3.2, »Organisationsstruktur«). In Abbildung 8.22 handelt es sich um den Kontenplan INT.

Bei dem im Bild markierten Vorgang KBS (Kontierte Bestellung) ist die automatische Kontenfindung ausgeschaltet. Sie sehen das an dem fehlenden Haken in der Spalte KONTENFINDUNG. Bei diesem Vorgang brauchen Sie keinen Kontenplan einzugeben, weil Sie hier keine Sachkonten zuordnen dürfen.

Bei kontierten Bestellungen werden die Kontierungsdaten aus der Bestellposition verwendet. Ein Bestandskonto (Vorgang BSX) wird nicht benötigt. Beim Wareneingang zur kontierten Bestellung erzeugt die Sollbuchung keinen Bestandszugang, sondern einen Verbrauch an Rohstoffen oder sonstigen Zukaufteilen. Die Habenbuchung geht, wie bei anderen Wareneingängen zur Bestellung, auf das WE/RE-Verrechnungskonto (Vorgangsschlüssel WRX).

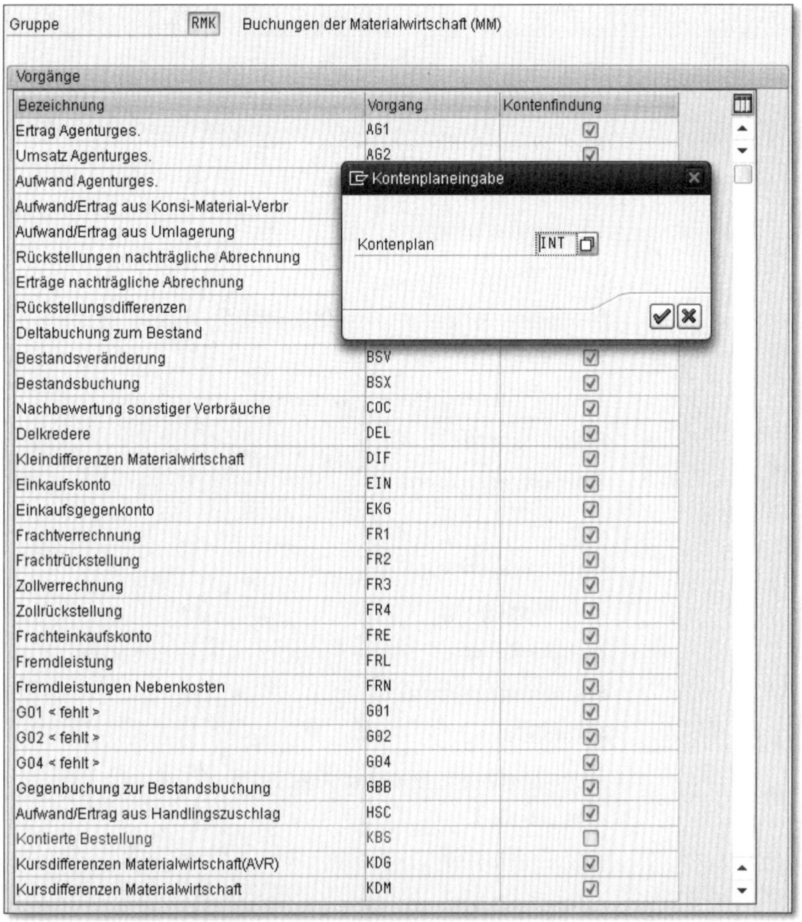

Abbildung 8.22 Transaktion OBYC – Vorgangsschlüssel mit Kontenplan

In Tabelle 8.2 sind alle Vorgangsschlüssel in alphabetischer Reihenfolge aufgelistet, die Sie mit der Transaktion OBYC (C FI Tabelle T030 rmk + space) aktuell in SAP ERP einstellen können.

Vorgangsschlüssel	Bezeichnung
AG1	Ertrag Agenturges.
AG2	Umsatz Agenturges.
AG3	Aufwand Agenturges.
AKO	Aufwand/Ertrag aus Konsi-Material-Verbr.
AUM	Aufwand/Ertrag aus Umlagerung

Tabelle 8.2 Transaktion OBYC – Vorgangsschlüssel

Vorgangsschlüssel	Bezeichnung
BO1	Rückstellungen nachträgliche Abrechnung
BO2	Erträge nachträgliche Abrechnung
BO3	Rückstellungsdifferenzen
BSD	Deltabuchung zum Bestand
BSV	Bestandsveränderung
BSX	Bestandsbuchung
COC	Nachbewertung sonstiger Verbräuche
DEL	Delkredere
DIF	Kleindifferenzen Materialwirtschaft
EIN	Einkaufskonto
EKG	Einkaufsgegenkonto
FR1	Frachtverrechnung
FR2	Frachtrückstellung
FR3	Zollverrechnung
FR4	Zollrückstellung
FRE	Frachteinkaufskonto
FRL	Fremdleistung
FRN	Fremdleistungen Nebenkosten
G01	G01 < fehlt >
G02	G02 < fehlt >
G04	G04 < fehlt >
GBB	Gegenbuchung zur Bestandsbuchung (KM)
HSC	Aufwand/Ertrag aus Handling-Zuschlag
KBS	Kontierte Bestellung
KDG	Kursdifferenzen Materialwirtschaft (AVR)
KDM	Kursdifferenzen Materialwirtschaft
KDR	Kursrundungsdifferenzen Materialw.
KDV	Kursdiff. Material Ledger aus Vorstufen
KON	Konsignation Verbindlichkeiten
KTR	Gegenbuchung Preisdifferenzen (Kostentr.)
LKW	Abgrenzungskonto (Material Ledger)

Tabelle 8.2 Transaktion OBYC – Vorgangsschlüssel (Forts.)

Vorgangsschlüssel	Bezeichnung
PPX	Vorabzahlung
PRA	Preisdifferenzen aus aufgelöstem WIP (Lar.)
PRC	Differenzen (AVR Leistungstarif)
PRD	Preisdifferenzen
PRG	Preisdifferenzen (Material Ledger, AVR)
PRK	Preisdifferenzen (Kostenträgerhier.)
PRM	Preisdifferenzen aus aufgelöstem WIP (Mat.)
PRP	Preisdifferenzen Produktkostensammler
PRQ	Gegenbuchung Preisdifferenzen Produktkostensammler
PRV	Preisdifferenzen Material Ledger aus Vorstufen
PRY	Preisdifferenzen (Material Ledger)
RAP	Aufwand/Ertrag aus Neubewertung
RKA	Rechnungskürzungen log. Rechnungsprüfung
RUE	Bezugsnebenkosten-Rückstellung
TXO	Brasilianische Steuern für Umbuchung
UMB	Aufwand/Ertrag aus Umbewertung
UMD	Aufwand/Ertrag aus Umbew. (Delta)
UPF	Ungeplante Bezugsnebenkosten
VST	Vorsteuer Einkauf
WGB	WGB < fehlt >
WGI	Warenausgang Umbewertung Inflation
WGR	Wareneingang Umbewertung Inflation
WPA	WIP aus Preisdifferenzen (Eigenleistung)
WPM	WIP aus Preisdifferenzen (Material)
WRX	WE-RE-Verrechnung
WRY	WE-RE-Verrechn. (Material Ledger) (alt)

Tabelle 8.2 Transaktion OBYC – Vorgangsschlüssel (Forts.)

Nachdem ich nun den Vorgang BSX (Bestandsbuchung) ausgewählt habe (siehe Abbildung 8.22), sollen hierfür Sachkonten aus dem Kontenplan INT zugeordnet werden (siehe Abbildung 8.23).

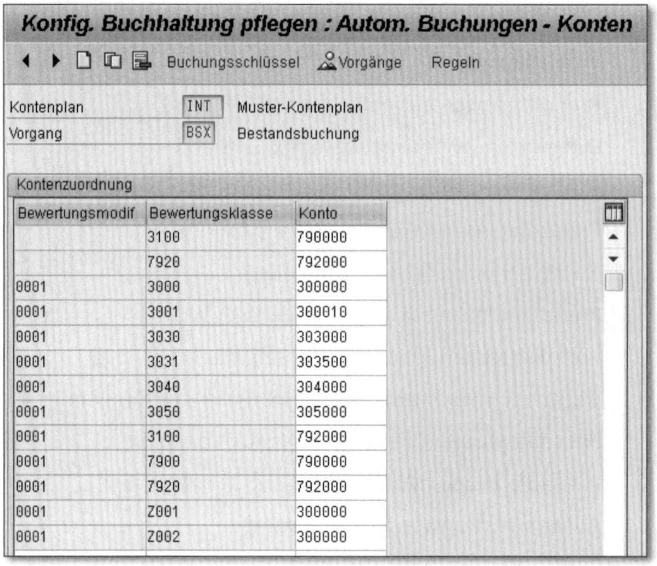

Bewertungsmodif	Bewertungsklasse	Konto
	3100	790000
	7920	792000
0001	3000	300000
0001	3001	300010
0001	3030	303000
0001	3031	303500
0001	3040	304000
0001	3050	305000
0001	3100	792000
0001	7900	790000
0001	7920	792000
0001	Z001	300000
0001	Z002	300000

Abbildung 8.23 Kontenzuordnung für Vorgang BSX im Kontenplan INT

Für den Vorgang BSX ist im Kontenplan INT abhängig von der Bewertungsmodifikationskonstante und der Bewertungsklasse jeweils ein Sachkonto zugeordnet. Dieses Sachkonto wird sowohl für Sollbuchungen als auch für Habenbuchungen verwendet. Bei einem Bestandskonto ist es also durchaus sinnvoll, dass sowohl Zugänge als auch Abgänge auf demselben Konto gebucht werden. Dadurch haben Sie den aktuellen Bestandswert zur Bewertungsklasse als Saldo auf dem Konto.

Ordnen Sie einfach Ihre Sachkonten zu, oder prüfen Sie zuvor die Buchungsschlüssel und Regeln der Kontenfindung.

Buchungsschlüssel

Der zweistellige FI-Buchungsschlüssel beeinflusst die Erstellung von Buchhaltungsbelegpositionen (siehe Abschnitt 7.6.4, »Feldauswahl des Finanzwesens«).

Die Buchungsschlüssel für die Buchungen im Soll und für die Buchungen im Haben werden abhängig vom Vorgangsschlüssel in der Tabelle T030B (Fixbuchungsschlüssel) verwaltet. Um die Zuordnung zu pflegen, klicken Sie in der Funktionsleiste auf den Button BUCHUNGSSCHLÜSSEL, oder wählen Sie SPRINGEN • BUCHUNGSSCHLÜSSEL. Dem ausgewählten Vorgangsschlüssel BSX sind im SAP ERP-Standard folgende Buchungsschlüssel zugeordnet:

- 89 (Zugang Bestand) für Buchungen im Soll
- 99 (Abgang Bestand) für Buchungen im Haben

Die Zuordnung der Buchungsschlüssel ist unabhängig vom Kontenplan auf Ihrem Mandanten gültig (siehe Abbildung 8.24).

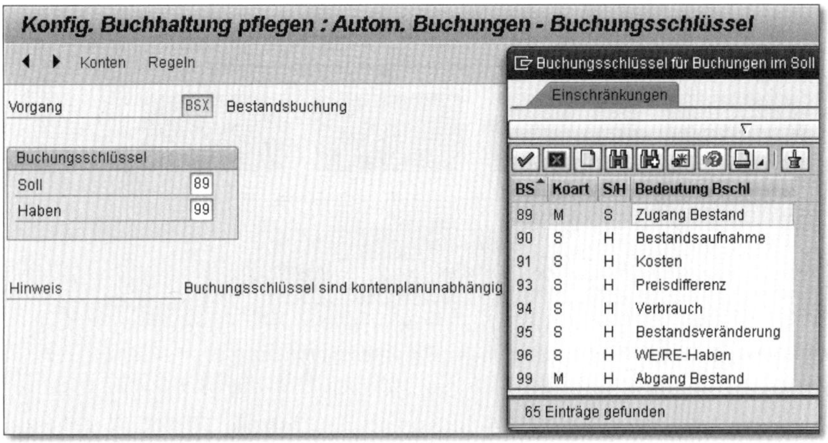

Abbildung 8.24 Buchungsschlüssel für Vorgang BSX

Mit den Pfeiltasten oben links können Sie die Buchungsschlüssel der anderen Vorgänge pflegen. Mit dem Button KONTEN kommen Sie zurück in die Kontenzuordnung. Über die Drucktaste REGELN können Sie die Regeln der Kontenfindung festlegen. Alternativ wählen Sie SPRINGEN • REGELN.

Regeln

Die Regeln zur Kontenfindung legen Sie abhängig vom Kontenplan für alle Vorgangsschlüssel fest. Zur Differenzierung der Kontenfindung haben Sie folgende Auswahlmöglichkeiten:

- Bewertungsmodifikationskonstante
- Kontomodifikation
- Bewertungsklasse
- Soll/Haben

Die Regeln werden in der Customizing-Tabelle T030R (Regeln zur Fixkontenfindung) verwaltet. In Abbildung 8.25 habe ich die möglichen Regeln zur Kontenfindung hervorgehoben.

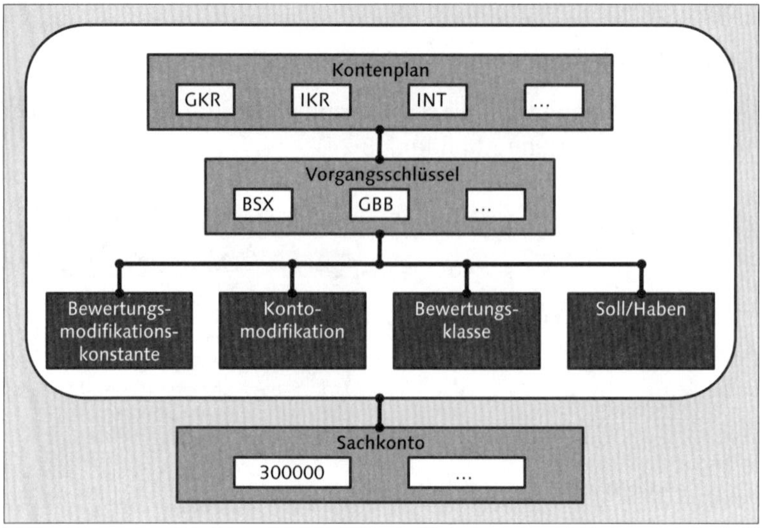

Abbildung 8.25 Tabelle T030R – Regeln zur Fixkontenzuordnung

Kontenplan und Vorgang sind Schlüssel in der Tabelle T030R (Regeln zur Fixkontenfindung). Den Mandanten habe ich in der Darstellung weggelassen, weil das Customizing überwiegend abhängig vom Mandanten ist. Die Einstellung der Regeln für den Vorgang GBB im Kontenplan INT sehen Sie in Abbildung 8.26.

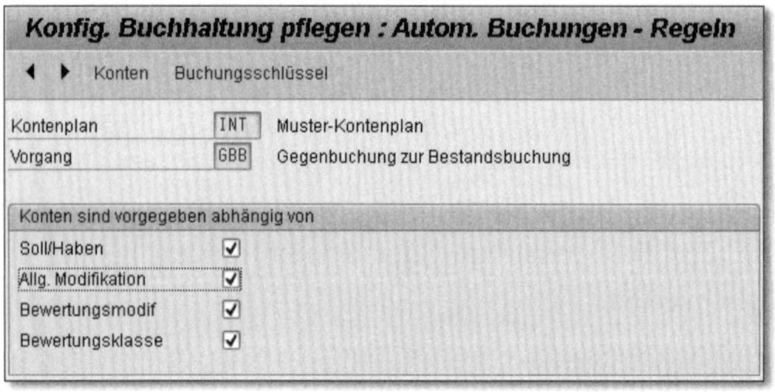

Abbildung 8.26 Regeln für Vorgang GBB im Kontenplan INT

Die Kontenfindung für den Vorgang GBB können Sie mit maximaler Differenzierung einstellen:

- Soll/Haben: Separate Sachkonten für Soll- und Habenbuchungen (siehe Abschnitt 8.3.1, »Exkurs: Sachkonten«)
- Allgemeine Modifikation: Kontomodifikation aus Bewegungsart

- BEWERTUNGSMODIF: Gruppierung von Bewertungskreisen
- BEWERTUNGSKLASSE: MBEW-BKLAS aus dem Materialstamm

Regeln [!]

Sie sollten zuerst die Regeln einstellen bzw. überprüfen und dann die Sachkonten zuordnen. Andernfalls werden alle mit den alten Regeln erfassten Zuordnungen gelöscht.

Über den Button KONTEN gelangen Sie zurück zur Kontenzuordnung. Alternativ wählen Sie SPRINGEN • KONTEN. Einen Ausschnitt aus der Kontenzuordnung für den Vorgang GBB sehen Sie in Abbildung 8.27.

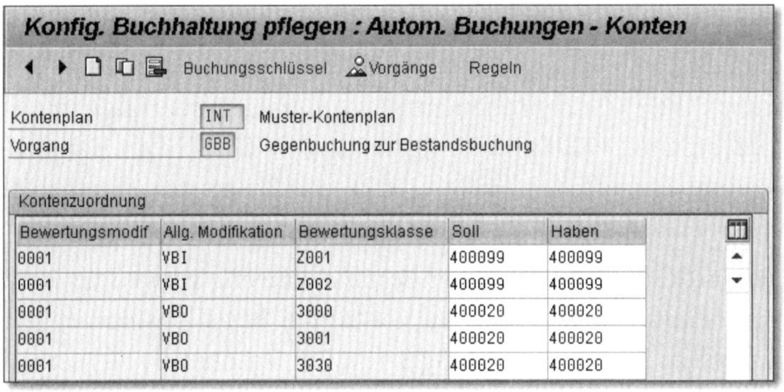

Bewertungsmodif	Allg. Modifikation	Bewertungsklasse	Soll	Haben
0001	VBI	Z001	400099	400099
0001	VBI	Z002	400099	400099
0001	VBO	3000	400020	400020
0001	VBO	3001	400020	400020
0001	VBO	3030	400020	400020

Abbildung 8.27 Sachkonten für Kontomodifikation VBI

Die Kontomodifikation VBI wurde in Abschnitt 7.6.3, »Eigene Bewegungsarten«, speziell für die Bewegungsarten Z61 und Z62 definiert; das Konto 400099 wurde speziell für diese Kontomodifikation definiert (siehe Abbildung 7.51 auf Seite 421). Bei der Kontomodifikation VBO (Verbrauch aus dem Lieferantenbeistellbestand) werden die Verbräuche aus dem Sonderbestand O auf das Konto 400020 gebucht. Diese Kontozuordnung gehört zur Standardauslieferung des SAP ERP-Systems.

In Abbildung 8.27 sind dieselben Sachkonten für die Soll- und Habenbuchungen zugeordnet. Die Differenzierung erfolgt mit der Bewertungsmodifikationskonstante und der Kontomodifikation. Sie stellen aber die Kontenfindung entsprechend der Regel für alle Bewertungsklassen ein; andernfalls kann das System mit der Bewertungsklasse aus dem Materialstamm kein Sachkonto ermitteln.

Bei einigen Vorgängen sind unterschiedliche Sachkonten für extern beschaffte Waren und für selbst hergestellte Erzeugnisse durchaus üblich.

Diese Differenzierung nach Materialart erreichen Sie mit den jeweiligen Bewertungsklassen (siehe Abbildung 8.28).

Kontenplan	INT	Muster-Kontenplan
Vorgang	GBB	Gegenbuchung zur Bestandsbuchung

Kontenzuordnung

Bewertungsmodif	Allg. Modifikation	Bewertungsklasse	Soll	Haben
0001	VQY	3100	400002	400002
0001	VQY	7900	890002	890002
0001	VQY	7920	890002	890002
0001	VQY	Z001	400002	400002
0001	VQY	Z002	400002	400002
0001	ZKB		400009	400009
0001	ZKB	3000	400009	400009
0001	ZKB	3001	400009	400009

Abbildung 8.28 Sachkonten für Kontomodifikation ZKB

- Die *Modifikation VQY* (Stichprobenentnahmen mit Kontierung) unterscheidet Halbfabrikate (7900) und Fertigerzeugnisse (7920) von Handelswaren (3100) und Zukaufteilen (Z001, Z002), wie Sie an den zugeordneten Sachkonten sehen.
- Die *Modifikation ZKB* wird nicht in der Bestandsführung verwendet, sondern für Wareneingangsbuchungen zu kontierten Bestellpositionen mit dem Kontierungstyp 1 (siehe Abbildung 8.18). Der Verbrauch soll hier auf ein speziell angelegtes Konto statt auf die Verbrauchskonten der Kontomodifikation VBR gebucht werden.

Den Tabelleneintrag für die kontierten Bestellpositionen (ZKB) ohne Bewertungsklasse benötigen Sie für kontierte Bestellpositionen ohne Materialstamm und für Material ohne Bewertungsklasse (z.B. Materialart UNBW), falls auch der Warengruppe keine Bewertungsklasse zugeordnet wurde. Mit dem Pflegedialog V023_E können Sie Ihren Warengruppen für solche kontierten Bestellvorgänge Bewertungsklassen zuordnen (siehe Abschnitt 6.8.2).

Simulation

Die Simulation der Kontenfindung hilft Ihnen dabei, Ihre Einstellungen zu testen. Schon bevor Sie Ihre ersten Testbuchungen durchführen, können Sie die Kontenfindung mit der Simulationsfunktion überprüfen. Die Simulation findet direkt in der Transaktion OMWB (C MM-IV Autom. Kontierung (Simu)) statt, die Sie mit der IMG-Aktivität AUTOMATISCHE BUCHUNGEN EINSTELLEN aufrufen (siehe Abbildung 8.21 auf Seite 482).

Der Button SIMULATION führt Sie in die Simulationsfunktion. Alternativ wählen Sie SPRINGEN • SIMULATION. Die Transaktion OMWB bietet Ihnen drei Einstellmöglichkeiten:

- EINSTELLUNGEN • SIMULATION • ARBEITSGEBIET
  (Bewegungen der Bestandsführung oder Vorgänge der Rechnungsprüfung)
- EINSTELLUNGEN • SIMULATION • EINGABEMODUS
  (Materialnummer – siehe Abbildung 8.29 – oder Bewertungsklasse)
- EINSTELLUNGEN • SIMULATION • KONTENPRÜFUNG
  (Prüfung, ob Konto existiert)

Bei der Simulation für Bewegungen der Bestandsführung werden die Einflussfaktoren der Kontenfindung aus folgenden Eingaben ermittelt:

- **Werk**
  Wird aus der Organisationsstruktur mit Buchungskreis, Kontenplan, Bewertungskreis und Bewertungsmodifikationskonstante ermittelt.
- **Materialnummer und Bewertungsart (bei getrennter Bewertung)**
  Werden aus der Bewertungsklasse ermittelt; alternativ geben Sie die Bewertungsklasse direkt ein.
- **Bewegungsart**
  Wird aus dem betriebswirtschaftlichen Vorgang in Bestandsführung mit Vorgangsschlüssel und Kontomodifikation ermittelt.

In Abbildung 8.29 soll die Kontenfindung für Material 900000022 im Werk HD01 simuliert werden. Bei Material mit getrennter Bewertung (siehe Abschnitt 8.2.2) ist die Bewertungsklasse der Bewertungsart für die Kontenfindung relevant.

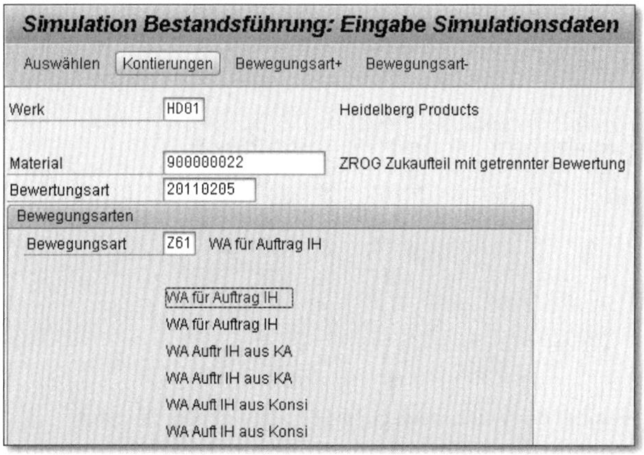

Abbildung 8.29 Simulation Z61 – Eingabemodus Materialnummer

In Abbildung 8.29 handelt es sich um die Bewertungsart der Charge 20110205. Als Vorgang wurde die selbstdefinierte Bewegungsart Z61 (WA für IH-Aufträge aus dem eigenen Lagerbestand) ausgewählt.

Nachdem Sie Ihre Eingaben gemacht haben, wählen Sie zur Simulation der Kontenfindung den Button KONTIERUNGEN.

Bei der Simulation werden grundsätzlich alle Vorgangsschlüssel des Wertestrings des gewählten Vorgangs berücksichtigt (siehe Abschnitt 8.3.4). Die Simulation der Kontenfindung bietet Ihnen folgende Informationen:

- Einflussfaktoren BMK, Bewertungsklasse und KM werden angezeigt, Wertestring und Vorgangsschlüssel werden leider nicht angezeigt.
- Buchungsschlüssel und Konten
- Hinweis, falls ein Konto nicht existiert

Zusätzlich können Sie noch für die Warenbewegung den Bildaufbau prüfen, indem Sie die Funktionstaste oben rechts wählen.

Die Buchungszeilen der acht Vorgangsschlüssel zum Wertestring `WA01` (BSX, GBB, PRD, BSX, UMB, GBB, GBB, BSX) sehen Sie in Abbildung 8.30.

Abbildung 8.30 Buchungszeilen bei der Warenbewegung Z61 aus eigenem Bestand

Einflussfaktoren mit dem Eintrag -E- sind in der Kontenfindungsregel für diesen Buchungsschlüssel nicht enthalten.

Aus der simulierten Warenbewegung Z61 (Warenausgang für IH-Auftrag) ergeben sich beispielsweise folgende Buchungszeilen:

1. **Vorgang BSX**
   Habenbuchung (99) auf Bestandskonto 300000
2. **Vorgang GBB mit Kontomodifikation VBI**
   Sollbuchung (81) als Gegenbuchung auf Verbrauchskonto 400099 (Erfolgskonto)

Die Buttons, oben in Abbildung 8.30, haben folgende Bedeutung:

- Mit Bewegung+ und Bewegung– wechseln Sie in andere Vorgänge mit derselben Bewegungsart.
- Bei Material mit getrennter Bewertung wechseln Sie mit den Funktionen Bewertungsart+ und Bewertungsart– zu den Bewertungsklassen der anderen Bewertungsarten.
- Mit der Funktion Bildaufbau prüfen springen Sie in den Feldauswahlabgleich.
- Mit Springen • Anzeigen Sachkonto rufen Sie die Transaktion FS00 (Sachkonten-Stammdatenpflege) auf.
- Mit Springen • Kontierung rufen Sie die Transaktion OBYC (Kontenfindung MaWi) auf.

In Abbildung 8.31 sehen Sie die Ergebnisse der Simulation für eine Entnahme aus dem Lieferantenkonsignationsbestand mit der Bewegungsart Z61. Dies stellt betriebswirtschaftlich einen anderen Vorgang dar als der Warenausgang aus dem eigenen Bestand. Mit derselben Bewegungsart wird hier ein anderer Wertestring ermittelt. Dem Wertestring `WA03` sind in der Tabelle T156W (Buchungsstring Werte) nur fünf Vorgangsschlüssel zugeordnet (KON, GBB, AKO, EIN, EKG).

Die Vorgangsschlüssel für die Einkaufskontoabwicklung sind für den Buchungskreis 0001 nicht relevant, deswegen wurden keine Konten zugeordnet.

Aus der simulierten Warenbewegung Z61 (Warenausgang für IH-Auftrag aus dem LF-Konsibestand) im Werk HD01 ergeben sich damit folgende Buchungszeilen:

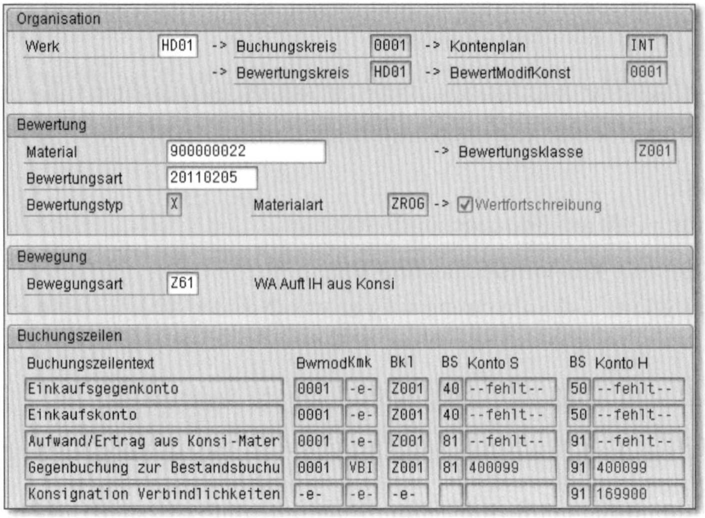

Abbildung 8.31 Buchungszeilen bei Z61 aus LF-Konsignationsbestand

1. **Vorgang KON**
   Habenbuchung (91) auf Bestandskonto 169900 (Verbindlichkeiten aus Konsignationslager)
2. **Vorgang GBB mit Kontomodifikation VBI**
   Sollbuchung (81) als Gegenbuchung auf Verbrauchskonto 400099 (Erfolgskonto)

Der Warenausgang reduziert hierbei nicht den Lagerbestand, sondern erzeugt Verbindlichkeiten aus dem Konsignationslager. Diese sind mit dem Lieferanten abzurechnen.

Mit der Funktion BILDAUFBAU PRÜFEN rufen Sie das Programm `RM07CUFA` auf. Mit diesem Programm führen Sie den Feldauswahlabgleich zwischen der Bewegungsart und den zugeordneten Sachkonten durch (siehe Abschnitt 7.6.4, »Feldauswahl des Finanzwesens«).

In Abbildung 8.32 wird die Feldauswahl meiner Bewegungsart Z61 K (WA IH-Auftrag aus LF-Konsignationsbestand) mit der Feldauswahl des Sachkontos 169900 (Standard) abgeglichen.

Die Feldauswahl der eigenen Bewegungsart Z61 K (WA IH-Auftrag aus LF-Konsignationsbestand) verträgt sich nicht mit der Feldstatusgruppe G059 des Kontos 169900 (Verbindlichkeiten aus Konsignationslager). Das Pflichtfeld CO/PP-AUFTRAG aus der Bewegungsart wird im Konto ausgeblendet. In der Bewegungsart können Sie aber auf den Auftrag nicht verzichten, daher brauchen Sie ein Sachkonto mit einer anderen Feldstatusgruppe. Wenn an den Einstellungen des Kontos nichts geändert werden soll, benötigen Sie sogar ein anderes Konto.

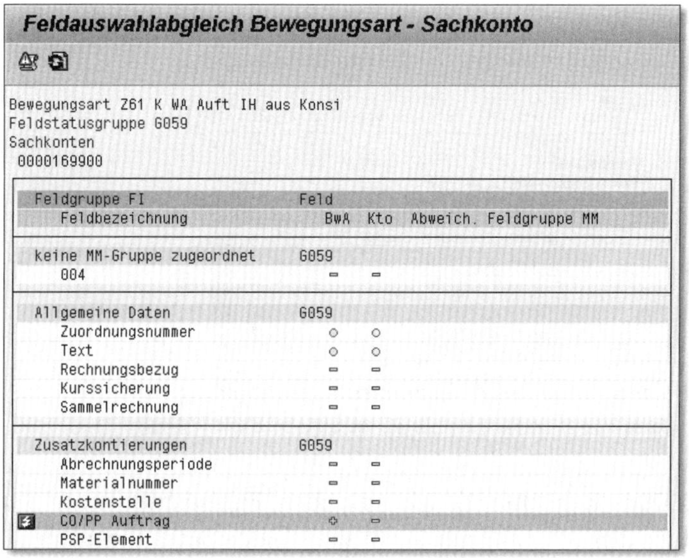

Abbildung 8.32 Feldauswahlabgleich Z61 K – Sachkonten

Eine weitere hilfreiche Funktion der Transaktion OMWB (C MM-IV Autom. Kontierung (Simu)) ist der Verwendungsnachweis für Sachkonten in der MM-Kontenfindung.

Verwendungsnachweis

Der Verwendungsnachweis zeigt Ihnen die Verwendung sämtlicher Sachkonten (mit Angabe des Kontentyps) aus dem Kontenplan zum eingegebenen Buchungskreis gegliedert nach Konto – Bewertungsklasse – Vorgangsschlüssel – Kontomodifikation. Auch die Bewertungsmodifikationskonstanten werden angegeben.

1. Der Button Sachkonten führt Sie zur Kontenzuordnung. Alternativ wählen Sie Springen • Verwendung Konten in der Transaktion OMWB (C MM-IV Autom. Kontierung (Simu), siehe Abbildung 8.21 auf Seite 482).
2. Geben Sie den Buchungskreis an, und das System zeigt Ihnen die Verwendung sämtlicher Sachkonten aus dem zugeordneten Kontenplan.

Geben Sie zusätzlich den Bewertungskreis ein, dann schränken Sie die Ergebnisanzeige auf die Verwendung in diesem Bewertungskreis einschließlich der Bewertungsmodifikationskonstanten ein. Einen Ausschnitt aus dem Verwendungsnachweis für das Bilanzkonto 300000 aus dem Kontenplan INT sehen Sie in Abbildung 8.33.

Verwendungsnachweis Sachkonten in MM-Kontenfindung

Buchungskreis 0001 **Kontenplan** INT
Bewertungskreis HD01 **Bewertungsmodifikation** 0001

Ktoplan / Kto / BwKlasse / Vgs / Komok	Beschreibung	Kontentyp	BewModK
▾ 0000300000	Rohstoffe 1	Bilanz	0001
▾ 3000	Rohstoffe 1		0001
· BSX	Bestandsbuchung		0001
▾ Z001	Zukaufteile 1		0001
· BSX	Bestandsbuchung		0001
▾ Z002	Zukaufteile 2		0001
· BSX	Bestandsbuchung		0001

Abbildung 8.33 Verwendungsnachweis – Bilanzkonto 300000

Das Konto 300000 (Rohstoffe 1) wird für den Buchungsschlüssel BSX (Bestandsbuchung) bei Material mit Bewertungsklasse 3000 (Rohstoffe 1) sowie den eigenen Bewertungsklassen Z001 und Z002 (meine Zukaufteile) verwendet.

Einen Ausschnitt aus dem Verwendungsnachweis für das von mir zusätzlich angelegte GuV-Konto 400099 sehen Sie in Abbildung 8.34.

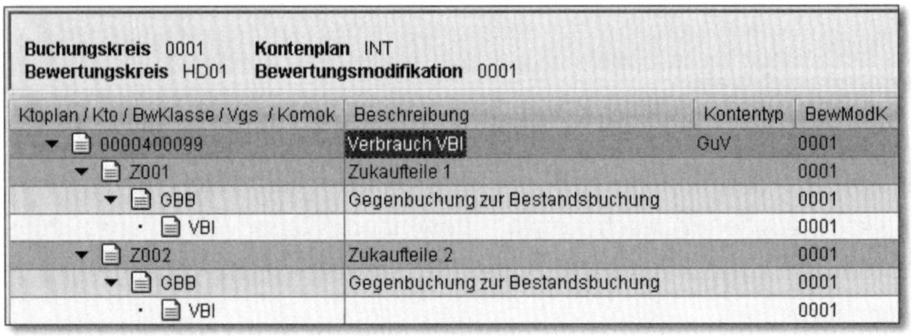

Buchungskreis 0001 **Kontenplan** INT
Bewertungskreis HD01 **Bewertungsmodifikation** 0001

Ktoplan / Kto / BwKlasse / Vgs / Komok	Beschreibung	Kontentyp	BewModK
▾ 0000400099	Verbrauch VBI	GuV	0001
▾ Z001	Zukaufteile 1		0001
▾ GBB	Gegenbuchung zur Bestandsbuchung		0001
· VBI			0001
▾ Z002	Zukaufteile 2		0001
▾ GBB	Gegenbuchung zur Bestandsbuchung		0001
· VBI			0001

Abbildung 8.34 Verwendungsnachweis – GuV-Konto 400099

Das Konto 400099 (Verbrauch VBI) wird für den Buchungsschlüssel GBB (Gegenbuchung zur Bestandsbuchung) und die Kontomodifikation VBI aus der eigenen Bewegungsart Z61 bei Material mit der Bewertungsklasse Z001 und Z002 (meine Zukaufteile) verwendet.

Nach den Erläuterungen in diesem Abschnitt können Sie Ihre Kontenfindung nun vollständig einstellen. Zudem haben Sie die Möglichkeit, mit dem Kontenfindungsassistenten zu arbeiten.

8.3.6 Kontenfindungsassistent

Der Kontenfindungsassistent kann Sie dabei unterstützen, die Kontenfindung einzustellen. Der Assistent führt Sie zu allen relevanten Einstellungen. Sie müssen nur schrittweise die Fragen des Assistenten beantworten und auf WEITER klicken. Abhängig von Ihren Antworten während dieser »Anamneseerhebung« werden die passenden IMG-Aktivitäten und/oder Customizing-Tabellen zur Bearbeitung angeboten. Sie rufen den Assistenten im IMG auf mit der Aktivität MATERIALWIRTSCHAFT • BEWERTUNG UND KONTIERUNG • KONTENFINDUNG • KONTENFINDUNGSASSISTENT. Mit Hilfe des Assistenten führen Sie u.a. die folgenden Schritte durch:

- Begrüßung
  (was Sie wissen müssen und Einschränkungen)
- Voraussetzungen
  (Buchungskreis, Werk, Materialart, siehe Abbildung 8.35)
- Einkaufskontoabwicklung je Buchungskreis de/-aktivieren
  (Belgien, Frankreich, Italien oder Spanien)
- Bewertungsmodifikationskonstante zuordnen
- vorgangsabhängige Regeln im Kontenplan festlegen
- Bewertungsklassen festlegen
- Bestandskonten zuordnen
- Soll-/Habenregeln festlegen

Selbstdefinierte Kontomodifikationen und Material-Ledger-Buchungen werden als Einschränkungen für den Kontenfindungsassistenten genannt. Am Ende einer Sitzung gratuliert Ihnen der Assistent – unabhängig davon, ob Sie das Customizing erfolgreich fertigstellen oder mit ABBRECHEN den Assistenten wieder verlassen.

Mit dem Kontenfindungsassistenten ist es möglich, die Kontenfindung einzustellen, ohne die in diesem Abschnitt genannten Details (Tabellen, Transaktionen etc.) zu kennen. Wenn Sie sich mit den erläuterten Details nicht auseinandersetzen möchten bzw. müssen, können Sie den Assistenten in Anspruch nehmen.

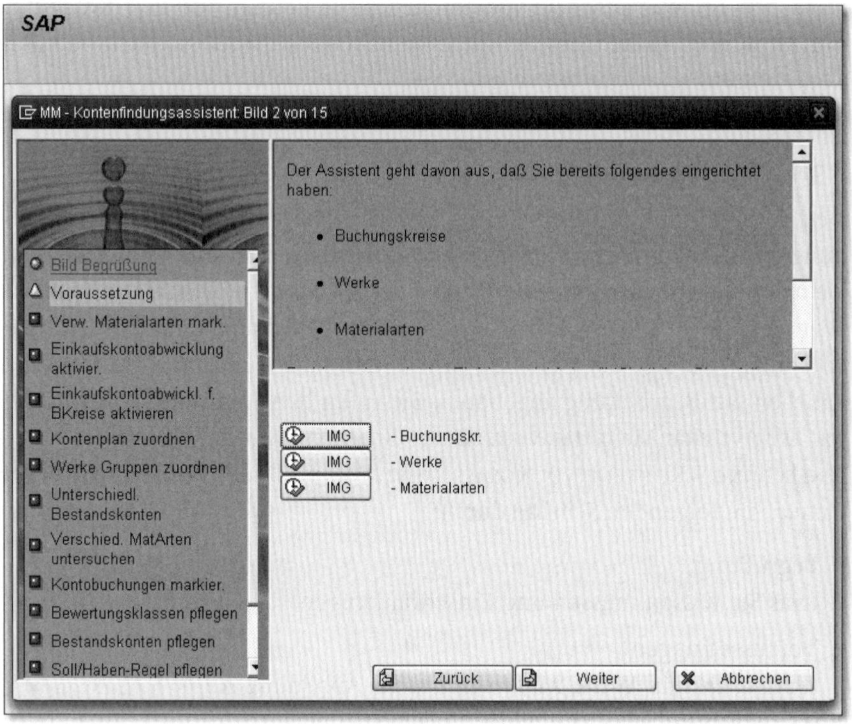

Abbildung 8.35 MM-Kontenfindungsassistent

8.4 Zusammenfassung

In diesem Kapitel habe ich Ihnen gezeigt, wie Materialbestände bewertet werden und wie die automatische Kontenfindung für Warenbewegungen eingestellt wird. Die hierfür beschriebenen Customizing-Einstellungen für die Materialwirtschaft steuern Buchungen im Rechnungswesen. Das gilt auch für die Anwendungen der Logistik-Rechnungsprüfung, die im letzten Kapitel des Buches vorgestellt wird.

In der SAP-Materialwirtschaft wird der Bestellvorgang mit der Logistik-Rechnungsprüfung abgeschlossen. Die Zahlungsanweisung ist eine Aufgabe des Rechnungswesens.

9 Logistik-Rechnungsprüfung

In diesem Kapitel werden zunächst die Aufgaben und Anwendungen der Logistik-Rechnungsprüfung erläutert. Danach werden die Einstellungen für die Kontenfindung in der Logistik-Rechnungsprüfung aufgezeigt. In weiteren Abschnitten lernen Sie Customizing-Einstellungen für Eingangsrechnungen, Rechnungssperren, Verrechnungskontenpflege und für die Nachrichtenfindung kennen.

9.1 Aufgaben der Rechnungsprüfung

Betriebswirtschaftlich gesehen hat die Logistik-Rechnungsprüfung im Beschaffungsprozess die Aufgabe, eingehende Lieferantenrechnungen mit den zugehörigen Bestellungen und Wareneingängen abzugleichen. Dabei werden die Rechnungen in dreifacher Hinsicht kontrolliert:

- sachlich
- preislich
- mengenmäßig/rechnerisch

Die Logistik-Rechnungsprüfung umfasst also *nicht* die Prüfung der Finanzen einer privatrechtlich organisierten Vereinigung durch einen Rechnungsprüfer sowie die Prüfung der ordnungsmäßigen Buchführung und der Einhaltung der einschlägigen Vorschriften des Jahresabschlusses eines Unternehmens durch einen Wirtschaftsprüfer.

Die Logistik-Rechnungsprüfung ist ein Teilgebiet der Materialwirtschaft im SAP ERP-System. Mit Einführung der Einbild- bzw. Enjoy-Transaktionen mit dem SAP R/3-Release 4.6B wurde die Logistik-Rechnungsprüfung als Nachfolger der herkömmlichen MM-Rechnungsprüfung ausgeliefert.

Aufgrund der Entkopplung vom Rechnungswesen kann die Logistik-Rechnungsprüfung dezentral in einem Logistiksystem durchgeführt werden.

Die Logistik-Rechnungsprüfung schließt die Prozesse der Materialbeschaffung aus logistischer Sicht ab: Nach dem Bestellvorgang, dem Warenzugang und der damit verbundenen Erhöhung des Bestandswertes wird die Lieferantenrechnung im System erfasst und geprüft.

Die Logistik-Rechnungsprüfung greift dabei auf Bewegungsdaten und Stammdaten aus den vorgelagerten Anwendungen wie beispielsweise Einkauf und Bestandsführung zurück (Bestellung, Bestellentwicklung, Materialstamm, Lieferantenstamm, Bezugsnebenkosten etc.). Zu den Aufgaben der Logistik-Rechnungsprüfung zählen:

- Rechnungseingang erfassen
- Rechnungen auf sachliche, preisliche und rechnerische Richtigkeit prüfen
- Rechnungen nacharbeiten und Rechnungssperren aufheben
- Gutschriften erstellen
- Kontobewegungen buchen
- Daten der Rechnungsbelege in der Materialwirtschaft und im Rechnungswesen aktualisieren (z.B. offene Posten und gleitender Durchschnittspreis)

Die Zahlungsanweisung und das Auswerten von Rechnungen ist Aufgabe des Rechnungswesens.

Zur Dokumentation der Eingangsrechnungen erstellt die Rechnungsprüfung einen Rechnungsbeleg für die Materialwirtschaft und einen Buchhaltungsbeleg, beispielsweise mit der Belegart RE (Rechnung brutto). Für nachgelagerte Anwendungen werden gegebenenfalls noch weitere Belege erstellt, beispielsweise ein CO-Beleg.

In Abbildung 9.1 sehen Sie die Aufgaben der Logistik-Rechnungsprüfung eingebettet in die Daten aus vorgelagerten Anwendungen und die Rechnungsbelege. Mit der Logistik-Rechnungsprüfung im SAP ERP-System können außerdem auch Rechnungen erfasst und geprüft werden, die nicht direkt mit der Materialbeschaffung zu tun haben. Dies sind zum Beispiel Dienstleistungsbestellungen, Frachtkostenabrechnungen mit Transportdienstleistern und Seminarkosten.

Voraussetzung für die Prüfung ist der Eingang einer Rechnung.

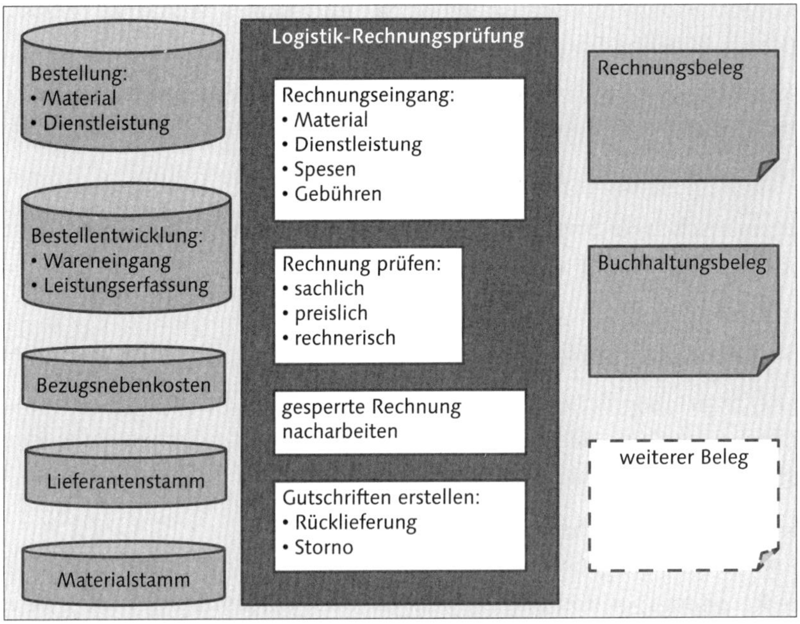

Abbildung 9.1 Aufgaben der Logistik-Rechnungsprüfung

9.1.1 Rechnungseingang

Es gibt unterschiedliche Arten des Rechnungseingangs:

- **Papierbasiert**
  Rechnungen kommen auf dem Postweg (oder als Fax) beim Sachbearbeiter an und werden manuell in SAP ERP erfasst.
- **Elektronisch**
  Rechnungen werden als IDoc (*Intermediate Document*) per EDI (*Electronic Data Interchange*) oder im XML-Format (*Extensible Markup Language*) über das Internet elektronisch übermittelt und gebucht.
- **Über SAP SRM (Supplier Relationship Management)**
  Rechnungen werden in SAP SRM erfasst und an SAP ERP übergeben.
- **Automatisch in SAP ERP**
  Rechnungen werden durch regelmäßig gestartete Abrechnungsprogramme automatisch erzeugt. Anwendungen hierfür sind (siehe Abschnitt 9.2.1, »Transaktionen«):
  - automatische Wareneingangsabrechnung im ERS-Verfahren (*Evaluated Receipt Settlement*) mit der Transaktion MRRL (Automatische WE-Abrechnung), basierend auf den Daten aus Bestellung und Bestellentwicklung

- Konsignations-/Pipeline-Abrechnung mit der Transaktion MRKO (Konsi-/Pipeline-Entnahmen abrechnen)
- Rechnungsplan (Miete, Leasing etc.) mit der Transaktion MRIS (Rechnungsplan)
- Neubewertung mit der Transaktion MRNB (Neubewertung)

Die automatischen Rechnungen können auch durch regelmäßig eingeplante Abrechnungsprogramme im Hintergrund erzeugt werden.

9.1.2 Rechnungsprüfung

Bei der Überprüfung der eingehenden Rechnungen hinsichtlich ihrer sachlichen, preislichen und rechnerischen Richtigkeit wird zwischen folgenden Verfahren unterschieden:

- **Bestellbezogene Rechnungsprüfung**
  Bei der bestellbezogenen Rechnungsprüfung wird für jede Bestellposition eine Rechnungsposition erzeugt. Bei der Rechnungsprüfung wird jeweils die Differenz aus der insgesamt gelieferten Menge und der insgesamt bereits berechneten Menge als abzurechnende Menge vorgeschlagen.
- **Wareneingangsbezogene Rechnungsprüfung**
  Ist das Kennzeichen für die wareneingangsbezogene Rechnungsprüfung in der Bestellposition gesetzt, werden die einzelnen Wareneingänge aus der Bestellentwicklung dieser Bestellposition als abzurechnende Mengen vorgeschlagen. Steigen Sie mit dem Lieferschein in die Rechnungsprüfung ein, werden genau die Bestellpositionen aus dem Wareneingang zum Lieferschein als abzurechnende Mengen vorgeschlagen.
- **Leistungsbezogene Rechnungsprüfung**
  In den Stammdaten des Lieferanten für Dienstleistungen setzen Sie das Kennzeichen für die leistungsbezogene Rechnungsprüfung (Datenfeld LFM1-LEBRE). Die abzurechnenden Leistungen ergeben sich bei:
  - bestellbezogener Rechnungsprüfung aus der Bestellposition
  - wareneingangsbezogener Rechnungsprüfung aus dem Leistungserfassungsblatt
- **Rechnungspositionen ohne Bestellbezug**
  Auch Rechnungspositionen ohne Bestellbezug können mit den Registerkarten SACHKONTO und MATERIAL in der Transaktion MIRO (Eingangsrechnung erfassen) auf Sach- oder Materialkonten gebucht werden (siehe Abbildung 9.20 auf Seite 527).

Als Ergebnis der Rechnungsprüfung werden ein Rechnungsbeleg und ein Buchhaltungsbeleg erstellt. Die Bestellentwicklung wird fortgeschrieben, und der Materialstamm wird bei Bedarf aktualisiert.

9.2 Anwendungsgebiete der Rechnungsprüfung

Die Anwendungsgebiete der Rechnungsprüfung sind die Belegerfassung und -weiterverarbeitung, die automatische Abrechnung, die WE/RE-Kontenpflege und die Belegarchivierung.

9.2.1 Transaktionen

Folgende Transaktionen der (Logistik-)Rechnungsprüfung stehen der Anwendung zur Verfügung:

- **Belegerfassung**
  - MIRO (Eingangsrechnung hinzufügen)
  - MIR7 (Eingangsrechnung vorerfassen)
  - MIRA (Eingangsrechnung für Rechnungsprüfung im Hintergrund hinzufügen)
- **Weiterverarbeitung**
  - MIR4 (Rechnungsbeleg anzeigen)
  - MR8M (Rechnungsbeleg stornieren)
  - MRBR (Gesperrte Rechnungen freigeben)
  - MIR6 (Übersicht Rechnungen)
  - MR90 (Nachrichten ausgeben)
- **Automatische Abrechnungen**
  - MRRL (Automatische Wareneingangsabrechnung (ERS))
  - MRKO (Konsignations- und Pipeline-Abrechnung)
  - MRIS (Rechnungsplanabrechnung)
  - MRNB (Neubewertung)
- **WE/RE-Kontenpflege**
  - MR11 (WE/RE-Verrechnungskonto pflegen)
  - MR11SHOW (Kontenpflegebeleg anzeigen/stornieren)

- **Archivierung**
  - MRA1 (Archiv erzeugen)
  - MRA2 (Belege löschen)
  - MRA3 (Archivbel. anzeigen)
  - MRA4 (Archiv verwalten)

Einige Funktionen sind erst seit Einführung bzw. Weiterentwicklung der Logistik-Rechnungsprüfung verfügbar:

- Arbeitsvorrat und Bestellstruktur ein- und ausblendbar
- unbegrenzte Mehrfachauswahl
- Rechnungskürzung manuell, pauschal und im Hintergrund
- Rechnungen mit Ratenkonditionen
- buchungskreisübergreifendes Buchen
- Steuerung der Belegvorerfassung über Workflow

9.2.2 Benutzerparameter

Die Anwendertransaktionen der Logistik-Rechnungsprüfung können mit folgenden Benutzerparametern (siehe Abbildung 4.34 auf Seite 143) beeinflusst werden:

- `IVFIDISPLAY` (Rechnungsbeleg und Buchhaltungsbeleg anzeigen)
- `IVAMOUNTADJUST` (bei Mengenänderung Vorschlagswert für den Positionsbetrag automatisch anpassen)

Mit der Transaktion SU3 (Benutzereigene Daten pflegen) tragen Sie jeweils den Wert »X« im Benutzerstamm ein, wenn Sie diese Funktionen wünschen.

Während der Durchführung der Logistik-Rechnungsprüfung kann es zu unterschiedlichen Systemmeldungen kommen.

9.2.3 Eigenschaften der Systemmeldungen

Mit Hilfe der Eigenschaften der Systemmeldungen können Sie bei einer Reihe von Systemmeldungen benutzerabhängig steuern, ob eine Meldung zu einem Fehler führt und damit die Buchung verhindert wird. Folgende Eigenschaften sind möglich:

- Information
- Warnung

- Fehlermeldung
- keine Meldung

Vom System wird vorgegeben, welche Meldungen änderbar sind und welche Eigenschaften jeweils zulässig sind.

Ihre benutzerabhängigen Einstellungen für Meldungen aus dem Arbeitsgebiet M8 (Rechnungsprüfung/Bewertung) werden in der Customizing-Tabelle T100C (Steuerung der Nachrichten durch den Anwender) verwaltet. Für Ihre Einstellung rufen Sie im IMG die Aktivität MATERIALWIRTSCHAFT • LOGISTIK-RECHNUNGSPRÜFUNG • EIGENSCHAFTEN DER SYSTEMMELDUNGEN auf.

1. Zuerst wählen Sie aus dem Wertevorrat mit der Suchhilfe die Meldung aus.
2. In der Spalte STANDARD sehen Sie die Eigenschaft der Meldung in der Standardauslieferung. Ändern Sie nun die Eigenschaft gemäß Ihrer Anforderung für Dialog und Batchläufe.
3. Ohne einen Benutzernamen würde der Eintrag für alle Benutzer gelten, die keinen eigenen Eintrag haben. Tragen Sie daher einen Benutzer ein, damit der Eintrag nur für diesen Benutzer gültig ist (siehe Abbildung 9.2).

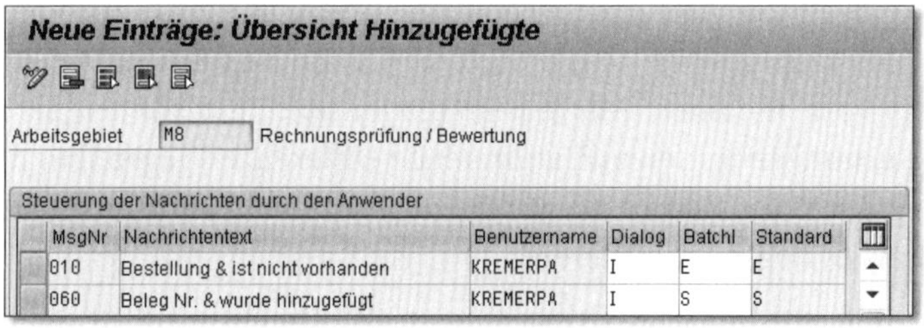

Abbildung 9.2 Systemmeldungen benutzerabhängig steuern

Für die beiden Meldungen in Abbildung 9.2 bietet das System folgende Eigenschaften an:

- **Meldungsnummer 010 »Bestellung & ist nicht vorhanden«**
  - I (Hinweis im Fenster)
  - W (Warnung)
  - E (Fehler, Standardeinstellung für 010)
- **Meldungsnummer 060 »Beleg Nr. & wurde hinzugefügt«**
  - I (Hinweis im Fenster)
  - S (Hinweis, Standardeinstellung für 060)

Abweichend vom Standard erhält die Person mit dem SAP-Benutzer KREMERPA in beiden Fällen einen Hinweis im Fenster.

Im folgenden Abschnitt beschreibe ich die Einstellungen zu den automatischen Buchungen bei der Rechnungsprüfung.

9.3 Kontenfindung in der Rechnungsprüfung

Die Kontenfindung in der Rechnungsprüfung funktioniert ähnlich wie in der Bestandsführung (siehe Abschnitt 8.3).

Die Materialwirtschaft ist vor allem für die Beschaffung von Lagermaterial zuständig: Das beschaffte Material wird in der Regel eingelagert und steht somit für Ihre Unternehmensaktivitäten zur Verfügung. Aus diesem Grund werden im Folgenden die Kontobewegungen bei der Beschaffung von Lagermaterial von einem externen Lieferanten erläutert.

Während der Belegerfassung kann der Rechnungsbetrag unter Umständen in diverse Teilbeträge wie Nettobetrag, Mehrwertsteuer, Skonto, Skonto-Korrekturen, Betragskorrekturen aufgeteilt werden.

- Bei der *Belegerfassung mit Bezug* (zu einer Bestellung) wird die Zuordnung von (Teil-)Beträgen auf die vorgesehenen Kontonummern automatisch vom System vorgenommen. Mit der Simulationsfunktion können Sie die Logik der Buchungen prüfen und auftretende Differenzen gegenüber dem Bestellbeleg direkt am Bildschirm anzeigen lassen, um die Eingaben gegebenenfalls im Dialog zu korrigieren.
- Bei *Rechnungspositionen ohne Bezug* müssen die Konten manuell mit den Soll-/Habenkennzeichen und den entsprechenden Beträgen eingegeben werden.

9.3.1 Kontobewegungen

In diesem Abschnitt beschreibe ich die Kontobewegungen bei der Beschaffung von bewertetem Lagermaterial. Mit Bezug zur Bestellung wird zunächst der Wareneingang gebucht.

Wareneingang

Ein Wareneingang zur Normalbestellung führt zu einer Sollbuchung auf einem Bestandskonto sowie zu einer Habenbuchung auf dem WE/RE-Verrechnungskonto (siehe das Beispiel in Abschnitt 8.3.4 auf Seite 475). Bei Abweichungen zwischen Materialbewertungspreis, Bestellpreis und Rechnungspreis orientieren sich die Kontobewegungen an der Preissteuerung aus dem Materialstamm (siehe Abschnitt 8.2.1, »Preissteuerungskennzeichen«):

- **Gleitender Durchschnittspreis**
  - Bestellwert (*Nettopreis x WE-Menge*) geht 1:1 auf Bestandskonto.
  - Bewertungspreis wird aktualisiert.
- **Standardpreis**
  - Material erhöht Bestandswert (*Standardpreis x WE-Menge*).
  - Abweichungen zwischen Bestell- und Bewertungspreis werden auf ein Konto für Aufwand/Ertrag aus Preisdifferenzen gebucht.

Den tatsächlichen Rechnungspreis kennt das System erst beim Rechnungseingang.

Rechnungseingang

Bei Materialbestellungen gleicht der Rechnungsbetrag das WE/RE-Verrechnungskonto mit einer Sollbuchung aus (Vorgangsschlüssel WRX, siehe Abschnitt 8.3.4). Die Gegenbuchung hierzu geht als Habenbuchung auf das Konto des Kreditors (Lieferant).

Den so entstandenen offenen Posten auf dem Konto des Kreditors gleicht die Finanzbuchhaltung mit der Anweisung der Zahlung – möglichst unter Berücksichtigung der vereinbarten Zahlungsbedingungen – aus.

Auch mit der Kontenfindung in der Rechnungsprüfung werden – wie bei der Kontenfindung in der Bestandsführung – Standardbuchungsvorgänge für das Rechnungswesen automatisiert. Die Einflussfaktoren zur Ermittlung der gewünschten Sachkonten sind dieselben wie bei bewerteten Warenbewegungen (siehe Abschnitt 8.3, »Kontenfindung in Bestandsführung«):

- Kontenplan
- Bewertungsmodifikationskonstante
- Bewertungsklasse
- Vorgangsschlüssel
- Kontomodifikation

Abweichend von der Kontenfindung für die Vorgänge der Bestandsführung (siehe Abbildung 8.10 auf Seite 462) werden Wertestring, Vorgangsschlüssel und Kontomodifikation bei den automatischen Buchungen der Rechnungsprüfung aus anderen Tabellen ermittelt (siehe Abbildung 9.3).

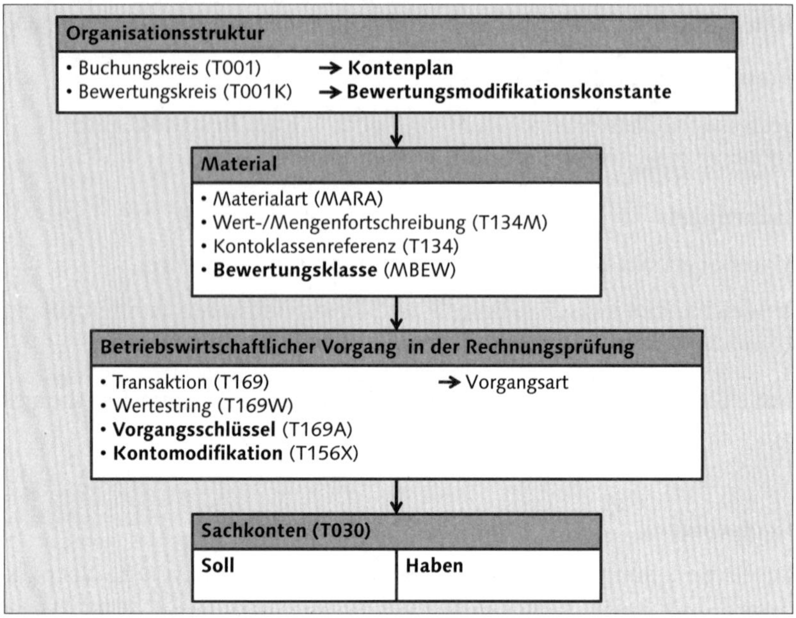

Abbildung 9.3 Kontenfindung in der Rechnungsprüfung

Das Prinzip für die Kontenfindung in der Rechnungsprüfung ist das gleiche wie bei den Vorgängen der Bestandsführung: Bei der Belegerfassung für die Rechnungsprüfung meldet sich der Anwender für einen konkreten Buchungskreis an, damit ist der Kontenplan vorgegeben. Abhängig von der jeweiligen Rechnungsposition ergibt sich der Bewertungskreis.

9.3.2 Simulation

Die Simulation der Kontenfindung für Vorgänge der Rechnungsprüfung führen Sie mit der Transaktion OMR0 (C MM-IV Autom. Kontierung (Simu)) durch. Sie rufen diese Transaktion im IMG mit der Aktivität Materialwirtschaft • Logistik-Rechnungsprüfung • Automatische Buchungen einstellen auf; anschließend wählen Sie Springen • Simulation. Die Einflussfaktoren der Kontenfindung werden aus folgenden Eingaben ermittelt:

- **Werk**
  Organisationsstruktur samt Buchungskreis mit Kontenplan, Bewertungskreis und Bewertungsmodifikationskonstante

- **Bewertungsklasse**
  Materialnummer und – bei getrennter Bewertung – Bewertungsart
- **Vorgang**
  Vorgänge der Rechnungsprüfung werden systemintern durch Vorgangsarten unterschieden (siehe Abbildung 9.4).

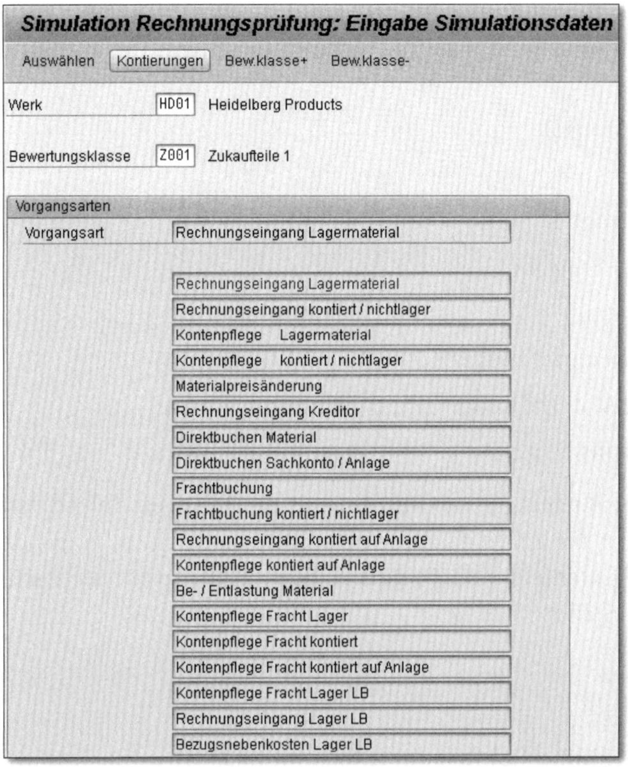

Abbildung 9.4 Simulation »Rechnungseingang Lagermaterial« aufrufen

Für die Simulation der Kontierungen wählen Sie einen Vorgang mit Werk, Bewertungsklasse und Vorgangsart. Die Vorgänge der Rechnungsprüfung werden durch eine der Transaktion zugeordnete Vorgangsart unterschieden. Die Belegerfassung für die markierte Vorgangsart RECHNUNGSEINGANG LAGERMATERIAL nehmen Sie beispielsweise mit der Transaktion MIRO (Eingangsrechnung erfassen) vor.

In der Systemtabelle T169 (Transaktionssteuerung Rechnungsprüfung/Bewertung) ist der Transaktion MIRO die Vorgangsart RD zugeordnet. Diese Vorgangsart wird zur Ermittlung des Wertestrings benötigt.

Wertestring

Bei den Vorgängen der Logistik-Rechnungsprüfung wird der Wertestring (siehe Abschnitt 8.3.4, »Vorgang«) in der Tabelle T169W (Buchungsstrings (Werte) für SAPMM08R) anhand der Vorgangsart und einer internen Buchungszeilen-ID ermittelt. Folgende Vorgangsarten (Datenfeld VORGA) gibt es aktuell:

- RP (Rechnungseingang)
- KP (Kontenpflege)
- KS (Kontenpflege-Storno)
- PR (Preisänderung)
- BL (Materialbelastung)
- PF (Plankalkulation Freigabe)
- RD (Logistik Rechnung)
- ML (Abrechnung Material Ledger)
- MI (Initialisierung Material Ledger)
- RS (Logistik Rechnung Storno)

Die Identifikation der Buchungszeile (Buchungszeilen-ID) ist ein intern verwendetes Kennzeichen für automatisch erstellte Belegpositionen. Folgende Buchungszeilen-IDs (Datenfeld BUZID) gibt es beispielsweise für die Rechnungsprüfung und Bestandsführung:

- 8 (Neubewertung)
- A (Anlage)
- B (Lagerbestand (LB-)Bestellung)
- C (LB-Bestellung kontiert)
- F (Bezugsnebenkosten BNK)
- G (BNK kontiert)
- H (BNK LB-Bestellung)
- I (BNK LB-Bestellung kontiert)
- K (Kreditor)
- L (Bestellung Lager)
- M (Material)
- N (Bestellung kontiert)

- P (Preisdifferenz)
- S (Sachkonto allgemein)
- T (Steuer)
- W (WE/RE-Zeile)
- X (Bestellung kontiert Anlage)
- Y (BNK kontiert Anlage)
- Z (Skonto-Verrechnung)

Die Systemtabelle T169W (Buchungsstrings (Werte) für SAPMM08R) besteht aus den zwei eben aufgelisteten Schlüsselfeldern VORGA (Vorgangsart im AG08 (interne Belegart)) UND BUZID (Identifikation der Buchungszeile) sowie dem zugeordneten Buchungsstring für Werte. Für die Vorgangsart RD und die Buchungszeilen-ID L wird der Buchungsstring `RE01` ermittelt. Aus diesem allgemeinen Wertestring werden wiederum die einzelnen Vorgangsschlüssel abgeleitet.

Vorgangsschlüssel

Bei der Rechnungsprüfung werden die Vorgangsschlüssel in der Tabelle T169A (Buchungsstring Rechnungsprüfung) über den Wertestring (Verallgemeinerter Buchungssatz) ermittelt. Zum Wertestring `RE01` gehören folgende Vorgangsschlüssel:

- WRX
- PRD
- EIN
- BSX
- BSX
- KDM
- EKG
- UMB

Diese acht Schlüssel werden bei der Simulation der Kontenfindung für den Vorgang RECHNUNGSEINGANG LAGERMATERIAL als potentielle Buchungszeilen in umgekehrter Reihenfolge angezeigt (siehe Abbildung 9.5).

Leider werden die Vorgangsschlüssel nicht angegeben, man kann sie aber aus dem Buchungszeilentext ableiten. Wichtigste Buchung bei der Rechnungsprüfung ist die *Sollbuchung* WRX (WE-RE-Verrechnung), um den Wareneingang auszugleichen. Ob noch weitere Buchungszeilen benötigt werden (Einkaufsgegenkonto, Preisdifferenzen, ...), entscheidet das Programm intern.

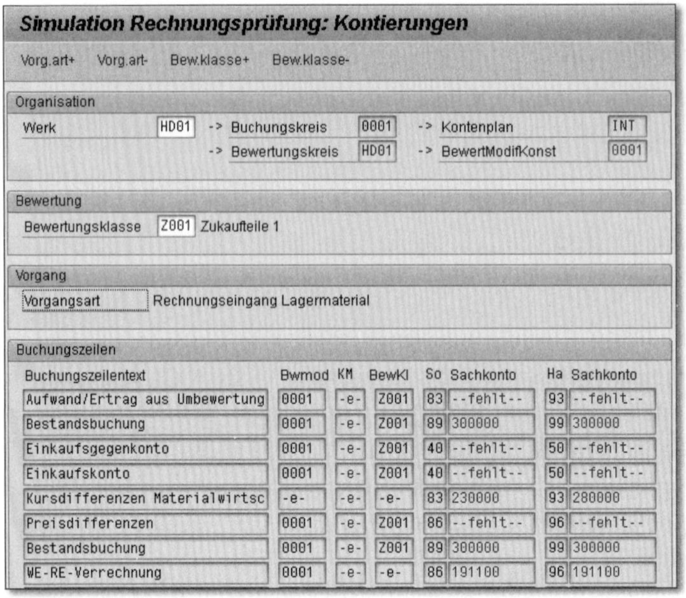

Abbildung 9.5 Kontierung »Rechnungseingang Lagermaterial« anzeigen

Die *Habenbuchung* auf das Konto des Kreditors wird nicht über die Zuordnungen in der Tabelle T030 (Fixkontentabelle) gefunden. Lieferanten und Kunden sind bekanntlich auch automatisch Konten in der Kreditoren- bzw. Debitorenbuchhaltung.

Der Buchhaltungsbeleg, den Sie mit der Transaktion MIRO (Eingangsrechnung erfassen) erzeugen, kann mit der Transaktion FBL1N (Einzelposten Kreditoren) als Einzelposten auf dem Kreditorenkonto aufgelistet und im Detail angesehen werden.

Mit der Transaktion FK10N (Saldenanzeige Kreditoren) können Sie sich je Buchungskreis und Geschäftsjahr die Salden zum einzelnen Kreditor anzeigen lassen. Solange die Rechnung nicht beglichen ist, weist das Konto für diesen Vorgang einen negativen Saldo aus. Aus der Saldenanzeige können Sie auch in den Einzelpostenbericht abspringen.

In den Kontenfindungsregeln für die Buchungsschlüssel in Abbildung 9.5 ist die Kontomodifikation nicht enthalten (siehe Abschnitt 8.3.5, »Automatische Buchungen«).

Kontomodifikation

Bei Vorgängen aus der Rechnungsprüfung kann die Kontomodifikation selbst nicht verändert werden – im Gegensatz zu den Vorgängen der Bestandsführung. In der Bestandsführung gehört die Kontomodifikation zu den Customizing-Einstellungen für Bewegungsarten und Kontierungstypen (siehe Abschnitte 7.6.2 und 8.3.4).

Möglich ist aber beispielsweise die Verwendung der Kontomodifikation für Aufwand/Ertrag aus Preisdifferenzen. Preisdifferenzen entstehen in folgenden Fällen:

- Bei Material mit Standardpreisbewertung, wenn der Rechnungspreis vom Bestellpreis und vom Standardpreis abweicht.
- Bei Material mit gleitendem Durchschnittspreis, wenn keine Bestandsdeckung für die berechnete Menge besteht. Hierbei wird der Durchschnittspreis nicht verändert, die Abweichungen gehen auf ein Preisdifferenzkonto.

Auch bei den Vorgängen der Rechnungsprüfung ordnen Sie die Konten für die automatischen Buchungen mit der Transaktion OBYC (C FI Tabelle T030 rmk + space) zu.

9.3.3 Konten

Mit der Transaktion OBYC könnten Sie die Regeln zur Differenzierung der Kontenfindung ändern; so könnten Sie beispielsweise für den Vorgang PRD (Preisdifferenzen) die allgemeine Modifikation (Kontomodifikation) in die Regel aufnehmen. Entsprechend der eingestellten Regel sind die Konten in der Tabelle T030 (Fixkontentabelle) zugeordnet.

Für die Zuordnung der Sachkonten in der Tabelle T030 wählen Sie im IMG die Aktivität Materialwirtschaft • Logistik-Rechnungsprüfung • Automatische Buchungen einstellen. Für die Einstellung der Regeln wählen Sie Springen • Regeln, für die Kontenzuordnung wählen Sie Springen • Kontierung.

Im Zusammenhang mit der Rechnungsprüfung lernen Sie in diesem Abschnitt folgende Kontenzuordnungen kennen: Kursdifferenzen, WE/RE-Verrechnung, geplante und ungeplante Nebenkosten sowie Steuerkonten.

Die geplanten Nebenkosten gehören zur Preisfindung für den Einkauf und die Steuerkonten zu den Grundeinstellungen des Finanzwesens.

Kursdifferenzen

Bei Fremdwährungen kann es zu Kursschwankungen zwischen Wareneingang und Rechnungsprüfung kommen. Seit Einführung des Euros zum 01.01.2002 haben sich diese Vorgänge allerdings bei innereuropäischen Geschäftsbeziehungen deutlich reduziert.

Die Regel für die Zuordnung der Sachkonten beim Vorgangsschlüssel KDM (Kursdifferenzen Materialwirtschaft) ist im Standard unabhängig von Organisationsstruktur, Kontomodifikation und Material. Lediglich abhängig von Kontenplan und Vorgang sind je ein Konto für Soll und Haben zugeordnet (siehe Abbildung 9.6).

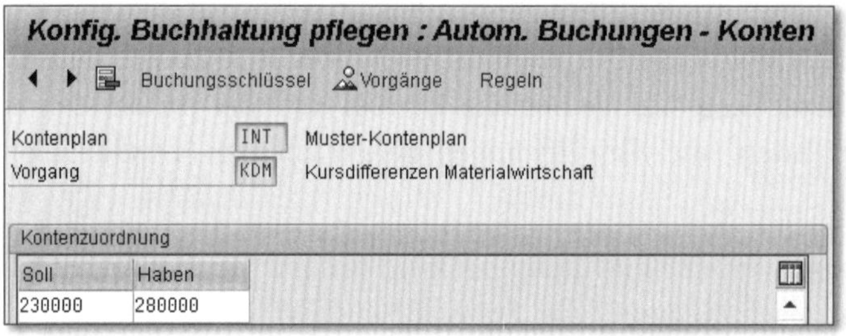

Abbildung 9.6 Kontenfindung für den Vorgang KDM

Sollbuchungen gehen auf das Konto 230000 (Aufwendungen aus Währungskurs-Differenzen) und Habenbuchungen auf das Konto 280000 (Ertrag aus Währungskurs-Differenzen).

WE/RE-Verrechnung

Die WE/RE-Verrechnung wird mit dem Vorgangsschlüssel WRX eingestellt (siehe Abbildung 9.7).

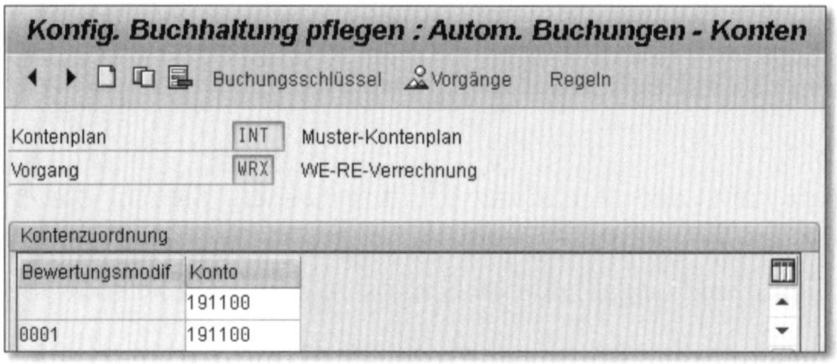

Abbildung 9.7 Kontenfindung für Vorgang WRX

Die hier gezeigte Einstellung ist ebenfalls unabhängig vom Material. Für die Bewertungskreise der Bewertungsmodifikationskonstanten 0001 wird dasselbe Konto gefunden wie für Bewertungskreise ohne Zuordnung zu einer BMK. Hier wird nicht zwischen Soll- und Habenbuchung unterschieden. Wareneingang (Haben) und Rechnungseingang (Soll) gleichen sich auf dem Konto 191100 (WE/RE-Verrechnung -Fremdbezug-) aus.

Geplante Nebenkosten

In den Bestellpositionen können Nebenkosten geplant werden, die beim Wareneingang bereits gebucht werden. Abhängig vom Kalkulationsschema und der Kalkulationsart können Sie spezielle Konten für Bezugsnebenkosten, wie beispielsweise für die Frachtverrechnung, zuordnen. Sie können hier unterschiedliche Konditionsarten für geplante Bezugsnebenkosten verwenden.

Vorgangsschlüssel für geplante Bezugsnebenkosten kommen nicht aus dem Wertestring, sondern aus dem Kalkulationsschema des Einkaufs in Tabelle T683S mit Verwendung A (Preisfindung) und Applikation M (Einkauf). Im IMG legen Sie Vorgangsschlüssel mit der Aktivität MATERIALWIRTSCHAFT • EINKAUF • KONDITIONEN • PREISFINDUNG FESTLEGEN • VORGANGSSCHLÜSSEL FESTLEGEN fest.

Folgende Aktionen können Sie von hier ausgehend der Reihe nach ausführen, um Bezugsnebenkosten in der Bestellposition planen zu können:

1. Vorgangsschlüssel pflegen (siehe Abbildung 9.8)
2. Verwendung der Vorgangsschlüssel prüfen (siehe Abbildung 9.9)
3. Verwendung der Vorgangsschlüssel bei Einkaufskontoabwicklung prüfen (nur in bestimmten Ländern)

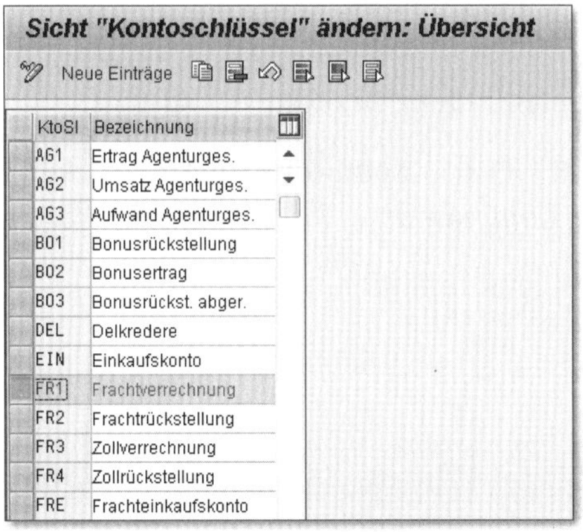

KtoSl	Bezeichnung
AG1	Ertrag Agenturges.
AG2	Umsatz Agenturges.
AG3	Aufwand Agenturges.
B01	Bonusrückstellung
B02	Bonusertrag
B03	Bonusrückst. abger.
DEL	Delkredere
EIN	Einkaufskonto
FR1	Frachtverrechnung
FR2	Frachtrückstellung
FR3	Zollverrechnung
FR4	Zollrückstellung
FRE	Frachteinkaufskonto

Abbildung 9.8 Vorgangsschlüssel des Einkaufs

In der ersten Aktion pflegen Sie die Vorgangsschlüssel der Tabelle T687 (Kontenfindung: Kontoschlüssel). Der Vorgangsschlüssel wird hier als *Kontoschlüssel* bezeichnet.

In der zweiten Aktion sehen Sie beispielsweise, dass der Kontoschlüssel FR1 (Frachtverrechnung) in mehreren Kalkulationsschemata verwendet wird (siehe Abbildung 9.9).

Verwendung der Kontoschlüssel

KtoSl	Bezeichnung	Kalkulationsschem	Bezeichnung	KArt	Bezeichnung
FR1	Frachtverrechnung	JRM000	Regulierungsbeleg	JOCM	
		RM0000	Einkaufsbeleg (groß)	FRA1	Fracht %
				FRB1	Fracht absolut
				FRC1	Fracht/Menge
		RM0002	Zusatzkonditionen Preis	FRA1	Fracht %
				FRB1	Fracht absolut
				FRC1	Fracht/Menge
		RM2000	Umlagerungsbeleg	FRB1	Fracht absolut
				FRC1	Fracht/Menge
		RMISR0	Einkaufsbeleg IS-Retail	FRA1	Fracht %
				FRB1	Fracht absolut
				FRC1	Fracht/Menge
		RMISR1	Einkaufsbeleg IS-Retail Intern	FRA1	Fracht %

Abbildung 9.9 Verwendung der Vorgangsschlüssel

Kalkulationsschemata aller Art werden in der Customizing-Tabelle T683S (Kalkulationsschemata: Daten) verwaltet. Kalkulationsschemata für die Preisfindung bei Einkaufsbelegen definieren Sie in der IMG-Aktivität MATERIALWIRTSCHAFT • EINKAUF • KONDITIONEN • PREISFINDUNG FESTLEGEN • KALKULATIONSSCHEMA FESTLEGEN. Den einzelnen Konditionsarten im Schema können Kontoschlüssel zugeordnet werden, mit deren Hilfe das System die geplanten Kosten auf bestimmte Erlöskonten bucht. Den Kontoschlüssel können Sie in zwei Spalten zuordnen:

- KTOSL (Vorgangsschlüssel für Frachteinkaufskonto)
- RÜCKST (Vorgangsschlüssel für Kontenfindung Bezugsnebenkosten)

Im SCHEMA RM0000 IST DER Schlüssel FR1 den Konditionsarten FRA1, FRB1 und FRC1 als Vorgangsschlüssel der Kontenfindung für Bezugsnebenkosten zugeordnet (siehe Abbildung 9.10).

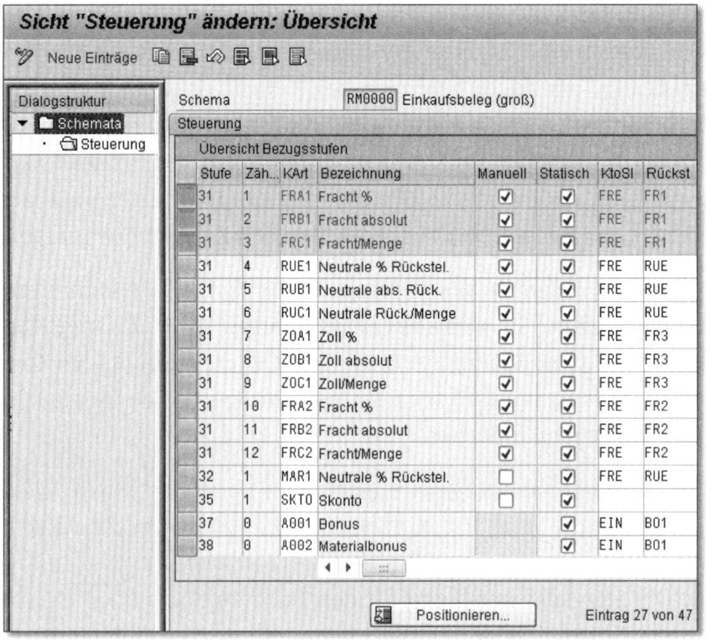

Abbildung 9.10 Vorgangsschlüssel in Kalkulationsschema RM0000

In Stufe 31 des Schemas RM0000 (Einkaufsbeleg (groß)) sind beispielsweise die drei Konditionsarten FRA1, FRB1 und FRC1 dem Kontoschlüssel FR1 zugeordnet.

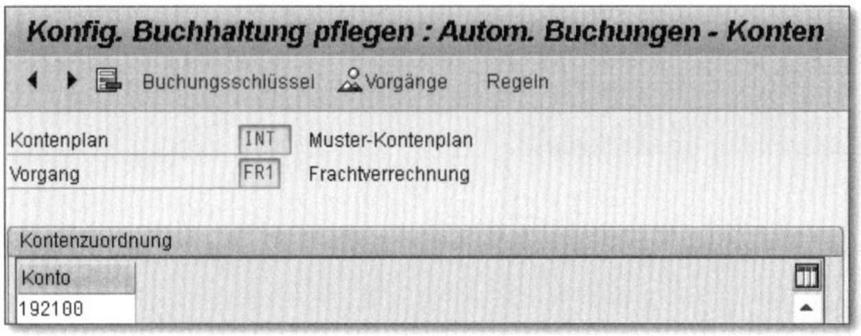

Abbildung 9.11 Kontenfindung für Vorgangsschlüssel FR1

Die Habenbuchungen für die geplanten Frachtverrechnungen gehen nicht auf das WE/RE-Verrechnungskonto. Ihnen steht eine Preisdifferenz aus Fremdbezug als Gegenbuchung im Buchhaltungsbeleg der WE-Buchung gegenüber.

Ungeplante Nebenkosten

Ungeplante Nebenkosten sind Rechnungspositionen – beispielsweise für Versand oder Verpackung – die nicht bereits in der Bestellung geplant wurden. Werden solche Nebenkosten für eine Warenlieferung in der Rechnung berechtigterweise ausgewiesen, müssen Sie diese Rechnungspositionen bei der Belegerfassung mit der Transaktion MIRO (Eingangsrechnung erfassen) auf der Registerkarte DETAIL als ungeplante Nebenkosten in den Kopfdaten eintragen.

Damit die ungeplanten Bezugsnebenkosten nicht einfach als Preisdifferenz angesehen werden, ordnen Sie dem Vorgangsschlüssel UPF ein spezielles Konto für ungeplante Bezugsnebenkosten zu. Eine Differenzierung der Kontenfindung über eine Kontomodifikation ist nicht möglich. Die Regeln für den Vorgang UPF sind nicht änderbar.

Zusätzlich stellen Sie die Behandlung der ungeplanten Nebenkosten ein. Wählen Sie hierzu im IMG die Aktivität MATERIALWIRTSCHAFT • LOGISTIK-RECHNUNGSPRÜFUNG • EINGANGSRECHNUNG • BUCHEN VON UNGEPLANTEN NEBENKOSTEN EINSTELLEN. Die Standardeinstellung für den Buchungskreis 0001 ist AUF DIE RECHNUNGSPOSITIONEN VERTEILEN. Mit dem Kennzeichen 2 (GETRENNTE SACHKONTENZEILE) können Sie je Buchungskreis eine getrennte Sachkontenzeile für ungeplante Bezugsnebenkosten festlegen (siehe Abbildung 9.12).

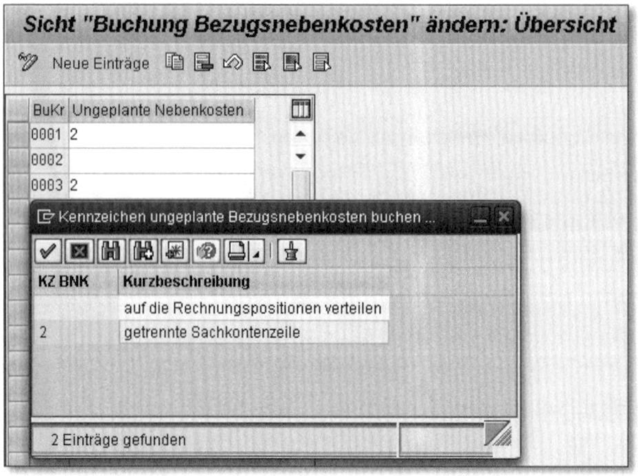

Abbildung 9.12 Ungeplante Nebenkosten einstellen

Bei den Buchungskreisen 0001 und 0003 werden die ungeplanten Bezugsnebenkosten aus den Kopfdaten der Rechnung auf das dem Vorgangsschlüssel UPF zugeordnete Konto gebucht (z.B. 231600 aus dem Kontenplan INT).

Bei der Belegerfassung können Sie auch die Steuerdaten eingeben.

Steuerkonten

Die Steuerkonten gehören zu den Grundeinstellungen des Finanzwesens. Mit Hilfe des Pflegedialogs V_005_E ordnen Sie den einzelnen Ländern in der Tabelle T005 (Länder) jeweils ein Steuerschema im Feld KALSM zu. Wählen Sie hierzu im IMG die Aktivität Finanzwesen (neu) • Grundeinstellungen Finanzwesen (neu) • Umsatzsteuer • Grundeinstellungen • Land Kalkulationsschema zuordnen. Dem Land DE (Deutschland) ist standardmäßig das Schema TAXD zugeordnet (siehe Abbildung 9.13).

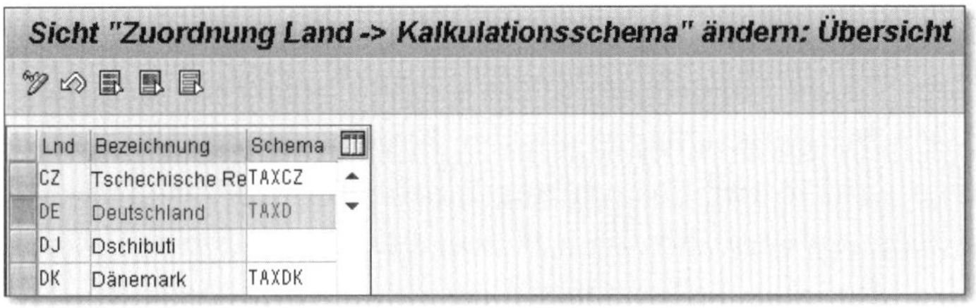

Abbildung 9.13 Zuordnung Land – Kalkulationsschema

Das Steuerschema (KALSM) gehört zu den globalen Parametern eines Landes, die in der Customizing-Tabelle T005 (Länder) verwaltet werden. Alternativ können Sie das Schema auch mit Hilfe des Pflegedialogs V_T005 zuordnen (siehe Abbildung 3.2 auf Seite 67).

Die Definition des Kalkulationsschemas selbst wird wiederum in der Tabelle T683S (Kalkulationsschemata: Daten) verwaltet. Sie prüfen die Einstellungen zum Kalkulationsschema im IMG mit der Aktivität Finanzwesen (neu) • Grundeinstellungen Finanzwesen (neu) • Umsatzsteuer • Grundeinstellungen • Land Kalkulationsschema prüfen.

Folgende Aktivitäten der Konditionstechnik (siehe Abschnitt 6.7.3, »Ausgabesteuerung«) können Sie dabei auswählen:

- Zugriffsfolgen
- Konditionsarten definieren
- Schemata definieren

Einen Ausschnitt aus der Definition der Steuerung des Schemas TAXD (Umsatzsteuer Deutschland) sehen Sie in Abbildung 9.14.

Stufe	Zähler	KArt	Bezeichnung	Manuell	Statisch	KtoSl	Rückst
100	0	BASB	Basisbetrag	☐	☐		
110	0	MWAS	Ausgangssteuer	☐	☐	MWS	
120	0	MWVS	Vorsteuer	☐	☐	VST	
130	0	MWRK	Reisekosten (Pausch)	☐	☐	VST	
140	0	MWVN	Vorst. n. abz. n. zu	☐	☐	NAV	
150	0	MWVZ	Vorst. n. abz. zuord	☐	☐	NVV	
200	0	NLXA	Erwerbsteuer Ausgang	☐	☐	ESA	

Abbildung 9.14 Schema TAXD

In Stufe 120 sehen Sie die Konditionsart MWVS (Vorsteuer) mit dem Kontoschlüssel VST, ein Vorgangsschlüssel aus der Kontenfindung. Die Definition der Vorgänge wird in der Customizing-Tabelle T007B (Steuerabwicklung in der Buchhaltung) verwaltet. Den Pflegeview V_T007B rufen Sie im IMG auf mit der Aktivität FINANZWESEN (NEU) • GRUNDEINSTELLUNGEN FINANZWESEN (NEU) • UMSATZSTEUER • GRUNDEINSTELLUNGEN • EINSTELLUNGEN FÜR DIE STEUERABWICKLUNG PRÜFEN UND ÄNDERN.

Die Umsatzsteuerkennzeichen, die Sie bei der Belegerfassung verwenden, stehen stellvertretend für eine Steuerkategorie, die bei der Steuermeldung an die Finanzbehörden berücksichtigt werden muss. Die Eigenschaften von Steuerkennzeichen sind eindeutig je Schema in der Tabelle T007A (Steuerschlüssel) definiert. Wichtig ist hierbei vor allem die Steuerart:

- V (Vorsteuer)
- A (Ausgangssteuer)

Die Bezeichnungen aller im System definierten Steuerkennzeichen werden in der Tabelle T007S (Bezeichnung der Steuerkennzeichen) sprachabhängig verwaltet.

Sie pflegen oder kopieren Umsatzsteuerkennzeichen je Land mit der IMG-Aktivität FINANZWESEN (NEU) • GRUNDEINSTELLUNGEN FINANZWESEN (NEU) • UMSATZSTEUER • BERECHNUNG • UMSATZSTEUERKENNZEICHEN DEFINIEREN. Die Definition des Vorsteuerkennzeichens V1 aus dem Schema TAXD für den Länderschlüssel DE sehen Sie in Abbildung 9.15.

Das Umsatzsteuerkennzeichen V1 (VORSTEUER INLAND 19 %) enthält aktuell den Steuersatz mit 19% für den Kontoschlüssel VST (Vorsteuer). Bei der Pflege der Steuerprozentsätze können Sie sich über SPRINGEN oder den entsprechenden Button die Eigenschaften und die dem Vorgang zugeordneten Steuerkonten ansehen.

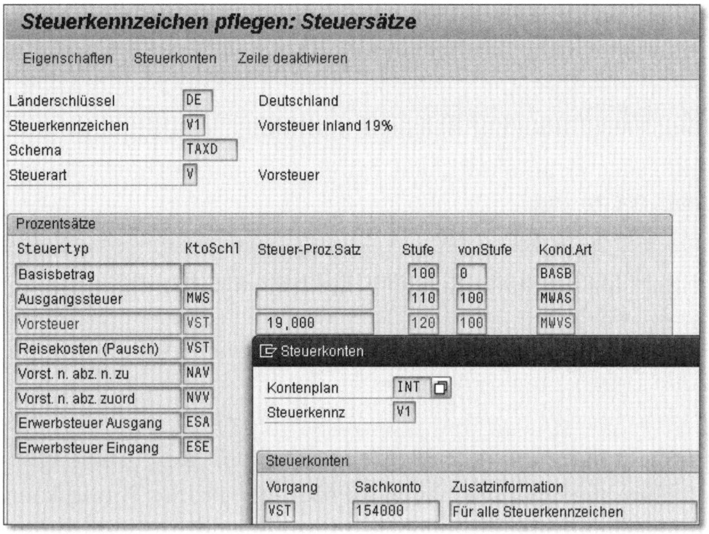

Abbildung 9.15 Steuerkennzeichen V1

Dem Vorgang VST (Vorsteuer) ist das Sachkonto 154000 (für alle Steuerkennzeichen) zugeordnet.

Steuerprozentsatz [+]

Sie definieren neue Steuerkennzeichen, wenn der Gesetzgeber den Steuerprozentsatz ändert. Das alte Kennzeichen muss so lange erhalten bleiben, bis keine offenen Posten mehr zu diesem Steuersatz existieren. Andernfalls würde das ERP-System falsche Steuersätze ausweisen und falsche Beträge ausrechnen.

Für steuerfreie oder nicht besteuerbare Umsätze definieren Sie einen Steuersatz mit dem Wert null. Die Steuerkennzeichen für die Vorsteuer V0 (Kein Steuervorgang) und die Ausgangssteuer A0 (Kein Steuervorgang), die bei der Buchung von nicht steuerbaren Vorgängen auf steuerrelevante Konten verwendet werden, ordnen Sie mit der IMG-Aktivität Finanzwesen (neu) • Grundeinstellungen Finanzwesen (neu) • Umsatzsteuer • Buchung • Steuerkennzeichen für nicht steuerrelevante Vorgänge zuordnen Ihrem Buchungskreis zu.

Nicht besteuerbare Vorgänge sind beispielsweise: Wareneingänge für Fertigungsaufträge, Warenausgänge für Auslieferungen, Umlagerungen und Auftragsabrechnungen sowie Wareneingänge zu Bestellungen. Dem Wareneingang zur Bestellung folgt ein Rechnungseingang.

9.4 Anwendungen anpassen

In diesem Abschnitt lernen Sie, wie Sie die Anwendungen der Rechnungsprüfung – je Buchungskreis – anpassen können.

9.4.1 Eingangsrechnung

Die folgenden Einstellungen für das Erfassen von Eingangsrechnungen nehmen Sie im IMG-Knoten Materialwirtschaft • Logistik-Rechnungsprüfung • Eingangsrechnung vor.

Skonto

Auf das in der Bestellung vereinbarte Skonto wird beim Erfassen einer Rechnung in den Zahlungsbedingungen hingewiesen. Der Skonto-Betrag kann auf zwei Arten gebucht werden:

- Der Betrag geht in das neutrale Ergebnis ein.
- Der Betrag wird dem Kostenträger gutgeschrieben, also dem Bestandskonto oder (bei kontierten Vorgängen) der Kostenstelle.

Wie der Skonto-Betrag gebucht wird, hängt von der Belegart des Buchhaltungsbelegs ab, mit der die Rechnung gebucht wird. Im Standard-ERP-System wird zwischen den Belegarten RE und RN unterschieden:

- **RE (Bruttobuchen)**
  Der gewährte Skonto-Betrag wird beim Erfassen der Rechnung nicht berücksichtigt. Erst bei der Zahlung wird er auf ein separates Ertragskonto als neutrales Ergebnis gebucht.
- **RN (Nettobuchen)**
  Der Skonto-Betrag wird gleich beim Erfassen der Rechnung berücksichtigt. Dieses Verfahren ist nur sinnvoll, wenn der Skonto-Betrag dem zu belastenden Konto gutgeschrieben werden kann. Nettobuchen eignet sich somit nur für Material mit gleitendem Durchschnittspreis.
  Bei Material mit Standardpreis werden Preisabweichungen auf ein Preisdifferenzkonto gebucht und gehen somit – wie beim Bruttobuchen – in das neutrale Ergebnis ein. Beim Nettobuchen auf Kostenstelle wird nur der um das Skonto verringerte Betrag auf die Kostenstelle gebucht.

Mit der Belegart für Buchhaltungsbelege auf der Registerkarte Detail geben Sie beim Hinzufügen einer Eingangsrechnung mit der Transaktion MIRO (Eingangsrechnung erfassen) die Art der Skonto-Verrechnung vor.

Belege für Buchhaltung und Logistik

Bezüglich der Belege ist zunächst zwischen Buchhaltungsbelegen und Logistikbelegen zu unterscheiden.

Die Nummernvergabe für *Buchhaltungsbelege* können Sie mit der Transaktion OMR4 (MM-IV Bel.art/NK Eingangsrechnung) einstellen. Im IMG wählen Sie dazu die Aktivität MATERIALWIRTSCHAFT • LOGISTIK-RECHNUNGSPRÜFUNG EINGANGSRECHNUNG • NUMMERNVERGABE • NUMMERNVERGABE FÜR BUCHHALTUNGSBELEGE. In dieser Aktivität können Sie folgende Customizing-Einstellungen vornehmen:

- Belegarten definieren
- Nummernkreise je Buchungskreis definieren
- den Transaktionen der Rechnungsprüfung und Materialbewertung Belegarten als Vorschlagswerte zuordnen

Die beiden Belegarten RE (Bruttobuchen) und RN (Nettobuchen) sind im Standard dem Nummernkreis 51 mit dem jahresbezogenen Intervall 5100000000 – 5199999999 zugeordnet. Das Customizing für Belegnummern bei den Buchhaltungsbelegen der Bestandsführung wird in Abschnitt 7.3.2 erläutert.

Bei den Transaktionen der Logistik-Rechnungsprüfung wird in der Regel die Belegart RE vorgeschlagen. Der Vorschlagswert stammt aus der Customizing-Tabelle T169F (Transaktionsabhängige Vorschlagswerte Rechnungsprüfung). Den Vorschlagswert für die Transaktion MIRO (Eingangsrechnung erfassen) sehen Sie in Abbildung 9.16.

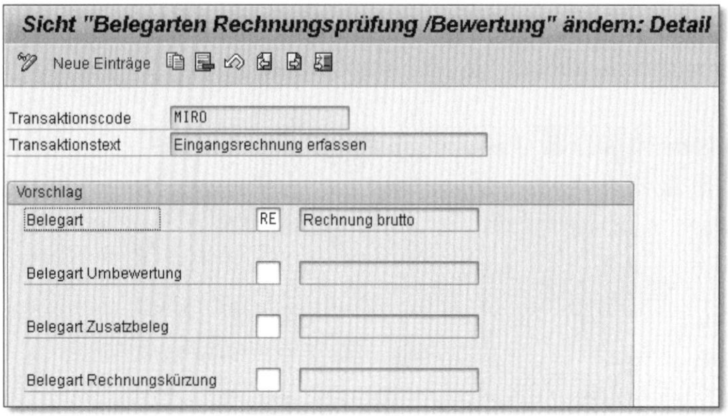

Abbildung 9.16 Vorschlagswert für Belegart bei MIRO

Sie können die Belegart RE (Bruttobuchen) auch benutzerabhängig der Parameter-ID BAR zuordnen. Der Benutzerparameter wird aber vom Vorschlagswert aus dem Transaktionscode übersteuert.

Die Nummernvergabe *Logistikbelege* stellen Sie in zwei Schritten ein:

1. Ordnen Sie den Vorgängen RD (Rechnung buchen) und RS (Rechnung stornieren, automatische Wareneingangsabrechnung, Rechnungseingang per EDI, Rechnungsplan, Neubewertung) jeweils einen Nummernkreis zu. Die Nummern für den Vorgang RS müssen intern vergeben werden.
2. Pflegen Sie das Nummernkreisintervall für die Rechnungsbelege, die in der Logistik-Rechnungsprüfung gebucht werden.

Steuerbehandlung bei Rechnungskürzung

In der Standardauslieferung ist die Einstellung für die Steuerbehandlung bei Rechnungskürzungen für alle Buchungskreise die, dass die Steuerkürzung im Reklamationsbeleg erfolgt. Dadurch werden im Originalbeleg die Steuern wie auf der Rechnung des Lieferanten übergeben; im Reklamationsbeleg wird der Steueranteil wieder gutgeschrieben.

Alternativ kann die Steuerkürzung direkt im Originalbeleg erfolgen. Im Reklamationsbeleg sind dann keine Steuerbuchungen mehr enthalten.

Steuerkennzeichen

Die Steuerkennzeichen aus Abschnitt 9.3.3, »Konten«, können Sie in der Tabelle T169V (Vorschlagswert für die Rechnungsprüfung) je Buchungskreis als Vorschlagswerte hinterlegen. Im IMG-Knoten EINGANGSRECHNUNG ordnen Sie Vorschlagswerte für Bestellungen bei Lieferanten aus dem Inland und für ungeplante Nebenkosten zu (siehe Abbildung 9.17).

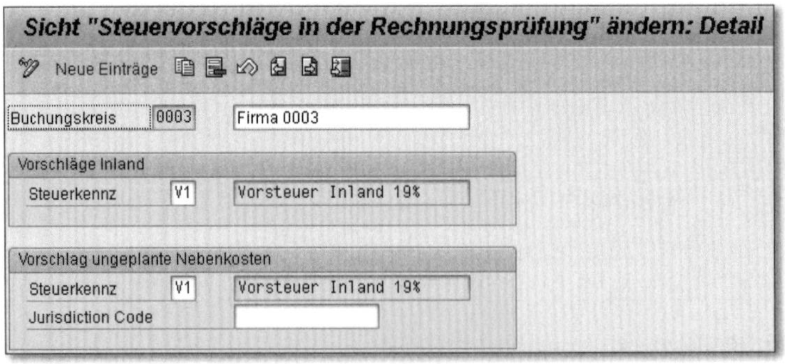

Abbildung 9.17 Steuervorschläge in Rechnungsprüfung

In einer aktuellen SAP ERP-Auslieferung wird üblicherweise der aktuell gültige Steuerprozentsatz für Deutschland im Steuerkennzeichen V1 (mit entsprechender Bezeichnung) hinterlegt (siehe Abbildung 9.15).

Meldepflichtige Bestelltexte

Meldepflichtige Bestelltexte sind Textarten aus der Bestellung, die beim Erfassen der zugehörigen Eingangsrechnung angezeigt (gemeldet) werden. Sie legen für die einzelnen Buchungskreise fest, welche Bestelltexte dem Rechnungsprüfer angezeigt werden (siehe Abbildung 9.18).

Zuordnung Buchungskreis -> Bestelltextarten

BuKr	Name der Firma	ID	Bedeutung	Status
0001	SAP A.G.	F03	Preisarten	
0001	SAP A.G.	F07	Zahlungsbedingungen	

Abbildung 9.18 Meldepflichtige Bestelltexte

In der Standardeinstellung für den Buchungskreis 0001 sind die Text-ID F03 (Preisarten) und F07 (Zahlungsbedingungen) meldepflichtig.

Preisabweichungs-E-Mail

Die Preisabweichungs-E-Mail ist eine Mail an den Einkauf. Sie markieren die Buchungskreise, bei denen eine automatische Mail an den Einkäufer (Einkäufergruppe, siehe Abschnitt 4.7.2) verschickt werden können soll, in der Spalte Auto. Mail. Auch diese Einstellung gehört zu den Einstellungen des Buchungskreises in der Tabelle T169P (Parameter Rechnungsprüfung).

Zusätzlich müssen Sie noch die Nachrichtenfindung (siehe Abschnitt 6.7.3, »Ausgabesteuerung«) für die Preisabweichungs-E-Mail einstellen.

Lieferantenabhängige Toleranzen

Lieferantenabhängige Toleranzen können Sie mit Hilfe von Toleranzgruppen definieren, die Sie dem Kreditor in der Tabelle LFB1 (Lieferantenstamm (Buchungskreis)), Datenfeld TOGRU zuordnen. Die Toleranzgruppen sind innerhalb eines Buchungskreises für Geschäftspartner (Debitoren/Kreditoren) eindeutig und frei definierbar (siehe Abbildung 9.19).

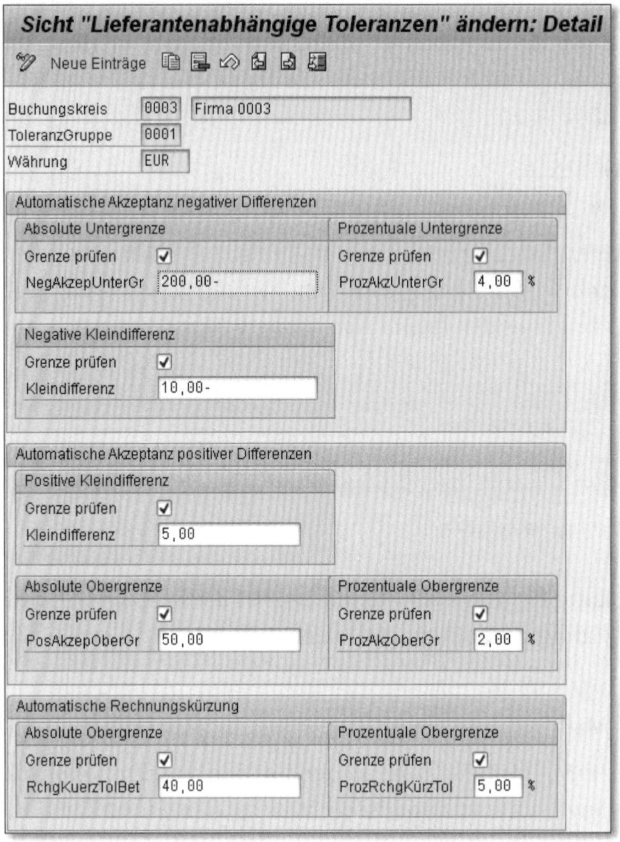

Abbildung 9.19 Lieferantenabhängige Toleranzen

Bei der Definition der Toleranzgruppe legen Sie Folgendes hinsichtlich der Gewährung von Skonto und der Behandlung von Differenzen fest:

- Automatische Akzeptanz negativer Differenzen
- Automatische Akzeptanz positiver Differenzen
- Automatische Rechnungskürzung (z. B. Skonto)

Diese Vereinbarungen werden bei der Belegerfassung wirksam.

Startlogo

Als Startlogo kann beispielsweise ein Firmenlogo dienen. Bei der Belegerfassung mit den (Enjoy-)Transaktionen MIRO (Eingangsrechnung erfassen), MIR7 (Eingangsrechnung vorerfassen) und MIRA (Eingangsrechnung für Rechnungsprüfung im Hintergrund hinzufügen) melden Sie sich immer mit einem Buchungskreis an. Der Buchungskreis wird zwar auf der Registerkarte GRUNDDATEN angezeigt, eine bessere Orientierung bietet aber das Startlogo (siehe Abbildung 9.20).

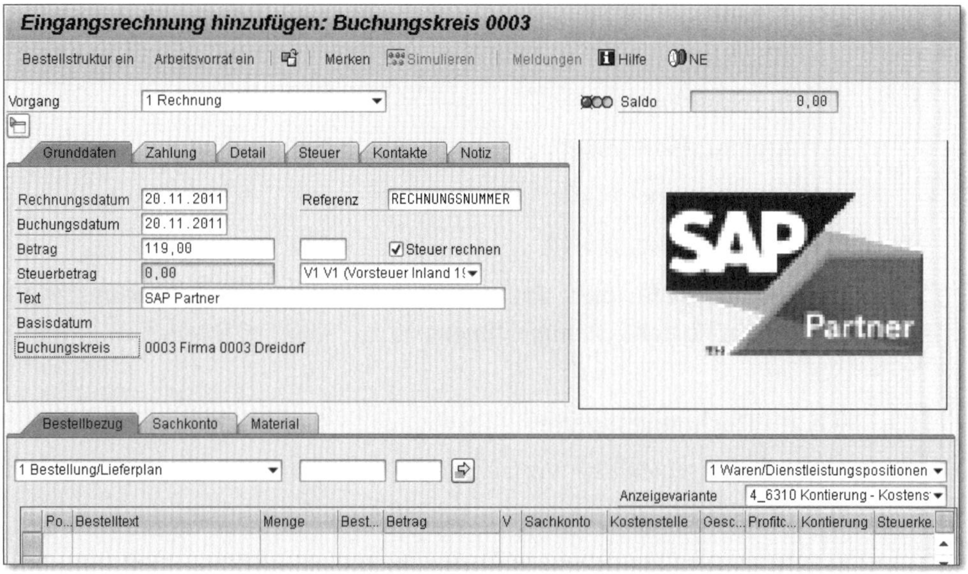

Abbildung 9.20 Transaktion MIRO mit Startlogo

Als Startlogo können Sie Ihren Buchungskreisen jeweils eine geeignete URL (*Uniform Resource Locator*) zuordnen.

Die Logistik-Rechnungsprüfung wird teilweise ausgelagert und von Dienstleistern durchgeführt. Nicht zuletzt für Anwender, die für mehrere Buchungskreise Belege erfassen, ist es hilfreich, das Logo des jeweiligen Unternehmens (Buchungskreises) direkt vor Augen zu haben.

Bevor Sie eine Rechnung aus einem anderen Buchungskreis erfassen, wählen Sie BEARBEITEN • BUCHUNGSKREIS WECHSELN.

Auch die Aktivierung des Logos und die URL mit dem Verweis auf das Startlogo gehören zu den buchungskreisabhängigen Parametern der Tabelle T169P (Parameter Rechnungsprüfung). Gleiches gilt auch für die Einstellungen bei der Prüfung auf doppelte Rechnungen.

Prüfung auf doppelte Rechnung

In einer weiteren IMG-Aktivität können Sie die Prüfung auf doppelte Rechnung für Ihre Buchungskreise einstellen. Damit soll vermieden werden, dass eine Rechnung mehrmals erfasst und bezahlt wird. Folgende Prüfungen können Sie in der Tabelle T169P einschalten:

- Buchungskreis prüfen
  - Kreditor
  - Währung
  - Buchungskreis
  - Rechnungsbruttobetrag
- Referenznummer prüfen
- Rechnungsdatum prüfen

Die Meldungen für diese Prüfung sind einstellbar (siehe Abschnitt 9.2.3, »Eigenschaften der Systemmeldungen«).

9.4.2 Rechnungssperre

Es gibt unterschiedliche Verfahren, die zu einer Rechnungssperre führen können:

- automatische Sperre wegen Abweichungen
- manuelle Zahlsperre
- stochastische Sperre

In diesem Abschnitt erläutere ich die unterschiedlichen Einstellungen für manuelle Sperren und automatische Sperren aufgrund von Abweichungen.

Auf die Möglichkeit, buchungskreisabhängig Wahrscheinlichkeiten für eine aktive stochastische Rechnungssperre einzustellen, möchte ich – der Vollständigkeit halber – auch hinweisen.

Die folgenden Einstellungen zur automatischen Rechnungssperre sollten Sie kennen:

- Zahlsperre festlegen (manuell und automatisch)
- Toleranzgrenzen festlegen
- Positionsbetragsprüfung einstellen

Für die Freigabe der gesperrten Rechnungen steht Ihnen die Transaktion MRBR (Gesperrte Rechnungen freigeben) zur Verfügung. Das Layout für die Ergebnisanzeige können Sie frei nach Ihren Wünschen einstellen.

Zahlsperre festlegen

Eine Zahlsperre ist ein Sperrschlüssel, mit dem ein offener Posten oder ein Konto für den Zahlungsverkehr gesperrt wird. Dementsprechend können Sie die Zahlsperre temporär in den Buchungskreisdaten des Geschäftspartners (Kreditor LFB1, Datenfeld ZAHLS) setzen oder beim Erfassen einer Rechnung auf der Registerkarte ZAHLUNG eingeben. Das Feld ist vorbelegt mit »Blank« (zur Zahlung frei). Sperren verhindern den automatischen Zahlungsverkehr.

Die so für die maschinelle Auszahlung gesperrten Rechnungen werden in eine Ausnahmeliste zur Kontrolle und Nachbearbeitung aufgenommen.

Sperrschlüssel werden in der Customizing-Tabelle T008 (Sperrgründe für maschinellen Zahlungsverkehr) verwaltet. Sie definieren Ihre eigenen Sperrschlüssel in der IMG-Aktivität MATERIALWIRTSCHAFT • LOGISTIK-RECHNUNGSPRÜFUNG RECHNUNGSSPERRE • ZAHLSPERRE FESTLEGEN.

Mit der Prüfung von Toleranzgrenzen kann verhindert werden, dass eine Rechnung mit (zu stark) abweichenden Daten automatisch gebucht wird.

Toleranzgrenzen festlegen

Liegen die Abweichungen zwischen Rechnung und Bestellung außerhalb der Toleranzgrenzen, wird der Anwender direkt bei der Belegerfassung darauf hingewiesen. Die Rechnung wird entweder zur Zahlung gesperrt oder kann erst gar nicht erfasst werden.

Die Arten von Abweichungen sind über die folgenden Toleranzschlüssel vom System vorgegeben (siehe Tabelle 9.1).

Toleranzschlüssel	Bezeichnung
AN	Betragshöhe Position ohne Bestellbezug
AP	Betragshöhe Position mit Bestellbezug
BD	Kleindifferenzen automatisch bilden
BR	Prozentuale BPME-Abweichung (RE vor WE)
BW	Prozentuale BPME-Abweichung (WE vor RE)
DQ	Überschreiten Betrag Mengenabweichung
DW	Mengenabweichung bei WE-Menge = Null

Tabelle 9.1 Toleranzschlüssel

Toleranzschlüssel	Bezeichnung
KW	Abw. vom Konditionswert
LA	Betragshöhe Limitbestellung
LD	Zeitüberschreitung Limitbestellung
PP	Preisabweichung
PS	Preisabweichung Schätzpreis
ST	Terminabweichung (Wert × Tage)
VP	V-Preisabweichung

Tabelle 9.1 Toleranzschlüssel (Forts.)

Zu jedem Buchungskreis legen Sie für diese Toleranzschlüssel die Toleranzgrenzen (absolut und/oder prozentual) fest. Die Einstellungen der jeweils gültigen Toleranzgrenzen werden in der Customizing-Tabelle T169G (Toleranzgrenzen Rechnungsprüfung) verwaltet.

[zB]

Toleranzschlüssel

Überprüfen Sie die Einstellungen aller Toleranzschlüssel. Es ist besser, für alle Ober-/Untergrenzen einen Wert einzugeben, als keine Prüfung einzustellen.

Wenn Sie beispielsweise den Schlüssel KD (Kleindifferenzen automatisch ausbuchen) nicht prüfen, wird eine Rechnungsabweichung in beliebiger Höhe akzeptiert.

Um die Toleranzgrenzen entsprechend Ihren Anforderungen einzustellen, wählen Sie die IMG-Aktivität MATERIALWIRTSCHAFT • LOGISTIK-RECHNUNGSPRÜFUNG RECHNUNGSSPERRE • TOLERANZGRENZEN FESTLEGEN. Die Einstellung für den Toleranzschlüssel AP in einem eigenen Buchungskreis mit EUR als Währungsschlüssel sehen Sie in Abbildung 9.21.

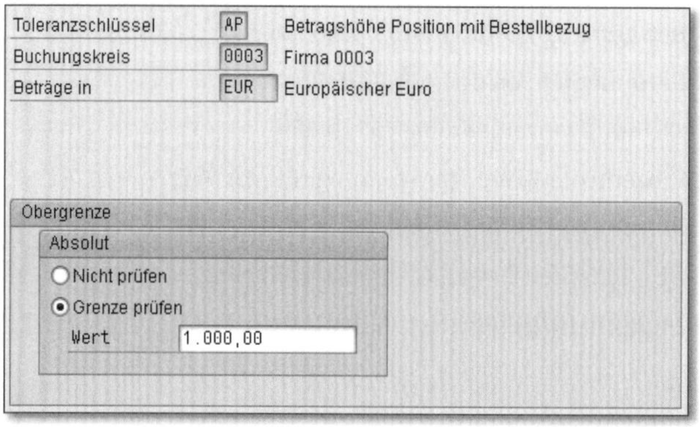

Abbildung 9.21 Toleranzschlüssel AP

Für die Toleranzschlüssel AN (Betragshöhe Position ohne Bestellbezug) und AP (Betragshöhe Position mit Bestellbezug) müssen Sie die Positionsbetragsprüfung einstellen.

Positionsbetrag prüfen

Mit der Positionsbetragsprüfung können Sie für einen Buchungskreis bewirken, dass eine Rechnungsposition ab einem bestimmten Betrag zur Zahlung gesperrt wird. Die Betragshöhe legen Sie als absolute Obergrenze der Toleranzschlüssel AN (Betragshöhe Position ohne Bestellbezug) und AP (Betragshöhe Position mit Bestellbezug) fest. Die Positionsbetragsprüfung stellen Sie in zwei Schritten ein:

1. Prüfung im Buchungskreis aktivieren (T169P)
2. Bestellpositionstypen mit/ohne Wareneingang festlegen (T169D)

Die Aktivierung der Positionsbetragsprüfung gehört zu den Parametern in der Tabelle T169P (Parameter Rechnungsprüfung). Zusätzlich legen Sie in der Tabelle T169D (Rechnungsprüfung: Prüfung auf Betragshöhe) die Kombinationen aus Positionstyp und Wareneingangskennzeichen fest, bei denen eine Prüfung stattfinden soll. Beide Aktivitäten stellen Sie im IMG-Pfad Materialwirtschaft • Logistik-Rechnungsprüfung • Rechnungssperre • Positionsbetragsprüfung ein.

Erlaubte Abweichungen zwischen Waren- und Rechnungseingang können Sie mit der Verrechnungskontenpflege aufdecken.

9.4.3 Verrechnungskontenpflege

Die Verrechnungskontenpflege ist eine wichtige Funktion in der Logistik-Rechnungsprüfung. Mit der Transaktion MR11 (WE/RE-Kontenpflege) können Sie Abweichungen auf dem WE/RE-Verrechnungskonto, den Bezugsnebenkostenkonten sowie ERS-Bestellungen und ERS-Bezugsnebenkosten, die offensichtlich nicht mehr ausgeglichen werden, auflisten und ausbuchen.

Voraussetzung für die Verrechnungskontenpflege sind die Einstellungen zur Nummernvergabe für Buchhaltungsbelege und Kontenpflegebelege, die Sie im IMG-Pfad Materialwirtschaft • Logistik-Rechnungsprüfung • Verrechnungskontenpflege durchführen.

Das Vorgehen bei der *Nummernvergabe für Buchhaltungsbelege* ist auch Thema bei der Eingangsrechnung in Abschnitt 9.4.1. Der Transaktion MR11 ist im SAP ERP-Standard die Belegart KP (Kontenpflege) in der Tabelle T169F (Transaktionsabhängige Vorschlagswerte Rechnungsprüfung) zugeordnet. Der Belegart KP ist in der Tabelle T003 (Belegarten) der Nummernkreis 48 zugeordnet.

Die *Nummernvergabe für die Kontenpflegebelege*, die bei der WE/RE-Kontenpflege erzeugt werden, orientiert sich am Vorgang aus der Systemtabelle T169 (Transaktionssteuerung Rechnungsprüfung/Bewertung).

Die Vorgangsart der WE/RE-Kontenpflege ist KP (siehe Abschnitt 9.3.2, »Simulation«). Dieser Vorgangsart muss in der Tabelle T003R (Nummernkreise RE_BELEG (Logistik-Rechnungsprüfung)) ein Nummernkreis für die interne Nummernvergabe zugeordnet sein. Folgende Zuordnungen liegen im Standard-ERP-System vor (siehe Tabelle 9.2):

Vorgangsart	Nummernkreis
KP (Kontenpflege):	04
KS (Kontenpflege-Storno):	04
RD (Logistik Rechnung):	01
RS (Logistik Rechnung Storno)	01

Tabelle 9.2 Zuordnungen in Tabelle T003R

Im nächsten Abschnitt stelle ich Ihnen die Nachrichtenfindung der Logistik-Rechnungsprüfung vor.

9.5 Nachrichten

In der Logistik-Rechnungsprüfung sind Nachrichten vor allem für die Konsignationsabrechnung, das ERS-Verfahren und für Reklamationen von Bedeutung.

Das Thema Nachrichtenfindung wird am Beispiel der Bestellnachrichten in Abschnitt 6.7.3, »Ausgabesteuerung«, ausführlich behandelt. Deshalb beschränke ich mich an dieser Stelle auf die unterschiedlichen Nachrichtenschemata der Rechnungsprüfung, bevor ich die Druckerfindung am Beispiel einer Nachrichtenart für die Konsignationsabrechnung demonstriere.

Die Nachrichten für die Logistik-Rechnungsprüfung stellen Sie im IMG-Pfad Materialwirtschaft • Logistik-Rechnungsprüfung • Nachrichtenfindung ein.

9.5.1 Nachrichtenschemata

Es gibt separate Nachrichtenschemata für die unterschiedlichen Anwendungen der Rechnungsprüfung. Die Bezeichnung der Schemata ist so gewählt, dass Sie im Feld Bedeutung zusätzlich zum Text noch den (teilweise veralteten) Transaktionscode sehen (siehe Abbildung 9.22).

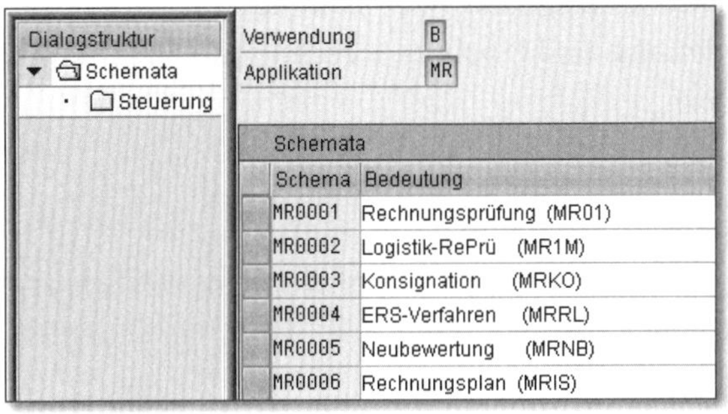

Abbildung 9.22 Nachrichtenschemata für die Rechnungsprüfung

Folgende Nachrichtenschemata und zugeordnete Nachrichtenarten für die Rechnungsprüfung gibt es:

- **MR0001 (Rechnungsprüfung)**
  - EINK Mail an Einkauf
- **MR0002 (Logistik-Rechnungsprüfung)**
  - MLPP Mail Preisabweichung 180
  - REKL Reklamation 181
- **MR0003 (Konsignation)**
  - KON6 Konsignation – EDI
  - KONS Konsignation
- **MR0004 (ERS-Verfahren)**
  - ERS6 ERS-Verfahren – EDI
  - ERS ERS-Verfahren
- **MR0005 (Neubewertung)**
  - RAP6 Neubewertung – EDI
  - RAP Neubewertung
- **MR0006 (Rechnungsplan)**
  - INS Rechnungsplan

Die Nachrichtenart im nächsten Abschnitt ist eine Kopie der Nachricht KONS aus dem Schema MR0003 (Konsignation).

9.5.2 Beispiel für die benutzerabhängige Druckerfindung

In diesem Beispiel beschreibe ich die benutzerabhängige Druckerfindung anhand einer Nachricht für die Konsignationsabrechnung, die Sie mit der Transaktion MRKO (Konsignations- und Pipeline-Abrechnung) durchführen.

Nachrichtenart

Sie legen eigene Nachrichtenarten an, um Ihren Anforderungen gerecht zu werden. Bei der Definition der Nachrichtenart ZKON wurde der Druckparameter U (Benutzer) gesetzt (siehe Abbildung 9.23).

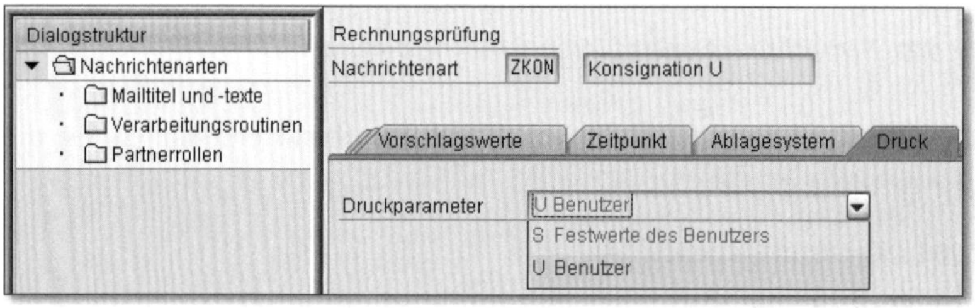

Abbildung 9.23 Druckparameter U in Nachrichtenart gesetzt

Nur für Nachrichtenarten mit dem Druckparameter U (Benutzer) können Sie die benutzerabhängige Druckerfindung einstellen. Nachrichten mit dem Druckparameter S (Festwerte des Benutzers) hingegen drucken Sie auf dem Drucker des jeweiligen Benutzerstammsatzes.

Druckerfindung in MR

Die Druckerfindung der Applikation MR (Rechnungsprüfung) stellen Sie je Nachrichtenart benutzerabhängig ein (siehe Abbildung 9.24).

In Abbildung 9.24 sollen die Konsignationsschreiben der Nachrichtenart ZKON, die der Benutzer BEN erstellt, auf dem Ausgabegerät LEISERDRUCKER ausgegeben werden. Für jede Nachrichtenart, die der Benutzer drucken möchte, legen Sie separate Nachrichtensätze mit Angabe des Ausgabegerätes an.

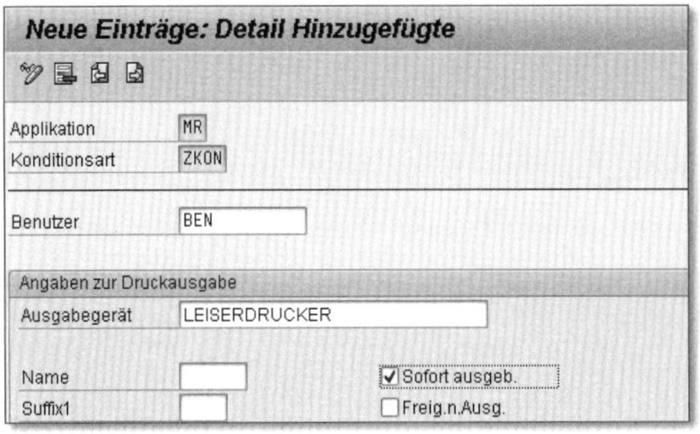

Abbildung 9.24 Benutzerabhängige Druckerfindung

Konditionen

Die Konditionen für die Nachrichten der Logistik-Rechnungsprüfung verwalten Sie mit den folgenden Transaktionen:

- MRM1 (Anlegen Nachricht: Rechnungsprüfung)
- MRM2 (Ändern Nachricht: Rechnungsprüfung)
- MRM3 (Anzeigen Nachricht: Rechnungsprüfung)

Die Konditionen sind Nachrichtensätze, die in den Konditionstabellen verwaltet werden.

9.6 Zusammenfassung

Die Logistik-Rechnungsprüfung stellt das letzte Glied in der Lieferkette eines Materialbeschaffungsprozesses dar. In einigen Unternehmen werden Transaktionen der Logistik-Rechnungsprüfung von Mitarbeitern des Rechnungswesens bedient, weil diese auch die Zahlungsanweisungen geben.

Sie kennen nun die Anwendungen der Logistik-Rechnungsprüfung und können das wichtigste Customizing dafür einstellen. Zusammen mit den Customizing-Einstellungen zur Abbildung von Organisationsstrukturen, zur Pflege von Stammdaten, dem Einkauf, der Bestandsführung sowie der Bewertung und Kontierung kennen Sie nun die zentralen Einstellungen für die logistischen Anwendungen eines Unternehmens. Eine korrekt eingestellte Materialwirtschaft ist die Basis für alle logistischen Anwendungen auf dem hochintegrierten SAP ERP-System.

Der Autor

Ernst Greiner beschäftigt sich seit über 20 Jahren branchenübergreifend mit SAP und Logistik. Nach dem Studium an der Universität Karlsruhe ging er 1991 als Diplom-Wirtschaftsingenieur zur ZF Friedrichshafen AG. Dort wirkte er als Logistikorganisator an der Optimierung der logistischen Abläufe des Unternehmens mit. 1993 wechselte er als Projektingenieur zur OWL GmbH Logistik-Consulting, wo er sich mit Reorganisation von Geschäftsprozessen und der Evaluation betriebswirtschaftlicher Standardsoftware beschäftigte.

Ab 1996 hat er für die cbs Corporate Business Solutions Unternehmensberatung GmbH bei unternehmensweiten SAP-Implementierungen im Rahmen von SAP R/2-R/3-Migrationsprojekten, SAP-Rollouts und SAP-Systemzusammenführungen an globalen SAP-Lösungen für Industrieunternehmen mitgearbeitet. Aufgrund seiner Zuständigkeit für Materialwirtschaft und Lagerverwaltung wurde er mit unterschiedlichsten Anwendungen des SAP ERP-Systems bestens vertraut. Als Mitarbeiter der LogiPlus Consulting GmbH dehnte er 2007 seinen Tätigkeitsbereich auf Lager- und Transportlogistik-Projekte mit SAP EWM aus. Seit 2011 ist er bei der leogistics GmbH für den Bereich SAP EWM verantwortlich.

Bis dato kann Ernst Greiner auf etliche erfolgreiche SAP-Projekte zurückblicken, unter anderem bei WM-Logistik GmbH & Co. KG, Gigaset Communications GmbH, Dr. Wilmar Schwabe GmbH & Co. KG, Hu-Friedy Mfg. Co., Elster Messtechnik GmbH, Südzucker AG, Bosch Rexroth AG, Roche Diagnostics GmbH, Heidelberger Druckmaschinen AG, Dura Automotive Systems GmbH, Vötsch Industrietechnik GmbH, Weiss Umwelttechnik GmbH sowie Otto Bock HealthCare GmbH.

Index

A

ABAP 33
ABAP Objects 33
ABAP Workbench 33, 62, 149
ABAP-Entwicklung 26
ABAP-Programmname 23
Abgebot 248
Abgebotsanfrage 248
Abladestelle 260
Ablauforganisation 92, 94
Abrechnung, automatische 503
Abrufbestellung 249, 296
Abrufdokumentation 239, 301
Abrufnachricht 331
Absage 301
Absatz- und Produktionsgrobplanung (SOP) 427
Abschlag 248
Absender 299
Abstimmkonto 108
abweichender Zahlungsempfänger 213
abzurechnende Leistung 502
Accelerated SAP (ASAP) 36
Business Blueprint 36
Go-live 37
Produktionsvorbereitung 36
Projektvorbereitung 36
Realisierung 36
Roadmap 36
administrative Logistik 21
Adressdaten 69, 114, 138
Adressfeld 309
Adressnummer 133
Adressverwaltung 114, 131
Aktiva (Mittelverwendung) 448
Aktivierungsgrad 136
Aktivitätsdaten 55
Aktivitätstyp 268
Aktivposten 348
Aktivseite 449
Akzeptanz der Anwender 148
Alternativmengeneinheit 180
Altsystem 34
An-/Auslieferprozess 134
Änderung
druckrelevante 297, 307
mandantenabhängige 53
Änderungsbeleg 382
Änderungsdruck 301, 302, 306, 326, 329, 330
Änderungskennzeichen 330
Änderungsmodus 66
Änderungsnachricht 310
Änderungstext 307, 309
Anfrage 234, 235, 240, 295, 323, 327
Angebot 234, 235, 248
Anlage 510
Anlage, Verbrauchskennzeichen 405
Anlagenklasse 343
Anlagevermögen 448
Anlieferbeleg 135, 284, 368
Anlieferung 137, 140, 234, 271, 273, 274, 276, 283, 288, 295
Anmeldedaten 24
Anmeldesprache 74, 143, 214, 286
Anwenderakzeptanz 15, 148
Anwendertransaktion 202, 404, 421
Anwendung 96, 232
Anwendungsmenü 313
Anwendungsobjekt 301
Anwendungsprogramm 24
Anwendungstabelle 316
Anzeigefeld 229
Anzeigemodus 66
Anzeigevariante 58
Application Link Enabling (ALE) 33, 297, 310
ALE-Monitoring 249
ALE-Verteiler 249
Applikation 312, 317, 329, 339, 437, 439
Arbeitsbereich 399
Arbeitsvorrat 50
Archivierung, optische 322, 323
artikelgenaue Bestandsführung 349
Attribut 312
Aufbauorganisation 91, 92, 93, 94, 121, 125, 145
Aufbereitungszeichen 151
Aufgabe freigeben 54

Auftrag freigeben 53, 54, 360, 475
Auftragsart 124
Auftragsbearbeitung 141
Auftragsbestand 355
Auftragsbestätigung 273, 276, 301
Auftragsbestätigungspflicht 276
Auftragsreservierung 351
Auftragsverwaltung 109
Aufwand/Ertrag 513
Aufwands- und Ertragskonten 463
Aufwendung 514
Ausgabedarstellung der Materialnummer 150
Ausgabegerät 129, 130, 332, 432, 534
Ausgabemedium 310, 316, 321
Ausgabeprogramm 339
Ausgabesteuerung 310
Ausgangssteuer 520, 521
Auslieferprozess 142
Auslieferung 353
Auslieferungsklasse 81
Auslieferwerk 141
Ausnahmeliste 529
Ausrichtung 339
Außenhandel 149
automatische Abrechnung 503
automatische Buchung 506
automatische Wareneingangsabrechnung 501
Avisierung 272

B

BAdI (Business Add-in) 34, 231, 379
Barcode 389
barcodefähiger Drucker 433
Basismengeneinheit 179
Basiswährung 70
Batch 228
Batch-Input 406
Baumstruktur 51
Bedarf 236
Bedarfsabbau 403
Bedarfsdeckung 227
Bedarfsplanung 145, 184, 237, 251, 270, 351
Bedingung 311, 327, 328, 334, 432, 439
Bedingung, Nachrichtenfindung 327
Beispieldrucker 333
Beistellkomponente 253, 355, 474
Beleg 445
  Anhang 302
  Archivierung 503
  Art 70, 219, 233, 242, 244, 250, 264, 265, 271, 306, 318, 363, 366, 385, 522, 523
  Auswertung 403
  Druck 402
  Erfassung 503
  Erfassung mit Bezug 506
  Fluss 238
  Kopf 302, 306
  Nummer 362
  Nummernkreis 243
  Position 302
  Positionstext 303
  Sprache 315
  Typ 240, 266, 301, 302, 334
Benutzer 195, 505
  Berechtigung 162
  Einstellung 202
  Festwert 334
  Gruppe 444
  Kennung 24, 27, 53
  Name 505
  Stamm 266
  Stammsatz 342, 534
  Vorgabe 92, 142, 271
Benutzerparameter 143, 233, 268, 334, 444, 504, 524
  EVO 233
Berater 14
Berechtigung 27, 264, 266
Berechtigungsgruppe 157, 162, 365
Berechtigungskonzept 91, 142, 243
Beschaffung 22, 233, 449, 506
Beschaffungsart 158, 456, 460
Beschaffungslogistik 21
Bestand 109, 347, 427
  frei verwendbarer 354
  gesperrter 354, 382
  negativer 383, 384
Bestandsabgang 404
Bestandsart 137, 354, 381
Bestandsaufnahme 475
Bestandsbewertung 119, 181
Bestandsbuchung 120
Bestandsdifferenz 396
Bestandsfeld 411
Bestandsfindung 393, 402

Bestandsfindungsgruppe 402
Bestandsfindungsregel 403
Bestandsfindungsstrategie 402
Bestandsführung 22, 112, 137, 327, 345, 347, 349, 350, 354, 433
Bestandsführung, artikelgenaue 349
Bestandsinformation, Qualität 351
Bestandskonto 24, 261, 474, 486, 506, 522
Bestandsmenge 137, 348
Bestandsveränderung 474
Bestandswert 348, 353, 447, 448, 486, 507
Bestandszugang 404
Bestätigungspflicht 342
Bestätigungssteuerschlüssel 272, 274, 275
Bestätigungssteuerung 233, 271, 345
Bestätigungstyp 272, 273, 274, 284
Bestellabruf 249
Bestellabwicklung 234, 235, 239, 281
Bestelladresse 213, 331
Bestellanforderung (BANF) 234, 235, 236, 243, 246, 268, 271, 295, 340, 351
BANF-Position 238
BANF-Positionstyp 251
Bestellart 276
Bestellbedarf 236
Bestellbeleg 506
Bestellbelegart 219
bestellbezogene Rechnungsprüfung 502
Bestelldruck 243
Bestellentwicklung 24, 226, 500, 503
Bestellerzeugung 269
Bestellkopf 288, 294
Bestellkopftext 295
Bestellnachricht 239, 315
Bestellnummer 235
Bestellposition 24, 261, 276, 288, 515
Bestellposition, kontierte 342
Bestellpreis 507, 513
Bestellpreisentwicklung 226
Bestellprozess 236, 238
Bestellpunkt 351
Bestellpunktdisposition 351
Bestellpunktverfahren 351
Bestelltext 224, 291, 525
Bestellung 233, 234, 235, 240, 249, 295, 323, 340, 360, 414, 500
Bestellvorschlag 246
Bestellwährung 234
Bestellwerk 389
Bestellwert 507
Betragskorrektur 506
Betriebs-, Roh- und Hilfsstoff 181
Betriebsstoff 233, 449
betriebswirtschaftliche Grundlagen 19
Bevorratung 348
Bewegungsart 378, 385, 399, 410, 417, 425, 463, 473, 476, 491, 513
Entnahme 417
Grund 391, 398, 401
Bewegungsdaten 148
Bewegungskennzeichen 405, 410, 419, 472, 476
bewertetes Material 160
Bewertung 22, 101, 350
getrennte 452, 460
getrennte, Aktivieren 453
getrennte, Einstellen 454
Bewertungsart 450, 452, 455, 456, 464, 491, 509
Bewertungsart, global definieren 454
Bewertungsebene 92, 119
Bewertungsklasse 160, 261, 343, 456, 461, 467, 468, 481, 486, 487, 489, 490, 491, 496, 507, 509
Bewertungskopfsatz 461
Bewertungskreis 119, 121, 144, 161, 383, 450, 465, 496, 515
Bewertungsmodifikationskonstante 120, 461, 465, 481, 486, 487, 496, 507, 508, 515
Bewertungssatz 461
Bewertungstyp 454, 458
Bezugskosten 448
Bezugsnebenkosten 226, 474, 500, 510, 515, 516
geplante 515
ungeplante 518
Bezugspreis 450
Bezugsquelle 227, 238
Bezugsquellenfindung 222, 342
Bilanz 349, 449
Bildaufbau 223, 233, 248, 264, 345
Bildaufbau, Warenbewegung 492
Bildbaustein 68, 188, 192, 193, 200, 212, 288
Bildbezeichnung 194, 200
Bildgruppe 389

Bildreferenz 157, 195, 197
Bildsequenz 150, 157, 188, 191, 192, 195
Bonusabsprache 216
Bonusabwicklung 312
Branche 195, 202
Branchenlösung 17
Briefkopf 299
Bruttobuchung 522, 523
Buchbestand 382
Buchen, buchungskreisübergreifendes 504
Buchführung 499
Buchhaltung 101, 149, 352
Buchhaltungsbeleg 24, 360, 361, 362, 363, 366, 450, 500, 503, 517, 523, 531
Buchhaltungsdaten 211, 343
Buchung, automatische 506
Buchungskreis 70, 91, 96, 97, 100, 103, 115, 137, 142, 143, 144, 150, 154, 250, 260, 354, 423, 508, 522, 527, 528
Buchungskreis, Variante 108
Buchungskreisdaten 220
buchungskreisübergreifender Umlagervorgang 250
buchungskreisübergreifender Vorgang 361
buchungskreisübergreifendes Buchen 504
Buchungsperiode 101, 107, 108, 153
Buchungsschlüssel 422, 423, 486, 492, 496
Buchungsstring 476, 511
Buchungsstring-Referenz 412, 472
Buchungsvorschlag 399
Buchungszeile 493
Buchungszeilen-ID 510, 511
Buchungszeilentext 511
Business Add-In (BAdI) 230
Business Add-in (BAdI) 34, 231, 379
Business Address Services 321
Business Application Programming Interface (BAPI) 34
Business Configuration Set 51
Business Configuration Set (BC-Set) 28, 51

C

Cashflow 348
Category Management 182
Centrale für Coorganisation GmbH (CCG) 182
Change and Transport System (CTS) 44, 53
Character, Intervall 163
Charge 137, 158, 228, 230, 355, 379, 390, 408, 448, 458
Charge, Prüfgruppe 427
Chargendaten 228
Chargenermittlung 382
Chargenfindung 312
Chargennummer 228, 355
Chargennummernvergabe 231
chargenpflichtiges Material 381
Chargenstamm 229
Chargenstammsatz 229
Chargensuchschema 408
Chargenverwaltung 147, 229
Chargenverwendungsdatei 379
Checkbox 211
Client-Server-Architektur 24
CO/PP-Auftrag 424, 494
CO-Beleg 362, 376, 500
Codegruppe 398
CO-Innenauftrag 109
Company Code 100
Conto pro Diverse (CPD) 209, 221
Controlling 101, 109
Country Template 101
CPD-Konto 209, 221
Cross-Docking 442
Customer Exit 379
Customer-Exit 231
Customizing 33, 54, 64
Anlass 27
mandantenabhängiges 54
mandantenübergreifendes 54
nachträgliches 63
Customizing-Aktivität 29, 59
Customizing-Auftrag 52, 53
Inhaber 53
Status 53
Customizing-Einstellung 27, 83, 89
Customizing-Eintrag 83
Customizing-Objekt 83, 88
Customizing-Projekt 86
Customizing-Sicht 69
Customizing-Tabelle 65, 78, 83, 88
Cut-over-Plan 36
Cut-over-Planung 34

D

Daten
Archivierung 91
Bank 34
Beleg 148
Bild 150, 188, 192, 243
Element 82
Erfassung, mobile 389
Feld 60, 142, 149, 150
Haltungsebene 152, 188, 209, 211, 216
Müll 26
Typ 82
Datum 67
Datumsberechnung, dynamische 106
Datumsdarstellung 143
Debitor 124, 204
Debitoren-/Kreditorenbuchhaltung 204
Debitorenbuchhaltung 204, 512
DESADV 272
dezentrales SAP LES-System 135
Dezimalzeichen 67
Dienstleistung 120, 233, 234, 252, 253, 257, 303
Dienstleistungsabwicklung 234
Dienstleistungsbestellung 500
Differenz 137
Differenzschnittstelle 352
dimensionslose Maßeinheit 74
Disponent 92, 117, 144, 430
Disposition 149, 275
Disposition, verbrauchsgesteuerte 23, 350
Dispositionsbereich 92, 118, 119
Dispositionsbereichssegment 118
Dispositionsgruppe 270
Dispositionsliste 245
Dispositionsmerkmal 350
Dispositionsverfahren 351
Dispoverfahren 351
Distribution Resource Planning (DRP) 427
Distributionslager 130
Distributionslogistik 134
Dokument 230
Dokument, Notiz 44
Dokumentart 64, 243
Dokumentationsart 29, 44, 61
Dokumentationsart, globale 51
Dokumentenverwaltung 229, 230
Domäne 163
Druckansicht 168
Druckausgabe 305, 323, 431
Drucker 130, 143, 297, 310, 315, 333
Drucker, barcodefähiger 433
Druckerfindung 121, 143, 297, 332, 443, 534
Druckkennzeichen 389, 402, 431, 433, 434, 436, 440
Druckparameter 323, 332, 432, 439, 443, 444, 534
Druckpriorität 304
Druckprogramm 339
Druckreihenfolge 302, 303, 304
druckrelevante Änderung 297, 307
Drucksteuerung 432
Drucktaste, Neben-/Zusatzbild 200
Druckversion 433, 436, 440
Druckvorgang 301, 302, 305, 306
Duplicate Key 373
Durchschnittspreis 448, 513, 522
Durchschnittspreis, gleitender 160, 451, 452, 500, 507
dynamische Datumsberechnung 106
Dynpro 189, 192, 194, 200

E

Echtzeit 23
ECR-Initiative 182
Editor 61
Effektivpreis 226
Efficient Consumer Response (ECR) 182
effiziente Logistik 21
Effizienz 19
eigene Transaktion anlegen 385
eigene Zugriffsfolge 437
Eigenentwicklung 91
Eigenfertigung 253
Eigenkapital 449
Eigenschaft 317
Einflussfaktor 265
Einflussgröße 461
Eingangsrechnung 499, 522, 531
Einheitensystem 72, 73
Einkauf 22, 70, 112, 149, 233, 350
Einkäufergruppe 92, 125, 128, 129, 144, 323, 334, 525
Einkaufsabwicklung 342

Einkaufsbeleg 223, 233, 235, 254, 266, 297, 315
Änderung 307
Art 314, 345
Typ 308
Einkaufsbestelltext 291, 292
Einkaufsdaten 211
Einkaufsgegenkonto 474
Einkaufsinfosatz 127, 128, 147, 212, 221, 222, 226, 270, 272, 291, 342
Einkaufskontoabwicklung 474, 493
Einkaufsnachricht 129
Einkaufsorganisation 92, 96, 99, 115, 125, 144, 209, 219, 292, 298, 299, 314
Einkaufswerteschlüssel 343
Einlagerung 347
Einstandspreis 447
Einstellung, benutzerabhängige 202
Einstiegsbild 384
Einstiegspartnerrolle 217
Einwegpalette 279
Einzelbedarf 429
Einzelbedarf, Prüfgruppe 427
Einzelpostenbericht 512
Electronic Data Interchange (EDI) 272, 297, 310, 501
EDI-Abwicklung 235
EDI-Nachricht 273
E-Mail 297, 310, 321, 324, 430, 439
Anhang 297
Empfänger 118
Versand 442
Endlieferkennzeichen 378
Enjoy-Transaktion 384
Enterprise Resource Planning (ERP) 13, 23
Entnahme, Bewegungsart 417
Entsorgungslogistik 21
Entwicklerschlüssel 149, 192, 329
Entwicklung 37
Entwicklungsklasse 62
Entwicklungssystem 25, 41, 51
Entwicklungsumgebung 26
E-Procurement 181
Equipmentstammsatz 357
Erfolgskonto 494
Ergebnis, neutrales 522
Ergebnisrechnung 109
Erinnerung 301
Erlös 109
Erlöskonto 516
Ersatzteil 449, 455
ERS-Verfahren 501, 532
Ertrag 514
Erweiterung 229
Erweiterungspaket 5 (EHP5) 17
Erzeugniskalkulation 112
E-Sales 181
Etikett 431, 435
Etikettenart 436
Etikettendruck 435
Etikettentext 435
Etikettierungsart 435, 437
Etikettierungsform 435, 437
Euroeinführung 514
Europäische Union 67
Europäische Währungsunion 69
Evaluated Receipt Settlement (ERS) 501, 532
EVO 233, 340
EWU 69
exklusive Suche 319
Export 362
externe Warengruppe 182
externes Senden 310

F

Fabrikkalender 76, 77, 78, 138
Fachbereich 148, 152, 160, 188
Fachbereichssicht 165
Faktur 121, 125
Faktura 250
Fax 297
Fehler
Art 398
Code 398
Gruppe 285
Meldung 154, 184, 186
Protokoll 426
Fehlteil 378, 431, 437, 442
Abwicklung 430
Disponent 378
Nachricht 430
Prüfung 118, 378, 412, 430
Feiertag 76
Feiertagskalender 76
Feinsteuerung 325, 326

Feld, fixierungsrelevantes 178
Feldauswahl 150, 157, 206, 221, 229, 248, 258, 259, 264, 347, 384, 389, 401, 408, 409, 422, 494
Abgleich 425, 494
Gruppe 168, 170, 229
Schlüssel 223, 250, 252, 265, 266
Steuerung 147, 150, 165, 209, 222, 223, 229
Steuerung, Einflussfaktor 166
Feldeigenschaft 223, 229, 264, 265
Feldkatalog 317, 436
Feldname 317
Feldreferenz 157, 170
Feldstatus 266
Feldstatusgruppe 423, 424, 426
Feldstatusvariante 423, 424
Feldsteuerung 168
Feldübersicht 319
Fertigerzeugnis 130, 155, 348, 349
Fertigung 380
Fertigungsauftrag 238, 351, 380, 394, 427
Fertigungsauftragsabwicklung 112
Fertigungsstückliste 380
Fertigungsversion 381
Fertigwaren 449
Festwert 143
FI-Belegart 70, 363
FI-Buchungsschlüssel 486
FIFO 411, 448
Finanzreserve 348
Finanzwesen 70, 100, 122, 423
Findungsanalyse 335, 336
Firmenadresse 100
Firmenanschrift 299
Firmenlogo 299
first in, first out 411, 448
Fixierung 297
Fixierungskennzeichen 224, 225, 296
fixierungsrelevantes Feld 178
Flüssigkeit, Charge 228
Fontfamilie 338
Formroutine 307, 318, 327, 339
Formular 297, 321, 336, 436
Formular, MEDRUCK 233, 324, 337, 339
Formulargestaltung 138
Fortschreibung 161
Fracht 448
Brief 386
Einkaufskonto 516
Kosten 258
Kostenabrechnung 500
Verrechnung 515
frei verwendbar vs. verfügbar 354
frei verwendbarer Bestand 354
Freigabe 54
Code 240
Gruppe 240
Kennzeichen 240
Strategie 240
Verfahren 239, 245
Zustand 264, 266
fremdbeschafftes Material 237
Fremdkapital 449
Fremdleistung 233, 474
Fremdleistungskosten 447
Fremdwährung 70, 514
Funktionsbaustein 374
Funktionsberechtigung 266, 268
Funktionscode 200
Funktionsgruppe 193
Funktionstest 26
Fußzeile 299

G

Gebinde 272
Gegenbuchung 413, 417, 425, 517
geplante Bezugsnebenkosten 515
geplante Nebenkosten 513
Gesamtfreigabe 245
Gesamtverbrauch 403, 404
Geschäftsbereich 91, 100, 108, 118, 121, 183
Geschäftsbereichskontierung 109, 120
Geschäftsjahr 104, 106, 110, 363, 370, 403
Geschäftsjahresvariante 100, 106, 108
Geschäftspartner 124, 141, 203, 208, 209, 212, 525, 529
Geschäftsvorfall 212
gesperrter Bestand 354, 382
getrennte Bewertung 452, 460
Aktivieren 453
Einstellen 454
getrennte Materialbewertung 452

Gewichtseinheit 182
Gewinn-und-Verlust-Rechnung (GuV) 463, 496
gleitender Durchschnittspreis 160, 451, 452, 500, 507
Gliederungsknoten 59, 60
globale Definition, Bewertungsart 454
Großrechner 24
Grund
Bewegung 395, 401
Bewegungsart 391, 398
Steuerung 402
Grunddaten → Materialstamm
Grunddatentext 291
Gruppe, Pflege 371
Gruppierung 232
Grußformel 299
Gutschrift 500
GuV-Konto 463, 496

H

Habenbuchung 404, 463, 482, 507, 512, 515, 517
Halbfabrikat 449
Halbfertigerzeugnis 155
Handel 348
Handelsunternehmen 17, 203
Handelsware 155, 181, 233, 449
Handling Unit 145, 272, 276, 435
Handling Unit Management 278
Hauptarbeitsebene 189
Hauptbild 189, 201
Hauptdaten 199
Hauswährung 71, 100, 101
Herkunft 347
Herstellerteilenummer 389
Herstellkosten 380
Hierarchie 217
Hierarchieknoten 218, 219
Hierarchiepfad 219
Hierarchiestufe 217
Hierarchietyp 217, 218, 219
Hilfetext 401
Hilfs-, Roh- und Betriebsstoff 181
Hilfsstoff 233, 449
Hintergrundjob 48
Hintergrundverarbeitung 106
Hochformat 338

I

Implementation Guide (IMG) 14, 29
Aktivität 37, 55
Aktivität, Istbeginndatum 55
Aktivität, Memo 55
Aktivität, Mitarbeiter 55
Aktivität, Status 55
Aktivität, Stichwort 55
Dokumentation 58
Knoten 60, 64, 86, 96
Notiz 51, 57, 61
Projekt 37, 40, 55, 64, 65, 83, 89
Projektnotiz 63
Incoterm 204
Index 312
Industrieunternehmen 19, 349
Industry Solution 17
Infomeldung 139
Infonotiz 291
Informationsfluss 21
Informationssystem 23
Inhouse Consultant 14
Initialisierung 153
Instandhaltung 21, 350, 357
Instandhaltungsauftrag 238, 351, 417
Instandhaltungsfeld 381
Integration 100
Intermediate Document (IDoc) 33, 71, 501
interne Darstellung 74
interner Vermerk 291
Internet 501
Intervall 163, 208, 223, 371
Intervall, Character 163
Inventur 137, 350, 351, 433
Beleg 352, 362, 368, 382
Buchung 396
Differenz 361, 368, 475
lagerplatzbezogene 352
materialbezogene 352
Nachzählung 382
Position 383
Toleranzgruppe 383
Zählung 348
Investition 348
ISO-Code 75
Italien 375

J

Jahresabschluss 499
Jahresinventur 349
jährliches Zurücksetzen 373
Job 48, 49, 322
Jobname 49

K

Kalender 65, 75, 76
Kalenderdaten 78
Kalender-ID 76
Kalenderpflege 77
Kalkulation 109, 149, 380
Kalkulationsart 515
Kalkulationsschema 515, 516
Kalkulationsstückliste 380
Kanban 437
Kannfeld 261, 426
Kapazitätsplanung 112
Katalog 399
Katalogart 398
Katalogisierung 181
Kaufteil 451
keine Prüfung, Prüfgruppe 427
Kennzahl 20
Kennzeichen
  Exklusiv 437
  Lexikographisch 151
  Unkontiert 247
Key User 14
Kfz-Länderschlüssel 67
Kick-off-Meeting 31, 35
Klasse 231, 232
Klassenart 231
Klassengruppe 232
Klassifizierung 147, 159, 231, 240
Kleindifferenz 530
Knoten 46, 57
Knotentyp 59, 60
Kommandofeld 38, 142, 154
Kommissionierlagerort 138, 141, 187
Kommissionierlagerortfindung 139
Kommissionierlagertyp 136
Kommissionierung 135, 139
Kommunikationsart 321
Kommunikationsdaten 315, 321, 335
Komponentenlager 130
Kondition 123, 128, 221, 234, 266, 436, 440, 535
Kondition, zeitabhängige 248
Konditionsart 319, 320, 329, 516, 517, 519
Konditionspflege 440
Konditionssatz 219, 312, 314, 316, 336, 440
Konditionssatz, Zugriff 319
Konditionsschlüssel 316
Konditionstabelle 311, 312, 316, 317, 318, 336, 431, 436, 441, 535
Konditionstechnik 221, 233, 311, 312, 431
Konsignation 127, 251, 252, 254
Konsignations-/Pipeline-Abrechnung 502
Konsignationsabrechnung 532
Konsignationsbestand 252
Konsignationslager 494
Konsignationsverbindlichkeit 478
Konsistenzprüfung 97
Konsolidierungssystem 26
Konstruktion 149
Kontenfindung 116, 120, 160, 259, 311, 343, 353, 361, 404, 412, 413, 423, 445, 447, 460, 476, 499, 506, 508
Kontenfindung, Regel 487
Kontenfindungsassistent 497
Kontenfindungsregel 512
Kontengruppe 206, 207, 208, 217, 220, 283, 286
Kontenpflege 510, 532
Kontenpflegebeleg 532
Kontenpflege-Storno 510
Kontenplan 100, 101, 102, 103, 261, 461, 463, 465, 467, 481, 482, 495, 507, 508, 514
kontierte Bestellposition 342
Kontierung 22, 255, 350
Kontierungsblock 259, 261, 263
Kontierungsdaten 257, 309
Kontierungsobjekt 257, 449
Kontierungstyp 110, 233, 257, 264, 266, 343, 345, 405, 490, 513
Konto 423
Konto, Steuerung 402
Kontoart 108, 423
Kontobewegung 500, 506

Kontoklassenreferenz 468
Kontomodifikation 259, 260, 401, 413, 417, 420, 461, 473, 476, 478, 481, 487, 489, 490, 496, 507, 512, 513
Kontonummer 108
Kontoreferenz 456
Kontoschlüssel 517, 520
Kontrakt 222, 234, 240, 248, 279, 280, 295
Kontraktabruf 235, 272
Konzernwährung 110
Kopfbild 384
Kopfdaten 360
Kopfmaterial 461
Kopftext 339
Kopierfunktion 122, 123, 132, 138
Kopierregel 288
Kopiersteuerung 224
Kopiervorlage 113, 145, 243, 418
Kostenart 109, 362
kostenoptimierte Planung 21
Kostenrechnung 109, 110
Kostenrechnungsbeleg 24, 362, 450
Kostenrechnungskreis 92, 101, 109, 110, 143, 144, 260, 376
Kostenstelle 92, 109, 110, 111, 260, 394, 408, 409, 424, 475, 522
Kostenstellenrechnung 109, 110
Kostenträger 522
Kreditkontrollbereich 124
Kreditlimit 124
Kreditor 128, 204, 205, 510, 528
Kreditorenbuchhaltung 204, 512
Kunde 203, 204, 391
Kundenauftrag 124, 125, 238, 239, 351, 429
Kundenauftrag, Verbrauchskennzeichen 405
Kundenauftragsbestand 384
Kundenauftragsposition 259, 273
Kundenhierarchie 285
Kundenhierarchietyp 285
Kundenkonsignation 384
Kundenkonsignationsbestand 355
Kundenleihgut 384
Kundenleihgutbestand 355
Kundenretoure 396
Kundenschema 221
Kundenservice 348, 350
Kundenstamm 220, 286
Kundenstammdaten 124, 220
Kuppelprodukt 158
Kursdifferenz 413, 414, 474, 513
Kursschwankung 514
Kurstyp 69, 71
  EURO 70
  EURX 70
Kurzname 333
Kurztext 400, 419, 421

L

Labor 186
Ladegruppe 141
Lager 149, 347
  Aktiva 348
  Aufgabe 276
  Bestand 347, 384
  Bestandsmenge 24
  Bewegung 353
  Material 160, 223, 506
  Platzebene 353
  Struktur 353
  System 348
  Umschlag 348
Lagernummer 92, 132, 134, 135, 274, 276
Lagernummer, zuordnen 136
Lagerort 37, 92, 118, 125, 130, 131, 133, 137, 144, 323, 354, 383, 403, 432, 437, 449
Lagerortbeschreibung 390
Lagerortdaten 393
Lagerortfindung 140
Lagerplatz 137
lagerplatzbezogene Inventur 352
Lagerung 449
Lagerverwaltung 23, 145, 276, 435
Lagerverwaltungssystem (LVS) 134
Land 65, 67
Länderkennzeichen 138
Landesvorwahl 69
Landeswährung 101
Langtext 288
Langtextbild 293
last in, first out 411
Layout 59, 60, 297
LB-Bestellung 474, 510
Lean-WM 135, 136

Leihgutkontoführung 158
Leistung 248
Leistung, abzurechnende 502
Leistungsabnahme 253
Leistungsart 109
leistungsbezogene Rechnungsprüfung 502
Leistungserfassung 234, 253
Leistungserfassungsblatt 502
Leistungsstammdaten 253
Leistungsverzeichnis 253
Lenkungsausschuss 35
Lieferabruf 239
Lieferant 128, 203, 204, 205, 234, 314, 331
Lieferant, Einflussfaktor 209
Lieferantenauswahl 234
Lieferantenbeistellbestand 383
Lieferantenbeurteilung 125, 343
Lieferantenhierarchie 216, 281, 282
Lieferantenkonsignation 383
Lieferantenkonsignationsbestand 355, 393, 493, 494
Lieferantennotiz 288
Lieferantenrechnung 24
Lieferantenstamm 205, 288, 315, 500
Lieferantenstammdaten 147, 292
Lieferantenteilsortiment 209, 216
Lieferantentext 292
Lieferart 273, 285, 288
Lieferavis 135, 273, 276, 284
Lieferbeleg 135, 137
Lieferdatum 275
Liefereinteilung 239
Lieferfähigkeit 22
Lieferplan 222, 234, 235, 236, 239, 240, 251, 327
Abruf 323, 351
Einteilung 236, 301
Nummer 235
Position 331
Lieferproblem 348
Lieferprozess 134
Lieferschein 386, 502
Lieferschein, Wareneingang 502
Liefersperre 188
Liefertyp 401, 416
Lieferung 121, 125, 137, 272, 429
Lieferung, Third Party 253
Lieferungsmonitor 134
Liefervorrat 273
Lieferwerk 123, 282, 331
LIFO/FIFO 411
Limit 252, 253
Liquidität 348
Listeneinkaufspreis 447
Logistics Execution System (SAP LES) 132, 134
Logistik 19, 348
administrative 21
effiziente 21
physische 21
strategische 21
Logistikbeleg 524
Logistikdienstleister 19, 203, 353
Logistikinformationssystem (LIS) 248, 417
Logistikrechnung 510
Logistik-Rechnungsprüfung 22, 101, 350, 499
Lohnbearbeiter 118, 204, 252
Lohnbearbeitung 251, 252, 254, 271, 351
Lohnkosten 447
Losnummer 228
LP-Einteilung 301

M

Mahnschreiben 276
Mahnstufe 301, 344
Mahnung 301, 326, 344
Mainframe-Applikation 24
Make-or-Buy-Entscheidung 234
Mandant 25, 46, 144, 292, 354, 481
mandantenabhängige Tabelle 25
Maschinenkosten 447
Maßeinheit 65, 72
Maßeinheit, dimensionslose 74
Massenpflege 150
Massentest 37
Matchcode 181, 232
Material 257, 462, 510
bewertetes 160
chargenpflichtiges 381
fremdbeschafftes 237
plangesteuertes 237

Material Ledger 451, 510
Materialart 147, 149, 155, 195, 278, 353, 447, 451, 467
Materialbedarf 349
Materialbedarfsplanung 112, 117, 118, 350, 353
Materialbedarfsplanungslauf 236
Materialbelastung 510
Materialbeleg 24, 360, 366, 368
Materialbelegposition 435
Materialbeschaffung 221
Materialbewertung 445, 447, 449, 523
Materialbewertung, getrennte 452
Materialbewertungspreis 507
materialbezogene Inventur 352
Materialdisponent 98
Materialentnahme 347
Materialfindung 312
Materialfluss 21
Materialgruppe 279
Materialkosten 447
Materialnummer 403, 491
  Ausgabedarstellung 150
  Schablone 150
Materialpreis 447
Materialprognose 404
Materialstamm 124, 147, 148, 212, 278, 291, 342, 343, 383, 384, 500, 503
  Arbeitsvorbereitung 152
  Buchhaltung 152
  Daten 343
  Dialog 147, 188
  Disposition 152
  Einkauf 152
  Fertigungshilfsmittel 152
  Grunddaten 152
  Kalkulation 152
  Klassifizierung 152
  Konstruktion 152
  Lagerortbestand 153
  Lagerung 152
  Lagerverwaltung 153
  Prognose 152
  Qualitätsmanagement 152
  Sicht 149, 160, 188, 190
  Transaktion 162
  Vertrieb 153
  Werksbestand 153
Materialstatus 184, 187, 188
Materialstückliste 380
Materialumbuchung 475
Materialumlagerung 253
Materialverbrauch 403
Materialverfügbarkeit 117
Materialversorgung 348
Materialverwaltungssatz 104, 153
Materialwirtschaft 19, 22, 349, 350
MEDRUCK 233, 324, 337, 339
Mehrfachdruck 433
Mehrfachversendung 330
Mehrwegtransportverpackung 384
Mehrwertsteuer 506
Meldung
  Eigenschaft 505
  Fehler 505
  Hinweis 505
  Warnung 505
Meldungstyp 154
Memotext 58
Mengeneinheit 180
Mengenfortschreibung 410, 472, 476
Mengengerüst 158
Mengenkontrakt 235, 248
Mengennotierung 71
Mengenstring 412
Merkmal 231, 232
MIGO-Transaktion 389
Mindesthaltbarkeits-/Herstelldatum 379, 402
Mindesthaltbarkeitsprüfung 379, 393
Mischbelegung 137
Mitarbeiter 43, 49, 53, 56
MM-Rechnungsprüfung 499
mobile Datenerfassung 389
Modifikation 412
Modulbetreuer 14
Mussfeld 229, 426
Muster-LV 253

N

Nachlieferschein 442
Nachricht 80, 221, 239, 297, 310, 345, 347, 431, 445
Nachrichtenart 288, 311, 320, 325, 329, 334, 335, 336, 339, 432, 433, 435, 436, 437, 438, 440, 443, 534
Nachrichtenattribut 316
Nachrichtenausgabe 315, 316, 317

Nachrichtenfindung 121, 128, 233, 289, 297, 311, 330, 334, 369, 435, 499, 525, 532
Bedingung 327
sprachunabhängige 315
Nachrichtenklasse 154
Nachrichtensatz 312, 315, 332, 334, 335, 336, 431, 432, 436, 437, 440, 534
Nachrichtenschema 221, 288, 311, 312, 329, 330, 334, 335, 432, 436, 439, 533
Nachrichtenstatussatz 331
Nachrichtentyp 71
Nachrichtentyp, DESADV 272
Nachrichtenvorschlag 312
nachträgliches Customizing 63
Namenskonvention 99, 333
Nebenbild 199, 200
Nebenkosten 515
geplante 513
ungeplante 518
negative Menge, erlauben 106
negativer Bestand 383, 384
negativer Wert, erlauben 106
Nettobetrag 506
Nettobuchung 522, 523
Nettopreis 226
Netzplan 351
Netzwerk 24
Netzwerkorganisation 94
Neubewertung 502, 510, 524
Neudruck 301, 302, 326, 329
neutrales Ergebnis 522
nicht besteuerbarer Umsatz 521
Nichtlagermaterial 223
Normalbestellung 251, 271, 279
Normalposition 252
Notiz, Entwicklungssystem 62
Nullkontrolle 348
Nummernkreis 95, 98, 157, 162, 208, 222, 231, 242, 246, 252, 364, 371, 523
Gruppe 165
Gruppierung 371
initialer 372
Intervall 165
Objekt 163
Nummernkreismodifikationskonstante 376
Nummernlänge 163
Nummernvergabe 157, 162, 206, 221, 229, 231, 241, 362, 363, 376, 524, 531

O

Objektkatalogeintrag 62
Objektname 163
Obligoverwaltung 109
offener Posten 500, 507, 529
Online-Service-System (OSS) 193
Optimierung 340
optische Archivierung 322
Orderbuch 147, 221, 227, 270
Orderbuchpflicht 227
Organisation 92, 93
Organisationsebene 202
Organisationseinheit 89, 91, 92, 96, 97, 98, 145, 149
Organisationsstruktur 91, 145, 462
OSS 193

P

Packmaterial 253
Packmittel 278
Packmittelart 277, 278
Packmitteltyp 278
Packvorschrift 272
Paket 62, 338
Paketdienstleister 141
Parameter 66
Parameteränderung 412
Parameter-ID 92, 142, 154, 266, 271, 524
Parameter-ID, EVO 340
Partnerfindung 280, 283, 331
Partnerrolle 206, 212, 215, 217, 221, 233, 279, 284, 311, 316, 321, 331, 335, 440
Partnerrollenbestimmung 331
Partnerrollenumschlüsselung 283
Partnerschema 214, 215, 216, 221, 243, 279, 288
Partnerschemazuordnung 284
Partnervereinbarung 272
Passiva (Mittelherkunft) 448
Passivseite 449
Performance 226
Periodeninitialisierung 107
Periodenkennzeichen 403
Periodenverschieber 104, 107

Periodenverschiebung 106
Periodenwechsel 104
periodischer Verrechnungspreis 160, 451
Personal Computer 24
Personalstammsatz 212
Pflegedialog 78, 79, 83, 89, 339
Pflegestatus 152, 194
Pflichtfeld 211, 259
Pflichtrolle 280, 282, 284
physische Logistik 21
Pipeline 127
Pipeline-Abwicklung 158
Planauftrag 236, 351
plangesteuertes Material 237
Plankalkulation 510
Planung 21
Planung, kostenoptimierte 21
Platzbelegung 353
Popup-Fenster 46
Popup-Menü 62
Portable Document Format (PDF) 297, 324
Positionsbetragsprüfung 528, 531
Positionsdaten 361
Positionstext 296, 304
Positionstyp 158, 233, 243, 248, 250, 251, 252, 254, 255, 264, 266, 303
Positionstypengruppe 158
Posten, offener 500, 507, 529
Postleitzahl 68
Preis 221, 266
Preisabweichung 474
Preisabweichungs-E-Mail 525
Preisänderung 368, 510
Preisart 525
Preisdifferenz 413, 478, 507, 511, 513, 517
Preisdifferenzkonto 450, 513, 522
Preiseinheit 450
Preisentwicklung 222
Preisfindung 80, 124, 218, 311
Preisnotierung 71
Preissteuerung 160, 447, 507
Preissteuerungskennzeichen 160, 450, 452, 461
Preisübernahme 342
Primärbuchung 376
Priorität 140, 167
Produktion 112, 348, 349
Produktionsdaten 228
Produktionsfaktor 20
Produktionslagerort 118
Produktionslogistik 21
Produktionsplanung 353
Produktionsplanung und -steuerung 109
Produktionssteuerung 353
Produktionswerk 112
Produktivsetzung 34
Produktivsystem 26, 41, 51
Produktsortiment 181
Produktsparte 183
Profitcenter 109, 118
Prognose 112, 149
Projekt 15, 29
Änderung im Projekt 31
Aufwand 37, 59
Auswertung 37, 55, 56, 57, 60
Bestand 355, 384
Betriebswirtschaft 30
Bezeichnung 40
Big-Bang-Ansatz 34
Budget 31
Controlling 37
Definition 35, 47
Definition (DIN 69901) 30
Dokumentation 55, 61
IMG 47, 48
Leiter 35
Merkmal 30
Mitarbeiter 49, 52, 53, 63
Mitglied 35
Name 39, 64
Organisation 35
Phase 36, 47
Phasenplan 36
Planung 34
Realisierung 37
Rollout-Projekt 34
SAP 32
Sicht 47, 50
Standard 35
Status 40, 41
Step-by-Step-Ansatz 34
Stichwörter 43
System 109, 350
Team 14, 33
Template 29, 40
Terminierung 31
Umfang 46

Verbrauchskennzeichen 405
Vorlage 40, 41, 42
Ziel 30
Protokollierungskennzeichen 87
Protokolltabelle 87
Prozessauftrag 427
Prozessfertigung 158
Prozesskostenrechnung 109
Prüfgruppe 412, 427, 428
Prüfregel 68, 270, 427, 428
Prüftext 291
Prüfung, auf doppelte Rechnung 527
Prüfzeugnistyp 222, 225
Pufferung 163

Q

Q-Bestand 382
QM-Fehlercode 397
QM-Prüflose 416
QM-Prüfung 401, 416
Qualität 149
Qualitätsmanagement 21, 94, 112, 349, 353, 397
Qualitätsprüfbestand 354, 382
Qualitätsprüfung 354
Qualitätssicherungssystem 26
Quant 137
Quellmandant 26
Quellobjekt 293, 295
Quellsystem 241, 362
Quelltext 224, 225, 288, 328, 329
Quick-Info-Taste 174
Quotierung 147, 221, 227

R

Radio Frequency 135
Rahmenvertrag 128, 222, 238, 270, 323
Raumbedingung 140, 186
Realisierung, Projekt 37
Realtime 23
Rechnung 203, 234
Rechnungsbeleg 500, 503, 524
Rechnungsbetrag 507
Rechnungsbruttobetrag 528
Rechnungsbuchung 473
Rechnungsdatum 528
Rechnungseingang 259, 500, 501, 507, 510
Rechnungskürzung 524, 526
Rechnungsplan 502, 524
Rechnungsposition 518
ohne Bestellbezug 502
ohne Bezug 506
Rechnungspreis 507
Rechnungsprüfer 499, 525
Rechnungsprüfung 327, 403, 509
bestellbezogene 502
leistungsbezogene 502
wareneingangsbezogene 502
Rechnungssperre 499, 500, 528
Rechnungssteller 213
Rechnungswesen 353
Rechtsform 299
Referenzbewegungsart 411
Referenzeinkaufsorganisation 127
Referenz-IMG 46
Referenznummer 528
Regel
Differenzierung der Kontenfindung 513
Kontenfindung 487
Vorgangsschlüssel KDM 514
Region 68
Registerkarte
Adresse 142
Allgemein 55, 56
Dokumentationsarten 43
Memo 57
Mitarbeiter 56
Stichwörter 42, 56
Umfang 47
Reklamation 532
Reklamationsbeleg 524
Report
RM07CUFA (Bewegungsart – Sachkonto) 422, 425
RM07MCHW (Aufbau der Chargenverwendungsnachweis-Tabelle CHVW) 379
RM07NCUS (Voreinstellung Customizing Nachrichtenfindung) 445
RM07NKON (Batch-Input für Konditionssätze Nachrichtenfindung) 445
RMMMINIT (Periode initialisieren) 107
RMMMPERI (Perioden verschieben) 106
RSNASTCK (NAST: Konsistenzcheck) 334

Reservierung 351, 360, 362, 374, 383, 427, 430
Ressource 30, 36
Retourenlogistik 21
Retourenposition 414
Retourensperrbestand 354
Rezeptur 158
Roh-, Hilfs- und Betriebsstoffe 181
Rohstoff 155, 233, 348, 349, 448, 449
Rohstofflager 130
Rollenzuordnung 284
Rosenmontag 76
Routenfindung 311
Routine 306, 309
Rückbuchung 104
Rückbuchung, in die Vorperiode 373
Rücklieferung 220, 274, 394, 396, 402, 403, 414
Rückstandsbearbeitung 118
Rückstellung 226

S

Sachkonto 101, 102, 260, 353, 361, 402, 409, 413, 422, 425, 465, 481, 511
Saldo 512
Sammeldruck 335
Sammelsuchhilfe 226, 227
SAP 23
SAP Business Workflow 240, 310
SAP Competence Center 14
SAP Easy Access Menü 313
SAP ERP 27
SAP ERP Central Component (ECC) 17
SAP Extended Warehouse Management (SAP EWM) 276, 353, 435
SAP for Retail 17, 120, 166, 196, 349
System 161
SAP LES, dezentrales 135
SAP Logistics Execution System (SAP LES) 23, 134, 258, 276, 349, 353
SAP Logon 24
SAP NetWeaver 66, 68
SAP R/2 23, 134, 241
SAP R/3 17, 24, 134, 241
Release 4.0 135
Release 4.5 135
SAP Smart Forms 33, 324
SAP Software Change Registration (SSCR) 15
SAP Solution Manager 28
SAP Transportation Management (SAP TM) 75, 279
SAP USER 27
SAP_APPL (Logistik und Rechnungswesen) 17
SAP-Anwender 142
SAP-Benutzer 40, 49, 506
SAP-Benutzerkennung 142
SAP-Einführung 34
SAP-Einführungsleitfaden 29, 35, 37, 83, 86
SAP-Erweiterung 34
SAP-Go-live 34
SAP-Hinweis
191470 (Bestellungen als E-Mail) 321
207490 (Freigabeverfahren Einkauf: Dokumentation zum Customizing) 240
329334 (MIGO Feldauswahl: nicht alle Einstellungen möglich) 390
382998 (Darstellung von Mussfeldern in der MIGO) 390
487381 (RMMMINIT: Schutz gegen unbeabsichtigte Ausführung) 107, 154
522591 (FAQ: Nachrichtenfindung IM) 445
786847 (Belege als E-Mail mit Mailtext und mehreren Anhängen) 310
89899 (Ausgabe in Belegsprache) 315
SAP-Mail 442
Text 439, 442, 443
Titel 439, 442, 443
SAP-Mandant 24
SAPoffice 431, 442
SAP-Organisationseinheit 145
SAP-Projekt 29, 34, 35, 37, 55
anwendungsgetriebenes 32
technisches 34
Ziel 33
SAP-Referenz-IMG 86
SAPscript 33, 324
Editor 443
Formular 336
SAP-System 67
Schablone, Materialnummer 150
Schachtinformation 432

Schema 519
Schlüssel 69
Schlüsselfeld 80, 317, 318
Screen Painter 201
SD-Belegart 270
SD-Lieferbeleg 270
Seehasenmontag 76
Sekundärbedarf 237, 245, 351, 374, 380
Selektionsparameter 402
Selektionsvariante 91, 243, 322
Seminarkosten 500
Sendemedium 321, 335, 440
Senden, externes 310
Serialnummer 357
Serialnummernprofil 357
Serviceabwicklung 357
Set-/Get-Parameter-ID 142
Shared-Sperre 249
SI (Système international d'unités) 72, 182
Basiseinheit 73
Einheit 72, 74, 75, 182
Sicherheitsbestand 429
Sichtenauswahl 202
Simulation 481, 490, 492
Simulationsfunktion 490, 506
Skonto 226, 447, 506, 522, 526
Betrag 522
Korrektur 506
Verrechnung 511
SOBSL 251
Software-Entwickler 15
Soll-/Habenkennzeichen 404, 432, 437, 506
Sollbuchung 261, 404, 463, 482, 506, 507, 511, 515
Sollseite 463
Sonderbeschaffung 253
Sonderbeschaffungsschlüssel 251, 253, 352
Sonderbeschaffungsschlüssel SOBSL 251
Sonderbestand 137, 352, 354, 355, 383, 405, 420, 422
Sonderbestandskennzeichen 393, 407, 410, 419, 472, 476
Sonderfunktion 310
Sonderperiode 108
Sonderregel 77, 78
Spaltenvorrat 59
Sparte 92, 120, 121, 122, 123, 124, 183
Spediteur 215, 331
Spedition 142
Sperre, stochastische 528
Sperreintrag 105
Sperrschlüssel 529
Spool 315
Auftrag 143
Steuerung 334
Sprachabhängigkeit 28
Sprache 419, 420
Sprachschlüssel 67, 298, 315
sprachunabhängig Nachrichtenfindung 315
Stammdaten 89, 91, 145, 147, 232, 234, 285, 289
Standardattribut 338
Standardbildbaustein 189
Standardeinkaufsorganisation 127
Standard-LV 253
Standardpreis 160, 450, 452, 507, 513, 522
Standardprojekt 50, 51
Standardsoftware 33
Standardtext 298, 300
Standort 99
Startlogo 527
Statistik 403
Statistikfortschreibung 243
Statistikgruppe 401, 416
Statusgruppe 285
Statuswert 29
steuerfreier Umsatz 521
Steuerkategorie 520
Steuerkennzeichen 520, 525
Steuerkonto 513, 519
Steuermeldung 520
Steuern 226, 511
Steuerprozentsatz 520, 525
Steuersatz 521
Steuerung Grund 402
Steuerung Konto 402
Stichwort
Projektvorlage 43
Zuordnen 56
stochastische Sperre 528
Storno-/Folgebewegungsarten 401
Storno-Belegart 364
Storno-Bewegungsart 421
strategische Logistik 21
Strecke 253
Struktur COBL (Kontierungsblock) 262

Strukturknoten 55, 60
Stück 74
Stückgut 158
Stückliste 158, 237, 253, 360, 380
Alternative 381
Auflösung 351
Positionstext 291
Verwendung 380
Submission 235
Subscreen 189, 191, 193, 200, 261, 262
Suche, exklusive 319
Suchhilfe 181, 222, 226, 227, 232
Summenbedarf 245
Supply Chain Management 353
Support 37
Support Package 67
Systemadministration 432
Système international d'unités 72, 182
Systemmeldung 154, 504
Arbeitsgebiet 154
Nummer 154
Typ 154
Version 155
Systemsprache 75
SY-SUBRC 327

T

Tabelle
ADRC (Adressen, Business Address Services) 307, 309
B016 (Etikettierung mit Feld Etikettenart) 436
B025 (Nachrichtenfindung Einkauf: Belegart/Einkaufsorg./Lieferant) 318, 336
B070 (Vorgang/Druckvers./DruckKZ/ Etikett.-Art/Etikett.-Form) 436
B071 (WE-Nachricht) 436
B072 (Vorgang/Druckvers./DruckKZ) 436, 441
B073 (Vorgang/Druckvers./DruckKZ/ SHKZG) 436
B074 (Fehlteile) 436
B075 (Kanbankarten bei WE) 436
BKPF (Belegkopf für Buchhaltung) 361
BSEG (Belegsegment Buchhaltung) 361
COBK (CO-Objekt: Belegkopf) 362
DM07M (Felder für die Dialogsteuerung Modulpool SAPMM07M) 443
EBAN (Bestellanforderung) 241
EINA (Einkaufsinfosatz – allgemeine Daten) 222
EINE (Einkaufsinfosatz – Einkaufsorganisationsdaten) 222
EKAB (Abrufdokumentation) 241
EKAN (Lieferantenanschrift Einkaufsbeleg) 443
EKEH (Lieferplanabruf-Dokumentation) 241
EKES (Bestellbestätigungen) 241, 307
EKET (Lieferplaneinteilungen) 241, 307
EKKN (Kontierung im Einkaufsbeleg) 241, 307, 309
EKKO (Einkaufsbelegkopf) 241, 307, 443
EKPB (Beistellposition im Einkaufsbeleg) 241
EKPO (Einkaufsbelegposition) 272, 308, 443
EQUI (Equipment Stammdaten) 357
ESLL (Zeilen des Leistungspakets) 308
ESUH (Dienstleistungsabw. ungeplante Leistungslimits Kopfdaten) 308
KNA1 (Kundenstamm allgemeine Daten) 220
KNB1 (Kundenstamm Buchungskreisdaten) 220
KNVV (Kundenstamm Vertriebsdaten) 220
KONPAE (Konditionen (Position) – Hilfsstruktur Änderungsbelege) 308
LFA1 (Allgemeine Lieferantenstammdaten) 205, 443
LFB1 (Lieferantenstamm Buchungskreisdaten) 205, 525
LFM1 (Lieferantenstamm Einkaufsorganisationsdaten) 205
MAKT (Materialkurztexte) 148
mandantenabhängige 25
MARA (Allgemeine Materialdaten) 148, 172, 180, 357
MARC (Werksdaten zum Material) 148, 357, 358
MARD (Lagerortdaten zum Material) 148, 358, 378
MARM (Mengeneinheiten zum Material) 148, 180

MARV (Materialverwaltungssatz) 104, 106
MBEW (Materialbewertung) 149, 358, 450, 451, 461
MCHA (Chargen) 228
MCHB (Chargenbestände) 228, 358
MCSD (Kundenbeistellbestand) 358
MCSS (Kundenbeistellbestand gesamt) 358
MIGO_CUST_FIELDS 391
MKLK (Konsibestände und Leergut beim Kunden) 358
MKOL (Sonderbestände vom Lieferanten) 228, 358
MKPF (Belegkopf Materialbeleg) 361, 443
MLGN (Materialdaten pro Lagernummer) 149
MLGT (Materialdaten pro Lagertyp) 149
MOFF (noch offene Materialstämme) 149, 153
MPOP (Prognoseparameter) 149
MSEG (Belegsegment Material) 361, 443
MSKA (Kundenauftragsbestand) 358
MSKU (Sonderbestände beim Kunden) 358
MSLB (Sonderbestände beim Lieferanten) 358
MSOA (Summe Kundenauftragsbestände beim Lieferanten) 358
MSRD (Projektbestand beim Lieferanten) 358
MSSA (Summe Kundenauftragsbestände 358
MSSL (Summe Sonderbestände beim Lieferanten) 358
MSTA (Materialstammstatus) 149, 152, 153
MVER (Materialverbräuche) 149, 403
MVGN (Materialdaten pro Lagernummer) 149
MVGT (Materialdaten pro Lagertyp) 149
MVKE (Verkaufsdaten zum Material) 149, 187
NACH (Detaildaten für Nachrichten) 316, 336
QPAC (Prüfkatalog Codes zur Auswahlmenge) 398
S031 (Statistik: Bewegungen zu aktuellen Beständen) 417
S031E (S031 – Strukturinformationen) 417
S032 (Statistik: Aktuelle Bestände und Gruppierungsbegriffe) 417
S032E (S032 – Strukturinformationen) 417
S033 (Statistik: Bewegungen zu aktuellen Beständen) 417
S033E (S033 – Strukturinformationen) 417
S034 (BCO: Bewegungen (Chargen)) 417
S034E (S034 – Strukturinformationen) 417
S035 (Statistik: Chargenbestände) 417
SADR (Adressverwaltung: Firmendaten) 308
SCU3 (IMG-Protokollierung) 88
SERI (Serialnummern) 358
SM59 (RFC-Destinations (Anzeige u. Pflege)) 153
T000 (Mandanten) 25
T001 (Buchungskreise) 100, 105, 423, 462, 465, 480
T001K (Bewertungskreis) 384, 462, 467, 481
T001L (Lagerorte) 133
T001W (Werke/Niederlassungen) 113, 127
T003 (Belegarten) 532
T004F (Gruppen der Feldstatusleisten je Feldstatusvariante) 423
T005 (Länder) 81, 519
T007A (Steuerschlüssel) 520
T007B (Steuerabwicklung in der Buchhaltung) 520
T007S (Bezeichnung der Steuerkennzeichen) 520
T008 (Sperrgründe für maschinellen Zahlungsverkehr) 529
T023 (Warengruppen) 181, 261, 343, 345
T024 (Einkaufsgruppen) 129, 332
T024D (Materialdisponenten) 117
T024E (Einkaufsorganisationen) 126
T024W (Zulässige Einkaufsorganisationen zum Werk) 126

T025 (Bewertungsklassen) 469, 481
T030 (Fixkontentabelle) 462, 465, 481, 512, 513
T030B (Fixbuchungsschlüssel) 423, 486
T030R (Regeln zur Fixkontenfindung) 487, 488
T077K (Kontengruppen Kreditoren) 207, 216
T100C (Steuerung der Nachrichten durch den Anwender) 505
T134 (Materialarten) 155, 163, 451, 467
T134M (Steuerung Mengen-/Wertfortschreibung) 161, 467
T156 (Bewegungsart) 394, 399, 412, 433, 434, 440, 462, 472
T156B (Bewegungsart Bildauswahl) 408
T156N (Nächste Bewegungsart) 414
T156Q (Bewegungsart: materialartunabhängige Steuerung) 416
T156S (Bewegungsart Mengen/Wertbuchung (bis Rel. 4.5B) 412, 473
T156SC (Bewegungsart Mengen/Wertbuchung: Kundentabelle; ab Release SAP R/3 4.6A) 409, 410
T156SY (Bewegungsart Mengen/Wertbuchung: Systemtabelle; ab Release SAP R/3 R 4.6A) 412, 462
T156T (Bewegungsart Text) 404
T156W (Buchungsstring Werte) 412, 413, 462, 475, 493
T156X (Vorgangsschlüssel-Modifikation) 413, 462, 476, 481
T157D (Grund der Bewegung) 415
T157H (Hilfetexte zur Bewegungsart) 407
T158 (Transaktionssteuerung Bestandsführung) 360, 366, 368, 369, 381, 430, 433, 440
T158B (Prüftabelle Bewegungsart zu Transaktionscode) 406
T159L (Vorschlagswerte für die Bestandsführung und Inventur) 377
T159Q (Bestandsführung Druck: Wertetabelle für KZDRU) 433
T160 (Transaktionssteuerung Einkauf) 268
T160D (Funktionsberechtigungen Bestellung) 266
T160V (Vorschlagswerte für Einkaufsabwicklung) 341
T160W (Bezeichnung für die Vorschlagswerte für die Einkaufsabwicklung) 341
T161 (Einkaufsbelegarten) 243, 244, 282
T161A (Verknüpfung BANF-Belegart – Einkaufsbelegart) 244
T161P (Prüfung Belegart-Belegtyp-Positionstyp) 244
T161W (Bestellarten für Umlagerung) 270
T162 (Feldauswahl Einkaufsbeleg) 223, 265, 267, 268
T163 (Positionstypen im Einkaufsbeleg) 255
T163K (Kontierungstypen im Einkaufsbeleg) 257
T166A (Anhangstext im Einkaufsbelegdruck) 300
T166C (Druckrelevante Einkaufsbelegänderungen) 307
T166K (Kopftexte im Einkaufsbelegdruck) 300
T166P (Positionstexte im Einkaufsbelegdruck) 300
T166T (Änderungstexte im Einkaufsbelegdruck) 309
T166U (Überschriften im Einkaufsbelegdruck) 300
T169 (Transaktionssteuerung Rechnungsprüfung/Bewertung) 509, 532
T169A (Buchungsstring Rechnungsprüfung) 413, 511
T169D (Rechnungsprüfung: Prüfung auf Betragshöhe) 531
T169F (Transaktionsabhängige Vorschlagswerte Rechnungsprüfung) 523, 532
T169G (Toleranzgrenzen Rechnungsprüfung) 530
T169P (Parameter Rechnungsprüfung) 525, 527, 531
T169V (Vorschlagswert für die Rechnungsprüfung) 524
T169W (Buchungsstrings (Werte) für SAPMM08R) 510, 511
T320 (Zuordnung IM-Lagerort zu WM-Lagernummer) 135, 137, 276

T438A (Dispositionsmerkmal) 351
T682 (Konditionen: Zugriffsfolgen) 80, 437
T683 (Kalkulationsschemata) 312, 330
T683S (Kalkulationsschemata: Daten) 439, 515, 516, 519
T685P (WFMC: Zulässige Druckparameter einer Applikation) 323, 332
T687 (Kontenfindung: Kontoschlüssel) 516
TBSL (Buchungsschlüssel) 423
TCURM (Customizing Konfiguration MM) 119, 453, 466, 480
TDEVC (Pakete) 62
TFRM (Formroutinen zu Bedingungen/Formeln/Datentransporten) 328, 439
TKA02 (Kostenrechnungskreisfindung) 110
TLHIOZ (Lieferantenhierarchie: erlaubte Zuordnungen) 218
TMCA (Auswerten Bewegungsarten für LIS-Fortschreibung) 416
TMCNV (Daten zur Materialnummern-Konvertierung) 151
TMVF (Verfügbarkeitsprüfung: Steuerung) 427
TNAD7 (Nachrichtensteuerung: Drucker je Lagerort) 444
TNAD9 (Nachrichtenfindung: Drucker je Lagerort u. Benutzergruppe) 444
TNADU (Nachrichtenfindung: Drucker je Benutzer) 444
TNAPN (Nachrichtensteuerung: Nachrichten je Partnerrolle) 325
TNAPR (Verarbeitungsprogramme für Nachrichten) 339, 441, 442
TPAKL (Zuordnung Partnerrolle zu Kontengruppe Kreditor) 215
TPAR (Geschäftspartner: Rollen) 212, 214
TPAUM (Geschäftspartner: Sprachabh. Umschlüsselung von Partnerrollen) 214
TQ07M (QM: Bestandsbuchungen bei Verwendungsentscheid) 399
TVKOL (Kommissionierung: Lagerortfindung in Lieferungen) 139
TVMS (Materialien: Status im Vertrieb) 187
TVSTZ (Organisationseinheit: Versandstellen je Werk) 141
TVSTZ_STORLOC (Lagerortabhängige Versandstellenfindung) 141
TWEW (Externe Warengruppen) 183
TWLVZ (Zuordnung Versandstelle als Warenannahmestelle zu Werk/Lagerort) 140
USR05 (Benutzerstamm Parameter-ID) 143
Tabellendefinition 79
Tabelleninhalt 79
Tabellenprotokollierung 79, 87
Tagesbedarf, Prüfgruppe 427
technische Darstellung 74
Telefax 310
Telex 310
Termineinhaltung 21
Terminierung 138
Terminüberwachung 343
Testmandant 26, 36, 54
Text 222, 224, 345
Textart 224, 233, 288, 292, 294, 300, 525
Text-ID 298, 300, 305
Textnummer 306, 309
Textobjekt 224
Textschema 221, 288
Textvariable 443
Textverknüpfung 296
Third-Party-Lieferung 253
Titel 306
T-Konto 463
Toleranzgrenze 528, 529
Toleranzgruppe 525
Toleranzschlüssel 531
Träger-Dynpro 189, 191
Trainer 14
Transaktion
BD87 (Statusmonitor für ALE-Nachrichten) 310
BMBC (Batch Information Cockpit) 229, 358
CS01 (Anlegen Materialstückliste) 321
FBL1N (Einzelposten Kreditoren) 512
FK01 (Anlegen Kreditor, Buchhaltung) 211
FK02 (Ändern Kreditor, Buchhaltung) 211

FK03 (Anzeigen Kreditor, Buchhaltung) 211
FK10N (Saldenanzeige Kreditoren) 512
FS00 (Sachkonten-Stammdatenpflege) 493
FS01 (Anlegen Stamm) 464
HUMO (Handling-Unit-Monitor) 358, 406
IQ09 (Serialnummern Selektion) 358
KA01 (Kostenart anlegen) 464
MASS (Massenänderung) 150
MB01 (Wareneingang zur Bestellung) 269, 406
MB0A (Wareneingang Bestellung unbekannt) 406
MB11 (Warenbewegungen allgemein) 359, 406
MB1A (Warenentnahme) 359, 406
MB1B (Umbuchung) 359, 406
MB1C (Wareneingang Sonstige) 359, 367, 406
MB51 (Materialbelegliste) 358, 369
MB52 (Lagerbestand) 358
MB53 (Werksverfügbarkeit) 358
MB54 (LF-Konsignationsbestände) 358
MB57 (Chargenverwendungsnachweis aufbauen) 379
MB58 (Kundenkonsignations- und Leihgutbestände) 359
MB5B (Bestände zum Buchungsdatum) 359
MB5L (Bestandswertliste) 359
MB5T (Transitbestand) 359
MB5W (Bestandswertliste) 359
MBBS (Bewerteter Sonderbestand) 359
MBGR (Materialbelege zum Grund der Bewegung anzeigen) 395
MBLB (LB-Beistellbestand) 359
MBRL (Rücklieferung zum Materialbeleg) 274
MCBA (Werksanalyse) 359
MCBC (Lagerortanalyse) 359
MCBE (Materialanalyse) 359
MCBR (Chargen) 359
MD01 (MRP-Planungslauf) 237
MD02 (MRP-Einzelplanung -mehrstufig-) 237
MD03 (MRP-Einzelplanung -einstufig-) 237
MD04 (Anzeigen Bestands-/Bedarfssituation) 236, 359
MD05 (Einzelanzeige Dispositionsliste) 236
MD14 (Einzelumsetzung Planauftrag) 246
MD50 (Kundenauftragsplanung) 237
MD51 (Projekteinzelplanung) 237
MDBT (MRP-Planung BATCH) 237
ME11 (Infosatz hinzufügen) 222
ME12 (Infosatz ändern) 222
ME13 (Infosatz anzeigen) 222
ME21 (Bestellung hinzufügen) 269
ME21N (Bestellung anlegen) 236, 288, 315
ME2A (Bestätigungen überwachen) 275
ME2O (LB-Bestandsüberwachung zum Lieferanten) 359
ME31K (Kontrakt anlegen) 236
ME31L (Lieferplan anlegen) 236
ME38 (Einteilungen pflegen) 236
ME41 (Anfrage anlegen) 236
ME51 (Hinzufügen Bestellanforderung) 268
ME51N (BANF anlegen) 236, 246
ME59N (automatische Bestellerzeugung aus einer Gruppe von Bestellanforderungen) 269
ME84 (Lieferabruf erstellen) 236
ME91F (Mahnen und Erinnern) 321
ME92F (Auftragsbestätigung überwachen) 233, 276, 321
ME9F (Nachrichten ausgeben) 321, 335
MEMASSIN (Massenänderung für Einkaufsinfosätze) 222
MF42N (Sammelerfassung von Rückmeldungen) 406
MI31 (Batch-Input: InvBeleg anlegen) 352
MIE1 (Batch-Input: InvBeleg Kundenauftrag) 352
MIGO (Warenbewegung) 269, 359, 389, 406, 419
MIGO_GI (Enjoy: Warenausgänge für Reservierungen und sonstige Warenbewegungen) 359
MIGO_GO (Enjoy: Anzeigen Materialbeleg und Wareneingang zum Fertigungsauftrag) 359

MIGO_GR (Enjoy: Wareneingänge aus Fremdbeschaffung) 359
MIGO_GS (Enjoy: Nachverrechnung von Beistellmaterial zur Lohnbearbeiter-Bestellung) 359
MIGO_TR (Enjoy: Umbuchung/Umlagerung sonstige) 359
MIK1 (Batch-Input: InvBeleg LiefKonsi) 352
MIM1 (Batch-Input: InvBelege MTV anlegen) 352
MIO1 (Batch-Input: InvBeleg LiefBeistell.) 352
MIQ1 (Batch-Input: InvBeleg Projektbestand) 352
MIR4 (Rechnungsbeleg anzeigen) 503
MIR6 (Übersicht Rechnungen) 503
MIR7 (Eingangsrechnung vorerfassen) 503, 526
MIRA (Eingangsrechnung für Rechnungsprüfung im Hintergrund hinzufügen) 503, 526
MIRO (Eingangsrechnung erfassen) 502, 509, 518, 522, 523, 526
MIV1 (Batch-Input: InvBeleg Kunden Leihgut) 352
MIW1 (Batch-Input: InvBeleg Kunden Konsig.) 352
MK01 (Anlegen Kreditor, Einkauf) 205
MK02 (Ändern Kreditor, Einkauf) 205, 292
MK03 (Anzeigen Kreditor, Einkauf) 205
MKH1 (Pflegen Lieferantenhierarchie) 217
ML81N (Leistungserfassung für Dienstleistungsbestellungen) 406
MM01 (Material anlegen) 149, 163, 179, 188
MM02 (Material ändern) 149, 178, 188, 404
MM03 (Material anzeigen) 149, 188, 359
MM50 (Liste erweiterbarer Materialien) 153
MMAM (Materialart ändern) 155
MMBE (Bestandsübersicht) 359
MMCL (Bestandsübersicht nach Merkmalen) 359
MMNR (Nummernkreise Materialstamm) 164
MMPI (Periode initialisieren) 107, 154
MMPV (Periode verschieben) 105, 107
MMR1 (Rohstoff anlegen) 162
MN01 (Nachricht anlegen: Anfrage) 313
MN02 (Nachricht ändern: Anfrage) 313
MN03 (Nachricht anzeigen: Anfrage) 313
MN04 (Nachricht anlegen: Bestellung) 313
MN05 (Nachricht ändern: Bestellung) 313
MN06 (Nachricht anzeigen: Bestellung) 313
MN07 (Nachricht anlegen: Rahmenvertrag) 313
MN08 (Nachricht ändern: Rahmenvertrag) 313
MN09 (Nachricht anzeigen: Rahmenvertrag) 313
MN10 (Nachricht anlegen: Lieferplaneinteilung) 313
MN11 (Nachricht ändern: Lieferplaneinteilung) 313
MN12 (Nachricht anzeigen: Lieferplaneinteilung) 313
MN21 (Kondition anlegen: Bestandsführung) 440
MN22 (Kondition ändern: Bestandsführung) 440
MN23 (Kondition anzeigen: Bestandsführung 440
MN24 (Nachricht anlegen: Lieferavis) 313
MN25 (Nachricht ändern: Lieferavis) 313
MN26 (Nachricht anzeigen: Lieferavis) 313
MR11 (WE/RE-Kontenpflege) 503, 531
MR11SHOW (Kontenpflegebeleg anzeigen/stornieren) 503
MR51 (Material Einzelposten) 359, 450
MR8M (Rechnungsbeleg stornieren) 503
MR90 (Nachrichten ausgeben) 503
MRA1 (Archiv erzeugen) 504
MRA2 (Belege löschen) 504
MRA3 (Archivbel. anzeigen) 504
MRA4 (Archiv verwalten) 504
MRBR (Gesperrte Rechnungen freigeben) 503, 528

MRIS (Rechnungsplan) 502
MRKO (Konsignations- und Pipeline-Abrechnung) 503, 534
MRM1 (Anlegen Nachricht: Rechnungsprüfung) 535
MRM2 (Ändern Nachricht: Rechnungsprüfung) 535
MRM3 (Anzeigen Nachricht: Rechnungsprüfung) 535
MRNB (Neubewertung) 502, 503
MRRL (Automatische Wareneingangsabrechnung (ERS)) 501, 503
MRRL (Automatische WE-Abrechnung) 501
MSC1N (Charge anlegen) 229
MSC2 (Charge ändern) 229
MSC2N (Charge ändern) 229
MSC3N (Charge anzeigen) 229
NACE (WFMC: Einstieg in das Customizing) 311
NWBC (NetWeaver Business Client) 310
OB41 (Pflege Buchhaltungsschlüssel) 423
OBC4 (C FI Pflege Tabelle T004V) 423
OBY7 (C FI Kontenplan kopieren) 103
OBYC (C FI Tabelle T030 rmk + space) 482, 483, 513
OBYC (Kontenfindung MaWi) 493
OKEV (Versionen (KoRechKreis) pflegen) 110
OMB1 (Verfügbarkeitsprüfung Reservierung) 427, 430
OMBC (Fehlteileprüfung einstellen) 430
OMBS (Gründe für Bewegungen) 396
OMBT (Nummernkreise Matbeleg/Inventur) 371
OMC1 (Warenbegleitscheinnummer) 375
OMC2 (Nummernvergabe Reservierungen) 375
OMCF (Etikettendruck einstellen) 435
OMCM (Verfügbarkeitsprüfung Wareneingang) 427, 430
OMCP (Verfügbarkeitsprüfung Warenausgang) 427
OMFT (Bedingungen Nachrichtenfindung) 327
OMH6 (Nummernkreise für Einkaufsbelege) 242
OMH7 (Nummernkreise für Bestellanforderungen) 242
OMHL (C MM-PUR Matchcode Infosatz) 226
OMHO (C MM-PUR Matchcode Orderbuch) 227
OMI2 (C MM-MRP Nummernkreise Disposition) 245
OMI3 (C MM-MRP Nummernkreise Planaufträge) 246
OMJJ (Customizing Neue Bewegungsarten) 393, 399, 418
OMJK (Nummernkreise Reservierungen) 375
OMJN (Allgemeine Feldauswahl Warenbewegung) 385
OMJX (Feldauswahl WE aus Fremdbeschaffung) 389
OMR0 (C MM-IV Autom. Kontierung (Simu)) 508
OMR4 (MM-IV Bel.art/NK Eingangsrechnung) 523
OMS4 (C MM-BD Materialstatus) 184
OMS9 (Bild-/Feldauswahl einstellen) 173, 174, 175, 176
OMSF (C MM-BD Warengruppen) 181
OMSG (Kontogruppen Kreditor) 207, 211
OMSK (C MM-BD Bewertungsklassen T025) 470
OMSL (C MM-BD Pflege TMCNV) 150
OMSM (CS MM Aufbau Verwaltungsdaten) 153
OMSR (C MM-BD Feldgruppen) 172
OMT0 (C MM-BD Globale Einstellung) 152
OMT3B (Bildsequenzen pflegen) 190
OMT3E (Einflussfaktoren pflegen) 195
OMT3R (Reihenfolge der Bilder pflegen) 201
OMT3Z (Nebenbilder zuordnen) 199
OMT4 (Customizing EAN – Meldungen) 154
OMWB (C MM-IV Autom. Kontierung (Simu)) 481, 490, 495
OMWC (C MM-IV Getrennte Materialbewertung) 455, 458
OMWN (MM-IM Kontomodifikation zur Bwa) 480

OXK1 (Kontierungsblock Subscreens pflegen) 262
QA11 (Verwendungsentscheid erfassen) 434
QA12 (Verwendungsentscheid ändern mit Historie) 434
QS41 (Katalog pflegen) 398
QS51 (Auswahlmengen bearbeiten) 398
RZ10 (Pflege von Profilparametern) 88
SA38 (ABAP: Programmausführung) 107, 322, 325, 425
SBWP (SAP Business Workplace) 431
SCC1 (Mandantenkopie – Sonderselektionen) 26, 54
SCC4 (Mandantenverwaltung) 25
SCOT (SAPconnect – Administration) 310, 324
SCU3 (IMG-Protokollierung) 88
SE10 (Transport Organizer) 44, 52, 53
SE11 (ABAP Dictionary Pflege) 80, 82, 149, 205, 226, 227
SE13 (Dictionary: Technische Einstellungen) 87
SE16 (Data Browser) 79, 104, 358, 394
SE16N (Allgemeine Tabellenanzeige) 79
SE38 (ABAP Editor) 154
SE51 (Screen Painter) 142, 193, 201
SE71 (SAPscript Formular) 336
SE80 (Object Navigator) 62
SE91 (Nachrichtenpflege) 154
SE93 (Pflege Transaktionscodes) 162, 385
SFW5 (Switch Framework Customizing) 325
SIMGH (S_CUSTOMIZING_IMG_TOOL) 85
SM12 (Sperren anzeigen und löschen) 105
SM30 (Aufruf View-Pflege) 65, 79, 83, 86
SM35 (Batch-Input Monitoring) 406
SM36 (Batch-Anforderung) 107
SM37 (Übersicht über Jobauswahl) 48, 107
SM59 (RFC-Destinations (Anzeige u. Pflege)) 153
SNRO (Nummernkreisobjekte) 163
SO10 (SAPscript Standardtexte) 298, 299
SP01 (Ausgabesteuerung) 310
SP02 (Anzeigen von Spool-Aufträgen) 311
SPAD (Spool-Administration) 130, 333, 432
SPRO (Customizing – Projektbearbeitung) 38, 50, 51, 55, 87, 89
SPRO_ADMIN (Customizing – Projektverwaltung) 38, 39, 49, 50
SSTO (Projektauswertung im Customizing) 57, 64
STMS (Transport Management System) 44
SU01D (Benutzeranzeige) 342
SU3 (Benutzereigene Daten pflegen) 142, 271, 323, 504
SXI_MONITOR (XI Message Monitoring) 311
TBDM (Marktdaten-Dateischnittstelle INPUT) 71
VD01 (Anlegen Debitor, Vertrieb) 220
VL06 (Lieferungsmonitor) 134
VL06I (Anlieferungsmonitor) 134, 140
VL06O (Auslieferungsmonitor) 134, 140
VL31N (Anlieferung anlegen) 272
VL32N (Anlieferung ändern) 272, 360
VL34 (Arbeitsvorrat Anlieferungen) 272, 276
VOFM (Konfiguration Bedingungen, Formeln) 328, 439
WE20 (Partnervereinbarungen) 272
XK01 (Anlegen Kreditor, Zentral) 205
XK02 (Ändern Kreditor, Zentral) 205
XK03 (Anzeigen Kreditor, Zentral) 205
Transaktionscode anlegen 385
Transaktionssteuerung 385
Transport 23, 141, 145, 258
Auftrag 25, 29, 44, 45, 51, 52, 63, 83, 276
Beleg 142, 353
Bestellung 250
Dienstleister 500
Dispositionsstelle 92, 134, 141
Eigenschaft 62
Freigabe 54
Mittel 277, 278
Mittelart 277
Mitteltyp 277, 278
von Kopien 54
Wesen 78, 362
Ziel 52

U

Überholer 54
Überlieferung 378
Überwachungszeitraum 274
Umbewertungsbeleg 368
Umbuchung 360, 366, 393
Umbuchungsvorgang 437
Umlagerbestellung 250, 270, 279, 281, 282, 405
Umlagerbestellvorgang 250
Umlagerung 127, 253, 254, 270, 271, 347, 360, 393, 475
Umlagervorgang, buchungskreisübergreifender 250
Umlaufvermögen 448
Umrechnungsfaktor 75, 180
Umrechnungskurs 69, 70
Umsatz
  nicht besteuerbarer 521
  steuerfreier 521
Umsatzsteuerkennzeichen 520
Umschlüsselung 214
ungeplante Bezugsnebenkosten 518
ungeplante Nebenkosten 518
ungeplanter Verbrauch 403
Uniform Resource Locator (URL) 527
Unterknoten 46
Unterlieferung 378
Unternehmen 94
Unternehmenssoftware 20, 21, 97
Unternehmensstruktur 95, 96, 97, 139, 145
Unvollständigkeitsschema 285
Upload 71
Ursprungsland 225
Ursprungszeugnis 225
User Exit 34, 309
User Interface (UI) 27

V

variables Datum 106
Variantenkonfiguration 158
Variantenschlüssel 108
Verarbeitungsdatum 322
Verarbeitungsroutine 439
Verbindlichkeit 494
Verbrauch, ungeplanter 403
Verbrauchsbuchung 392, 410, 476
verbrauchsgesteuerte Disposition 23, 350
Verbrauchskennzeichen 259, 405
Verbrauchskonto 425
Verbrauchsmaterial 252
Verbuchungsabbruch 373
Verbuchungssteuerung 401
verfügbar vs. frei verwendbar 354
Verfügbarkeit 24
Verfügbarkeitsprüfung 131, 347, 378, 411, 412, 427, 428
Verkäufergruppe 92, 121, 125
Verkaufsbeleg 121, 239
Verkaufsbüro 92, 121, 124
Verkaufsorganisation 75, 92, 121, 122, 124
Verknüpfungsregel 167, 210, 265
Vermerk, interner 291
Verpackung 448, 449, 518
Verprobung 116
Verrechnungskontenpflege 499, 531
Verrechnungspreis, periodischer 160, 451
Versand 23, 121, 145, 283, 348, 427, 518
Versandbedingung 141
Versandlager 134
Versandlogistik 21
Versandstelle 92, 134, 137, 138, 323
Versandstellenfindung 141
Versandvorschrift 343
Versandzeitpunkt 321, 322, 330
Verschrottung 396
Versicherung 448
Version 110, 431
Versionstyp 162
Versorgungsengpass 348
Vertrieb 121, 123, 145, 149, 349, 427
Vertriebsbeleg 158
Vertriebsbelegtyp 273
Vertriebsbereich 92, 120, 123, 124
Vertriebsbereichsdaten 220
Vertriebsdaten 124, 221
Vertriebslinie 187
Vertriebssicht 220
Vertriebsstatistik 122
Vertriebsstatus 186, 187
Vertriebsweg 92, 121, 122, 124

Verwaltungsdaten 150
Verwaltungssatz 152
Verwendung 311, 329, 330, 449
Verwendungsentscheid 398, 399
Verwendungsnachweis 45, 46, 379, 495, 496
Vorgang 264, 325, 462, 514
Vorgang, buchungskreisübergreifender 361
Vorgängerbeleg 235, 239
Vorgangsart 369, 370, 381, 436, 440, 509, 510, 511
Vorgangsschlüssel 461, 473, 478, 481, 493, 507, 511, 514, 515, 516, 520
Vorlagebeleg 247, 360
Vorlagebelegposition 244
Vorperiode 104
Vorratshaltung 347
Vorschlagswert 142, 212, 233, 268, 269, 340
Vorsteuer 520, 521
Vorsteuerkennzeichen 520

W

Währung 65, 69, 72, 528
Währungskurs 71
Währungskurs-Differenz 514
Ware 233
Warehouse Management (SAP ERP) 134, 137, 411
WM-Bewegungsart 411
WM-Grad 136
WM-Lagernummer 135
WM-TA 136
WM-Transportauftrag 135
Warenannahmestelle 92, 137, 140
Warenausgang 366, 393
Warenbegleitschein 362, 375, 381, 431, 433, 437
Warenbegleitscheinnummer 376, 386, 389
Warenbewegung 347, 349, 360, 377, 383, 393, 445, 449, 473, 475
Warenbewegung, Bildaufbau 492
Wareneingang 140, 259, 275, 367, 393, 394
dezentral gebucht 276
Nachricht 437
zentral gemeldet 276
zum Lieferschein 502
Wareneingangsabrechnung 386, 389, 524
Wareneingangsabrechnung, automatische 501
Wareneingangsbeleg 373
wareneingangsbezogene Rechnungsprüfung 502
Wareneingangsbuchung 24
Wareneingangslagerort 140, 141
Warenempfänger 220, 391
Warengruppe 179, 181, 231, 233, 342
Warengruppe, externe 182
Warenlieferant 213
Warenstrom 348
Warenverkehr 19
Warnmeldung 155, 184
WE/RE-Kontenpflege 503
WE/RE-Steuerung 343
WE/RE-Verrechnung 513
WE/RE-Verrechnungskonto 474, 507, 517
Web Dynpro 33
Werbemittel 449
Werk 92, 97, 112, 121, 126, 131, 137, 144, 209, 216, 323, 354, 383, 398, 403, 432, 437, 449, 458, 491, 508
Werksbestand 356
Werksdaten 227, 427
Werksdefinition 75
Werks-Dispobereich 118
Werksebene 354
Werksparameter 347, 376
Wertartikel 349
Wertestring 412, 472, 478, 511
Wertfortschreibung 410, 472, 476
Wertkontrakt 235, 248
Wertlimit 252
Wiederbeschaffungszeit 238, 429
Wirtschaftsprüfer 348, 499
Workbench-Auftrag 52, 62
Wunschlieferant 238

X

XML-Format (Extensible Markup Language) 501

Z

Zahlsperre 528, 529
Zahlungsanweisung 500
Zahlungsbedingung 204, 507, 522, 525
Zahlungsempfänger, abweichender 213
Zahlungsveranlassung 234
Zahlungsverkehr 529
Zeichen 339
Zeichenfolge 394
Zeichensatz 432
Zeiger 249
Zeilen 339
Zeilenabstand 339
zeitabhängige Kondition 248
Zeitpunkt 440
Zeitzone 143
Zentimeter 339
Zentraleinkauf 127
Zeugnisdatum 225
Zeugnisnummer 225
Zielmenge 249
Zielsystem 52, 53, 54, 362
Zieltext 225, 295
Zolltarifnummer 225
Zone 137
Zugangsart 472
Zugangskennzeichen 410
Zugriffsfolge 311, 318, 336, 431, 436, 437, 439, 440, 519
Zugriffsfolge, eigene 437
Zugriffsschutz 157, 182
Zukaufteil 156
Zuordnung 96
Zusatzbild 189, 200
Zusatzdaten 75, 189, 199
Zwischenprodukt 348

- Implementierung und Nutzung der Variantenkonfiguration mit SAP
- Aufbau und Pflege eines vollständigen Produktmodells
- Kundenbeispiele und Erfahrungen aus der Projektpraxis

Uwe Blumöhr, Manfred Münch, Marin Ukalovic

Variantenkonfiguration mit SAP

Mit diesem Buch lernen Sie, wie Sie die SAP-Variantenkonfiguration implementieren und nutzen. Sie erfahren detailliert, wie Sie ein Produktmodell erstellen sowie das relevante Customizing in SAP ERP vornehmen. Am Beispiel der Branchenlösung DIMP lernen Sie, welche Zusatzfunktionen für spezielle Anforderungen zur Verfügung stehen; zudem werden Erfahrungsberichte von Projektleitern und Kunden sowie hilfreiche SAP-Partnerentwicklungen vorgestellt. Diese 2. Auflage wurde rundum aktualisiert und u.a. um Informationen zu iPPE erweitert.

669 S., 2. Auflage 2011, 69,90 Euro
ISBN 978-3-8362-1681-4

www.sap-press.de/2489

Galileo Press